U0826595

中国地质调查局 CGS2016－079
“昆仑-阿尔金成矿带地质矿产调查综合研究”项目资助

昆仑-阿尔金成矿带金属矿产成矿条件与成矿远景预测

伍跃中　乔耿彪　陈登辉　王兴安
赵晓健　王立社　雷永孝　雷学武　著
段星星　杨万志　隋清霖

中国地质大学出版社
ZHONGGUO DIZHI DAXUE CHUBANSHE

内容提要

本书是在“昆仑-阿尔金成矿带地质矿产调查综合研究”项目成果报告的基础上撰写而成的，在全面总结了前人成果资料的基础上，充分吸收了5年来研究区内一系列地质矿产调查评价和矿产勘查类工作项目的最新进展及成果，从成矿地质背景、区域地球物理和地球化学特征等方面系统分析了新疆昆仑-阿尔金成矿带的区域成矿环境，重新划分了成矿地质单元和成矿系列；以塔什库尔干、祁漫塔格、阿尔金北缘、黑恰-岔路口4个重要找矿远景区为单元，分别探讨了其成(控)矿地质条件和典型矿床特征；对新疆祁漫塔格地区构造岩浆作用与成矿的关系进行了深入探讨。在此基础上，全面总结了新疆昆仑-阿尔金成矿带的区域成矿规律，结合区域地球化学和地球物理特征，分析了区内主要矿种和主要成矿类型的成矿与找矿潜力，圈定了17个成矿远景预测区。根据上述区域成矿远景预测结果，进行了矿产勘查选区部署研究，阐述了矿产勘查的部署指导思想、部署原则和具体工作部署情况，并简要介绍了该成矿带5年的主要找矿成果，最后指出了影响找矿突破的关键问题，提出了今后的地质矿产工作建议。

本书全面反映了新疆昆仑-阿尔金成矿带地质矿产调查研究的最新成果，内容丰富，资料翔实，图文并茂，其理论性、实用性和可读性很强，适用于地质矿产勘查、科研、教育、矿产开发和管理部门人员使用，对地质找矿工作具有重要的参考价值。

图书在版编目(CIP)数据

昆仑-阿尔金成矿带金属矿产成矿条件与成矿远景预测/伍跃中等著. —武汉：中国地质大学出版社，2016.12

ISBN 978-7-5625-3886-8

Ⅰ.①昆…

Ⅱ.①伍…

Ⅲ.①成矿带-金属矿-成矿条件-西北地区②成矿带-金属矿-成矿预测-西北地区

Ⅳ.①P618.201

中国版本图书馆CIP数据核字(2016)第186314号

昆仑-阿尔金成矿带金属矿产成矿条件与成矿远景预测	伍跃中等　著
责任编辑：唐然坤　王敏	责任校对：周旭
出版发行：中国地质大学出版社(武汉市洪山区鲁磨路388号)	邮政编码：430074
电　话：(027)67883511　传　真：67883580	E-mail：cbb@cug.edu.cn
经　销：全国新华书店	http://www.cugp.cug.edu.cn
开本：880mm×1 230mm 1/16	字数：630千字　印张：17.5　插页：10
版次：2016年12月第1版	印次：2016年12月第1次印刷
印刷：湖北睿智印务有限公司	印数：1—1 000册
ISBN 978-7-5625-3886-8	定价：218.00元

如有印装质量问题请与印刷厂联系调换

前　言

近年来，中央领导高度重视新疆矿产资源的勘查开发，国务院于2006年、2007年先后下发了《国务院关于加强地质工作的决定》(国发〔2006〕4号)及《国务院关于进一步促进新疆经济社会发展的若干意见》(国发〔2007〕32号)，要求加速新疆优势矿产的资源勘查与开发利用，加快新疆优势资源转换战略和新兴工业化建设的步伐。为此，国土资源部与新疆维吾尔自治区人民政府于2008年7月11日在乌鲁木齐签订了《合作开展新疆公益性地质调查和重要矿产勘查协议》，即"新疆358"项目，合作时间为2008—2015年。随后，中国地质调查局按照天山、阿尔泰山、昆仑-阿尔金山三大成矿带分别部署了3个地质矿产调查计划项目。"昆仑-阿尔金成矿带地质矿产调查综合研究"项目是"昆仑-阿尔金成矿带地质矿产调查评价"计划项目的下设工作项目(2009—2013年)，同时也是该计划项目的技术支撑之一。该项目旨在通过系统收集分析前人成果资料，了解已有地质矿产工作的研究程度，进一步明确各成矿带、重点勘查规划区的主要矿种和矿床类型；对典型矿床进行解剖研究，深化对成矿地质背景、成矿规律的认识；对区内重要工作项目进行质量监督检查和技术指导，跟踪了解与收集最新进展和成果资料，提出矿产勘查工作部署调整建议；结合成矿地质条件和区域成矿规律特点，主要针对优势与战略性矿产开展全区矿产资源调查评价选区和勘查部署研究，实施统一部署、统筹安排矿产勘查工作；最终汇总各工作项目成果，编写总体工作报告，编制成果图件，为各级政府进行矿产地质工作部署提供决策依据，为今后地质矿产工作提供资料和理论参考。

研究区位于塔里木盆地与青藏高原结合部位，范围包括新疆维吾尔自治区境内的西昆仑山、喀喇昆仑山、东昆仑祁漫塔格山和阿尔金山等山脉。地理坐标：东经74°00′—93°00′，北纬34°00′—39°30′，东西长约1500km，南北宽约250km，面积约$30\times10^4km^2$。区内多为高原山地，沟壑纵横，地形切割强烈，总体上具有内陆高原干旱、寒冷的气候特征，自然地理环境艰险，人烟稀少。区内车辆通行困难，绝大多数地区只能以骆驼和马作为运输工具。

研究区以往地质矿产工作程度总体较低。基础地质方面的主要工作有：20世纪60—90年代开展的1∶100万区域地质调查已覆盖全区，在阿尔金和叶城一带开展了约10个图幅的1∶20万区域地质调查工作；2000—2006年完成的1∶25万区域地质调查基本覆盖全区；2006年之后，部分地段开展了1∶5万区域地质(矿产)调查。2005年前研究区完成了1∶25万～1∶50万遥感地质解译。1∶50万～1∶100万航磁已覆盖全区，部分地段开展了1∶20万航磁工作；2007—2008年，新疆地方政府出资开展了东昆仑祁漫塔格地区、西昆仑塔什库尔干地区和东昆仑迪木拉里克地区3个片区的1∶5万航空磁测工作，面积共$5\times10^4km^2$。1∶100万区域重力已覆盖全区，1∶50万重力集中分布在塔里木盆地东南缘拜西布拉克地区。区域化探方面除了东经92°以东及西昆仑西段北缘昆盖山地区属区域化探空白区外，研究区大部分已于1985—2007年完成了1∶20万～1∶50万区域地球化学测量，部分地段开展了1∶5万～1∶10万化探扫面工作。

在矿产地质方面，"十五"以来至2002年以前主要由国土资源大调查出资在阿尔金成矿带开展了铜、铅锌矿产评价工作。2003—2009年，由国土资源大调查、新疆维吾尔自治区政府财政及新疆地质勘查中央专项多渠道出资，在全区部署开展了42个矿产远景调查项目，工作内容包括1∶5万化探普查、1∶5万地面高精度磁法测量以及1∶5万区域地质调查，并对部分物化探异常和矿点开展了查证工作。区内矿产勘查工作程度低，仅在一些已知矿床(或矿集区)局部开展了预查、普查工作，并对部分典型矿床的主要矿段进行了详查控制。已发现的重要矿床有切列克其铁矿、老并铁矿、塔木铅锌矿、迪木那里克铁矿、维宝铅锌矿、喀腊达坂铅锌矿、白干湖钨锡矿、黄羊岭锑矿等。

研究区地质矿产科学研究方面较具参考价值已出版的成果专著主要有《昆仑山及邻区地质》(李荣社等,2008)、《阿尔金地区成矿地质条件与远景预测》(王小凤等,2004)、《西昆仑金属成矿省概论》(孙海田等,2003)、《昆仑-阿尔金岩浆活动及成矿作用》(王元龙等,2000)、《西昆仑块状硫化物矿床成矿条件和成矿预测》(贾群子等,1999)、《新疆维吾尔自治区区域地质志》(新疆维吾尔自治区地质矿产局,1993),等等。此外,由南京地质矿产研究所承担完成的"新疆西昆仑成矿带成矿规律和找矿方向综合研究"项目(1999—2003),天津地质矿产研究所承担完成的"新疆阿尔金成矿带成矿规律和找矿方向综合研究"项目(2000—2003),吉林大学承担完成的"新疆-青海东昆仑成矿带成矿规律与找矿方向综合研究"(2001—2003)、"新疆-青海东昆仑成矿带成矿规律与找矿方向综合研究"(2003—2005)和"新疆西昆仑地区成矿条件研究"(2006—2008)等多个项目成果也都提供了丰富的参考资料。

总之,研究区以往已开展了大量的地质矿产生产和科研工作,发现了一大批矿床和矿(化)点,一些矿床已达大型规模,显示了巨大的找矿潜力,获取了较丰富的各类测试数据和基础资料,为本次研究奠定了良好的基础。但由于自然地理环境、工作性质、工作阶段等多方面的原因,导致该区以往工作程度仍然是全国各大重要成矿带最低的地区,尚有诸多影响找矿突破的地质、矿产问题亟待研究解决,具体问题表现如下。

(1)区域成矿地质背景研究有待深化。如:区域构造格局及其大陆地壳动力学演化认识还存在较大分歧;与成矿有关的基性、超基性岩的构造属性,中酸性岩类的时空演化特征及其成矿专属性,西昆仑北部晚古生代火山岩与成矿作用关系等方面的研究有待深入;有关赋矿地层(如阿尔金地区的拉配泉群、索拉克组,西昆仑地区的布伦阔勒岩群、喀拉喀什岩群、艾连卡特岩群、库浪拉古岩群、塔阿西火山岩、阿羌火山岩、黄羊岭群、龙山组、铁隆滩群等,东昆仑地区的白沙河岩群、小庙岩组、祁漫塔格群、狼牙山组、缔敖苏组、马尔争组等)的建造特征、形成时代、赋矿层位、构造环境等方面研究还需加强。

(2)对区内地质矿产特征系统性总结不够,缺乏宏观整体性认识。近10年来,新疆昆仑-阿尔金成矿带找矿虽然取得了一些重要发现,尤其是新发现的塔什库尔干沉积变质型铁矿、白干湖钨锡矿、维宝铅锌矿等,但以往地质矿产调查评价及各类勘查项目分布较零散,程度不一,对取得的成果资料尚未进行较为系统的总结,导致对成矿带地质矿产特征的宏观整体性认识不够,从而影响了区域成矿地质条件和成矿规律研究。

(3)矿产勘查选区与部署研究不够具体深入。如西昆仑、东昆仑和阿尔金造山带各自具有特殊的地质构造演化历史与成矿特色,而且在同一成矿带的不同地段,矿产的富集规律也不尽相同,需要针对不同构造或成矿单元的重要矿种和矿床类型、主要控矿因素、矿产富集规律的不同特点来分析区域找矿潜力和明确找矿方向,并充分结合已有的区域物化探资料进行矿产资源调查评价和勘查,从而进行选区和规划部署,促进找矿突破。

基于研究区的自然地理环境特点、已有工作程度和项目总体目标任务要求,确定本次研究工作的思路是:以现代成矿与找矿地质学理论为指导,以铜、铁、铅锌、钨、锡、金、镍为主要矿种,以沉积变质型铁矿、矽卡岩型铁铜多金属矿、斑岩型铜钼矿、海相火山岩型和喷流-沉积型铜铅锌多金属矿等为主要矿床类型,通过区域成矿地质背景、矿产地质特征、成矿地质条件、成矿规律以及典型矿床解剖研究,建立区域成矿和综合找矿模型;与此同时,通过对工作项目的质量检查、技术指导,组织工作项目成果交流,及时获取成矿带的最新地质矿产工作进展和成果资料,并组织开展与成矿有关的关键地质问题联合攻关研究。在此基础上,对地质、矿产、物探、化探、遥感等多元信息进行综合分析,确定成矿与找矿远景区,优选找矿靶区,提出矿产勘查部署方案建议,最终集成各成矿带工作项目矿产勘查成果,编制项目总体成果报告。其主要技术流程如图0-1,主要技术方法如下。

1. 资料收集与二次开发

系统收集整理以往地质、物探、化探、遥感、矿产勘查和科研成果资料,进行归类整理,填制重要项目

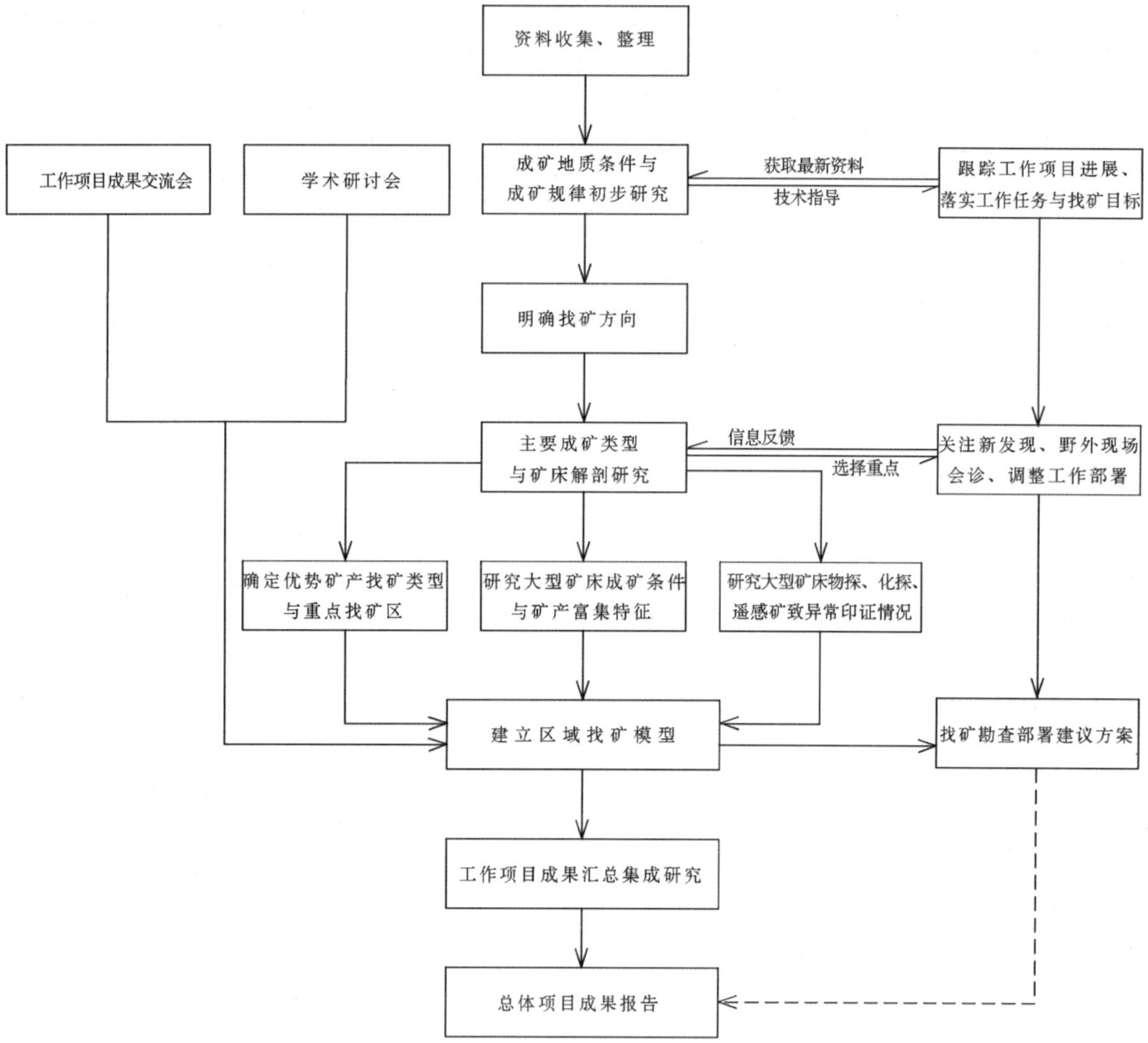

图 0-1　研究工作技术路线图

及成果信息卡片，重点梳理了 1999 年国土资源大调查以来的矿产资源评价工作成果。

2. 项目成果跟踪与质量检查

通过组织“新疆 358”项目中的昆仑-阿尔金成矿带的矿产类项目野外成果质量抽查和技术咨询、指导，以及参与项目成果验收等方式，全面了解区内正在实施的国土资源大调查、中央地质勘查基金和新疆维吾尔自治区地方政府等多渠道资金来源项目的重大新进展和新发现。

3. 综合研究

在前人成果资料的基础上，参考利用近于同步实施的“昆仑-阿尔金成矿带基础地质综合研究”和“全国矿产资源潜力评价”等项目的研究阶段性成果，以及近年来完成的和正在实施的 1∶25 万区域地质调查、1∶5 万区域地质（矿产）调查、矿产资源远景调查评价、矿产勘查类项目成果，综合运用区域岩石学、构造地质学、火山沉积学、同位素地质年代学、区域地球化学和地球物理、区域成矿学等多学科相结合的手段，开展区域成矿地质背景、矿产地质特征、成矿地质条件、成矿规律与成矿预测研究。

在深化研究区域地质构造单元划分及其形成演化的基础上，分析矿区地质特征、矿产分布和富集规律，对成矿带成矿地质单元进行重新划分。通过分析区域构造环境（伸展、挤压、走滑扭动等）、构造岩浆作用、主干断裂性质和成矿源岩建造组成以及变形变质作用等对成矿作用的影响，分析后期构造活动对成矿的改造作用，深入研究各找矿远景区和重要矿集区的成矿地质条件与成矿规律，尤其要探讨祁漫塔格地区不同时代、不同成因类型的花岗岩浆作用对钨锡矿和铁、铜、铅锌多金属矿的控制作用。探讨塔什库尔干地区与布伦阔勒岩群含铁建造有关的沉积变质型铁矿的成矿特征和区域找矿潜力。结合物探、化探、遥感圈定的各类矿致异常，分区块分别提出主要找矿类型、重点地区和找矿方向。根据计划项目主要工作任务与目标，明确勘查重点，联合新疆地勘基金中心（全称为新疆维吾尔自治区地质勘查基金项目管理中心），统一部署地质矿产调查评价和矿产勘查工作。在实施过程中强调理论与实践紧密结合、攻关与服务并重的原则。

4. 图件编制

编制的图件主要包括昆仑-阿尔金成矿带各类工作程度图、区域地质矿产图、主要金属矿产成矿规律图、地质矿产调查评价部署建议图。

5. 找矿模型研建

针对铜、铁、铅锌、钨锡、金、镍等主要矿种，以矽卡岩型、斑岩型、海相火山岩型、沉积变质型等主要矿床类型为重点，开展找矿模型研究建设工作。在系统收集区内典型矿床资料的基础上，通过对一些重点勘查区典型矿床的成矿地质背景、控矿构造、成矿特征的调查研究和适量的岩矿测试，结合物探、化探异常特征和评价标志等，建立区内主要矿床的成矿与找矿模型。

6. 区域成矿潜力分析与成矿远景区圈定

在区域成（控）矿地质条件分析及典型矿床成矿和找矿模型研建的基础上，充分参考利用区域物探、化探资料和找矿新发现、新线索，确定系列成矿远景区，对条件成熟的将进一步圈定找矿靶区。

5年来，项目组穿越了阿尔金山，东、西昆仑山，喀喇昆仑山等高山峡谷区，野外行程3500km，完成路线地质调查300km，考察各类矿床（点）30多个，重点解剖典型矿床12个；采集了大量的岩矿石样品277个，获取了大量的第一手岩矿测试数据；组织成矿带地质找矿研讨会（座谈会）2次，协办成矿带工作项目立项论证、设计评审、成果报告评审会议15次；先后5次组织技术专家共抽查42个工作项目野外工程质量，并进行现场技术指导；编制了包括工作程度图、地质矿产图、成矿规律图、勘查部署建议图等在内的大量基础性图件；提交了各年度成矿带勘查部署建议方案。全面完成了项目的各项任务，达到了项目的预期目的。

本书主要编写人员分工如下：伍跃中负责拟定总体提纲，并具体负责编写前言、第一章区域成矿地质背景、第二章第一节的“（一）阿尔金成矿带划归塔里木成矿省”、第四章祁漫塔格地区区域成矿作用及典型矿床特征、第七章成矿远景预测与矿产勘查部署、第八章主要研究成果及今后工作建议；乔耿彪负责编写第二章成矿单元与成矿系列；陈登辉负责编写第三章塔什库尔干地区铁矿成（控）矿条件与典型矿床特征；王兴安、伍跃中负责编写第五章阿尔金北缘地区成（控）矿条件与典型矿床特征；赵晓健、伍跃中负责编写第六章宝塔山—多宝山一带铅锌矿成矿地质背景与成矿特征。本书中有关区域地球化学及找矿潜力分析的资料主要来自本项目中杨万志等承担的下设专题《新疆昆仑-阿尔金成矿带化探异常特征与靶区优选总结报告》。初稿完成后，由伍跃中统一增删，编纂定稿，另外参与稿件编写和图件修编的人员有王立社、雷永孝、雷学武、段星星、杨万志、隋清霖。

参加项目野外工作的人员有伍跃中、乔耿彪、陈登辉、赵晓健、王立社、雷永孝、段星星、隋清霖、高永宝。参与成矿带工作项目质量检查和技术指导的专家有李文渊、严光生、庄道泽、伍跃中、雷永孝、王磊、李卫东、仇银江、尚海军、冯昌荣、石福品、燕长海等。

项目在实施过程中，始终得到中国地质调查局资源评价部领导、西安地质调查中心李文渊主任、徐学义总工程师、滕家欣副总工程师、李荣社副总工程师等的关心和指导，中心总工办、矿产资源处和各相关部门给予了大力支持与配合，在此一并致以最诚挚的谢意！同时，在此对成矿带各工作项目承担单位给予的配合和帮助表示衷心的感谢！特别要感谢各工作项目负责人和主要技术骨干积极参与成矿带业务研讨和成果交流，大大地丰富了本书的研究内涵，提升了研究水平，强化了研究成果的实用价值！正是长期（特别是最近5年来）战斗在昆仑山巅、雪域高原的几百位地质工作者的辛勤劳动，甚至付出了宝贵的生命，才换来了昆仑-阿尔金成矿带的持续找矿突破，在此对他们致以最崇高的敬意！

笔　者

2016年5月

目　录

第一章　区域成矿地质背景

第一节　研究区位置、交通及自然经济地理

研究区隶属新疆维吾尔自治区，位于塔里木盆地的西南部和东南部边缘，包括西昆仑成矿带、阿尔金成矿带和东昆仑成矿带的西端(图 1-1)。地理坐标：东经 74°00′—93°00′，北纬 34°00′—39°30′，东西长约 1500km，南北宽约 250km，面积约 $30\times10^4 km^2$。

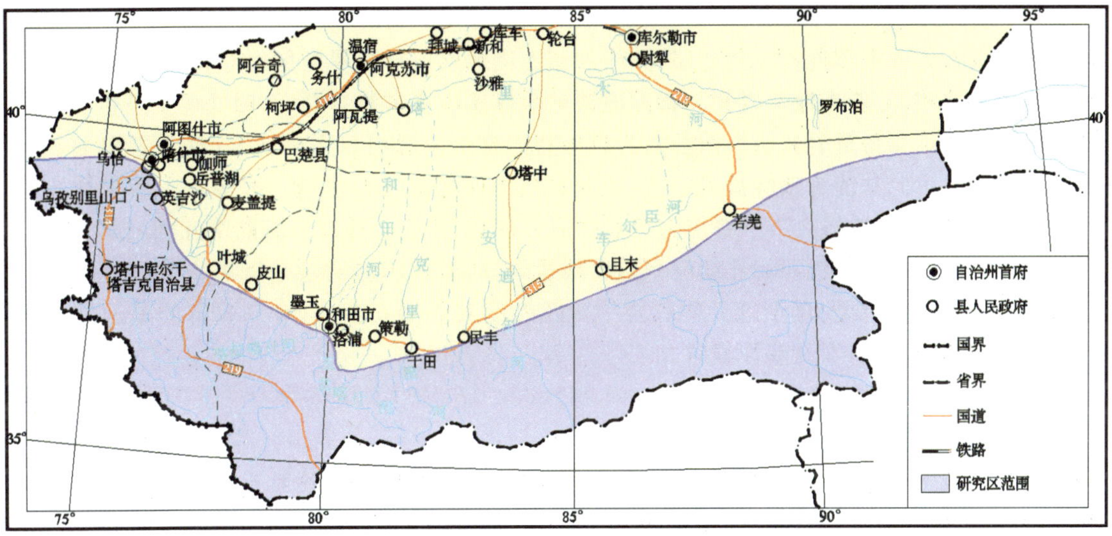

图 1-1　研究区交通位置图

昆仑山脉横亘于研究区内，山势险峻雄伟，切割剧烈，相对高差一般在 1000～2000m 之间，平均海拔 4000～5000m。

区内交通不便，自然地理环境艰险，车辆通行困难，绝大多数地区只能以骆驼和马作为运输工具。部分地区因雪山、冰川、沼泽等影响，人类无法逾越。研究区总体上具有内陆高原干旱、寒冷的气候特征。每年 10 月到次年 4 月为冰冻期，部分地区常年积雪。研究区北部的塔里木盆地南缘、柴达木盆地周边降水量稀少，蒸发量远大于降水量，工作季节七八月份午后常有冰雹和大雪天气。

区内水系主要是发源于西昆仑山主脊的雪山和冰川地貌区，经昆仑山北麓流入塔里木盆地、柴达木盆地的内陆水系，常年流水河流有克孜勒苏河、盖孜河、叶尔羌河、喀拉喀什河、玉龙喀什河、克里雅河、车尔臣河、瓦石峡河等，其流量随季节变化较大。

研究区内人烟稀少，以维吾尔族居民为主，多沿塔里木盆地南缘山前缓坡地带的县城、小镇零散居住。高原山岭地区绝大多数地区无居民点，仅在每年牧草生长季节，有少数游牧民生活，牧民产业以畜牧业为主。

第二节 成矿地质背景

昆仑-阿尔金成矿带处于青藏高原北部边缘，构造上属于泛华夏古陆块群南侧，即特提斯主洋盆（双湖带、南羌塘、班怒带）北部陆缘系统，地质构造演化和成矿作用是特提斯洋与泛华夏古陆（地）块群相互作用的结果（李荣社等，2010）。自北向南涉及塔里木-敦煌陆块、阿尔金构造带、柴达木地块、昆仑构造带、巴颜喀拉褶断带、塔什库尔干陆块、明铁盖陆块等构造单元，依次被红柳沟-拉配泉蛇绿构造混杂岩带、阿尔金南缘蛇绿构造混杂岩带、东昆北断裂带、东昆中断裂带、东昆南断裂带、柯岗断裂带、库地-其曼于特蛇绿构造混杂岩带、苏巴什-柳什塔格蛇绿构造混杂岩带、康西瓦-木孜塔格构造混杂岩带、乌恰-郭扎错构造混杂岩带、塔阿西构造混杂岩带分割（图1-2），特征简述如下。

一、泛华夏古陆块群

研究区涉及塔里木地块南缘铁克里克断隆、敦煌地块南缘北阿尔金地块。

（一）铁克里克断隆

该区主要发育元古宙和晚古生代地层，其中古元古代地层包括赫罗斯坦岩群和埃连卡特岩群，前者变质程度达角闪岩相，后者为绿片岩相。布琼磁铁矿赋存于埃连卡特岩群中，磁铁矿呈条带状构造。长城系赛拉加兹群为细碧角斑岩建造。蓟县系为碳酸盐岩建造。青白口系为泥岩、硅质岩建造。震旦系属冰水沉积建造。中泥盆统为碳酸盐岩建造，上泥盆统为陆相磨拉石建造。石炭系为稳定构造背景的滨浅海碎屑岩-碳酸盐岩建造。下二叠统为海相碎屑岩建造，中上二叠统为海陆交互相或陆相碎屑岩建造。中泥盆统—下二叠统滨浅海相连续沉积的碳酸盐岩、陆源碎屑岩建造是塔里木盆地西南缘铅锌矿的主要含矿层位，矿化主要发育于白云质灰岩中。区内侵入岩不发育，只有元古宙的黑云母二长花岗岩、海西中期的黑云母花岗岩及基性岩脉。

（二）北阿尔金地块

该区沉积建造主要包括新太古代—古元古代海相火山岩（双峰式）-碎屑岩-碳酸盐岩、中新元古代浅海相碎屑岩-碳酸盐岩-火山岩、南华纪火山岩-碎屑岩、奥陶纪碎屑岩-碳酸盐岩、中生代陆相碎屑岩-煤层和新生代陆相碎屑岩-膏盐层沉积建造。出露前寒武纪变质侵入岩（TTG）、碳酸盐岩，晚古生代花岗岩等侵入体。发育新太古代—古元古代变质双峰式火山岩、中新元古代中基性火山岩。该区变质变形强烈。

二、古陆块群南侧陆缘系统

（一）阿尔金造山带

阿尔金造山带包括阿北地块、红柳沟-拉配泉蛇绿构造混杂岩带、阿中地块和阿南蛇绿构造混杂岩带等构造单元。

该区太古宙陆壳以TTG片麻岩和呈大小不等岩块产出的辉石斜长角闪岩、片麻岩、辉石麻粒岩、变粒岩、大理岩等组成，经历了高角闪岩相-麻粒岩相变质，原岩组合与花岗岩-绿岩带接近。古元古代以含石墨矽线石石榴片麻岩、石墨大理岩夹斜长角闪岩、变粒岩为主，其原岩为高镁硫酸岩和砂泥质岩夹火山岩的一套孔兹岩系；中元古代主体为一套弱变质深-浅海相碎屑岩、台地相碳酸盐

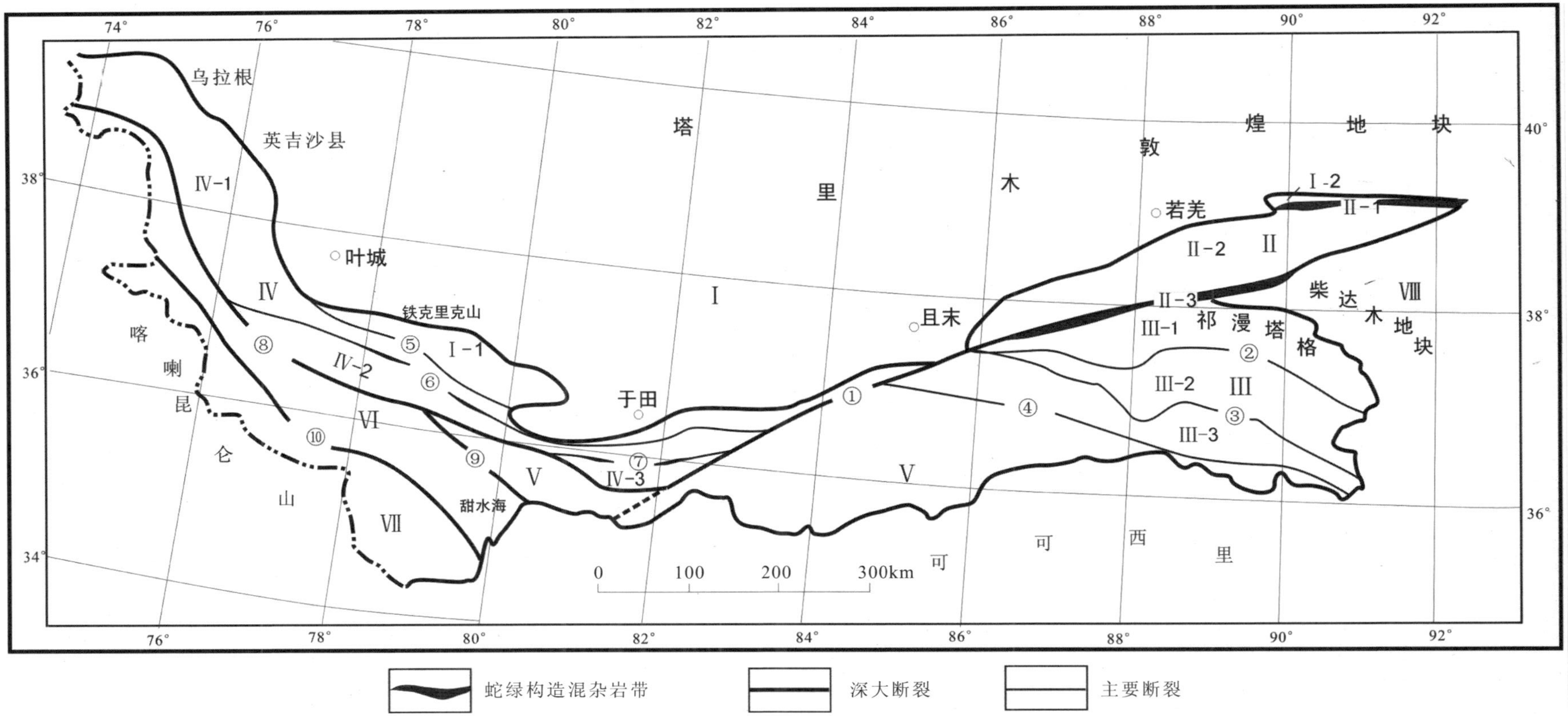

图 1-2 昆仑-阿尔金成矿带构造单元划分图(据西昆仑-阿尔金基础地质综合研究成果报告,2013)

泛华夏古陆块群(塔里木陆块、敦煌陆块):Ⅰ-1.铁克里克断隆;Ⅰ-2.北阿尔金地块

古陆块群南侧陆缘系统:Ⅱ.阿尔金造山带,Ⅱ-1.红柳沟-拉配泉蛇绿构造混杂岩带,Ⅱ-2.阿中地块,Ⅱ-3.阿南蛇绿构造混杂岩带;Ⅲ.东昆仑造山带西段,Ⅲ-1.东昆北-祁漫塔格岩浆弧,Ⅲ-2.东昆中微陆块,Ⅲ-3.东昆南俯冲增生杂岩带;Ⅳ.西昆仑造山带,Ⅳ-1.西昆北岩浆弧,Ⅳ-2.西昆中微陆块,Ⅳ-3.西昆南俯冲增生杂岩带;Ⅴ.巴颜喀拉褶断带;Ⅵ.塔什库尔干-甜水海地块;Ⅶ.明铁盖陆块;Ⅷ.柴达木地块

主要结合带:①阿尔金南缘断裂带;②东昆北断裂带;③东昆中断裂带;④东昆南断裂带;⑤柯岗断裂带;⑥库地-其曼于特蛇绿构造混杂岩带;⑦苏巴什-柳什塔格蛇绿构造混杂岩带;⑧康西瓦-木孜塔格构造混杂岩带;⑨乌恰-郭扎错构造混杂岩带;⑩塔阿西构造混杂岩带

岩，中元古代早期发育非造山的岩浆侵入；新元古代发育榴辉岩和超高压变质岩及基性岩墙群（500Ma）。目前，对阿尔金山出露的前南华纪变质岩系的归属性仍有不同认识，笔者研究认为其应属于塔里木陆块的基底部分（伍跃中，2008；伍跃中等，2008），即阿尔金造山带是阿尔金地块经活化改造后形成的特殊造山带。

南华纪—早古生代时期，阿尔金地块裂解，北部出现了拉配泉-红柳沟裂陷海盆，南部出现了吐拉-茫崖（阿南带）裂陷海盆（乃至有限洋盆），形成寒武纪—奥陶纪巨厚的火山沉积岩系。晚奥陶世裂陷海（洋）盆闭合，形成南、北两条蛇绿构造混杂岩带（或构造混杂岩带）及晚奥陶世—志留纪复理石沉积，同时形成系列火山岩、花岗岩和一套稳定的碳酸盐岩沉积，并在阿南蛇绿构造混杂岩带形成清水泉、长沙沟及木纳布拉克等镁铁—超镁铁质层状基性和超基性杂岩体（李荣社等，2008）。

晚古生代，阿尔金地块整体隆升，仅边缘局部见陆表海沉积。中新生代，阿尔金地区主要表现为差异升降和陆内造山，在其边缘发育含煤建造并发生岩浆活动和走滑推覆作用。

（二）东昆仑造山带西段

对于东昆仑造山带，本次研究区仅涉及其西段即新疆境内部分，包括东昆仑北（祁漫塔格）岩浆弧、东昆中微陆块、东昆南增生杂岩带等次级构造。各次级构造单元之间被蛇绿构造混杂岩带或深大断裂带分隔。

1. 东昆北-祁漫塔格岩浆弧

该区古元古代为角闪岩相-麻粒岩相结晶基底，原岩为一套浅海相碎屑岩-火山岩-碳酸盐岩建造。中新元古代为绿片岩相浅变质盖层沉积，为陆缘裂陷海盆碎屑岩-火山岩-碳酸盐岩建造。其中，白干湖一带石英片岩为钨锡矿的主要矿源层，维宝一带狼牙山组变质碎屑岩-碳酸盐岩是铅锌矿的主要矿源层。早古生代，祁漫塔格地区发生裂解（有限洋盆），主要发育碎屑岩-碳酸盐岩-火山岩建造和碎屑岩-火山岩建造，碎屑岩-火山岩中铁、铜、铅、锌元素相对富集，是重要的含矿层位。晚古生代早期为海陆交互相碎屑岩-火山岩建造，中晚期为浅海相碳酸盐岩-碎屑岩建造。中生代发育陆相火山岩建造。

祁漫塔格地区构造作用强烈，岩浆活动频繁，形成时期包括晋宁期到燕山期的每个构造旋回，超基性、基性到中酸性、酸性各类岩性均有出露，尤以花岗岩类为主，岩体分布受区域构造控制明显。晚古生代基性—超基性岩体与铜镍钴多金属矿化关系密切，而中酸性侵入体与不同层位碳酸盐岩接触则形成矽卡岩型铁多金属矿。中生代发育陆相火山岩和花岗岩类，花岗岩类与不同层位碳酸盐岩的接触地段均发育有矽卡岩型铁多金属矿化。

2. 东昆中微陆块（复合岩浆弧）

东昆中微陆块的沉积建造类型相对简单，与上述祁漫塔格地区较相近，具有以中元古界为结晶基底、新元古界为稳定盖层的二元结构特征。早古生代地层零星分布。晚古生代地层包括泥盆系牦牛山组、石炭系大干沟组等：前者为一套伸展型磨拉石建造，后者属于裂陷海盆碳酸盐岩-碎屑岩建造。中新生代总体发育陆相火山岩-碎屑岩沉积建造。该区侵入岩浆活动频繁，主要集中在海西期—印支期，次为加里东期，零星分布有前寒武纪和燕山期侵入岩。岩石类型以酸性—中酸性分布较广，基性—超基性分布零星，其中晚古生代基性—超基性岩体与铜镍钴多金属矿化关系密切。

3. 东昆南俯冲增生杂岩带

东昆南地区沉积建造类型较为复杂，具有增生杂岩带特征，包括了蛇绿岩与非蛇绿岩两种建造。非蛇绿岩建造包括各个地质时代岩石地层，以古元古界为结晶基底，为一套浅海相碎屑岩-碳酸盐岩建造，发生角闪岩相变质。中元古界为浅变质盖层，为陆缘裂陷海盆碎屑岩-火山岩-碳酸盐岩建造，岩石发生绿片岩相变质。其中碳酸盐岩是昆仑玉的主要赋矿层位。火山岩中铜、金元素背景值较高，为铁、铜、金等多金属矿的主要矿源层和赋矿层位。

早古生代早期为裂陷海盆环境，发育浅海陆棚相碎屑岩-碳酸盐岩沉积，碎屑岩中铜、金成矿元素背景值较高，是铜、金矿的重要矿源层和赋矿地层；早古生代中期为残余弧环境，发育浅海陆棚—半深海相碎屑岩-火山岩-碳酸盐岩沉积建造，碎屑岩和火山岩中铜、金元素的背景值较高，为重要矿源层和赋矿地层；早古生代晚期为前陆盆地环境，发育深海—浅海相碎屑岩沉积。

晚古生代早期为海陆交互相碎屑岩-火山岩-碳酸盐岩建造，中晚期为有限洋—浅海碳酸盐岩-碎屑岩-火山岩建造，火山岩、火山碎屑岩是铜、金矿的主要矿源层和赋矿地层，发育后碰撞-后造山花岗岩侵位，发育不同规模韧性剪切带，常见剪切褶皱、拉伸线理。

中生代早期为海相碎屑岩建造，晚期发育陆相火山岩-碎屑岩建造，同时有基性岩、同碰撞-后碰撞和后造山花岗岩体侵入，挤压走滑、脆性断裂较为发育。新生代主要发育河湖相碎屑岩-火山岩-化学沉积建造，有高钾钙碱性花岗岩侵位，发育陆内造山的各种构造形迹，矿产类型主要为砂金矿、芒硝矿等。

东昆南增生杂岩带中蛇绿岩主要发育于畅流沟—向阳泉、阿其克库勒湖西南侧和木孜塔格—鲸鱼湖一带，多为构造残片保留于构造混杂岩带中。蛇绿岩至少存在晋宁期、加里东期和海西期—印支期3个时代。从区域对比看，该蛇绿岩带向西与苏巴什蛇绿岩、向东与阿尼玛卿蛇绿岩带相连。

东昆南带岩浆侵入活动在西部以晚古生代和新生代为主，东部以晚古生代和中生代为主，整个东昆南地区缺乏早古生代侵入岩。基性—超基性岩仅发育三叠纪侵入岩，零星分布。中酸性侵入岩主要局限在昆中断裂南侧和东昆南断裂北侧附近，多呈岩株产出，岩石类型主要为花岗闪长岩、二长花岗岩，亦有少量的石英闪长岩和闪长岩。

与东昆中微地块、东昆北岩浆弧相比，东昆南带变质变形较强烈，特别是发育不同规模韧性剪切带以及挤压走滑、脆性断裂等。

（三）西昆仑造山带

西昆仑造山带与东昆仑造山带相似，但有一定差异性，自北向南包括西昆北岩浆弧、西昆中微陆块、西昆南俯冲增生杂岩带，以及库地-其曼于特早古生代蛇绿构造混杂岩带、柳什塔格早古生代蛇绿构造混杂岩带和康西瓦晚古生代构造混杂岩带。

1. 西昆北岩浆弧

西昆仑库地-其曼于特（昆北）和柳什塔格（昆中）南北两条蛇绿构造混杂岩带的发育、昆北弧型花岗岩及早古生代不同类型边缘盆地沉积组合，说明该区经历了早古生代区域伸展和消亡的完整过程。

该区上泥盆统广泛发育伸展型红色磨拉石。在吾依塔什—他龙—苏巴什一带下石炭统下部出现陆缘碎屑岩、碳酸盐岩夹石膏层，向上为酸性火山碎屑岩，再向上为双峰式火山岩和蛇绿岩，部分地段出现复理石建造。晚二叠世该地区固结为陆，发育岛弧型花岗岩。石炭纪双峰式火山岩建造是西昆仑重要的块状硫化物矿床的含矿层位。典型矿床有乌依塔什含铜黄铁矿矿床、东部的上其汗含铜黄铁矿矿床以及盖孜南部的特格里曼苏砂岩铜矿床等。

2. 西昆中微陆块

西昆中微陆块位于西昆仑山主脊，呈弧形延伸，为前寒武纪基底出露区。古元古界由各种片岩、片麻岩、混合岩组成，中新元古界为双峰式火山岩类复理石建造和碳酸盐岩建造。

该区发育有大量加里东期闪长岩、石英闪长岩、花岗闪长岩体和海西期以二长花岗岩为主的花岗岩类，以及少数印支期花岗闪长岩、燕山期二长花岗岩小岩体。

该区变质变形强烈，西昆仑玉石矿主要产于中昆仑地块中，受中新元古界碳酸盐岩和侵入其中的碱性花岗岩接触带控制。

3. 西昆南俯冲增生杂岩带

西昆南俯冲增生杂岩带主要分布于东昆仑地区，在苏巴什以西的西昆仑地区被晚古生代苏巴什-康西瓦混杂岩（断裂）带截切而丢失。

（四）巴颜喀拉褶断带

该带中生代沉积建造最为发育，次为晚古生代。

晚古生代仅发育二叠系黄羊岭群，主要分布在寒宿河—玉尔巴扎钦山一带，主要为一套碎屑岩-碳酸盐岩建造，从早到晚沉积环境经历了浅海陆棚→次深海→浅海的演化历程。在西昆仑地区（东、西昆仑造山带接合部位），该地层为锑（金）矿化重要的矿源层和赋矿地层。

中生代三叠纪沉积建造最为发育，包括西长沟组和巴颜喀拉山群，均为海相碎屑岩建造。侏罗系羊曲组与昆南增生杂岩带的羊曲组岩性组合相似，为一套含煤碎屑岩建造。新生代建造特征与昆南增生杂岩带相似。

该带岩浆活动较弱，火山岩和侵入岩仅零星分布。其中，火山岩在新生代最为发育，为陆相中基性、中酸性火山岩，属高钾钙碱性和钾玄系列岩石。侵入岩主要发育高钾钙碱性岩石系列中酸性花岗岩类，形成于三叠纪、侏罗纪，与铜矿化关系密切。

（五）塔什库尔干-甜水海地块

该地块各时代地层几乎都有出露，以前寒武纪和古生代地层为主。古元古界布伦阔勒岩群由各种片岩、片麻岩夹角闪片岩、大理岩组成。长城系由石英片岩、千枚岩、大理岩组成。寒武系—奥陶系为浅变质碎屑岩-火山岩-碳酸盐岩建造。志留系为半深海相碎屑岩碳酸盐岩建造，夹含放射虫硅质岩，厚度达 3000～6000m。泥盆系分布范围小，为汇聚阶段的陆源碎屑岩-碳酸盐岩建造。石炭系—二叠系具陆缘海盆性质，发育次稳定型碎屑岩-碳酸盐岩-火山岩建造。

侵入岩主要分布在北部地区，以海西期为主。加里东期为片麻状石英闪长岩、碱性正长岩、花岗正长岩；海西期为闪长岩、斜长花岗岩、钾长花岗岩；印支期为花岗闪长岩、二长花岗岩、钾长花岗岩；燕山期为花岗闪长岩、花岗岩、二长花岗岩。各期花岗岩均属钙碱性系列，并具有准原地型钾长花岗岩化的活化特征。

该区是西昆仑重要的铁矿产出区，矿床类型主要为沉积变质型磁铁矿矿床、沉积改造型菱铁矿矿床。

（六）明铁盖地块

该地块从古元古代至中生代地层均有出露，以晚古生代和中新生代地层最为发育。古元古界沙尔别列达坂岩群被初步厘定为明铁盖陆块的基底岩系，南华系库下艾尔组为其盖层；二叠系为浅海相碳酸盐岩-碎屑岩建造；三叠系为浅海相复理石（托和平措群、河尾滩组）建造；侏罗系为滨浅海相碳酸盐岩夹碎屑岩、火山岩（龙山组）建造；白垩系下部为陆相碎屑岩，上部为浅海相碳酸盐岩（铁隆滩群）建造；新生界为陆相碎屑岩、火山岩和化学沉积建造。

该区中酸性侵入岩广泛发育，燕山期为碰撞后花岗闪长岩、二长花岗岩，喜马拉雅期为碰撞后二长花岗岩。

三、重要构造结合带

分隔上述各构造单元及其次级单元的重要结合带主要有阿尔金北缘的红柳沟-拉配泉蛇绿构造混杂岩带、阿尔金南缘阿帕-茫崖蛇绿构造混杂岩带、柯岗断裂带、库地-其曼于特蛇绿构造混杂岩带、乌妥-诺木洪-朝阳沟-柳什塔格蛇绿构造混杂岩带、康西瓦-苏巴什-阿尼玛卿蛇绿构造混杂岩带、乌恰-郭扎错构造混杂岩带、塔阿西构造混杂岩带等。这些结合带特别是蛇绿构造混杂岩带是不同地质历史时期重大地质事件的代表，有着不同的动力学机制，它们往往是构造岩浆活动最为强烈的地区，同时也是多期复合叠加成矿作用最活跃的地区。现择要将其特征简要介绍如下。

1. 红柳沟-拉配泉蛇绿构造混杂岩带

该混杂岩带近东西向展布，其北部为大型韧性剪切带，南部为近东西向的古生代蛇绿混杂岩和中酸性侵入体。蛇绿混杂岩由枕状玄武岩、块状玄武岩、硅质岩及大量呈构造残块带状展布的超镁铁—镁铁质岩块组成，并分布有较多的辉绿岩块。该带裂解至少在新元古代(蛇绿岩块中玄武岩-辉长岩 Sm-Nd 等时线年龄为 829±60Ma)，强烈活动于早古生代(在贝克滩东侧高压变质泥岩中多硅白云母 Ar-Ar 年龄为 574.7±2.5Ma)。

2. 阿帕-茫崖构造混杂岩带(亦称阿尔金南缘构造混杂岩带)

该混杂岩带由一系列韧性—脆韧性逆冲断层组成，构造混杂岩带以古生代海相火山-沉积岩为主，分布有基性、超基性岩块和中酸性岩体。在茫崖一带混杂带的构造块体由蛇纹石化橄榄岩、辉长岩、玄武岩、硅质岩、黑云母斜长片麻岩、石英片岩、白云质大理岩等组成，基质是构造片岩、强劈理化糜棱岩化砂岩、凝灰岩，总体呈现出多块体、少基质特点。该带具有多期活动记录。

3. 库地-其曼于特-都兰新元古代—早古生代蛇绿构造混杂带

该混杂岩带简称昆北混杂岩带。沿该带断续残留有库地蛇绿岩，其曼于特蛇绿岩，朝阳沟、嘎勒赛基性—超基性层状杂岩，黑山蛇绿岩等。其可能于志留纪末期构造就位。

4. 乌妥-诺木洪-朝阳沟-柳什塔格中新元古代—早古生代蛇绿构造混杂岩带

该混杂岩带简称昆中构造混杂岩带。带内镁铁—超镁铁质岩按形成时代和混杂带所卷入地层可分为两类：一是混杂于前寒纪深变质岩系之中的镁铁—超镁铁岩，有吉日迈、清水泉、哈拉郭勒、忠阳山、畅流沟及西昆仑变质基性火山岩，形成时限介于 1482～1480Ma；二是与纳赤台岩群火山-碎屑岩相关的镁铁—超镁铁岩，断续出露在东昆仑的昆南早古生代增生楔杂岩带内，向西在阿其克库勒湖以西的朝阳沟一带与昆北蛇绿构造混杂岩带空间上重合，过库牙克断裂，在西昆仑断续出露于苏巴什以北的柳什塔格主峰一带。从区域上泥盆纪复理石沉积发育特征分析，其构造就位的时间应该在志留纪—早泥盆世。

5. 康西瓦-苏巴什-阿尼玛卿晚古生代缝合带

该带物质组成以晚古生代蛇绿岩、洋岛等洋盆沉积及相关的边缘沉积建造为主体。早古生代蛇绿岩残块零星出露于东昆仑得力斯坦沟一带，由蛇纹岩、方辉橄榄岩、橄榄岩、纯橄岩、辉石橄榄岩、辉长岩、玄武岩和辉绿岩墙构成。围岩为石炭系—二叠系碎屑复理石。晚古生代蛇绿岩(或蛇绿混杂岩)主要发育在西昆仑苏巴什、东昆仑可支塔格、木孜塔格、库赛湖、阿拉克湖—冬给措拉湖、阿尼玛卿等地，呈透镜状产出，同位素年龄(365±15)～(340±11.6)Ma。

6. 塔阿西构造混杂岩带

该带是喀喇昆仑区的一条重要结合带，由浅变质火山岩岩块、大理岩岩块、变质杂岩，以及基质为浅变质碎屑岩、碳板岩、硅质岩组成，混杂岩带中地质体时代从寒武纪到志留纪均可见。

第三节　区域地球物理特征

一、区域重力场特征

由布格重力异常图(图 1-3)可知，昆仑-阿尔金成矿带处于规模巨大的、呈倒“S”形展布的布格重力异常梯级带，总趋势北高南低，说明该区地壳、上地幔物质密度分布不均，是地表褶皱造山隆起带和相应的深大断裂带的综合反映。研究区不同地区、不同时代形成的深大断裂往往具有长期活动的特点，受这些深大断裂的影响，往往有利于矿液运移和富集，因而布格重力异常梯级带上的深断裂与内生金属成矿关系非常密切，梯级带转弯处常见矿床(点)分布。

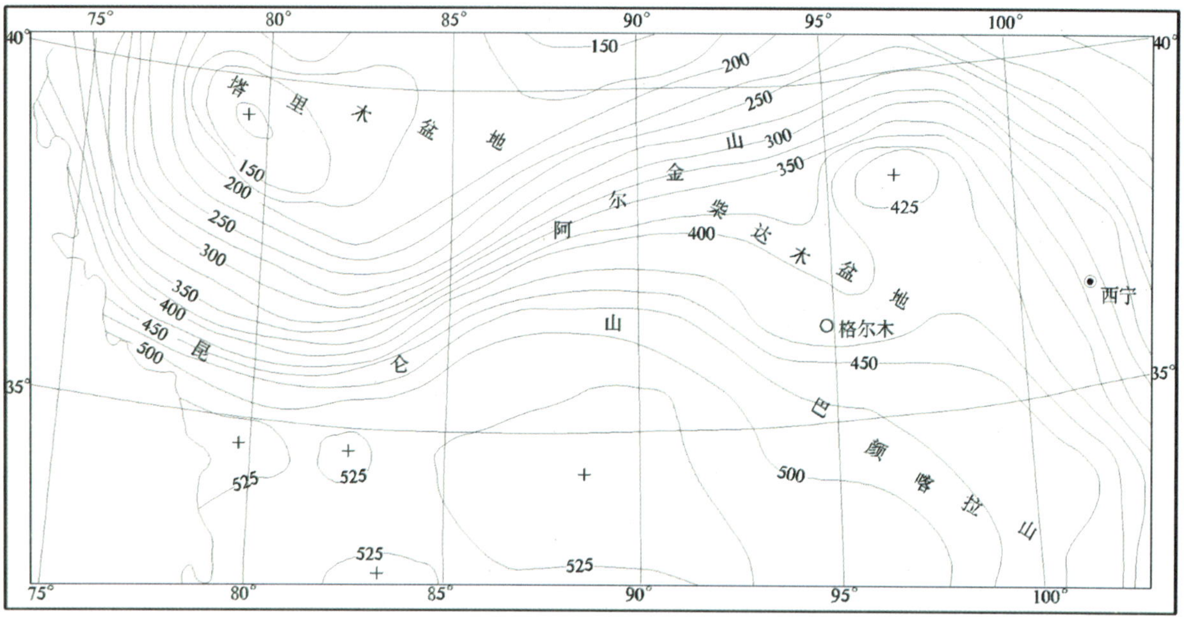

图 1-3　昆仑-阿尔金及邻区布格重力异常图(殷秀华等，1979)

二、区域磁场特征

昆仑-阿尔金成矿带及邻区磁力异常图(图 1-4)显示，塔里木盆地南部由数条相互平行的北东向正磁异常带组成，并被西昆仑山北西走向的磁异常带所截，异常宽度为 60～100km。阿尔金地区航磁异常以正异常为主，沿北东东向呈岛状分布，与区域构造线方向近于一致，与岩石、地层单位耦合关系较好。上述区域性大范围分布的正磁异常主要是古老微陆块结晶基底的反映，另一些小规模正异常则是基性、超基性岩体或磁性矿(化)体的反映。

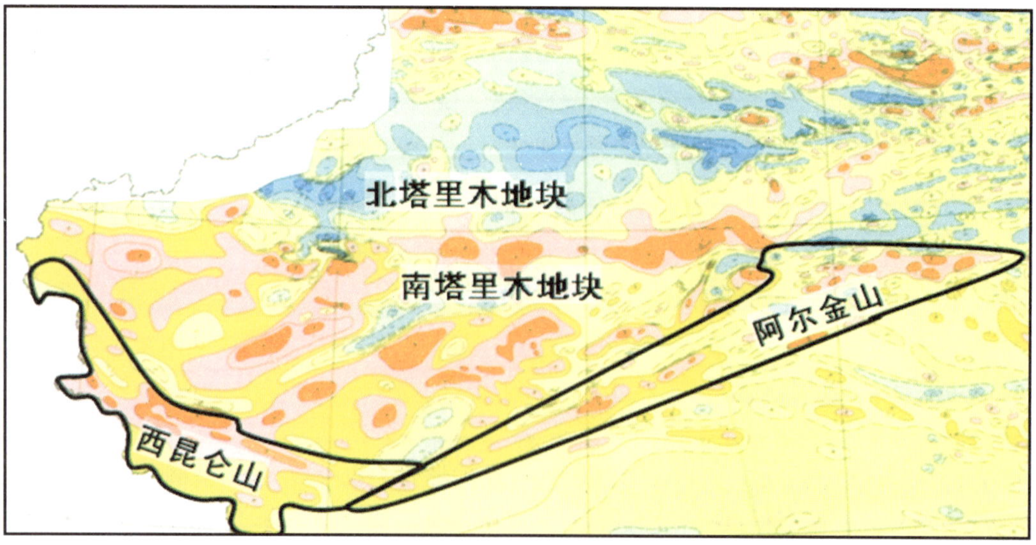

图 1-4　昆仑-阿尔金成矿带及邻区磁力异常图(据朱英，2004 修改)

第四节　区域地球化学特征

西昆仑地区水系沉积物中39种元素含量与全国高寒山区相比，其大多数元素含量高于全国高寒山区的元素含量水平。以全国高寒山区的元素含量平均值为标准，计算各元素的相对富集系数（新疆西昆仑/全国高寒山区），西昆仑地区大于1.1的元素（氧化物）依次为Hg、CaO、Sr、Mn、Mo、Sb、MgO、Na_2O、Cu、Fe_2O_3、Ni、Co等14种。相对富集系数最大的元素是Hg，为2.67；其他元素如Mo为1.36，Sb为1.35，Cu为1.17，属明显富集的元素；小于0.9的7种元素依次为Y、Ti、Ag、Be、Sn、W、Zr，相对富集系数在0.70～0.89之间；Au、Pb、Zn等元素相对富集系数在0.9～1.1之间。

阿尔金地区水系沉积物中39种元素（氧化物）含量与全国水系沉积物几何平均值比，明显高的元素（氧化物）是MgO、CaO、Na_2O、Cr、Ni、Sr、Ba、Mo、Bi，其中CaO是全国平均值的4倍以上，Na_2O是全国平均值的2倍；明显低（低10%以上）的元素（氧化物）是Cu、Pb、Zn、Ag、Cd、Sb、Hg、Co、V、Ti、Mn、SiO_2、Zr、B；其他元素大体相当。表明阿尔金山地区处在高MgO、CaO、Na_2O，低SiO_2的地球化学环境中，主要元素Cu、Pb、Zn、Ag总体贫化，Au背景水平相当。

现根据1∶50万化探成果，将铜、铅、锌、钨、金、铁、镍、钴等主要成矿元素地球化学特征（图1-5、图1-6）分述如下。

一、铜异常

全区共圈定铜异常77个，异常区面积累计40 668km^2，单个异常面积27～4430km^2，异常极大值$32.8\times10^{-6}\sim697\times10^{-6}$，异常平均值$32.4\times10^{-6}\sim100.8\times10^{-6}$。异常规模大于1000$km^2$的异常有10个，面积从大到小依次为Cu-42（托满）、Cu-46（木孜塔格东）、Cu-69（岔路口）、Cu-44（麻扎）、Cu-43（柯西）、Cu-51（木孜塔格西）、Cu-08（恰尔隆）、Cu-29（库木布彦山西）、Cu-03（乌孜别里山口）、Cu-01（巴什库尔干）。三级浓度带明显的异常从西往东包括乌孜别里山口异常、布伦口异常、麻扎异常、托满异常、岔路口异常、皮希盖异常、上其汗异常、柯西异常、秦布拉克异常、木孜塔格异常及库木布彦异常带上的多个异常。

铜异常大体与构造线方向一致，呈带状分布，东昆仑及阿尔金地区铜异常总体呈北东东向带状展布，西昆仑地区铜异常则呈北西西向或近南北向分布。

木孜塔格异常带除铜异常外，还有铅、锌、铁族及锑、汞异常等。柯西异常带的典型特征是钼异常发育，其强度和规模与铜异常相当，元素组合复杂，卡特里西铜矿位于异常带东部。吐拉异常带沿阿尔金南缘断裂分布，具有西强东弱的特征。塔木其异常带则与铁族元素异常共存。库木布彦山异常带呈北东东向延伸，有4个明显的浓集中心。西部边界地区的乌孜别里山口异常东、西两端未封闭，延出境外。布伦口异常与卡拉玛铜矿对应。中巴公路南部的西若异常与柯西异常带类似，与钼异常对应。

二、铅异常

全区圈定铅异常74个，异常区面积累计42 711km^2，单个异常面积27～10 010km^2，异常极大值$24.5\times10^{-6}\sim1200\times10^{-6}$，异常平均值$22.9\times10^{-6}\sim134.2\times10^{-6}$。规模大于1000$km^2$的异常有10个，面积从大到小依次为Pb-69（岔路口）、Pb-63（黄羊岭西）、Pb-05（石棉矿）、Pb-23（库木布彦山）、Pb-30（土窑洞）、Pb-74（温泉）、Pb-49（木孜塔格东）、Pb-61（大红柳滩）、Pb-50（木孜塔格西）、Pb-13（塔什库尔干西）。

西昆仑地区：新藏公路西南的岔路口异常带连续而稳定，呈北西西向沿阿克赛钦古生代陆缘盆地与喀喇昆仑中生代陆缘盆地的结合部位延伸，面积达 10 010km^2，且与锌、镉、汞等异常重合，局部叠加铜、锑、锂及铁族元素异常。岔路口异常带的北部有黑恰、大红柳滩铅异常，南部有温泉铅异常。塔什库尔干西的铅异常大部分位于喜马拉雅期碱性侵入岩区，与放射性元素异常及锶、钡等异常相联系。几个独立的异常如库斯拉普异常对应卡兰古铅锌矿，瓦卡、峡南桥和麻扎大拉异常均已发现铅锌矿化。

东昆仑及阿尔金地区：木孜塔格铅异常区浓集趋势明显，该区还存在铜、锌、锑、汞及铁族元素异常。祁漫塔格东段新疆-青海边界附近的土窑洞异常元素组合除锌、镉外，局部叠加钨、锡。该异常区已发现具大型远景的维宝铅锌矿及攀龙峰铁多金属矿。阿尔金北坡的石棉矿异常和黄羊岭西异常区，强度较弱，推测独立的找矿意义不大。

三、锌异常

全区圈定锌异常 71 个，异常区面积累计 40 646km^2，单个异常面积 41～5365km^2，异常极大值 $80\times10^{-6}\sim969\times10^{-6}$，异常平均值 $79\times10^{-6}\sim296\times10^{-6}$。规模大于 1000km^2 的异常有 12 个，面积从大到小依次为 Zn－56(黑恰—神仙湾)、Zn－44(木孜塔格东)、Zn－45(柯西)、Zn－47(木孜塔格西)、Zn－52(刀锋山南)、Zn－06(乌孜别里山口)、Zn－67(岔路口)、Zn－71(温泉)、Zn－41(麻扎大拉)、Zn－66(克里雅山口北东)、Zn－59(红山顶西)、Zn－70(岔路口东)。

锌异常的区域性分布特征明显(图 1－6)。神仙湾、岔路口及岔路口东异常，与岔路口铅异常重叠，呈北西西向沿阿克赛钦古生代陆缘盆地与喀喇昆仑中生代陆缘盆地的结合部位延伸。木孜塔格异常带还有铜、铅、锑、汞及铁族元素异常，该带异常从东向西异常规模减小、异常强度减弱的趋势明显。柯西锌异常东部主体与该区的铜异常区一致，西端进入上其汗铜异常区，说明该区与锌异常关系密切的是铜而不是铅，推测与中基性火山岩有关，指示该区具有寻找火山岩型铜锌矿的前景。上述异常带三级浓度带明显。其他还有零星分布于祁漫塔格东部的土窑洞、中部的库木布彦和阿尔金北带的喀腊达坂一带的锌异常。

四、钨异常

全区圈定钨异常 86 个，异常区面积累计 42 645km^2，单个异常面积 13～5590km^2，异常极大值 $2.9\times10^{-6}\sim260\times10^{-6}$，异常平均值 $2.5\times10^{-6}\sim11.0\times10^{-6}$。规模大于 1000km^2 的异常有 9 个，面积从大到小依次为 W－50(月牙河)、W－41(红其拉甫)、W－09(公格尔)、W－40(大同)、W－29(秦布拉克)、W－20(塔什库尔干西)、W－51(且地塔格西)、W－53(峡南桥)、W－39(土窑洞)。

钨异常主要分布在且末—木孜塔格一线以东和叶城—麻扎一线以西地区，即昆仑-阿尔金成矿带的东、西两翼，异常的三级浓度带也很清晰。中间广大地区异常分散而零星。

西昆仑钨异常呈北北西向带状展布，规模最大的是沿布伦口、大同、西合休、赛图拉、康西瓦北一线分布，长近 500km，对应构造单元为慕士塔格山地块和昆中微地块。其西侧为塔什库尔干-达不达异常带，再往西是明铁盖异常。3 条钨异常带呈北北西向近平行分布，异常强度具有由东向西增大、中段强两端弱的变化趋势。其中，明铁盖钨异常同时伴随高强度锡异常，且已发现产于燕山期花岗岩内接触带中的明铁盖石英脉型黑钨矿。

东昆仑钨异常大体可以分成两带一区，即沿阿尔金山北坡延伸的秦布拉克-苏吾什杰-巴什库尔干异常带和沿祁漫塔格山延伸的库木布彦-鸭子泉-土窑洞异常带以及月牙河异常区。其中，祁漫塔格异常带有白干湖和土窑洞两个显著浓集中心，前者已发现大型白干湖钨锡矿，后者具有寻找锡石硫化物矿床的前景。

五、金异常

全区圈定金异常108个，异常区面积累计42 618km^2，单个异常面积41～4293km^2，异常极大值2.1×10^{-9}～290×10^{-9}，异常平均值1.92×10^{-9}～10.70×10^{-9}。规模大于1000km^{2}的异常有11个，面积从大到小依次为Au-64（木孜塔格东北）、Au-03（索尔库里）、Au-14（布伦口）、Au-04（米兰东南）、Au-101（大红柳滩西南）、Au-76（柯西）、Au-45（金水河东）、Au-63（喀帕）、Au-55（克里阳南）、Au-28（瓦卡）、Au-86（上其汗）。

西昆仑主要金异常集中区有布伦口、瓦卡、明铁盖、西合休、克里阳南和大红柳滩西南、喀拉塔什山。其中，以布伦口金异常区规模最大，异常也最集中，位于该异常区的卡拉玛铜矿普遍伴生金；喀拉塔什山金异常区除东部的上其汗异常规模较大外，其余异常规模接近，在空间上分布较为均衡，且多具三级浓度分带。

东昆仑的金异常主要有阿其克库勒和柯西—阿羌一线。前者规模较大，连续性好，该区是新疆昆仑山最为重要的砂金产区；后者与这一地区的铜、钼异常联系紧密，推测主体可能与斑岩型矿产有关。此外，在嘎斯煤田有多个金异常。

阿尔金北带的金异常，西北已进入第四系，在索尔库里和巴什库尔干异常区均已发现金矿化，索尔库里的大平沟金矿产于深变质岩中，巴什库尔干的金矿产于黑色岩系中。

上述金异常具有分片集中分布的特点，且三级浓度带明显，是下一步金矿找矿的重点地区。

六、铁异常

全区圈定氧化铁异常87个，异常区面积累计40 094km^2，单个异常面积24～4962km^2，异常极大值5.5%～24.86%，异常平均值5.42%～10.61%。规模大于1000km^{2}的异常有11个，面积从大到小依次为Fe-61（木孜塔格西）、Fe-39（托满）、Fe-42（麻扎）、Fe-46（木孜塔格东）、Fe-24（达不达）、Fe-79（岔路口）、Fe-35（克里阳南）、Fe-71（红山顶西）、Fe-36（喀帕）、Fe-19（吐拉东）、Fe-22（秦布拉克）。

铁异常大体与构造线方向一致呈带状分布。东昆仑主要铁异常有木孜塔格异常带、吐拉-嘎斯煤田异常带、皮希盖异常带、喀帕异常带和乌斯腾塔格异常区。木孜塔格异常带规模最大、延伸最稳定，与该区铜、铅、锌、汞等异常相联系，构成多元素异常带，因工作程度低，目前基本无找矿发现。吐拉-嘎斯煤田异常带与阿尔金南缘断裂走向一致，西部浓集区就是东昆仑最大的铁矿迪木那里克铁矿区。其余较大规模的异常有秦布拉克异常、巴什库尔干异常、阿尔喀山异常和上其汗异常。

西昆仑最为显著的两个铁异常区带是托满异常带和达不达异常区。前者处于北昆仑古生代复合沟弧带，延伸与区域构造线方向一致，与这一地区的中基性火山岩相联系；后者位于慕士塔格地块与阿克赛钦古生代陆缘盆地的结合部位，已发现赞坎、老并、叶里克、赞坎东等多个大型沉积变质型磁铁矿矿床。其次为麻扎异常，该带已发现黑恰菱铁矿矿床等多处铁矿。其他有布伦口南异常，异常是切列克其铁矿产区，以及在克里阳南异常东部边缘发现布琼铁矿等。

上述规模较大的地区往往异常三级浓度带明显，对铁矿找矿有指示意义。

七、镍异常

全区圈定镍异常65个，异常区面积累计40 937km^2，单个异常面积44～5215km^2，异常极大值36×10^{-6}～829×10^{-6}，异常平均值31.8×10^{-6}～91.3×10^{-6}。规模大于1000km^{2}的异常有10个，面积从大到小依次为Ni-36（托满）、Ni-56（阿什库勒）、Ni-58（岔路口）、Ni-39（木孜塔格）、Ni-31（喀帕）、

Ni－01(红柳沟)、Ni－19(秦布拉克)、Ni－10(清水泉)、Ni－65(温泉)、Ni－07(嘎斯煤田东)。

西昆仑东段北部的托满异常区同时也是铜和铁族元素共同富集区。西昆仑东段南部的岔路口异常同样有铜的富集，并叠加在新疆最大的铅锌镉富集带上。西昆仑其他几个规模不大、浓度分带清晰的异常对应超基性岩分布区。

阿尔金南缘断裂带镍异常集中分布在秦布拉克和吐拉-嘎斯煤田等地区，镍异常集中程度高。阿尔金山北缘有红柳沟异常区。

东昆仑有喀拉塔什山、喀帕、木孜塔格和阿尔喀山异常区。喀拉塔什山异常区规模最大，是超基性岩最为集中分布的区域，从北往南分布 3 条规模较大的超基性岩带；喀帕异常区，强度相对较弱，包括北、南两个超基性岩带，出露规模较小；木孜塔格异常区与鲸鱼湖断裂带上集中分布的超基性岩区对应；阿尔喀山地区的镍异常规模较大，但强度相对较低，目前未发现超基性岩出露。

三级浓度带明显异常有科岗、库地、托满、岔路口、慕士山、阿什库勒、康赛因、秦布拉克、木孜塔格、清水泉、嘎斯煤田东和红柳沟异常，它们多为基性、超基性岩分布区。该类异常是否具有找矿意义，需结合具体地质情况进一步分析判断。

八、钴异常

全区圈定钴异常 73 个，异常区面积累计 40 590km^2，单个异常面积 40～6394km^2，异常极大值 14.1×10^{-6}～101×10^{-6}，异常平均值 13.7×10^{-6}～25.1×10^{-6}。规模大于 1000km^2 的异常有 11 个，面积从大到小依次为 Co－38(托满)、Co－37(柯西)、Co－04(乌孜别里山口)、Co－41(木孜塔格)、Co－52(皮希盖)、Co－67(岔路口)、Co－02(红柳沟)、Co－21(秦布拉克)、Co－09(嘎斯煤田)、Co－15(吐拉东)、Co－62(阿什库勒)。

在东昆仑和阿尔金地区，钴异常与镍异常的分布基本相似，最大的不同在于：首先，迪木那里克铁矿镍异常弱小而钴异常明显；其次，木孜塔格的钴异常继续向西延伸，而镍异常仅在木孜塔格地区出现。

西昆仑地区钴异常与镍异常除了与托满异常区相似外，与其他地区差异较大。塔什库尔干铁矿集中区钴异常显著且具三级浓度带，而镍异常小且分布零星，结合东昆仑迪木那里克铁矿区的情况，可知铁矿区钴异常明显而镍异常弱小。岔路口地区的钴异常比该区的镍异常弱得多，范围也小。同时，西昆仑钴异常还出现在麻扎—塔吐鲁沟和乌孜别里山口地区。总的来看，昆仑-阿尔金成矿带的钴异常一方面与该带超基性岩带有联系，另一方面铁矿区钴异常发育，具有指示铁矿的意义。

除了上述几种成矿元素外，汞、锑也是昆仑-阿尔金成矿带的特征富集元素，其特征类似铅，集中大面积强烈富集。汞的大面积富集区有两个：一个位于南部的乔戈里—神仙湾—岔路口一线，与这一地区铅锌的富集区大体一致；一个位于东部的黄羊岭—木孜塔格一线，与这一地区锑的富集区基本同位。锑只有一个显著富集带，位于库牙克断裂东南的黄羊岭地区。汞锑的富集区都具备或接近地球化学巨省规模，蕴藏着巨大的找矿潜力。

第二章　成矿单元与成矿系列

第一节　成矿地质单元

成矿单元是具有较丰富矿产资源及潜力的成矿地质单元，通常划分为5级：Ⅰ级——全球性的成矿域；Ⅱ级——区域性的成矿省；Ⅲ级——成矿省内较大级别、相对独立的成矿区带；Ⅳ级——成矿亚区带；Ⅴ级——矿田和远景区（徐志刚等，2008）。成矿单元的划分和成矿特征总结是矿产勘查与预测评价的基础。

一、成矿单元划分原则及方法

在成矿单元划分中，Ⅰ级成矿单元——全球性成矿域，受控于全球性的洋、陆格局及其地球动力学体系，可分出与古亚洲、特提斯和滨太平洋三大构造域相对应的三大成矿域，再考虑到秦祁昆巨型造山系的宏大规模及该造山系在中国地壳演化和成矿作用中的重要性，才特地分出秦祁昆成矿域（徐志刚等，2008）。Ⅱ级成矿单元——区域性成矿省，原则上对应一个板块范围，但秦祁昆成矿域因巨型造山系组成的特殊性而分出昆仑成矿省、祁连成矿省、秦岭成矿省。Ⅲ级成矿单元——成矿省内的成矿区带，一般按地块与周缘造山带各自范围划定，但同时考虑较大地块边部晚期造山隆起，而地块中心盆地常常为中新生代沉积覆盖，导致矿产分布特色不同，因此进一步划分，例如塔里木（盆地）成矿区、铁克里克（隆起）成矿带等。Ⅳ级成矿单元——成矿亚区带，在各成矿区带内，往往具有主导的成矿地质环境、地质演化历史及与之相应的区域成矿作用，其内各类矿床组合有规律地集中分布，因此以明显的地层、构造和岩浆岩带及相关的成矿条件分析来划分，进一步具体考虑各地段的具体地质情况。其编号在Ⅲ级单元（成矿区带）的基础上进行，具体为“Ⅳ级标志＋所属Ⅲ级单元号＋Ⅳ级序号”，例如Ⅳ-17①、Ⅳ-17②。

二、成矿单元划分方案

按照以上划分原则和编号命名方法，在继承徐志刚等（2008）发布的中国成矿单元Ⅰ级（成矿域）、Ⅱ级（成矿省）、Ⅲ级（成矿区带）划分方案的基础上，结合董连慧等（2010）在新疆成矿单元划分方案中对Ⅳ级成矿亚带划分的最新研究成果，笔者对新疆昆仑-阿尔金成矿带的重要成矿带划分界线进行了修正，重新对该区的Ⅳ级成矿单元进行了统一编号，完成了成矿单元的划分（图2-1，表2-1）。

本次成矿单元划分在参照前人划分方案的基础上，根据区域构造背景和地质演化规律对阿尔金成矿带、西昆仑成矿带和喀喇昆仑成矿带的归属进行了重新厘定。

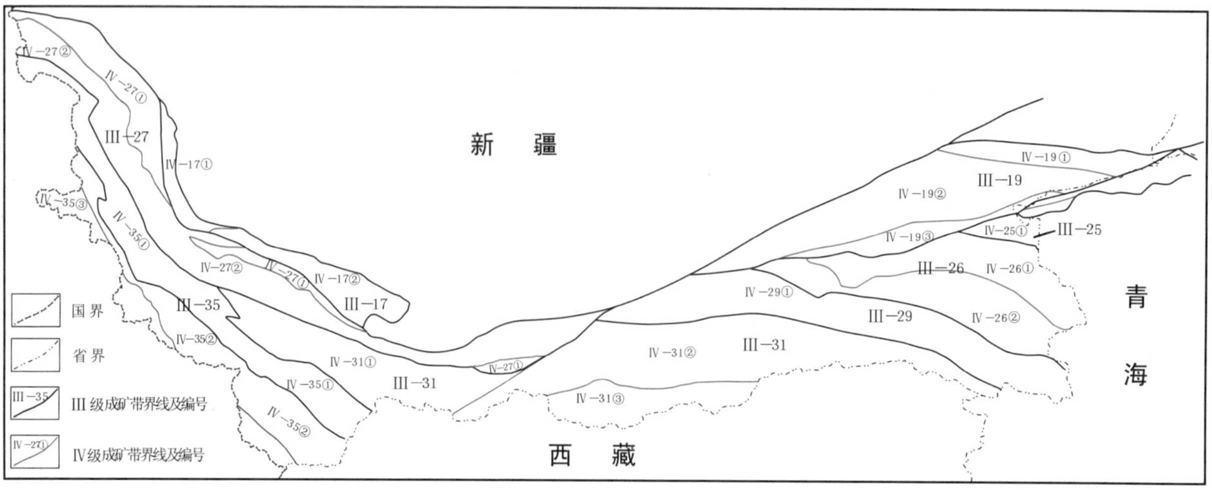

图 2-1　新疆昆仑-阿尔金成矿带成矿单元划分简图

表 2-1　新疆昆仑-阿尔金成矿带成矿单元划分一览表

Ⅰ级成矿域	Ⅱ级成矿省	Ⅲ级成矿区带	Ⅳ级成矿亚区带
Ⅰ-1古亚洲成矿域	Ⅱ-4塔里木成矿省	Ⅲ-17 铁克里克(陆缘地块)Fe-Au-Pb-Zn-水晶-煤-石膏-自然硫-重晶石成矿带(Pt;$V_{\text{e-m}}$;Mz;Kz)	Ⅳ-17① 塔木(裂陷)Pb-Zn-Au-U-煤矿带($V_{\text{e-m}}$;Mz;Kz)
			Ⅳ-17②布穹(陆缘地块)Fe-Mn-Au-Pb-Zn-煤-石膏-自然硫-重晶石矿带(Pt;$V_{\text{e-m}}$;Mz;Kz)
		Ⅲ-19 阿尔金(陆缘地块)Fe-Pb-Zn-Cu-Au-Ag-Ni-V-Ti-Cr-RM-REE-石棉-玉石-白云母-白云岩-石英岩-盐类成矿带(An—∈;Pz_1;C)	Ⅳ-19①红柳沟-喀腊大湾(裂谷)Fe-Pb-Zn-Cu-Au-Cr-REE-Ag-白云母-昆仑玉-盐类矿带(Pz_1;C;Q)
			Ⅳ-19②阿尔金(陆缘地块)Fe-Au-RM-石棉-玉石-白云母-白云岩-石英岩-石膏矿带(An—∈;Pz_1)
			Ⅳ-19③迪木那里克-苏巴里克(裂陷槽)Fe-Cu-Ni-V-Ti-石棉-煤-硫铁矿矿带(Pz_1;C;J;Q)
Ⅰ-2秦祁昆成矿域	Ⅱ-6昆仑成矿省	Ⅲ-25 柴达木盆地(地块)Li-B-K-Na-Mg-盐类-石膏-石油-天然气成矿区(Kz)	Ⅳ-25①乌尊硝(地块)盐类(钾盐)矿带(区)(Kz)
		Ⅲ-26 东昆仑(弧盆系)W-Sn-Pb-Zn-Cu-Au-Fe-V-Ti-萤石-煤矿-盐类成矿带(Pt;C_m;$V_{\text{m-l}}$;J;I;Q)	Ⅳ-26①祁漫塔格(复合沟弧带)W-Sn-Pb-Zn-Fe-V-Ti-Cu-萤石-煤矿带(Pt;C_m;$V_{\text{m-l}}$;J;I;Q)
			Ⅳ-26②布尔汗布达(地块)Fe-Au-Cu-Pb-Zn-盐类矿带(Pt;C_m;$V_{\text{m-l}}$;Q)
		Ⅲ-27 西昆仑(复合岩浆弧及裂谷)Fe-Cu-Pb-Zn-Mo-Cr-硫铁矿-水晶-白云母-玉石-石棉成矿带(Pt;Pz_2)	Ⅳ-27①昆盖山-库尔浪(裂谷带)Fe-Cu-Au-硫铁矿矿带(Pz_2)
			Ⅳ-27②昆中(复合岩浆弧)Fe-Cu-Pb-Zn-Mo-Cr-水晶-白云母-玉石-石棉矿带(Pt;Pz_2)
		Ⅲ-29 喀拉米兰(阿尼玛卿;俯冲增生杂岩带)Cu-Zn-Au-Ag-Pt-石棉-石墨-煤-蛇纹岩-盐类成矿带($V_{\text{m-l}}$;J;Q)	Ⅳ-29①喀拉米兰(俯冲增生杂岩带)Cu-Zn-Au-Ag-Pt-石棉-石膏-煤-蛇纹岩-盐类矿带($V_{\text{m-l}}$;J;Q)

续表 2-1

Ⅰ级成矿域	Ⅱ级成矿省	Ⅲ级成矿区带	Ⅳ级成矿亚区带
Ⅰ-3 特提斯成矿域	Ⅱ-8 巴颜喀拉-松潘成矿省	Ⅲ-31 南巴颜喀拉-雅江(陆缘活动带)RM-Au-Cu-Fe-Pb-Zn-Sb-Hg-Ni-白云母-水晶成矿带(Pt_2;*I*—*Y*;Q)	Ⅳ-31①大红柳滩(陆缘盆地) RM-Fe-Pb-Zn-Cu-白云母矿带(区)(Pt;*I*)
			Ⅳ-31②黄羊岭(陆缘活动带)Sb-Hg-Au-Cu-Ni-多金属-硫铁矿-煤矿带(Pz_2;*Y*;Q)
			Ⅳ-31③云雾岭(陆缘活动带)Cu-Au 矿带(*I*—*Y*)
	Ⅱ-9 喀喇昆仑-三江成矿省	Ⅲ-35 喀喇昆仑(地块/陆缘盆地)Fe-Cu-Mo-Pb-Zn-Au-Sn-RM-Sb-白云母-石墨-宝玉石-石膏-石盐-芒硝-煤成矿带(Pt;S;C;*I*—*Y*;Mz;Q)	Ⅳ-35①慕士塔格-阿克赛钦(陆缘盆地)Fe-Cu-Au-Pb-Zn-RM-Sn-Sb-白云母-宝玉石-硫铁矿-自然硫矿带(Pt;Pz_2;*I*—*Y*;Mz;Q)
			Ⅳ-35②林济塘(陆缘盆地)Fe-Cu-Au-Mo-石膏矿带(*I*—*Y*;Mz;Q)
			Ⅳ-35③乔戈里(陆缘盆地)Cu-Au-Sn 矿带(*Y*)

注:Ⅲ级和Ⅳ级成矿单元中的成矿时代除了用地质年代按重要性从前向后表示外,一部分是用构造旋回表示的,如加里东期、海西期、印支期和燕山期等,分别用大写斜体字母 *C*、*V*、*I* 和 *Y* 来表示,其下角标 e、m、l 分别表示早期、中期和晚期;RM 为稀有元素简称

(一)阿尔金成矿带划归塔里木成矿省

徐志刚等(2008)方案中划分了"阿尔金-祁连成矿省",笔者将阿尔金成矿带分离出来划归塔里木成矿省。阿尔金山是青藏高原北缘的一条重要山脉,关于其大地构造归属的分歧严重制约了其成矿单元归属的确定。长期以来,对阿尔金山的大地构造属性一直有两种不同的看法。一些学者认为它是塔里木地台东南部的一个断隆,被称为阿尔金断隆(新疆维吾尔自治区区域地质志,1993;程裕淇,1994;何国琦等,1994)。何国琦(2004)主编的《中国新疆及邻区大地构造图(1∶250 万)》仍持这一见解。另一些学者主张它属昆仑-祁连-秦岭造山系,如任纪舜等(1980)和《青海省区域地质志》(1991)将其定为东昆仑褶皱系中的阿尔金优地槽褶皱带。近年来,任纪舜等(2004)将其定为昆仑-祁连-秦岭造山系中与西昆仑、东昆仑、祁连和秦岭-大别山诸造山带并立的阿尔金造山带。潘桂棠等(2006)将其定为秦祁昆构造系中与北祁连、南祁连、西昆仑、东昆仑和西秦岭诸弧盆系及柴达木地块并立的阿尔金弧盆系,但与祁连弧盆系关系更密切。

笔者认为阿尔金山在新太古代—古元古代时期应属于塔里木地块的组成部分,大约自中元古代以后经历了地块边缘构造活化和造山的长期复杂的演化过程,但其特点明显不同于秦祁昆造山系。

1. 地球物理依据

由昆仑-阿尔金成矿带及邻区磁力异常图(图 1-4)可知,阿尔金山区与南塔里木地块具有一致的正高磁异常特征,均呈北东向条带状平行展布。由于局部正高磁异常可能是含铁质较高的岩石和矿(化)体的反映,而区域性大面积分布的正高磁异常应是太古宙—古元古代结晶基底的反映,说明两者具有统一的结晶基底。

2. 建造依据

据青藏高原北部空白区基础地质综合研究报告(2006),南塔里木地块的新太古界—古元古界赫罗斯坦岩群、埃连卡特岩群(铁克里克地区)和阿尔金山地区的阿尔金岩群都是高角闪岩相(局部有麻粒岩相)-低角闪岩相变质的片岩、片麻岩、混合岩,以及磁铁石英岩、大理岩、变质火山岩,厚度大,经受了多

期变形变质作用的改造，总体呈有层无序状态，其原岩整体组合属活动型沉积。但长城系在南塔里木地区的铁克里克地区和阿尔金山地区却有明显差异。前者为细碧角斑岩建造，后者为一套陆缘碎屑岩-碳酸盐岩夹火山岩沉积，说明新太古代—古元古代阿尔金山区与南塔里木地块一起处于结晶基底(或古陆核)形成时期。直到中元古代长城纪时期，两者出现一定程度的分化；但到了蓟县纪和青白口纪，两者发育程度又类同，主要为碎屑岩和碳酸盐岩沉积，属于稳定地块上的盖层沉积。上述事实表明，阿尔金山区与南塔里木地块很可能原本是统一的整体。

3. 构造依据

根据航磁异常图和遥感影像图(图 2-2)得出综合解译结果(图 2-3)，阿尔金山由阿尔金南缘断裂带、阿尔金北缘红柳沟-拉配泉断裂带和阿尔金山西北缘断裂带围限而成。

阿尔金西北缘断裂与塔里木盆地东南缘的 3 条隐伏断裂(米兰-红柳园断裂、且末-尖山断裂和罗布庄-星星峡断裂)平行(图 2-3)，且呈近等间距展布，应属于同一应力场形成的断裂构造系统。西北缘断裂系向西南延伸后，部分与西昆仑北西向断裂呈弧形连接，一支(狭义的西北缘断裂)与库牙克断裂相连。该断裂系向东北平直延伸，至少穿越了甘肃、内蒙古交界的北山构造带，可能延伸到中国东部的西拉木伦河(葛肖虹等，2001)或穿过祁连山延伸至阿拉善-内蒙古东部断裂及俄罗斯鄂霍次克(Okhotsk)海(Yue Y J，Liu J G，1999)。基于上述特征，笔者曾将其称为阿尔金西北缘-北山剪切断裂系(伍跃中，2007)。该断裂系中新生代以来，以强烈的左行走滑为主要运动趋势，是新近纪中亚共轭滑移系中左行走滑断裂的组成部分。

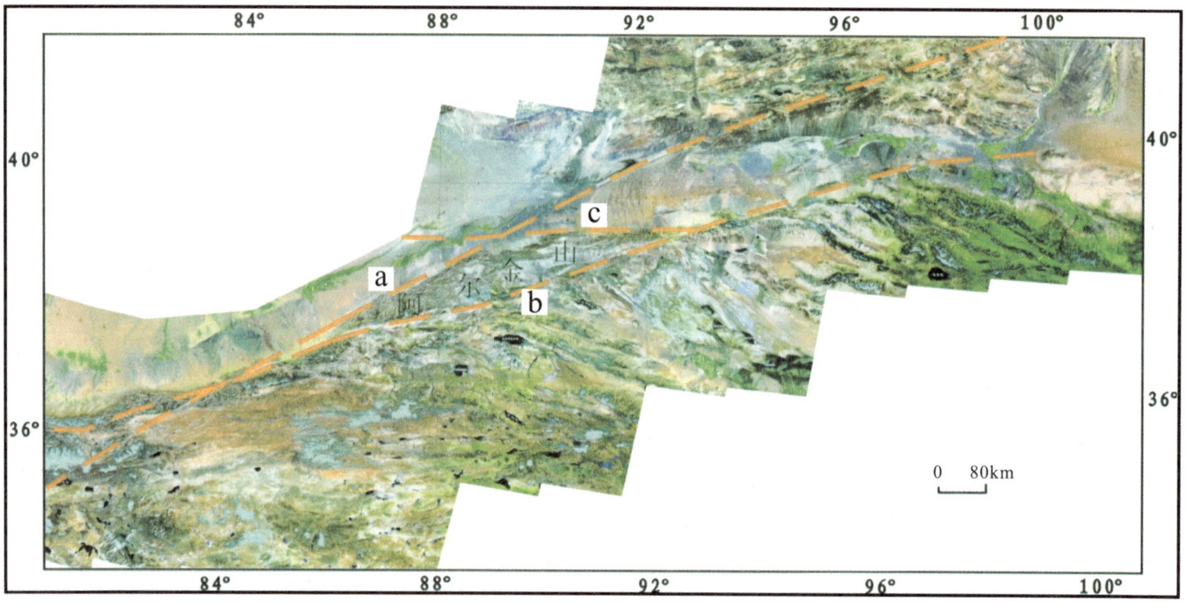

图 2-2　阿尔金山及邻区卫星遥感影像图(TM543)

a. 阿尔金西北缘断裂；b. 阿尔金南缘断裂；c. 红柳沟-拉配泉断裂

阿尔金南缘断裂连续平直延伸，总体走向 NE75°，与西北缘断裂系之间存在 15°～20°的夹角，它们不是同一应力场作用的产物。倘若它们是同一应力场作用下形成的，则不应该存在 15°～20°的夹角，而是近平行分布。况且西北缘断裂系各主要断裂之间具有平行且近等间距分布的特点，而与南缘断裂分隔较远，其间距远大于西北缘断裂系内部断裂的间距。此外，西北缘断裂系与南缘断裂也不是同一应力场作用下形成的主从断裂或两组共轭断裂系。因为若为主从复合断裂，则其规模应相去甚远，且从属断裂往往呈羽状并以小角度相交于主断裂；若为两组共轭断裂系，则两者之间的夹角应接近 90°。由上述可知，南缘断裂与西北缘断裂系应该属于不同时期形成的两组断裂系。再根据上文论述，阿尔金隆起区

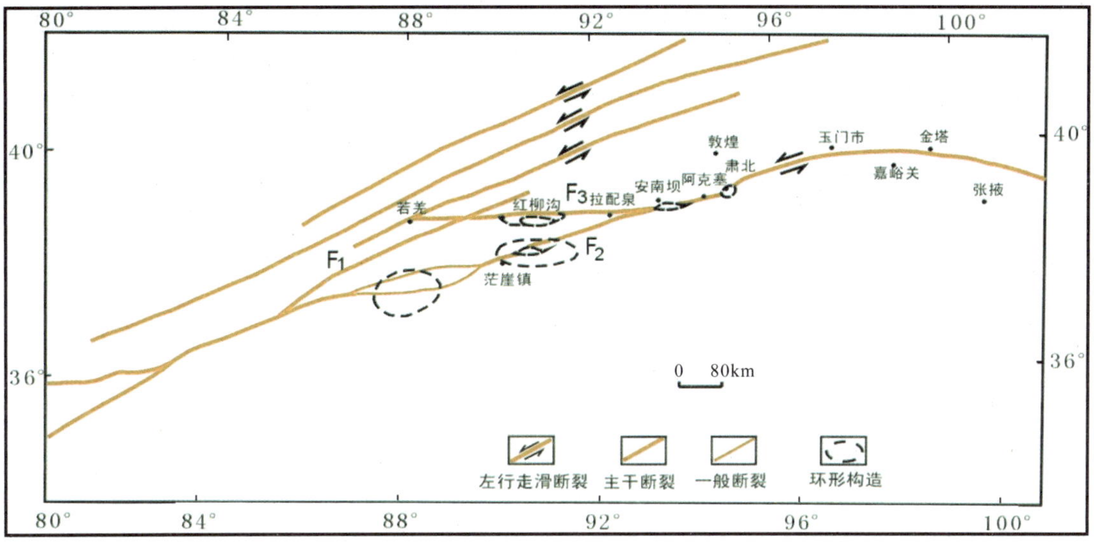

图 2-3　阿尔金山及邻区主干断裂与环形构造分布简图

F_1.阿尔金西北缘断裂；F_2.阿尔金南缘断裂；F_3.红柳沟-拉配泉断裂

与南塔里木地块很可能原本是统一的整体，因此推断阿尔金南缘断裂应该是在塔南地块东南边界基础上发展起来的。

阿尔金山北缘的红柳沟-拉配泉断裂是由密集发育的一系列断裂组成的断裂带，呈近东西向展布，与南缘断裂和西北缘断裂系均存在一定夹角，且东段明显被南缘断裂切割，显然是不同于上述两组断裂系的另一组断裂。据郭少杰等(1998)及天津地质矿产研究所(2006)的研究，红柳沟-拉配泉发育一条蛇绿混杂岩带，获取 Sm-Nd 同位素年龄在 829Ma 左右。该带向西自然倾伏于塔里木盆地沙漠之下，其延伸可能对应于塔里木盆地中央东西向正磁异常条带，即塔里木盆地中央磁异常，认为该条带可能是阿尔金北缘蛇绿岩带向西延伸的反映。该蛇绿岩岩石组合中发育一套基性火山岩，主要为钠质玄武岩、拉斑玄武岩、碱流岩和碱性粗面岩组合，但其稀土元素总量不高，锶同位素初始比值 $I_{Sr}<0.710$，Th 含量远大于 Ta，表明地壳活动性较大(车自成等，1995)。根据上述特点综合分析，该带很可能属于新元古代—早古生代时期的大陆边缘或陆间裂谷。

综上所述，阿尔金山 3 条边界断裂分属于不同的构造系统，具有相对独立又相互联系的演化过程。根据航磁异常特征，阿尔金山与南塔里木地块的相对位置并未发生较大变化，根据三边决定一个平面的原理，说明阿尔金山(隆起区)属于南塔里木地块的组成部分，且在其长期的地质发展历史上并没有发生远距离位移。因此，阿尔金成矿带应从“阿尔金-祁连成矿省”中分离出来，归属塔里木成矿省。

(二)西昆仑成矿带南界调整到康西瓦-鲸鱼湖缝合带

徐志刚等(2008)发布的《中国成矿区带划分方案》及董连慧等(2010)方案中划分的西昆仑成矿带(Ⅲ-28)包括柯岗断裂与喀喇昆仑断裂之间的地区，包含了康西瓦-鲸鱼湖重要缝合带。近年来调查研究成果表明该缝合带应为华北与华南板块的结合带，因此笔者将柯岗断裂与康西瓦断裂之间的地区作为西昆仑成矿带(Ⅲ-27)，而将康西瓦断裂与喀喇昆仑断裂之间的地区划归喀喇昆仑-羌北成矿带(Ⅲ-35)。

三、成矿单元的主要地质特征

(一)Ⅲ-17 铁克里克成矿带

该成矿带全称为“铁克里克(陆缘地块)Fe-Au-Pb-Zn-水晶-煤-石膏-自然硫-重晶石成矿带

(Pt;V_{e-m};Mz;Kz)”。成矿带属于古亚洲成矿域塔里木成矿省,位于塔里木盆地西南缘,呈北西向转为东西向的弧形,长 550km,宽 10~50km(图 2-4),地层以古元古代地层为主,东段为铁克里克地块,西段有少量中元古代、晚古生代及新生代地层,侵入岩仅在南部边缘有少量分布。目前,已发现沉积变质型、火山岩型、砂砾岩型铜矿化,沉积变质型铁、锰矿化,热液型铅、锌、铜矿化,冲洪积型砂金矿化等 11 处矿(化)点,显示出一定的找矿前景。

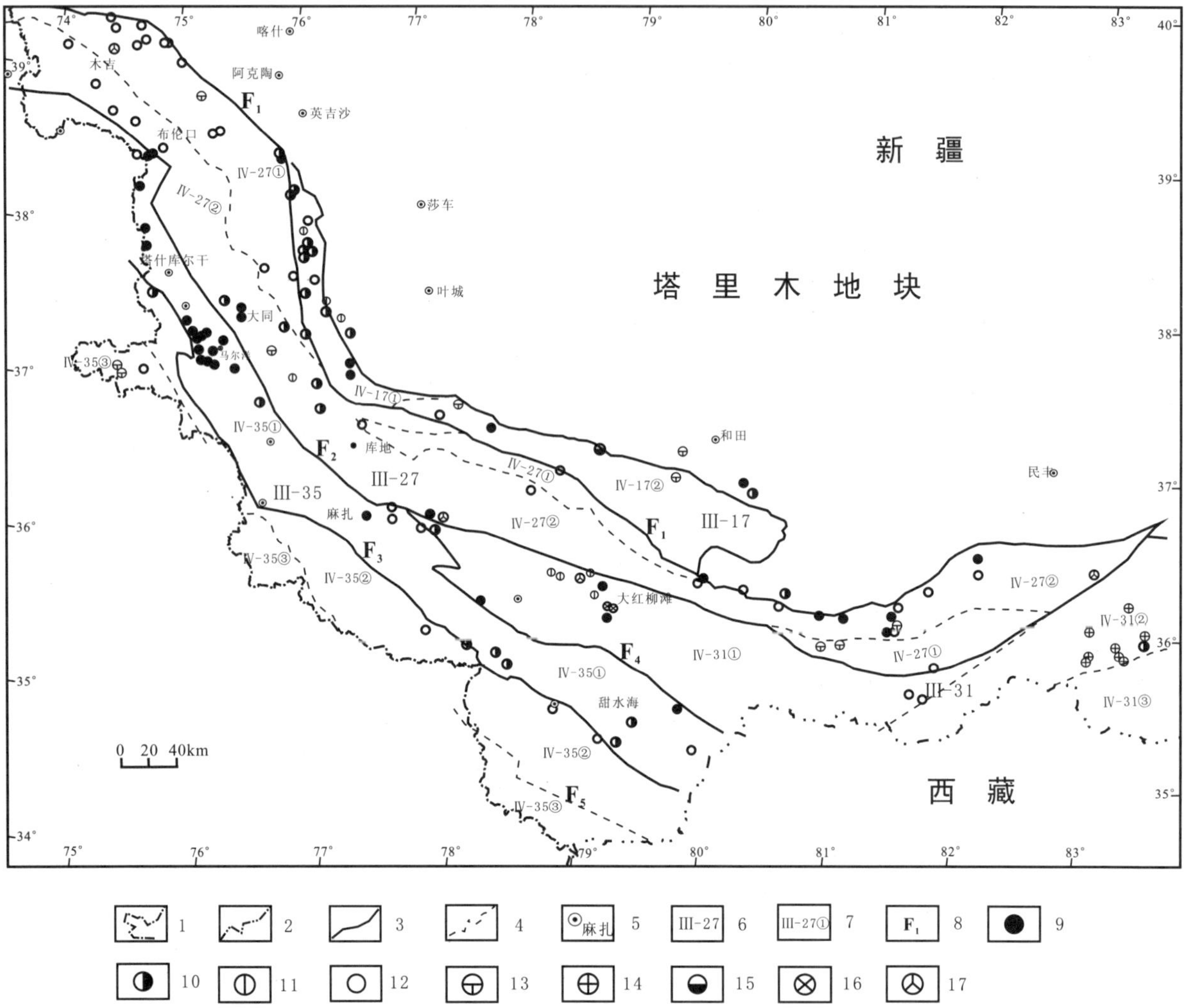

图 2-4 西昆仑地区成矿单元划分及主要金属矿产分布示意图

1. 国界;2. 省界;3. Ⅲ级成矿带界线;4. Ⅳ级成矿带界线;5. 地名;6. Ⅲ级成矿带编号;7. Ⅳ级成矿带编号;8. 断裂带编号;9. 铁矿床或矿点;10. 铅锌矿床或矿点;11. 铅矿床或矿点;12. 铜矿床或矿点;13. 金矿床或矿点;14. 锑矿床或矿点;15. 锰矿床或矿点;16. 锂铍矿床;17. 多金属矿床;F_1. 公格尔-柯岗断裂;F_2. 康西瓦-鲸鱼湖断裂;F_3. 喀喇昆仑断裂;F_4. 大红柳滩断裂;F_5. 岔喀山口断裂

根据其成矿特征及控矿因素,可分为 2 个Ⅳ级矿带:塔木(裂陷)Pb-Zn-Au-U-煤矿带(Ⅳ-17①)和布穹(陆缘地块)Fe-Mn-Au-Pb-Zn-煤-石膏-自然硫-重晶石矿带(Ⅳ-17②)。

1. Ⅳ-17①塔木(裂陷)Pb-Zn-Au-U-煤矿带

该矿带呈近南北向带状分布在塔里木盆地西南缘,属陆内裂陷带,南北长约 180km,宽约 20km。地层建造以泥盆纪和石炭纪碳酸盐岩为主。矿产以铅锌矿为主,其次为金、煤等。铅锌矿为层控碳酸盐岩型,主要矿床有铁克里克、塔木、卡兰古和阿巴列克等中型铅锌矿床(祝新友等,2000),是新疆铅锌矿的重要成矿带。

2. Ⅳ-17②布穹(陆缘地块)Fe-Mn-Au-Pb-Zn-煤-石膏-自然硫-重晶石矿带

该矿带呈东西向带状展布，东西长320km，宽20～50km，为前寒武纪基底出露区，属陆缘地块。主要出露为元古宇变质岩系，底部喀拉喀什群为角闪岩相变质的陆源碎屑岩-双峰式火山岩建造，出露范围较小(也有可能是新太古代的表壳岩)；上部为浅变质岩。未变质的中—新元古界不整合于前述岩系上，包括长城系碳酸盐岩夹碎屑岩、蓟县系碳酸盐岩、青白口系泥岩和硅质岩等。此外，有少量震旦系、泥盆系、石炭系、二叠系盖层出露，分布于边缘。主要矿产为铁、金矿，并有铜、铅、锌、锰、煤、石膏、自然硫等。发现有布穹中型沉积变质型含铜磁铁矿矿床、阿克晓西火山岩型铜矿、芒沙砂砾岩型铜矿和砂金矿(董永观等，2002，2003)。此外，还有新疆最大的玉力群自然硫矿(董连慧等，2010)。

(二)Ⅲ-27西昆仑成矿带

该成矿带全称为"西昆仑(复合岩浆弧及裂谷带)Fe-Cu-Pb-Zn-Mo-Cr-硫铁矿-水晶-白云母-玉石-石棉成矿带($Pt;Pz_2$)"，主要位于康西瓦断裂(F_2)以北(图2-4)，属于秦祁昆成矿域昆仑成矿省，包括昆中复合岩浆弧及其北缘的晚古生代裂谷带，矿产以铁、铜、金、玉石为主。根据成矿地质背景和成矿特征，该带可分出2个Ⅳ级矿带：昆盖山-库尔浪(裂谷带)Fe-Cu-Au-硫铁矿矿带(Ⅳ-27①)和昆中(复合岩浆弧)Fe-Cu-Pb-Zn-Mo-水晶-白云母-玉石-石棉矿带(Ⅳ-27②)。

1. Ⅳ-27①昆盖山-库尔浪(裂谷带)Fe-Cu-Au-硫铁矿矿带

该矿带位于铁克里克陆缘地块西部，呈北西—东西向展布，断续长870km，属晚古生代裂谷带。地层建造包括：下—中奥陶统陆棚碎屑岩-碳酸盐岩，下—中志留统、中泥盆统陆内裂谷碎屑岩，上泥盆统山间盆地磨拉石，石炭系陆内裂谷火山岩-碎屑岩，下二叠统前陆盆地碎屑岩，以石炭系分布最广。辉长岩-斜长花岗岩小侵入体较发育。

矿产以铁、铜、金、硫铁矿为主，并有铅锌、铬、镍、水晶、煤矿等。该单元的石炭纪双峰式火山岩建造是西昆仑重要的块状硫化物矿床含矿层位，并有多处矿床产出。在中-巴(中国-巴基斯坦国际公路，又称喀喇昆仑公路)公路以西，矿化比较普遍，已发现近20处块状硫化物矿床(小型)、矿点，主要有乌依塔什黄铁矿矿床、萨洛依含铜黄铁矿矿床和喀什喀苏含铜黄铁矿矿床等，该类矿床常伴生有较高含量的金。东部的上其汗含铜黄铁矿也是西昆仑有名的火山岩型块状硫化物矿床(匡文龙等，2003a，2003b)，塔木其含铜黄铁(含锌)矿位于其西部，两者相距约90km。铜矿还有海相沉积砂页岩型，如盖孜特格里曼苏等(曾威等，2012)。金矿主要为破碎蚀变岩，如塔西克西金矿，另外还发育有砂金矿。

区域化探在该带东部的杜瓦和西部的恰尔隆地区圈定了两处规模较大的铜富集区，前者与镍、金伴生，后者与钼、金组合。在该带与铁克里克成矿带的结合部位，杜瓦南部的苏纳克基性岩体发现有进一步工作价值的铜矿化。该区基性岩体成带分布，区域化探圈定的铜、镍、铅等区域异常长约80km，前人在西部的柯岗超基性岩中，圈定了一规模可达大型的硅酸镍矿床，区域化探在柯岗岩带北西圈定了较好的铜、镍、金、银、砷及铁族元素异常，经异常踏勘发现了杂岩体。

2. Ⅳ-27②昆中(复合岩浆弧)Fe-Cu-Pb-Zn-Mo-Cr-水晶-白云母-玉石-石棉矿带

该矿带北以公格尔-柯岗断裂(F_1)所隔与昆盖山-库尔浪矿带毗邻，南以康西瓦大断裂(F_2)为界，呈北西—东西向展布，西止于恰尔隆地区，向东至库牙克断裂，总长约940km，宽约50km，属于复合岩浆弧。区内主要出露前寒武系中深变质岩，其他还有中奥陶统碎屑岩-碳酸盐岩、下志留统裂谷碎屑岩、上泥盆统地磨拉石建造、上石炭统陆棚碳酸盐岩和二叠系山前盆地磨拉石建造，其中下二叠统局部为陆棚碎屑岩-碳酸盐岩组合、前陆盆地碎屑岩-碳酸盐岩组合。岩浆岩发育，以蓟县纪花岗闪长岩、钾长花岗岩、闪长岩，以及海西期花岗岩、花岗闪长岩、闪长岩构成昆中岩浆带，在库地等发现有蛇绿岩块。

该带矿产以铁、铜、铅、锌、玉石、铬铁矿为主，并有稀有金属、白云母、水晶等多种矿产，矿点分布广，但成型矿床不多。铁矿有维杨木变质型铁矿；铜(钼)矿有斑岩型和海相火山岩型(上其汗、塔木其等)；玉石(和田玉)有米尔黛、阿拉玛斯等矿床，属接触交代型，是新疆和田玉主要矿带之一，主要集中在西部的大同—米尔黛地区和东部的柳什塔格地区；水晶矿主要有巴尔达伦等矿床，属花岗伟晶岩型；还有产于花岗伟晶岩中的稀有金属和白云母；此外，中新元古界双峰式火山岩类复理石建造中有塔木块状硫化物铜锌矿点。

（三）Ⅲ-35 喀喇昆仑成矿带

该成矿带全称为“喀喇昆仑（地块/陆缘盆地）Fe-Cu-Mo-Pb-Zn-Au-Sn-RM-Sb-白云母-石墨-宝玉石-石膏-石盐-芒硝-煤成矿带（Pt；S；C；I—Y；Mz；Q）”，属于特提斯成矿域喀喇昆仑-三江成矿省，主要构造环境为喀喇昆仑前寒武纪微陆块和中生代裂陷盆地。该成矿带北以康西瓦断裂（F_2）为界与西昆仑成矿省毗邻，东以大红柳滩断裂（F_4）为界与巴颜喀拉-松潘成矿省相邻，西南至与印度的国界线（图 2-4），主体呈北西向带状分布，长约 700km，宽 10～300km。出露古元古界、长城系变质岩系，寒武系、志留系沉积岩系，下二叠统、下—中三叠统、侏罗系海相碎屑岩-碳酸盐岩组合，上三叠统裂陷深水浊积岩，上白垩统—中新统陆棚台地碳酸盐岩-膏泥岩组合。侵入岩发育，时代跨海西期、印支期、燕山期和喜马拉雅期，以花岗岩、钾长花岗岩、花岗闪长岩、二长花岗岩为主，及少量碱性岩。

该成矿带矿产以铁、铅锌、铜、金矿为主，是新疆重要的铁、铅锌矿带。铁矿主要分布于西北部的塔阿西—马尔洋一带，主要为沉积变质型磁铁矿矿床。另外，在切列克其、黑恰还发现沉积型菱铁矿矿床。铅锌矿主要分布于乔尔天山-岔路口断裂带两侧，呈带状、成群出现，以层控碳酸盐岩型为主。该带还发现产于燕山期花岗岩体接触带中的石英脉型黑钨矿矿床、花岗斑岩体外围的砂锡矿床和侏罗系碳酸盐岩中的石膏矿及第四纪砂金矿床等，但都属矿化，研究程度较低。根据含矿建造、矿床类型、矿床组合和矿床成矿系列的区域分布等特征，进一步将该成矿带划分出 3 个Ⅳ级矿带：慕士塔格-阿克赛钦（陆缘盆地）Fe-Cu-Au-Pb-Zn-RM-Sn-Sb-白云母-宝玉石-硫铁矿-自然硫矿带（Ⅳ-35①）、林济塘（陆缘盆地）Fe-Cu-Au-Mo-石膏矿带（Ⅳ-35②）和乔戈里（陆缘盆地）Cu-Au-Sn 矿带（Ⅳ-35③）。

1. Ⅳ-35①慕士塔格-阿克赛钦（陆缘盆地）Fe-Cu-Au-Pb-Zn-RM-Sn-Sb-白云母-宝玉石-硫铁矿-自然硫矿带

该矿带位于塔什库尔干—甜水海一带，南以喀喇昆仑山断裂（F_3）为界，北至康西瓦断裂（F_2），呈北西向展布，向西延入塔吉克斯坦的吉萨尔-北帕米尔海西成矿带，东端被大红柳滩断裂（F_4）所截（图 2-4）。其构造属性为陆缘盆地，出露古元古界和长城系变质岩系、寒武系—古近系沉积岩系（碎屑岩、碳酸盐岩、膏泥岩组合等），其中长城系和志留系分布最广。褶皱紧密，断裂十分发育。岩浆活动强烈，西段主要为海西期花岗岩基及少量钾长花岗岩，其他地段发育印支期、燕山期和喜马拉雅期中酸性侵入岩与碱性岩。

矿产以铁、铜、金、铅、锌矿为主，是新疆重要的铁矿带。磁铁矿矿床集中分布于塔什库尔干县的赞坎—老并一带，已发现老并、赞坎、叶里克、乔普卡里莫、莫喀尔及吉尔铁克沟等大中型矿床，矿床成因类型为沉积变质型（冯昌荣等，2012）。菱铁矿矿床断续分布于切列克其—黑恰一带，已发现切列克其、切北和黑黑孜占干等沉积改造型大中型矿床（李凤鸣等，2010）。此外，还发育有稀有金属、锡、锑、白云母、宝玉石等矿产，如临江沟锑矿、苏巴什红蓝宝石矿和塔什库尔干祖母绿宝石矿（禹秀艳等，2011）等。

2. Ⅳ-35②林济塘（陆缘盆地）Fe-Cu-Pb-Zn-Au-Mo-石膏矿带

该矿带介于喀喇昆仑断裂带（F_3）与崆喀山口断裂带（F_5）之间（图 2-4）。构造上属陆缘盆地，主要建造类型包括：志留系复理石沉积；下二叠统下部为陆缘碎屑岩，上部为准双峰式火山岩-复理石沉积；三叠纪浅海相复理石沉积；侏罗系—古近系夹火山岩的含石膏碳酸盐岩。侵入岩主要发育于该带北段，为燕山期花岗闪长岩-二长花岗岩。褶皱构造较紧闭，断裂构造较发育。近年在甜水海一带，发现 10 多处层控中低温热液铅锌矿床，如宝塔山、落石沟、多宝山铅锌矿床等，一些矿床规模已达中型，特别是最近发现的火烧云铅锌矿床规模已达超大型，有望成为亚洲最大的铅锌矿床。

区内矿产研究程度低，发现有铁、铜、金、钼等矿化，如库鲁木鲁铜钼矿、卡拉吉力铜矿、河尾滩砂金矿和京勒青河的众多砂金矿点等。另外，还有侏罗系碳酸盐岩中的石膏矿，如河尾滩、中南山石膏矿等。

3. Ⅳ－35③乔戈里(陆缘盆地)Cu－Au－Sn矿带

该矿带位于崆喀山口断裂带(F_5)以南至国界线，是新疆最南端的矿带，呈北北西向、分3段断续分布，断续长约500km(图2－4)。其构造属性为陆缘盆地，主要出露古元古代黑云母斜长片麻岩夹黑云石英片岩、大理岩，下二叠统崆喀山口组为夹砂岩的碳酸盐岩建造。侵入岩为燕山早期的花岗闪长岩。区内断裂较发育，均为北西走向。该矿带地质和矿产研究程度低，已发现有铁、铜、金、铬矿化，如明铁盖铜锡矿、阿然保泰铁铜矿、阿然保泰金矿化、谢并喀拉基尔干铜矿点等。在明铁盖一带有大量化探异常，据矿化特点分析，其应属斑岩型-矽卡岩型-脉岩型铜矿化。

(四)Ⅲ－19 阿尔金成矿带

该成矿带全称为“阿尔金(陆缘地块)Fe－Pb－Zn－Cu－Au－Ag－Ni－V－Ti－Cr－RM－REE－石棉-玉石-白云母-白云岩-石英岩-盐类成矿带(An—∈；Pz_1；C)”，该带地处塔里木地块东南缘，与阿尔金造山带空间上相互一致，呈北东走向，长580km，宽40～100km。其南以阿尔金南缘断裂带与昆仑造山带和柴达木地块毗连。该带矿产以铁、铅锌、金、铜、多金属、铬、石棉、玉石为主，是我国最大的石棉矿带及新疆和田玉的主要产地。此外，还有与花岗伟晶岩有关的白云母、稀有金属矿等。根据含矿建造、矿床类型、矿石组合和区域分布等特征，可进一步分出3个Ⅳ级矿带，由北向南按顺序编号为Ⅳ－19①、Ⅳ－19②和Ⅳ－19③(图2－5)。

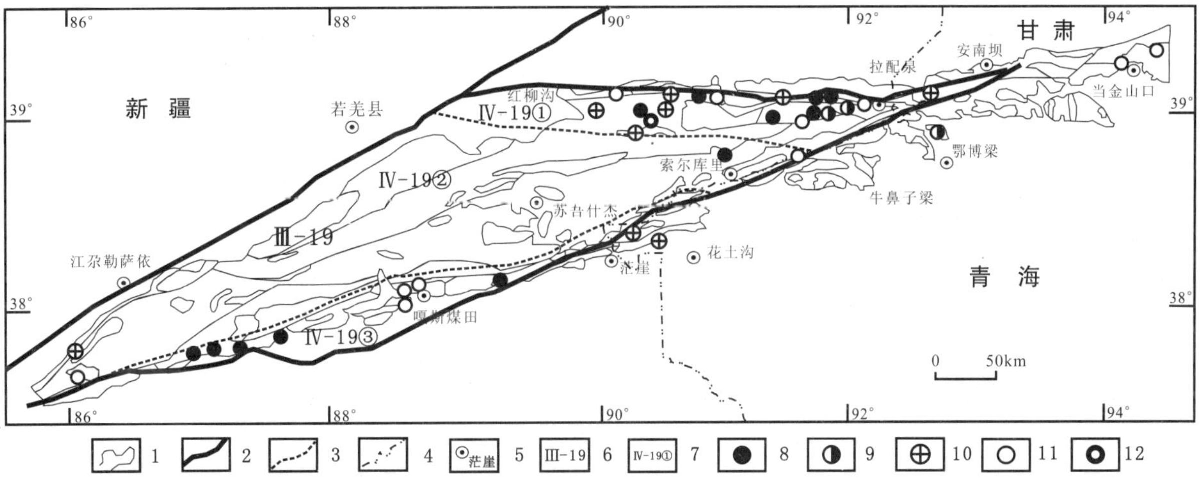

图2－5 阿尔金地区成矿单元划分及主要金属矿产分布示意图

1.地质界线；2.Ⅲ级成矿带界线；3.Ⅳ级成矿带界线；4.省界；5.地名；6.Ⅲ级成矿带编号；7.Ⅳ级成矿带编号；8.铁矿床或矿点；9.铅锌矿床或矿点；10.金矿床或矿点；11.铜矿床或矿点；12.镍矿床

1. Ⅳ－19① 红柳沟-喀腊大湾(裂谷)Fe－Pb－Zn－Cu－Au－Cr－REE－Ag-白云母-昆仑玉-盐类矿带

该矿带位于阿尔金山北部，呈东西走向，长200km，宽10～30km。区内分布蓟县系及青白口系变质碳酸盐岩-碎屑岩建造；奥陶系拉配泉群裂谷型双峰式火山岩建造，从碱性系列的高铝玄武岩到流纹岩，呈现出由钙碱系列向碱性系列演化的特征，为裂谷阶段产物。该区侵入岩多为加里东期、海西中期花岗岩类岩基。断裂构造十分发育。蛇绿岩呈岩片、岩块产出，形成较大的蛇绿混杂岩带。

矿产以铁、铅、锌、铜、金、钼、铬为主，并有稀有金属、银矿等。已发现铁矿产地11处，其中中型矿床4处(英格布拉克、白尖山、塔什和喀腊大湾)，小型矿床2处(彩石沟、拉配泉铁矿)。金矿主要有大平沟、祥云、盘龙沟等，为破碎蚀变岩型；铅锌矿主要有喀腊达坂铅锌矿、拉配泉铅锌矿、齐勒萨依铅锌矿；

铬矿产于红柳沟等地的蛇绿岩底部超镁铁岩中；铜矿有索拉克斑岩型铜金矿。近年来还在红柳沟附近发现了贝壳滩镍矿，具有中型矿床规模。

2. Ⅳ-19②阿尔金(陆缘地块)Fe-Au-RM-石棉-玉石-白云母-白云岩-石英岩-石膏矿带

该矿带位于阿尔金山主体部位，属阿尔金陆缘地块前寒武纪基底出露区，地质构造十分复杂。带内地层建造包括：新太古界榴辉岩带和灰色片麻岩系出露于江尕勒萨依—喀拉恰勒一带；古元古界片岩、片麻岩夹变质沉积岩；长城系—蓟县系为基性火山岩夹沉积岩，并有蛇绿岩建造的变质橄榄岩和堆晶岩；青白口系碎屑岩-碳酸盐岩建造。带内侵入岩较发育，有太古宙—古元古代片麻状花岗岩、混合花岗岩，以及中新元古代、加里东期的花岗岩类。带内矿产以铁、金、石棉、玉石矿为主，并有稀有金属及白云母等。在北部边缘红柳沟一带出现大量铬、镍、钴、金、铜、铅、锌异常，发现金铜、稀有金属及白云母矿化，如已发现乌斯腾塔格稀有金属远景区。在阿帕一带发现有沙巴恰普砂铂矿、砂金矿。该地区有金刚石出土的记载。

3. Ⅳ-19③迪木那里克-苏巴里克(裂陷槽)Fe-Cu-Ni-V-Ti-石棉-煤-硫铁矿矿带

该矿带位于阿尔金地块东南缘，呈北东东走向，长550km(从新疆延入青海)，宽10～30km。受阿尔金南缘断裂控制。地层以奥陶系为主，还有中新元古界及侏罗系。蛇绿混杂岩由强烈蛇纹石化纯橄榄岩、方辉橄榄岩、超镁铁质、镁铁质堆晶岩、辉绿岩墙群组成。侵入岩有中新元古代、加里东期、海西中晚期的花岗岩类。

矿产以铁、铜、金、石棉矿为主，是我国最大的石棉矿带和新疆重要的铁矿带。已发现铁矿产地7处，其中大型矿床2处，小型矿床5处，是新疆铁矿的重要富集区。主要铁矿化类型有：与震旦纪—寒武纪沉积变质作用有关铁矿化(迪木那里克、苏巴里克、河肃、玉岭、阿其克河等多处铁矿床)，其中迪木那里克沉积变质型铁矿已达大型—超大型规模；与铁质基性—超基性岩有关的钒钛磁铁矿矿床(长清铁矿)；与早—中侏罗统含煤建造有关的菱铁矿矿床(艾西菱铁矿矿点)；石棉矿沿蛇绿岩分布，有依吞布拉克、阿帕等大中型矿床；此外，还分布有金、铜、镍、钒、钛等矿产。

(五)Ⅲ-25 柴达木盆地成矿区

该成矿区全称为"柴达木盆地(地块)Li-B-K-Na-Mg-盐类-石膏-石油-天然气成矿区(Kz)"，属于秦祁昆成矿域昆仑成矿省，主体位于青海省的柴达木盆地，在新疆仅为其西端(图2-6)。柴达木盆地原为秦祁昆造山系中的一个中间地块，在中—新生代时，因周缘东昆仑、阿尔金和祁连等造山带在古生代隆起后而成为断陷盆地。这是一个盐类和油气矿产成矿区。盆地中湖泊(盐湖)众多，盐类矿产除石盐、芒硝外，以钾盐著称于世，并有丰富的锂、镁、硼等。

根据成矿地质背景、成矿特征和控矿因素，该成矿区的新疆部分可厘定出1个Ⅳ级矿带，即乌尊硝(地块)盐类(钾盐)矿区(Ⅳ-25①)，已知有乌尊硝盐类矿床，以石盐和芒硝为主，并有钾盐矿，是一个具有远景的盐类矿带。

(六)Ⅲ-26 东昆仑成矿带

该成矿带全称为"东昆仑(弧盆系)W-Sn-Pb-Zn-Cu-Au-Fe-V-Ti-萤石-煤矿-盐类成矿带(Pt;C_m;V_{m-1};J;I;Q)"，属于秦祁昆成矿域昆仑成矿省，位于东昆仑的西段，构造上属于祁漫塔格复合岩浆弧。矿产以铁、铅锌、钨锡、铜、金、玉石为主。根据成矿地质背景和成矿特征，该带可分出2个Ⅳ级矿带：祁漫塔格(复合沟弧带)W-Sn-Pb-Zn-Fe-V-Ti-Cu-萤石-煤矿带(Ⅳ-26①)和布尔汗布达(地块)Fe-Au-Cu-Pb-Zn-盐类矿带(Ⅳ-26②)(图2-6)。

1. Ⅳ-26①祁漫塔格(复合沟弧带)W-Sn-Pb-Zn-Fe-V-Ti-Cu-萤石-煤矿带

该矿带位于东昆仑西段库木布彦山—祁漫塔格山一带，呈"八"字形展布，大地构造属祁漫塔格复合沟弧带。出露地层有前寒武纪结晶基底，主要有新太古界—古元古界、长城系、蓟县系，它们与本区成矿

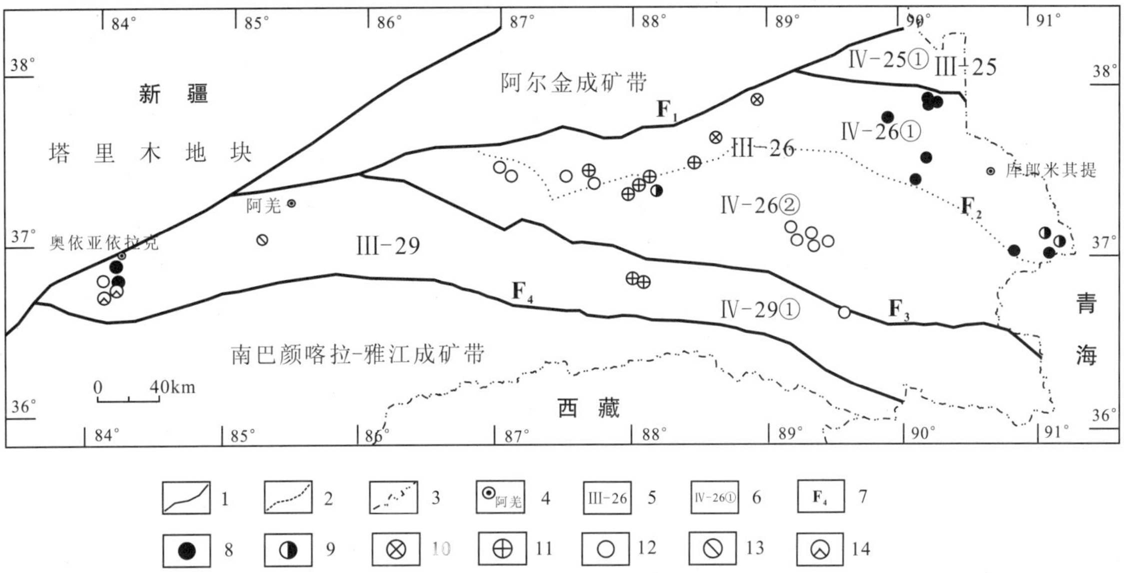

图 2-6 东昆仑地区成矿单元划分及主要金属矿产分布示意图

1. Ⅲ级成矿带界线；2. Ⅳ级成矿带界线；3. 省界；4. 地名；5. Ⅲ级成矿带编号；6. Ⅳ级成矿带编号；7. 断裂带编号；8. 铁矿床或矿点；9. 铅锌矿床或矿点；10. 钨锡矿床；11. 金矿床或矿点；12. 铜矿床或矿点；13. 铜锌矿床；14. 铜钼矿床或矿点；F_1. 阿尔金南缘断裂；F_2. 昆北断裂；F_3. 昆中断裂；F_4. 鲸鱼湖断裂

作用密切相关。古生代地层以奥陶系祁漫塔格群和中奥陶统—志留系滩间山群出露最广，其次为石炭系和上三叠统。特殊的构造环境致使本区岩浆活动强烈，花岗岩类发育，有花岗闪长岩-二长花岗岩组合、辉长岩-花岗岩组合、花岗闪长岩-二长花岗岩-钾长花岗岩组合、二长花岗岩-钾长花岗岩组合。岩浆活动以加里东期为主，海西期和印支期次之。

区内已发现矿产主要有钨锡、铅锌、铁、金、铜等，代表性矿床有白干湖钨锡矿、维宝铅锌矿、蟠龙峰铁(含铜铅锌)矿、喀拉曲哈铜矿点和克孜勒金矿等。

2. Ⅳ-26②布尔汗布达(地块)Fe-Au-Cu-Pb-Zn-盐类矿带

该矿带位于由木孜塔格山和祁漫塔格山之间的库木库里新生代山间盆地中，其范围与盆地边界大体一致，北界为昆北断裂带(F_2)，南界为吐哈-昆中断裂带(F_3)，西界为阿尔金南缘断裂(F_1)，东边延伸进入青海境内，呈北西西向带状展布。构造单元为微地块，出露前寒武纪结晶基底和新生代沉积岩系。前寒武纪地层为古元古界金水口岩群中浅变质岩系，该套地层为祁漫塔格中段钨锡矿的主要矿源层，上覆厚达6000m的中新统—上新统的杂色膏盐-碎屑岩内陆湖相沉积建造。该带已发现矿产主要为铜、金、铅锌等，代表性矿床有沉积型库木库里盆地铜矿、克其卡勒克铜矿、塞斯克亚河铜矿点和呼浪沟砂金矿等。

(七)Ⅲ-29喀拉米兰成矿带

该成矿带全称为"喀拉米兰(阿尼玛卿；俯冲增生杂岩带)Cu-Zn-Au-Ag-Pt-石棉-石墨-煤-蛇纹岩-盐类成矿带(V_{m-1}；J；Q)"，属于秦祁昆成矿域昆仑成矿省。其北界为吐哈-昆中断裂带(F_3)，南界为鲸鱼湖断裂(F_4)，西界为阿尔金南缘断裂(F_1)，东边延伸进入青海省境内的阿尼玛卿成矿带，呈东西向弧形展布(图2-6)。该带构造上属俯冲增生杂岩带，地层主体由石炭系和二叠系构成。泥盆纪时为深海—半深海细碎屑岩夹硅质岩、玄武岩沉积；早石炭世见有混杂岩，晚石炭世转为复理石堆积，早二叠世为复理石建造，晚二叠世为海陆交互相陆源碎屑夹火山岩，第三纪为局部陆相磨拉石建造。该带石炭纪—二叠纪二长花岗岩-钾长花岗岩岩基链较发育。在阿帕以东，发现早石炭世由变质橄榄岩、枕状熔岩和放射虫硅质岩构成的蛇绿岩建造。

该带因地质研究程度很低，矿化面貌尚不清楚，已知矿产有铜、锌、金、石棉、蛇纹石矿等，典型矿床有具层控特征的卡特里西铜锌矿、沙巴恰普砂金矿等。根据含矿建造、矿床类型、矿床组合和矿床成矿系列的区域分布等特征，该成矿带在新疆仅划分出1个Ⅳ级矿带，即喀拉米兰（俯冲增生杂岩带）Cu－Zn－Au－Ag－Pt－石棉－石膏－煤－蛇纹岩－盐类矿带（Ⅳ－29①）。

（八）Ⅲ－31 南巴颜喀拉－雅江成矿带（亦称木孜塔格成矿带）

该成矿带全称为“南巴颜喀拉－雅江（陆缘活动带）RM－Au－Cu－Fe－Pb－Zn－Sb－Hg－Ni－白云母－水晶成矿带（Pt_2；I—Y；Q）”，在新疆境内也称为木孜塔格成矿带，属于特提斯成矿域巴颜喀拉－松潘成矿省，北界为鲸鱼湖断裂（F_2），南界为新疆与西藏两区分界，呈东西向展布（图2－1、图2－6）。该带构造上属陆缘活动带，由石炭系碳酸盐夹碎屑岩建造、二叠系黄羊岭群、三叠系巴颜喀拉山群巨厚复理石建造、侏罗系陆相湖沼相含煤碎屑岩建造组成。发育上新世—第四纪陆相火山岩，分布于康西瓦、云雾岭和鲸鱼湖地区。岩浆侵入活动总体较弱，在云雾岭见有燕山期钾长花岗岩，木孜塔格地区有少量三叠纪超基性岩，在黄羊岭成矿带分布有燕山期浅成—超浅成中—酸性岩体，出露面积一般为1～3km^2，严格受断裂构造控制。在西段的大红柳滩地区，燕山期中酸性侵入岩发育，并伴有大量伟晶岩分布。

该成矿带矿产以铜、锑、汞、金、稀有金属矿为主，西部的大红柳滩以伟晶岩型稀有金属－白云母矿为主（周兵等，2011）；中部的黄羊岭集中分布脉状锑矿，构成了锑矿化集中区（杨屹等，2006）；中东部云雾岭、白帽山的分布与燕山期岩浆活动密切相关的铜矿化（乔旭亮，2010）。根据含矿建造、矿床类型、矿床组合和矿床成矿系列的区域分布等特征，进一步将该成矿带划分为3个Ⅳ级矿带：大红柳滩（陆缘盆地）RM－Fe－Pb－Zn－Cu－白云母矿带（区）（Ⅳ－31①）、黄羊岭（陆缘活动带）Sb－Hg－Au－Cu－Ni－多金属－硫铁矿－煤矿带（Ⅳ－31②）和云雾岭（陆缘活动带）Cu－Au矿带（Ⅳ－31③）。

1. Ⅳ－31①大红柳滩（陆缘盆地）RM－Fe－Pb－Zn－Cu－白云母矿带（区）

该矿区位于木孜塔格成矿带西段（图2－1、图2－4），构造上属陆缘盆地。区内地层主要是三叠纪的沉积建造，在伟晶岩出露区的地层已变质为结晶片岩和混合岩化。区内断裂发育，以北西向和北西西向为主，其次为近东西向和南北向。印支期二长花岗岩和印支期—燕山期钾长花岗岩广泛出露，花岗伟晶岩与这些花岗岩体有成因联系，常沿这些岩体的外接触带呈带状分布，有时分布在花岗岩体顶部，或褶皱背斜轴部及两翼。

该区矿产以稀有金属为主，并有铁、锰、铜、铅、金、锡和白云母矿。稀有金属矿主要分布于谢依拉—大红柳滩一带，以伟晶岩型稀有金属－白云母矿为主，具锂、铌、钽、锡、铷和铯等综合矿化，主要矿床为大红柳滩中型稀有金属矿（周兵等，2011）等；其他矿床还有大红柳滩铁锰矿、普吉铅矿和康西瓦白云母矿等。近年大红柳滩地区还发现有热液型铅银矿和铜矿，其中的俘虏沟铜矿品位较富，与菱铁矿关系密切。

2. Ⅳ－31②黄羊岭（陆缘活动带）Sb－Hg－Au－Cu－Ni－多金属－硫铁矿－煤矿带

该矿带位于木孜塔格成矿带东段，长约750km，宽25～60km，西昆仑地区只分布其西端部分（图2－4）。其构造属性为陆缘活动带，主要由二叠系黄羊岭群和三叠系巴颜喀拉山群碎屑岩建造组成。

矿产以锑、汞为主，并发现有铜、金、镍、多金属矿。该带已发现6处锑矿化集中地段，含锑石英脉和辉锑矿脉达50多条，整个矿带锑资源量远景巨大。锑、汞矿产于二叠纪的碎屑岩建造中，具层控特点，主要分布于卧龙岗—黄羊岭—长山沟一带，已发现黄羊岭（杨屹等，2006）、盼水河、硝尔库勒（吴攀登等，2012）、卧龙岗锑矿床和长山沟汞矿床，以及数处锑、汞矿点。

3. Ⅳ－31③云雾岭（陆缘活动带）Cu－Au矿带

该矿带位于木孜塔格成矿带东段，北部与黄羊岭矿带毗邻，南至新疆和西藏的省界，长约280km，宽20～40km，西昆仑地区只分布其西端部分（图2－1），构造属性为陆缘活动带。矿产主要有：云雾岭铜矿点，产于斑状花岗岩体的内接触带，矿化带长1.2km，宽110～300m不等，为稀疏细脉状矿化（刘春涌等，1998）；白帽山铜矿点产于石英斑岩岩株的内接触带（乔旭亮，2010），矿化岩石为石英斑岩，金属矿物总含量为5%～15%，矿化体长约500m，厚2～6m，Cu品位0.13%～0.27%；南邻区的火箭山铜矿点产于花岗斑岩中，属斑岩型铜矿。

第二节 成矿系列

一、成矿系列的含义

中国地质学家程裕淇等、陈毓川等(1979,1983)初论和再论了矿床成矿系列问题，陈毓川等(2006)三论矿床成矿系列问题，先后提出并完善了矿床成矿系列理论。成矿系列是指在一定的地质构造单元和一定的地质历史发展阶段内，与一定的地质成矿作用有关，在不同成矿阶段(期)和不同地质构造部位形成的不同矿种、不同类型但具有成因联系的一组矿床的自然组合。王世称等(1994)在成矿系列的亚类划分中提出同生成矿系列和后生成矿系列；同时将成矿系列扩充为矿化系列，指在某一成矿作用下，形成于一定地质环境中的所有有益元素的聚集地段，故包含成矿系列。杨合群等(2003)在研究蛇绿岩含矿性时分出同生矿化系列和后生矿化系列，前者为含矿建造或成矿建造同生的一组矿床、矿点、矿化点，后者为含矿建造或成矿建造后生的一组矿床、矿点、矿化点。杨合群等(2012)研究深化了成矿系列与地质建造关系，将前人建立的矿床成矿系列中表述的"××地区××时代××建造或地质作用有关××成矿系列"命名中的"有关"二字，细化为"同生""准同生""后生"和"表生风化"，将各类地质建造有关的成矿系列细化为同生成矿系列、准同生成矿系列、后生成矿系列、表生风化成矿系列等类别，并提出与同一套地质建造有关的几个世代的成矿系列，自然地构成一个成矿系列家族(简称成矿系列族)。类似于一个家族中存在着具有继承和繁衍关系的几代人。

对于新疆昆仑-阿尔金成矿带成矿系列的研究，本书遵循成矿系列与地质建造的关系，细分为同生成矿系列、准同生成矿系列、后生成矿系列和表生风化成矿系列等类别(杨合群等，2012)，详见表2-2。

有几点需要说明：

(1)表2-2中同生成矿系列中的"⑤与沉积变质岩系或火山-沉积变质岩系有关的沉积受变质型矿床成矿系列"，该类矿床成矿期的第一期属同生矿床，第二期受变质成矿期无论是围岩还是已经形成的矿体均会受到变质作用影响，而且该类矿床多数以原生沉积形成的矿体为主，矿床形成后受后期变质作用改造较为有限，仅受变质作用影响而未改变其工业用途，因此相对而言仍为同生成矿作用。

(2)与沉积变质岩系有关的变成型矿床是典型的后生矿床，因为经历变质作用以后，其工业用途发生了完全变化。

(3)与沉积岩系有关的沉积喷流型矿床具有典型的二元结构：通道相和沉积相。这类矿床绝大多数是以沉积相成矿为主，特别是远离喷口的块状硫化物矿床(SMS型)，总体上属于同生沉积成矿系列。而通道相的矿化晚于围岩，且通道周边的围岩蚀变较为明显，如硅化、重晶石化和碳酸盐化等，因此这部分成矿归为后生成矿系列。

(4)与火山-沉积岩系有关的火山喷流型矿床系列一般形成于火山喷发期后或两次喷发间歇期，海底热液喷流活动的热量来源于炽热的火山岩及隐伏岩浆房等，成矿物质来源于海水与火山岩的水岩作用。若相对于矿层下伏火山岩而言应属准同生成矿系列，但考虑矿层上部和下部的火山-沉积岩系作为整套地质建造的话，列入同生成矿系列较为合理。

(5)表2-2中的准同生成矿系列具体是指与火成岩系有关的矿床形成后，其所处的地质构造环境未变，但成矿阶段由早期的岩浆成矿转变为岩浆热液成矿阶段所生成的矿床类型，这类矿床的特点表现为：其成矿流体为岩浆期后热液；矿体就位空间为火成岩系侵入或喷发过程中形成的环状或放射状断裂带；其成矿时间比岩体略晚。

表 2-2　与地质建造有关的成矿系列

地质建造形成和演化时间	成矿系列家族中各世代成矿系列	
	系列名称	系列概念
建造形成同期	同生成矿系列	指与地质建造同时生成的成矿系列，包括： ①与火成岩系有关的岩浆型矿床成矿系列； ②与沉积岩系有关的沉积型矿床成矿系列； ③与沉积岩系有关的沉积喷流型矿床的沉积相成矿系列； ④与火山-沉积岩系有关的火山喷流型矿床成矿系列； ⑤与沉积变质岩系或火山-沉积变质岩系有关的沉积受变质型矿床成矿系列，等等
建造形成近期	准同生成矿系列	指与地质建造接近同时或略晚生成的成矿系列，一般是火成岩系有关的岩浆期后热液活动生成的矿床成矿系列
建造形成期后	后生成矿系列	指比地质建造明显晚得多生成的成矿系列，包括： ①各类岩石建造中矿源活化再造成因的热液脉型和破碎带蚀变岩型矿床成矿系列； ②与沉积变质岩系有关的变成型矿床成矿系列等； ③与沉积岩系有关的沉积喷流型矿床的通道相成矿系列
建造剥蚀出露	表生风化成矿系列	指各类地质建造剥蚀出露地表经长期风化生成的矿床成矿系列，实际上属于后生成矿系列的一种特殊情况

二、成矿系列的划分

成矿系列划分，时间一般以大地构造旋回为限，空间采用三级构造单元的范围，也就是相当于Ⅲ级成矿单元(成矿区带)范围较为适宜。根据上述成矿系列理论，笔者充分吸收前人勘查成果与科研资料，将新疆昆仑-阿尔金成矿带的7个Ⅲ级成矿带分别划分了成矿(或矿化)系列，其命名方法是“Ⅲ级成矿区带名称＋某时代的成矿建造或含矿建造＋矿种(金属元素符号，非金属中文名称)。矿床成矿系列编号方法采用“Ⅲ级成矿区带编号＋时代代号＋序号”。现将各Ⅲ级成矿带成矿系列划分方案及特征分述如下。

(一)铁克里克成矿带(Ⅲ-17)中的成矿系列

对铁克里克成矿带总结出7个成矿系列(表2-3)。

1. 与古元古代火山-沉积变质岩系有关的成矿系列

该成矿系列包括同生Fe-Cu-Au成矿系列(布穹式含铜磁铁矿矿床)和后生Cu矿化系列(苏玛兰铜矿点)，也称为“古元古代火山-沉积变质作用有关Fe-Au-Cu成矿系列”。

1)同生Fe-Cu-Au成矿系列

古元古界滹沱系埃连卡特岩群(HtA.)，主要岩性为黑云母石英长石片麻岩、阳起石石英长石片麻岩、黑云母石榴石石英长石片麻岩、大理岩和含铁(磁铁)石英岩，为一套中深变质岩。布穹磁铁矿就产于古元古界埃连卡特岩群下部a岩组地层中，铁矿(化)体呈似层状、条带状，走向北东向，出露宽度为30～60m，地表延伸长度大于5km。矿石类型以磁铁石英岩型磁铁矿为主，次为斜长角闪岩型磁铁矿。铁(TFe)品位13.4%～40.3%，平均30%，伴生有铜、金，Cu品位0.23%～0.65%，Au品位0.1×10^{-6}～1.03×10^{-6}。布穹磁铁矿的矿床成因类型为火山-沉积变质型(周小康等，2009)，因此其与含矿建造的关系可以归类为同生成矿系列。

表 2-3 塔里木成矿省铁克里克成矿带(Ⅲ-17)成矿系列一览表

成矿系列		矿床式	矿床实例	参考资料
按成矿作用	按地质建造			
古元古代火山-沉积变质作用有关 Fe-Au-Cu 成矿系列	Ⅲ-17Pt_1-1a 古元古代火山-沉积变质岩系同生 Fe-Cu-Au 成矿系列	布穹式 Fe	布穹含铜磁铁矿矿床、塔木其磁铁矿点	周小康等,2009;新疆维吾尔自治地质矿产勘查开发局,2010
海西期热液对古元古代火山-沉积变质岩系再造作用有关 Cu 矿化系列	Ⅲ-17 Pt_1-1b 古元古代火山-沉积变质岩系后生 Cu 矿化系列		苏玛兰铜矿点	1:25 万叶城县幅区调报告,2004
中元古代中酸性岩浆期后热液作用有关 Pb-Zn-Ag 成矿系列	Ⅲ-17Pt_2-2 中元古代中酸性岩准同生 Pb-Zn-Ag 成矿系列	尤仑踏卡特式 Pb-Zn	尤仑踏卡特铅锌矿	1:25 万叶城县幅区调报告,2004
喜马拉雅期热液对泥盆纪—石炭纪沉积岩系再造作用有关 Pb-Zn-Fe-Ag-Cu-Au-Co 成矿系列	Ⅲ-17Pz_2-3 泥盆纪—石炭纪沉积岩系后生 Pb-Zn-Fe-Ag-Cu-Au-Co 成矿系列	铁克里克式 Pb-Ag-Cu	铁克里克铅银铜矿	胡庆雯等,2008
		阿尔巴列克式 Cu-Pb-Fe	阿尔巴列克铜铅铁矿(伴生银、钴)、三区一乡三村铜矿点	祝新友等,2000;胡庆雯等,2008;杨万志,2010
		卡兰古式 Pb-Zn-Ag	卡兰古铅锌矿(伴生铜、金、银)、塔木铅锌银矿、乌苏里克铅锌银矿、卡拉牙斯卡克铅锌矿床、吐洪木列克铅锌矿、塔卡提铅锌矿点、吐木艾尔克铅锌矿点、塔木其铅矿点、塔木西山—沙莱依一带铅锌矿化点	祝新友等,2000;胡庆雯等,2008;匡文龙等,2003;辛存林等,2012
二叠纪沉积岩系作用有关 Cu 成矿系列	Ⅲ-17Pz_2-4 二叠纪沉积岩系同生 Cu 成矿系列		芒沙铜矿点	董永观等,2002
海西期镁质超基性岩作用有关 Cr 矿化系列	Ⅲ-17Pz_2-5 海西期基性超基性岩同生 Cr 矿化系列		柯岗铬铁矿点	1:25 万塔什库尔干塔吉克自治县与克克吐鲁克幅区调报告,2004
古近纪沉积作用有关 Mn-Fe 成矿系列	Ⅲ-17Kz-6 古近纪沉积岩系同生 Mn-Fe 成矿系列	杜瓦式 Mn	杜瓦锰矿、杜瓦锰铁矿化点	新疆维吾尔自治区地质矿产勘查开发局,2012

注:参考资料中"区调报告"全称为"区域地质调查报告",全文中均为简称

2)后生 Cu 矿化系列

苏玛兰铜矿点位于叶城县乌夏巴什乡,矿区出露地层也为古元古界埃连卡特岩群,岩性为绿色片岩。铜矿(化)体受断裂带控制,出露长度约 1km,宽度最厚处近 300m,矿化不连续。矿化带内矿石矿物可见黄铜矿,次生矿物为孔雀石。样品 Cu 品位一般低于 0.1%,最高 1%(1:25 万叶城县幅区调报告,2004)。初步分析认为苏玛兰铜矿的主要成矿物质来源于古元古界埃连卡特群,成矿作用为海西期的热液作用。

2. 与中元古代中酸性岩浆岩有关的成矿系列

该成矿系列是与中元古代中酸性岩浆岩同生的 Pb-Zn-Ag 成矿系列(尤仑踏卡特式铅锌矿),也称"中元古代中酸性岩浆期后热液作用有关 Pb-Zn-Ag 成矿系列"。

尤仑踏卡特铅锌矿位于叶城县棋盘乡,矿区出露地层主要为中元古界库浪那古岩群,岩性为石英云母片岩、片麻岩夹矽卡岩化大理岩,岩浆岩为中元古代早期花岗闪长岩-石英闪长岩和海西晚期花岗岩。

铅锌矿化产于矽卡岩化大理岩中，见1条矿体，长45m，宽10m，其中富矿段长17m，平均厚1.8m。主要金属矿物为方铅矿、闪锌矿，矿石Pb品位3.82%～33.61%，平均18.71%，Zn品位6.55%～8.49%，平均7.52%，Ag品位10×10^{-6}～500×10^{-6}（1：25万叶城县幅区调报告，2004）。

3. 与泥盆纪—石炭纪沉积岩系有关的成矿系列

该成矿系列包括后生Pb－Zn－Fe－Ag－Cu－Au－Co成矿系列，也称"喜马拉雅期热液对泥盆纪—石炭纪沉积岩系再造作用有关Pb－Zn－Fe－Ag－Cu－Au－Co成矿系列"。

铁克里克铅银铜矿含矿建造为中泥盆统碎屑岩-碳酸盐岩建造，含矿层为石英砂岩，矿化带长1450m，由3个矿体组成，包括上层的2个铅矿体，下层的1个铜银钴矿体。矿体为似层状、透镜状，产状240°～260°∠50°～60°。矿石矿物主要为方铅矿、黄铜矿、黄铁矿和铜蓝等，多呈浸染状或细脉状。脉石矿物主要为石英和方解石。Pb平均品位3%，最高30%；Ag品位大于20×10^{-6}，最高大于2400×10^{-6}（胡庆雯等，2008）。常见蚀变为硅化、褐铁矿化。

阿尔巴列克铜铅铁矿产于下石炭统霍什拉甫组（C_1h）的下部碎屑岩与上部碳酸盐岩接触部位附近，包括铜铅矿体与铁矿体。两矿体成矿特点有所差异，但其间的构造联系说明它们是同一成矿体系的产物（祝新友等，2000）。阿尔巴列克的铜铅矿体两侧围岩均为紫红色碎屑岩，白云岩已全部角砾岩化且呈夹层出现。铜铅矿产于角砾岩中，矿体形态较为复杂。以铜矿化为主，含少量铅矿化，Cu品位一般1.52%，最高9.908%；Pb品位1.49%，地表略高为2.06%，伴生钴。铁矿产于碎屑岩与碳酸盐岩间，更多地呈脉状，铁矿体中含有少量铜、铅、锌的硫化物。

卡兰古铅锌银矿床产于上泥盆统奇自拉夫组（D_3q）和下石炭统克里塔格组（C_1k）的构造结合部位。矿床分南、北两个矿带，分别位于卡兰古向斜的两翼，主要矿体赋存于北矿带中。北矿带矿体下盘围岩为中薄层状含碳白云质灰岩，其间也发生不同程度的角砾岩化，上盘为含石英砾石碳酸盐岩或钙质石英砂砾岩，呈灰白色。主矿体完全呈东西向，似层状展布，长657m，厚9～195m，其他矿体多呈透镜状，围岩蚀变主要为硅化及白云岩化。矿石矿物主要为方铅矿，次为黄铁矿、黄铜矿和闪锌矿。矿石中Pb品位0.2%～2%，最高36.41%；Zn品位0.12%，最高5.33%；Co品位0.035%，最高0.05%；Ag品位12.3%，Au品位19×10^{-6}。靠近泥盆系紫红色碎屑岩附近出现零星铜矿化。与其类似的矿床还有塔木铅锌银矿、乌苏里克铅锌银矿、卡拉牙斯卡克铅锌矿（祝新友等，2000）、吐洪木列克铅锌矿、塔卡提铅锌矿点（辛存林等，2012）、吐木艾尔克铅锌矿点和塔木其铅矿点等。

上述3种矿床形成的主要矿种虽然略有差异，但均分布于近南北向的铁克里克-卡兰古铅锌成矿带内，赋矿地层均为泥盆系—石炭系的一套碎屑岩-碳酸盐岩建造，相关研究（匡文龙等，2003a）认为：该区域的铅锌矿床成矿作用过程中的成矿物质Pb、Zn主要来源于前泥盆纪地层，泥盆系—石炭系起铅锌矿寄主岩石的作用；海西期、喜马拉雅期是区内两次最为重要的成矿阶段，其中喜马拉雅期的逆冲推覆褶皱作用引发了大规模的热液运移循环，导致了矿质的沉淀。

4. 与二叠纪沉积岩系有关Cu成矿系列

该成矿系列主要是与二叠纪沉积岩系有关同生Cu成矿系列，也称"二叠纪沉积岩系作用有关Cu成矿系列"。代表性矿床有芒沙铜矿床，出露地层为下二叠统杜瓦组沉积砂岩，受北西向断裂影响，岩石中片理化强烈。铜矿化见于灰绿色薄层粉砂岩中，较密集矿化有两处。两处铜矿体均呈似层状，矿体规模分别为40m×0.7m和1m×0.6m，延深约15m。主要矿石矿物为黄铜矿，次生矿物为孔雀石，Cu品位0.1%～1.1%，矿石矿物多呈星点状分布。该矿床主要成因类型为沉积砂岩型铜矿（董永观等，2002）。

5. 与海西期镁质超基性岩有关Cr成矿系列

该成矿系列主要是与海西期基性超基性岩同生的Cr成矿系列和同生Ni－Cu矿化系列，也称"海西期基性超基性岩作用有关Cr成矿系列和海西期基性超基性岩作用有关Ni－Cu矿化系列"（或"海西期镁质超基性岩作用有关Cr矿化系列"）。前者代表性矿床为柯岗铬铁矿床，产于柯岗基性超基性岩体内，矿体产状与岩体原生流动构造一致。已发现39个矿体，矿体呈长条状、不规则状、透镜状，延伸不大，均在几米之内。单矿体长0.3～4m，宽0.02～1m。矿石构造以致密块状、浸染状为主。金属矿物为铬铁矿、磁铁矿，非金属矿物为蛇纹石、滑石等。矿石中Cr_2O_3品位30.25%～40.18%。该矿床成因类型为岩浆结晶分异型铬铁矿床(1∶25万塔什库尔干塔吉克自治县与克克吐鲁克幅区调报告，2004)。

另外，前人在西部的柯岗超基性岩中，圈定了一规模可达大型的硅酸镍矿床，区域化探在柯岗岩带北西圈定了较好的铜、镍、金、银、砷及铁族元素异常，异常踏勘发现了杂岩体。

6. 与古近纪沉积岩系有关Mn－Fe成矿系列

该成矿系列属于与古近纪沉积岩系同生的Mn－Fe成矿系列，也称"古近纪沉积作用有关Mn－Fe成矿系列"。代表性矿床为杜瓦锰矿。赋矿地层主要为古新统喀什群阿尔塔什组(E_1a)的碎屑岩和碳酸盐岩，含锰灰岩为含矿层，呈灰黑色，与周围的灰黄色灰岩及红色砂岩相比具较明显的颜色特征，为矿体的标志层。矿体呈层状与围岩顺层接触，界线清晰，总体走向近东西，向南倾，长约2.6km，厚度较稳定，平均0.5m。矿石矿物有软锰矿、硬锰矿，脉石矿物主要是方解石。矿石构造为稠密浸染状及块状构造，结构为半自形粒状。矿床中品位超过40%的富矿石占整个矿体的89.53%。矿床成因研究认为：在古新世，随着昆仑山地块的抬升，海水逐步下降，在塔里木边缘形成了浅海相沉积地层，在某一个涨潮过程中，远处火山运动带来的矿源物质经水流作用搬运到浅海，通过沉积作用与海水中的碳酸钙几乎同步沉积，从而形成了含锰灰岩；锰矿体受该灰岩层控特征明显，多顺层分布在其中，围岩未见蚀变，矿体没有受构造破坏的痕迹(新疆维吾尔自治区地质矿产勘查开发局，2012)。

(二) 西昆仑成矿带(Ⅲ－27)中的成矿系列

对西昆仑成矿带总结出9个成矿系列，详见表2－4。

表2－4 西昆仑成矿带(Ⅲ－27)中的成矿系列一览表

成矿系列		矿床式	矿床实例	参考资料
按成矿作用	按地质建造			
古元古代沉积变质作用有关Cu－Au－Fe－Ag成矿系列	Ⅲ－27Pt_1－1古元古代沉积变质岩系同生Cu－Au－Fe－Ag成矿系列	苏巴什式Fe	苏巴什西赤铁矿点、苏巴什东赤铁矿点	1∶25万伯力克幅区调报告，2002
		卡拉玛式Cu－Au	卡拉玛铜金矿、卡拉硐铜矿、哈拉墩(卡拉东)铁铜金矿床，木吉铜矿点、卡拉库里铜金矿、沙子沟铜矿、西山头铜矿、东大沟铜矿	丁培恩，2005； 王书来等，1999； 王书来等，2000； 李文渊等，2012； 周小平，2006
中元古代沉积变质作用有关Fe矿化系列	Ⅲ－27Pt_2－2a中元古代沉积变质岩系同生Fe矿化系列	牙门式Fe	牙门磁铁矿点	1∶25万于田县幅区调报告，2003
××时代对中元古代沉积变质岩系再造作用有关Pb－Zn－Cu成矿系列	Ⅲ－27Pt_2－2b中元古代沉积变质岩系后生Pb－Zn－Cu成矿系列	科库西里克式Pb－Zn	科库西里克铅锌矿床	董永观等，2006
加里东期中酸性岩浆作用有关Fe－Cu－Zn－Au－Ag成矿系列	Ⅲ－27Pz_1－3加里东期中酸性岩准同生Fe－Cu－Au－Zn－Ag成矿系列	康达尔达坂式Fe－Zn	康达尔达坂含锌磁铁矿床	冯昌荣等，2012
		库地式Cu－Fe－Au	库地铜铁金矿床、库地西铜铁矿点、同尤阿甫阿格孜铜矿点	李先军等，2009； 李文渊等，2012

续表 2-4

成矿系列		矿床式	矿床实例	参考资料
按成矿作用	按地质建造			
加里东期镁质超基性岩侵入作用有关 Cr－Os－Ir－Ru 矿化系列	Ⅲ－27Pz_1－4 加里东期镁质超基矿化成矿系列	库地式 Cr	库地铬铁矿点	董连慧等，2012； 乔耿彪等，2012
××时代热液对志留纪沉积岩系再造作用有关 Au－Cu－Pb 成矿系列	Ⅲ－27Pz_1－5 志留纪沉积岩系后生 Au－Cu－Pb 成矿系列	阔克吉勒嘎式 Au	阔克吉勒嘎、木吉金矿床	王书来等，2000； 河南地调院西昆仑立项报告，2009
早石炭世火山沉积作用有关 Cu－Zn－Au－Ag 成矿系列	Ⅲ－27Pz_2－6a 早石炭世火山-沉积岩系同生 Cu－Zn－Au－Ag 成矿系列	萨落依式 Cu	萨落依铜矿床，大勒大铜(金)矿点、2 号铜矿点、克鲁滚涅克沟含金铜矿点、胡尔其木干铜矿点	孙海田等，2004； 李博秦，2002； 汪来群等，2009
		阿克塔什式 Cu	阿克塔什铜矿、卡斯卡苏铜矿点、卡拉卡依铜矿点	孙海田等，2004； 李博秦，2002； 李先军等，2009
		特格里曼苏式 Cu	特格里曼苏式铜矿、土根曼苏铜矿、特格里曼苏东南铜银矿点	曾威等，2012； 李先军等，2009； 汪来群等，2009
××时代热液对早石炭世火山-沉积岩系再造作用有关 Pb－Zn－Cu－Ag 成矿系列	Ⅲ－27Pz_2－6b 早石炭世火山-沉积岩系后生 Pb－Zn－Cu－Ag 成矿系列	塔西克西式 Au	塔西克西、依迈克金矿点	唐小东等，2003
晚石炭世—二叠纪火山沉积作用有关 Cu－Zn－Ag 成矿系列	Ⅲ－27Pz_2－7 晚石炭世—二叠纪火山沉积岩系同生 Cu－Zn－Ag 成矿系列	上其汗式 Cu－Zn	上其汗铜锌矿床、塔木其铜锌矿点	贾群子等，1999； 李博秦，2002； 匡文龙等，2003

1. 与古元古代沉积变质岩系有关的成矿系列

与古元古代沉积变质岩系有关的成矿系列为同生 Cu－Au－Fe－Ag 成矿系列(新疆苏巴什西赤铁矿点、苏巴什东赤铁矿点；卡拉玛铜金、卡拉硐铜、哈拉墩(卡拉东)铁铜金矿床，木吉铜矿点、卡拉库里铜金矿、沙子沟铜矿、西山头铜矿、东大沟铜矿)，也称"古元古代沉积变质作用有关 Cu－Au－Fe－Ag 成矿系列"。

苏巴什赤铁矿点出露地层为古元古界双雁山沉积变质岩系，岩性为黄褐色大理岩夹钙质片岩，矿区北部有石炭纪细粒二长花岗岩体侵入。该矿包括东、西两处矿点。苏巴什西赤铁矿点矿体长 15m，最宽处 1m，向东、西两端呈透镜状尖灭。矿石矿物成分为赤铁矿，少量黄铁矿、黄铜矿、孔雀石，TFe 品位 42.3%，S 含量 2.56%。该矿点有两层矿体呈似层状产出于大理岩中，产状与围岩一致；第一层矿体长 103m，平均厚 7.5m，TFe 平均品位 32.4%；第二层矿体长 18m，平均厚 2m；矿石质量不稳定，沿走向有时变为铁质石英岩(1∶25 万伯力克幅区调报告，2002)。该类矿床的成因类型为沉积变质型铁矿，主要矿体与含矿建造基本同时形成。

卡拉玛铜金矿赋矿地层为古元古界布伦阔勒岩群，其为一套中深度变质的片麻岩、角闪岩、石英片岩夹白云质大理岩。矿体主要分布在布伦阔勒岩群第二组第三岩性段白云岩中，在层状白云岩中矿体以各种规模不等的透镜体产出，长轴方向平行于岩层走向，产状亦与岩层保持一致。该类矿床铜矿化均与菱铁矿矿化伴生，品位高，且富含金(银)。其1号矿体最大，长360m，平均厚度为1.95m，垂深238m，产状18°∠30°，Cu平均品位为3.27%，最高达11.06%。金属矿物主要有黄铜矿、斑铜矿、黄铁矿和辉铜矿等，另有少量自然金、银金矿、碲银矿。矿石构造常见浸染状、条带状、脉状、角砾状等(丁培恩，2005)。根据同位素和微量元素分析，卡拉玛铜矿成矿物质主要来自于海相沉积作用形成的含矿白云岩(王书来等，2000)，矿床受层间构造破碎带的菱铁白云岩及硅化白云岩脉明显控制，矿床受到变质热液改造。类似矿床还有卡拉硐铜矿、哈拉墩(卡拉东)铁铜金矿床(李文渊等，2012)、木吉铜矿点、卡拉库里铜金矿、沙子沟铜矿(王书来等，1999)、西山头铜矿和东大沟铜矿等(周小平，2006)。

2. 与中元古代沉积变质岩系有关的成矿系列

与中元古代沉积变质岩系有关的成矿系列包括同生Fe成矿系列(牙门式磁铁矿)和后生Pb-Zn-Cu成矿系列(科库西里克式铅锌矿)。这些成矿系列按照成矿作用命名时可称："中元古代沉积变质作用有关Fe成矿系列；××时代热液对中元古代沉积变质岩系再造作用有关Pb-Zn-Cu成矿系列"。

1)同生Fe成矿系列

牙门磁铁矿区出露地层为蓟县系眼球状混合岩、石英岩、石英绿泥片岩、碳质千枚岩和变砂岩。铁矿层呈透镜状产于碳质千枚岩层中下部。该矿区分东、西两个铁矿体，东矿体沿走向延伸，长约276m，最大厚度6.8m；西矿体呈两个透镜体，总长度35.8m，最大厚度6.3m。主要矿石矿物为钢灰色致密块状磁铁矿，矿石TFe品位42.31%～56.19%。主要成因类型为与中元古界蓟县系沉积变质岩系同生的磁铁矿床(1∶25万于田县幅区调报告，2003)。

2)后生Pb-Zn-Cu成矿系列

科库西里克铅锌矿赋矿地层为中元古界长城系大理岩和云母石英片岩。矿区已发现3个矿体，一般赋存在大理岩内或大理岩与石英云母片岩接触带附近的断裂带内，长度几十米到几百米，宽1～3m，厚1～3m，矿体产状110°∠55°～60°，(Pb+Zn)品位可达10%～30%。矿石一般呈块状、浸染状、网脉状、角砾状等构造，主要矿物有方铅矿和闪锌矿等，脉石矿物有石英和方解石等。围岩蚀变不发育，沿裂隙有少量矽卡岩化，矽卡岩矿物主要有透辉石和透闪石等。研究认为(董永观等，2006)，科库西里克铅锌矿其成矿作用受中元古界长城系大理岩和层间断裂构造控制，成矿热液与围岩性质有明显差异，成矿过程中可能有岩浆热液的加入，但主要类型应属碳酸盐岩中的层间断裂破碎带控制的低温热液型铅锌矿床。

3. 与加里东期中酸性岩有关的成矿系列

与加里东期中酸性岩有关的成矿系列为准同生Fe-Cu-Zn-Au-Ag成矿系列(康达尔达坂含锌磁铁矿、库地铜铁矿和库地铜金矿)，也称"加里东期中酸性岩浆作用有关Fe-Cu-Zn-Au-Ag成矿系列"。

康达尔达坂含锌磁铁矿区出露地层为奥陶系—志留系，岩性为大理岩、变质砂岩等。加里东期黑云母斜长花岗岩侵入于大理岩内，形成矽卡岩化大理岩。铁锌矿体产于矽卡岩化大理岩中，初步查明4个矿体，矿体呈南西向，单矿体长25～150m，厚10～50m，矿石TFe品位20.14%～65.75%，平均品位46.9%，Zn品位0.01%～23.02%，平均品位1.51%(冯昌荣等，2012)。该矿床属与加里东期黑云斜长花岗岩有关的矽卡岩化铁锌矿床。

库地一带早古生代中酸性岩浆岩、基性—超基性岩广泛出露，这些岩体侵位于元古宇库浪那古群大理岩、变砂岩中。围岩蚀变常见矽卡岩化、绿帘石化、蛇纹石化等。岩体与围岩内接触带中节理发育，矿体沿节理产出。目前，已发现与加里东期中酸性侵入体有关的库地铜铁矿、布孜万含铜磁铁矿床、布孜万磁铁矿床(李先军等，2009)、库地西铜铁矿点和库地西铁矿点(1∶25万麻扎神仙湾幅区调报告，2004)等矽卡岩型含铜磁铁矿。

库地铜金矿赋存于石英闪长岩、花岗岩以及与中新元古界结晶灰岩、大理岩接触带的矽卡岩中，矿体有多条，呈透镜状、不规则状。矿石具块状、浸染状构造，具有粒状变晶结构，矿物有黄铜矿、辉铜矿、磁铁矿、磁黄铁矿等，围岩蚀变包括硅化、绿泥石化、绿帘石化、碳酸盐化及矽卡岩化。拣块分析样中 Au 品位 $0.16\times10^{-6}\sim0.52\times10^{-6}$，Ag 品位 $0.3\times10^{-6}\sim125\times10^{-6}$，Cu 品位 0.4%～14.75%（王书来等，2000）。库地铜金矿为矽卡岩型矿床，类似矿化还有同尤阿甫阿格孜铜矿点（1∶25 万于田县幅区调报告，2003）。

4. 与加里东期镁质超基性岩有关的成矿系列

与加里东期镁质超基性岩有关的成矿系列为同生 Cr－Os－Ir－Ru 成矿系列（库地式铬铁矿），也称“加里东期镁质超基性岩侵入作用有关 Cr－Os－Ir－Ru 成矿系列”。

库地铬铁矿产于库地蛇绿杂岩内浅变质纯橄岩与堆晶岩的接触带上，且靠近浅变质纯橄岩一侧。目前地表发现 8 个矿体，倾向北西，倾角大于 75°，矿体呈豆荚状，宽 0.5～2m，长度大于 30m，Cr_2O_3 平均品位 26.96%，$Cr_2O_3/FeO=2.78$（董连慧等，2012）。矿石矿物为铬尖晶石，脉石矿物为橄榄石、纤闪石，菱镁矿微量。富铬铁矿为块状构造，贫铬铁矿构造为浸染状、条带状和似层状构造，矿石结构为细粒粒状结构。常见矿化蚀变有铬铁矿化、磁铁矿化和蛇纹石化。库地铬铁矿为岩浆作用形成的矿床（乔耿彪等，2012），其形成时代应与库地蛇绿杂岩一致，根据辉长岩锆石 SHRIMP 年龄为 525±2.9Ma（张传林等，2004），为早寒武世，说明该矿床形成于加里东期。

5. 与志留纪沉积岩系有关的成矿系列

与志留纪沉积岩系有关的成矿系列属于后生 Au－Cu－Pb 成矿系列（阔克吉勒嘎式金矿），也称“××时代热液对志留纪沉积岩系再造作用有关 Au－Cu－Pb 成矿系列”。

阔克吉勒嘎金矿赋矿地层为志留系温泉沟群（S_1W），主要岩性为灰黑色碳质泥岩、灰绿色绿泥石石英片岩和石英绢云母千枚岩建造中。矿化带集中于乌孜别里山口断裂和琼巴额什大断裂之间，受断裂构造控制明显。该类金矿围岩蚀变较强，有黄铁矿化、绢云母化、绿泥石化、硅化等，蚀变带规模不等，大者延长约 120m，宽约 10m。矿体及含矿石英脉产出在富含碳质的千枚岩类中，矿化有蚀变碎裂石英脉型和蚀变碎裂岩型两种，矿石中金属矿物有自然铜、自然金、黄铜矿、黄铁矿、方铅矿等，非金属矿物有绢云母、绿泥石、磷灰石等（河南省地质调查院，2009）。金以自然金的形式产出，片状为主，粒径一般为 0.09～0.15mm，品位 4.47×10^{-6}。该矿主要类型属构造破碎蚀变岩型金矿，类似矿床还有木吉金矿（王书来等，2000）。

6. 与早石炭世火山-沉积岩系有关的成矿系列

与早石炭世火山-沉积岩系有关的成矿系列包括同生 Cu－Zn－Au－Ag－Pb 成矿系列（萨落依铜矿、特格里曼苏铜矿、阿克塔什铜矿）和后生 Zn－Cu－Au－Ag 成矿系列（塔西克西金矿）。这些成矿系列按照成矿作用命名时可称“早石炭世火山沉积作用有关 Cu－Zn－Au－Ag 成矿系列；××时代热液对早石炭世火山岩系再造作用有关 Pb－Zn－Cu－Ag 成矿系列”。

1）同生 Cu－Zn－Au－Ag－Pb 成矿系列

萨落依铜矿区出露地层主要为下石炭统乌鲁阿特组（C_1w）海相基性火山岩系、热液沉积岩及少量海相结晶灰岩。火山岩主要由枕状、块状和杏仁状石英拉斑玄武岩、基性火山凝灰岩及少量火山集块岩和角砾岩组成。基性火山岩厚度大，延伸稳定，连续性好。硫化物矿化体直接产在枕状拉斑玄武岩和基性凝灰岩中。矿区成矿元素主要为铜和黄铁矿，伴生锌和少量金，几乎不含铅，已圈出 4 个铜矿体和 7 个褐铁矿化体，产状与地层一致，倾向近北，倾角 50°～75°。矿石类型主要有黄铁矿矿石、黄铁矿-黄铜矿矿石和黄铁矿-黄铜矿-闪锌矿矿石；矿石构造以块状、条带状、团块状和细脉浸染状构造为主；矿石结构主要为他形粒状、半自形粒状和充填交代结构等。矿石中铜和锌品位变化较大，分布不均匀，Cu 品位 0.01%～4.62%。萨落依铜矿属基性火山岩型块状硫化物铜矿床（孙海田等，2004），类似矿点还包括大勒大铜（金）矿点、2 号铜矿点、克鲁滚涅克沟含金铜矿点和胡尔其木干铜矿点（李博秦，2002）等。

阿克塔什铜矿区出露地层为上石炭统克孜里奇曼组（C_2k）海相火山沉积岩系，岩性主要为流纹岩、流纹质凝灰岩，以及层状灰岩、泥灰岩和砂岩。经区域变质作用酸性火山岩变成了绢云母片岩、绢云母绿泥片岩和绿泥石石英千枚岩。块状硫化物矿化分布在该组地层中，绢云母石英片岩为主要容矿主岩。矿区已圈定7个矿体。矿体呈层状、似层状，长度变化于165～1300m之间，与围岩整合接触，倾向南或南东，倾角一般在10°～20°之间。地表常见由褐铁矿、孔雀石、自然硫和黄钾铁矾等组成的氧化带。原生硫化物矿体具有明显的双层结构特征，上部为块状、条带状，下部为细脉浸染状。主要矿体以块状含铜黄铁矿矿石为主，细脉浸染状矿化次之，主要成矿元素为硫、铜，伴生锌、金、银等有益组分，Cu平均品位3.55%，S含量平均32.97%。矿石矿物主要由黄铁矿，少量黄铜矿及微量闪锌矿组成，偶见含锌砷黝铜矿、斑铜矿、方铅矿、毒砂和磁铁矿。矿床围岩热液蚀变明显，主要有硅化、绢云母化、碳酸盐化和绿泥石化。阿克塔什铜矿为典型的酸性火山岩型块状硫化物铜矿床（孙海田等，2004），类似矿点还有卡斯卡苏铜矿点和卡拉卡依铜矿点。

特格里曼苏铜矿围岩为下石炭统库山河组（C_1k）浅海相陆源碎屑岩和碳酸盐岩建造中，赋矿岩性主要为长石石英砂岩、石英砂岩和岩屑石英砂岩等，矿体受地层控制，呈层状、似层状产出，浅色砂岩与紫色砂岩的交互带是铜矿体产出的最有利层位。辉铜矿是最重要的矿石矿物，另外还有黄铜矿、斑铜矿和辉银矿等，地表常见次生的孔雀石和蓝铜矿。矿石构造主要为浸染状和条带状构造，常见结构类型有填隙胶结结构和交代结构。矿化常发生于具碳酸盐-硅质胶结组合的砂岩中，铜矿物与硅质胶结物伴生。相关研究（曾威等，2012）认为特格里曼苏铜矿成矿作用过程是：古陆（前寒武纪结晶基底和蓟县纪花岗质侵入体）的风化剥蚀提供了基本的成矿物质，沉积物的搬运沉积形成了矿源层，在成岩作用时期由于有机质及细菌的作用、氧化还原条件的改变，成岩流体的迁移造成了铜质的局部再富集，形成具有工业意义的铜矿体。因此，特格里曼苏铜矿形成于成岩作用过程中，属于沉积成岩成因的砂岩型铜矿床。类似矿点还有土根曼苏铜矿（李先军等，2009）和特格里曼苏东南铜银矿点。

2)后生Pb－Zn－Cu－Au－Ag成矿系列

塔西克西金矿赋矿地层为也下石炭统乌鲁阿特组（C_1w）基性火山岩系，其中凝灰岩已不同程度地变质成绿泥石片岩。金矿化体发育于含黄铁矿绿泥石片岩中，自形粒状黄铁矿呈浸染状分布，黄铁矿普遍受剪切作用而碎裂，部分黄铁矿呈细粒集合体沿石英脉边缘呈似层状顺片理分布。塔西克西金矿的形成与韧性剪切作用关系密切，在变质变形作用过程中，含金较高的中基性火山岩中的金发生了迁移，产生金的富集，韧性剪切作用为金的活化、迁移与富集提供了热动力，形成了韧性剪切带型金矿（唐小东等，2003）。类似矿点还有依迈克金矿点。

7. 与晚石炭世—二叠纪火山-沉积岩系有关的成矿系列

西昆仑成矿带中与晚石炭世—二叠纪火山-沉积岩系有关的成矿系列为同生Cu－Zn－Ag－硫铁成矿系列（上其汗铜锌矿），也称“晚石炭世—二叠纪火山-沉积作用有关Cu－Zn－Ag－硫铁成矿系列”。

上其汗铜锌矿的赋矿地层李博秦（2002）研究认为形成于晚石炭世—中二叠世，因为在普鲁裂谷型火山岩上段夹层（碳酸盐岩）发现了晚石炭世腹足类化石，下段夹层（硅质岩、硅质板岩）采获中二叠世放射虫化石。

上其汗铜锌矿矿体围岩为海相火山岩系，主要由细碧岩、石英角斑岩、酸性凝灰岩、大理岩和碳质千枚岩组成，厚度大于500m。矿体呈似层状赋存于酸性凝灰岩中，长约520m，厚3.72～16.23m，平均厚度8.19m。矿石矿物主要为黄铁矿，其次是黄铜矿、磁黄铁矿、闪锌矿及微量毒砂等；矿石构造主要有块状、浸染状、条带浸染状和角砾状构造等，矿石结构主要为他形粒状，其次为半自形至自形粒状结构、填隙结构等。矿石自然类型以原生硫化物矿石为主，少量氧化物矿石出露在地表及近地表。Cu品位0.31%～3.6%，Zn品位0.52%～3.48%，S品位8.1%～46.81%。上其汗大量分布的火山岩为块状硫化物矿床的形成提供了金属元素矿源，深成钙碱性侵入岩提供了热源（匡文龙等，2003b），矿体与含矿火山岩系属同期或准同期产物，因此上其汗铜锌矿属与石炭纪—二叠纪块状硫化物同生矿床。

塔木其铜锌矿也属块状硫化物矿床，但是其围岩为二叠纪阿羌火山岩，岩性以玄武岩、安山岩为主夹英安岩。断裂构造主要为一组规模较小的呈“W”形雁列式展布的张性断层，是控矿构造。围岩蚀变以青磐岩化为主，沿断裂带及矿体附近有辉绿岩脉侵入。已发现3个铜锌矿体和4个铜矿化体，矿体长17～30m，厚1～8m，产状140°～170°∠48°～55°。矿石矿物主要为黄铁矿、黄铜矿，脉石矿物成分为石英和绿泥石等。矿体Cu品位1.72%，Zn品位1.78%，S品位21.1%，Ag品位8.23×10^{-9}（1∶25万于田县幅区调报告，2003）。

（三）喀喇昆仑成矿带（Ⅲ-35）中的成矿系列

对喀喇昆仑成矿带总结出11个成矿系列，详见表2-5。

表2-5　喀喇昆仑成矿带（Ⅲ-35）中的成矿系列一览表

成矿系列		矿床式	矿床实例	参考资料
按成矿作用	按地质建造			
古元古代沉积变质作用有关Fe成矿系列	Ⅲ-35Pt_1-1古元古代沉积变质岩系同生Fe成矿系列	赞坎式Fe	赞坎铁矿、老并铁矿、莫喀尔铁矿、吉尔铁克铁矿、塔哈西铁矿、塔辖尔铁矿、叶里克铁矿、希尔布力铁矿、塔合曼铁矿、河可兰尔磁铁矿点、其克尔克磁铁矿点、若热万吉磁铁矿点	冯昌荣等，2012；燕长海等，2012
××时代热液对中元古代变质岩系再造作用有关Cu-Pb-Zn-Au-Ag矿化系列	Ⅲ-35Pt_2-2中元古代变质岩系后生Cu-Pb-Zn-Au-Ag矿化系列		新藏公路324km铜铅锌矿点	李博秦等，2007
志留纪沉积作用有关Fe成矿系列	Ⅲ-35Pz_1-3a志留纪沉积变质岩系同生Fe成矿系列	切列克其式Fe	切列克其、切北、黑黑孜站干菱铁矿床，麻扎赤铁矿点	李凤鸣等，2010；1∶25万麻扎、神仙湾幅区调报告，2004
××时代热液对志留纪沉积岩系再造作用有关Cu-Pb-Zn-Ag矿化系列	Ⅲ-35Pz_1-3b志留纪沉积变质岩系后生Cu-Pb-Zn-Ag矿化系列		黑恰达坂多金属矿点、黑黑孜铜矿化点、黑黑孜江干铜矿点、新藏公路273km多金属矿化点	李博秦等，2007；1∶25万麻扎、神仙湾幅区调报告，2004
泥盆纪沉积作用有关Cu-Au矿化系列	Ⅲ-35Pz_2-4泥盆纪沉积岩系同生Cu-Au矿化系列		鱼跃石铜金矿点	1∶25万麻扎、神仙湾幅区调报告，2004
××时代热液对二叠纪沉积岩系再造作用有关Pb-Cu-Fe-Ag-Zn矿化系列	Ⅲ-35Pz_2-5二叠纪沉积岩系后生Pb-Cu-Fe-Ag-Zn矿化系列		祥云沟铅矿点	谢渝等，2011
			河岔口南含银铜矿点、岔路口铜矿点、神仙湾大沟铜矿化点	1∶25万岔路口幅区调报告，2006；1∶25万麻扎、神仙湾幅区调报告，2004
			河尾滩北赤铁矿化点	1∶25万岔路口幅区调报告，2006
海西期中酸性岩浆作用有关Pb-Zn-Cu-Au-Ag成矿系列	Ⅲ-35Pz_2-6a海西期中酸性岩准同生Pb-Zn-Cu-Au-Ag成矿系列	瓦恰式铅锌铜矿	瓦恰铅锌铜矿床	冯昌荣等，2012

续表 2-5

成矿系列		矿床式	矿床实例	参考资料
按成矿作用	按地质建造			
侏罗纪—白垩纪沉积作用有关 Pb-Zn-Ag 成矿系列	Ⅲ-35Mz-7a 侏罗纪—白垩纪沉积岩系铜生 Pb-Zn-Ag 成矿系列	甜水海式铅锌矿	甜水海铅锌矿、天神铅锌矿点、驼峰岭铅锌矿点	新疆地矿局第十一地质大队，2012
××时代热液对侏罗纪—白垩纪沉积岩系再造作用有关 Pb-Zn-Cu-Ag 成矿系列	Ⅲ-35Mz-7b 侏罗纪—白垩纪沉积岩系后生 Pb-Zn-Ag-Cu 成矿系列	多宝山式铅锌矿	多宝山式铅锌矿、宝塔山铅锌矿、落石沟铅锌矿点、长蛇沟铅锌矿化点、卡孜勒铜银矿点	杜红星等，2012；谢渝等，2011
燕山期中酸性岩浆期后热液作用有关 Fe-Cu-Zn-Pb-Au-Ag-W 成矿系列	Ⅲ-35Mz-8 燕山期中酸性岩准同生 Fe-Cu-Zn-Pb-Au-Ag-W 成矿系列	司热洪式铜铁矿	司热洪铜铁矿点、司热洪铜锌矿点、谢并喀拉基尔干铜矿点、明铁盖铜矿点、阿然保泰铅锌矿点	西昆仑河南地调院立项报告，2009
		卡拉其古八大山式钨金	卡拉其古八大山钨金矿点、卡拉吉克金钨矿点	祝平，2001；1∶25 万塔什库尔干塔吉克自治县幅区域报告，2004；1∶25 万克克吐鲁克幅区调报告，2004
喜马拉雅期中酸性岩浆期后热液作用有关 Pb-Zn-Au-Ag 矿化系列	Ⅲ-35Kz-9 喜马拉雅期中酸性岩准同生 Pb-Zn-Au-Ag 矿化系列		斯如依迭尔铅锌矿点	于晓飞等，2012
			阿然保泰、明铁盖达坂北金矿点	河南地调院西昆仑立项报告，2009

1. 与古元古代沉积变质岩系有关的成矿系列

与古元古代沉积变质岩系有关的成矿系列为同生 Fe 成矿系列（赞坎式磁铁矿床），也称“古元古代沉积变质作用有关 Fe 成矿系列”。

目前对西昆仑塔什库尔干一带的赞坎-老并铁矿区赋矿地层的形成时代还有争议：①前人认为布伦阔勒岩群应为古元古代形成的沉积变质岩系；②燕长海等（2012）通过锆石 LA-ICP-MS 方法对老并铁矿区内含铁岩系物源时代测年主要集中于 540～510Ma，且时代为 530Ma 左右的锆石大量出现，从而初步认为区内含铁岩系的形成时代不会早于 510Ma，应属早古生代地层。我们认为该区主体的赋矿地层仍应为古元古界布伦阔勒岩群（$Pt_1B.$），该岩群可以分为含铁岩段、斜长角闪片麻岩段、矽线石榴片麻岩-石英岩段、大理岩段 4 套变质建造组合，其中主要含铁岩段岩性为层状—条带状磁铁矿、磁铁石英岩、（含磁铁）黑云斜长片麻岩夹斜长角闪片（麻）岩等。赞坎矿区目前共发现 6 条大致平行的矿带，地表呈似层状不规则形态展布，共 9 个铁矿体。矿体产状与顶、底板围岩产状基本一致，走向为北西-南东向，倾角 17°～88°。矿体长度均在 750m 以上，平均宽约 5m，最大近 27m；平均厚度 32.63m，平均品位 27.58%。矿石呈浸染状、块状和条带状构造，结构主要为自形—半自形和他形—半自形结构等；矿石中金属矿物主要为磁铁矿、磁赤铁矿、赤铁矿等（冯昌荣等，2012）。矿床成因类型为海相火山沉积型磁铁矿矿床，后期受到一定的区域变质作用叠加改造。从铁矿床的地质特征来看，铁矿床的形成与沉积作用密切相关，铁矿床的形成年代应与布伦阔勒岩群的形成时代一致，因此赞坎式铁矿属于与古元古界布伦阔勒岩群同生的铁矿床，类似的矿床还有老并铁矿（燕长海等，2012）、莫喀尔铁矿、吉尔铁克铁矿、塔哈西铁矿、塔辖尔铁矿、叶里克铁矿、希尔布力铁矿、塔合曼铁矿、河可兰尔磁铁矿点、其克尔克磁铁矿点和若热万吉磁铁矿点等。

2. 与中元古代变质岩系有关的矿化系列

与中元古代变质岩系有关的矿化系列属于后生 Cu－Pb－Zn－Au－Ag 矿化系列(新藏公路 324km 铜铅锌矿点),也称"××时代热液对中元古代变质岩系再造作用有关 Cu－Pb－Zn－Au－Ag 矿化系列"。

新藏公路 324km 铜铅锌矿区主要出露地层为长城纪二云石英片岩和石榴石二云石英片岩,岩石变形强烈,普遍糜棱岩化。矿(化)体产于构造破碎带内,围岩为糜棱岩化二云石英片岩,硅化蚀变强烈。矿(化)体走向近东西,与构造带走向一致,产状 180°～210°∠55°～70°,出露宽度 0.5～2m,断续延伸。矿化主要表现为孔雀石化,较均匀。矿石矿物主要为孔雀石,脉石矿物为黄铁矿、石英、黑云母、白云母等,黄铁矿粒径细小,呈浸染状分布。主要矿化为铜、铅、锌矿化,伴生金、银矿化。化学拣块样分析 Cu、Pb、Zn 含量分别为 0.13%、0.18%、0.36%,Au、Ag 分别为 0.04×10^{-6} 和 1.3×10^{-6}(李博秦等,2007)。该矿点成因类型初步推断为构造蚀变岩型。

3. 与志留纪沉积岩系有关的成矿系列

与志留纪沉积岩系有关的成矿系列包括同生 Fe 成矿系列(切列克其式菱铁矿矿床)和后生 Cu－Pb－Zn－Ag 矿化系列(黑恰达坂多金属矿点)。这些成矿系列按成矿作用命名时分别可称"志留纪沉积作用有关 Fe 成矿系列""××时代热液对志留纪沉积岩系再造作用有关 Cu－Pb－Zn－Ag 矿化系列"。

1)同生 Fe 成矿系列

切列克其菱铁矿含矿地层为下志留统温泉沟群(S_1W),主要岩性为云母石英片岩和大理岩。菱铁矿矿体顺层产于片岩(碎屑岩)与所夹大理岩(碳酸盐岩),或大理岩(碳酸盐岩)与所夹片岩(碎屑岩)接触带上,少数顺层产出于片岩中。局部地段表现出菱铁矿矿层向片岩和大理岩等围岩过渡特征。矿区含矿带总体呈东西向展布于求库台岩体接触带外侧 200～600m 处,带长 4km,共有矿体 13 个。矿体形态为似层状、透镜状,呈近东西向和北东东向展布,长 140～605m,平均厚 1.80～39.92m,全铁平均品位 38.00%～47.52%。矿石自然类型主要为菱铁矿和褐铁矿,矿石构造主要有块状、层状、条带状或纹层状构造、假波纹构造和晶洞构造。矿石矿物单一,主要为菱铁矿,含量达 70%～80%或更高,有少量黄铜矿。地表及浅部菱铁矿被氧化成褐铁矿,保留着菱形解理。据矿石矿物组成、结构构造等特征,将成矿期划分为沉积成岩和区域变质及岩浆热液叠加改造成矿期两个主要成矿阶段,其成因类型主要为海相沉积(改造)型菱铁矿矿床(李凤鸣等,2010)。类似矿床还有切北菱铁矿、黑黑孜站干菱铁矿和麻扎赤铁矿矿点(1∶25 万麻扎、神仙湾幅区调报告,2004)。

2)后生 Cu－Pb－Zn－Ag 矿化系列

黑恰达坂多金属矿点位于新藏公路黑恰道班东 8km 处,矿体也产于温泉沟群中,为一套志留系深灰色粉砂质板岩、斑点状板岩和绢云母板岩等。矿体顶板为细晶灰岩、斑点状板岩和大理岩,底板为灰岩、石英岩。岩石变形较强,次级断裂较为发育,岩浆活动微弱。矿体产于次级断裂之中,出露宽度 1.5～10m,有些地段约达 30m,形态不规则,产状 215°∠73°。围岩硅化、绢云母化、黄铁矿化蚀变强烈。矿石矿物为闪锌矿、方铅矿、黄铜矿等,脉石矿物为黄铁矿、石英、绢云母等。矿石为致密块状构造,浸染状、脉状和自形粒状结构(或晶族),沿断裂带可见到等轴晶系的方铅矿晶体。主要矿化元素中,Zn 含量 0.26%～8.71%,Pb 含量 0.31%～21.10%,Cu 含量 0.1%～0.78%,Ag 含量 1.7×10^{-6}。该矿点的成因类型主要为中低温热液型矿床,类似矿点还有黑黑孜铜矿化点、黑黑孜江干铜矿点和新藏公路 273km 多金属矿化点等(李博秦等,2007)。

4. 与泥盆纪沉积岩系有关的成矿系列

与泥盆纪沉积岩系有关的成矿系列为同生 Cu－Au 矿化系列(鱼跃石铜金矿点),也称"泥盆纪沉积作用有关 Cu－Au 矿化系列"。

鱼跃石铜金矿点位于神仙湾北约21km处，矿体产于泥盆系天神达坂组砂砾岩底部。矿体长度大于1000m，厚度1.5～2m。矿石类型为孔雀石化砂砾岩，矿化主要表现为孔雀石化，矿化较均匀，拣块样分析Cu品位1.08%，Au品位0.35×10^{-6}（1∶25万麻扎、神仙湾幅区调报告，2004）。该矿点工作程度低，仅构成矿化线索，初步推断其成因为砂砾岩型铜矿。

5. 与二叠纪沉积岩系有关的成矿系列

与二叠纪沉积岩系有关的成矿系列属于后生Pb－Cu－Fe－Ag－Zn矿化系列（祥云沟铅矿点、河岔口南含银铜矿点、河尾滩北赤铁矿化点），也称"××时代热液对二叠纪沉积岩系再造作用有关Pb－Cu－Fe－Ag－Zn矿化系列"。

祥云沟铅矿点产于下二叠统神仙湾组中，岩性主要为灰色薄—中层状中细粒石英砂岩、长石砂岩、灰色白云岩、灰岩和硅质岩。主要赋矿层位为灰色碎裂岩化硅质岩，矿化体宽5～52m，蚀变以硅化、褐铁矿化、孔雀石化为主，新鲜面上见星点状闪锌矿。拣块样分析Cu含量0.03%，Pb含量0.28%，Zn含量0.78%（谢渝等，2011）。

河岔口南含银铜矿点构造上处于晚古生代神仙湾裂陷槽内，出露地层有二叠系神仙湾组和中侏罗统龙山组，铜矿产于二叠系神仙湾组构造角砾岩中。铜矿体长520m，平均厚度3.88m，总体走向60°～70°。矿化主要为黄铜矿、黄铁矿和孔雀石等，Cu品位0.35%～6.92%，平均3.07%，Ag品位$53.7\times10^{-6}\sim306\times10^{-6}$，平均$136.93\times10^{-6}$（1∶25万岔路口幅区调报告，2006）。该矿点从目前资料推测其主要成因为构造角砾岩型铜矿，是后期热液成矿的一种。

河尾滩北赤铁矿化点矿体围岩为二叠系神仙湾组碎屑岩，矿化范围60m^2，矿体呈网脉状，沿北西向断层发育，矿化网脉长20m，宽3m，矿石多呈碎裂结构、块状构造（1∶25万岔路口幅区调报告，2006）。

6. 与海西期中酸性岩有关的成矿系列

与海西期中酸性岩有关的成矿系列为准同生Pb－Zn－Cu－Au－Ag成矿系列（瓦恰式铅锌铜矿），也称"海西期中酸性岩浆作用有关Pb－Zn－Cu－Au－Ag成矿系列"。

瓦恰铅锌铜矿产于中石炭统大理岩与长英质角岩接触带附近。已发现5条矿体，其中1号矿体在地表呈似层状展布，出露长约122m，宽0.41～3.23m，平均厚度2.29m。2号矿体见两层铜或铜铅锌矿体及多层黄铁矿化体，围岩主要以矽卡岩化长英质角岩及大理岩为主，矿石Cu品位1.08%～1.51%，Pb品位0.05%～5.62%，Zn品位2.83%～5.08%，Ag品位$3.99\times10^{-6}\sim85.40\times10^{-6}$，伴生Au品位$0.10\times10^{-6}\sim1.68\times10^{-6}$。矿石矿物主要为孔雀石和铜蓝等。从地表及钻孔揭露出的矿化类型来看，矿区存在多期矿化，以矽卡岩化为主，局部为岩浆期后热液脉状充填，其成因类型为矽卡岩型叠加岩浆期后脉状充填矿床（冯昌荣等，2012）。

7. 与侏罗纪—白垩纪沉积岩系有关的成矿系列

与侏罗纪—白垩纪沉积岩系有关的成矿系列包括同生Pb－Zn－Ag成矿系列（甜水海式铅锌矿床）和后生Pb－Zn－Cu－Ag成矿系列（多宝山式铅锌床，卡孜勒铜银矿点）。这些成矿系列按成矿作用命名时分别可称"侏罗纪—白垩纪沉积作用有关Pb－Zn－Ag成矿系列""××时代热液对侏罗纪—白垩纪沉积岩系再造作用有关Pb－Zn－Cu－Ag成矿系列"。

1）同生Pb－Zn－Ag成矿系列

甜水海铅锌矿赋存于中侏罗统龙山组（J_2l）千枚岩-灰岩段接触带右侧，铅锌矿化强度高，品位富，延伸稳定，已发现工业矿体3条，低品位矿体6条，矿体走向与接触带近于平行，多呈脉状。目前控制矿体长约450m，视厚度1.5～43.50m，Pb平均品位7.26%，Zn平均品位0.83%，普遍伴生银矿化，平均品位7.74×10^{-6}（"新疆358"项目进展与成果汇报材料，2012）。类似矿床还有天神铅锌矿点（西昆仑乔尔天山—岔路口一带资源潜力评价项目设计，2012）和驼峰岭铅锌矿点。

2）后生Pb－Zn－Cu－Ag成矿系列

卡孜勒铜银矿产于中侏罗统龙山组（J_2l）一套浅海碳酸盐岩夹火山岩建造中，岩性为鲕粒灰岩、砾屑灰岩、生物灰岩夹玄武岩等。矿点可见长约150m的矿化带，露头宽15～30m，走向与北西向区域性乔尔天山-岔路口大断裂走向一致。矿化体位于碳酸盐岩破碎带中，辉铜矿化、蓝铜矿化、孔雀石矿化普遍，矿化强度高。拣块样分析Cu平均含量49.2%，Ag平均含量461.13×10^{-6}（谢渝等，2011）。

多宝山铅锌矿床产于白垩系铁隆滩组（K_2tl）中，主要岩性为灰岩、碳酸盐岩岩溶角砾岩、砾岩、砖红色泥岩和砂质泥岩，容矿岩石主要为灰白色、深灰色碳酸盐岩岩溶角砾岩。矿区地表共圈定6个矿带，其中Ⅰ号矿带圈定3个矿体，12个盲矿体，达中型规模。目前Ⅰ-2号矿体控制长度100～250m，真厚度2～20m，品位变化大，在0.5%～60%。铅锌矿赋存于角砾带、裂隙带及岩溶溶洞中，矿体形态与岩溶、层间破碎带构造空间形态有关。矿体产状变化大，走向无规律倾角为20°～55°，呈似层状、不规则囊状、脉状产出。矿体上、下盘围岩以碳酸盐岩类为主，部分为碎屑岩类。矿体中矿石品位贫富差别较大，均伴生银。矿石构造为块状、细脉状、浸染状和角砾状等，结构为细粒结构。硫化矿石金属矿物主要为方铅矿、白铅矿、闪锌矿，次为黄铜矿和褐铁矿等。脉石矿物有方解石、白云石、重晶石、石英、长石及泥质物等。围岩蚀变主要有碳酸盐化、硅化及泥化等，为中低温热液蚀变，蚀变主要沿断层带及两侧岩石中分布。该类矿床经研究对比认为属密西西比河谷型（MVT型）铅锌矿（杜红星等，2012），类似矿床还有宝塔山铅锌矿、落石沟铅锌矿点和长蛇沟铅锌矿化点等（谢渝等，2011）。

8. 与燕山期中酸性岩有关的成矿系列

与燕山期中酸性岩有关的成矿系列为准同生Fe-Cu-Zn-Pb-Au-Ag-W成矿系列（司热红铜铁矿床，卡拉其古八大山含钨金矿点、谢并喀拉基尔干铜矿点），也称“燕山期中酸性岩浆期后热液作用有关Fe-Cu-Zn-Pb-Au-Ag-W成矿系列”。

司热红一带出露地层主要有古元古界布伦阔勒岩群、未分志留系—奥陶系和第四系。古元古界布伦阔勒岩群与石炭系均为沉积变质岩系，燕山早期花岗闪长岩侵入该地层中。矿体主要产出在燕山早期花岗岩与石炭系大理岩（少数为变砂岩）的接触带及其附近，已发现5条，呈似层状、脉状或囊状，延伸不稳定，厚度变化较大，矿化以铁为主，伴生铜。矿体走向多为北西-南东向，倾向北东，出露长150～400m，厚0.81～7.05m，TFe平均品位28.12%～63.98%，Cu平均品位1.44%。矿石矿物主要为磁铁矿，次为黄铜矿（孔雀石、蓝铜矿），脉石矿物有石英、绢云母、白云母、方解石等，矿石呈致密块状、浸染状。初步推断司热红铜铁矿床属矽卡岩型（或热液型）矿床（新疆塔什库尔干-莎车铁铅锌多金属矿评价报告，2009）。在该区灰白色大理岩下盘的变质砂岩中发育一条层间破碎带，还发现有铜锌矿化。已圈定1条矿体，长50m，厚1.5m，矿石可见黄铜矿、闪锌矿、孔雀石等，Cu品位3.79%，Zn品位2.65%，Ag品位8.3×10^{-6}（1∶25万塔什库尔干塔吉克自治县区调报告，2004；克克吐鲁克幅区调报告，2004）。初步推断司热红铜锌矿床与铜铁矿类型一致，为矽卡岩型。

卡拉其古八大山含钨金矿点位于东西向卡拉其古断裂北侧，在燕山期花岗闪长岩体发育多条矿化石英脉，脉长10～30cm，宽1～1.5m，走向NEE75°，脉内见黑钨矿、黄铁矿、黄铜矿和孔雀石，围岩蚀变为云英岩化、硅化、绢云母化、绿泥石化（祝平，2001）。

谢并喀拉基尔干铜矿点和明铁盖铜矿点均产于花岗岩外接触带的石英脉中，石英脉长达30m，宽10～30cm，受北西向剪切带控制，含矿围岩为二叠统含碳岩系。黄铜矿以浸染状分布在石英脉中。这两个矿点均为受断裂控制与花岗岩体有关的热液型矿化（祝平，2001）。

9. 与喜马拉雅期中酸性岩有关的成矿系列

与喜马拉雅期中酸性岩有关的成矿系列属于准同生Pb-Zn-Au-Ag矿化系列（斯如依迭尔铅锌矿点、阿然保泰金矿点），也称“喜马拉雅期中酸性岩浆期后热液作用有关Pb-Zn-Au-Ag矿化系列”。

斯如依迭尔铅锌矿区内岩浆岩以花岗闪长岩为主，岩体呈北西-南东向展布，略呈弧形，为一不规则的楔状透镜体，侵入于二叠系中。岩体中发育1条近南北向断裂，宽约5m。断裂带近上盘处有宽20～30cm的蚀变带，可见细粒黄铁矿化、褐铁矿化、硅化、碳酸盐化和萤石化等蚀变。矿区已发现2个铅锌矿化体，产于花岗闪长岩体与围岩外接触带上，均为含矿石英脉，矿石成分简单，主要金属矿物为闪锌矿、方铅矿、黄铜矿、黄铁矿，脉石矿物主要为石英、方解石、萤石等。矿石具有压碎结构、交代残余结构和块状构造。矿石中主要成矿元素为Pb、Zn，伴生Ag(3.4×10^{-6})、Au(0.11×10^{-6})等。斯如依迭尔铅锌矿成矿与花岗闪长岩在空间和时间关系最为密切，含矿花岗闪长岩的LA-ICP-MS锆石U-Pb年龄为12.7±0.13Ma(于晓飞等，2012)，岩体形成于喜马拉雅期晚期(中新世晚期)。因此，花岗闪长岩锆石年龄也表明斯如依迭尔铅锌矿点成矿作用发生在喜马拉雅期，成矿年龄等于或者略小于13Ma左右，其主要成因类型属与喜马拉雅期花岗闪长岩准同生的岩浆热液矿床。

阿然保泰金矿点内燕山期、喜马拉雅期碱性岩和碱性花岗岩类发育。金矿化见于褐黄色、褐色含黄铁矿细粒正长岩脉中，岩脉侵入于灰白色中粗粒花岗正长岩中，岩石蚀变有黄铁矿化、绿帘石化、绿泥石化(1∶25万塔什库尔干塔吉克自治县区调报告，2004；1∶25万克克吐鲁克幅区调报告，2004)。初步推断其成因与斯如依迭尔铅锌矿相同，为与喜马拉雅期中酸性岩准同生岩浆热液矿床。

(四) 阿尔金成矿带(Ⅲ-19)中的成矿系列

对阿尔金成矿带总结出13个成矿系列，详见表2-6。

表2-6　阿尔金成矿带(Ⅲ-19)中的成矿系列一览表

成矿系列		矿床式	矿床实例	参考资料
按成矿作用	按地质建造			
早奥陶世热液对太古宙深变质结晶岩系再造作用有关Au成矿系列	Ⅲ-19Ar-1太古宙深变质结晶岩系后生Au成矿系列	大平沟式金矿床	大平沟金矿床、大平沟西金矿点	陈柏林等，2005；杨屹，2003
加里东期—海西期热液对中元古代沉积变质岩系再造作用有关Pb-Zn-Au-Cu-Ag-玉石成矿系列	Ⅲ-19Pt_2-2中元古代沉积变质岩系后生Pb-Zn-Au-Cu-Ag-玉石成矿系列	喀腊大湾西式铅锌矿床	喀腊大湾西铅锌矿床	刘兵等，2012
		祥云式金矿床	祥云金矿、盘龙沟金矿、索尔库里北山铜银矿点	毛德宝等，2006；陈柏林等，2003
		库如克萨依式玉石	库如克萨依、马特克布拉克、塔特勒苏玉石矿床	周显川等，2012
中元古代火山-沉积变质作用有关Fe-Cu-Pb-Zn成矿系列	Ⅲ-19Pt_2-3中元古代火山-沉积变质岩系同生Fe-Cu-Pb-Zn成矿系列	英格布拉克式铁矿	英格布拉克铁矿(也称白尖山铁矿)、塔什铁矿、88铁矿、喀腊大湾铁矿	万阈等，2011；陈柏林等，2009；王成等，2012
		喀腊大湾式铜铅锌矿	喀腊大湾铜铅锌矿	马玉周等，2012
震旦纪—寒武纪火山-沉积作用有关Fe成矿系列	Ⅲ-19Pt_3Pz_1-4震旦纪—寒武纪火山-沉积岩系同生Fe成矿系列	迪木那里克式铁矿	迪木那里克铁矿、玉岭铁矿、河肃铁矿、苏巴里克铁矿、阿其克河铁矿、里维齐明铁矿	丁海波等，2013；杨文强等，2012；刘艳宾等，2011；王哲等，2011
奥陶纪火山-沉积岩系作用有关Fe-Cu-Pb-Zn成矿系列	Ⅲ-19Pz_1-5a奥陶纪火山-沉积岩系同生Fe-Cu-Pb-Zn成矿系列	彩石沟式铁矿	彩石沟铁矿	王成等，2012
		喀腊达坂式铅锌铜矿	喀腊达坂铅锌铜矿、喀腊达坂西铅锌矿	新疆阿尔金山喀腊达坂一带铁多金属矿调查评价成果报告，2013

续表 2-6

成矿系列		矿床式	矿床实例	参考资料
按成矿作用	按地质建造			
××时代热液对奥陶纪火山-沉积岩系再造作用有关 Cu-Pb-Zn 成矿系列	Ⅲ-19Pz_1-5b 奥陶纪火山-沉积岩系后生 Cu-Pb-Zn 成矿系列	齐勒萨依式铅锌矿	齐勒萨依铅锌铜矿、拉配泉铅锌矿	
		拉配泉式铜矿	拉配泉铜矿	陈正乐,2002
加里东期火山-次火山岩浆期后热液作用有关Au-Cu 成矿系列	Ⅲ-19Pz_1-6 加里东期中基性火山岩准同生 Au 成矿系列	采石沟式金矿	采石沟金矿	毛德宝等,2006a
		索拉克式铜金矿	索拉克铜金矿	毛德宝等,2006b
加里东期铁质基性—超基性岩浆作用有关 Fe-V-Ti-Ni-Cu 成矿系列	Ⅲ-19Pz_1-7 加里东期铁质基性—超基性岩同生 Fe-V-Ti-Ni-Cu 成矿系列	长清式铁矿	长清铁矿	邓广弘等,2010
		贝壳滩式镍矿	贝壳滩镍矿床、攸加尔乌增沟铜镍矿点	赵更新等,2007;申大利等,2011
加里东期镁质超基性岩侵入作用有关 Cr 成矿系列	Ⅲ-19Pz_1-8a 加里东期镁质超基性岩同生 Cr 矿化系列		红柳沟一带的铬矿点、阿克塞一带的铬矿点、安南坝铬矿点、小江格沙依铬矿点	赵更新等,2007
××时代热液对加里东期镁质超基性岩再造作用有关石棉成矿系列	Ⅲ-19Pz_1-8b 加里东期镁质超基性岩后生石棉成矿系列	依吞布拉克式石棉矿	依吞布拉克、阿帕、茫崖、安南坝、红柳沟、巴什瓦克等石棉矿	范永源,1995
海西期中酸性岩浆期后作用有关 Cu-Au-Ag-Pb 成矿系列	Ⅲ-19Pz_2-9 海西期中酸性岩准同生 Ag-Pb 成矿系列	阿北式银铅矿	阿北式银铅矿床、碎岩山东铜银矿点、柴水沟金银矿点	马玉周等,2011;毛德宝等,2003
侏罗纪沉积岩系作用有关 Fe-煤成矿系列	Ⅲ-19Mz-10 侏罗纪沉积岩系同生 Fe-煤成矿系列	嘎斯式煤	嘎斯煤田	
			艾西菱铁矿	
印支期中酸性岩浆期后热液作用有关 Cu-Pb-Zn 多金属成矿系列	Ⅲ-19Mz-11 印支期中酸性岩准同生 Cu-Pb-Zn 矿化系列		雁丹图铅锌矿点	毛德宝等,2003
			黄矿山铜铅锌矿点	

1. 与太古宙深变质结晶岩系有关的成矿系列

与太古宙深变质结晶岩系有关的成矿系列为后生 Au 成矿系列(大平沟式金矿),也称“早奥陶世热液对太古宙深变质结晶岩系再造作用有关 Au 成矿系列”。

新太古界深变质结晶岩系米兰岩群($Ar_3M.$)主要岩性为褐灰—褐红色变粒岩、灰绿色变粒岩夹片岩、灰绿色片岩夹变粒岩,岩层倾向南,倾角 68°～75°,其中褐红色钾长变粒岩是含金韧性剪切带和金矿体的直接围岩,大平沟金矿就产于其中。大平沟金矿目前已发现 5 条含金破碎蚀变带,共圈定了 14 个金矿体,矿体多呈条带状、透镜状,倾向 190°～200°,倾角较陡。金矿体有破碎蚀变岩型、石英脉或石英钾长石脉型两种类型,矿体 Au 平均品位 4.16×10^{-6},品位变化不均匀。经研究认为,大平沟金矿床的成矿物质主要来自于新太古代变质岩-钾长变粒岩,成矿流体以变质水(动力变质)来源为主,有少量重熔岩浆水和大气降水的混入，成矿温度为198°～290°(陈柏林等，2005)。金矿中含金石英脉的石英流体包裹体Rb－Sr等时线年龄测定的矿化年龄为487±21Ma，表明成矿作用可能发生在加里东中期，属早奥陶世(杨屹，2003)。因此，大平沟金矿床属于与新太古界深变质岩有关，受近东西向韧性剪切构造带控制的、以动力变质热液为主的中低温热液型矿床，属后生Au成矿系列。

2. 与中元古代沉积变质岩系有关的成矿系列

与中元古代沉积变质岩系有关的成矿系列为后生Pb－Zn－Cu－Ag－Au－玉石成矿系列(喀腊大湾西式铅锌矿床、祥云式金矿床)，也称"加里东期—海西期热液对中元古代沉积变质岩系再造作用有关Pb－Zn－Au－Cu－Ag－玉石成矿系列"。

中元古界长城系喀腊大湾组是一套次火山岩-碳酸盐岩建造，可分为两个岩性段：第一岩性段为绿泥石石英片岩、云母石英片岩、凝灰岩，同时发育较多同期霏细岩、英安岩等次火山岩；第二岩性段为大理岩和白云质大理岩。喀腊大湾西铅锌矿化体主要分布在第二岩性段的角砾状白云质大理岩中，矿体形成和产出受近东西向断裂裂隙控制。铅锌矿体多呈脉状、网脉状和透镜状，矿石构造主要为细脉—网脉状和角砾状，结构主要为粒状变晶结构、交代残留结构和自形粒状结构。矿石矿物主要为闪锌矿、方铅矿，Zn品位1.11%～6.82%，Pb品位0.45%～1.26%。鉴于主要硫化物充填于早先存在的孔隙内，也就是碳酸盐岩角砾岩带中出现的层间破碎带内，说明铅锌矿体形成于后期的含矿热液富集成矿，属碳酸盐岩型层控铅锌矿床(刘兵等，2012)。

祥云金矿产于中元古界长城系巴什库尔干群不纯大理岩-浅变质细碎屑岩中，呈破碎蚀变岩型。矿区岩浆活动不发育，仅在外围见少量的基性超基性岩体和石英闪长岩体。控制金矿体长度1880m，平均厚度6.19m，Au平均品位1.2%～7.2%。矿石矿物组成较为简单，主要金属矿物有黄铁矿、黄铜矿、毒砂、辉锑矿，局部还含少量方铅矿。脉石矿物主要有白云石、石英、绢云母、绿泥石和高岭土等。矿石具粒状结构、交代结构、变晶结构、充填结构，块状构造、条带状构造等。围岩蚀变有硅化、绢云母化、绿泥石、白云石化，以及少量的绿帘石化、白云母化。研究认为祥云金矿属加里东中晚期形成的金矿床(毛德宝等，2006)，矿石中砷、锑低温元素含量很高，有辉锑矿脉，显示低温热液成矿特征。

索尔库里北山铜银矿的含矿地层为蓟县系金雁山组厚度不等的灰岩层，其中中层灰岩是铜银矿床的直接赋矿层位。该区断裂构造极为发育，推覆构造面转折处上盘发育的次级断裂是主要的赋矿构造，矿化带和铜银矿体的形态、产状、分布和规模均严格受赋矿构造的控制。该矿点成因属于受推覆构造上盘次级断裂控制的热液型矿床(陈柏林等，2003)。

阿尔金山分布有众多的玉石矿点，玉石矿区围岩主要为中元古界长城系和蓟县系的镁质大理岩，在大理岩与晚期酸性—基性—超基性侵入岩接触带发育大量的玉石矿床，主要成矿时期为海西期，形成后生玉石成矿系列，主要矿点有库如克萨依玉矿(周显川等，2012)、马特克布拉克玉石矿和塔特勒苏玉石矿等。

3. 与中元古代火山-沉积变质岩系有关的成矿系列

与中元古代火山-沉积变质岩系有关的成矿系列为同生Fe－Cu－Pb－Zn成矿系列(英格布拉克式铁矿、喀腊大湾式铜铅锌矿、库如克萨依式玉石矿)，也称"中元古代火山-沉积变质作用有关Fe－Cu－Pb－Zn成矿系列"。

中元古界蓟县系卓阿布拉克组(J*xzh*)下岩性段为一套中浅变质海相中基性—中酸性火山岩夹碳酸盐岩建造，主要岩性有千枚岩、板岩、变钠长霏细岩、变英安岩、凝灰岩、千糜岩夹少量灰岩、硅质岩和铁矿层。英格布拉克铁矿(也称白尖山铁矿)就产于该套中浅变质海相火山-沉积岩中，目前圈定15条铁矿体，矿体长50～800m，平均厚4.2～16.46m，延深125～400m；TFe平均品位29.74%～36.95%，MFe平均品位15.17%～27.29%。铁矿体呈较稳定层状、似层状或透镜状断续产出，受白尖山向斜控制，北部矿体多向南陡倾，南部矿体多向北陡倾。赋矿母岩为磁铁硅质岩、磁铁硅质板岩和含磁铁千枚岩，形成较典型的BIF建造。该铁矿形成过程中，蓟县系卓阿布拉克组下岩性段海相火山喷发-沉积形成的火山岩夹碳酸盐岩提供了成矿初始物质来源，随后发生的低绿片岩相区域变质作用使含铁物质进一步聚集并最终成矿，因此其成因类型属海相火山-沉积变质型铁矿床（万阈等，2011）。

喀腊大湾铜铅锌矿出露地层也为中元古界蓟县系卓阿布拉克组（Jx*zh*）。由南向北据岩石类型及组合特点该组可划分为6个岩性段，岩性较复杂，地层多呈单斜构造。含矿层位为第四岩性段，主要岩性为含石榴石黑云母石英片岩、二云母石英片岩、绿泥石石英片岩、二云母透闪石片岩、含董青石透闪石片。矿体产于第四岩性段顶底界面附近岩层中，受火山岩层位控制明显，矿体呈似层状、脉状、透镜状，与地层产状一致。矿区由南、北两个矿带组成，共有矿体28个，以铜矿体为主，次为铜铅锌共生矿体，Cu品位0.42%～1.21%，Zn品位0.02%～2.25%，Pb品位较低。喀腊大湾铜铅锌矿床形成与火山活动联系密切，矿化层主要发育于蓟县系酸性火山岩浅变质岩中，该套岩系中岩石成矿元素背景值高，为有益成分的富集提供了基础。蓟县纪火山活动是本区主要的控矿因素。该矿的成因类型为海相火山沉积型块状硫化物矿床（马玉周和姜杰岩，2012）。

喀腊大湾铁矿位于喀腊大湾大沟中南段的南叉沟，其中铁矿体产于中元古界蓟县系卓阿布拉克组（Jx*zh*）[对于该矿床的主要赋矿地层，校培喜等（2014）认为是奥陶系拉配泉群，还有争议]中等变质程度的火山-沉积岩系（玄武岩与大理岩接触部位）中，主要岩性为深灰色变质玄武岩、浅灰色二云母片岩、石英片岩、滑石片岩、浅灰色及白色结晶灰岩、透闪石大理岩、变质变形钠长霏细斑岩、变质英安斑岩，围岩变质程度为中等绿片岩相。目前已发现7层磁铁矿矿体，TFe品位24.13%～42.15%。铁矿为磁铁矿-镜铁矿类型，铁矿的主要成因类型为火山-沉积变质型。

在铁矿的深部发现了矽卡岩型钼矿，4个辉钼矿体Mo品位0.054%～0.219%（新疆阿尔金山喀腊达坂一带铁多金属矿调查评价成果报告，2013），其矿体规模还在进一步勘探中，笔者初步推断深部有隐伏的中酸性侵入体，与铁矿仅为空间上的叠加关系。

4. 与震旦纪—寒武纪火山-沉积岩系有关的成矿系列

与震旦纪—寒武纪火山-沉积岩系有关Fe成矿系列属于同生Fe成矿系列（迪木那里克式铁矿），也称"震旦纪—寒武纪火山-沉积作用有关Fe成矿系列"。

对迪木那里克铁矿的赋矿地层前人有不同认识：①早期的区域地质调查划为早古生代岩片，属南阿尔金蛇绿构造混杂岩带地层的重要组成部分；②丁海波等（2013）在从事矿产调查评价项目中确定为奥陶系祁漫塔格群；③杨文强等（2012）在对矿区赋矿地层中火山角砾岩的U-Pb测年结果显示，赋矿地层与铁矿床形成时代介于623～500Ma，属震旦纪—寒武纪。我们认为该矿的赋矿地层应为震旦纪—寒武纪形成的一套浅变质的碎屑岩、泥质岩及少量火山岩，铁矿主要产于千枚岩、粉砂岩、泥质千枚岩中，矿体多呈似层状、条带状产出，与地层产状基本一致，层控作用比较明显，矿体塑性变形较强。铁矿石主要为条带状石英-磁铁矿和块状磁铁矿矿石；矿石品位较低，TFe品位20%～40%，围岩蚀变特征明显。近年钻探工程揭露该套地层下部发育大套基性火山岩（熔结角砾岩），与铁矿形成有一定关系。该磁铁矿和围岩是在浅海相沉积环境中形成的，成矿物质有陆源及海底火山物质，成因类型为浅海相的（火山）沉积变质型铁矿。类似的铁矿还有玉岭铁矿、河肃铁矿、苏巴里克铁矿（王哲等，2011）、阿其克河铁矿（刘艳宾等，2011）、里维齐明铁矿等（丁海波等，2013）。

5. 与奥陶纪火山-沉积岩系有关的成矿系列

与奥陶纪火山-沉积岩系有关的成矿系列为同生Fe-Cu-Pb-Zn成矿系列（彩石沟式铁矿、喀腊达坂式铜铅锌矿）和后生Cu-Pb-Zn成矿系列（拉配泉式铜矿、齐勒萨依式铅锌铜矿）。这些成矿系列按成矿作用命名分别可称"奥陶纪火山-沉积作用有关Fe-Cu-Pb-Zn成矿系列""××时代热液对奥陶纪火山-沉积岩系再造作用有关Cu-Pb-Zn成矿系列"。

1）同生Fe-Cu-Pb-Zn成矿系列

彩石沟铁矿位于阿尔金北缘沟口泉地区，为2008年发现的小型铁矿床。矿区出露地层主要为奥陶系拉配泉群碎屑岩岩组，总体岩性为泥质粉砂岩、粉砂岩、凝灰质砂岩、砾岩、含砾砂岩，夹少量硅质岩、灰岩、凝灰岩、玄武安山质火山熔岩等，下部以砾岩、含砾砂岩等粗碎屑岩为主，上部以细碎屑岩为主，夹硅质岩。铁矿层即产于硅质岩中，形成含铁硅质岩建造，铁矿层、含铁硅质岩、硅质岩呈中薄层状互层产出，局部地段铁矿层较为富集，但仍夹有少量薄层硅质岩夹层。矿石类型主要为磁铁矿石，地表未见铁矿石氧化，主要为原生矿石，产出特征表现为纹层状矿石。在野外矿石以明显深黑色与顶底板硅质围岩分开，界线清晰，两者呈突变关系。通过分析研究该矿床地质和物性特征，结合已有铁矿床进行对比研究，认为彩石沟铁矿为阿尔金白尖山铁矿带西延，均为沉积型铁矿床（王成等，2012）。

喀腊达坂铜铅锌矿床矿区出露地层目前还存在着蓟县系塔昔达坂群与奥陶系拉配泉群之争，多数人认为是奥陶系拉配泉群，我们经综合研究认同后者（火山岩中获得 491～454Ma 的锆石 U－Pb 年龄）（校培喜等，2014）。该区奥陶系拉配泉群自南东至北西划分为 6 个岩性段，其中第四岩性段下部绢云母绿泥石石英片岩、含石榴石黑云母石英片岩、长石二云石英片岩夹薄层状变质含砾灰岩、变质砾岩、绢云粉砂质板岩，上部含钙质长石二云母片岩、二云母钙质片岩、变质粉砂岩。矿体产于第四岩性段顶底界面附近岩层中，主要含矿岩系原岩由一套火山岩-火山碎屑岩组成，石英钠长斑岩是最重要的铜矿赋矿岩石，其中黄铜矿、黄铁矿往往呈浸染状分布，部分石英钠长斑岩本身已经是铜矿石。综合研究认为，喀腊达坂铜铅锌矿由中酸性向中基性火山岩喷发演变中间的间歇式喷发阶段是区内最有利的成矿时期，成因类型以海底火山喷流沉积型为主。

2)后生 Cu－Pb－Zn 成矿系列

齐勒萨依铅锌铜矿床位于拉配泉一带，矿区地层存在奥陶系祁漫塔格群和奥陶系拉配泉群之争，笔者认同后者。齐勒萨依铅锌铜矿床产于奥陶系拉配泉群白云岩的裂隙中，部分裂隙为含铜裂隙具有较强的动力变质作用，矿石主要为裂隙充填含铜白云岩脉、方解石脉及各类蚀变岩如云英岩、次生石英岩、长英质糜棱岩等，裂隙产状 180°～200°∠70°～80°。该矿床的成矿特征具有矿源活化再造成因的热液脉型。

拉配泉铜矿位于阿尔金山北缘的拉配泉一带，主要赋矿地层为奥陶系拉配泉群碎屑岩夹碳酸盐岩和一套碳酸盐岩-白云岩建造。铜矿化主要受控于主干裂隙，在主干裂隙间的白云岩中派生小裂隙，普遍具有铜矿化，矿石类型为裂隙充填型的含铜石英脉。含铜石英脉具碎裂结构、角砾结构、块状构造。矿石矿物主要为孔雀石、黄铁矿、黄铜矿、黝铜矿和斑铜矿等，呈细脉状、薄膜状、星点状、团块状分布在石英脉裂隙中，Cu 含量最高为 2.3%。拉配泉铜矿化可能是在区域早期海底火山喷流-块状硫化物原始堆积的基础上，由于后期阿尔金北缘断裂和拉配泉断裂带的强烈活动导致了原生铜矿化体的搬运，并在有利的构造部位，如阿尔金北缘断裂与拉配泉断裂之间不同方向断裂的复合部位，东西向拉配泉断裂的分支断裂与主断裂的交会部位等而富集成矿的（陈正乐等，2002）。

6. 与加里东期火山-次火山岩有关的成矿系列

与加里东期火山-次火山岩有关 Au－Cu 成矿系列为准同生 Au－Cu 成矿系列（采石沟式金矿床，索拉克式铜金矿床），也称“加里东期火山-次火山浆期后热液作用有关 Au－Cu 成矿系列”。

采石沟金矿位于阿尔金南缘青海省茫崖—花土沟之间，矿床产于奥陶系—志留系滩间山群（OST）火山岩中，主要地层为一套中性火山岩，其岩性下部为千枚岩、砂质板岩夹薄层状板岩；中部凝灰岩、凝灰熔岩；上部为凝灰岩夹白云质灰岩。岩浆侵入岩体为加里东期的闪长玢岩、花岗闪长岩和海西期的钾长花岗岩。矿区内除发育区域性的北东东向断裂外，还发育环状断裂和放射性断裂。金矿床主要受次火山岩体外围的环状断裂控制，目前已圈出的矿体有 9 个，矿体长 60～750m，厚 0.4～3.35m，主要硫化物呈石英细脉和浸染状产出，主要金属矿物有黄铁矿、黄铜矿、方铅矿、闪锌矿和镜铁矿等，Au 平均品位 $1.97\times10^{-6}\sim7.17\times10^{-6}$（毛德宝等，2006）。该矿的主要成因类型为岩浆期后热液型金矿。

索拉克铜金矿出露地层主要为奥陶系火山熔岩、紫红色碧玉岩、熔结火山碎屑岩及火山碎屑岩等，局部出现次火山岩。侵入岩有加里东期闪长玢岩、石英闪长岩、石英闪长玢岩和正长斑岩。石英闪长玢岩体长大于 1km，宽 180m，与奥陶系火山沉积岩呈侵入接触。矿体产在石英闪长玢岩中，受岩体内部断裂裂隙构造控制，地表发育青磐岩化、硅化、铜矿化、黄铁矿化。目前控制矿体长 300～600m，宽 5～60m，Cu 品位 0.12%～0.42%。矿体呈石英-黄铜矿细脉、网脉或浸染状矿化产出，石英脉宽 2～8cm。主要金属矿物见黄铁矿、黄铜矿，此外见少量斑铜矿、辉铜矿、方铅矿、闪锌矿，氧化矿物孔雀石、褐铁矿、黄铁钾矾常见。矿化与围岩蚀变密切相关，有绿泥石化、黑云母化、碳酸盐化、硅化、黄铁矿化等。矿床成因类型为中低温热液蚀变型（斑岩型）矿床（毛德宝等，2006）。

7. 与加里东期铁质基性—超基性岩有关的成矿系列

与加里东期铁质基性—超基性岩有关的成矿系列属于同生 Fe－V－Ti－Ni－Cu 成矿系列（长清式铁矿，贝壳滩镍矿），也称“加里东期铁质基性—超基性岩浆作用有关 Fe－V－Ti－Ni－Cu 成矿系列”。

长清铁矿位于阿尔金南缘构造带的中西部，矿区出露地层主要有古元古界阿尔金岩群中深变质岩系；新元古界青白口系碎屑岩-碳酸盐岩建造；据校培喜等（2014）获得的基性—超基性岩 460Ma 的锆石同位素测年结果，侵入岩主要为早古生代。磁铁矿体主要赋存于长沙沟-清水泉基性—超基性杂岩体的中段。磁铁矿体呈透镜状。含矿岩石包括灰绿色、灰黑色蛇纹石化辉橄岩，纯橄岩，辉绿岩和辉长岩，其中以辉橄岩为主。主要矿石矿物为磁铁矿，部分为钒磁铁矿和钛铁矿。

综合研究认为，长清铁矿所处阿尔金南缘裂陷槽的断裂系规模巨大，岩浆活动强烈而频繁，岩浆作用具多期次、多类型的特点，活动性深断裂构造与富含矿质的岩浆为成矿提供了热源及丰富的物质来源，在构造活动相对稳定时期侵入表层的岩浆得以充分分异，使有用组分相对富集，通过岩浆晚期结晶分异作用使富含铁、钒、钛等物质的残余岩浆冷凝而形成矿床，其主要成因类型为与铁质基性—超基性岩同生的钒钛磁铁矿床（邓广弘等，2010）。

贝壳滩镍矿是近年新发现的中型镍矿，主要分布在阿尔金北缘西段红柳沟一带的基性超基性岩带，其时代主要为加里东期。其中铁质基性超基性岩浆活动形成了岩浆熔离型镍（铜、钴）矿。其中贝壳滩镍矿是目前发现规模较大的一个，另外还有许多矿点或矿化点，如攸加尔乌增沟铜镍矿点。

8. 与加里东期镁质超基性岩有的成矿系列

与加里东期镁质超基性岩有关的成矿系列包括同生 Cr 矿化系列（红柳沟铬矿点）和后生石棉成矿系列（依吞布拉克式石棉矿）。这些成矿系列按成矿作用命名分别可称“加里东期镁质超基性岩侵入作用有关 Cr 矿化系列”“××时代热液对加里东期镁质超基性岩再造作用有关石棉成矿系列”。

1）同生 Cr 矿化系列

阿尔金北缘地区红柳沟—拉配泉—安南坝一带广泛分布有加里东期形成的基性—超基性侵入岩，其主要岩性包括蛇纹石化橄榄岩、方辉橄榄岩、纯橄岩、蛇纹岩、二辉橄榄岩、辉石岩和辉长岩等。铬铁矿与镁质超基性岩有很强的成矿专属性，目前在该带已发现红柳沟、安南坝、小江格沙依等铬矿点（赵更新等，2007），其成因属岩浆型，但较大规模的铬铁矿床还没有发现。

2）后生石棉成矿系列

依吞布拉克超基性岩体群位于阿帕-茫崖超基性岩带的东段，在大地构造位置上属阿尔金古陆缘活动带南侧。该超基性岩体群为阿尔金蛇绿岩套下部，主要由斜辉橄榄岩、斜辉辉橄岩和纯橄岩组成。这一岩石组合对于纤蛇纹石石棉、滑石、菱镁矿、玉石等矿种具有一定的成矿专属性。依吞布拉克石棉矿超基性岩体群的围岩以下奥陶统浅变质岩为主。石棉产于超基性岩体内，是超基性岩蛇纹石化的产物。石棉成矿期不是在加里东期大洋环境的超基性岩体侵入和初期蛇纹石化阶段，其只能在海西早期末至燕山期，此时超基性岩体位于大陆环境并有一定埋深才符合其成矿环境（范永源，1995）。因此，该石棉矿属加里东期镁质超基性岩后生的石棉成矿系列，类似的矿床还有阿帕、茫崖、安南坝、红柳沟、巴什瓦克等大中型石棉矿和许多小型石棉矿。

9. 与海西期中酸性岩有关的成矿系列

与海西期中酸性岩有关的成矿系列为准同生 Cu－Au－Ag－Pb 成矿系列（阿北式银铅矿、碎岩山东铜银矿点、柴水沟金银矿点），也称“海西期中酸性岩浆期后作用有关 Cu－Au－Ag－Pb 成矿系列”。

阿北银铅矿矿区岩浆岩主要为石炭纪二长花岗岩，有少量斜长花岗岩和辉长辉绿岩分布。二长花岗岩出露于矿区中部，为矿（化）体直接围岩，主要由褐色、褐红色细粒二长花岗岩组成。岩体形态为不规则长条状产出，东西向未圈闭，面积 0.7km^2，倾向北，沿外接触带岩石具热接触变质，有褐铁矿化显示。阿北银铅矿体主要分布于二长花岗岩体中，空间分布受南东向、近东西向断裂裂隙控制，矿体呈脉状、透镜状和带状产出，按矿体分布范围、空间展布特点圈定 2 个矿化带。综合研究认为，阿北银铅矿床为受断裂裂隙控制、与石炭纪中酸性岩浆活动准同生的岩浆热液型矿床（马玉周等，2011）。

碎岩山东铜银矿位于阿尔金山南缘，矿区含矿地层是片理化的钙质粉砂岩、结晶灰岩夹绢云绿泥片岩，容矿围岩主要是中厚层的结晶灰岩。矿体沿地层层理产出，在地层层面与断层的交会部位或褶皱核部的矿体变厚、变富。矿石矿物主要是银黝铜矿、硫砷铜矿、黄铁矿，可见少量的闪锌矿、黄铜矿、方铅矿、赤铜矿、辉钼矿、辉锑矿等。围岩蚀变有黄铁矿化、绿泥石化、碳酸盐化和钾长石化等。矿石 Cu 品位一般 2.6%，最高 23.41%；Ag 品位一般 50×10^{-6}，最高 1385×10^{-6}。该矿床的形成与海西期钾质花岗岩有关，具有高硫型浅成低温热液矿床的特征（毛德宝等，2003）。

柴水沟金银矿床产于奥陶纪辉绿岩与中基性火山沉积岩的接触带，受近东西向的断裂构造控制，蚀变带北西部大面积分布着海西期的钾质花岗岩体。矿化蚀变带长 1200m，宽 2～5m，主要产于基性火山-沉积岩中，部分位于钾质花岗岩中，发育硅化、钾长石化、碳酸盐化、绿泥石化、绿帘石化、重晶石化和绢云母化等。矿化石英脉呈透镜状断续分布在蚀变带中，石英脉中的金属矿化最好，品位最高。金属矿物主要为方铅矿、黄铁矿、闪锌矿、黄铜矿，少量为辉银矿、自然金。脉石矿物为石英、绿泥石、钾长石、石膏、重晶石、高岭土等。该矿床的形成与海西期钾质花岗岩有关，具有浅成低温热液脉型成矿特征（毛德宝等，2003）。

10. 与侏罗纪沉积岩系有关的成矿系列

与侏罗纪沉积岩系有关的成矿系列为同生 Fe-煤成矿系列（嘎斯煤田、艾西菱铁矿床），也称“侏罗纪沉积作用有关 Fe-煤成矿系列”。

嘎斯煤田分布在阿尔金南缘中部，煤主要形成于下中侏罗统砾岩、中粗粒砂岩夹少量杂色粉砂岩和含碳质粉砂岩层，与含煤建造同生的还有艾西菱铁矿床。

11. 与印支期中酸性岩有关的成矿系列

与印支期中酸性岩有关的成矿系列属于准同生 Cu-Pb-Zn 矿化系列（雁丹图铅锌矿点、黄矿山铜铅锌矿点），也称“印支期中酸性岩浆期后热液作用有关 Cu-Pb-Zn 多金属成矿系列。”

雁丹图铅锌矿点位于阿尔金山东段北坡，印支期二长花岗岩侵入长城系中厚层状含透辉大理岩与薄层状白云石英片岩，产生矽卡岩及铅锌矿。铅锌矿脉的围岩为含透辉大理岩及白云石英片岩，特别在两岩层接触面中的张扭性结构面内，矿脉分布尤为密集，脉体斜列分布，总体呈向北西凸起的南北弧状。主要矿石矿物有磁黄铁矿、毒砂、辉铋矿、闪锌矿、方铅矿、黄铁矿和黄铜矿等，次生矿物有褐铁矿、白铅矿、黄钾铁钒、明矾、蓝铜矿等。矿石结构可分为两类：一类是以闪锌矿、磁黄铁矿为主的块状矿石，另一类为矽卡岩大理岩中的浸染状矿石。除铅锌外，有少量的铜、铋可达工业要求。矿床的形成与印支期二长花岗岩有密切的成因联系，岩浆活动期后含矿热液充填张扭性裂隙成矿，矿脉主要分布在该岩体顶部的透辉大理岩和片岩中。根据矿脉中的矿物共生组合及围岩蚀变特征，该矿床的成因属中温热液交代脉状充填矿床（毛德宝等，2003）。类似的矿点还有黄矿山铜铅锌多金属矿点。

（五）东昆仑成矿带西段中的成矿系列

对东昆仑成矿带西段总结出 6 个成矿系列，详见表 2-7 。

1. 与加里东期中酸性岩有关的成矿系列

与加里东期中酸性岩有关的成矿系列为准同生的 W-Sn-Cu-Ag-Ga 成矿系列（白干湖式钨锡矿），也称东昆仑西段“加里东期中酸性岩浆作用有关 W-Sn-Cu-Ag-Ga 成矿系列”。

表 2-7　新疆东昆仑成矿带西段(Ⅲ-26)中的成矿系列一览表

成矿系列		矿床式	矿床实例	参考资料
按成矿作用	按地质建造			
加里东期中酸性浆作用有关 W-Sn-Cu-Ag-Ga 成矿系列	Ⅲ-26Pz_1-1 加里东期中酸性岩准同生 W-Sn-Cu-Ag-Ga 成矿系列	白干湖式W-Sn	白干湖钨锡矿、柯可·卡尔德钨锡矿、戛勒赛钨锡矿	李宏茂等,2007;高永宝等,2010
海西期热液对奥陶纪沉积岩系再造作用有关 Au-Cu 成矿系列	Ⅲ-26Pz_1-2 奥陶纪沉积岩系后生 Au-Cu 成矿系列	喀拉曲哈式 Cu-Au	克孜勒萨依金矿、喀拉曲哈铜金矿	王宝金等,2008;时友东等,2005;王宝金等,2008
海西期中酸性岩浆作用有关 Cu-Fe 矿化系列	Ⅲ-26Pz_2-3 东昆仑西段海西期中酸性岩准同生 Cu-Au-Ag-Fe 矿化系列		(新)大九坝铜矿点、库鲁克彼捷里克塔格铜矿化点、特集列克磁铁矿矿点	1:25 万鲸鱼湖幅区调报告,2002;1:25 万布喀达坂峰幅区调报告,2003
印支期中酸性岩浆作用有关 Fe-Pb-Zn-Cu-Ag 成矿系列	Ⅲ-26Mz-4 印支期中酸性岩准同生 Fe-Pb-Zn-Cu-Ag 成矿系列	蟠龙峰式 Fe	(新)蟠龙峰铁(铜铅锌)矿、阿尼亚拉铁矿	景宝盛等,2010;刘艳宾等,2011
		维宝式 Pb-Zn	维宝铅锌矿、维东铅锌矿	景宝盛等,2010
		花石山式 Fe	(新)花石山磁铁矿点、口子山东磁铁矿矿化点、灵马沟磁铁矿矿化点、克孜尔卡甫铁矿	王哲等,2011;1:25 万库郎米提幅区调报告,2003
古近纪—新近纪沉积作用有关 Cu 成矿系列	Ⅲ-26Kz-5 古近纪—新近纪沉积岩系同生 Cu 成矿系列	库木库里式 Cu	库木库里盆地、克其卡勒克铜矿床,亚鲁古祖布拉格、塞斯克亚河西岸、白土滩、大黑山北、条石山、克孜勒、嘎其哥洛德、大黑山铜矿点	侯满堂等,2005;肖爱芳等,2002;1:25 万阿牙克库木湖幅区调报告,2002
第四纪沉积作用有关 Au 成矿系列	Ⅲ-26Kz-6 第四纪沉积岩物同生 Au 成矿系列	红金沟式 Au	(新)库木布彦山东北砂金矿点、西沟砂金矿点、东沟砂金矿点	王庆明,1997

白干湖钨锡矿床位于东昆仑弧盆系祁漫塔格岩浆弧西段,邻近白干湖北东向断裂带。目前,白干湖钨锡矿田已形成 3 个矿床,即巴什·尔希、白干湖和柯可·卡尔德,共圈定 47 条矿体。其中白干湖钨锡矿床已控制矿体 6 条,矿体受加里东期花岗岩和大理岩接触带控制,长 120～660m,走向 40°～87°,倾向南东,倾角 45°～88°,厚度 1.28～42.02m,平均品位 WO_3 为 0.12%～0.29%,Sn 为 0.09%～0.14%,并伴生铜银镓。主要矿石类型为石英脉型和似矽卡岩白钨矿型,含矿石英脉宽 10～100cm,主要金属矿物有黑钨矿、白钨矿、锡石、钨华和黄铜矿等;脉石矿物以石英、白云母和透闪石为主。

综合研究认为,矿区出露的古元古界金水口群(Pt_1J)中浅变质岩系(岩性主要为二云石英片岩、绿泥石英片岩、石英岩、透闪石化大理岩和变玄武岩等)为本区钨锡矿的主要矿源层(李宏茂等,2007);加里东期中酸性岩浆侵入活动(高永宝等,2010)为钨锡矿床的形成提供了热源;北东向贯穿全区的白干湖断裂带为矿液的运移和储藏提供了有利空间,既是导矿构造,也是容矿构造;因此该矿主要成因类型为岩浆-高温热液型钨锡矿,具岩浆期后热液成矿特点,与含矿建造准同生。

2. 与奥陶纪沉积岩系有关的成矿系列

与奥陶纪沉积岩系有关的矿化系列属于后生 Au－Cu 成矿(克孜勒萨依金矿床、喀拉曲哈铜金床)，也称“海西期热液对奥陶纪沉积岩系再造作用有关 Au－Cu 成矿系列”。

克孜勒萨依金矿位于古尔嘎地区克孜勒向斜北段，地层为奥陶系祁漫塔格群凝灰质砂岩、砂质板岩。海西晚期花岗岩体分布于矿床南及南西 6～7km 处，呈岩基、岩株产出。金矿体产于北东向破碎带中，走向 30°～40°，舒缓波状，倾向南东，倾角 25°～72°，已控制长度 700m，平均厚度 1.92m，其南西端厚，北东端稍薄。矿体由含金蚀变闪长玢岩脉、褐铁矿化石英脉组成，可见分支复合、膨大缩小、网络交叉等现象。矿石中主要金属矿物有褐铁矿、黄铁矿和磁铁矿等，脉石矿物有石英、斜长石、绿泥石、绢云母和方解石等。矿石多呈细粒微粒结构，少量似斑状结构，主要呈块状、脉状和浸染状构造。围岩蚀变有硅化、绢云母化、绿泥石化、褐铁矿化和黄铁矿化。矿石 Au 品位 1.84×10^{-6}～12.6×10^{-6}，平均品位 4.67×10^{-6}(王宝金等，2008)。

喀拉曲哈铜金矿位于古尔嘎地区喀拉曲哈复向斜的南西翼。矿体主要赋存于奥陶系祁漫塔格群泥质砂岩、细砂岩中的断裂构造中，共有 6 条矿体，其中主矿体 2 条。最大的 1 号矿体，长 900m，平均厚度 6.96m，Cu 平均品位 0.7%；其次为 2 号矿体，控制长 780m，平均厚度 3.22m，Cu 平均品位 1.02%。铜金矿体形态较复杂，主要受断裂构造控制，形状一般为脉状、透镜状，并有分叉复合现象。矿体总体倾向南东，倾角 35°～85°。矿石由矿化泥质粉砂岩、细砂岩、石英脉和蚀变岩组成，其主要金属矿物有黄铁矿、黄铜矿、黝铜矿、辉铜矿和闪锌矿等，脉石矿物主要有石英、长石、绢云母和绿泥石等。矿石常见粒状及交代结构，构造以块状、浸染状、细脉浸染状为主。铜矿石中 Cu 品位一般为 0.2%～1.78%，品位分布较均匀，矿床平均品位 0.79%，矿化连续性好。矿石中还伴生金、银等有益组分。围岩蚀变有硅化、绢云母化、绿泥石化、黄铁矿化、黄铜化和孔雀石化等(时友东等，2005)。

3. 与海西期中酸性岩有关的成矿系列

与海西期中酸性岩有关的成矿系列为准同生 Cu－Au－Ag－Fe 成矿系列(大九坝式铜矿、特集列克式磁铁矿)，也称“海西期中酸性岩浆作用有关 Cu－Fe 成矿系列”。

大九坝式铜矿点位于新疆维吾尔自治区若羌县境内大九坝西南约 7km 处，属东昆仑山脉西段，阿尔喀山北缘。铜矿体产于海西期花岗闪长岩体侵入中泥盆统布拉克巴什组(D_2b，岩性为砂岩、砾岩夹灰岩透镜体)的内接触混染岩带中。该混染岩带出露宽度约 200m，长度大于 5000m，含矿岩石为灰—灰绿色花岗闪长岩(已黝帘石化)、石英闪长岩和闪长岩(多已阳起石化)。常见的矿石自然类型包括石英脉、碳酸岩脉和方解石脉型铜矿石。矿石中主要金属矿物为黄铜矿、黝铜矿、自然铜、方铅矿、闪锌矿、孔雀石、铜蓝等；脉石矿物为高岭土、绿泥石、萤石、石英、方解石等。矿石结构为交代结构、残余半自形细粒结构；构造主要为块状或定向构造。地表常见黄铁矿化、褐铁矿化、磁铁矿化、高岭土化、孔雀石化等蚀变现象。Cu 平均品位 0.47%，最高 0.92%(1∶25 万鲸鱼湖幅区调报告，2002)。该矿床主要成因类型为海西期中酸性岩浆期后热液形成的脉状铜矿，类似矿点还有库鲁克彼捷里克塔格铜矿化点(1∶25 万布喀达坂峰幅区调报告，2002)。

特集列克磁铁矿区出露地层为奥陶系祁漫塔格群碎屑岩岩组，二叠纪石英闪长岩呈舌状侵入到地层中，矿体即产于二者的接触带中。接触带褐铁矿化、绿泥石化强烈，岩石破碎。矿体产状 110°∠40°，地表出露形态为分叉状，断续长约 200m，出露宽度 15～35m。矿石矿物主要为磁铁矿，其次为赤铁矿、黄铁矿、磁黄铁矿，脉石矿物为石英、长石、角闪石等。矿石类型以稀疏浸染状为主，其次为稠密浸染状和星点状矿石。矿石呈半自形粒状结构，稀疏或稠密浸染状构造。矿石常见黑色，具强磁性，TFe 平均品位 41.52%(新疆地矿局物化探大队，2012)。该矿床初步推断其成因为海西晚期岩浆热液型铁矿。

4. 与印支期中酸性岩有关的成矿系列

与印支期中酸性岩有关的成矿系列为准同生的 Fe－Pb－Zn－Cu－Ag 成矿系列(蟠龙峰式铁铜铅锌矿、维宝式铅锌矿和花石山式磁铁矿)，也称“印支期中酸性岩浆作用有关 Fe－Pb－Zn－Cu－Ag 成矿系列”。

蟠龙峰铁(铜铅锌)矿赋矿地层为古元古界白沙河岩组($Pt_1b.$)，岩性为黑云母斜长片麻岩、黑云母斜长角闪片岩夹石英岩及大理岩，其原岩建造为泥砂质沉积碎屑岩＋基性火山岩＋碳酸盐岩建造，具海相陆源碎屑岩为主的活动性沉积建造特点，其中的碳酸盐岩段为区内主要控矿岩性段，在斜长片麻岩中亦见有零星矿化。与成矿作用有关的侵入岩主要为印支期的花岗闪长岩和二长花岗岩，其锆石 U－Pb 年龄集中在 238～195Ma，属三叠纪(刘艳宾等，2011)。该矿床已发现 6 条矿化带 34 个矿体，矿体的围岩主要是印支期花岗岩和古元古界白沙河岩群大理岩；其中西部矿化带长 1.3km，宽 30～120m，圈定铁矿体 11 个；中部矿化带覆盖严重，地表有零星矽卡岩露头，总体走向近东西向，长 800m，由 3 个矿带组成，圈定铁、铜、铅锌等多金属矿体 13 个。铁铜多金属矿体走向 100°，总体倾向南，倾角 63°～68°，铁矿体长 150m，平均厚度 9.35m，TFe 平均品位 31.98%；铜矿体长 150m，平均厚度 10.43m，Cu 平均品位 0.79%。矿石金属矿物有磁铁矿、黄铁矿、白铁矿、黄铜矿、方铅矿和闪锌矿等；脉石矿物为钙铝石榴石、透辉石、绿帘石、绿泥石和方解石等。矿石自然类型主要为石榴石矽卡岩型磁铁矿石、透辉石矽卡岩型黄铜矿-磁铁矿石、石英-磁铁矿型矿石和少量含镜铁赤铁矿石。围岩蚀变主要有矽卡岩化、绿帘石-绿泥石化、钾长石化、绢云母化、碳酸盐化和硅化(景宝盛等，2010)。蟠龙峰铁(铜)矿床的形成与岩浆活动直接相关，矿体的产出部位严格受二长花岗岩与白沙河岩组碳酸盐岩接触带的控制，形成了接触交代矽卡岩型的铁多金属矿，类似矿床还有攀岩峰铁矿和阿尼亚拉铁矿(刘艳宾等，2011)。

维宝铅锌矿区出露地层主要为中元古界蓟县系冰沟群狼牙山组(Jxl)，岩性组合为大理岩夹变钙质粉砂岩、片岩、千枚岩及千枚岩化凝灰岩；矿区中酸性侵入岩发育，以印支期花岗闪长岩-二长花岗岩-斑状二长花岗岩为主；矿区构造主要为近东西向压扭性断层及近南北向张扭性断层，根据钻孔资料上述断裂对铅锌矿体起破坏作用。矿化蚀变带长度大于 3000m，宽 150 m 左右，矿体延深大于 400m，地表视厚度 4～25m。目前已圈出铅、锌、铜矿体 21 个，其中工业矿体 14 个，低品位矿体 7 个。铅锌矿体主要赋存于条带状绿帘石(透辉石)矽卡岩(原岩为条带状粉砂岩、泥岩、大理岩互层)中，呈层状、似层状和透镜状，局部有膨胀、收缩、分支、复合现象，走向 280°～290°，倾向南西，倾角 60°左右。Pb 品位 0.3%～12.26%，Zn 品位 0.5%～10.75%，伴生 Cu 品位 0.2%～2.96%，伴生 Ag 品位 3.32×10^{-6}～76.84×10^{-6}。矿石金属矿物有黄铁矿、方铅矿、闪锌石和黄铜矿等；脉石矿物为石英、斜长石、绿帘石、绿泥石、透辉石、透闪石和铁铝榴石等。围岩蚀变主要有矽卡岩化、黄铜矿化、方铅矿化、闪锌矿化、孔雀石化、绿泥石化和绿帘石化等。该矿床属印支期层控矽卡岩型铅锌矿(景宝盛等，2010)，类似矿床还有维东铅锌矿点。

花石山式磁铁矿点位于卡尔塔阿拉南山南缘断裂北侧，四干旦复向斜南翼底部。矿区出露地层仅见新元古界青白口系丘吉东沟组(Qbq)碎屑岩夹大理岩；印支期石雪尖岩体中细粒二长花岗岩大面积分布，岩体与大理岩接触形成矽卡岩带；矿点内有北北东-南南西向的小断层通过，是容矿构造。已发现主矿体 1 个，外围还分布 11 个小矿体。主矿体呈一不规则的透镜状，长约 244m，平均宽 56.24m，矿体走向 100°，倾向南东，倾角约 65°。矿体顶板为矽卡岩化大理岩，底板为印支期二长花岗岩。矿石构造主要有致密块状、稠密浸染状、稀疏浸染状和细脉状磁铁矿石，矿石矿物有磁铁矿、磁黄铁矿、黄铁矿和褐铁矿等。富矿石 TFe 品位在 40%以上，贫矿石 TFe 品位在 15%～40%(王哲等，2011)。该矿床为典型的印支期矽卡岩型铁矿，类似矿点还有口子山东磁铁矿矿化点、灵马沟磁铁矿矿化点和克孜尔卡甫铁矿(1∶25万库郎米提幅区调报告，2003)。

5. 与古近纪—新近纪沉积岩系有关的成矿系列

与古近纪—新近纪沉积岩系有关的成矿系列为同生 Cu 成矿系列(库木库里式铜矿)，也称“古近纪—新近纪沉积作用有关 Cu 成矿系列”。

库木库里盆地铜矿位于若羌县赛斯克亚河西岸，库木库里盆地中。矿区出露的地层主要为古近系渐新统石马沟组(E_3s)、新近系中新统石壁梁组(N_1s)、上新统红石梁组(N_2s)和第四系冲洪积、风积、湖积物；矿区侵入岩不发育；矿区构造比较简单，以褶皱为主，断裂次之。该区已经形成塞斯克亚河西岸、大黑山、亚鲁古祖·布拉格、白土滩 4 个砂砾岩型铜矿(化)点，构成长达 70km 的砂砾岩型铜矿化带。铜矿化体均赋存于石马沟组(E_3s)上段砂岩、粗砂岩、含砾砂岩中，处于复式向斜南翼的大黑山次级背斜和白土滩次级向斜中。初步圈出铜矿(化)体 6 条，长 30～170m，厚度 0.3～3m，矿化体与地层同步褶曲，产状 95°～110°∠43°～75°，呈似层状、透镜状。矿石自然类型主要为砾岩型铜矿和砂岩型铜矿，原生铜矿物有自然铜，次生有赤铜矿、黑铜矿、孔雀石、铜蓝等。矿石结构主要为填隙结构，构造主要为条带状、浸染状和团块状。围岩蚀变主要有赤铜矿、黑铜矿、孔雀石、铜蓝等。矿床 Cu 品位 1.02%～12.27%(侯满堂等，2005)。该矿床属典型的沉积砂砾岩型铜矿，类似矿床还有克其卡勒克铜矿、克孜勒铜矿、嘎其哥洛德铜矿(肖爱芳等，2002)和条石山铜矿点(1∶25 万阿牙克库木湖幅区调报告，2002)。

大黑山地区的大黑山北铜矿点与上述矿床赋矿地层相同，而大黑山铜矿(化)点赋存于新近系中新统石壁梁组(N_1s)，其岩性为紫红色中厚层状砂岩、粉砂岩与红色薄层状钙质泥岩、粉砂质泥岩不等厚互层。经踏勘检查圈出铜矿(化)体一条，出露长大于 30m，厚 0.3～1.6m，呈透镜状，产状 5°～10°∠63°。矿石矿物主要为孔雀石，呈粉末状、土状分布于砂砾岩胶结物中，Cu 品位 0.65%(肖爱芳等，2002)。其成因类型也为砂砾岩型铜矿。

6. 与第四纪沉积物有关的成矿系列

与第四纪沉积物有关的成矿系列为同生的 Au 成矿系列(红金沟式砂金矿)，也称“第四纪沉积作用有关 Au 成矿系列”。

红金沟砂金矿位于且末县北东约 200km 的库木巴彦山西端，主要出露地层包括下伏的下石炭统凝灰质砂岩、粉砂岩和不整合其上的第四系砂砾石层，由于受海西晚期黑云母花岗岩、钾长花岗岩岩浆的影响而普遍角岩化和部分绿泥石化。第四系砂砾石分选和磨圆度中等，成分以角岩为主，石英、花岗岩屑等次之。砂金主要分布于地貌上处于受冰缘作用而有大起伏的极高山与干燥作用下形成的丘陵相互接触部位，主要矿体产于现代河谷砂砾石层下部的冻土层中，从顶板到底板砂金由少到多，由贫到富，由小到大，由光洁到浑浊。砂金矿体长 1600m，平均宽 18m，平均厚 2.4m，整个矿体连续性较好，从上游至下游矿层埋深逐渐加大，Au 品位也相对提高，上游 Au 品位一般为 0.8～6g/m^3；中游品位一般 10～30g/m^3，局部出现特富的金线和“窝窝金”；下游品位 2～8g/m^3，平均 5g/m^3。自然金呈黄红色，多呈粒状，不规则状、深圆状的豆瓣金及瓜子金等，大小以 1～2mm 为主，其中有白色石英连生体，呈浑圆状，个别见有黑色角岩连生体。该矿床成因属冰碛(水)型砂金矿(王庆明，1997)，类似的矿点还有库木布彦山东北砂金矿点、西沟砂金矿点和东沟砂金矿点。

(六) 喀拉米兰成矿带(Ⅲ-29)中的成矿系列

对喀拉米兰成矿带总结出 5 个成矿系列，详见表 2-8。

1. 与志留纪沉积岩系有关的成矿系列

与志留纪沉积岩系有关的成矿系列属于后生 Au 成矿系列(野牛泉式金矿)，也称“泥盆纪热液对志留纪沉积岩系再造作用有关 Au 成矿系列”。

野牛泉金矿位于阿尔喀山西端晚古生代陆缘盆地，矿区出露地层主要为中—上志留统达坂沟群($S_{2-3}D$)是矿区的主要赋矿地层，目前在其中共发现 4 条含金石英脉及蚀变带(矿体)。在矿区西部泥盆纪英云闪长岩中发现 1 条含金石英脉，脉体长约 60m 左右，宽约 0.65m，矿化蚀变较强，均已达到边界品位。在东部发现 3 条含金石英脉及蚀变带(矿体)，总体呈北东-南西向排列，其中Ⅰ号含金石英脉及蚀变带规模较大，控制长度约 380m，地表出露宽度 0.50m，Au 平均品位 6.72×10^{-6}。含金石英脉蚀变带均处于矿区北东向的断裂破碎蚀变带内，呈雁行状排列。在矿区中部各带总体形成向西南汇集，向东北发散的带状构造，各带形态呈带状、脉状等，其长度、宽度不等。根据野牛泉金矿的英云闪长岩的就位时代为泥盆纪，因此野牛泉金矿的成矿泥盆纪中酸性岩浆提供热源(1∶25 万木孜塔格幅区调报告，2002)，类似矿床还有关水沟金矿化点(1∶25 万银石山幅区调报告，2002)。

表 2-8　喀拉米兰成矿带(Ⅲ-29)中的成矿系列一览表

成矿系列		矿床式	矿床实例	参考资料
按成矿作用	按地质建造			
泥盆纪热液对志留纪沉积岩系再造作用有关 Au 成矿系列	Ⅲ-29Pz_1-1 志留纪沉积岩系后生 Au 成矿系列	野牛泉式 Au 矿	野牛泉金矿、关水沟金矿化点	1∶25 万木孜塔格幅区调报告，2002
石炭纪火山-沉积作用有关 Cu-Zn-Pb-Ag-Au-Fe 成矿系列	Ⅲ-29Pz_2-2a 喀拉米兰一带石炭纪火山-沉积岩系同生 Cu-Zn-Pb-Ag-Au-Fe 成矿系列	卡特里西式 Cu-Zn	卡特里西铜锌矿床、几克里阔勒铜矿点、色娥子永滚铜(金)矿点、达拉库岸铁(铜金)多金属矿点、柯孜勒苏泉金(铜)矿化点、秦布拉克南铜(金)矿点、嘎其哥洛德南铜矿点、克孜勒萨依南铜矿化点，木勒达板铁锌矿点	韩红卫等，2007
××时代热液对石炭纪火山-沉积岩系再造作用有关 Au 矿化系列	Ⅲ-29Pz_2-2b 石炭纪火山-沉积岩系后生 Au 矿化系列		库鲁阔勒达坂金矿点	1∶25 万奥依亚依拉克幅区调报告，2012
海西期中酸性岩浆作用有关 Au-Cu-Mo-Pb-Zn-Ag 矿化系列	Ⅲ-29Pz_2-3 海西期中酸性岩准同生 Au-Cu-Mo-Pb-Zn-Ag 矿化系列	叶桑岗式铅锌矿	夏尔干铜钼矿点、巴什干克多金属矿点、叶桑岗东铅矿点	1∶25 万奥依亚依拉克幅区调报告，2012；1∶25万且末县一级电站幅区调报告，2002
第四纪沉积作用有关 Au 成矿系列	Ⅲ-29Kz-4 第四纪沉积物同生 Au 成矿系列	沙巴恰普式砂金	沙巴恰普砂金矿、月牙河—野牛泉东一带砂金矿、西木都金矿点、脑齐金矿点	王庆明，1997；1∶25 万木孜塔格幅区调报告，2002

2. 与石炭纪火山-沉积岩系有关的成矿系列

与石炭纪火山-沉积岩系有关的成矿系列包括同生 Cu-Zn-Pb-Ag-Au-Fe 成矿系列(卡特里西式铜锌矿)和后生 Au 矿化系列(库鲁阔勒达坂金矿点)。这些成矿系列按照成矿作用命名时分别可称“石炭纪火山-沉积作用有关 Cu-Zn-Pb-Ag-Au-Fe 成矿系列”“××时代热液对石炭纪火山-沉积岩系再造作用有关 Au 矿化系列”。

1)同生 Cu-Zn-Pb-Ag-Au-Fe 成矿系列

卡特里西式铜锌矿赋矿地层为下石炭统托库孜达坂群(C_1*Tk*)的一套由碎屑岩、碳酸盐岩、火山碎屑岩组成的滨浅海相沉积建造，根据其岩性组合特征，可分为上、中、下 3 套岩性段。其中，中部岩性段为一套浅海相双峰式火山岩及碳酸盐岩建造，岩性以流纹岩、安山质凝灰岩、基性凝灰岩、灰岩为主，含金属硫化物基性凝灰岩为含矿层，呈层状、似层状、透镜状夹于灰岩中及灰岩与含碳粉砂岩接触处，基本全为铜锌矿体。矿区共有 14 个矿体，分布在东西 2.5km 的范围内，其中Ⅷ号矿体为主矿体。Ⅷ号铜锌矿体位于矿区中东部，产于灰岩与含碳粉砂岩的接触部位，含矿岩性为灰绿色糜棱岩化透闪石化基性凝灰岩，矿体呈北东东向展布，产状为 150°～160°∠69°～89°，长 756.8m，厚 0.60～13.47m，平均厚度 3.47m，Cu 品位 0.22%～8.02%，平均 2.50%，Zn 品位 0.52%～14.36%，平均 2.52%。伴生有益元素 Ag 平均品位 24.71×10^{-6}，Pb 平均品位 0.74%，S 平均品位 7.02%。矿石矿物一般呈金属硫化物产出，主要为黄铁矿、黄铜矿、闪锌矿，次有少量磁黄铁矿、斑铜矿、辉银矿，绝大部分呈粒状和不规则集合体存在，相互之间有连生、包裹和被包裹的关系，一般为他形结构，少数为半自形结构，多呈细脉浸染状和稠密浸染状产于基性凝灰岩中，部分呈块状产出。脉石矿物主要为透闪石、绿泥石、滑石和石英。根据该矿床的地质特征，其成因类型应为海相火山沉积型硫化物矿床，属远火山沉积，即在海底火山喷发过程中，在远离火山通道的洼地中，火山活动产生的成矿物质沿火山锥斜坡经海水的搬运作用沉积于洼地中形成金属硫化物矿层，而在火山活动的间歇期则沉积灰岩或含碳粉砂岩(韩红卫等，2007)。类似矿床还有几克里阔勒铜矿点、色娥子永滚铜(金)矿点、达拉库岸铁(铜金)多金属矿点、柯孜勒苏泉金(铜)矿化点、秦布拉克南铜(金)矿点、嘎其哥洛德南铜矿点和克孜勒萨依南铜矿化点。

木勒达板赤铁矿点位于且末县南部木勒达坂西边 8.6 km 的小沟中，矿体产于下石炭统托库孜达坂群(C_1Tk)千枚岩化凝灰质粉砂岩中。矿体呈红褐色块状，呈断续透镜状分布，长 135m，平均厚 1.20m，围岩有硅化蚀变。矿体主要金属元素品位为：Fe 品位为 44.45%，Mn 品位为 1.81%，Co 品位为 0.023%，Zn 品位为 0.50%(1∶25 万奥依亚依拉克幅区调报告，2012)。其成因初步推断为沉积型铁锌矿。

2)后生 Au 矿化系列

库鲁阔勒达坂金矿化体产于下石炭统托库孜达板群(C_1Tk)第一段的石英脉中，单个石英脉呈带状分布，长 1～5m，宽 1～5cm，总宽 20m，Au 品位达 4×10^{-6}。其成因初步认为属热液石英脉型金矿(1∶25万奥依亚依拉克幅区调报告，2012)。

3. 与海西期中酸性岩有关的矿化系列

与海西期中酸性岩有关的矿化系列为准同生 Au - Cu - Mo - Pb - Zn - Ag 矿化系列(巴什干克式铜钼矿点和叶桑岗式铅锌矿点)，也称"海西期中酸性岩浆作用有关 Au - Cu - Mo - Pb - Zn - Ag 矿化系列"。

巴什干克多金属矿点在且末县西南羊布拉克石膏矿南西 26km 处，位于巴什克沟上游右侧山脊上。矿点地处一小向斜南翼，赋矿围岩为中石炭统喀拉米兰河组(C_2k)第一段，岩性以火山岩为主，次为碎屑岩。成矿岩体(时代不明，暂定为海西期)为一北东向花岗岩的岩枝，长约 1.50km，宽 450m。在岩枝与围岩接触带附近形成透辉石石榴石矽卡岩，矿体即赋存于矽卡岩中。已发现矿体 3 个，矿体长约 50m，宽 0.2～15m。矿石有致密块状和浸染状两种类型，主要成矿元素为铜和钼，Cu 品位 1.56%～3.85%，Mo 品位 0.119%，伴生 Zn 品位为 0.03%～0.13%(1∶25 万奥依亚依拉克幅区调报告，2012)。该矿床主要成因为矽卡岩型铜钼矿，类似矿床还有夏尔干(巴什干克)铜钼矿点(1∶25 万奥依亚依拉克幅区调报告，2012)。

叶桑岗东铅矿点位于且末县南阿羌以东的衣山干一带，铅矿体赋存于早二叠世秦布拉克花岗岩类岩石的外接触带上及其附近的硅化灰岩破碎带中，多呈透镜体状、囊状，厚 20～50m，长度不清。矿石为致密块状或星点状。主要矿石矿物为方铅矿、硫砷铅矿、闪锌矿、黄铜矿和次生孔雀石等，主要成矿金属元素含量：Pb 含量为 26.34%，Zn 含量为 22.09%，Cu 含量为 0.44%～1%，Ag 含量为 0.03%(1∶25 万且末县一级电站幅区调报告，2002)。

4. 与第四纪沉积物有关的成矿系列

与第四纪沉积物有关的成矿系列为同生 Au 成矿系列(沙巴恰普式砂金矿)，也称"第四纪沉积作用有关 Au 成矿系列"。

沙巴恰普砂金矿位于且末县西南 130km 的喀帕南，莫勒恰代牙河上游考克木然代牙河河谷的砂砾层中。砂砾层长 2300m，宽 100～350m，厚 8m 以上，最大厚度 15m，以砾石为主，占 70%～80%，成分复杂，有花岗岩、闪长岩、砂岩、硅质岩、灰岩、火山岩及少量脉石英等，火成岩类砾石约占 50%，砾石多在下部密集。砂砾层下伏基岩为下石炭统绢云母绿泥石化泥质粉砂岩。含矿层产于砂砾层底部的不整合面上，呈东西向的长条状，长 2.18km，厚 0.3～1.5m，Au 平均品位 2.1864g/m^3，最低 0.2125g/m^3，最高 8.854g/m^3。自然金为金黄色，表面粗糙，有细小蚀坑，多呈块状、粒状、片状、长条状、不规则状及粉金状，大小一般在 1～2mm。根据含矿层中的砾石有压入基岩、具擦痕、压裂、分选性差、磨圆度好等现象，将其划为冰碛(水)成因(王庆明,1997)。在该矿附近还分布有西木都和脑齐砂金矿点。

另外,类似的矿床还有月牙河—野牛泉东一带砂金矿。该矿目前月牙河流域的砂金已基本被采空,现主要是野牛泉一带的砂金还在开采,总计采金面积为70km^2。该带内的砂金矿同样具有多年冻土区的成矿特点,砂金主要形成于河床、河漫滩、河谷及沟谷等地(1∶25万木孜塔格幅区调报告,2002)。

(七)南巴颜喀拉-雅江成矿带(Ⅲ-31)中的成矿系列

对南巴颜喀拉-雅江成矿带总结出8个成矿系列,详见表2-9。

表2-9　南巴颜喀拉-雅江成矿带(木孜塔格成矿带)(Ⅲ-31)中的成矿系列一览表

成矿系列		矿床式	矿床实例	参考资料
按成矿作用	按地质建造			
古元古代沉积变质作用有关Fe成矿系列	Ⅲ-31Pt_1-1a古元古代沉积变质岩系同生Fe成矿系列	新藏公路469km处Fe矿	新藏公路469km处铁矿床、大红柳滩北赤铁矿点	1∶25万康西瓦幅区调报告,2005;和田地区康西瓦—大红柳滩一带矿产远景调查项目总体设计,2012
燕山期热液对古元古代沉积变质岩系再造作用有关Pb-Ag-Au-Cu成矿系列	Ⅲ-31Pt_1-1b古元古代沉积变质岩系后生Pb-Ag-Au-Cu成矿系列	康西瓦南Pb-Ag矿	康西瓦南含银铅矿、康西瓦西南铅矿点、大红柳滩铅(锌)矿化点	1∶25万康西瓦幅区调报告,2005
震旦纪—寒武纪火山作用有关Cu-Au矿化系列	Ⅲ-31Pt_3Pz_1-2震旦纪—寒武纪火山岩系同生Cu-Au矿化系列		依得艾能艾格勒铜金矿点	新疆策勒县恰哈铜金矿远景调查(立项),2010
石炭纪沉积作用有关Fe矿化系列	Ⅲ-31Pz_2-3石炭纪沉积岩系同生Fe矿化系列		向阳峰南铁矿点	1∶25万岔路口幅区调报告,2006
燕山期热液对二叠纪沉积岩系作用有关Sb-Hg成矿系列	Ⅲ-31Pz_2-4二叠纪沉积岩系后生Sb-Hg成矿系列	黄羊岭式Sb	黄羊岭、硝尔库勒、卧龙岗、盼水河、红山顶锑矿床,前进达坂1号、回风口1号、拾玉石1号锑矿点	杨屹等,2006;吴攀登等,2012;新疆回风口地区锑金多金属资源远景调查立项报告,2012
		长山沟式Hg	长山沟、长山沟南汞矿点	杨万志,2010
燕山期中酸性伟晶岩作用有关Li-Be-Nb-Ta成矿系列	Ⅲ-31Mz-5a侏罗纪中酸性伟晶岩同生Li-Be成矿系列	大红柳滩式Li-Be	大红柳滩锂铍矿床、阿克塔斯中型锂矿	周兵等,2011;1∶25万岔路口幅区调报告,2006
燕山期、喜马拉雅期中酸性岩浆浅成侵入作用有关Cu-Ag-Pb-Zn矿化系列	Ⅲ-31Mz-5b中酸性斑岩准同生Cu-Ag矿化系列		阿特塔木达坂西、阿克苏河源、白帽山、云雾岭铜矿点,康西瓦南大沟银铅铜矿点	1∶25万伯力克幅区调报告,2002;1∶25万康西瓦幅区调报告,2005;乔旭亮,2010;刘春涌等,1998;刘荣等,2009;冯京等,2010
第四纪河流沉积作用有关砂金成矿系列	Ⅲ-31Kz-6第四纪河流冲积物同生砂金成矿系列	兔子湖式Au	兔子湖南一带砂金矿床、再依勒克砂金矿点、黄沙河上游一带砂金矿	1∶25万木孜塔格幅区调报告,2002;1∶25万伯力克幅区调报告,2002

1. 与古元古代沉积变质岩系有关的成矿系列

与古元古代沉积变质岩系有关的成矿系列包括同生 Fe 成矿系列（新藏公路 469km 处铁矿床）和后生 Pb－Ag－Au－Cu 成矿系列（康西瓦南含银铅矿床）。这些成矿系列按照成矿作用命名时分别可称“古元古代沉积变质作用有关 Fe 成矿系列（新藏公路 469km 处铁矿床）”“燕山期热液对古元古代沉积变质岩系再造作用有关 Pb－Ag－Au－Cu 成矿系列”。

1）同生 Fe 成矿系列

新藏公路 469km 处铁矿区出露地层为古元古界康西瓦岩群 a 岩组（Pt_1K^a.），岩性主要为深灰色黑云斜长片麻岩、石榴石斜长变粒岩、矽线黑云石英片岩夹大理岩。矿化体产于片岩与大理岩分界处，矿体多赋存于大理岩中。已发现 10 条矿体，TFe 平均品位 49.32%。矿体长均在 100m 以上，厚 1～25m，呈极不规则的凸镜状、似层状、脉状产出，产状与地层近一致，总体倾向北西，倾角 40°～70°。矿石矿物主要为磁铁矿、赤铁矿和镜铁矿，呈粒状结构，块状构造。该矿床矿体顶、底板层位稳定，受层位控制明显，康西瓦岩群是主要的矿源层，燕山期花岗岩所派生出的伟晶岩脉对原先形成的矿质层起加富作用（1∶25万康西瓦幅区调报告，2005），其主要成矿类型为沉积变质型铁矿，类似矿床还有大红柳滩北赤铁矿点。

2）后生 Pb－Ag－Au－Cu 成矿系列

康西瓦南含银铅矿也产于古元古界康西瓦岩群内，主要由两条矿化体组成，分别为Ⅰ、Ⅱ号矿体。Ⅰ号矿体产于构造破碎带中，产状 105°～115°∠40°～48°，宽 0.5～1.5m，带内岩石为碎裂状花岗伟晶岩，碳酸盐化、硅化蚀变强烈，见铅矿化、铜矿化，伴生金、银矿化。方铅矿呈小团块状、不规则细脉状分布，脉宽 2～4mm，粒径 1～3mm。铜矿物已氧化成铜蓝、孔雀石。矿体 Pb 品位 13.3%，Au 品位 0.75×10^{-6}，Ag 品位 705.35×10^{-6}。Ⅱ号矿体围岩为康西瓦岩群斜长角闪变粒岩、角闪斜长片麻岩，赋矿岩石为蚀变大理岩。矿化体长度约 3000m，宽 3～6m，产状与地层一致。矿体呈带状展布，宽一般 5.7m，产状 320°～350°∠55°～75°。矿体 Pb 品位 6.14%，Ag 品位 121.52×10^{-6}，Au 品位 0.47×10^{-6}。矿石矿物主要为方铅矿、菱铁矿，伴生金、银。方铅矿呈细粒浸染状，局部呈细脉状、条带状顺层分布，脉宽 5～15mm。主要蚀变类型有铁碳酸盐化、硅化和菱铁矿化，地表常见铁帽。上述两个矿体的主要矿源层为长城系康西瓦岩群（聚集了原始矿质层），其中大理岩层是重要的赋矿层位；侏罗纪黑云二长花岗岩体的侵位活动使矿物质迁移富集，铅矿的形成与该构造运动密切相关；近北西向区域构造为含矿热液活动提供了良好的通道，近北东向次级构造直接控制着矿体的产出（Ⅰ号矿体），为控矿构造；主成矿期应在侏罗纪（1∶25 万康西瓦幅区调报告，2005）。因此康西瓦南含银铅矿主要为后生的热液矿床，类似的矿床还有康西瓦西南方铅矿点和大红柳滩铅（锌）矿化点。

2. 与震旦纪—寒武纪火山岩系有关的矿化系列

与震旦纪—寒武纪火山岩系有关的成矿系列属于同生 Cu－Au 矿化系列（依得艾能艾格勒铜金矿点），也称“震旦纪—寒武纪火山作用有关 Cu－Au 矿化系列”。

依得艾能艾格勒铜金矿点的铜矿化体均产于库地-其曼于特构造混杂岩带，赋矿岩层为震旦系—寒武系碎裂化蚀变安山玄武岩。矿区内已发现含铜矿（化）体 12 个，地表长度 80～300m，厚度 0.17～8.73m。铜矿体平均品位 0.23%～2.44%（中国冶金地质总局西北地质勘查院，2010）。该矿点工作程度低，仅构成矿化系列，初步推断其成因为火山岩型铜金矿。

3. 与石炭纪沉积岩系有关的矿化系列

与石炭纪沉积岩系有关的矿化系列为同生的 Fe 矿化系列（向阳峰南铁矿点），也称“石炭纪沉积作用有关 Fe 矿化系列”。

向阳峰南铁矿体产于石炭系帕斯群上、下岩组接触处靠近下岩组一侧，赋矿岩石主要为灰色粉晶灰岩。地表矿化带断续长达 5～8km，最大宽度可达 100m，矿体厚度一般 50～85m，TFe 平均品位 21.37%。矿体受层位控制明显，呈带状展布，走向与地层产状一致。矿石矿物主要由褐铁矿组成，次为赤铁矿，铁矿石为块状构造，鲕粒结构。该矿点主要成矿类型为沉积型铁矿（1∶25 万岔路口幅区调报告，2006）。

4. 与二叠纪沉积岩系有关的成矿系列

与二叠纪沉积岩系有关的成矿系列属于后生 Sb－Hg 成矿系列（黄羊岭式锑矿），也称“燕山期热液对二叠纪沉积岩系作用有关 Sb－Hg 成矿系列”。

黄羊岭锑矿体产于二叠系黄羊岭组（P_1h）中下部，围岩岩性为灰色厚层状中细粒岩屑砂岩、凝灰质砂岩与黑灰色页岩互层，局部夹砾岩、沉凝灰岩及少量灰岩透镜体，地层北倾，倾角 40°～65°。矿区已发现矿体 40 余条，最大矿体长百余米，最厚处达 2m。多数矿体受北东向断裂破碎带控制，以小角度斜交地层产出，部分短小矿脉大角度斜交地层产出。总体形态多呈脉状、细脉状，少数为囊状、豆荚状。大矿体常具尖灭再现、分支复合、平行斜列等特点。矿体多数倾向 320°～350°，倾角 45°～80°。矿体品位为 1.5%～58.11%，为单一型锑矿石。矿石中有用矿物主要为辉锑矿，氧化矿物为次生锑华、锑赭石，含量较少。脉石矿物有石英、方解石和重晶石等。矿石结构有柱粒—柱状、交代—充填和碎裂结构，构造包括稀疏—稠密浸染状、块状、条带状和脉状。矿区围岩蚀变常见硅化。黄羊岭锑矿床是具有层控矿床特征的低温热液矿床，类似的矿床还有硝尔库勒锑矿、卧龙岗锑矿、盼水河锑矿、红山顶锑矿、前进达坂 1 号锑矿点、回风口 1 号锑矿点和拾玉石 1 号锑矿点（中国地质科学院矿产综合利用研究所，2012）等。

黄羊岭锑矿区未见岩浆岩，但在西北侧外围地区存在燕山期闪长玢岩带，岩带长 60km，由 10 余个面积 $1km^2$ 左右的闪长玢岩组成（胡建卫等，2006）；西南侧外围卧龙岗及其以南乌斯腾塔格地区分布燕山期花岗斑岩和石英斑岩（杨屹等，2006）。笔者根据这些线索初步推断，燕山期岩浆活动可能为锑活化成矿提供了热源。

长山沟汞矿点位于巴颜喀拉陆缘盆地西北缘，矿区出露地层主要为二叠系黄羊岭组（P_1h）及三叠系巴颜喀拉组（T_3b）。区内发育东西向与北东向断裂构造，侵入岩不发育。本区属黄羊岭汞地球化学省，汞元素在二叠系和三叠系中极为富集，已发现长山沟汞矿点和长山沟南汞矿点，主要成因属中低温热液充填型汞矿。

5. 与燕山期中酸性岩有关的成矿系列

与燕山期中酸性岩有关的成矿系列包括：与中酸性伟晶岩同生 Li－Be－Nb－Ta 成矿系列（大红柳滩式锂铍矿）和与中酸性斑岩准同生 Cu－Ag－Pb－Zn 矿化系列（阿特塔木达坂西、阿克苏河源、白帽山、云雾岭铜矿点，康西瓦南大沟银铅铜矿点）。这些成矿系列按照成矿作用命名时分别可称“燕山期中酸性伟晶岩作用有关 Li－Be－Nb－Ta 成矿系列”“燕山期、喜马拉雅期中酸性岩浆浅成侵入作用有关 Cu－Ag－Pb－Zn 矿化系列”。

1）中酸性伟晶岩同生 Li－Be－Nb－Ta 成矿系列

大红柳滩锂铍矿的赋矿岩石为酸性伟晶岩脉。矿区内已发现伟晶岩脉上千条，但含锂辉石矿脉只有数十条。伟晶岩脉长 10～25m，宽几厘米至几十厘米，个别达 100cm 以上。其形态多为不规则扁豆状和凸镜状，脉体呈北西向延伸，倾角一般为 35°～75°。锂辉石矿主要分布于中粗粒伟晶结构带中。矿石矿物有锂辉石，少量白云母，脉石矿物见石英和长石。伴生矿物有绿柱石、锡石和铌钽铁矿，伴生有益组分铷、镓、锗、铯等。Li_2O 品位大于 0.6%，BeO 平均大于 0.061%，Ta_2O_5 品位 0.007%。大红柳滩地区稀有金属矿床的成因类型均为花岗伟晶岩型，其中伟晶岩型白云母矿床的 $^{40}Ar-^{39}Ar$ 同位素年龄为 185～156Ma（周兵等，2011），成矿时代在侏罗纪。该区还发现有阿克塔斯中型锂矿床。

2）中酸性斑岩准同生 Cu－Ag－Pb－Zn 矿化系列

阿特塔木达坂西铜矿点的含铜岩体为侏罗纪含电气石二云母花岗斑岩。含铜花岗斑岩体规模较大，铜矿化在岩体边部相对较好，矿石矿物成分有黄铜矿、斑铜矿和黄铁矿，次生矿物为孔雀石、褐铁矿，脉石矿物成分有石英、微斜长石、更长石、白云母、铁电气石及黑云母等。Cu 品位 0.56%，Ag 品位 10.3×10^{-6}（1∶25 万伯力克幅区调报告，2002）。该矿点为斑岩型铜矿化，找矿前景较好，类似矿点还有阿克苏河源铜矿点。

康西瓦南大沟含银多金属矿点出露的燕山期黑云二长花岗岩侵入于古元古界康西瓦岩群，与地层接触带常见矽卡岩化，由花岗岩派生出的伟晶岩脉广泛发育，矿体伴随伟晶岩脉沿断层分布，矿脉产于花岗伟晶岩上盘。该矿点共见5条矿脉，最大的一条矿脉长100m，宽2m，最小矿脉长3m，宽0.5m，产状320°∠60°。矿石矿物为方铅矿、水锑铅矿、硫酸铅矿、铅铁钒矿、褐铁矿和铜蓝等。矿石中Ag品位1510×10^{-6}，Pb品位18.60%，Cu品位0.37%，Zn品位0.1%，Sb品位0.018%(1∶25万康西瓦幅区调报告，2005)。该矿规模小，仅构成矿化线索，其成因为岩浆热液交代型多金属矿产。

白帽山铜矿点出露燕山期侵位的黑云母斜长花岗岩体，该岩体东南有数个0.3～0.7 km^2的石英斑岩小岩株出露，岩株具隐爆角砾岩筒性质，矿化体即产于其中。铜矿主要产于石英斑岩小岩株的内接触带，厚2～6m，主要矿化蚀变为白铁矿化、孔雀石化、黄铁矿化及少量黄铜矿化，局部可见铜蓝，Cu品位0.13%～0.27%。矿化围岩为细粒杂砂岩，砂岩均具有"火烧皮"现象，沿裂隙面、解理面分布一层褐铁矿薄膜，偶见其中夹杂毫米级黄铜矿细脉，北东向分支断裂中烟灰色石英脉发育，其中见黄铁矿、辉锑矿呈细粒状分布(乔旭亮，2010)。该矿成因初步认为属斑岩型铜矿床。

云雾岭铜矿点赋矿岩石为青灰色黑云母斜长花岗斑岩。刘荣等(2009)通过对云雾岭斑状二长花岗岩体锆石SHRIMP U-Pb测年为201.8±3.8Ma。已发现的铜矿化产出于青灰色黑云母斜长花岗斑岩的内接触带。铜矿化带呈东西向展布，东西长约2km，南北宽200～300m。铜矿化及其蚀变受岩体和断裂双重控制。已圈出长2km，厚30～40m的近东西向窄长铜矿体。矿化岩石均为黑云母斜长花岗斑岩，蚀变强烈，以花岗斑状结构和变余斑状花岗结构为主，呈块状构造。矿石金属矿物主要是黄铁矿、磁黄铁矿、黄铜矿，其次有斑铜矿和辉铜矿等，偶见辉钼矿。矿石中Cu含量0.59%～1.25%，平均1.02%，伴生钼、银矿化。铜矿化伴随有明显的热液蚀变特征，蚀变类型有硅化、黄铁矿化、黄铜矿化和绢云母化等(刘春涌等，1998)。该矿成因为斑岩型铜矿，类似的矿点还有白帽山铜矿点和南邻区的火箭山铜矿点等。

6. 与第四纪河流冲积物有关的成矿系列

与第四纪河流冲积物有关的成矿系列为同生砂金成矿系列，也称"第四纪河流沉积作用有关砂金成矿系列"。

兔子湖南一带砂金矿位于木孜塔格峰北坡，具有多年冻土区的成矿特点。砂金多分布于一级、二级阶地及少量河床、河漫滩、河谷及谷底等，分布面积约60km^2，Au平均品位在0.0592～0.308g/m^3；类似的矿床还有黄山口附近黄沙河上游金川一带的砂金矿(1∶25万木孜塔格幅区调报告，2002)和再依勒克砂金矿点(1∶25万伯力克幅区调报告，2002)。

第三章　塔什库尔干地区铁矿成(控)矿条件与典型矿床特征

西昆仑塔什库尔干地区是“新疆358”项目确定的首批重要找矿远景区之一，地理坐标：东经73°30′—76°30′，北纬36°30′—39°00′，面积约20 200km²。该地区涉及3个构造单元：喀喇昆仑中生代陆缘盆地、阿克赛钦古生代陆缘盆地和慕士塔格地块（图3-1）。

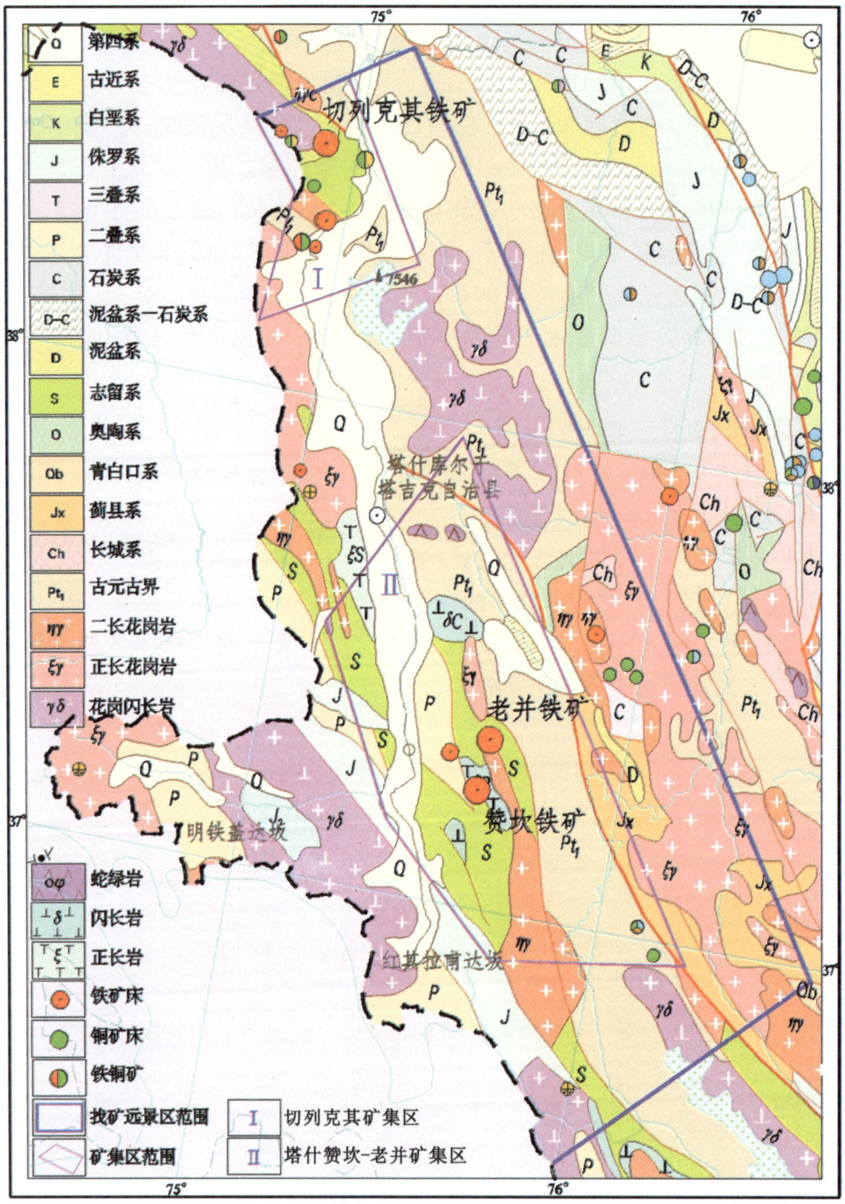

图3-1　塔什库尔干铁铅锌铜找矿远景区地质矿产图

区内矿产以铁矿为主,包括磁铁矿和菱铁矿两种类型。已发现大型矿床有老并、赞坎磁铁矿矿床和切列克其菱铁矿矿床。根据已知矿床分布特点、控矿因素及进一步找矿潜力,在该远景区又圈出切列克其铁铜矿和赞坎-老并铁铅锌矿两个矿集区。国土资源大调查项目(包括调查评价专项项目)主要部署在赞坎-老并铁铅锌矿矿集区,近年来随着多渠道勘查资金的投入,该地区取得了重大的找矿突破,已成为首批国家级整装勘查区之一,以下重点介绍该整装勘查区特征。

第一节 塔什库尔干铁矿整装勘查区位置、交通及自然地理概况

塔什库尔干铁矿整装勘查区位于找矿远景区的南部,具体位于塔什库尔干县城东南 40～150km。整装勘查区范围:东经 75°15′00″—76°00′00″,北纬 37°00′00″—37°40′00″,面积 4800km^2(图 3-2)。整装勘查区外部交通条件相对较好,314 国道从北往南穿越勘查区西部。区内交通条件总体较差,不通车区域达 90%。

区内海拔高度一般 2000～6000m,平均 4500m 左右,地势高峻。主要河流有叶尔羌河的支流塔什库尔干河。区内属典型的大陆性寒温带干旱季风气候,以寒冷、温差大、干燥少雨为特征。居民较少,以塔吉克族为主,多聚集于县城以及公路沿线。该地区经济相对落后。

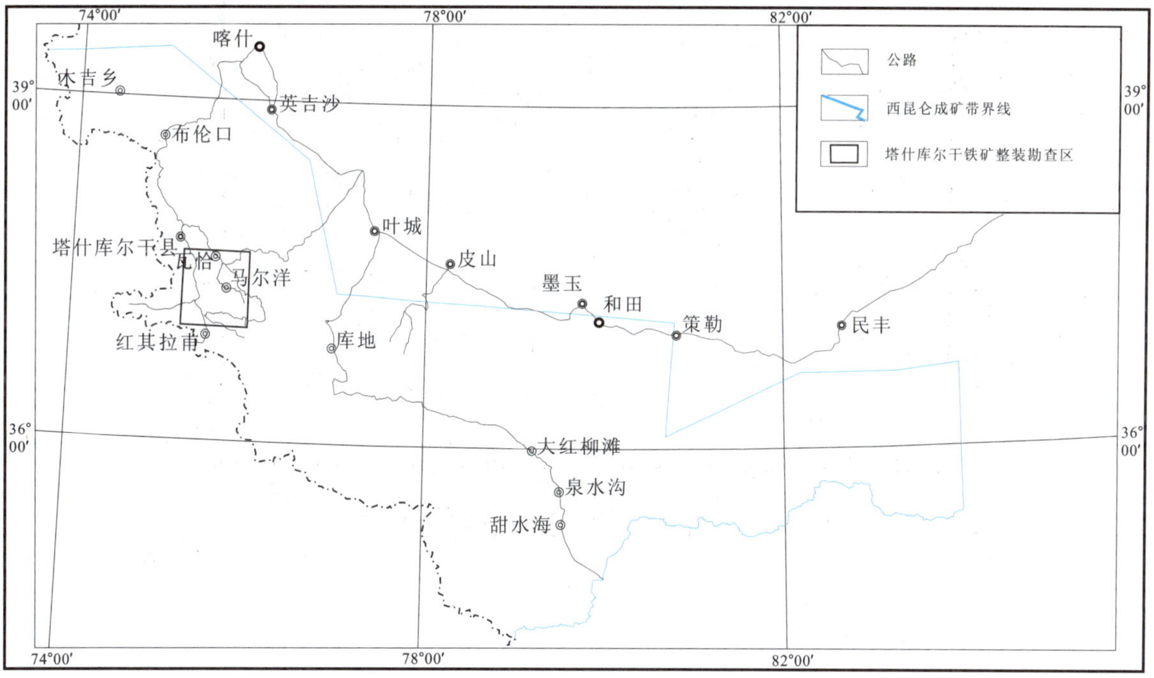

图 3-2 塔什库尔干铁矿干整装勘查区交通位置图

第二节 塔什库尔干铁矿整装勘查区以往工作程度及近年工作进展

2000 年以前,区内主要开展了小比例尺路线地质调查、1∶50 万区域化探、1∶100 万区域重力调查

及少量科研工作。新疆地质矿产勘查开发局(后文简称新疆地矿局)第二地质大队于 1983 年完成了南疆西部地质图、矿产图的编制工作,对区内地质矿产情况首次进行了较为系统的总结。

21 世纪以来,国家和新疆维吾尔自治区政府加大了对西昆仑地区的勘查投入,开展了 1∶25 万区域地质调查及部分 1∶5 万地质矿产调查和化探工作(图 3-3)。2002 年,新疆地矿局第二地质大队发现了赞坎铁矿;2002—2004 年河南省地质调查院在开展 1∶25 万区域地质调查时发现了老并铁矿,并

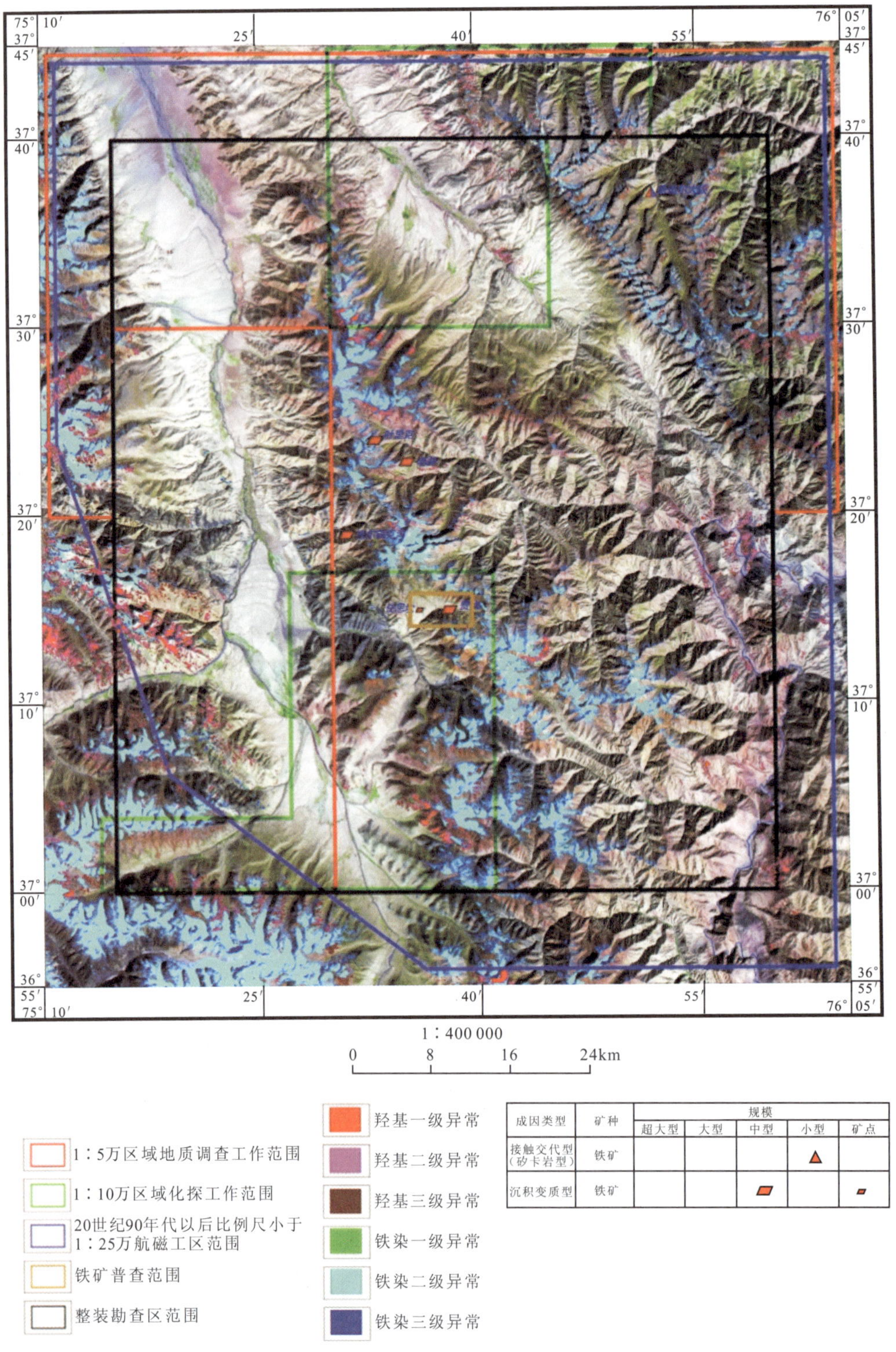

图 3-3　西昆仑塔什库尔干铁矿整装勘查区遥感影像及工作程度图

提出老并、赞坎铁矿都是受古元古界布伦阔勒岩群控制的沉积变质型铁矿，明确了该区铁矿的找矿方向和找矿前景，极大地促进了该地区矿产勘查工作。

2008 年“新疆 358”项目实施以来，特别是中国地质调查局矿产调查评价项目及自治区 1∶5 万专项、中央专项、自治区地勘基金等项目的开展，大幅度提高了该区的基础地质及矿产勘查工作程度，特别是 2008 年完成的 1∶5 万航空磁测成果为铁矿找矿选区提供了重要依据。

近年来，随着矿产资源远景调查、矿产评价、航磁异常查证，以及新疆地勘基金、新疆地质勘查中央专项基金等项目的陆续开展，该地区找矿取得了显著的成果。截至 2013 年，已发现矿床(点)共计 21 个，其中大型矿床 4 个，中小型矿床 10 余个。截至 2013 年底，已探获铁矿石(333＋334)资源量约 10×10^8 t，其远景资源量在 20×10^8 t 以上。

第三节　塔什库尔干铁矿整装勘查区成矿背景与成矿地质条件

一、整装勘查区磁铁矿产出的地质背景

整装勘查区大地构造位置处于西昆仑-喀喇昆仑造山带西段，区域上自西向东被塔阿西、康西瓦两个大断裂带分割成 3 个地质单元，即明铁盖陆块、塔什库尔干陆块和西昆仑构造带，经历了漫长而复杂的地质构造演化过程，具有复杂的变形特征。整装勘查区具体位于塔什库尔干陆块，该陆块主要由相对独立的古元古代微陆块和火山沉积盆地组成，火山盆地中发育多条同生基底断裂构造，它们控制了古元古界布伦阔勒岩群的空间分布，为沉积变质型磁铁矿矿床的形成提供了巨量铁质来源。

整装勘查区铁矿床(点)集中产出，以磁铁矿为主。含矿地层古元古界布伦阔勒岩群($Pt_1B.$)和下古生界(图 3-4)，沿塔阿西—赞坎一带呈北西向产出，为一套富含石榴石、矽线石等特征变质矿物的变质岩系，变质程度达高角闪岩相，后期岩浆侵入形成大量接触变质作用。西部出露下志留统温泉沟群(S_1W)，岩性为粉砂质泥岩、钙质粉砂岩、石英砂岩、结晶灰岩，少量硅质岩、硅质砾岩等。北部产出白垩系下拉夫底群(K_1X)，呈角度不整合覆盖于布伦阔勒岩群之上，岩石组合为厚层状粗—中粒砾岩、薄层状细粒长石砂岩、薄层状钙质石英砂岩、薄层状泥晶灰岩、浅灰色粉砂质泥(页)岩偶夹石膏层。

区域构造环境复杂，受多期构造及岩浆活动影响，地层挤压强烈，褶皱、断裂极其发育，断裂构造多为北西走向，与区域构造线方向基本一致，倾向以北东向为主。岩浆活动强烈，自古元古代至喜马拉雅期岩体均有分布，岩性复杂，超基性至中酸性岩体均有出露，但以中酸性花岗岩和花岗闪长岩为主。

二、区域地球物理、地球化学特征

1. 区域重力场特征

据 1∶400 万新疆布格重力异常图，西昆仑地区处于重力低值区，最低的布格重力异常在喀喇昆仑山至泉水沟一带，异常强度 $-520\times10^{-5}\,m/s^2$。区内包括两条重力梯度带：一条是昆仑山-阿尔金山重力异常梯度带，由昆仑山经阿尔金山向东延伸，向南与青藏高原重力低相连，是新疆分布范围最大、延伸长度最长的重力异常梯度带，该带横贯全区；另一条是喀什-塔什库尔干重力异常梯度带，带长 400km，主要呈近南北向展布，但在北部等值线转向东，南部等值线呈弧形，是新疆布格重力异常变化最大、最复杂的地区，异常等值线西部十分密集，东部较稀疏，等值线方向也发生变化，转向北西，塔什库尔干整装勘查区就位于该重力异常梯度带中(图 3-5)。

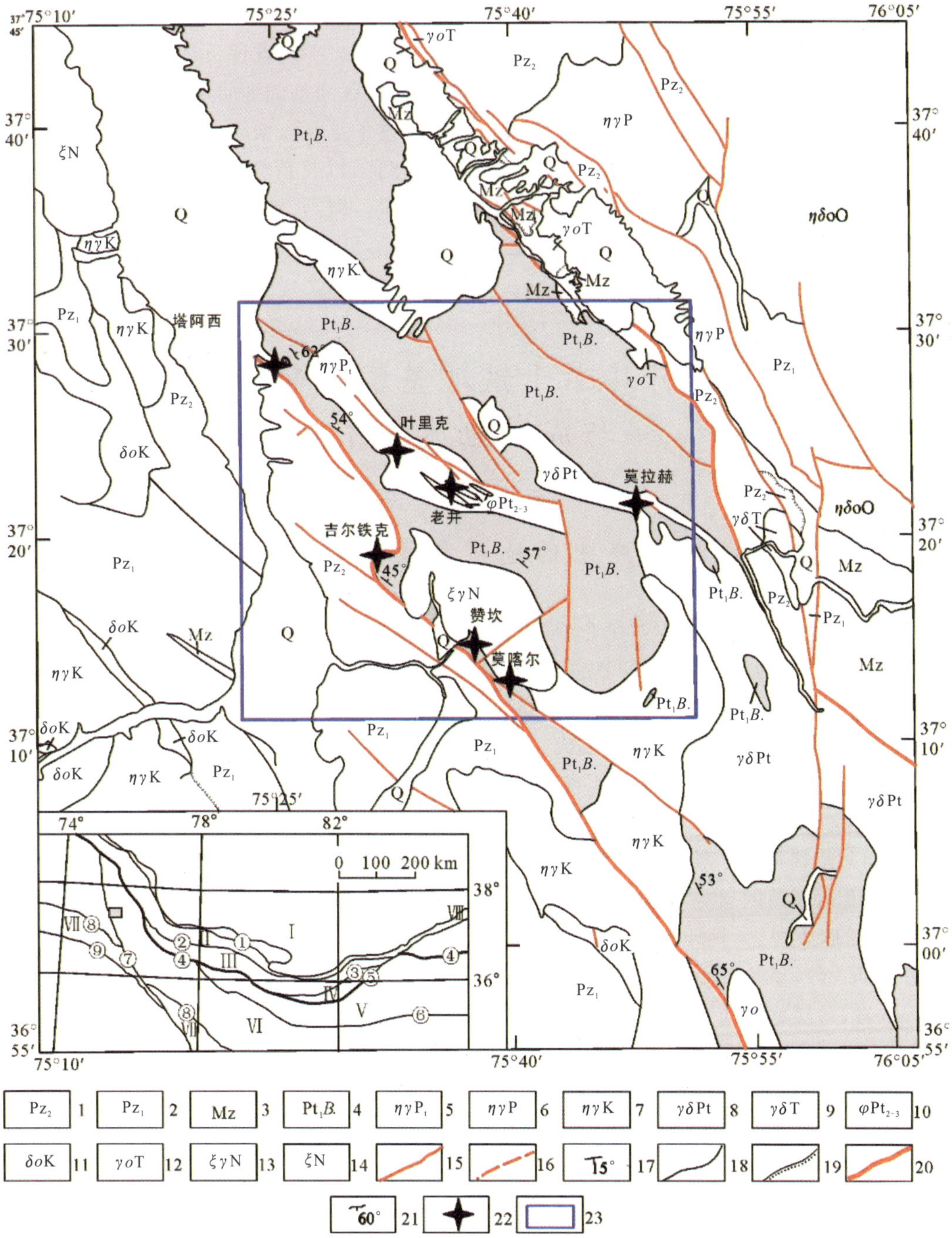

图 3-4　西昆仑塔什库尔干铁矿整装勘查区构造建造图

①库尔良-柯岗断裂带；②库地-其曼于特结合带；③昆中断裂带；④苏巴什-康西瓦-瓦恰断裂带；⑤阿尔金断裂带；⑥郭扎错-西金乌兰湖结合带；⑦喀喇昆仑断裂；⑧龙木错-双湖结合带；⑨雅鲁藏布-印度河结合带。Ⅰ．塔里木地块；Ⅱ．西昆北地块；Ⅲ．西昆中地块；Ⅳ．南昆仑晚古生代残弧带；Ⅴ．巴颜喀拉地块；Ⅵ．甜水海北羌塘微地块群；Ⅶ．喀喇昆仑南羌塘地块；Ⅷ．阿尔金造山带。1.晚古生代地层；2.早古生代地层；3.中生代地层；4.布伦阔勒岩群；5.元古宙细粒二长花岗岩；6.早二叠世细粒二长花岗岩；7.白垩纪细粒二长花岗岩；8.细粒花岗闪长岩；9.花岗闪长岩；10.角闪岩；11.石英闪长岩；12.中粒英云闪长岩；13.正长花岗岩；14.霓辉正长岩；15.一般断裂；16.推测断裂；17.地层产状；18.地质界线；19.不整合界线；20.区域性断裂；21.片麻理产状；22.矿床位置；23.研究区范围

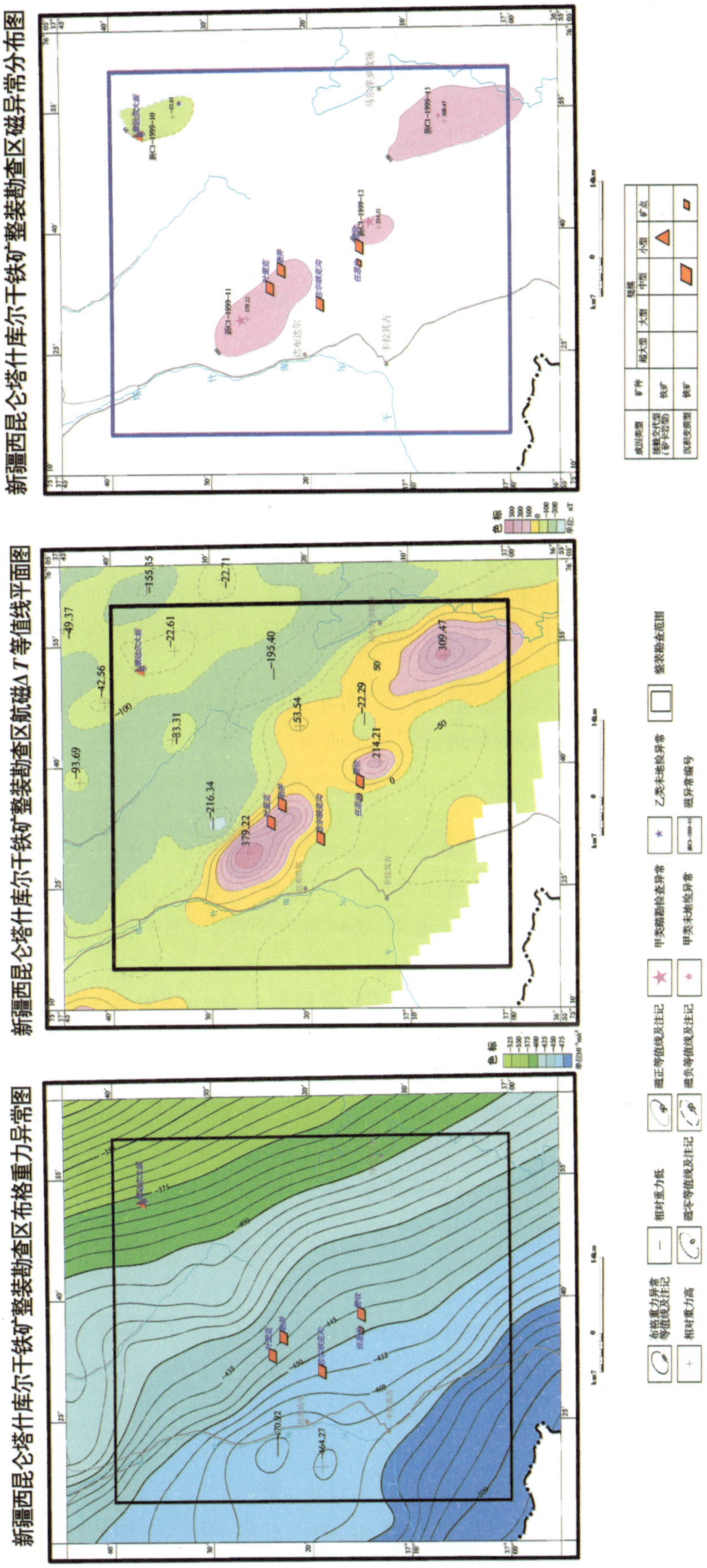

图 3-5　塔什库尔干整装勘查区物探异常图

2. 航磁异常特征

1∶100 万航磁在勘查区圈出呈北北西向带状展布的异常带，该异常带为在较稳定的磁场背景上叠加了 3 个局部异常，异常带宽 8～15km，异常强度一般为 150～300nT，最高为 558nT。局部异常多峰叠加明显，各异常在走向上具有多条线连续出现、断续分布的特点。异常区主要出露地层为古元古界布伦阔勒岩群变质岩系。上述异常分布区已发现了老并、赞坎铁矿等，异常与铁矿带密切相关，从航磁角度显示该铁矿带具有较大的找矿潜力(图 3-5)。

3. 化探异常特征

1∶50 万化探成果清楚地反映了铁、金、铜、铅、锌 5 种元素的区域富集情况及与已知铁矿的关系。异常规模最大、强度最高、最集中、最醒目的铁元素富集区位于整装勘查区中部，也是目前磁铁矿床(点)集中区，同时在整装勘查区内也不同程度地存在金、铜、铅、锌异常(图 3-6)。

三、整装勘查区铁矿地质特征

塔什库尔干铁矿整装勘查区内，除赞坎、老并两个有大型铁矿外，先后又发现了塔阿希、吉尔铁克沟、叶里克、莫喀尔等铁矿，呈北北西向带状集中展布，构成长 40km、宽约 12km 的铁矿集中区。它们均为磁铁矿，严格受古元古界布伦阔勒岩群地层控制。矿带无论位置还是范围，均与该区正磁异常带严格对应，显现磁异常(带)与磁铁矿化(带)之间的密切关系。初步研究表明，矿床成因类型为不同程度发育矽卡岩化的沉积变质型铁矿。

笔者对老并、赞坎、叶里克、莫喀尔、莫拉赫、塔阿西等多个铁矿床(点)进行了野外实地调查，对其形成时代、含矿地层、矿体特征、围岩蚀变、矿石特征等进行了初步研究。

(一)矿带、矿体特征

通过区内各主要矿床空间展布、矿体特征的对比研究，发现老并铁矿与叶里克铁矿、赞坎铁矿与莫喀尔铁的部分矿体均可相连(图 3-7)。据此，可以划分出老并-叶里克(北矿带)和赞坎-莫喀尔(南矿带)两条磁铁矿带。北矿化带长 20km，主要有老并、叶里克、塔阿希 3 个铁矿；南矿化带长 15km，包括吉尔铁克沟、赞坎、莫喀尔 3 个铁矿。

南矿带共发现 5 条矿化带，10 个矿体，主要为磁铁矿。矿化带最长 6785m，一般在 400～5000m，其中赞坎矿区 M_1 矿体出露长度达 5100m，地表宽度 12.1～124.8m。

北矿带共发现 5 条矿化带，30 多个矿体，以磁铁矿为主，局部黄铁矿与磁铁矿共生。矿化带最长 22km，一般 2000～5000m，其中老并矿区 M_7 矿体出露长度达 2800m，平均厚度 11.09m。

磁铁矿体总体呈厚大的透镜状或层状产出于黑云母石英片岩、绢云母石英片岩、二云母石英片岩等岩石中，部分矿体呈透镜状产出于花岗岩岩体之中或岩体边缘，如老并矿区中 M_3、M_7 等矿体和赞坎矿区中的赞坎矿区 M_3 号矿体等均与岩体有关。

(二)矿石特征

根据区内磁铁矿矿物成分及构造特征可以识别出条带状磁铁矿(图 3-8a、b)、块状或浸染状磁铁矿(图 3-8c)、石膏磁铁矿(图 3-8d)、含黄铁矿磁铁矿(图 3-8e)、脉状磁铁矿(图 3-8f)等多种类型，矿石特征复杂。

1. 矿石矿物成分

区内铁矿矿石的矿物种类众多，金属矿物主要有磁铁矿、黄铁矿、褐铁矿、赤铁矿，以及少量的菱铁矿、黄铜矿、磁黄铁矿。非金属矿物主要有(硬)石膏、黑云母、绿泥石、石英、钠长石、钾长石、方解石、高岭石、角闪石、电气石、绿帘石，此外还有少量的磷灰石和榍石。主要矿物磁铁矿、黄铁矿、石英和(硬)石

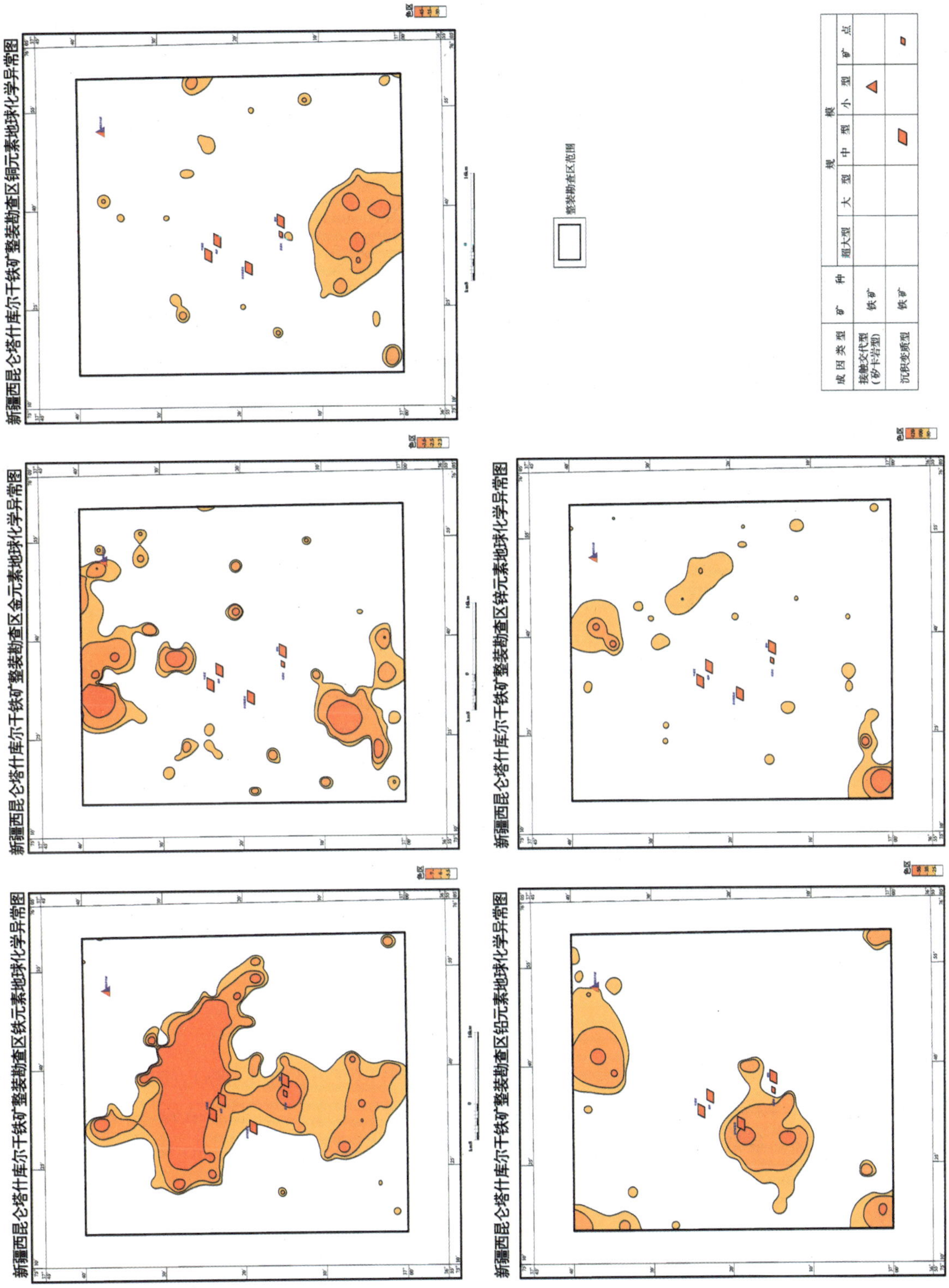

图 3-6 塔什库尔干整装勘查区化探异常图

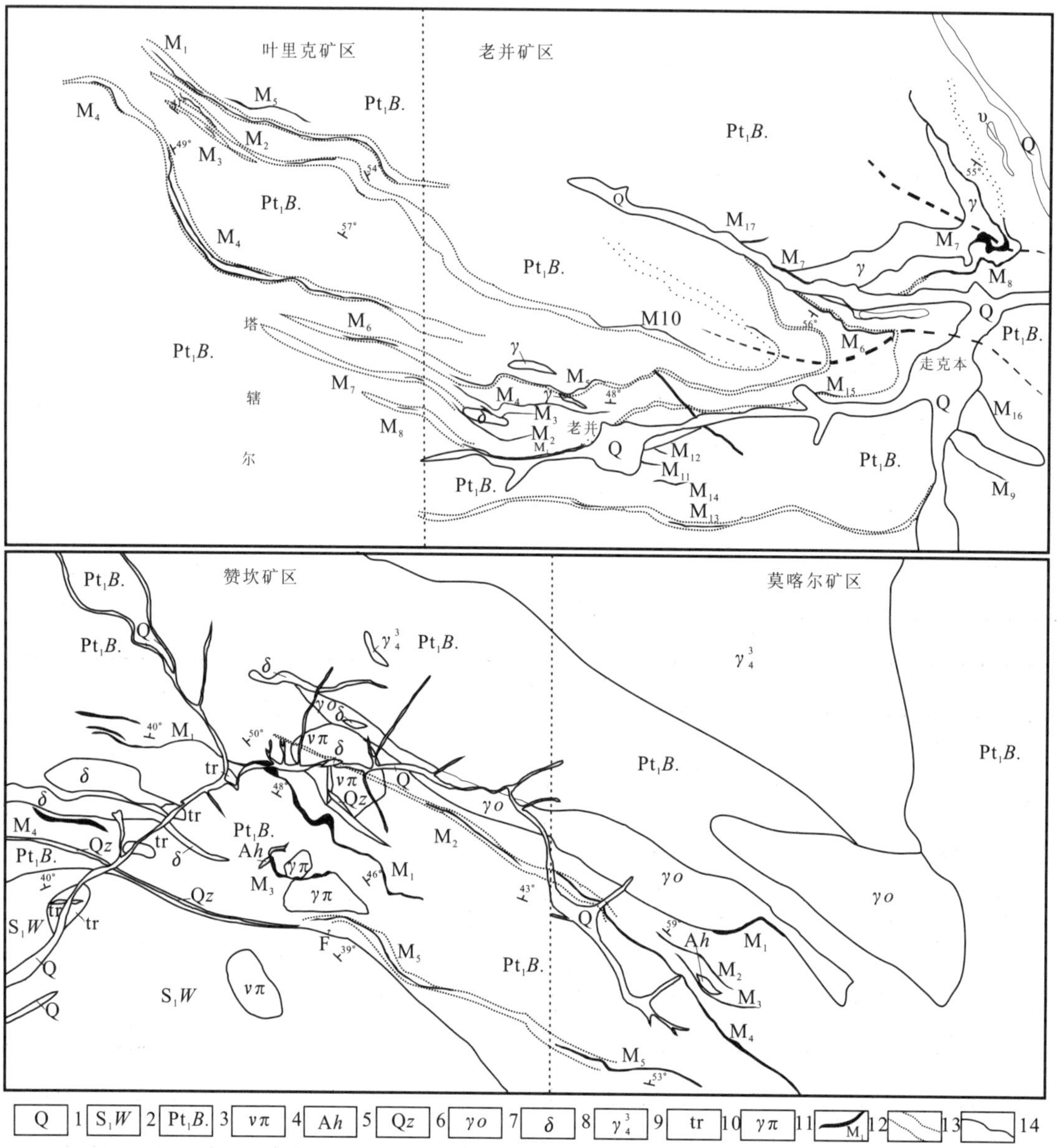

图 3-7　塔什库尔干地区典型矿床矿区地质简图

1.第四系；2.温泉沟组；3.布伦阔勒岩群；4.霏细岩；5.石膏；6.石英岩；7.斜长花岗岩；8.闪长岩；9.花岗岩；10.碎裂岩；11.花岗斑岩；12.磁铁矿矿体及编号；13.矿化带；14.地质界线

膏的矿物特征如下。

磁铁矿：是最主要的有用金属矿物，主要产出于黑云母石英片岩之中（图 3-9a），按其产状可以分为浸染状和条带状两种。浸染状磁铁矿系交代成因，矿物多为他形—细粒半自形晶结构（图 3-9b），粒径一般为 0.05～0.5mm。条带状磁铁矿系原生沉积成因，矿物多为半自形至他形晶，发育少量自形晶（图 3-9c、d），晶体以八面体、菱形十二面体为主，粒径 0.05～0.6mm。磁铁矿晶体边缘普遍发育和铁矿化（图 3-9d）。

黄铁矿：是分布最广泛的矿物之一，在原始沉积、区域变质、热液改造及表生氧化等不同成矿阶段均有发育，但大多以半自形—他形粒状充填于磁铁矿颗粒之间（图 3-9d、e）。除了老井矿区晚期脉状填充形成工业矿体以外，其他均未成矿。

石英：为分布最广泛的脉石矿物，在原生沉积、区域变质、热液蚀变等阶段均可形成。石英主要为粒状变晶结构，分布不均匀。原生沉积阶段石英主要为粒状变晶结构，条带状构造；热液蚀变阶段主要为

图 3-8　塔什库尔干西区条带状含铁建造及其他类型矿石

a. 条带状含铁建造；b. 条带状含铁建造(含绿泥石)；c. 块状磁铁矿(含绿泥石)；d. 石膏磁铁矿(含燧石)；e. 含黄铁矿磁铁矿；f. 脉状磁铁矿；Mt. 磁铁矿；Py. 黄铁矿；Chl. 绿泥石；Ch. 燧石；Anh. 硬石膏；Fsp. 长石；Qtz. 石英；Bt. 黑云母；Gp. 石膏

石英黄铁矿组合，石英主要为粒状变晶结构、粒状嵌晶结构，变余砂状或次生加大边构造，以及块状或角砾状构造。

(硬)石膏：在老并、赞坎及莫喀尔矿区均有产出，深部钻孔中以硬石膏为主，浅部含有较多石膏。其中在老并矿区 M_6、M_7 矿体中部分磁铁矿呈浸染状产于硬石膏中，局部石膏沿黑云母裂隙分布；赞坎铁矿Ⅰ号矿体中局部产出(硬)石膏，石膏主要呈细脉状沿裂隙产出，局部磁铁矿呈浸染状或条带状产于硬石膏中；莫喀尔矿区厚层石膏产于 M_3 号矿体下盘，宽度 1～3m，长度 200m 左右，未发生矿化。

2. 矿石结构构造

矿石结构主要有自形—半自形粒状结构、他形粒状结构。矿石构造主要有条带状、浸染状或块状及

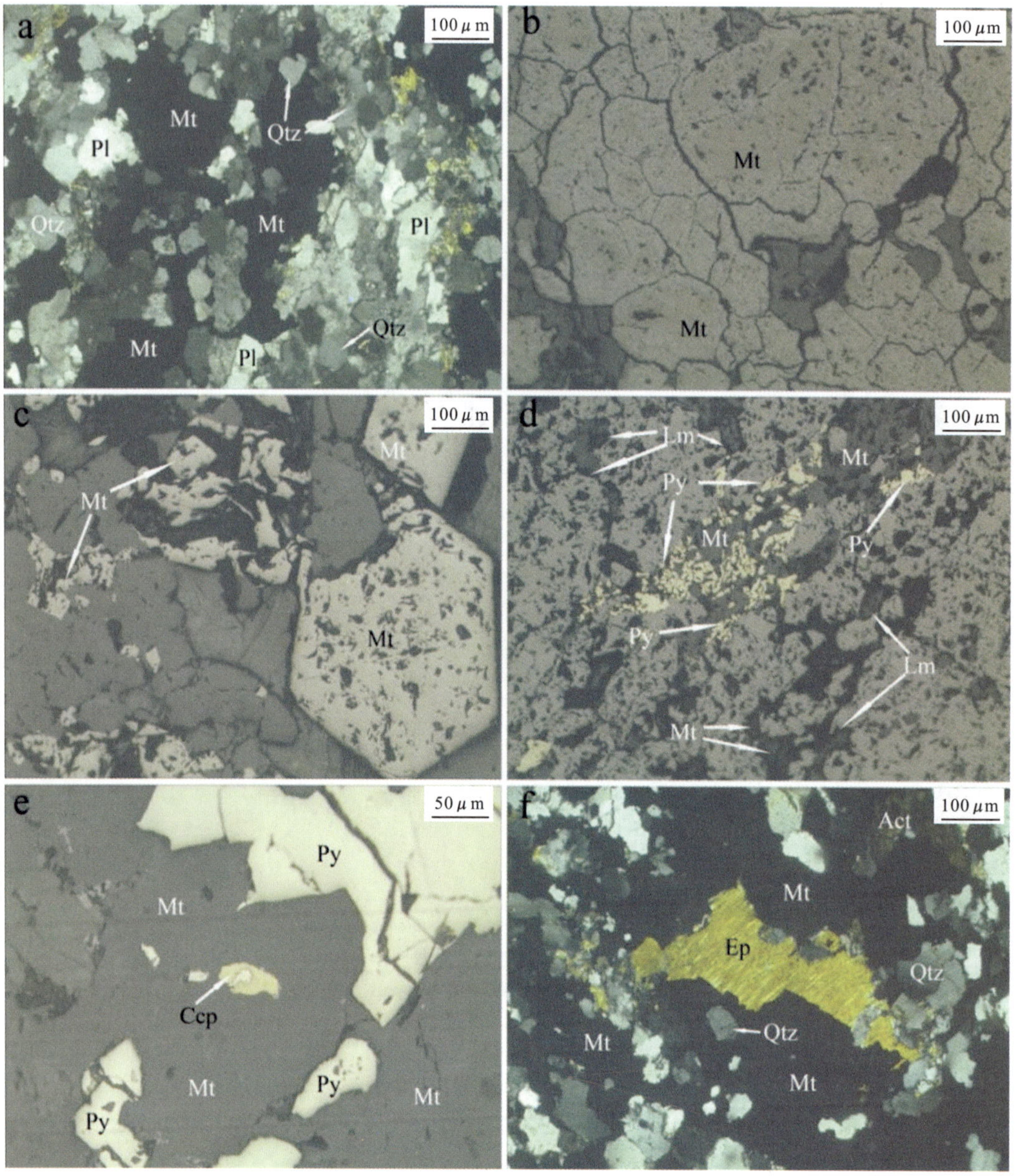

图 3-9　塔什库尔干地区磁铁矿岩矿石标本镜下照片

a. 矿化黑云石英片岩；b. 半自形粒状磁铁矿；c. 自形粗粒和半自形细粒磁铁矿；d. 含黄铁矿的他形粒状磁铁矿；e. 半自形及他形粒状黄铁矿；f. 矽卡岩化矿石；Mt. 磁铁矿；Qtz. 石英；Pl. 斜长石；Py. 黄铁矿；Lm. 褐铁矿；Ccp. 黄铜矿；Act. 阳起石；Ep. 绿帘石

细脉浸染状构造等，普遍发育矽卡岩化(图 3-9f)。

(三)围岩蚀变

区内磁铁矿床围岩蚀变十分强烈，主要有矽卡岩化(图 3-9f)、褐铁矿化、黄铁矿化、硬石膏化、绿泥石化、绢云母化等。围岩蚀变具有一定分带性，矿体之上一般发育浅色蚀变带，向下发育深色蚀变带，局部产出叠加蚀变带(图 3-10)。普遍发育矽卡岩化和黄铁矿化。

1. 浅色蚀变带

该带主要产于不同矿带顶部，发育不同程度矿化。该蚀变带主要矿物有硬石膏、磁铁矿、黑云母、斜

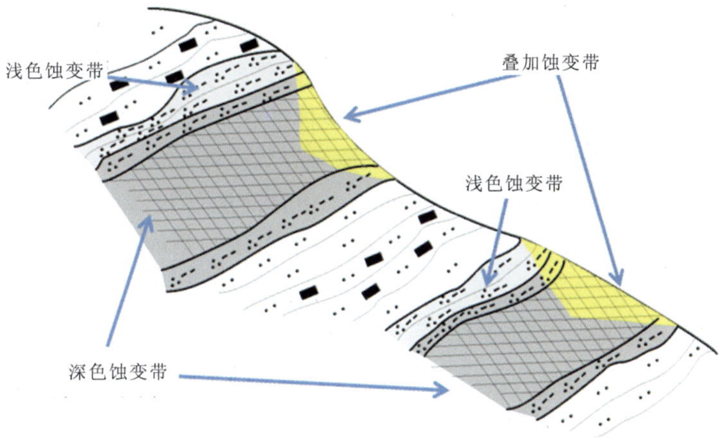

图 3-10　塔什库尔干地区磁铁矿围岩蚀变分带示意图

长石、石榴石和少量黄铁矿等，其中硬石膏、黑云母是基本矿物，其余不均匀出现。蚀变岩为块状、斑杂状构造，粒状变晶结构。硬石膏形态不规则，大小不一致，分布不均匀，呈团块状或浸染状，局部发育细脉状次生石膏。

2. 深色蚀变带

该带主要产于黑云石英片岩、斜长角闪片岩之中，是磁铁矿体的主要近矿围岩蚀变带。主要矿物有磁铁矿、绿泥石、硬石膏、黑云母、角闪石、磷灰石和少量黄铁矿等。

3. 叠加蚀变带

该带主要发育在矿体或矿化带露头附近，一般在地表呈带状分布，呈黄色、黄褐色。该蚀变带以黄钾铁钒化为主，磁铁矿局部发生褐铁矿化。主要特征矿物为黄钾铁钒、褐铁矿、方解石等，其次还有硬石膏、绿泥石、黑云母、高岭石、石英等。

含大量(硬)石膏的浅色蚀变带分布于含有大量中基性火山物质的深色蚀变带之上，在一定程度上反映出石膏可能具有海水沉积来源的特征，炽热的火山物质可能加速火山-沉积盆地中海水蒸发。

四、整装勘查区磁铁矿成(控)矿条件与成矿时代

大量的路线地质调查发现，塔什库尔干铁矿整装勘查区经历了长期变形变质作用的改造，特别是在吉尔铁克沟—叶里克—老并铁矿一带形成了数百米厚的复式平卧褶皱，吉尔铁克沟北侧发现笔石化石，结合前人的研究成果，说明区内地层在海西期以后遭受了强烈的挤压变形和剥蚀作用。以下从含铁岩系、区域构造、岩浆活动等与成矿的关系，以及岩矿石地球化学特征和同位素测年资料等多方面，探讨区内磁铁矿的成(控)矿地质条件和成矿时代。

(一)含铁岩系特征

整装勘查区内出露地层主要为古元古界布伦阔勒岩群($Pt_1B.$)、早古生代含铁地层和中上志留统达坂沟群($S_{2-3}D$)。布伦阔勒岩群、早古生代含铁地层与区内磁铁矿的形成关系较为密切，既是铁矿的赋矿围岩，也是成矿母岩。其中赞坎-莫喀尔铁矿带以古元古界布伦阔勒岩群为主，而老并-叶里克矿带主要为上部的早古生代含铁岩系。主要可以划分出 3 个岩性段，即角闪黑云石英磁铁片岩段(下部含矿岩段)、磁铁角闪斜长片麻岩段(中部含矿岩段)和石英云母片岩段(上部含矿岩段，局部夹石膏磁铁矿)3 个岩性段的沉积-变质建造岩性组合特征。

1. 角闪黑云石英磁铁片岩段

该岩段主体分布于含铁岩系的下部，主要为黑云石英片岩与角闪黑云石英片岩互层产出，其中黑云石英片岩相对较薄，而角闪黑云石英片岩相对较厚。矿体均产于角闪黑云石英片岩中，厚度大于640m。同时在赞坎铁矿还有顺片岩片理面侵入的含闪长质包体的花岗闪长岩。同时岩体中见有磁铁矿化，局部构造矿体的主要含矿层位，表明了磁铁矿物质来源与岩浆热液有关。

从岩性组合可以看出，赞坎-莫喀尔矿区分布于火山盆地边部较深的滨海相沉积环境，磁铁矿等矿物与角闪石及黑云母、石英等伴生，表现出来源的多样性，其中与角闪石伴生关系密切，说明来源主要为海底火山喷发。

2. 角闪斜长磁铁片麻岩段

该岩段主要分布于赞坎及莫喀尔铁矿区内，区域上在莫拉赫地区也有出露。主要岩性组合：下部为角闪二长片麻岩，中部以角闪斜长片麻岩为主，上部以黑云石英片岩、石英片岩为主。该岩性段厚度大于600m，总体岩性较单一，局部见有二云石英片岩，可以此与下部含矿层位对比。

3. 黑云石英磁铁片岩段

该岩段主要分布于老并矿区，由数层含磁（硫）铁矿（化）层构成（图3-10），每一个磁（硫）铁矿（化）层基本由上、中、下三部分组成：下部为绿帘黑云石英片岩、黑云母石英片岩、二云母石英片岩夹黑云母石英片岩、黑云长英质片岩、黑云角闪石英片岩；中部为中薄层长英质片岩夹灰绿色角闪石片岩、黑云母片岩、褐黄色云母石英片岩，局部可见片麻状绿帘黑云大理岩透镜体，可见鲕粒及沉积砾石；上部为石榴石黑云石英片岩夹斜长角闪岩、块状磁铁矿层、条带状磁铁黑云斜长石膏岩、黄铁矿化磁铁角闪石膏岩与石英片岩互层，变质长石石英砂岩、二云石英片岩、含黄铁矿石榴石英黑云绿帘片岩、含黄铁矿黑云黝帘长英质片岩（黄钾铁矾氧化带）、红柱石磁铁黑云母片岩、透闪石片岩、绿泥石片岩夹磁铁矿层。根据老并矿区实测，磁铁石膏岩段（含矿岩段）厚2960～4182m。

（二）构造控矿

铁矿体受层位控制明显，一方面磁铁矿层与同生断裂具有“共生”关系，反映出基性火山喷发和磁铁矿化之间具有一定的耦合关系，即同生断裂→导致火山喷发→提供大量铁质物源→沉积成矿；另一方面，根据高精度遥感解译结果，区域上规模较大且品位较高的矿体均出现在矿区褶皱的核部或地层发生转折的部位（图3-11、图3-12），说明塔什库尔干地区铁矿富集在一定程度上受到后期构造的改造作用。

（三）高盐度海水（卤水）参与

塔什库尔干地区早古生代陆缘系统形成大量膏盐层的过程中，高盐海水（卤水）的活动萃取和搬运了含铁岩系中大量铁质成分，对铁矿的成矿有较大的影响。此外，形成的大量膏盐层在后期岩浆热液活动过程中，提供了蚀变所需要的Na^{+}、K^{+}、Ga^{2+}、Cl^{-}等活动性组分，以及部分成矿物质沉淀所需的空间，并提供硫源促进熔离作用的产生。

根据塔什库尔干地区磁铁矿中膏盐层（硬）石膏硫同位素分析表明，其分布特征与早古生代海相硫酸盐硫同位素分布趋于一致（蔡元吉，1981；陈锦石等，1981；王曰伦，1988），说明该膏盐层为早古生代沉积形成。根据膏盐层中石膏与大量磁铁矿的产出关系判断，在膏盐层沉积过程中或膏盐层形成后磁铁矿进入膏盐层中形成了特殊的膏盐-磁铁矿组合。

后期岩浆热液活动形成了大量的含铁热液，含铁热液与地层中石膏层相遇，膏盐层为大量黄铁矿的形成提供了硫源，形成了大量的黄铁矿。同时一方面在老并、赞坎矿区内发现磁铁矿中含有大量的稀土矿，以褐帘石、独居石为主，与黄铁矿关系密切，判断其主要为后期热液成因；另一方面在赞坎矿区膏盐层中发现透镜状粗晶含石膏磁铁矿脉，说明在磁铁矿成矿过程中的确存在含铁热液的活动，并且膏盐层对含铁热液的形成有较大的影响。

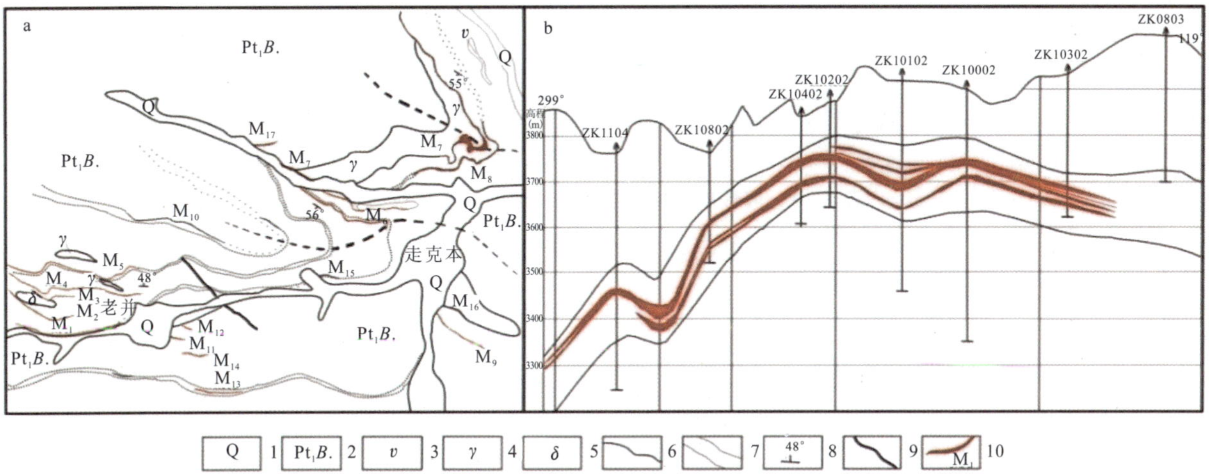

图 3-11　塔什库尔干地区老并铁矿矿体分布图及 M_6 号矿体沿走向剖面图

1.第四系;2.布伦阔勒岩群;3.次闪石岩体;4.花岗岩;5.闪长岩;6.地质界线;7.矿化带;8.产状;9.断层;10.磁铁矿矿体

图 3-12　塔什库尔干地区褶皱构造遥感解译及主要铁矿床分布图

（四）同位素特征

1. 磁铁矿氧同位素特征

在燕长海等(2012)有关研究数据的基础上，笔者又有针对性地补充了一部分测试数据(表 3－1)，系统分析了区内磁铁矿的氧同位素特征。

表 3－1 塔什库尔干地区磁铁矿氧同位素分析数据

编号	样品编号	矿石类型	测试矿物	$\delta^{18}O_{SMOW}$(‰)
1	11LB07	条带状磁铁矿	磁铁矿	3.6
2	11LB08	条带状磁铁矿	磁铁矿	2.3
3	11LB09	条带状磁铁矿	磁铁矿	3.9
4	11LB10	条带状磁铁矿	磁铁矿	3.3
5	11LB11	条带状磁铁矿	磁铁矿	2.6
6	11LB12	条带状磁铁矿	磁铁矿	2.5
7	11LB13	条带状磁铁矿	磁铁矿	3.4
8	11TA01	条带状磁铁矿	磁铁矿	10
9	11TA02	条带状磁铁矿	磁铁矿	1.6
10	11ZK01	条带状磁铁矿	磁铁矿	4.1
11	11ZK02	条带状磁铁矿	磁铁矿	1.1
12	11ZK03	条带状磁铁矿	磁铁矿	6.1
13	11ZK04	条带状磁铁矿	磁铁矿	6.0
14	11ZK05	条带状磁铁矿	磁铁矿	5.2
15	LB－9	块状磁铁矿	磁铁矿	3.3
16	LB－42	块状磁铁矿	磁铁矿	3.4
17	ZK－1	块状磁铁矿	磁铁矿	3.9
18	LBY－28	含黄铁矿磁铁矿	磁铁矿	6.4
19	LBY－30	含黄铁矿磁铁矿	磁铁矿	4.1
20	LBY－31	含黄铁矿磁铁矿	磁铁矿	6.3
21	LBY－32	含黄铁矿磁铁矿	磁铁矿	7.2
22	ZKY－3	含黄铁矿磁铁矿	磁铁矿	7.4

注：1～14 号样品由项目组测试；15～22 号样品测试数据引自燕长海等(2012)

塔什库尔干地区铁矿不同矿石类型中磁铁矿 $\delta^{18}O_{SMOW}$ 含量在 3.3‰～7.4‰之间，均为正值，这与典型的矽卡岩型铁矿床氧同位素类似(Rose et al.，1985；陈运轩，1997；孙静等，2009；林龙华等，2010)，说明区内铁矿受后期矽卡岩化影响较大。

2. 硫同位素特征

笔者在塔什库尔干地区老并、赞坎-莫喀尔矿区采集了岩矿样品，选择挑选石膏、黄铁矿等单矿物新鲜样品，利用 Delta－S 质谱仪在中国科学院地质与地球物理研究所稳定同位素地球化学实验室对样品进行了硫同位素测试，并收集了前人有关测试数据，详见表 3－2。

表 3－2　塔什库尔干地区石膏、黄铁矿硫同位素分析数据

编号	样品编号	岩性	测试矿物	$\delta^{34}S$(‰)
1	11LB14	含石膏磁铁矿	石膏	31.2
2	11LB15	含石膏磁铁矿	石膏	31.2
3	11LB16	含石膏磁铁矿	石膏	29.4
4	11MKE06	石膏	石膏	31.3
5	11MKE07	石膏	石膏	30.8
6	LB－15	含石膏磁铁矿	石膏	29.0
7	ZK10102－ST1	含石膏磁铁矿	石膏	35.8
8	ZK0701－ST1	含石膏磁铁矿	石膏	37.5
9	ZK02′03－ST1	含石膏磁铁矿	石膏	36.2
10	ZK10′05－ST1	含石膏磁铁矿	石膏	37.1
11	11LB01	含石膏黄铁矿磁铁矿	黄铁矿	30.9
12	11LB03	含石膏黄铁矿磁铁矿	黄铁矿	30.9
13	11LB05	含石膏黄铁矿磁铁矿	黄铁矿	31.9
14	LBY－28	含黄铁矿磁铁矿	黄铁矿	5.24
15	LBY－30	含黄铁矿磁铁矿	黄铁矿	16.87
16	LBY－31	含黄铁矿磁铁矿	黄铁矿	19.72
17	LBY－32	含黄铁矿磁铁矿	黄铁矿	17.27
18	ZKY－3	含黄铁矿磁铁矿	黄铁矿	28.22

注：1～5 号及 11～13 号样品由中国科学院地质与地球物理研究所稳定同位素地球化学实验室测试；其他数据见燕长海等(2012)

赞坎、老并矿区石膏硫同位素分析表明，其 $\delta^{34}S$ 在 29.0‰～37.5‰($n=10$)之间，平均值 32.95‰，变化范围较小(陈登辉等，2013)，分布特征与早古生代海相硫酸盐硫同位素一致，结合赞坎、老并矿区内大量 530Ma 左右的锆石 U－Pb 年龄(燕长海等，2012；冯昌荣，2013)，说明早古生代形成的大量高盐度海水(卤水)对该地区含铁岩系进行了一定程度的改造。古元古代形成的含铁岩系在高盐度海水(卤水)的作用下可能为区内古元古界布伦阔勒岩群及下古生界志留系温泉沟群中大量的铁矿提供铁质来源。

(五)成矿时代

关于塔什库尔干地区磁铁矿成矿时代特别是区内富铁矿体的形成时代还存在较大争议。燕长海等(2012)测试老并矿区长英质片岩碎屑锆石的 U－Pb 年龄为 530Ma 左右，认为含铁岩系形成于早古生代，应将其从区域上古元古界阔勒岩群中解体出来。但在赞坎矿区内发现的含磁铁矿的片理化石英角

斑岩为海相中酸性火山岩。冯昌荣等(2013)在赞坎矿区Ⅲ号主矿体中部采集的英安斑岩样品，获得3组年龄，其中2.42Ga为上交点年龄(由15个分析点构成)，而10个点构成的锆石$^{207}Pb/^{206}Pb$平均年龄为2.38Ga，二者基本一致，说明英安斑岩的形成年龄在2.42～2.37Ga之间，0.80Ga(下交点)的年龄代表变质时代，2.54Ga的年龄(1个点)代表被次火山岩捕获的碎屑锆石时代(图3-13)。同时对矿区围岩黑云母石英片岩锆石进行测年，获得的上交点年龄为2.38Ga，斜长角闪片岩的变质年龄为520Ma。

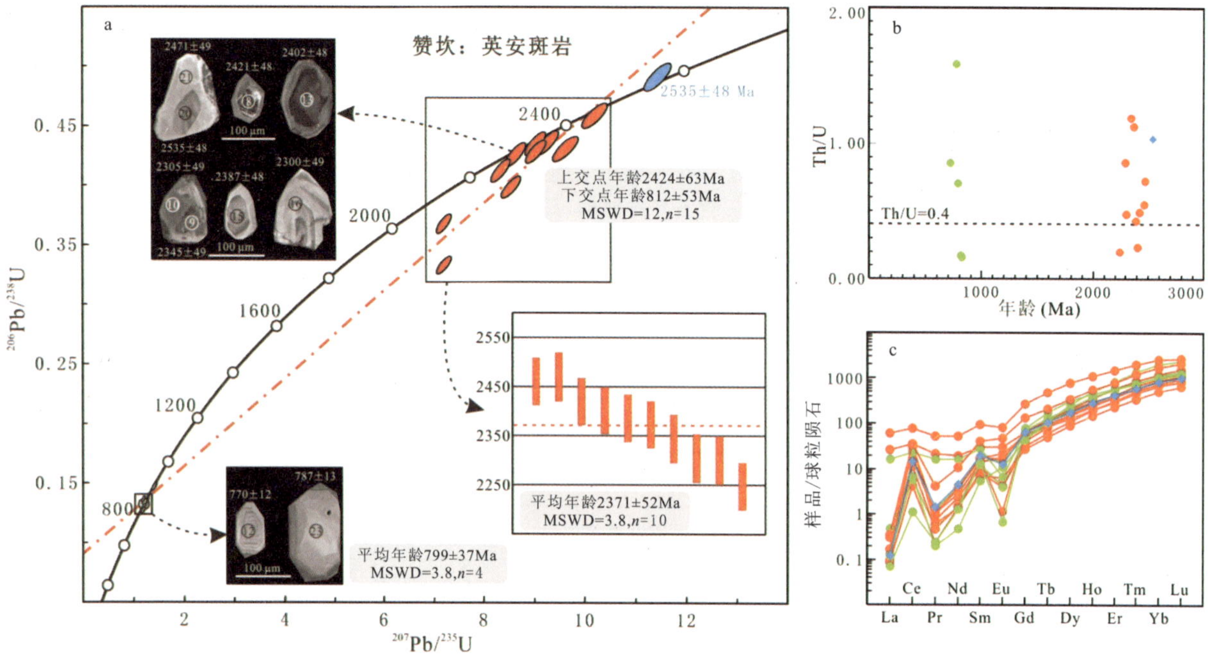

图3-13　赞坎铁矿区英安斑岩锆石U-Pb年龄谐和图(a、b)和稀土元素配分曲线(c)(冯昌荣等，2013)

综上所述，关于含铁岩系形成时代，笔者认为塔什库尔干地区存在多套含铁地层，原始含铁建造形成时代应该是古元古代，以赞坎-莫喀尔铁矿带为代表；早古生代地层中也含有大量的铁质成分，以老并-叶里克铁矿带为代表。鉴于含矿岩系中获取大量530Ma左右的年龄数据，结合矿区内膏盐层石膏硫同位素特征分析，认为塔什库尔干地区铁矿主成矿时代可能为早古生代，古元古代地层为区内铁矿成矿提供了巨量的铁质成分。

(六)矿床成矿模式

老并矿区含铁岩系锆石U-Pb年龄主要集中于540～510Ma，且多集中在530Ma左右，表明老并矿区内大量磁铁矿的成矿时代为早古生代。结合区内硫酸盐硫同位素分布特征，判断老并矿区产出的大量膏盐层形成于早古生代。综合分析，老并矿区成矿模式经历了3个阶段，如图3-14所示。

含铁岩系形成阶段(Ⅰ)：古元古代伴随海底火山活动形成了一套含铁的中基性火山岩。

沉积盆地形成阶段(Ⅱ)：早古生代在拉张作用下裂解所形成了北西-南东向展布的坳陷盆地，局部形成了高盐度海水(卤水)，萃取了早期含铁岩系中铁质成分，在有利地段形成了含膏盐铁矿，并在早古生代地层中形成了大量的磁铁矿矿体。

区域变质作用改造阶段(Ⅲ)：这一阶段对老并矿区内铁矿的形成有一定的影响。加里东晚期，随着区域构造演化，原始磁铁矿层发生深埋变质作用。深埋变质作用时间从晚古生代一直持续到早中生代，其对区内磁铁矿床的富集起到了一定的作用。三叠纪晚期，在西昆仑造山带和东、西两侧断裂带的共同作用下形成一系列宽缓褶皱，使得原始磁铁矿层发生同步褶曲，并在局部发生富集。

阶段	成矿过程模式图	各阶段成矿过程说明
III	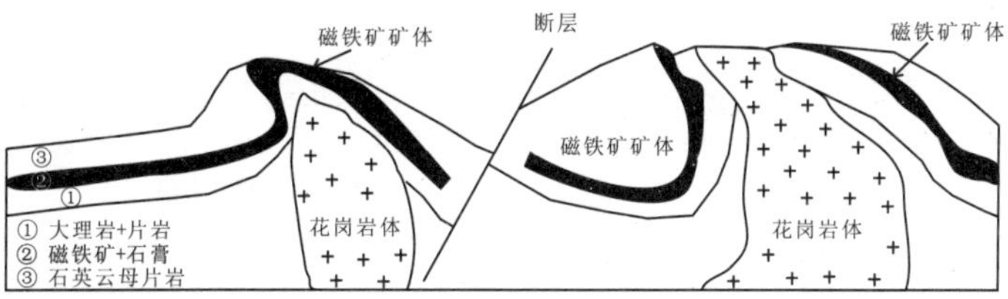	区域变质作用形成少量新生铁矿物并使原始矿体（层）变形，发生局部再富集
II	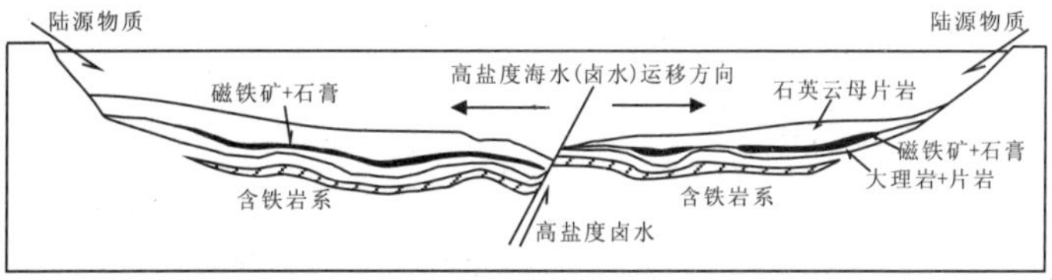	早古生代盆地演化过程中，高盐度海水(卤水)参与萃取了含铁岩系中存在的大量铁质成分，使其在有利地段沉积成矿
I	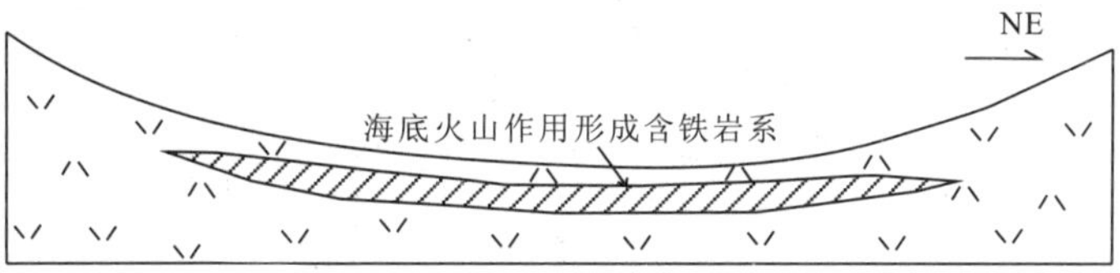	古元古代伴随海底火山活动形成了布伦阔勒岩群中的含铁岩系

图 3－14　塔什库尔干地区老并铁矿成矿模式图

第四节　塔什库尔干整装勘查区典型矿床解剖

一、赞坎-莫喀尔铁矿

该铁矿区位于西昆仑山主脊，山脊线多为尖棱状，山体走向总体近北西-南东向，地势为南侧高、北东侧相对较低的一山一沟特征，海拔 4140～5114m，相对比高 500～1000m，一般地形坡度 10°～30°，沟深坡陡，属高山深切地貌。矿体地表所处部位海拔高度 4480～4810m，Ⅲ号矿带附近常年被冰川覆盖，具典型冰川地貌特征，现代冰川、冰蚀洼地、冰川“U”形谷、冰蚀崖等较发育。

(一)矿区地质

1. 矿区地层

矿区内出露地层主要为古元古界布伦阔勒岩群($Pt_1B.$)及下志留统温泉沟群(S_1W)，地层总体呈单斜产出，走向为 NW300°左右，倾向北东，倾角一般在 30°～80°之间。矿区南部有下志留统温泉沟群碎屑岩，在赞坎河谷中分布有全新统砂砾石。为查明布伦阔勒岩群层序特征，本次在赞坎矿区实测 A—B 地质剖面 1 条，位置详见图 3－15，特征如下。

剖面方位为 7°，总长度为 2329m(平距)。剖面未见底及顶，各岩层均呈整合接触，向北东方向倾斜，A—B 实测剖面图见图 3－16。

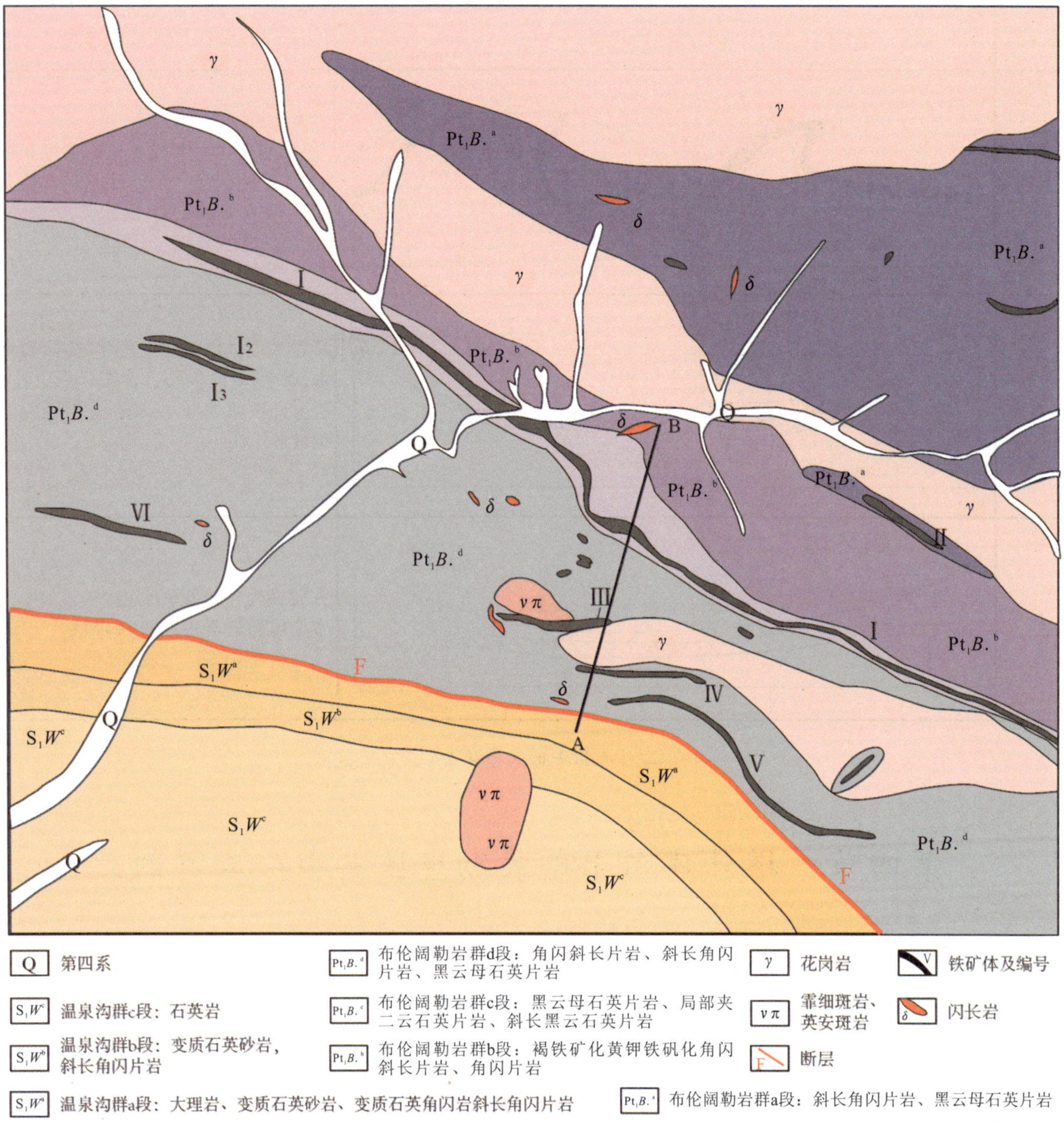

图 3-15　赞坎矿区地质图

22. 浅灰色花岗岩　　厚度约 10m

————未见顶————

21. 灰白色石英片岩夹黄褐色碎裂岩　　厚度约 15m
20. 灰绿色角闪黑云母石英片岩　　厚度约 76m
19. 灰黑色磁铁矿层(Ⅰ)，含矿岩性为角闪黑云石英片岩　　厚度约 35m
18. 白色石膏层，局部见角砾状磁铁矿　　厚度约 5m
17. 灰黑色黑云石英片岩，局部夹磁铁矿化黑云石英片岩　　厚度约 187m
16. 浅灰色霏细(斑)岩　　厚度约 40m
15. 灰黑色磁铁矿层(Ⅲ)，含矿岩性为角闪黑云石英片岩　　厚度约 40m
14. 浅灰色霏细(斑)岩、石榴石化霏细(斑)岩　　厚约 87m
13. 灰黑色角闪黑云石英片岩　　厚度约 130m
12. 黑色磁铁矿层(Ⅳ)　　厚度约 3m

11. 灰黑色角闪黑云石英片岩	厚度约 2m
10. 黑色磁铁矿层(Ⅴ)	厚度约 3m
9. 浅灰—灰黑色黑云石英片岩	厚度约 50m
8. 灰黑色角闪斜长片岩、角闪石英片岩	厚度约 25m
7. 浅灰—灰色角闪黑云斜长片岩夹石英岩和石膏层	厚度约 5m
6. 灰白色石英岩	厚度约 2m
5. 灰—灰黑色断层角砾岩、黑云母石英片岩	厚度约 34m

————断层接触————

下伏:下志留统温泉沟群

4. 浅灰—深灰色黑云母大理岩、角闪石榴石大理岩	厚度约 20m
3. 硅质岩夹中厚层状变质石英砂岩、细砂岩	厚度约 10m
2. 灰黑色中薄层状变质砂岩	厚度约 100m
1. 褐黄色中厚层大理岩	厚度约 1m

1)古元古界布伦阔勒岩群($Pt_1B.$)

该地层位于矿区中北部,约占矿区总面积的 75%以上,主要由各种中级变质岩组成,在矿区共分为 4 个岩性段,各岩性段由底部至顶部特征如下。

(1)黑云母斜长片麻岩段($Pt_1B^a.$):该段以黑云斜长片麻岩为主,夹黑云石英片岩、黑云斜长变粒岩、角闪斜长片麻岩。其大面积分布于测区的北东侧,构成赞坎Ⅱ号、Ⅶ号矿体,以及莫喀尔Ⅱ、Ⅲ、Ⅳ号的容矿岩石,呈带状展布,北西至南东向延出矿区。地层倾向 8°~26°,倾角 43°~51°。岩石具鳞片粒状变晶结构,片状构造。主要矿物由黑云母(10%~40%)、斜长石(50%~75%)组成,另含少量的黄铁矿、磁铁矿等。磁铁矿局部富集呈条带状。在该岩性段中部见由褐铁矿化石英片岩产出,地表呈浅黄色至褐黄色,出露长约 3.2km,宽 20~200m。其主要是由褐铁矿化引起,与黑云石英片麻岩呈整合接触。褐铁矿含量在 20%左右,局部还见少量的黄钾铁矾,地表呈明显的黄色或以黄色为主的杂色。

(2)角闪斜长片麻岩段($Pt_1B^b.$):该段以角闪斜长片麻岩为主,夹斜长角闪片岩、角闪片岩。位于($Pt_1B^a.$)南东侧,地表出露长约 6.0km,宽 0.15~0.65km,呈带状产出,北西至南东向延出测区。地层倾向 13°~35°,倾角 48°~66°。岩石具鳞片柱状、粒状变晶结构,片状构造,主要矿物由黑云母(5%~20%)、角闪石(10%~30%)、斜长石(35%~55%)等组成,另含少量黄铁矿和磁铁矿。岩石片理发育,局部见有弱黄钾铁钒和绿泥石化,该层与($Pt_1B^c.$)呈整合接触关系。

(3)黄钾铁钒化斜长角闪片岩段($Pt_1B^c.$):该段以黄钾铁钒化角闪斜长片岩、斜长角闪片岩为主,局部夹石英岩、角闪岩。其位于($Pt_1B^b.$)岩性段的南侧,地表出露长约 6.0km,宽 0.1~0.28km,呈带状产出,北西至南东向延出矿区,构成赞坎铁矿Ⅰ号磁铁矿体的顶底板。该岩性段在地表呈浅黄—褐黄色,具柱状、粒状变晶结构,片状构造,主要矿物由角闪石(10%~30%),斜长石(30%~55%)组成,另含少量的石英、黑云母、磁铁矿等矿物,磁铁矿常集合呈条纹状、浸染状。地层倾向 16°~29°,倾角 40°~65°。该岩性段与下伏的角闪片岩段实为同一地层,但该岩性段地表黄钾铁矾化极为发育,地表岩石较破碎,黄钾铁矾常呈粉末状产于裂隙中,使地表呈黄色或褐黄等杂色。

该层与($Pt_1B^d.$)地层呈整合接触关系,也是赞坎矿区最大的Ⅰ号矿体的容矿岩石。

(4)角闪斜长片岩段($Pt_1B^d.$):本段以角闪斜长片岩为主,夹斜长角闪片岩及黑云石英片岩。大面积分布于矿区的中部,呈北西至南东向狭长带状展布,倾向 8°~40°,倾角 47°~63°,岩石具柱状、粒状变晶结构,片状构造,其主要矿物由角闪石(5%~25%)、斜长石(30%~65%)组成,少量石英、黑云母,局部见有少量的磁铁矿呈稀疏条带状、稀疏浸染状产出。岩石整体较完整,片理发育,其中常见有次生石膏、黄钾铁钒化以及绿泥石化等现象。该岩性段为赞坎铁矿Ⅲ、Ⅳ、Ⅴ号矿(化)带的赋存部位。布伦阔勒岩群与志留系呈断层接触,断层产状为高角度逆冲断裂,使古元古界逆推覆盖于志留系之上。

2)下志留统温泉沟群(S_1W)

该地层主要分布于矿区南西部，属古生代裂陷盆地发育初期(拉张)阶段的产物。岩性沿走向有所变化，主要由灰黑色薄层石英岩、变质石英砂岩、大理岩组成。地层产状倾向5°～40°，倾角38°～63°。该地层可分为4个岩性段。

(1)浅黄色大理岩段(S_1W^a)：位于(Pt_1B^d.)岩性段的南侧，地表出露长度约4.8km，宽0.1～0.45km，呈带状产出，北东至南西向延出测区。地层倾向10°～64°，倾角23°～50°。岩性主要为大理岩，岩石具粒变晶状结构，中薄层状构造，主要矿物由方解石(75%～90%)组成，含少量的黄铁矿、黑云母、石墨等。黑云母常呈条带状顺层产出，宽约0.2～2.5cm，目估含量为1%～5%。大理岩中可见少量片状石墨，呈条带状产出，宽度1～2mm，含量约5%。黄铁矿主要分布在大理岩的裂隙中，呈较自形的粒状，粒径0.5～2mm，含量低于3%，部分发生氧化。大理岩中小断裂较发育，可见一小断层，将碳质条带错断，根据条带错动的方向，推测为正断层，断层产状倾向153°、倾角57°。岩石整体较完整，沿层面上偶见弱黄钾铁钒化以及绿泥石化现象。与变质石英砂岩分层界线明显，呈整合接触关系。

(2)浅灰—灰黑色变质石英砂岩段(S_1W^b)：位于(S_1W^a)岩性段的南侧，地表出露长度约4.2km，宽0.2～0.35km，北东及南西向延出测区。地层倾向5°～35°，倾角38°～53°。岩石具变余砂状结构，块状构造，主要矿物由石英(75%～90%)组成，含少量的黄铁矿、绢云母等。岩石整体较完整，沿层面上偶见弱黄钾铁钒化以及绢云母化现象。与下伏的大理岩段分层界线明显，呈整合接触关系。

(3)浅灰—灰黑色大理岩夹石英岩段(S_1W^c)：位于测区的南侧边部，地表出露长度约3.85km，最宽约1.28km，北东、南西向及南侧均延出测区。地层倾向30°～358°，倾角43°～52°，产状相对稳定。岩石具粒状变晶结构，中薄层状构造，主要矿物由方解石(80%～95%)组成，含少量的黄铁矿、黑云母等。岩石中局部夹石英岩透镜体，但出露较少，其宽度0.3～3.5m，长度一般在30m以内，石英岩多呈浅黄色，主要由石英组成，与大理岩的分层界线明显，呈整合接触。岩石整体较完整，地表常见绿泥石化现象。

2. 构造

矿区地层呈单斜产出，片理倾向为18°～45°，倾角为30°～54°。地层倒转产出，志留系被古元古界变质岩覆盖，二者之间为断层接触。矿区断裂构造发育，主要呈北西-南东向延伸，次为东西向断裂。受断层活动影响，小型褶曲和层间滑动构造多见。

1)褶皱

矿区位于白尔力克紧闭褶皱的南西翼，总体褶皱构造较简单，以简单的波状变形作用为主，揉皱极为发育。波状变形在地表一般较难识别，但从勘探线上钻探工程揭露情况可见，各矿体倾向延伸常发生波状起伏现象，在4600m标高以上矿体产状平缓，在4400～4500m标高处矿体倾角常变为45°～52°，在4400m标高以下产状又相对变缓。揉皱在矿区内比较常见，特别是岩芯柱中，石英等浅色矿物组成的条带常发生复杂的揉皱，揉皱较发育处也是矿体相对较厚大的地段。矿区大的波状变形处常使矿体分叉，并使矿体局部变薄，揉皱发育常使矿体局部变厚。总体上褶皱构造对矿体在倾向及走向上的连续性未造成破坏。

2)断裂

矿区断裂较发育，在志留系与古元古界界线处发育一逆冲推覆构造，对应于区域上塔阿西大断裂。断裂带宽50～100m，呈北西向延伸，走向300°～350°，总体约325°，向北东缓倾，多呈波状起伏，倾角一般为40°～58°。断裂通过处可见到古元古界与志留系混杂产出，并见到较大规模的石英脉发育。断裂使古元古界向南推覆于志留系之上，对矿区大部分磁铁矿矿体未造成破坏。

Ⅱ、Ⅲ号矿体受断裂带破坏严重，矿体因断裂穿插多呈破碎状。

3. 岩浆岩

矿区出露岩浆岩主要有霏细斑岩、斜长花岗岩、花岗岩及闪长岩脉等，分述如下。

1)闪长岩(δ)

闪长岩主要侵入于古元古界布伦阔勒岩群的第一岩性段黑云角闪斜长片岩、第四岩性段角闪斜长片岩中,呈中细粒状结构,块状构造。主要成分为角闪石及斜长石。

2)斜长花岗岩(γ)

斜长花岗岩大面积分布于中东部,构成矿区内的主体岩体之一,并切穿古元古界布伦阔勒岩群第三岩性段褐铁矿化黄钾铁矾化斜长角闪片岩,局部挤压矿体,使矿体发生波状变形作用。岩体总体呈近北西-南东向展布,宽近500m,长约2100m。岩体主要呈灰白色,细粒状结构,块状构造,在与地层接触附近常出现冷凝边现象。岩体在钻孔中显示总体呈顺层侵入,局部切断地层。该岩体岩石呈灰白色,细粒结构,块状构造。显微镜下斜长石呈半自形板柱状,大小0.25mm×0.25mm~0.7mm×0.3mm,平行消光,呈双晶纹细而密的聚片双晶;石英呈他形粒状,粒径0.2~1.3mm,裂纹发育。岩体受南侧塔阿西大断裂影响,片理化发育,局部呈似片麻状构造。

3)二长花岗岩(γo)

二长花岗岩主要分布于矿区中北侧边部,呈不规则产出。岩体呈浅色或略带浅黄色,中细粒状结构,块状构造。岩体中常见暗色矿物呈定向排列,走向方向与片岩一致。岩体呈浅灰色和白色,暗色矿物含量较斜长花岗岩明显增多,局部以斜长石为主。岩体形成环境与斜长花岗岩一致。

4)霏细斑岩、英安斑岩($\nu\pi$)

该类岩石主要分布于Ⅲ号矿体北侧,局部构成Ⅲ号矿体顶板界线。岩体呈不规则椭圆状分布,以细粒状为主,常见有斑状构造。在305线附近以霏细斑岩为主,在306线附近则以英安斑岩为主,因岩石地表多被覆盖,两者界线无法区别,在此一并叙述。

4. 变质作用

区内变质作用较强,区域变质、动力变质及接触交代变质作用在矿区均有表现。

区域变质主要表现在古元古界布伦阔勒岩群发生变质变形,形成以斜长角闪片岩、黑云石英片岩、阳起石英片岩等为主的各类片岩。变质程度为角闪岩相,变质矿物主要为黑云母、石英、斜长石、角闪石等。矿区内片岩控制了矿体的形态及产状。

动力变质作用主要见于断裂附近,受压扭性断裂影响,岩石具碎裂结构、糜棱结构,具石香肠构造及牵引拉伸现象。断裂部位岩石中矿物呈定向排列,局部呈条带状分布,形成似流动状构造,劈理较发育,破碎较强。

岩体侵入古元古界布伦阔勒岩群中,使片岩发生矽卡岩化,并局部使矿体发生富集,为富矿形成的重要地质因素。

(二)矿体地质特征

赞坎铁矿区磁铁矿化现象十分普遍,目前已发现13条磁铁矿(化)体,其中主要矿体为Ⅰ、Ⅱ、Ⅲ、Ⅳ号。矿体产出严格受片理面控制,矿体走向均为北西-南东向,倾向北东。矿体主要呈层状、条带状产于古元古界布伦阔勒岩群中。赋矿岩性下部以角闪黑云石英片岩为主,中部以角闪斜长片麻岩或黑云石英片麻岩为主。矿体与围岩呈整合或渐变接触关系,或呈互层状产出,局部与围岩发生同步褶曲,具有明显的沉积成矿作用特征。

矿区内磁铁矿化在空间上具有较明显的分带特征,自南向北(自下部到上部)依次可分为两个岩性段,磁铁矿化规模逐渐减弱,铁矿化由磁铁矿化向黄铁矿化过渡。其中,下部含矿层磁铁矿化规模最大,矿石品位相对较高;向上矿化规模变小,厚度明显变薄。从磁铁矿化的空间分带来看,矿区内出现了石英-磁铁矿、角闪石-磁铁矿、黄铁矿-磁铁矿3种含铁建造类型。

矿区内矿体主要产于黑云石英片岩内,次为角闪斜长片麻岩中。产于角闪黑云石英片岩内的矿体一般规模均较大,分布范围也较广,矿体向深部延伸大于500m,垂向上厚度相对稳定。另一种即位于角闪斜长片麻岩(或黑云石英片麻岩)中的矿体,产出与黄铁矿化关系密切,磁铁矿化范围相对较广,厚度较大，但深部常以黄铁矿为主，多以浸染状、条带状产出。

1. 矿体特征

赞坎铁矿区目前共发现主要矿体4条，即Ⅰ、Ⅱ、Ⅲ、Ⅳ号，其他8条均为次要矿体，现重点对主要矿体特征简述如下。

1）Ⅰ号矿体

Ⅰ号矿体为赞坎矿床内最主要的含磁铁矿带之一。矿带主要分布于矿区的北部，呈一近北西-南东向展布的带状，其中主要矿体两条，编号为$Ⅰ_1$、$Ⅰ_2$号。次要矿体23条，编号分别为$Ⅰ_3$～$Ⅰ_{25}$，主要分布于主要矿体$Ⅰ_1$、$Ⅰ_2$号深部，均以盲矿体产出，呈层状或透镜体状顺层产出，部分位于其底板附近。

$Ⅰ_1$号矿体为矿区规模最大的一条矿体，位于矿区的中部，横穿整个矿区，矿体总体走向为129°，倾向北东，倾角26°～70°。矿体沿走向长约5900m，平均厚度21.2m，局部厚度达50m以上，最厚达102m，矿体TFe平均品位为28.12%，MFe品位为23.58%（图3-17）。矿体顶板岩性均为斜长角闪片岩，底板岩性为黑云角闪片岩局部夹黑云母石英片岩，近矿围岩中均有不同程度的磁铁矿化、黄铁矿化。矿体形态较简单，总体形态呈层状、似层状展布，与顶底板围岩互层产出，渐变过渡接触，矿体走向、倾向上延伸均稳定，连续性好。矿体局部受褶皱构造影响，产状变化较大，与围岩发生同步褶曲。

图3-17　Ⅰ号矿体特征

a. Ⅰ号矿体与上盘斜长角闪片岩整合接触；b. Ⅰ号矿体顶板发育黄钾铁钒化；c. 矿体底板膏岩层中发育透镜状粗晶磁体矿脉；d. 粗晶磁铁矿晶体较粗，晶体间主要为石膏

矿体在东段具有厚度变薄，品位降低的趋势；但在西段矿体深部有厚度变大、品位变富的趋势。矿体倾向在局部变化较大，向深部呈波浪起伏且品位。矿体在不同的标高倾角有一定的变化，但总体上属相对平缓的矿体。

矿体沿走向见有多层夹石，最大夹石厚近21.3m，使矿体分叉。磁铁矿矿石主要呈条带状、浸染状构造,局部为致密块状构造。矿石类型为角闪石型及石英型,其中以角闪石型为主,占矿石总量的 90%以上。石英型矿石相对较少,主要产于近底板附近,不同类型的矿石呈层状整合产出。

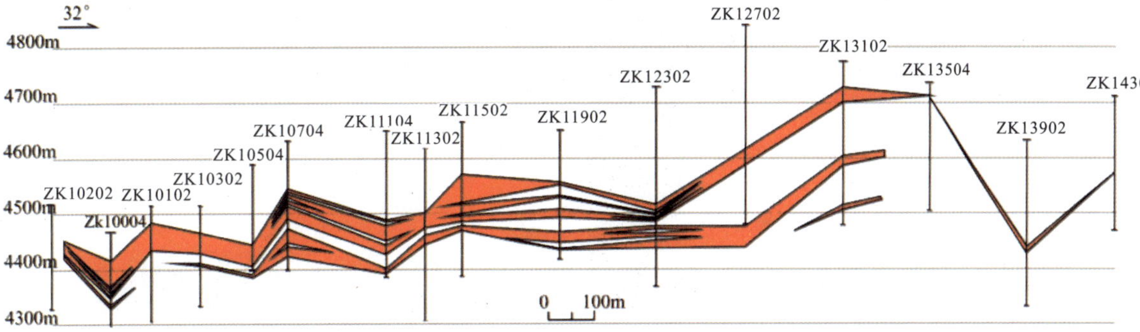

图 3-18 Ⅰ$_1$ 号矿体纵向钻孔对比图

Ⅰ$_2$ 号矿体规模仅次于Ⅰ$_1$ 号矿体,地表仅在局部出露,位于Ⅰ$_1$ 号矿体南侧,基本与Ⅰ$_1$ 号矿体平行。矿体总体走向为 129°,倾向北东,倾角 40°～51°。矿体沿走向长大于 4000m,平均厚度 10.04m,局部厚度达 50m 以上,矿体 TFe 平均品位为 27.19%,MFe 品位为 21.74%。矿体顶底板岩性均为斜长角闪片岩,局部夹石英片岩,近矿围岩中均有不同程度的磁铁矿化。矿体形态较简单,总体形态呈层状、似层状展布,与顶底板围岩互层产出,渐变过渡接触,矿体走向、倾向上延伸均较稳定,连续性好。矿体局部受次级褶皱构造影响,产状变化较大,与围岩发生同步褶曲。从目前深部钻孔对Ⅰ$_1$ 号矿体控制情况分析,在深部矿体分叉、复合现象发育。磁铁矿石主要呈条带状、浸染状分布,局部可见到稠密浸染状或致密块状磁铁矿石。矿石类型为角闪石型及石英型,其中以角闪石型为主,占矿石总量的 95%以上。石英型矿石相对较少,主要产于矿体内部夹层或近底板附近,不同类型的矿石呈层状整合产出。矿体在不同的标高倾角有一定的变化,但总体上仍属相对平缓的矿体。矿体总体走向在 69°～132°之间,倾向北东。矿体总体上呈单斜状向北波状倾斜。

Ⅰ$_1$ 号矿体经过 ZK11112 验证后显示,自深度 280～450m 出现了多层矿体,矿石类型主要可以分为角闪石型磁铁矿和石英型磁铁矿,石英型磁铁矿的赋矿围岩主要为黑云母石英片岩,角闪石型磁铁矿上、下盘围岩主要为斜长角闪片岩,两种矿石类型交替出现,呈现一种韵律性旋回关系。ZK10302 显示富矿段矿体主要集中在该钻孔 50～90m 深度范围内,磁铁矿类型主要为角闪石型磁铁矿,TFe 为 13.70%～57.00%。上、下盘围岩分别是斜长角闪片岩和碎裂岩,富矿上、下盘各有一薄层石英型磁铁矿体,赋矿围岩为黑云母石英片岩,TFe 品位为 20%～30%。值得注意的是花岗闪长岩出现在该钻 112m 深度位置,花岗闪长岩很可能对Ⅰ$_1$ 号矿体的富矿形成有一定的贡献。

2)Ⅱ号矿体

Ⅱ号矿体长约 5km,宽 28～44m,由数个小矿体组成。矿体 TFe 品位为 22.59%～43.08%,平均 TFe 品位为 29.00%。

Ⅱ号矿体呈南东-北西向,矿石矿物主要为磁铁矿、黄铁矿。磁铁矿为灰黑色,以稠密浸染状为主,粒径 0.5～2.5mm;黄铁矿发育,呈半自形粒状结构,局部为团块状构造;Ⅱ$_2$ 号矿体地表露头长约 600m,宽 2.5～15m,呈北西-南东向,矿石矿物主要由磁铁矿、黄铁矿组成;磁铁矿灰黑色,以致密块状为主,单层厚度 5～7cm。

3)Ⅲ号矿体

Ⅲ号矿体位于矿区南部,自东向西由 6 个小矿体组成,地表出露长 34～464m,宽 6.0～24.0m,平均水平厚度 8.58～22.0m,顶、底板均为含有闪长质包体的花岗闪长岩(图 3-19),部分区域发生强烈的褐铁矿化现象。

Ⅲ$_1$ 号矿体为Ⅲ号矿带规模最大的一条矿体,位于Ⅰ号矿带的南端,矿体总体走向为82°～131°,倾

图 3-19 Ⅲ号矿体特征

a.上盘含有闪长质包体的花岗闪长岩；b.局部花岗闪长岩及包体拉长变形；c.Ⅲ号矿体中块状矿石；d.Ⅲ号矿体块状铁矿石中含有脉状、透镜状黄铁矿；Mt.磁铁矿；Py.黄铁矿

向北东，倾角一般在17°～33°之间，矿体总体上以单斜板状向北波状倾斜（图3-20）。目前控制矿体的最大长度为606m，平均厚度为14.00m，平均TFe品位为32.24%，平均MFe品位为30.31%，矿体顶板为霏细斑岩，底板地表为霏细斑岩，深部为黑云母石英片岩，矿体总体上属平缓的板状体，局部倾角极缓，仅有8°。矿体中部具向北弯曲的背形构造，从产状分析可能为矿体顶板岩体侵入挤压矿体形成。矿体在不同的标高倾角有一定的变化，但总体上仍属平缓的矿体，局部倾角极缓。矿体总体走向为82°～131°，倾向北东，矿体总体上以单斜状向北波状倾斜。磁铁矿矿石主要呈条带状、浸染状构造，在

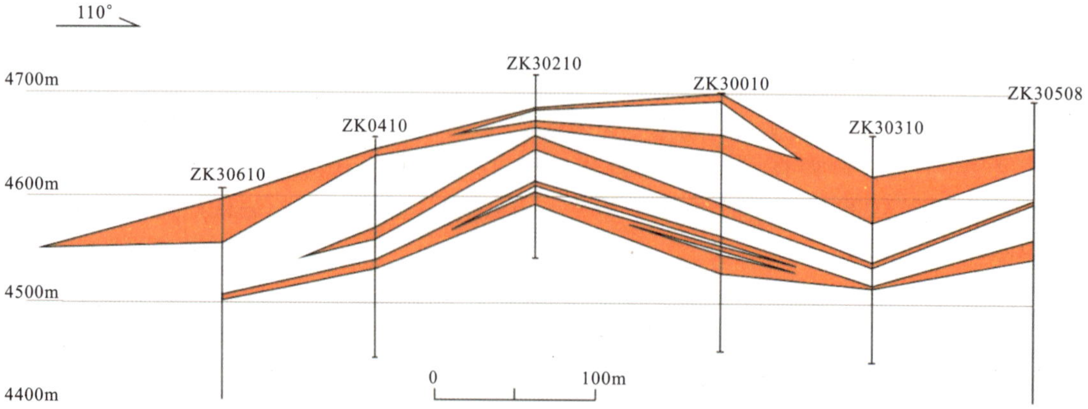

图 3-20 Ⅲ号矿带纵向对比图

矿体东段与霏细斑岩接触部位由于受岩浆热液作用强烈达到致密块状磁铁矿矿石。矿石由石英型及矽卡岩化型组成，其中以石英型为主，占矿石总量的85%以上。霏细斑岩型主要集中于矿体近地表露头处，构成矿体顶板岩性，局部含角砾状磁铁矿。

$Ⅲ_2$号矿体位于$Ⅲ_1$号矿体底板下10～43m，目前控制矿体的最大长度为720m，平均厚度为9.32m，平均TFe品位为28.01%，平均MFe品位为22.48%。矿体总体走向为83°，倾向北东，倾角为一般在19°～31°之间，矿体中部有向北弯曲的背形构造，其形成与$Ⅲ_1$号矿体一致。矿体总体上属平缓的矿体，但在不同的标高倾角有一定的变化，向深部有相对变陡的趋势。各中段矿体走向在71°～140°之间，倾角一般在19°～31°之间。总体上矿体以单斜状向北波状平缓倾斜。磁铁矿矿石主要为致密块状磁铁矿、条带状磁铁矿和浸染状磁铁矿。

$Ⅲ_3$号矿体位于$Ⅲ_2$号矿体底板下13～49m，目前控制矿体的最大长度为696m，平均厚度为8.80m，平均TFe品位为31.39%，平均MFe品位为26.38%。矿体总体呈走向为89°，倾向北东，走向上因岩体及地层的变形呈近南西向的波状，总体走向在77°～122°之间，倾角一般在16°～38°之间。矿体中部具向北凸出宽约200m的小背形构造，向东又变为平直分布。矿体沿走向因夹石存在分叉现象发育，最大夹石达到6m，夹石在走向及倾向上常分叉，使矿体分叉。矿体近地表呈波状变形向深部延伸，倾向北东，倾角变化较小，一般在16°～38°之间。磁铁矿矿石呈条带状、浸染状，局部富集呈稠密浸染状或块状，矿体由石英型矿石组成，局部见少量的角闪石型矿石。

2. 矿石特征

矿石类型较为复杂，按照矿物组合特点可划分为：角闪磁铁矿矿石、石英磁铁矿矿石、角闪石英型磁铁矿矿石、含膏盐磁铁矿矿石、矽卡岩化磁铁矿矿石。其中，以角闪磁铁矿矿石和石英磁铁矿矿石最为发育。

1)矿石类型

角闪磁铁矿矿石：在赞坎矿区内出露较为广泛，产于斜长角闪片岩内，在$Ⅰ_1$、$Ⅰ_2$号矿体内最为发育。矿石呈深灰绿色，主要矿石矿物为磁铁矿，此外还常见到黄铁矿，局部可见黄铜矿、磁黄铁矿等。磁铁矿呈他形粒状结构，条带状、浸染状构造，含量30%～80%，呈浸染状或条带状分布于脉石矿物中。黄铁矿含量较低，一般不超过2%，呈自形—他形粒状结构，呈浸染状或脉状分布，有时有少量细粒黄铁矿被包在磁铁矿中，部分被褐铁矿沿边缘交代残余。脉石矿物为普通角闪石、斜长石，以及少量的石英、黑云母等。该类型矿石TFe品位为25%～75%，MFe品位为22%～70%。

石英磁铁矿矿石：该类矿石在Ⅱ、$Ⅲ_1$、$Ⅲ_2$、$Ⅲ_3$号矿体中常见，主要产于黑云母石英片岩中。矿石呈深灰—灰黑色，他形粒状结构，条带状、浸染状构造。主要矿石矿物为磁铁矿，含量为25%～60%，呈浸染状或条带状分布于脉石矿物中，呈不均匀的定向分布。矿石中另外一种常见金属矿物为黄铁矿，产出特征与角闪磁铁矿矿石基本相似。脉石矿物为黑云母、石英、斜长石，以及少量的绢云母、方解石等。该类型矿石TFe品位为22%～45%，MFe品位为20%～40%。

含石膏磁铁矿矿石：在矿区分布较为局限，在Ⅲ号矿体底板、Ⅴ号矿体及其顶板有产出。磁铁矿呈粗粒状产出于膏岩层中，局部磁铁矿晶体可达2cm以上。主要金属矿物为磁铁矿，含量20%左右，含石膏60%左右，此外含有少量黑云母等。

矽卡岩化磁铁矿矿石：在矿区分布较为局限，仅在Ⅲ号矿体与霏细斑岩的接触部位可见，该类型矿石主要呈浸染状构造，局部可见块状构造，矿石中仍可见原生沉积组构。主要金属矿物以磁铁矿为主，含量30%～50%，颗粒较粗，此外含有少量的黄铁矿、磁黄铁矿、黄铜矿；脉石矿物主要为绿泥石、透闪石、石榴石等。

2)矿石矿物特征

据岩矿鉴定成果，矿石中金属矿物主要有磁铁矿、黄铁矿、磁黄铁矿、褐铁矿及微量的黄铜矿等。

磁铁矿：以他形—半自形粒状为主，少量呈粒状变晶结构、半自形粒状、他形粒状变晶结构，粒径多数在0.06～0.5mm之间。磁铁矿有时沿边缘被赤铁矿交代，少数完全被赤(褐)铁矿取代，但仍保留了磁铁矿假象。磁铁矿石呈条带状或浸染状产出，局部呈致密块状。条带状磁铁矿矿石条带由石英、透辉石、绿帘石及阳起石构成，条带宽多为1～2cm，少数可达3～4cm，一般顺层面分布。块状磁铁矿矿石普遍发育后期热液活动所形成的黄铁矿，少量黄铜矿呈星点状分布。

黄铁矿：在矿石中常见，但含量很低，一般不超过2%。黄铁矿形态呈自形—他形粒状，粒径细，一般0.01～0.6mm，个别样品中粒径很粗，可达10.0mm，部分呈脉状分布，有时有少量细粒黄铁矿被包在磁铁矿中，部分被褐铁矿沿边缘交代呈残余体。

磁黄铁矿：在矿石中也比较常见，但含量很低，一般不超过1%。磁黄铁矿多呈他形粒状，粒径细，为0.02～0.35mm，分布在透明矿物粒间。

黄铜矿：在矿石中少见，含量很低，他形粒状，与其他硫化物连生在一起。

次要矿物主要为菱铁矿、赤铁矿等矿物，但含量极少，且分布不均匀，常由蚀变磁铁矿物形成。

非金属矿物：主要有石英、斜长石、黑云母、角闪石等。

石英：石英多零星分布在磁铁矿晶体间，灰白色，他形粒状，粒径一般0.03～0.2mm，多呈不规则至次浑圆状，少数可达4mm左右。在石英间有细粒状的阳起石，粒径一般(0.05～0.1)mm×(0.2～0.3)mm，和阳起石在一起有半自形柱状、粒状绿泥石。

角闪石：柱状粒状变晶结构，粒径一般0.1～0.5mm，沿解理常被褐铁矿铁染。

斜长石：呈柱状变晶结构，分布于角闪石之间，粒径一般0.1～0.3mm。

黑云母：鳞片变晶结构沿片理空间分布，粒径一般(0.05～0.1)mm×(0.1～0.2)mm。

3)矿石组构特征

矿石结构主要为半自形粒状结构、他形粒状结构，其次分布少量的自形粒状结构、包含结构、交代残余结构、交代环状结构等。半自形—他形粒状结构是矿石中的主要结构类型，由金属矿物磁铁矿构成，嵌布粒径较细，但多数在0.05～0.7mm之间，属于中细粒嵌布矿石。黄铁矿常具自形粒状结构，少量细粒磁铁矿常包含在透明矿物中。交代残余结构、交代环状结构由黄铁矿遭受褐铁矿化所致。晚期磁黄铁矿与黄铜矿接触界线平直，形成共结边结构。

矿石中金属矿物嵌布以浸染状产出为特征，是由于金属矿物含量较低，矿化作用较弱。形成矿石构造多以条带状、星散浸染状、稀疏浸染状和中等浸染状为主，次有稠密浸染状构造、块状构造(图3-21)。

浸染状磁铁矿石：为矿床主要矿石类型。矿石多为半自形—他形粒状结构，星散—中等稠密浸染状构造。主要矿石矿物为磁铁矿，在0.06～0.5mm之间，主要脉石矿物为角闪石、斜长石、石英及磁黄铁矿、黄铁矿等金属矿物。该类矿石品位一般在20%～35%之间，属低品位矿石，在矿区分布广，多呈薄层状产出。

致密块状磁铁矿石：为矿区次要矿石类型，也是矿区主要富矿矿石。

矿石品位一般在45%以上。矿石呈他形—半自形粒状结构，少量呈自形粒状结构，致密块状构造。矿石矿物中磁铁矿占70%以上，伴生少量黄铁矿、磁黄铁矿，局部有黄铜矿等金属矿物。磁铁矿粒径为0.03～0.7mm，MFe品位可达45%～60%。脉石含量少，常见的有角闪石、斜长石等，并含少量阳起石、方解石、透闪石等。

条带状磁铁矿石：在赞坎矿区较为少见，矿石出现的条带状构造多为后期构造岩浆作用拉伸变形所致，片理构造极其发育，磁铁矿重结晶现象明显。Ⅰ号和Ⅲ号矿体局部矿体中黄铁矿与石英脉沿片理面进入磁铁矿矿中。

含石膏磁铁矿：在赞坎矿区也较为普遍，赞坎矿区Ⅰ号和Ⅲ号矿体中均不同程度含有少量石膏，在Ⅰ号矿体底板处，沿磁铁矿矿体波状起伏位置，底板凹陷处发育较厚的含膏盐磁铁矿矿层，局部可见粗晶磁铁矿矿脉或透镜体贯入膏盐层中。

4)围岩蚀变

矿体及围岩蚀变较弱，主要为与磁铁矿矿体成因关系密切的黑云母-石英-磁铁矿化及角闪石-斜长

图 3-21　矿石镜下显微结构图

a. 含磁铁矿黑云母石英片岩；b. 含磁铁矿黑云母石英片岩，单偏光；c. 矽卡岩化透闪石化含磁铁矿黑云母石英片岩，正交偏光；d. 颗粒状石英和片状黑云母，含磁铁矿，正交偏光；Mt. 磁铁矿；Qtz. 石英

石-磁铁矿化。后期蚀变则主要表现为矽卡岩化，具体表现为绿泥石化、方解石化、透辉石-阳起石化，与矿体的进一步富集有一定的作用，但不强烈。

矽卡岩化：是矿区成矿后主要蚀变类型。其中，以绿泥石化分布最广，次为方解石化、硅化、透辉石-阳起石化，与成矿有一定关系。

方解石化：常交代磁铁矿，为矽卡岩化的一种，使磁铁矿呈港湾状。

绿泥石化：主矿区较普遍的后期蚀变矿物。矿区绿泥石化可能为青磐岩化的表现，靠近岩体处蚀变较强。绿泥石常与石英、黄铁矿共生，常交代早期的磁铁矿等矿物。

硅化：与磁铁矿的形成有一定关系，特别是在矽卡岩化较强地段，硅化常使地层中的磁铁矿重结晶。

黄铁矿化：黄铁矿化较普遍，矿体及围岩中均有产出。黄铁矿的生成主要为两期：早期黄铁矿为半自形晶结构，呈星点状或粒状集合体，呈浸染状分布于磁铁矿颗粒间，局部充填于磁黄铁矿细脉中，晚于磁黄铁矿生成，0.01～2.9mm；晚期黄铁矿则晶形较完整，多呈自形晶结构，粒径较大，粒径少量达到7mm以上，最大近15mm，呈细脉状或不规则团块状充填于片岩片理面之中。

黄铜矿化：集中分布于Ⅰ号矿带中，与黄铁矿共生，在Ⅲ号矿带局部也有少量分布。黄铜矿呈半自形粒状，粒径为0.01～0.2mm。黄铜矿分布地段黄铁矿分布也相对较多，矿体中含量一般均小于1%。

阳起石化：在矿区局部地段发育，特别是Ⅲ号矿带附近。常交代前期形成的绿泥石、方解石等矿物。

磷灰石化：主要分布于103线附近，在矿区内分布不均匀，可能与喜马拉雅期岩体侵入活动有关，常包裹磁铁矿矿体，并交代磁铁矿。

此外，Ⅰ号矿带地表有褐铁矿化和黄钾铁矾化。磁铁矿和黄铁矿等氧化呈褐铁矿或黄钾铁矾化，两者在地表呈混杂状产出，并使地表呈明显的褐黄色或杂色，是找矿的标志之一。该蚀变仅限于地表深

3m以内，探槽揭露出的岩性仍以原生磁铁矿为主。赤(褐)铁矿化分布不均匀，主要呈假象磁铁矿，为蚀变磁铁矿形成，粒径在0.01～0.02mm。地表褐铁矿相对发育，多呈褐色团块状与黄钾铁矾化混杂分布。磁铁矿在钻孔中其含量极少，一般在1%以下。磁铁矿呈半自形时赤(褐)铁矿也相对发育。在矿床中还见有少量的孔雀石、铜蓝及赤铁矿化等，其分布主要集中于地表，为铁及硫化物次生蚀变产物，在矿体中含量极小。

5)成矿期次划分

(1)沉积成矿期：为铁矿物最主要的形成期。赞坎铁矿体延伸稳定，最长达5km以上，显示出稳定的沉积铁矿特征。稳定的沉积环境是条带状铁建造形成延伸的重要原因。在矿物特征上，该期所形成的磁铁矿颗粒细小，石英-磁铁矿为主要组合，伴随少量原生磁铁矿、赤铁矿、胶状黄铁矿等矿物沉淀。

(2)中—新元古代区域变质变形期：原磁铁矿体受变质作用影响，早期沉积形成的铁质发生还原、富集，形成条带状磁铁矿矿石。矿石矿物组合主要为磁铁矿、石英、黑云母、角闪石、绿泥石、黄铁矿等。该类型磁铁矿在矿床中较常见，呈他形—半自形粒状变晶结构或粒状镶嵌结构，粒径为0.01～0.02mm。

(3)热液叠加期：主要包括两个方面，一方面岩浆热液是矿体形成富铁矿及第二次成矿的重要时期，从新元古代至早古生代，大规模的造山运动带来大量的岩浆侵入活动，特别是花岗闪长岩体沿片理面侵入，岩浆热液萃取地层中的铁质活化迁移，使矿体进一步富集。另一方面是早古生代卤水活动使得铁质成分进一步富集成矿，随着膏盐层参与成矿体系，为大量磁铁矿形成提供了容矿空间和成矿环境。此外，在岩体与地层接触的部位形成了矽卡岩型矿石(Ⅲ号矿体)，在地层内部随着含铁岩浆热液的运移、活化和沉淀，早期、中期形成的磁铁矿发生重结晶，形成浸染状矿石。在热液运移的晚期随着氧化物的消耗，形成了大量石英、黄铁矿等矿物。而这一时期带来的铁质也形成了很多磁铁矿细脉。

(4)印支期构造变形期：印支期时，区域受到构造挤压变形，片理面发育。矿石矿物组合主要为磁铁矿、石英、黑云母、角闪石、绿泥石、黄铁矿等。石英、角闪石、黑云母等矿物也在印支期大量发育。

(三)矿床地球化学特征

1. 地球化学特征

赞坎铁矿矿石、围岩及岩体地球化学分析结果见表3-3～表3-11。铁矿石中，SiO_2含量为2.78%～53.76%，平均为26.83%；TFe_2O_3为17.92%～90.39%，平均为49.99%；MgO含量为0.7%～10.38%，平均为3.82%；CaO含量为0.59%～14.83%，平均为7.34%；Al_2O_3含量为0.31%～8.15%，平均为2.83%；TiO_2含量为0.02%～0.86%，平均为0.27%。

围岩中角闪片岩类岩石SiO_2含量为44.49%～72.84%，平均为60.23%；TFe_2O_3为2.52%～12.28%，平均为6.6%；MgO含量为0.83%～16.06%，平均为5.96%；CaO含量为0.82%～17.61%，平均为5.4%；Al_2O_3含量为1.56%～17.07%，平均为11.74%；TiO_2含量为0.31%～0.93%，平均为0.45%。

围岩中黑云母片岩类岩石SiO_2含量为43.14%～72.15%，平均为60.22%；TFe_2O_3为2.9%～14.09%，平均为8.58%；MgO含量为1.07%～9.14%，平均为2.51%；CaO含量为0.9%～7.62%，平均为2.58%；Al_2O_3含量为9.19%～18.12%，平均为13.62%；TiO_2含量为0.35%～1.71%，平均为0.70%。

铁矿石稀土总量($\sum$REE+Y)为64.67×10^{-6}～1888.13×10^{-6}，平均为741.38×10^{-6}。从标准化图(图3-22)中可以看出，矿石中轻重稀土分异不明显。样品不具有($La/La^{*}=0.67$～1.63)正异常，Ⅲ号矿体块状磁铁矿具有明显的La负异常和Eu负异常($\delta Eu=0.38$～0.87)，具有较弱的Ce和Y的负异常(δCe为0.87～1.06；δY为0.91～1.05)。Ⅰ号矿带含膏盐磁铁矿具有明显的Eu的正异常($\delta Eu=$2.43～11.1)，样品具有Ce正异常和Y负异常(δCe为0.97～1.21；δY为0.77～1.04)。

表 3-3　赞坎铁矿矿体主量分析数据表

单位：%

序号	样号	岩石名称	SiO_2	Al_2O_3	Fe_2O_3	FeO	CaO	MgO	K_2O	Na_2O	TiO_2	P_2O_5	MnO	LOI	H_2O^+	SiO_2/Al_2O_3
1	ZK003-01	磁铁矿	2.78	0.51	51.90	20.70	9.95	2.97	0.15	0.14	0.02	0.17	0.69	9.75	0.99	5.45
2	ZK003-02	磁铁矿	23.92	4.32	36.90	14.69	0.59	0.70	1.62	0.34	0.14	0.12	0.22	3.29	0.90	5.54
3	ZK003-03	磁铁矿	16.40	0.76	36.20	15.56	14.83	5.49	0.15	0.19	0.05	0.15	0.85	8.48	0.35	21.58
4	ZK004-04	磁铁矿	44.21	5.18	37.56	1.40	1.65	0.30	0.12	2.83	0.18	0.07	0.09	5.80	1.48	8.53
5	ZK006-02	磁铁矿	5.51	0.86	62.50	25.10	1.59	0.90	0.32	0.15	0.50	0.66	0.17	2.79	0.51	6.41
6	132X25I-5	磁铁矿矿体	13.88	0.51	55.12	21.58	3.75	1.13	0.06	0.03	0.48	1.14	0.36	2.40	0.42	27.22
7	132X25I-6	磁铁矿矿体	52.20	7.82	12.92	7.89	5.93	4.80	1.24	1.96	0.20	1.87	0.22	1.41	0.45	6.68
8	132X25I-7	磁铁矿矿体	40.26	0.64	20.44	10.37	12.49	4.32	0.10	0.20	0.16	4.80	0.28	3.91	0.26	62.91
9	132X25I-8	磁铁矿矿体	12.17	0.31	53.66	21.77	6.06	1.80	0.15	0.01	0.25	0.37	0.24	3.58	0.36	39.26
10	132X25I-9	磁铁矿矿体	6.69	0.28	66.57	19.45	2.84	1.07	0.06	<0.01	0.29	0.84	0.18	2.16	0.73	23.89
11	132X25I-11	黑云母石英片岩	27.77	5.05	32.13	15.09	8.33	5.81	0.28	1.18	0.15	0.26	0.54	3.01	0.64	5.50
12	132X25I-14	磁铁矿矿体	46.57	4.94	23.60	6.64	3.14	3.11	2.32	0.46	0.20	0.35	0.40	3.75	1.34	9.43
13	132X25I-15	磁铁矿矿体	53.76	8.15	9.45	6.38	4.92	2.67	2.38	1.27	0.32	0.30	0.19	4.80	1.05	6.60
14	132X25I-16	磁铁矿矿体	38.59	5.87	23.22	12.16	7.41	2.64	1.80	1.47	0.29	0.24	0.38	3.89	0.72	6.57
15	132X25I-17	磁铁矿矿体	32.37	4.25	27.32	12.20	10.45	3.98	1.82	0.67	0.20	0.27	0.68	4.52	0.68	7.62
16	132X25I-18	磁铁矿矿体	13.28	1.79	45.14	19.68	8.19	4.25	0.15	0.21	0.06	1.66	0.42	2.43	0.59	7.42
17	102YZK-2512	磁铁矿	18.19	0.33	25.29	14.50	14.92	5.89	0.023	0.11	0.86	10.87	0.31	8.06	0.48	55.12
18	102YZK-2513	磁铁矿	34.72	3.14	25.51	14.48	6.94	8.92	0.21	0.50	0.14	0.22	0.45	4.56	0.98	11.06
10	102YZK-2515	磁铁矿	10.66	0.83	45.86	23.45	8.17	2.70	0.05	0.11	0.95	2.28	0.48	2.61	0.67	12.84
20	102YZK-3007	磁黄铁矿化石英阳起石片岩（浸染状磁铁矿矿石）	26.78	0.74	22.42	7.58	11.41	10.38	0.034	0.21	0.20	7.96	0.15	11.82	0.57	36.19
21	102YZK-3008	磁铁矿黄铁矿石英阳起石片岩（浸染状磁铁矿矿石）	53.94	5.57	9.28	7.78	7.77	7.39	0.12	1.37	0.10	1.82	0.17	4.68	0.74	9.68
22	102YZK-3009	含磁铁矿磷灰石黄铁矿矿石（浸染状、条带状磁铁）	15.62	0.42	38.61	5.92	10.05	2.88	<0.01	0.062	0.098	7.89	0.039	18.46	1.18	37.19

表 3-4 赞坎铁矿矿体微量元素分析数据表

单位：10^{-6}

序号	样号	岩石名称	Cu	Pb	Zn	Cr	Ni	Co	Rb	W	Mo	Sr	Ba	V	Sc	Nb	Ta	Zr	Hf	Ga	Sn	Th
1	ZK003-01	磁铁矿				3.35	53.9	12.6	6.68	3.15	4.51	77.1	2700	93.9	0.53	0.67	0.24	5	0.2	14	19.7	1.59
2	ZK003-02	磁铁矿				6.49	4.78	1.84	32.8	11.8	16.4	1180	89 000	63.4	3.96	3.7	0.32	41.8	1.03	8.18	36.1	2.94
3	ZK003-03	磁铁矿				9.81	26.6	5.67	3.09	11.8	8.1	82.1	188	84.1	1.41	0.78	0.12	7.89	0.12	11	81.76	0.14
4	ZK004-04	磁铁矿				18.6	9.91	67	2.24	3.6	36.5	84.2	63.9	55.1	3.4	1.04	0.15	62.3	1.5	8.58	19.67	3.71
5	ZK006-02	磁铁矿				7.48	66.4	80.7	9.44	1.05	2.1	12.4	274	6500	0.79	1.46	0.16	22.9	0.63	48.7	3.37	3.91
6	132X25I-5	磁铁矿矿体	4.14	3.38	12.2	15	29.9	25.6	1.74			26.1	19.2		0.023	2.64	0.24	3.88	0.24	38.6		
7	132X25I-6	磁铁矿矿体	2.31	3.79	9.63	40	17.6	9.79	45.9			73.7	212		6.1	2.14	0.24	55.3	1.94	21.3		
8	132X25I-7	磁铁矿矿体	1.25	3.04	7.36	16.4	19.7	6.65	3.86			64.3	42.2		2.1	0.89	0.11	13.4	0.78	12.8		
9	132X25I-8	磁铁矿矿体	2.48	2.41	9.26	12.2	32.1	15.4	14.7			33.9	61.4		0.021	1.07	0.13	2.5	0.14	38.2		
10	132X25I-9	磁铁矿矿体	1.09	3.05	7.33	3.33	42.2	35	1.8			15.4	63.1		0.022	0.92	0.11	1.5	0.11	44.9		
11	132X25I-11	黑云母石英片岩	6.56	28	72.2	9.59	23.5	36.3	6.4			57	110		3.17	3.74	0.27	26.2	0.9	16.1		
12	132X25I-14	磁铁矿矿体	4.52	8.62	14.8	20.6	7.62	13.8	60.4			498	10 200		1.8	3.39	0.3	40.6	1.34	7.68		
13	132X25I-15	磁铁矿矿体	1170	7.06	16.8	48.6	28.1	25.9	96			170	4030		6.76	5.32	0.39	62.8	1.88	10.4		
14	132X25I-16	磁铁矿矿体	567	5.97	21	27.8	25.2	33.4	59.2			110	1270		4.84	4.34	0.35	53.4	1.58	13.2		
15	132X25I-17	磁铁矿矿体	328	7.4	19.5	28.4	14.8	24.8	49			88.4	1230		3.06	3.87	0.3	32.6	0.99	8.36		
16	132X25I-18	磁铁矿矿体	32.6	2.72	21.5	8.13	41.2	23.3	4.58			23.2	104		0.081	0.87	0.1	11.5	0.47	20.1		
17	102YZK-2512	磁铁矿	735	7.11	77.7	8.5	619	281	1.89	0.61	0.64	77.6	25.4	202	10.3	8.71	0.36	9.13				
18	102YZK-2513	磁铁矿	486	3.31	31.1	19.2	136	25.1	6.05	1.48	4.91	12.1	43.8	1010	6.83	7.02	0.35	29.5				
19	102YZK-2515	磁铁矿	46.7	2.63	63.1	5.73	13.4	7.53	1.85	2.67	0.9	46.5	13.2	5510	6.77	1.74	0.23	16				
20	102YZK-3007	磁黄铁矿化石英阳起石片岩（浸染状磁铁矿矿石）	383	1.85	25.5	7.2	350	299	2.01	1.5	0.17	25.9	11.2	131	49.6	2.43	0.29	11.1				
21	102YZK-3008	磁铁矿黄铁矿石英阳起石片岩（浸染状磁铁矿矿石）	68.9	2.7	20.6	7.52	142	68.8	3.02	0.12	2.16	17.5	23.5	384	4.88	1	0.18	73.1				
22	102YZK-3009	含磁铁矿磷灰石黄铁矿矿石（浸染状、条带状磁铁）	671	6.88	43.5	5.06	630	346	1.08	0.15	0.36	25.4	1.15	82.9	16.2	0.68	0.15	3.18				

表 3-5　赞坎铁矿矿体稀土元素分析数据表

单位：10^{-6}

序号	样号	La	Ce	Pr	Nd	Sm	Eu	Gd	Tb	Dy	Ho	Er	Tm	Yb	Lu	Y	ΣREE	LREE	HREE	LREE/HREE	La/La*	δEu	δY	δCe
1	ZK003-01	10.4	20.9	2.25	8.09	1.75	1.26	2.01	0.29	2.07	0.45	1.21	0.16	1.07	0.16	12.6	52.07	44.65	7.42	6.02	0.95	4.21	1.04	0.97
2	ZK003-02	136	204	17.4	49.6	6.85	8.4	3.98	0.48	1.98	0.32	1.04	0.13	0.87	0.12	8.36	431.17	422.25	8.92	47.34	1.19	5.77	0.83	1.03
3	ZK003-03	320	493	40	112	13.5	5.94	7.97	0.9	3.25	0.51	1.56	0.17	1.13	0.16	12.5	1000.09	984.44	15.65	62.9	1.2	1.92	0.77	1.08
4	ZK004-04	38.9	49.1	3.48	9.43	0.99	0.41	0.86	0.099	0.52	0.12	0.32	0.065	0.37	0.07	2.58	104.734	102.31	2.424	42.21	1.63	1.66	0.82	1.21
5	ZK006-02	72.7	139	15.1	54.9	10.7	1.27	10.5	1.55	9.02	2.2	5.13	0.78	4.75	0.81	53.3	328.41	293.67	34.74	8.45	1.01	0.66	0.95	0.97
6	132X25I-5	52.6	134	17.7	73.7	16.2	1.38	16.8	2.71	17.2	3.74	11.2	1.68	11	1.7	96.9	361.61	295.58	66.03	4.48	0.83	0.5	0.96	0.92
7	132X25I-6	182	383	48	180	32.4	2.42	28.1	4.28	25.4	5.2	14.3	2.22	14.8	2.35	142	924.47	827.82	96.65	8.57	0.84	0.4	0.99	0.87
8	132X25I-7	294	680	85.9	339	59.9	4.25	54.8	8.45	46.1	9.23	25.2	3.78	24.5	4.02	249	1639.13	1463.05	176.08	8.31	0.84	0.38	0.96	0.9
9	132X25I-8	58.8	108	11.5	40.9	7.8	1.23	7.17	1.06	6.53	1.31	3.82	0.59	3.93	0.64	33.2	253.28	228.23	25.05	9.11	1.03	0.87	0.91	0.97
10	132X25I-9	65.4	149	18.4	70.2	13.6	1.16	10.9	1.6	8.91	1.72	4.86	0.74	4.88	0.76	45.2	352.13	317.76	34.37	9.25	0.81	0.48	0.92	0.89
11	132X25I-11	227	378	38.3	112	18.8	3.98	12.7	1.58	7.43	1.37	3.61	0.54	3.43	0.51	33.2	809.25	778.08	31.17	24.96	0.95	4.21	1.04	0.97
12	132X25I-14	79.6	115	10.6	31.2	5.1	2.62	4.97	0.82	4.71	1	2.66	0.43	2.94	0.43	24.2	262.08	244.12	17.96	13.59	1.18	2.64	0.89	0.98
13	132X25I-15	260	296	21.5	50.1	5.75	3.94	4.89	0.81	4.29	0.87	2.44	0.38	2.52	0.39	20.7	653.88	637.29	16.59	38.41	1.57	2.9	0.85	1.1
14	132X25I-16	195	255	19.6	50.6	5.65	3.11	4.55	0.78	3.71	0.71	1.98	0.3	1.89	0.27	18.4	543.15	528.96	14.19	37.28	1.39	2.29	0.9	1.09
15	132X25I-17	146	204	18.2	51.5	6.97	3.65	5.69	0.89	4.72	0.92	2.51	0.39	2.45	0.38	22.6	448.27	430.32	17.95	23.97	1.22	2.44	0.86	0.98
16	132X25I-18	67.7	139	15.3	54.5	9.76	2.02	9.95	1.53	9.27	2.02	5.86	0.94	6.4	1.03	53.1	325.28	288.28	37	7.8	0.89	1.11	0.98	0.94
17	102YZK-2512	220	483	73.3	301	65.8	7.38	66.3	9.41	52.7	11.1	29.1	4.46	29	4.54	292	1357.09	1150.48	206.61	5.57	0.81	0.66	0.96	0.79
18	102YZK-2513	73.8	150	17.7	67.4	12.4	1.48	11.7	1.8	12.2	2.91	8.85	1.51	10.9	1.79	79.2	374.44	322.78	51.66	6.25	0.95	0.65	1.06	0.93
19	102YZK-2515	92.7	237	31.5	133	29	2.53	29.2	4.33	26.7	5.65	14.8	2.21	13.7	2.05	152	624.37	525.73	98.64	5.33	0.85	0.51	0.99	0.93
20	102YZK-3007	243	490	72.2	278	49.9	3.88	47.2	6.47	36	7.33	18.9	2.7	15.9	2.4	215	1273.88	1136.98	136.9	8.31	0.78	0.42	1.06	0.76
21	102YZK-3009	319	712	98.1	353	55.5	4.5	47.8	6.35	34.5	7.22	18.8	2.67	15.5	2.31	207	1677.25	1542.1	135.15	11.41	0.67	0.41	1.05	0.76

表 3-6　赞坎铁矿围岩主量分析数据表

单位：%

序号	样号	岩石名称	SiO_2	Al_2O_3	Fe_2O_3	FeO	CaO	MgO	K_2O	Na_2O	TiO_2	P_2O_5	MnO	LOI	H_2O^+	SiO_2/Al_2O_3
1	ZK004-01	斜长角闪片岩	69.88	12.90	1.62	1.78	1.93	0.83	6.09	2.47	0.41	0.11	0.13	1.39	0.59	5.42
2	ZK004-02	斜长角闪片岩	60.82	13.79	2.39	2.45	6.24	2.37	0.48	7.69	0.42	0.11	0.31	2.88	0.52	4.41
3	ZK004-03	斜长角闪片岩	68.40	12.69	2.54	2.09	2.51	0.97	5.92	2.19	0.42	0.11	0.13	1.58	0.61	5.39
4	132X25I-1	黑云母石英片岩	52.51	15.21	2.28	8.05	5.49	3.46	4.78	2.38	1.71	0.23	0.11	3.62	0.58	3.45
5	132X25I-11	黑云母石英片岩	27.77	5.05	32.13	15.09	8.33	5.81	0.28	1.18	0.15	0.26	0.54	3.01	0.64	5.50
6	132X25I-12	含磁铁矿角闪黑云母石英片岩	63.15	12.77	5.13	3.72	4.09	2.39	2.14	4.05	0.32	0.17	0.23	1.56	0.51	4.95
7	132X25I-13	黑云母片岩	62.94	16.54	3.72	3.78	0.39	2.25	6.66	0.32	0.55	0.19	0.14	2.44	0.89	3.81
8	132X25I-19	黑云母斜长角闪片岩	44.49	1.56	2.57	5.56	17.61	16.06	0.15	0.38	0.55	7.06	0.14	2.06	0.43	28.52
9	102YZK-2002	黑云母石英片岩	50.64	18.52	2.99	12.10	0.64	1.85	6.86	2.08	1.26	0.27	0.20	2.57	0.94	2.73
10	102YZK-2003	斜长黑云母石英片岩	58.35	12.80	11.90	4.65	0.56	1.91	1.99	5.15	0.84	0.18	0.14	1.53	1.00	4.56
11	102YZK-2004	黑云母片岩	70.01	11.89	1.94	6.28	0.43	1.74	4.74	0.34	0.38	0.11	0.24	1.91	1.00	5.89
12	102YZK-2006	黑云母石英片岩	43.14	17.62	16.53	7.65	1.28	1.99	3.55	4.71	1.23	0.26	0.17	1.84	1.17	2.45
13	102YZK-2005	磁铁矿化斜长黑云母石英片岩	59.12	15.24	2.39	9.96	0.65	1.48	4.75	2.95	1.02	0.20	0.099	2.13	0.98	3.88
14	102YZK-2516	磁铁矿化黑云母石英片岩	70.14	11.97	2.14	3.95	1.11	1.07	4.35	2.65	0.37	0.11	0.18	1.95	1.00	5.86
15	102YZK-2010	碎裂化黄铁矿化黑云母斜长片岩	47.90	11.72	8.44	5.62	7.62	9.14	0.69	3.01	0.48	1.14	0.14	4.08	1.05	4.09
16	102YZK-2011	碎裂化黄铁矿化黑云母斜长片岩	61.29	9.19	5.02	5.80	6.44	2.61	2.57	1.84	0.45	0.28	0.71	3.80	0.85	6.67
17	102YZK-3010	含黄铁矿磷铁矿化蚀变角闪片岩	59.83	14.60	3.11	1.88	3.77	6.18	1.00	7.12	0.34	0.24	0.076	1.86	0.95	4.10
18	102YZK-2509	褐铁矿斜长角闪片岩	58.92	12.84	6.03	1.82	1.79	7.06	0.51	6.74	0.44	0.22	0.034	3.59	1.89	4.59
10	102YZK-2517	角闪片岩	70.48	13.65	1.01	3.25	0.89	0.87	3.61	4.35	0.40	0.095	0.053	1.33	0.85	5.16
20	102YZK-2518	角闪片岩	72.84	13.79	0.35	1.95	0.82	1.57	5.35	0.89	0.40	0.15	0.078	1.82	0.94	5.28
21	102YZK-2506	角闪片岩	58.93	11.62	1.26	3.42	7.25	8.50	0.29	5.45	0.31	1.57	0.092	1.31	0.55	5.07
22	102YZK-2507	角闪片岩	52.34	7.16	1.70	5.45	11.47	13.39	0.69	2.49	0.33	3.10	0.09	1.74	0.39	7.31
23	102YZK-2508	角闪片岩	55.89	16.31	1.49	3.20	3.45	9.26	2.79	5.54	0.45	0.15	0.047	1.42	0.60	3.43
24	102YZK-2519	黑云母角闪片岩	57.41	8.69	1.52	6.18	5.51	12.02	0.20	3.73	0.52	1.72	0.096	2.40	0.63	6.61
25	102YZK-2520	黑云母角闪片岩	58.77	10.63	1.87	7.51	6.58	3.25	5.23	1.61	0.52	0.36	0.86	2.80	0.66	5.53
26	102YZK-2521	黑云母角闪片岩	52.72	17.07	1.22	9.95	1.84	2.85	7.04	1.92	0.93	0.24	1.30	2.88	1.13	3.09
27	102YZK-2522	黑云母角闪片岩	61.67	8.84	3.28	3.90	9.37	4.15	2.93	1.60	0.31	0.59	0.70	2.66	0.81	6.98
28	102YZK-3011	阳起石石英片岩	61.58	14.17	2.98	2.52	5.45	2.73	0.2	8.08	0.44	0.15	0.16	1.53	0.36	4.35
29	102YZK-3012	阳起石石英片岩	72.15	11.06	4.34	1.90	0.90	1.45	0.48	5.91	0.35	0.17	0.032	1.26	0.69	6.52

表 3-7　赞坎铁矿围岩微量元素分析数据表

单位:10^{-6}

序号	样号	岩石名称	Cu	Pb	Zn	Cr	Ni	Co	Rb	W	Mo	Sr	Ba	V	Sc	Nb	Ta	Zr	Hf	Ga	Sn	Th
1	ZK004-01	斜长角闪片岩				5.14	2.86	3.78	123	4.97	3.07	73.7	765	27.1	13	5.91	0.54	132	3.65	15.9	5.03	4.89
2	ZK004-02	斜长角闪片岩				5.09	2.96	6.3	9.37	1.47	1.23	143	226	17.6	14.6	8.49	0.68	139	3.8	14.4	42.3	2.19
3	ZK004-03	斜长角闪片岩				5.11	2.47	4.19	123	6.83	2.73	89.6	1190	25.8	14.9	5.86	0.5	133	3.63	15.6	3.66	4.18
4	132X25I-1	黑云母石英片岩	17.5	4.47	54.1	1280	245	32.7	289			69.8	1830		34.4	4.3	0.38	3.58	0.18	20.8		
5	132X25I-11	黑云母石英片岩	6.56	28	72.2	9.59	23.5	36.3	6.4			57	110		3.17	3.74	0.27	26.2	0.9	16.1		
6	132X25I-12	含磁铁矿角闪黑云母石英片岩	3.39	8.78	13.7	33.5	13.4	11.4	48.1			51.5	439		14.8	3.6	0.3	117	3.35	20.2		
7	132X25I-13	黑云母片岩	5.21	1.92	14.9	9.28	4.67	4.42	235			23	772		14.6	17	1.34	288	8.05	22.4		
8	132X25I-19	黑云母斜长角闪片岩	933	6.37	75.9	16	41.2	17.6	4.04			42.6	51.3		86	2.2	0.2	13.9	0.83	9.39		
9	102YZK-2002	黑云母石英片岩	12.7	2.46	20.2	15.7	2	7.03	167	0.84	0.37	77.1	1140	389	42.6	5.83	0.54	95.3				
10	102YZK-2003	斜长黑云母石英片岩	11.5	14.6	21.7	14.4	3.13	8.1	72.1	1.09	1.97	243	537	286	31.1	4.4	0.36	58.9				
11	102YZK-2004	黑云母片岩	10.2	3.56	23.3	4.5	1.23	7.28	145	0.47	1.88	24.4	289	28.1	11.9	11.5	0.81	194				
12	102YZK-2006	黑云母石英片岩	16.2	23	32.7	74	43.9	24.2	119	2.38	1.85	132	1840	366	44.6	6.71	0.63	86.7				
13	102YZK-2005	磁铁矿化斜长黑云母石英片岩	15.8	5.97	20.6	31.3	6.03	7.03	147	5.28	2.9	283	1360	314	40	4.48	0.76	71.5				
14	102YZK-2516	磁铁矿化黑云母石英片岩	13.6	7.45	16.1	5.18	1.92	2.52	72.7	2.62	4.68	72.4	1290	62.6	14.7	6.57	0.66	130				
15	102YZK-2010	碎裂化黄铁矿化黑云母斜长片岩	35.6	5.86	56.3	21.5	93.2	51	18.2	0.36	0.25	56.2	174	213	26	4.4	0.62	84.8				
16	102YZK-2011	碎裂化黄铁矿化黑云母斜长片岩	54.6	18	18.9	47.8	47.3	28.8	69.3	2.67	4.27	77	500	81.3	11.5	7.45	0.68	128				
17	102YZK-3010	含黄铁矿磷铁矿化蚀变角闪片岩	31.3	7.6	29.8	6.18	35.8	11.4	68.1	8.35	4.49	282	245	229	21.9	4.76	0.64	190				
18	102YZK-2509	褐铁矿斜长角闪片岩	39	23.7	40.6	9.67	89.2	39	25.1	2.77	12.2	211	60.6	151	22.5	6.31	0.85	172				
19	102YZK-2517	角闪片岩	9.72	7.73	22.6	3.47	0.6	0.99	76.4	7.67	6.44	56.3	1770	32.9	15.4	8.01	0.78	152				
20	102YZK-2518	角闪片岩	22.4	7.98	17.4	3.74	1.27	2.2	158	3.27	5.7	52	2120	23.4	11.1	14.6	1.46	246				
21	102YZK-2506	角闪片岩	13.6	11.8	60.4	9.69	20.3	9.02	10.8	1.61	0.36	72.3	56.2	256	20.9	4.36	0.71	159				
22	102YZK-2507	角闪片岩	16.6	4.26	55.8	40.3	21.8	7.93	42.7	1.65	0.37	52.9	75.3	330	31.9	4.87	0.83	88.6				
23	102YZK-2508	角闪片岩	46	7.04	44	7.54	98.6	10.3	160	2.29	0.85	90.4	193	193	20.6	5.45	0.76	227				
24	102YZK-2519	黑云母角闪片岩	25.3	2.78	22.9	30	45.4	41.1	8.23	2.9	1.95	66.9	47.7	259	29.1	8.34	0.91	156				
25	102YZK-2520	黑云母角闪片岩	148	29.4	27.4	64	61.4	28.8	150	18.8	39.5	308	4360	94.4	11.5	9.92	1.1	167				
26	102YZK-2521	黑云母角闪片岩	33.2	8.32	68.4	27.4	4.98	8.29	208	1.86	3.45	169	4020	271	41.4	6.49	0.61	103				
27	102YZK-2522	黑云母角闪片岩	40.2	25.8	24.6	29.7	32	19.5	84.8	15.7	8.47	164	1670	50.5	7.56	5.2	0.6	102				
28	102YZK-3011	阳起石石英片岩	26.2	105	28.8	28.3	25.2	5.62	4.41	12.6	15.8	164	64.1	171	17.6	6.49	0.92	189				
29	102YZK-3012	阳起石石英片岩	23	5.29	16.5	4.04	6.79	4.49	21.3	0.93	7.02	53.1	34.7	77.8	7.75	4.31	0.33	103				

表 3-8　赞坎铁矿围岩稀土元素分析数据表

单位：10^{-6}

序号	样号	La	Ce	Pr	Nd	Sm	Eu	Gd	Tb	Dy	Ho	Er	Tm	Yb	Lu	Y	ΣREE	LREE	HREE	LREE/HREE	La/La*	δEu	δY	δCe
1	ZK004-01	17.7	46.5	6.07	24.3	5.02	1.53	4.37	0.61	3.74	0.72	2.05	0.28	1.74	0.28	19.9	114.91	101.12	13.79	7.33	0.74	1.75	0.97	0.89
2	ZK004-02	5.09	18.1	3.11	16	6.12	3.79	8.05	1.33	9.41	1.99	5.6	0.81	4.29	0.55	50.5	84.24	52.21	32.03	1.63	1.18	4.46	0.93	0.98
3	ZK004-03	12	29.4	3.78	14.8	3.45	1.27	3.29	0.5	3.29	0.82	2.01	0.33	1.81	0.3	21	77.05	64.7	12.35	5.24	0.76	2.22	1.02	0.88
4	132X25I-1	4.79	13.4	2.03	9.63	2.88	0.92	3.01	0.5	2.99	0.64	1.66	0.24	1.5	0.22	15.6	44.41	33.65	10.76	3.13	1.03	2.12	0.9	0.96
5	132X25I-11	227	378	38.3	112	18.8	3.98	12.7	1.58	7.43	1.37	3.61	0.54	3.43	0.51	33.2	809.25	778.08	31.17	24.96	0.93	1.1	0.83	0.88
6	132X25I-12	36.1	71.4	8.52	32.8	6.91	1.57	6.62	1.09	6.91	1.52	4.38	0.7	4.82	0.79	40.2	184.13	157.3	26.83	5.86	0.98	1.31	0.99	0.93
7	132X25I-13	57.6	120	14.9	56.8	10.7	1.69	8.69	1.42	8.06	1.7	4.78	0.72	4.98	0.76	45	292.8	261.69	31.11	8.41	0.88	0.87	0.97	0.89
8	132X25I-19	339	780	102	400	68.8	4.65	59.1	8.53	46.7	8.85	22.5	3.2	18.7	2.64	255	1864.67	1694.45	170.22	9.95	0.8	0.36	1	0.87
9	102YZK-2002	30.4	65.1	8.92	38.4	8.41	1.8	6.72	0.89	4.68	0.89	2.27	0.35	2.13	0.31	22.4	171.27	153.03	18.24	8.39	1.04	1.26	0.87	0.92
10	102YZK-2003	14	24.5	2.87	11	2.37	0.73	2.35	0.36	2.06	0.42	1.09	0.16	1.02	0.15	10.3	63.08	55.47	7.61	7.29	1.12	1.8	0.88	0.95
11	102YZK-2005	6.42	13.4	1.86	8.23	2.22	0.66	2.7	0.44	2.91	0.6	1.56	0.24	1.5	0.22	15.5	42.96	32.79	10.17	3.22	1.15	1.9	0.94	0.94
12	102YZK-2010	78.3	190	25	102	21.9	2.38	22.8	3.52	22.3	4.74	12.7	2.02	13	1.94	136	502.6	419.58	83.02	5.05	0.83	0.63	1.06	0.9
13	102YZK-2518	33.8	69.8	8.58	32.8	6.57	1.1	6.01	0.92	6.07	1.32	3.67	0.6	3.93	0.62	37.1	175.79	152.65	23.14	6.6	0.9	0.95	1.05	0.9
14	102YZK-2507	139	286	41.4	166	32.4	2.55	31	4.5	26	5.44	14.2	2.04	12.3	1.72	158	764.55	667.35	97.2	6.87	0.85	0.44	1.06	0.8
15	102YZK-2521	27.4	47.2	5.53	22	4.72	1.53	4.44	0.65	3.92	0.8	2.07	0.33	2.09	0.32	20.6	123	108.38	14.62	7.41	1.23	1.89	0.93	0.98

表 3-9　赞坎铁矿岩体主量分析数据表

单位：%

序号	样号	岩石名称	SiO_2	Al_2O_3	Fe_2O_3	FeO	CaO	MgO	K_2O	Na_2O	TiO_2	P_2O_5	MnO	LOI	H_2O^+
1	ZK005-01	花岗闪长岩	70.56	12.87	1.23	2.24	2.13	1.35	1.18	6.08	0.33	0.08	0.067	1.88	0.68
2	ZK005-02	花岗闪长岩	64.29	12.06	7.31	3.18	2.21	0.92	0.39	6.42	0.35	0.14	0.043	2.68	0.67
3	132X25I-2	花岗闪长岩	64.96	12.02	5.00	3.19	1.12	1.30	5.36	2.24	0.36	0.07	0.09	0.76	0.23
4	132X25I-3	绿帘石化花岗闪长岩	53.64	11.29	4.29	4.19	9.47	4.30	0.47	5.74	0.26	0.08	0.39	5.72	<0.01
5	132X25I-4	花岗闪长岩	71.28	12.62	2.69	2.33	1.36	1.31	1.22	5.60	0.31	0.07	0.08	0.98	0.58
6	132X25I-10	灰绿色片理化花岗闪长岩	61.71	12.48	6.75	4.41	3.78	2.48	0.89	5.41	0.37	0.17	0.14	1.27	0.46
7	132X25I-20	花岗闪长岩	71.00	14.63	1.24	1.13	1.24	1.09	0.23	8.33	0.44	0.19	0.05	0.44	0.20
8	102YZK-3000	蚀变花岗闪长岩	55.42	8.51	4.36	5.15	10.02	8.61	0.58	4.35	0.34	0.83	0.26	1.55	0.87
9	102YZK-3001	蚀变花岗闪长岩	52.98	1.68	3.08	4.51	15.27	18.00	0.52	0.61	0.62	0.34	0.20	2.15	0.94
10	102YZK-3002	蚀变花岗闪长岩	47.37	2.65	10.93	6.02	14.59	9.63	0.061	1.68	0.62	0.011	0.28	6.15	1.70
11	102YZK-3003	蚀变花岗闪长岩	69.48	13.97	1.92	2.15	0.78	2.12	0.75	7.40	0.43	0.13	0.03	0.85	0.61
12	102YZK-3004	蚀变花岗闪长岩	61.80	16.67	3.50	2.25	2.68	2.71	0.32	8.63	0.40	0.10	0.056	0.88	0.65
13	102YZK-3005	蚀变花岗闪长岩	57.94	14.20	0.80	2.00	9.02	3.08	0.81	7.64	0.39	0.12	0.14	3.84	0.75
14	102YZK-3006	蚀变花岗闪长岩	45.46	1.60	1.38	4.45	19.82	16.11	0.11	0.53	0.44	7.87	0.14	1.88	0.26

表 3-10　赞坎铁矿岩体微量元素分析数据表

单位：10^{-6}

序号	样号	岩石名称	Cu	Pb	Zn	Cr	Ni	Co	Rb	W	Mo	Sr	Ba	V	Sc	Nb	Ta	Zr	Hf	Ga	Sn	Th
1	ZK005-01	花岗闪长岩				9.03	4.46	2.03	25	0.89	1.17	39.6	478	69.7	11.1	4.86	0.45	116	3	16.5	3.52	7.04
2	ZK005-02	花岗闪长岩				7.27	3.91	5.9	8.78	1.13	6.11	54.1	155	159	14.3	4.39	0.42	119	3.11	18.9	5.77	7.95
3	132X25I-2	花岗闪长岩	19.6	9.72	17.5	368	13.4	3.22	137			265	22 100		16.4	4.92	0.4	90.9	2.6	17.4		
4	132X25I-3	绿帘石化花岗闪长岩	3.38	2.87	7.34	126	6.01	4.16	9.45			49.4	512		17.1	2.59	0.23	68.6	1.99	17.9		
5	132X25I-4	花岗闪长岩	3.75	2.61	8.82	68.1	5.79	2.38	29.4			30.9	264		12.4	4.68	0.34	93.6	2.6	20		
6	132X25I-10	灰绿色片理化花岗闪长岩	2.82	4.67	9.76	25.2	8.58	7.31	17.2			48.4	270		13.8	5.64	0.44	84.5	2.72	22.9		
7	132X25I-20	花岗闪长岩	21.2	16	12.9	7.13	7.19	7.68	1.25			26.8	53.5		20.1	7.96	0.6	180	5.01	20.9		
8	102YZK-3000	蚀变花岗闪长岩	12.1	24.6	40.1	37.8	15.4	11.7	57	10.1	0.22	159	204	315	34.5	3.33	0.55	126				
9	102YZK-3001	蚀变花岗闪长岩	12.6	13.1	42.4	30.2	19.6	13.8	63.8	6.49	0.4	31.9	188	490	87.5	5.51	0.88	15.4				
10	102YZK-3002	蚀变花岗闪长岩	87.4	12.5	37.7	20.3	27.6	10.9	2.56	2.41	0.74	45.4	13.1	387	50.5	7.3	0.84	15.3				
11	102YZK-3003	蚀变花岗闪长岩	9.64	2.53	18.9	7.52	6.69	4.33	38.4	1.39	2.55	22.5	33.5	93.1	13.8	6.51	0.75	179				
12	102YZK-3004	蚀变花岗闪长岩	8.21	3.84	17.7	15.2	8.72	3.16	26.1	0.17	1.35	115	67.6	114	20.7	7.08	0.93	205				
13	102YZK-3005	蚀变花岗闪长岩	8.21	5.47	19.3	5.14	4.55	2.81	45.7	4.04	0.32	249	344	167	17.6	5.42	0.93	183				
14	102YZK-3006	蚀变花岗闪长岩	56.4	3.62	26.9	19.9	59.2	6.12	6.48	14.4	0.35	61	8.86	424	47.1	4.67	0.77	16.5				

表 3-11 赞坎铁矿岩体稀土元素分析数据表

单位：10^{-6}

序号	样号	La	Ce	Pr	Nd	Sm	Eu	Gd	Tb	Dy	Ho	Er	Tm	Yb	Lu	Y	ΣREE	LREE	HREE	LREE/HREE
1	ZK005-01	20.5	45.9	5.76	21.7	4.13	0.92	4.16	0.65	4	0.89	2.46	0.43	2.82	0.46	23.2	114.78	98.91	15.87	6.23
2	ZK005-02	37.5	78	9.22	33.2	5.94	1.37	5.25	0.78	4.56	0.97	2.69	0.43	2.91	0.44	24.6	183.26	165.23	18.03	9.16
3	132X25I-2	28.1	70.1	10.5	47.9	11	4.39	9.23	1.54	8.24	1.57	4.26	0.65	4.11	0.63	41.7	202.22	171.99	30.23	5.69
4	132X25I-3	9.64	26	4.08	21.6	7.6	1.37	13	2.58	18.1	4.04	11.8	1.81	11.7	1.78	116	135.1	70.29	64.81	1.08
5	132X25I-4	26.4	63.5	9.1	38.1	9.23	1.15	8.6	1.42	8.85	1.9	5.36	0.83	5.44	0.84	51.4	180.72	147.48	33.24	4.44
6	132X25I-10	43.3	103	14.6	60.1	13.8	1.63	13	2.05	12.9	2.75	7.96	1.26	8.34	1.29	73.7	285.98	236.43	49.55	4.77
7	132X25I-20	18.5	46.5	6.62	28.2	6.85	1.22	8.86	1.62	10.6	2.19	5.79	0.87	5.37	0.76	57.7	143.95	107.89	36.06	2.99
8	102YZK-3000	61.1	123	15.8	65.2	15.1	2.17	14.4	2.09	11.9	2.26	5.82	0.86	5.55	0.87	64	326.12	282.37	43.75	6.45
9	102YZK-3002	15.7	75.2	16.2	87	27.7	3.14	25.5	3.91	23.7	4.61	11.7	1.81	10.9	1.51	123	308.68	224.94	83.74	2.69
10	102YZK-3004	88.7	185	24.9	104	21.7	2.47	16.7	2.22	12	2.26	5.65	0.82	4.84	0.69	59.9	471.95	426.77	45.18	9.45

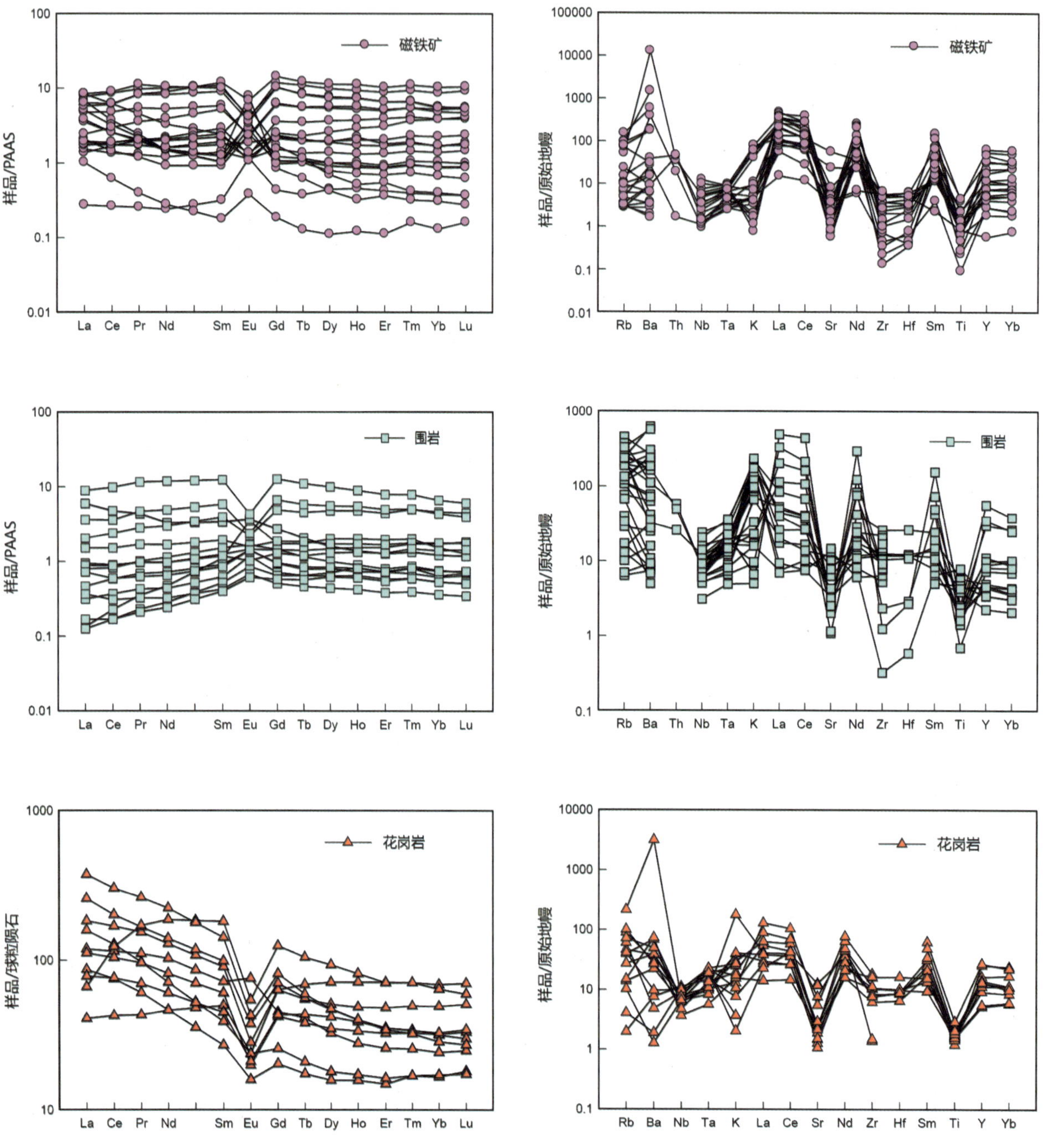

图 3-22　赞坎铁矿石、围岩和岩体 PAAS/球粒陨石标准化配分图及微量元素原始地幔标准化蛛网图

围岩显示与铁矿是相同的稀土配分模式，稀土总量（$\sum$REE+Y）为 $98.05\times10^{-6}\sim2119.67\times10^{-6}$，平均为 538.04×10^{-6}。角闪片岩类围岩具有明显的 La 负异常和 Eu 正异常（La/La*=0.74～1.23；δEu=0.36～4.46），具有较弱的 Ce 和 Y 的负异常（δCe 为 0.87～0.98；δY 为 0.88～0.96）。黑云母片岩类围岩具有明显的 La 正异常和 Eu 正异常（La/La*=0.88～1.15，平均 1.03；δEu=0.87～2.12，平均 1.43），具有较弱的 Ce 和 Y 的负异常（δCe 为 0.88～0.96；δY 为 0.83～0.99）。

此外，矿石与围岩具有微量元素经原始地幔标准化（Sun，Mc Donough，1989）显示有相似的分布特征，显示 Ce、La、Nd、Sm 正异常，Nb、Ta、Zr、Ti、负异常。

2. 锆石 U－Pb 年代学

(1)花岗岩闪长岩:赞坎矿区Ⅳ号矿体顶部至Ⅲ号矿体底板出露大面积的花岗闪长岩,其含有大量的闪长质包体。本次研究针对花岗闪长岩及其闪长质包体均进行了锆石 U－Pb 年龄测试。阴极发光显示锆石多为长柱状,长约为 100 μm,长宽比为 3∶1。部分锆石颗粒具有清晰的振荡环带,为典型的岩浆锆石。部分锆石振荡环带不清,可能为变质锆石或遭受后期蚀变交代作用的影响。花岗闪长岩锆石 U－Pb 年龄为 536±4.7Ma,闪长质包体的年龄为 536±3.8Ma 和 566±5.3Ma(图 3－23)。

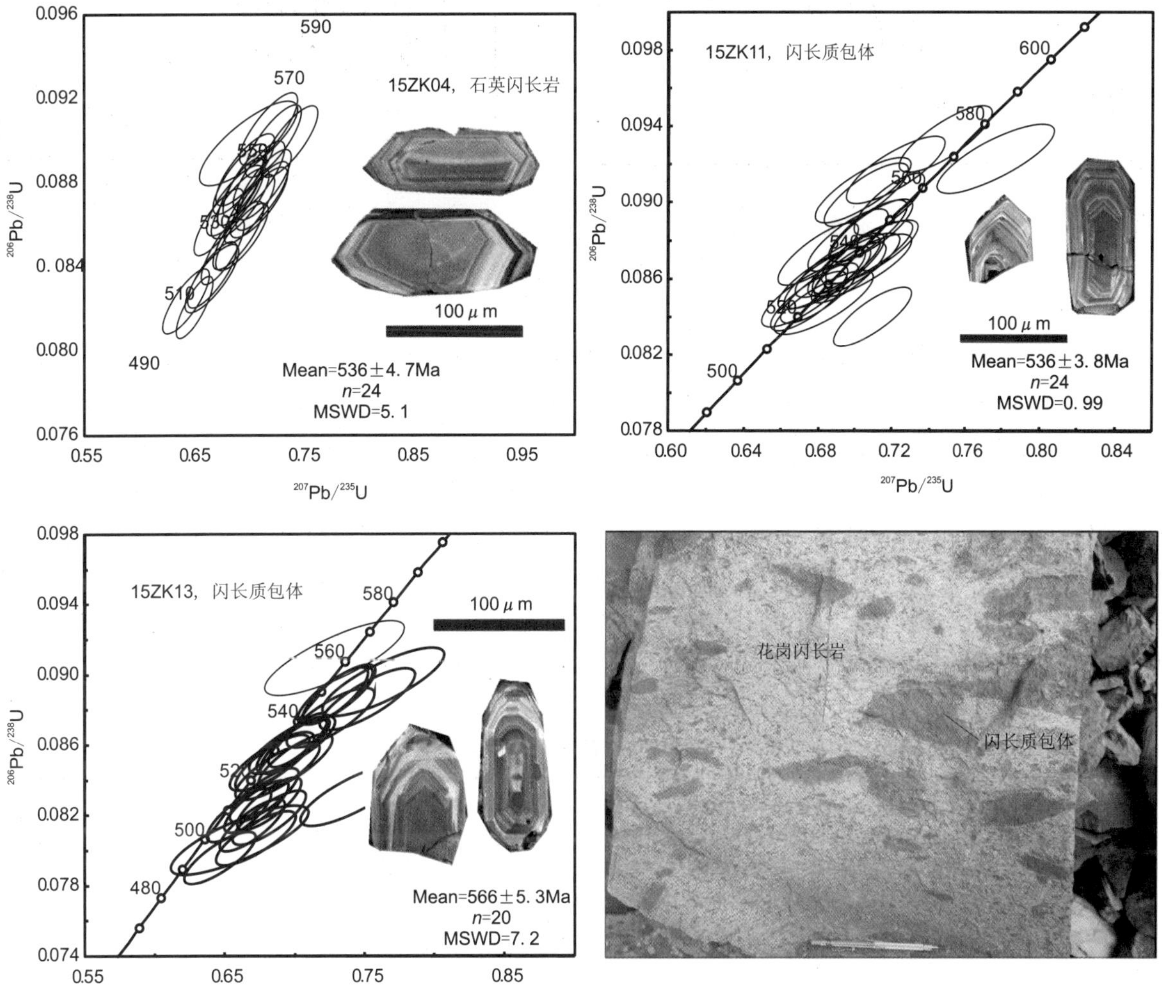

图 3－23　花岗闪长岩及闪长质包体锆石 U－Pb 年龄

(2)石英闪长岩:石英闪长岩所选锆石呈短柱状,一般具核边结构,核部有振荡环带,具有变质增生边或表面溶蚀现象。对锆石的核部进行了测试,两件样品共计 23 个数据测试点结果为:锆石的 SHRIMP 年龄分别为 542.6±8.4Ma 和 540.6±4.8Ma。测试结果及锆石形态特征如图 3－24。

3. 同位素地球化学特征

赞坎铁矿区中常见的硫化物主要是黄铁矿。磁铁矿矿体贫矿中硫化物含量较少,具半自形—自形结构,呈细粒浸染状或纹层状分布于磁铁矿和其他脉石矿物之间,未见明显的穿插现象。磁铁富矿中可见到相对较多的黄铁矿,呈网脉状或斑点状产出,大部分颗粒较大,晶形较好,与富铁矿形成关系密切,磁铁矿富集时,黄铁矿含量明显增多。

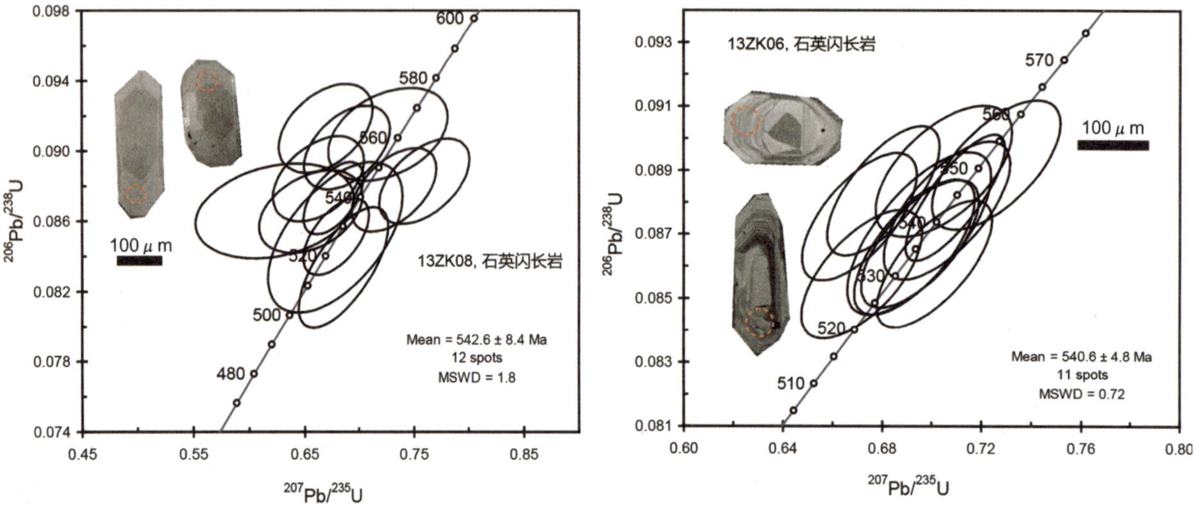

图 3-24　石英闪长岩锆石 SHRIMP 测年

赞坎铁矿区黄铁矿 S 同位素结果见表 3-12。结果显示，黄铁矿 $\delta^{34}S$ 值较高，分布范围为 13.3‰～27.3‰，平均为 20.36‰。硫同位素主要有两个重要的硫源：一是以还原硫形式存在的地幔硫，其 $\delta^{34}S$ 平均为 0；二是以 SO_4^{2-} 形式存在的大洋水或海水的蒸发岩，现代海水 $\delta^{34}S$ 平均为 20‰。研究表明硫同位素值可以反映出当时古海洋生物地球化学环境以及当时海水氧化还原条件，新元古代早期海水 $\delta^{34}S$ 值与现代海水 $\delta^{34}S$ 相似，一般在 +20‰左右，在雪球事件之后 $\delta^{34}S$ 值迅速增大，在短期内出现超过 20‰的正漂移，达到 40‰～50‰（Chu et al.，2003；张同钢等，2003），然后逐渐降低。地幔硫接近 0，故排除黄铁矿中硫来源于地幔，赞坎铁矿中黄铁矿硫同位素均为较大的正值，但是比矿区膏盐层中硬石膏的硫同位素略低，因此判断该铁矿中大量的黄铁矿是含铁热液与膏盐作用的结果。

表 3-12　赞坎矿区 S 同位素测试结果

样品号	测试对象	采样位置	$\delta^{34}S$(‰)
TZK13-8-3	黄铁矿	赞坎Ⅰ号矿体	19.7
TZK13-8-10	黄铁矿	赞坎Ⅰ号矿体	27.3
TZK13-3-7	黄铁矿	赞坎Ⅲ号矿体	19.1
ZK42402-88	黄铁矿		22.7
ZK42402-86	黄铁矿		23.2
ZK31*	黄铁矿	赞坎Ⅰ号矿体	18.4
ZK32*	黄铁矿	赞坎Ⅰ号矿体	19.2
ZK33*	黄铁矿	赞坎Ⅰ号矿体	13.3

注：* 数据引自黄朝阳(2014)

(四)矿床类型与成因分析

1. 矿床类型

前人认为沉积变质型铁矿中具有较低的 TiO_2、MgO、CaO、Al_2O_3（Bau，Dulski，1996），赞坎铁矿的

TiO_2、MgO、Al_2O_3 含量较少。$Al_2O_3+TiO_2$ 为 3.24%～12.80%，平均为 6.73%，显示铁矿在形成过程中有少量陆源碎屑的加入。

赞坎铁矿床矿石轻稀土富集，重稀土亏损，Th、U 含量高。与沉积变质型铁矿相比，赞坎铁矿铁矿石微量元素 Ce、Y 无明显异常，部分矿石 Eu 显示正异常，Eu 正异常是海底高温热液的特征(Danielson et al.，1992；Bau，Dulski，1996；Douville et al.，1999)，说明赞坎铁矿铁矿石中的稀土元素部分来自海底热液。前人研究认为 Th/U 元素比值可以作为确定物源类型的标志(Bhatia，Taylor，1981；陈建强等，2004；杜后发等，2011)，当 Th/U 比值约为 4.5 时，其物源主要以沉积岩为主，可能有岛弧火山碎屑岩的混入。赞坎铁矿 Th/U 比值为 0.02～13.09，平均为 2.6，且 Sr/Ba 比值为 0.11～4.47，平均 0.99，综合显示铁矿与陆源沉积岩有一定的关系(陈述荣等，1985；张士等，1989；沈其韩等，2009，2011)。

赞坎铁矿规模大，基本顺层产出，矿区内有明显的火山活动及变质作用，根据地球化学分析，初步认为赞坎铁矿类型为沉积变质型铁矿，但后期热液活动对铁矿富集起到了重要作用。

2. 成因分析

通过前面章节对塔什库尔干地区铁矿形成的地质构造背景、成矿环境、矿床地质特征、矿床成因及成矿过程等方面的综合研究，并结合国内外沉积变质型矿床的成矿作用的研究成果，认为赞坎矿床的形成经历了如下阶段。

(1)沉积成矿阶段(Ⅰ)：该阶段为区内磁铁矿床的主要形成阶段。弧后盆地的形成过程伴随海底火山活动，火山活动带来了大量的成矿物质，部分铁质与海水发生海解作用进入海水富集，沉积后形成富铁富硅沉积岩，形成下部为富铁火山岩，上部为富铁沉积岩(富硅)的含铁建造。

(2)中—新元古代区域变质变形(Ⅱ)：这一阶段对区内铁矿的形成总体影响有限。受区域变质作用改造，原始磁铁矿矿层发生深埋变质作用，在高温高压下富铁岩石物质成分发生分异，铁质进一步富集，形成富铁和富硅的不同颜色条带。这一阶段对区内磁铁矿床的富集起到了一定的作用。一方面使原始沉积形成的极少量赤铁矿(镜铁矿)变质成磁铁矿和原始沉积形成的磁铁矿局部发生重结晶作用；另一方面在西昆仑造山带和东西两侧断裂带的共同作用下形成一系列宽缓褶皱，使得原始磁铁矿矿层发生同步褶曲，并在局部发生富集。

(3)早古生代高盐度卤水萃取与富集成矿(Ⅲ)：早古生代被动陆源形成的大量高盐度卤水对古元古代基底中铁质成分进行萃取，在有利区域沉淀形成矿，局部还有大量的膏盐，在赞坎铁矿Ⅰ号矿体底板附近和Ⅴ号矿体底板处发现的大量含磁铁矿膏盐层就是明显的证据，在高盐度卤水的作用下，使得磁铁矿矿体进一步富集。

(4)热液叠加(Ⅳ)：后期构造岩浆事件对铁矿形成有一定的影响，使岩体与磁铁矿矿体接触部位出现叠加改造的矽卡岩化磁铁矿(赞坎铁矿区出露较为明显，其他矿区也发生不同程度的矽卡岩化)。同时，构造岩浆活动形成的高温热液与含磁铁矿膏盐层相互作用，一方面由于膏盐的参与提高了铁质成分的溶解度，再一次萃取了围岩中大量的铁质成分，形成大量含铁热液，另一方面含铁热液与膏盐层相互作用，形成了大量的黄铁矿。

二、老并-叶里克铁矿

老并铁矿床位于新疆喀什地区塔什库尔干县马尔洋乡，属于西昆仑山系的帕米尔高原东部，西距中巴公路(314 国道)约 20km。绕经班迪尔、瓦恰、马尔洋达阪约 80km 的乡间沙石公路，可直接到达矿区。矿区地理坐标为：东经 75°33′45″—75°41′20″，北纬 37°21′00″—37°20′39″，面积 78.19km^2。老并矿区西北方向为叶里克矿区，两个矿区铁矿带相连，含铁岩系及铁矿类型相似。

(一)矿区地质特征

1. 矿区地层

根据河南地调院燕长海等(2012)观点,老并铁矿区归属下古生界。矿区内出露地层主要为下古生界含铁岩系和第四系。

下古生界含铁岩系含铁岩系广泛出露(图 3-25),除走克本沟沿背斜倾伏端岩石变质程度较深(达片麻岩、混合岩)、厚度变化较大外,其他地区出露的岩性、岩石组合及变形特征差别不大,具很好的可对比性。由于矿区地形陡峻,深切河谷地貌,布伦阔勒岩群含矿出露较好,但都未见含矿岩系的顶、底。因此,根据矿区实测剖面,按背斜、向斜构造出露的地层新老关系及残余的示顶构造,岩石组合及其沉积相特征经横向综合对比分析,从下往上基本分为 3 个岩性段:即大理岩+片岩段、磁铁石膏段和石英云母片岩段。

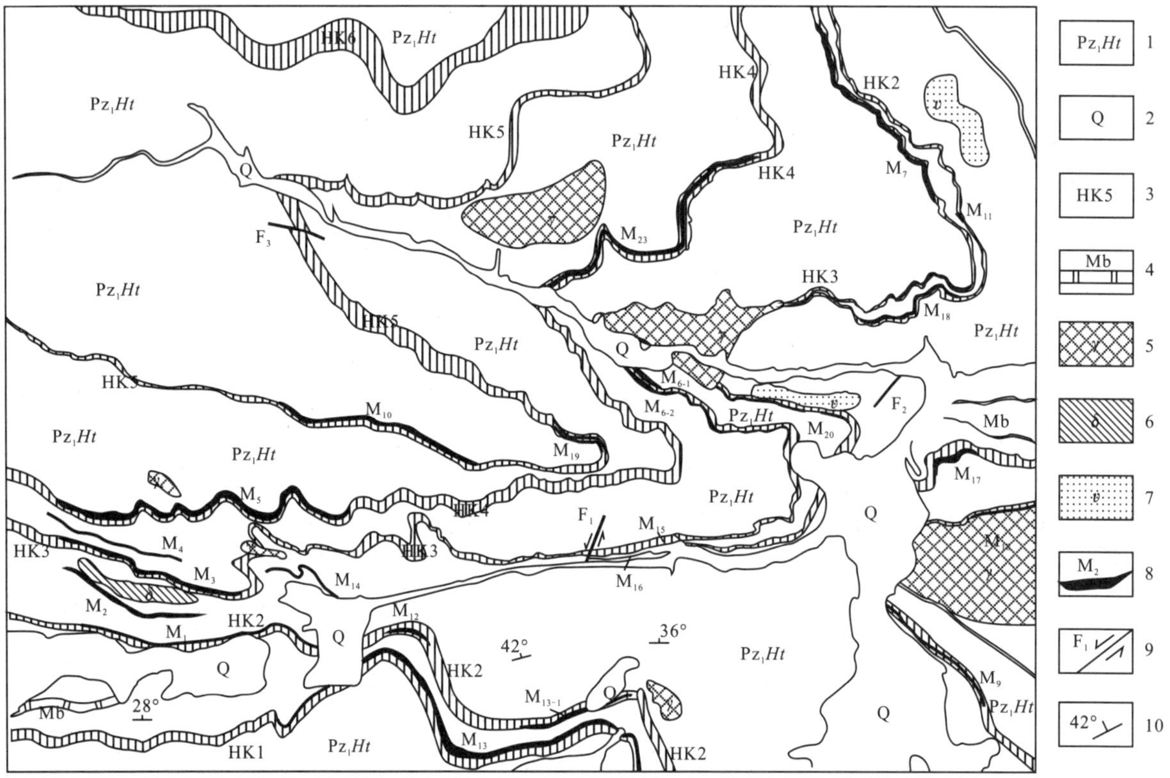

图 3-25　老并矿区地质略图

1. 下古生界含铁岩系;2. 第四系;3. 沉积铁矿化层及编号;4. 大理岩;5. 片麻状花岗岩;6. 闪长岩;7. 次闪石岩;8. 矿体及编号;9. 断层及编号;10. 产状

1)大理岩+石英片岩段

该岩性段主要分布于矿区的南部,为矿区的主要赋矿层位。下未见底,与上覆下古生界含铁岩系 b 段整合接触。为一套中浅变质碎屑岩夹火山岩、碳酸盐岩建造,内部形成一系列的平卧褶皱、斜歪褶皱,片褶厚度大于 1188m。构成矿区内复式背向形褶皱的两翼,岩层(S_{0-1})倾角一般为 20°~45°。

该岩段以含大理岩(或钙质层)夹层和石榴石的广泛发育为特征,地表以含磁铁硫铁矿的"黄带"作为与 b 段的分界标志。主要岩性为黑云石英片岩、石榴黑云石英片岩、大理岩、黑云斜长片岩。在纵向上,自下而上黑云石英片岩逐渐变少,斜长黑云片岩、大理岩增多;在横向上,东北部以黑云石英片岩、大理岩为主,南部以斜长黑云石英片岩为主。该岩性段中有 3 个"黄带"相间平行分布,以此为标志划分出了 6 个岩性层。

2)磁铁硬石膏岩段

该岩段主要分布于矿区北部,与下伏地层 a 段和上覆地层 c 段均为整合接触,为一套中浅变质的碎屑岩夹火山岩建造。内部形成一系列的平卧褶皱、斜歪褶皱,片褶厚度大于 200m。总体构成矿区内复式背向形褶皱,岩层(S_{0-1})倾角一般为 20°～65°。

该岩段以石膏岩或含石膏层的广泛发育为特征,以大规模的含磁铁矿"黄带"作为与 a 段和 c 段的分界标志。主要岩性为黑云石膏片岩、石膏岩、黑云石英片岩、长英质片岩、斜长角闪片岩、变石英砂岩。纵向上,自下而上斜长角闪片岩、长英质片岩逐渐变少,黑云石英片岩、含石膏黑云石英片岩增多,横向上东北部以黑云石英片岩、变石英砂岩为主,西南部以斜长角闪片岩、长英质片岩和黑云石英片岩为主。该岩性段中有两层石膏磁铁矿,在地表呈负地形,以此为标志划分出了 4 个岩性层。

3)石英云母片岩段

该岩性段主要分布于矿区的东北部,与下伏地层 b 段整合接触,上部为第四系覆盖,为一套中浅变质的碎屑岩夹火山岩建造。内部形成一系列的平卧褶皱、斜歪褶皱,片褶厚度大于 120m。总体构成矿区内复式背向形褶皱向斜核,岩层(S_{0-1})倾角一般为 20°～65°。

该岩段以大套的变石英砂岩出露为特征,以含磁铁"黄带"作为与 b 段分界的标志。其主要岩性为变石英砂岩、磁铁石英岩、斜长角闪片岩、黑云石英片岩。在纵向上,自下而上斜长角闪片岩逐渐变少,变石英砂岩、黑云石英片岩增多;在横向上东北部以黑云石英片岩、变石英砂岩、磁铁石英岩为主,西南部以变石英砂岩、黑云石英片岩为主。以"黄带"为标志划分出了 4 个岩性层。

矿区赋矿层位为含铁岩系的 6 个含磁铁矿"黄带",其共性特征是:铁矿层均位于地层沉积序列的结构转换面上或附近;由于各含矿层中均或多或少含有黄铁矿或石膏,经表生风化氧化作用,使黄铁矿中的硫析出染色,致使含矿层总体呈现黄色,成为矿区内典型的找矿标志之一。所不同的是各条"黄带"中赋存的矿石类型各异,依次为绿泥石磁铁矿型、方解石磁铁矿型、角闪石磁铁矿型、石膏磁铁矿型、石英岩型磁铁矿石、黑云石英片岩磁铁矿型。

2. 矿区构造

老并矿区内褶皱发育,属中浅构造层脆韧性变形,断裂不太发育。矿区为一个"两向夹一背斜"组成的复式向斜,褶皱轴迹走向 300°(图 3-26),发育有平卧褶皱、斜歪褶皱及层间的牵引褶皱,显示多期变形特征。

背斜主要沿走克本沟向北西倾伏,倾伏角约 40°,转折端较圆滑,核部发生虚脱,并被片麻状花岗岩充填呈马鞍状。在走克本沟,背斜倾伏端层间小型褶皱构造十分发育,面理构造大多数置换了层理构造,但置换得不彻底,局部可见层理(S_0)与面理(S_1)平行。根据层间小型褶皱轴面与层理的关系,背斜两翼物质向转折倾伏端塑性流动,使转折倾伏端地层加厚,具有弯流褶皱作用特征。而背斜两侧发育的向斜分别向南东扬起,两翼很少见片理构造置换层理构造现象,基本保留了原始层理构造,以缓倾斜(倾角 15°～40°)的单斜地层出露为主。断裂以北西向断裂构造为主,倾向北东,倾角 45°～60° 。东西向断裂次之,北西向断裂对铁矿体具有明显破坏作用,但沿走向对磁铁矿层连续性影响不大。

因此,老并矿区复向斜褶皱构造总体特征以宽缓褶皱为主,赋存铁矿体的有利构造部位主要是背斜倾伏转折端虚脱部位或向斜转折端虚脱部位。而矿区内断裂构造一般斜切岩层,对矿体虽有破坏,但沿走向对磁铁矿层连续性影响不大。

3. 岩浆岩

老并矿区含铁岩系中,火山活动形成的岩石主要有斜长角闪片岩和绿泥石片岩等,其原岩为中基性火山岩,还可见到变质程度较浅的具气孔和杏仁状构造的变质玄武岩。这些火山岩与铁矿的成矿关系十分密切,是老并矿区内铁矿的主要赋矿围岩之一。此外,矿区内岩浆侵入活动也较强烈,主要类型有闪长岩和片麻状花岗岩等。但岩浆侵入活动多发生在成矿后,与铁矿床的成矿作用无明显关系,主要对

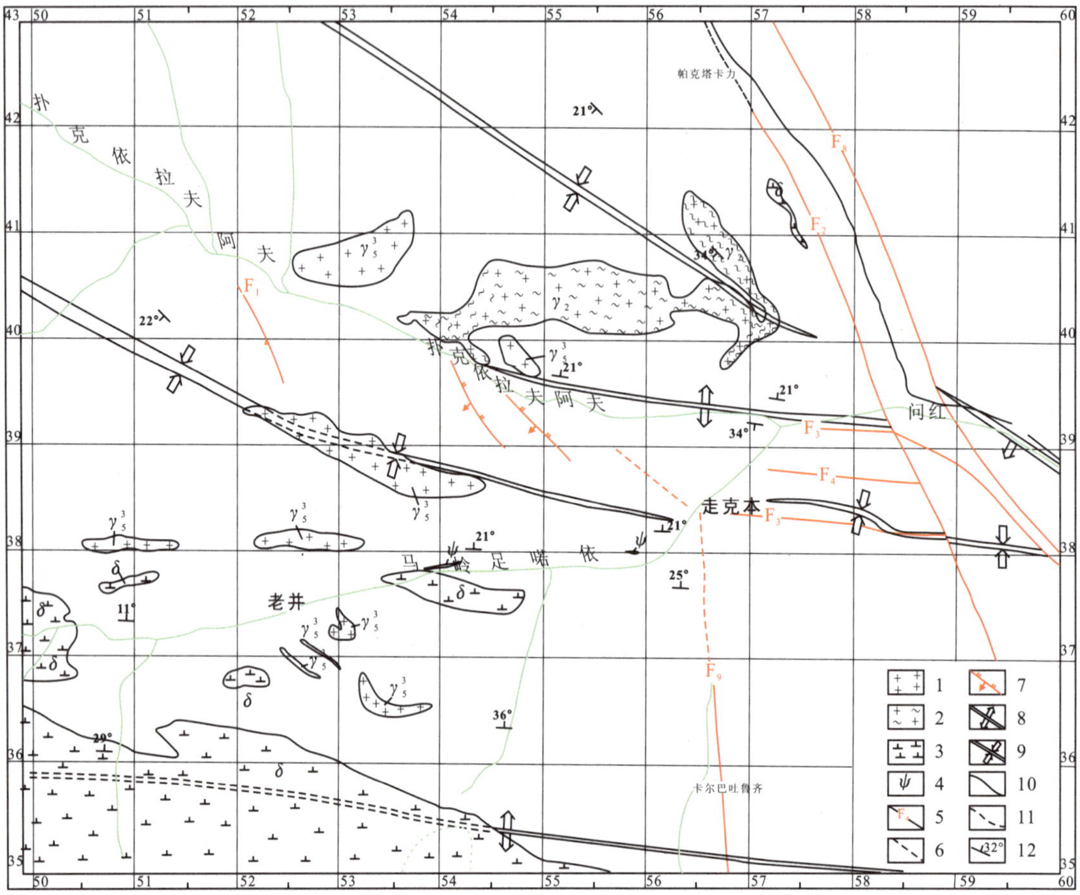

图 3-26　老井矿区构造纲要图

1. 燕山晚期细粒花岗岩；2. 晋宁期片麻状花岗岩；3. 闪长岩；4. 辉石岩；5. 断层及编号；6. 推测断层；7. 逆断层；8. 背斜及推测背斜轴迹；9. 向斜及推测向斜轴迹；10. 地质界线；11. 推测地质界线；12. 地层产状

沉积的层状磁铁矿体局部起破坏作用。

闪长岩：呈椭圆状分布于矿区的西南部，出露面积约 0.1km^2。岩石呈灰绿色，具中细粒花岗结构，块状构造，主要造岩矿物为长石(60%)、角闪石(35%)、黑云母(5%)和石英(5%)。

片麻状花岗岩：零星出露于矿区中北部和东北部，出露面积小于 0.05km^2，多具片麻状构造，片麻理产状与围岩一致。岩石呈灰白色，细粒等粒结晶结构，片麻状构造。主要造岩矿物为石英(45%～65%)、长石(30%～50%)，少量黑云母、角闪石。

4. 变质岩

矿区内岩石为一套中浅变质岩，局部为片麻岩类。岩性主要包含石英片岩类、角闪岩类、长英质变质岩类、变砂岩类、硬石膏岩类和大理岩类等。其中，黑云石英片岩和斜长角闪(片)岩为区内铁矿的主要赋矿围岩。详细的变质岩描述及分析见第三章第三节，原岩恢复表明老井地区以泥质碎屑岩-硫酸盐-碳酸盐岩夹基性火山岩的含铁建造为主。

(二)矿体地质特征

1. 矿体特征

矿区已发现数十条磁铁矿矿(化)层，矿体的产出严格受地层层位和岩性控制，矿体走向北西-南东向，倾向北东，主要呈层状、似层状产于含铁岩系中，赋矿围岩以黑云石英片岩为主，斜长角闪片岩次之。矿体与围岩呈整合接触、互层产出，具有明显的沉积特征。矿区内从南向北有 6 个含矿层(HK_1～

HK_6)。其中 HK_1 和 HK_2 含矿层以石英磁铁矿石和绿泥石磁铁矿石为主；HK_3 含矿层则普遍发育硬石膏、磁铁矿和黄铁矿组合，形成特殊的硬石膏-磁铁矿建造，矿石类型则以硬石膏磁铁矿和含黄铁矿磁铁矿为主；HK_4 含矿层下部以磁铁矿为主，上部为黄铁矿；HK_5 和 HK_6 则以黄铁矿为主，磁铁矿化程度弱。在这 6 个含矿层中，以 M_1、M_6、M_7 和 M_{13} 为主要矿体，现简要介绍如下。

M_1 号铁矿带：位于西南部老并沟 HK_2 含矿层内(图 3－27)，矿体整体走向为北西-南东向，倾向北东，倾角 30°～55°。矿化体长约 1200m，平均厚宽约 5.65m，局部有 30m 以上，TFe 平均品位为 31.94%。矿体的主要赋矿围岩为黑云母石英片岩，矿石自然类型为石英型磁铁矿和方解石型磁铁矿。矿体呈层状、似层状与顶底板围岩互层产出，矿体沿走向延伸不太稳定，呈断续分布。

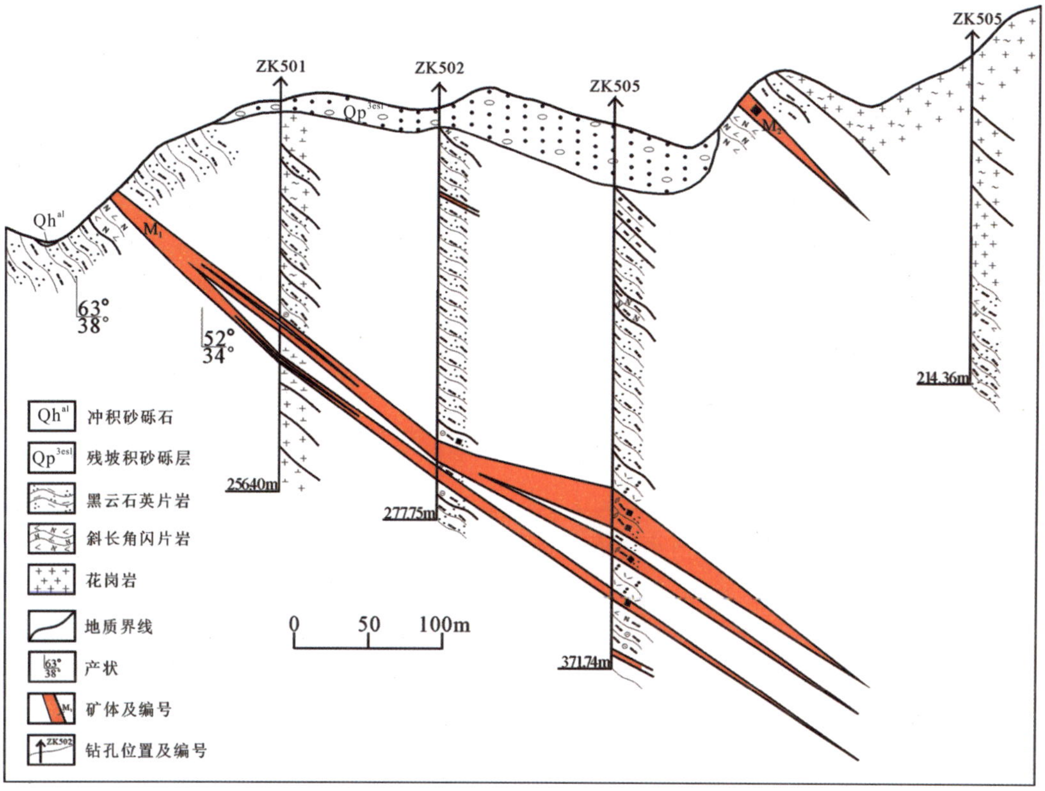

图 3－27　老并 M_1 号矿体 5 号勘探线剖面图

M_6 号铁矿体：M_6 矿体位于矿区的中部走克本沟两旁，矿区范围内为一隐伏矿体，区外地表露头良好，呈层状赋存于 HK_3 含矿层内。矿体呈“U”形分布于走克本背形的两翼，南翼矿体呈北西-南东走向，倾向南西，倾角 32°～60°，北翼矿体倾向北东，平均倾角 15°～60°。现控制矿体总长度为 3.2km，平均厚 21.97m，TFe 平均品位为 32.43%。矿体上下盘围岩均为黑云母石英片岩，矿石以硬石膏型磁铁矿为主，次为致密块状磁铁矿和含黄铁矿磁铁矿。矿体形态简单，主要呈层状、似层状分布于含矿地层中，局部具分支复合现象，呈疏缓波状起伏，沿走向及两翼矿体圈闭。总体上来看，矿体在背形转折端处厚大，往两翼至向形仰起端逐步变薄，南翼延伸稳定、厚度大，北翼延伸不稳定、厚度小，沿矿体倾向方向厚度变化较大(图 3－28)。

M_7 号矿体：位于矿区东北部的 HK_3 含矿层内，矿体总体呈北西-南东向展布，长约 2800m，平均厚度 7.09m，倾向北西或南西，平均倾角约 40°。矿体呈层状与围岩整合产出，上下盘围岩为长英质片岩和黑云石英片岩。矿石类型以硬石膏型磁铁矿为主，磁铁矿呈条带状或浸染状分布，局部见薄层的块状或稠密浸染状磁铁矿矿体。矿体 TFe 平均品位为 39.06%。

M_{13} 号矿体：位于矿区西南部的 HK_1 含矿层内，呈北西-南东向展布，倾向北东，倾角为 40°～60°。

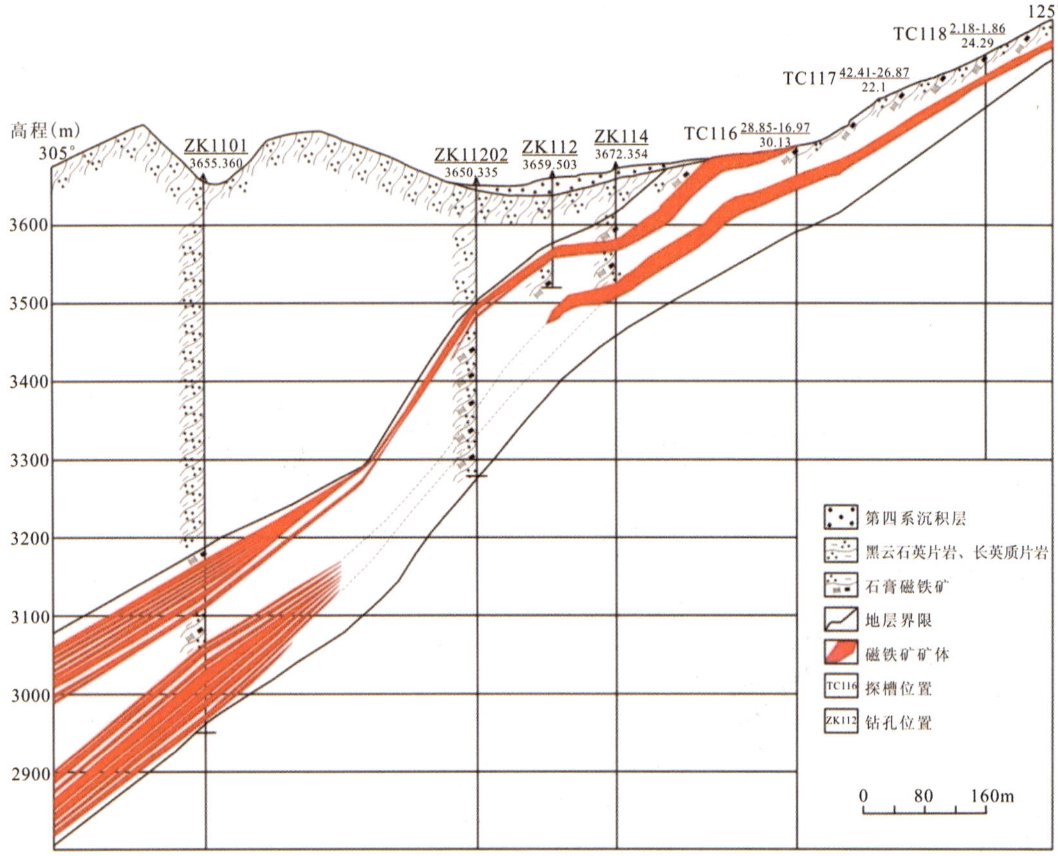

图 3-28　老并 M_6 号矿体剖面图

浅部有 7 个探槽，深部有 ZK2101 控制，矿体长 3.2km，平均厚度为 4.31m，局部可达 50m，TFe 平均品位为 42.62%。矿体呈层状、似层状与围岩黑云母石英片岩和二云母石英片岩整合接触，赋矿围岩中磁铁矿化现象普遍。矿石自然类型以绿泥石磁铁矿矿石为主，矿石构造多为条带状构造。

2. 矿石特征

老并矿区矿石类型较为复杂，按照脉石矿物成分可以划分为硬石膏磁铁矿矿石、黑云石英磁铁矿矿石、斜长角闪磁铁矿矿石、石英型磁铁矿矿石和方解石型磁铁矿矿石，矿石多显示为沉积成因矿石，但矿区内以硬石膏磁铁矿矿石为主。

硬石膏磁铁矿矿石：矿区内最主要的矿石类型，为最大矿体 M_6 和 M_7 的主要矿石类型，主要产于黑云母石英片岩内（图 3-29a、b）。矿石矿物以磁铁矿为主，含量较低，此外还常有黄铁矿，次为黄铜矿。脉石矿物以硬石膏为主，还含有少量黑云母、角闪石和石英。矿石矿物组合为磁铁矿＋黄铁矿＋硬石膏，矿石以浸染状为主，也可见条带状。

石膏磁铁矿矿石：主要见于 M_6 号矿体之中（图 3-29c、d），在赞坎矿区和老并矿区均有产出。含石膏磁铁矿中普遍含有大量黑云母和少量石英，钻孔中可见硬石膏和少量黄铁矿，片理较发育，磁铁矿晶体较粗，一般在 1～3mm，局部可见 5mm 左右的磁铁矿晶体。含磁铁矿石膏矿物组合简单，一般只有石膏、磁铁矿，局部含有少量的黑云母，块状构造，磁铁矿晶体较粗，一般在 2～4mm，局部磁铁矿晶体较粗，表面淋滤显现明显（图 3-29c）。

角闪石英磁铁矿矿石：主要见于 M_1 号矿体中，矿石呈黑绿色，矿石矿物以磁铁矿为主，呈他形粒状变晶结构，具条带状、条纹状构造。脉石矿物则主要为角闪石和石英，矿石中 TFe 品位为 37%～52%（图 3-30a、b、c）。

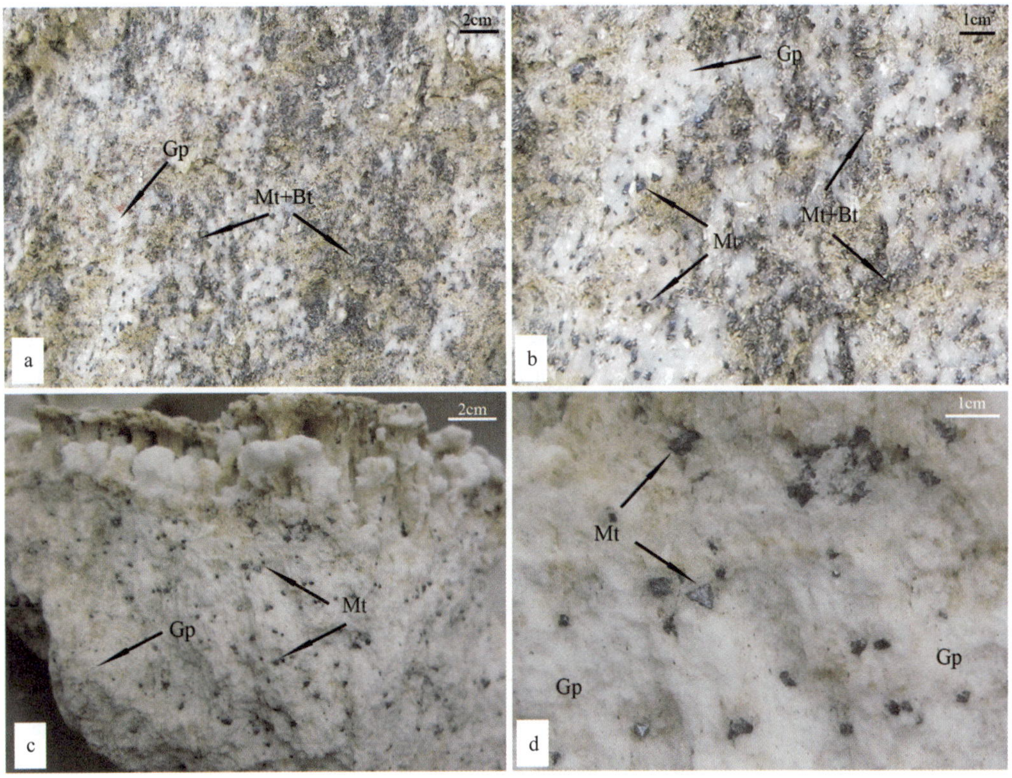

图 3-29 老并铁矿含石膏磁铁矿矿石照片

a. 含石膏黑云母石英片岩；b. 含石膏黑云母石英片岩；c. 含磁铁矿石膏；d. 含磁铁矿石膏；Mt. 磁铁矿；Qtz. 石英；Gp. 石膏；Py. 黄铁矿；Bt. 黑云母

黑云石英磁铁矿矿石：该类矿石广泛在矿区出露，与围岩黑云石英片岩多为渐变过渡，黑云石英片岩中磁铁矿含量增多则变为磁铁矿石。矿石呈灰黑色，矿石矿物磁铁矿多呈浸染状分布，含量变化较大，为 15%～35%，此外还含少量的黄铁矿；脉石矿物主要为石英和黑云母，当黑云含量变少则过渡为石英磁铁矿石(图 3-30d)。

斜长角闪磁铁矿矿石：在 M_3、M_4 和 M_5 号矿体最为发育，与围岩斜长角闪岩呈渐变过渡关系，当斜长角闪岩中磁铁矿含量增加则变为磁铁矿石。矿石为灰绿色，矿石矿物磁铁矿多呈浸染状分布，含量为 15%～35%，脉石矿物为角闪石和斜长石。

方解石石英磁铁矿矿石：该类矿石分布较少，仅见于 M_1 和 M_2 号矿体中，产于黑云石英片岩与大理岩接触处。矿石呈灰黑色，他形粒状结构，块状或略具条带状构造。矿石矿物以磁铁矿为主，脉石矿物主要为石英和方解石，次为角闪石。

除此，块状磁铁矿石多发育于 M_{13} 号矿体中，品位较高，多见致密块状构造的矿石，主要可见绿泥石磁铁矿矿石和角闪石磁铁矿矿石两种类型，可能为后期热液改造成因。含黄铁矿磁铁矿矿石则在 M_6 号矿体较为发育，分与于黑云石英片岩内，肉眼可见浸染状的黄铁矿(图 3-30d)。

3. 矿物特征

经野外、岩矿鉴定及电子探针分析，老并矿区矿物成分较为简单，主要金属矿物有磁铁矿和黄铁矿，次为赤铁矿、褐铁矿，并含少量的黄铜矿、黄钾铁矾、针铁矿等。而非金属矿物主要有石英、硬石膏、石膏、白云母、角闪石、黑云母、斜长石、石榴石、阳起石、绿帘石、绿泥石、方解石等，主要矿物特征如下。

磁铁矿：是区内最主要的金属矿物，根据野外特征可以将磁铁矿分成两个期次，其中早期次的磁铁矿为原始沉积成因(图 3-31c)，多为半自形—他形粒状，大小集中在 0.05～0.4mm 之间，主要呈条带

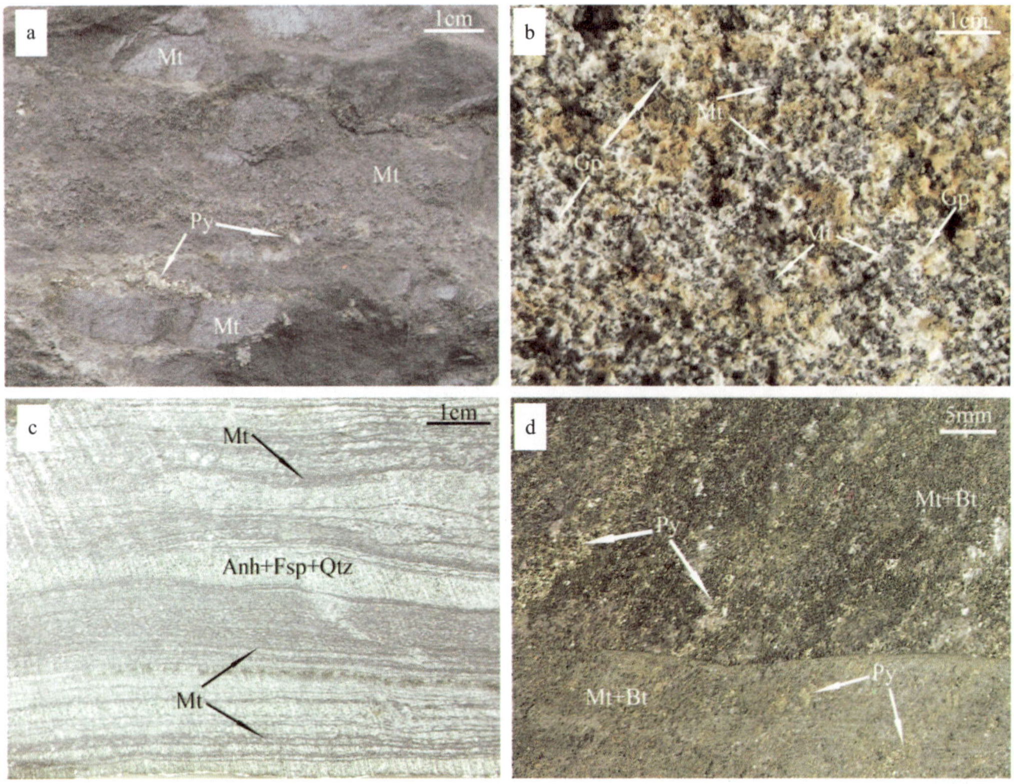

图 3-30　老并矿区矿石手标本照片

a. 块状磁铁矿；b. 含石膏磁铁矿；c. 条带状磁铁矿；d. 含黄铁矿磁铁矿；Mt. 磁铁矿；Py. 黄铁矿；Gp. 石膏；Anh. 硬石膏；Fsp. 长石；Qtz. 石英；Bt. 黑云母

状分布于各类矿石中；晚期次磁铁矿含量相对较少，为后期经热液改造成因，野外表现为磁铁矿发生重结晶作用而粒径明显变粗大(图 3-31a、d)，颗粒大小多大于 1mm，高品位块状磁铁矿石和浸染状磁铁矿石为此类型。

黄铁矿：矿区内含量第二的金属矿物，主要分布在黄铁矿磁铁矿矿石和硬石膏磁铁矿矿石中，早期原始沉积成因的黄铁矿呈半自形—他形与磁铁矿和硬石膏紧密共生(图 3-31b)，粒径为 0.05～0.5mm。晚期黄铁矿多为热液成因，颗粒粗大，呈自形—半自形粒状，有的甚至呈脉状贯入，形成晚期黄铁矿矿脉。

黄铜矿：在矿区中常与黄铁矿相互伴生出现，是矿区内仅次于黄铁矿的金属硫化物，含量较低，多呈他形粒状与黄铁矿共生。

赤铁矿、褐铁矿：见于各个地表出露的矿体中，主要由磁铁矿表生氧化作用形成。

其他次要的金属矿物，如黄钾铁矾、赤铁矿和褐铁矿，主要见于各矿体的地表出露点，多为表生氧化成因。

硬石膏：主要分布于 M_6 和 M_7 号矿体中的硬石膏磁铁矿矿石中，与磁铁矿及黄铁矿共生。灰白色，半自形—他形粒状，粒径在 0.05～0.3mm 之间，这类硬石膏应为原始沉积成因。除此外，矿区矿体地表中多为表生氧化后形成的石膏，并且在围岩中常可见后期的石膏细脉。

石英：是矿区内分布最广泛的脉石矿物，也是各类矿石中最主要的脉石矿物之一。其主要呈半自形—他形粒状结构，粒径为 0.05～0.4mm 之间，具波状消光。

4. 矿石组构特征

矿石结构主要以半自形—他形粒状结构为主，次为自形—半自形粒状结构、他形粒状结构，局部见交代和充填结构。矿石构造较为简单，主要有条纹状—条带状构造、浸染状构造及块状构造。

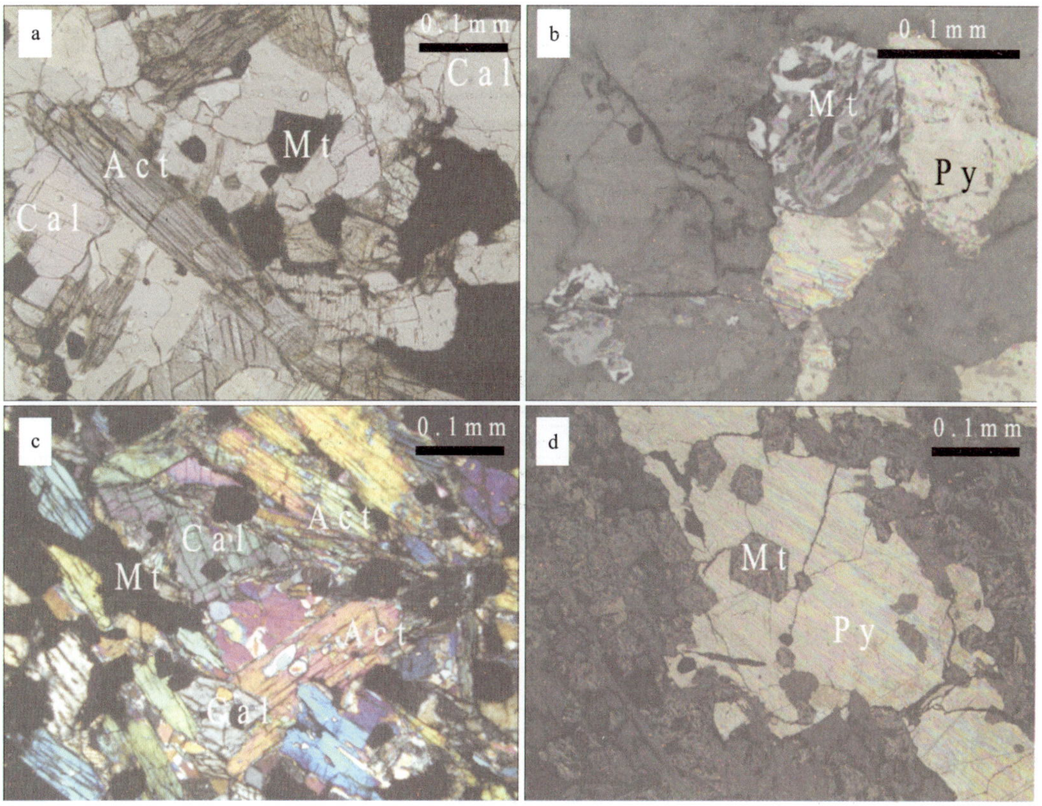

图 3-31　老并矿区金属矿物镜下照片

a. 矽卡岩化磁铁矿，单偏光；b. 半自形黄铁矿围绕自形磁铁矿生长，反射光；c. 矽卡岩化磁铁矿，正交偏光；d. 他形黄铁矿包裹自形磁铁矿，反射光；Mt. 磁铁矿；Py. 黄铁矿；Cal. 方解石；Act. 阳起石

条纹状—条带状构造：是矿区内常见的一种矿石构造，具有该类构造的矿石类型有黑云石英磁铁矿矿石、斜长角闪石磁铁矿矿石、角闪石英磁铁矿矿石。其表现为磁铁矿与脉石矿物一起定向分布，呈条纹状—条带状，磁铁矿条纹或条带形态规则、连续，与围岩互层产出，产状一致，显示出较为明显的沉积特征。

浸染状构造：为矿石的主要构造之一，可分为稀疏浸染状及稠密浸染状。磁铁矿多呈中—细粒半自形—他形分布于石英片岩、斜长角闪片岩、硬石膏岩和大理岩内，形成稀疏浸染状构造。该类矿石品位通常较低，具有该类构造的矿石类型有石英磁铁矿矿石、硬石膏磁铁矿矿石和含黄铁矿磁铁矿矿石。

块状构造：主要矿石类型为角闪石磁铁矿矿石和绿泥石磁铁矿矿石，推测为原始沉积的矿石经后期热液作用叠加富集形成。

5. 成矿期次

根据矿床地质特征、成矿年代学、矿石结构构造和矿物穿插关系，将老并铁矿成矿期次划分为早古生代原始沉积期、区域变质期、热液改造期和表生氧化期(表 3-13)。原始沉积期为老并铁矿形成的主要时期，形成一套早古生代泥质碎屑岩-基性火山岩-碳酸盐岩-硫酸盐-磁铁矿建造，随后经历了区域中低级变质变质作用。热液期表现为后期热液活动对形成的磁铁矿进行改造，以出现阳起石、石榴石及绿泥石等蚀变矿物为特征，常使磁铁矿进一步富集，但影响较为有限。表生氧化期为早期形成的金属矿物发生表生氧化作用，地表铁矿石中常见表生氧化形成的褐铁矿、赤铁矿和黄钾铁矾化等。

表 3-13 老并矿区成矿期次划分及矿物生成顺序表

原始沉积期：为成矿作用的初始阶段，金属成矿物质来源于海底火山作用，而硬石膏、白云石及泥质碎屑岩也是在海底火山-沉积喷流作用带来成矿物质的同时沉淀下来的，以黄铁矿为主的硫化物则是海底硫酸盐经还原作用与铁结合形成的。因此，该期形成一套早古生代泥质碎屑岩-基性火山岩-碳酸盐岩-硫酸盐-磁铁矿原始沉积建造，主要沉积的矿物包含磁铁矿、黄铁矿、硬石膏、方解石、斜长石及石英等。

区域变质期：为区域变质作用对原始沉积的泥质碎屑岩-基性火山岩-碳酸盐岩-硫酸盐-磁铁矿建造进行变质改造，形成黑云石英片岩-斜长角闪岩-大理岩-硬石膏-磁铁矿组合。从矿区变质岩矿物组合上来看，为中-低角闪岩相变质作用。该时期使部分磁铁矿发生变质重结晶而颗粒增大，但影响较为有限。该时期主要形成石英、角闪石、黑云母、白云母、石榴石等脉石矿物。

热液改造期：表现为后期热液活动对形成的磁铁矿和黄铁矿进行局部的叠加改造，以出现阳起石、石榴石及绿泥石等蚀变矿物为特征。矿区块状富铁矿石为该时期形成。

表生氧化期：主要为早期形成的金属矿物发生表生氧化作用，表现为黄铁矿地表氧化形成黄钾铁矾，而磁铁矿则形成赤铁矿、褐铁矿和针铁矿。

(三)矿床地球化学特征

1. 成矿年代学

成矿作用时代是矿床学研究的基础，是探讨矿床成因、成矿作用过程及区域成矿作用演化的关键，也是成矿规律研究中的重要内容(裴荣富等，1993)。燕长海(2012)对老并矿区中的黑云石英片岩和长英质片岩进行了锆石 U-Pb 定年，获得不早于 510Ma 的早寒武世年龄。笔者通过野外地质调查，查明了矿体与围岩的接触关系，选取了老并铁矿体上盘的黑云石英片岩进行锆石 SHRIMP 定年，以此讨论老并矿区的成矿作用时代。

长英质片岩(编号 13LB05)的锆石为无色到浅褐色，透明至半透明。阴极发光图像显示，锆石颗粒棱角分明，晶形较好，主要呈短柱状，少部分呈椭圆或长柱状，长 55～150μm，长宽比 1∶1～3∶1，CL 图像显示锆石具有较清晰的振荡环带(图 3-32)，具有岩浆锆石特征。黑云斜长花岗岩(编号 13LB06)的锆石特征与长英质片岩的特征类似。

本次锆石 SHRIMP 测试共有 29 个点，均为有效分析点，所有数据点均位于谐和线上或附近(图 3-32)。长英片岩的年龄为 550.4±6.4Ma，黑云斜长花岗岩年龄为 547.2±5.3Ma。

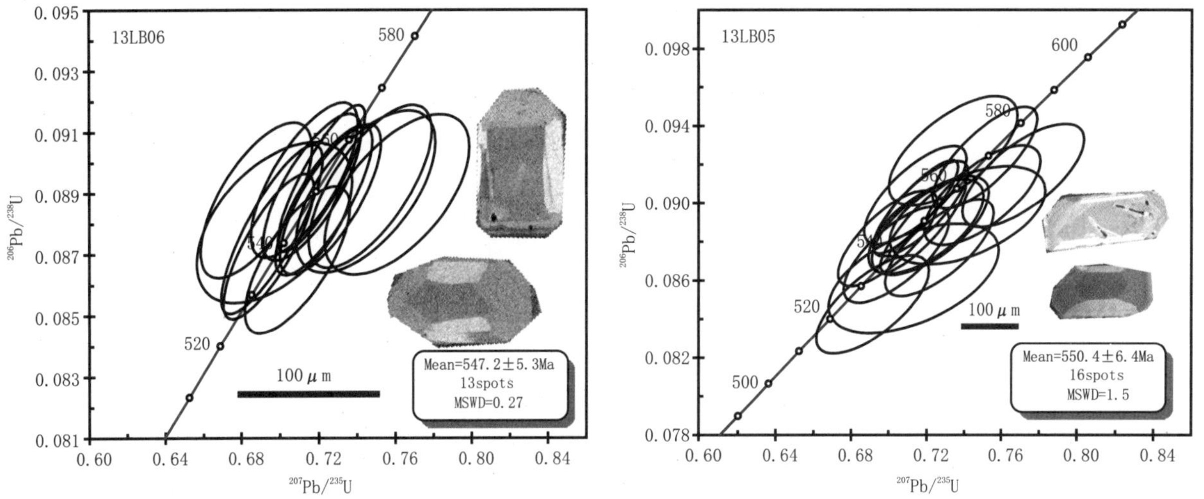

图 3-32　长英质片岩和黑云斜长花岗岩 SHRIMP 测年结果

2. 地球化学特征

为了深入探讨老并铁矿的成矿作用过程，分析铁质来源，笔者对老并铁矿矿石、围岩地球化学特征进行了分析，测试数据如表 3-14～表 3-22 所示。

1)主量元素

老并铁矿矿石主量元素分析结果中原生沉积的铁矿石中 SiO_2 含量为 27.68%～28.19%，平均 27.94%；TiO_2 含量为 0.10%～0.32%，平均 0.21%；Al_2O_3 含量为 4.57%～4.98%，平均 4.78%；TFe_2O_3 为 62.13%～78.22%，平均 70.17%；MnO 含量为 0.039%～0.1%；MgO 含量为 1.57%～2.22%；CaO 含量为 3.83%～7.97%。

石膏磁铁矿中 SiO_2 含量为 11.26%～25.77%，平均 20.33%；TiO_2 含量为 0.03%～0.34%，平均 0.22%；Al_2O_3 含量为 1.52%～4.64%，平均 3.43%；TFe_2O_3 为 31.65%～52.97%，平均 39.6%；MnO 含量为 0.01%～0.06%；MgO 含量为 0.44%～3.67%；CaO 含量为 13.18%～15.48%。

长英质片岩围岩中 SiO_2 含量为 70.63%～72.91%，平均 71.77%；TiO_2 含量为 0.32%～0.35%，平均 0.34%；Al_2O_3 含量为 13.35%～14.43%，平均 13.89%；TFe_2O_3 为 4.27%～7.25%，平均 5.76%；MnO 含量为 0.01%～0.2%；MgO 含量为 0.95%～1.13%；CaO 含量为 0.38%～0.91%。

老并矿区矿石中 Al_2O_3 含量也明显增多，与叶里克矿区类似，有着更多陆源碎屑物质的加入。

2)稀土微量元素

老并矿区磁铁矿稀土元素经 PAAS 标准化配分图(图 3-33)中可以看出，老并各类型的原始沉积成因的磁铁矿石稀土及微量配分型式十分类似，这进一步说明它们均为原始沉积成因。它们的稀土总量(ΣREE+Y)为 120.8×10^{-6}～1103.61×10^{-6}。矿石中轻重稀土分异很明显[$(La/Yb)_{PAAS}$=3.15～30.9，平均 9.04]，稀土元素配分型式为轻稀土富集的右倾模式。所有样品具 La(La/La^*=1.03～1.29)和 Eu 的正异常(δEu 为 1.67～2.53)，无明显的 Ce 异常(δCe 为 0.96～1.00)，而由较弱的 Y 负异常(δY 为 0.63～0.92，平均 0.82)。

长英质片岩围岩稀土总量(ΣREE+Y)为 117.53×10^{-6}～199.78×10^{-6}。围岩中轻重稀土分异不明显[$(La/Yb)_{PAAS}$=0.79～0.85，平均 0.87]。所有样品具 La(La/La^*=0.7～0.77)负异常，Eu(δEu 为 0.97～1.33)无明显异常，由较弱的 Ce 负异常(δCe 为 0.82～0.87)，而无明显的 Y 异常(δY 为 0.94～0.99，平均 0.96)。

表 3-14　老井铁矿矿体主量分析数据表

单位：%

序号	样号	岩石名称	SiO_2	Al_2O_3	Fe_2O_3	FeO	CaO	MgO	K_2O	Na_2O	TiO_2	P_2O_5	MnO	LOI	H_2O^+	SiO_2/Al_2O_3
1	LB014-02	石膏磁铁矿	11.26	1.52	49.99	1.34	14.52	0.44	0.15	0.76	0.033	0.13	<0.01	2.59	0.24	7.41
2	LB016-01	磁铁矿	27.68	4.57	41.93	16.33	3.83	2.22	0.17	1.77	0.10	0.063	0.10	2.40	0.35	6.06
3	LB13-01	磁铁矿	28.19	4.98	34.75	12.32	7.97	1.57	0.40	1.68	0.32	0.36	0.039	7.27	2.31	5.66
4	LB13-02	石膏磁铁矿	25.77	4.36	18.73	9.84	13.18	1.89	1.05	1.04	0.34	0.13	0.058	5.47	2.78	5.91
5	LB13-04	石膏磁铁矿	19.93	3.20	15.18	7.41	15.48	2.45	0.86	0.67	0.23	0.12	0.048	12.85	3.82	6.23
6	13LB02	石膏磁铁矿	24.35	4.64	14.89	8.68	13.76	3.67	1.40	0.74	0.28	0.14	0.04	5.07	3.36	5.25

表 3-15　老井铁矿矿体微量元素分析数据表

单位：10^{-6}

序号	样号	岩石名称	Cr	Ni	Co	Li	Rb	W	Mo	Sr	Ba	V	Sc	Nb	Ta	Zr	Hf	Be	Ga	Sn	Se	Th
1	LB014-02	石膏磁铁矿	7.52	6.36	2.48		5.92	14	22	504	87.9	33	1.5	2.06	0.068	19.5	0.39	0.38	12.8	40.2	0.07	0.95
2	LB016-01	磁铁矿	8.25	7.14	13.4		6.23	1.69	4.09	101	61.1	29.5	3.02	1	0.16	33.2	0.74	0.81	5.77	7.38	0.07	1.45
3	LB13-01	磁铁矿	8.76	2.74	28.2	5.98	8.2	0.76	63.2	268	136	238	12.2	0.55	0.14	30	0.64	0.28	15.4	7.31	—	5.68
4	LB13-02	石膏磁铁矿	25.4	16.8	21.8	22.4	22.3	84.2	20	444	271	112	10.1	1.8	0.25	31	0.64	0.45	9.94	7.92	—	2.23
5	LB13-04	石膏磁铁矿	18.2	10.9	24	21.1	17.7	2.61	14	453	1370	79.7	5.54	2.19	0.23	21.5	0.4	0.38	7.02	9.84	—	1.84
6	13LB02	石膏磁铁矿	21.2	7.93	7.36		26.4			360	1900		2.94	3.4	0.3	15.3	0.48		5.66			

表 3-16　老井铁矿矿体稀土元素分析数据表

单位：10^{-6}

序号	样号	La	Ce	Pr	Nd	Sm	Eu	Gd	Tb	Dy	Ho	Er	Tm	Yb	Lu	Y	ΣREE	LREE	HREE	LREE/HREE	La/La*	δEu	δY	δCe
1	LB014-02	360	542	44.8	114	10.8	7.26	8.36	1.02	2.74	0.52	1.52	0.14	0.86	0.12	9.47	1094.14	1078.86	15.28	70.61	1.11	2.53	0.63	1
2	LB016-01	33.3	53.4	4.74	13	1.86	0.97	1.72	0.25	1.43	0.33	0.88	0.12	0.78	0.13	7.91	112.91	107.27	5.64	19.02	1.03	2.5	0.92	0.97
3	LB13-01	115	176	16.2	47.5	6.48	2.32	5.22	0.75	3.58	0.72	1.9	0.28	1.63	0.25	17.8	377.83	363.5	14.33	25.37	1.11	1.67	0.88	0.97
4	LB13-02	60.8	91.8	8.64	26.3	3.76	1.72	3.35	0.49	2.78	0.59	1.53	0.23	1.41	0.2	13.8	203.6	193.02	10.58	18.24	1.15	2.19	0.86	0.98
5	LB13-04	74.9	111	10.5	31.6	4.34	2.18	3.31	0.5	2.37	0.48	1.22	0.19	1.05	0.15	10.8	243.79	234.52	9.27	25.3	1.15	2.36	0.81	0.96
6	13LB02	99.4	132	12	35	5.02	2.13	3.6	0.58	2.68	0.53	1.32	0.18	1.12	0.15	12.7	295.71	285.55	10.16	28.11	1.29	2.04	0.85	0.98

表 3-17　老井铁矿围岩主量分析数据表

单位：%

序号	样号	岩石名称	SiO_2	Al_2O_3	Fe_2O_3	FeO	CaO	MgO	K_2O	Na_2O	TiO_2	P_2O_5	MnO	LOI	H_2O^+	SiO_2/Al_2O_3
1	13LB01	长英质片岩	72.91	14.43	0.51	1.69	0.38	0.95	0.15	7.93	0.32	0.030	0.010	0.41	0.22	5.05
2	13LB05	长英质片岩	70.63	13.35	3.03	1.90	0.91	1.13	0.20	6.78	0.35	0.10	0.020	1.66	1.12	5.29

表 3-18　老井铁矿围岩微量元素分析数据表

单位：10^{-6}

序号	样号	岩石名称	Cu	Pb	Zn	Cr	Ni	Co	Rb	Sr	Ba	Sc	Nb	Ta	Zr	Hf	Ga	Sn	Se	Th
1	13LB01	长英质片岩	3.39	2.53	9.03	9.82	2.47	2.12	2.90	29.8	24.3	11.8	6.07	0.53	115	3.34	16.4			
2	13LB05	长英质片岩	38.5	1.95	15.3	8.22	5.12	10.00	8.51	70.4	96.8	12.6	6.44	0.49	83.0	2.49	13.9			

表 3-19　老井铁矿围岩稀土元素分析数据表

单位：10^{-6}

序号	样号	La	Ce	Pr	Nd	Sm	Eu	Gd	Tb	Dy	Ho	Er	Tm	Yb	Lu	Y	ΣREE	LREE	HREE	LREE/HREE	La/La*	δEu	δY	δCe
1	13LB01	28.9	72.6	10.1	39.9	7.02	1.28	5.28	0.81	4.53	0.86	2.36	0.35	2.25	0.34	23.2	176.58	159.8	16.78	9.52	0.7	0.97	0.94	0.82
2	13LB05	18.8	42.5	5.16	18.9	3.85	0.9	3.25	0.48	2.86	0.6	1.72	0.27	1.76	0.28	16.2	101.33	90.11	11.22	8.03	0.77	1.33	0.99	0.87

表 3 - 20　老井铁矿岩体主量分析数据表

单位：%

序号	样号	岩石名称	SiO_2	Al_2O_3	Fe_2O_3	FeO	CaO	MgO	K_2O	Na_2O	TiO_2	P_2O_5	MnO	LOI	H_2O^+
1	LB013 - 06	花岗岩	55.82	4.05	8.91	8.47	7.87	11.51	0.18	1.54	0.08	0.20	0.11	2.17	0.51
2	LB13 - 05	花岗岩	67.39	13.33	1.98	1.37	3.96	0.89	0.22	7.24	0.28	0.097	0.027	3.22	0.56
3	LB013 - 03	花岗岩	64.31	13.26	3.50	1.68	5.01	0.43	0.18	6.99	0.20	0.06	0.02	4.35	0.38
4	13LB06	黑云斜长花岗岩	71.93	14.28	1.67	1.09	0.44	1.29	0.09	7.84	0.34	0.06	0.01	0.71	0.51

表 3 - 21　老井铁矿岩体微量元素分析数据表

单位：10^{-6}

序号	样号	岩石名称	Cu	Pb	Zn	Cr	Ni	Co	Rb	W	Mo	Sr	Ba	V	Sc	Nb	Ta	Zr	Hf	Ga	Sn	Th
1	ZK005 - 01	花岗闪长岩	37.9	10.4	10.3	5.08	0.19	47.1	29.2	63.6	551	25.2	0.68	0.17	64.8	1.6	13.5	3	2.84	37.9	10.4	10.3
2	ZK005 - 02	花岗闪长岩	7.23	1.4	2.62	11.8	1.05	4.65	145	60.1	55	12	14.1	1.42	112	3.05	17.8	2.53	8.73	7.23	1.4	2.62
3	132X25I - 2	花岗闪长岩	2.87	1.71	1.94	2.5	0.74	1.17	173	118	6.26	3.84	5.18	0.58	138	3.82	12.1	2.3	2.72	2.87	1.71	1.94
4	132X25I - 3	绿帘石化花岗闪长岩	9.25	2.67	2.1	2.53			23.9	285		14.3	5.42	0.45	117	3.12	16.5			9.25	2.67	2.1

表 3 - 22　老井铁矿岩体稀土元素分析数据表

单位：10^{-6}

序号	样号	La	Ce	Pr	Nd	Sm	Eu	Gd	Tb	Dy	Ho	Er	Tm	Yb	Lu	Y	ΣREE	LREE	HREE	LREE/HREE
1	LB013 - 06	97.4	172	22.1	96	21	1.81	16	2.19	10.5	2.24	5.65	0.93	6.55	1.27	60.4	455.64	410.31	45.33	9.05
2	LB13 - 05	17.6	34	4.2	16.2	3.39	0.73	3.71	0.64	4.45	0.98	2.68	0.47	3.11	0.5	25.9	92.66	76.12	16.54	4.6
3	LB013 - 03	9.72	16.7	1.91	6.49	1.41	0.48	1.55	0.26	2.1	0.49	1.66	0.25	1.73	0.29	13.3	45.04	36.71	8.33	4.41
4	13LB06	20	46.2	5.81	22.1	4.57	0.76	3.38	0.55	3.5	0.7	1.93	0.3	1.88	0.29	19.6	111.97	99.44	12.53	7.94

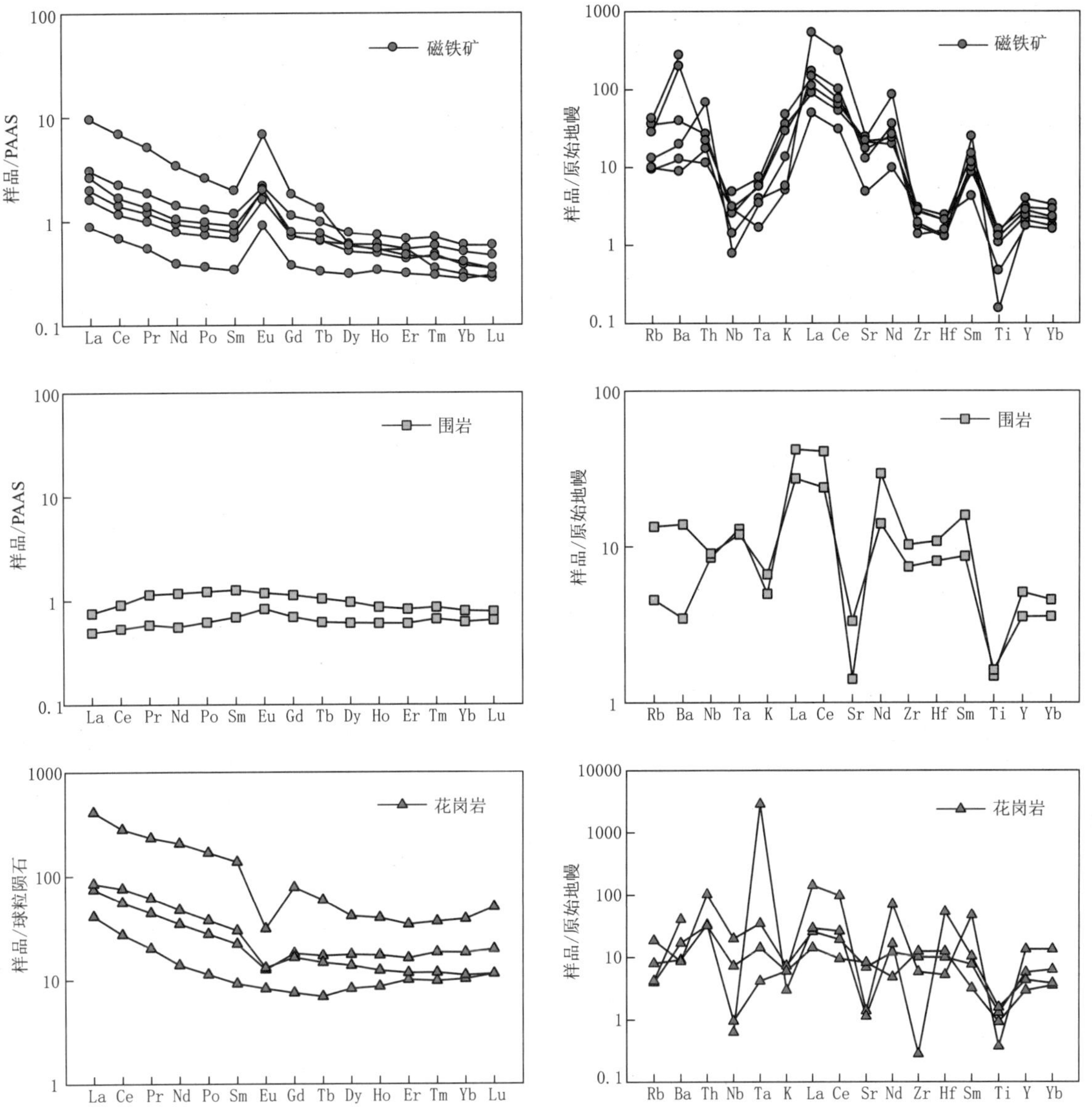

图 3-33　老并矿区各类铁矿石、围岩和岩体 PAAS/球粒陨石标准化配分图及微量元素原始地幔标准化蛛网图

在原始地幔标准化后的微量元素蛛网图上(图 3-33),铁矿石表现为 La 正异常,Nb、Ta、Zr、Hf 和 Ti 的负异常。原始沉积的磁铁矿矿石 Sr/Ba 比值为 1.65～1.97。石膏磁铁矿微量稀土元素特征与原始沉积铁矿基本一致,反映出硬石膏磁铁矿也为原始沉积成因。微量元素蛛网图显示,铁矿石表现为 La 正异常,Nb、Ta、Zr、Hf 和 Ti 的负异常,Sr/Ba 比值为 0.19～5.73。

3. 硫同位素地球化学

老并矿区和叶里克矿区一样以发育硬石膏磁铁矿石为特征而区别于赞坎、莫喀尔等矿区,这样的沉积含铁建造明显不同于前寒武纪 BIF 型铁矿。笔者对磁铁矿共生的黄铁矿及硬石膏硫同位素特征进行了分析,进而探讨了老并矿床的成矿物质来源、成矿环境及成因机制。

1)硫酸盐

从表 3-23 可以看出,老并矿区硬石膏与喀来孜硫酸盐 $\delta^{34}S$ 值很接近,除了 2 个样品为 29‰左右,其余 9 个硬石膏样品 $\delta^{34}S$ 值为 30.8‰～37.50‰。3 个矿区硫酸盐如此相近且集中的硫同位素特征说明塔县早寒武世铁矿具有一致且单一硫的来源。与喀来孜矿区一致,老并铁矿的硬石膏应该也是海水硫酸盐经微生物还原作用(BSR)后,残余 SO_4^{2-} 与 Ca^{2+} 结合形成。而早寒武世时期全球性大洋缺氧事件也为这一机制提供了有利的条件。

表 3-23 老并矿区和黄铁矿硫同位素分析测试结果

编号	样品编号	岩性	测试矿物	$\delta^{34}S$(‰)
1	11LB14	石膏磁铁矿	石膏	31.2
2	11LB15	石膏磁铁矿	石膏	31.2
3	11LB16	石膏磁铁矿	石膏	29.4
4	11MKE06	石膏	石膏	31.3
5	11MKE07	石膏	石膏	30.8
6	LB-15	石膏磁铁矿	石膏	29.0
7	ZK10102-ST1	石膏磁铁矿	石膏	35.8
8	ZK0701-ST1	石膏磁铁矿	石膏	37.5
9	ZK02′03-ST1	石膏磁铁矿	石膏	36.2
10	ZK10′05-ST1	石膏磁铁矿	石膏	37.1
11	11LB01	含石膏黄铁矿磁铁矿	黄铁矿	30.9
12	11LB03	含石膏黄铁矿磁铁矿	黄铁矿	30.9
13	11LB05	含石膏黄铁矿磁铁矿	黄铁矿	31.9
14	LBY-28	含黄铁矿磁铁矿	黄铁矿	5.24
15	LBY-30	含黄铁矿磁铁矿	黄铁矿	16.87
16	LBY-31	含黄铁矿磁铁矿	黄铁矿	19.72
17	LBY-32	含黄铁矿磁铁矿	黄铁矿	17.27
18	ZKY-3	含黄铁矿磁铁矿	黄铁矿	28.22

注:编号 1~5 号和 11~13 号中国科学院地质与地球物理研究所稳定同位素地球化学实验室;其他数据见燕长海等(2012)

2)黄铁矿

从表 3-24 中可以看出,老并矿区黄铁矿硫同位素 $\delta^{34}S$ 值均为正值,除了一个黄铁矿样品 $\delta^{34}S$ 值为 5.24‰,其余 7 个样品 $\delta^{34}S$ 值为 16.87%~30.9‰,这与喀来孜矿区黄铁矿的 $\delta^{34}S$ 值非常接近,变化范围较小,暗示为单一来源的硫。而如此高的 $\delta^{34}S$ 值反映其硫的来源并非岩浆或地幔硫等。Huston 等(1999)总结了全球众多 VMS 型矿床的硫同位素比值,发现这些矿床硫化物的 $\delta^{34}S$ 值为 17.5‰±2.5‰,略低于同期海水,认为硫可能来源于海水硫酸盐的生物还原。

综上所述,笔者研究认为,塔什库尔干地区早寒武世铁矿(喀来孜—老并—叶里克)中硫酸盐和黄铁矿硫同位素特征一致,显示出一致的硫来源,均来自于海水硫酸盐的微生物还原作用($2CH_2O+SO_4^{2-}$ — $H_2S+2HCO_3^-$)。海底热液携带了大量的铁和钡,这些物质进入海底时必然与经历还原作用后的 SO_4^{2-} 和 H_2S 相结合形成黄铁矿和重晶石。矿区大理岩则为硬石膏的形成提供了丰富的 Ca 质来源,同时早寒武世大洋缺氧也为 Fe_3O_4 的形成提供了有利的环境。总的来看,喀来孜矿床的成矿作用可能与海底喷流沉积作用有关,而老并—叶里克一带火山岩的增多及重晶石的消失暗示着成矿类型逐渐过渡为海相火山-沉积变质型。

4. 氧同位素地球化学特征

由于氧同位素同样在矿床成因分析中起着重要的作用。老并矿区中角闪石英磁铁矿矿石、石英磁铁矿矿石、块状磁铁矿矿石和含黄铁矿磁铁矿矿石中的磁铁矿氧同位素分析结果见表 3-24。

表 3-24　老并矿区磁铁矿氧同位素分析测试结果

样品号	样品名称	测试对象	$\delta^{18}O_{V-SMOW}$(‰)
LB6-3	角闪石英磁铁矿矿石	磁铁矿	4.9
LB-9*	块状磁铁矿矿石	磁铁矿	3.3
LB-26*	石英磁铁矿矿石	磁铁矿	4.2
LB-42*	块状磁铁矿矿石	磁铁矿	3.4
LBY-28*	含黄铁矿磁铁矿矿石	磁铁矿	6.4
LBY-30*	含黄铁矿磁铁矿矿石	磁铁矿	4.1
LBY-31*	含黄铁矿磁铁矿矿石	磁铁矿	6.3
LBY-32*	含黄铁矿磁铁矿矿石	磁铁矿	7.2

注：* 数据引自燕长海等(2012)；样品分析在核工业北京地质研究院分析测试研究中心完成

所有样品 $\delta^{18}O$ 值均为正值，变化范围在 3.3‰～7.2‰之间，平均为 5.0‰，都在原生沉积成因磁铁矿 $\delta^{18}O$ 值范围内(1.3‰～6.8‰)。整体上来看，老并磁铁矿 $\delta^{18}O$ 值非常接近于喀来孜矿区的 $\delta^{18}O$ 值(5‰～9.2‰)，整体高于海相火山岩型铁矿 $\delta^{18}O$ 值(-0.4‰～5.6‰；张熹，2013)，而在阿勒泰地区 VMS 型铁矿 $\delta^{18}O$ 值范围内(3‰～8‰；林龙华，2011)。老并矿区磁铁矿 $\delta^{18}O$ 值特征表明其成因与喀来孜非常相似，与沉积喷流作用的关系较为密切。第三章对老并矿区的建造研究表明，老并矿区斜长角闪岩的发育说明其火山活动比喀来孜矿区明显增强，加之其与叶里克矿区一样，均以硬石膏磁铁矿矿石为主，表明老并铁矿与叶里克铁矿成因关系更为相似，为(海相火山)沉积-变质型矿床。

(四)矿床类型与成因

老并与叶里克为相邻矿区，其主要矿体都为硬石膏磁铁矿体，赋矿围岩黑云石英片岩、斜长角闪岩经原岩恢复为典型的泥质碎屑岩-基性火山岩，矿体与围岩为整合接触，初步判断为沉积变质型矿床。但与华北典型 BIF 型铁矿相比，其矿床地质特征具有巨大的差异。

老并矿区铁矿石的 TiO_2 和 Al_2O_3 含量较高，$TiO_2+Al_2O_3$ 达 1.16%～6.56%，平均为 3.53%，明显高于喀来孜铁矿石，而与叶里克铁矿石相近。暗示着老并铁矿在形成过程中有相对更多的陆源碎屑物质加入，反映其沉积环境与叶里克类似，相对于喀来孜矿区要浅些。老并矿区中硬石膏型磁铁矿除了 Gd 元素略微异常，其稀土配分模式与其他原始沉积成因矿石十分相似，暗示着它们均为原始沉积成因的矿石。老并矿区所有原始沉积成因矿石及硬石膏磁铁矿均表现出极强的 Eu 正异常，说明老并矿床的原始沉积成因铁矿石具有海底高温热液沉积特征(Danielson et al.，1992；Bau，Dulski，1996；Douville et al.，1999)。而与现代海水的 REE 配分模式相比，几乎所有矿石为轻稀土富集，且 Y 的正异常不明显，说明海水参与成矿的程度较低(Alibo，Nozaki，1999)。老并原始沉积成因铁矿石和硬石膏磁铁矿的 Y/Ho 比值为 18.21～28.88，也说明老并铁矿石在沉积过程中碎屑物质的参与程度较高。而老并矿床的浸染状和块状磁铁矿 Eu 的负异常反映它们明显遭受后期的改造。Sr/Ba 比值能够磁铁矿的物源信息，一般认为火山岩和海相沉积物的 Sr/Ba 比值大于 1，陆源沉积的 Sr/Ba 比值小于 1(沈其韩等，2009)。老并矿区所有矿石 Sr/Ba 比值为 0.08～5.73，且一半多小于 1，说明老并铁矿受陆源沉积物的影响较大。

含石膏磁铁矿中石膏含量与黄铁矿含量存在明显的负相关关系，石膏含量较高的矿体中黄铁矿相对较少，而黄铁矿含量较高的矿体中石膏含量相对较低，黄铁矿呈他形类状分布于磁铁矿颗粒间(图 3-

34a)，或磁铁矿晶体颗粒周围(图 3-34b)，少量的石膏产出于黄铁矿颗粒之间，并与黄铁矿形成特殊接触关系(图 3-34b)。含石膏磁铁矿中磁铁矿晶体以自形、半自形为主，且局部地区磁铁矿晶体较粗，后期重结晶现象明显。

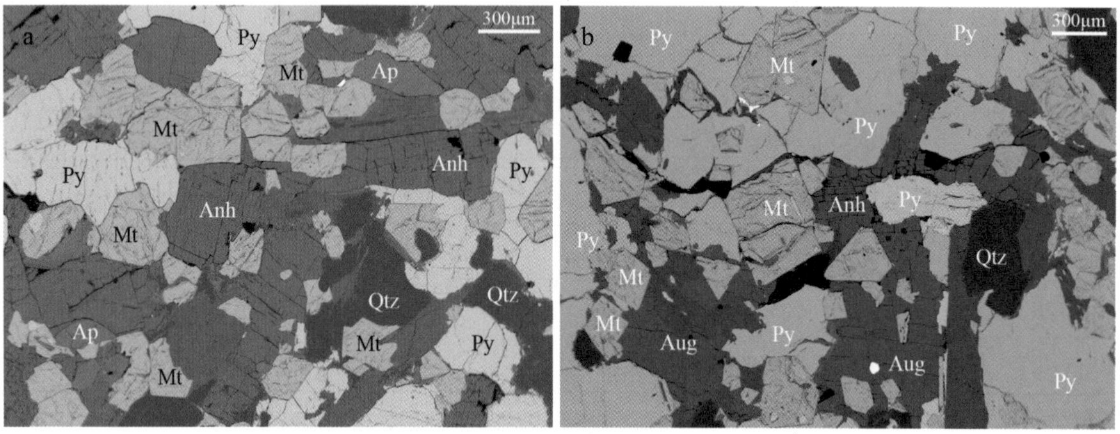

图 3-34　西昆仑塔什库尔干地区含石膏磁铁矿电子探针背散射图像

a. 含石膏磁铁矿；b. 含石膏磁铁矿；Mt. 磁铁矿；Gp. 石膏；Py. 黄铁矿；Ap. 磷灰石；Aug. 辉石；Qtz. 石英

研究表明含铁高温热水溶液作用于膏岩，在 300℃时黄铁矿就大量结晶析出；同时发现膏岩提供硫源的黄铁矿 $\delta^{34}S$ 值(7‰～23‰)比沉积硬石膏 $\delta^{34}S$ 值有不同程度的降低，但都为较大的正值(17.84‰～23.84‰)，与深源硫 $\delta^{34}S$ 有较大差别(蔡元吉，1981)

含石膏黄铁矿磁铁矿及含黄铁矿磁铁矿中黄铁矿 $\delta^{34}S$ 含量比硬石膏 $\delta^{34}S$ 普遍偏低，但均为较大的正值，与深成源硫的 $\delta^{34}S$ 存在较大差别，这也反映出了与膏岩相关的黄铁矿 $\delta^{34}S$ 值的特点。大量黄铁矿系含矿热液与石膏或硬石膏相互作用的结果，石膏或硬石膏为大量黄铁矿的形成提供了充足的硫源。

第五节　切列克其菱铁矿矿床特征

西昆仑地区自西北部的木吉—布伦口—塔什库尔干—黑黑孜站干一线发育一条规模巨大的铁矿带，断续延伸约 800km，主要铁矿类型包括磁铁矿、菱铁矿、赤铁矿等，其中磁铁矿主要分布于中段塔什库尔干地区(即上述铁矿整装勘查区)，赋矿地层主要为古元古界布伦阔勒岩群。菱铁矿则主要分布于西北段和东南段，主要赋存于志留系温泉沟群，其代表性矿床为切列克其菱铁矿矿床。近年来，该矿在其深部及外围发现了大量原生沉积型菱铁矿矿床，取得了较大的找矿突破，已成为一大型菱铁矿矿床。

一、矿区地质特征

(一)矿区地层

切列克其菱铁矿矿床的赋矿地层为下志留统温泉沟群，矿体主要产出于浅海相海进沉积序列底部，细碎屑岩与碳酸盐岩过渡带(图 3-35)，在矿区可划分为 6 个层位。岩石组合为细碎屑岩夹碳酸盐岩建造，主要岩性为钙质粉砂岩、石英砂岩、千枚岩夹大理岩，表现为陆棚浅海相沉积环境。总体表现为相

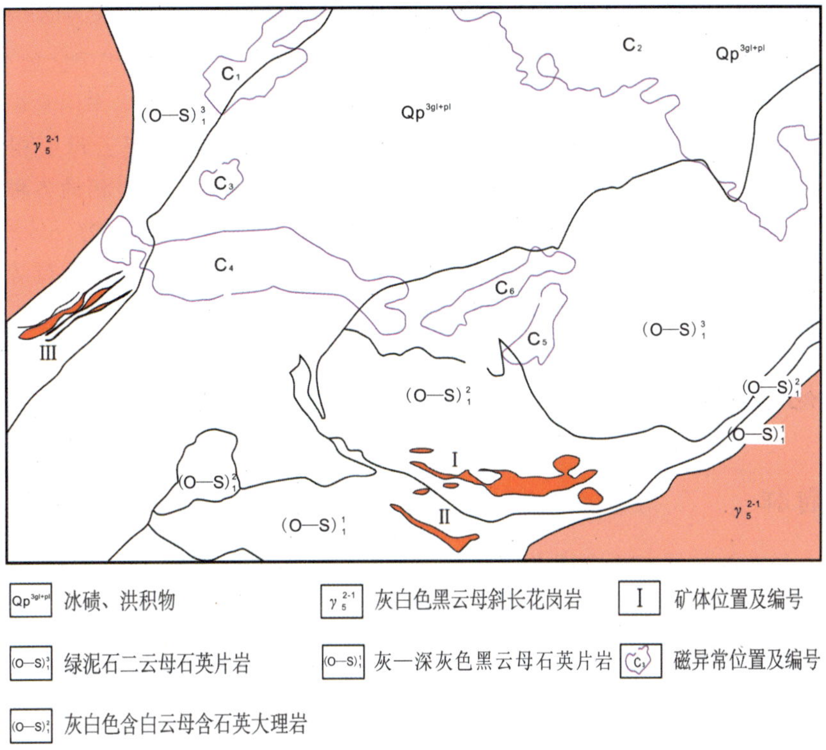

图 3-35 切列克其菱铁矿矿区地质略图(吴海才等,2010)

对平静的沉积环境,表明矿区大理岩含少量石英颗粒及由长英质、泥质成分变质而来的白云母。矿区地层对比表明,温泉沟群地层由下向上黑云母减少,白云母逐渐增多。

(二)矿区构造

矿区地层为单斜地层,但有层间滑动,滑动规模均很小,仅有数米左右,对矿层无明显破坏作用。在岩层和矿层中,节理裂隙不很发育,较常见的主要有两组剪性节理,产状分别为 255°∠75°、210°∠20°,最大延伸达 20m,宽 0.2m。

(三)岩浆岩

区内岩浆活动频繁,岩浆岩分布广泛,岩性复杂,均为燕山期产物。出露岩体主要是求库台黑云母英云闪长岩岩体,见菱铁矿捕虏体。矿区内为求库台岩体东部边缘部分,约占矿区面积的 1/3,岩性极其单一,为灰白色黑云母斜长花岗岩。切列克其铁矿体距岩体仅 0.1~0.6km。黑云母斜长花岗岩顺层或穿层侵位于地层中。在接触带中见有菱铁矿捕虏体。伴随着岩浆活动,矿区内发育有相应的脉岩,主要为中酸性岩脉,一般规模不大,呈顺层或穿层贯入变质岩及菱铁矿层中,主要有石英闪长岩脉、斜长花岗伟晶岩脉、斜长花岗岩脉等,但由于数量少,对矿体形态影响不大。

发育的中酸性岩脉,规模不大,多顺层分布,局部穿层贯入地层及菱铁矿矿层中。矿区内所见岩体均形成于成矿后。在矿层及围岩中,沿岩石、矿石裂隙充填有菱铁矿矿脉和石英菱铁矿矿脉,这是由岩浆后期热液活动造成的。对原生沉积菱铁矿改造主要有两个方面:一是热液溶解菱铁矿,使铁质发生再活动,并在有利的裂隙部位形成充填型矿脉;二是岩浆热液本身带有的铁质在裂隙中充填形成次生矿脉,这在区域上存在有热液型菱铁矿矿点也可以得到证实,矿床受热液改造作用,但对矿床质量的影响是微弱的,不具有普遍性,矿床的原始沉积特征还清楚地保留着。

（四）变质岩

矿区变质岩原岩为一套海相碳酸盐岩-碎屑岩建造。地层及矿层首先经历了区域变质作用，然后求库台岩体侵入时又叠加了接触变质作用。围岩蚀变在矿区很微弱。区域变质作用是矿区内主要的变质作用，其变质相为绿片岩相，属石英-钠长-绿帘-片岩相，石英-钠长-绿帘-黑云母亚相。岩体侵入时区域变质作用基本结束，接触变质作用叠加于区域变质作用之上，形成了绿片岩相的各种岩石。接触变质相为角闪石角岩相，其特征是在绿片岩相变质岩中出现了矽线石、石榴石等矿物。矽线石分布广，多交代黑云母，交代不完全者与黑云母呈过渡关系；石榴石呈变斑状，常包含石英、黑云母等。说明上述高温变质矿物是区域变质岩在热液影响下重新变质而成的。

二、矿体地质特征

（一）矿体特征

含矿带总体上呈东西向展布于求库台岩体外接触带，长 4km，共圈出 13 个矿体，其中Ⅲ$_3$、Ⅰ$_3$ 和Ⅱ号矿体为主要矿体。矿体呈似层状、透镜状，长度 140～605m，平均厚度 1.80～39.92m，TFe 品位 38.00%～47.52%。Ⅲ$_3$ 号矿体赋存于上段的云母石英片岩中，Ⅱ号矿体产出于下段黑云石英片岩夹白云母片岩中（图 3 - 36）。

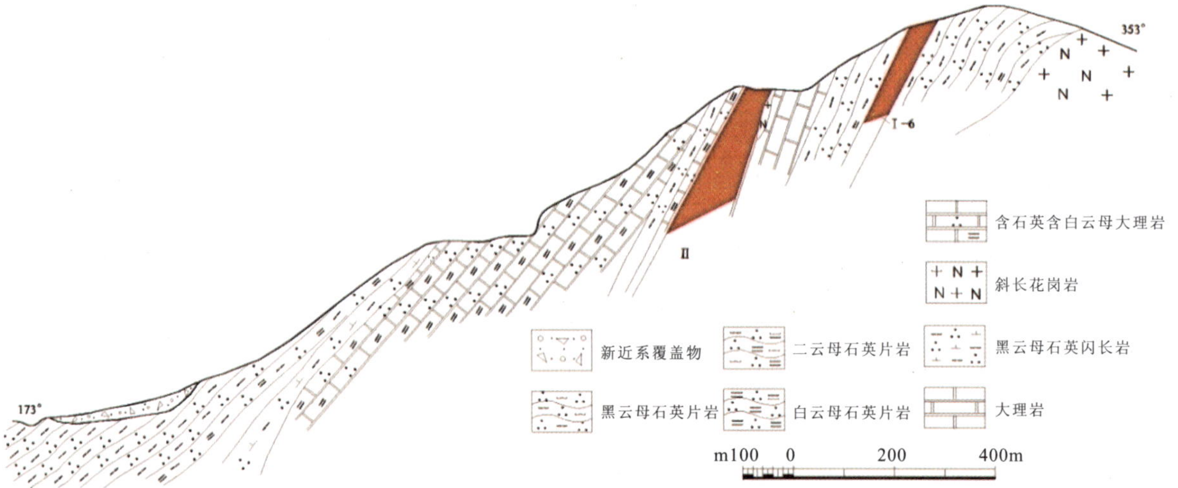

图 3 - 36　切列克其菱铁矿Ⅰ、Ⅱ号矿带剖面图

Ⅲ号矿体位于矿区的北西部，由 9 条矿脉组成，沿用前人及新发现矿脉的顺序编号为Ⅲ - 1、Ⅲ - 2、Ⅲ - 3、Ⅲ - 4、Ⅲ - 5、Ⅲ - 6、Ⅲ - 7、Ⅲ - 8、Ⅲ - 9，其中Ⅲ - 7、Ⅲ - 8、Ⅲ - 9 号矿体为 2008 年新发现的矿脉。Ⅲ号矿体各矿脉产于片岩及大理岩中，矿脉与围岩呈整合接触，矿脉总体走向近东西，倾向近北，倾角一般 26°～43°，矿脉形态呈似层状或透镜状，走向和倾向上仍呈现舒缓波状（图 3 - 37）。

（二）矿石特征

切列克其铁矿的矿石矿物以菱铁矿为主，Ⅲ号矿带主要产出于近东西向分布的二云母石英片岩之中，Ⅱ号矿带主要产出于黑云母石英片岩之中，Ⅰ号矿带主要产出于大理岩之中。该矿区菱铁矿的重结晶现象明显，在矿体局部区域发育大量的菱铁矿晶洞（图 3 - 38a），菱铁矿晶体最大可达 1cm 左右。矿

图 3-37　切列克其菱铁矿矿体及矿石照片

a. 菱铁矿Ⅲ号矿体露头；b. 菱铁矿矿体围岩照片；c. 菱铁矿矿石照片；d. 菱铁矿矿体围岩中的粗晶菱铁矿矿脉；Mb. 大理岩；Sd. 菱铁矿

图 3-38　切列克其铁矿矿石照片

Lm. 褐铁矿；Sd. 菱铁矿；Mb. 大理岩；Cal. 方解石

体基本受地层控制，除了发育少量较小的揉皱外(图 3-38a、b)，其他构造不发育。

矿石自然类型主要为菱铁矿和褐铁矿，矿石构造主要有块状、层状、条带状或纹层状、假波纹构造，晶洞构造、脉状构造及浸染状构造。层状、条带状或纹层状构造是菱铁矿的基底，白云母和石英常聚集呈微条带状、纹层状分布，其中或见片岩、大理岩呈条带状产出于菱铁矿矿层中。脉状构造、晶洞构造出现在后期变质及由热液叠加作用形成。

此外，在矿区外围钻探中，发现了厚层的原生菱铁矿矿层，岩芯呈米黄色，条带状构造，以菱铁矿为主(图 3-38c、d)。

(三)矿物特征

矿石矿物单一，主要是原生菱铁矿(部分被氧化成赤铁矿)组成，矿物含量可达 70%～80%或更高。脉石矿物主要为石英(10%～25%)、白云母(3%～5%)和少量黄铁矿、石墨、电气石、磷灰石等。矿石主要组成矿物特征如下。

菱铁矿：酱紫色、褐红色，少数为灰黄色、浅黄白色，在地表及浅部部分菱铁矿被氧化成褐铁矿，但仍然保留着菱铁矿特有的菱形解理。菱铁矿呈半自形—自形粒状变晶结构，粒径变化大(图 3-39)。变质程度较弱的菱铁矿粒径较细，一般为 0.1～0.5mm；粗晶菱铁矿是变质-重结晶作用的结果，粒径一般为0.5～1.0mm，有些可达 5mm 左右。菱铁矿有时包含石英、电气石等子矿物。

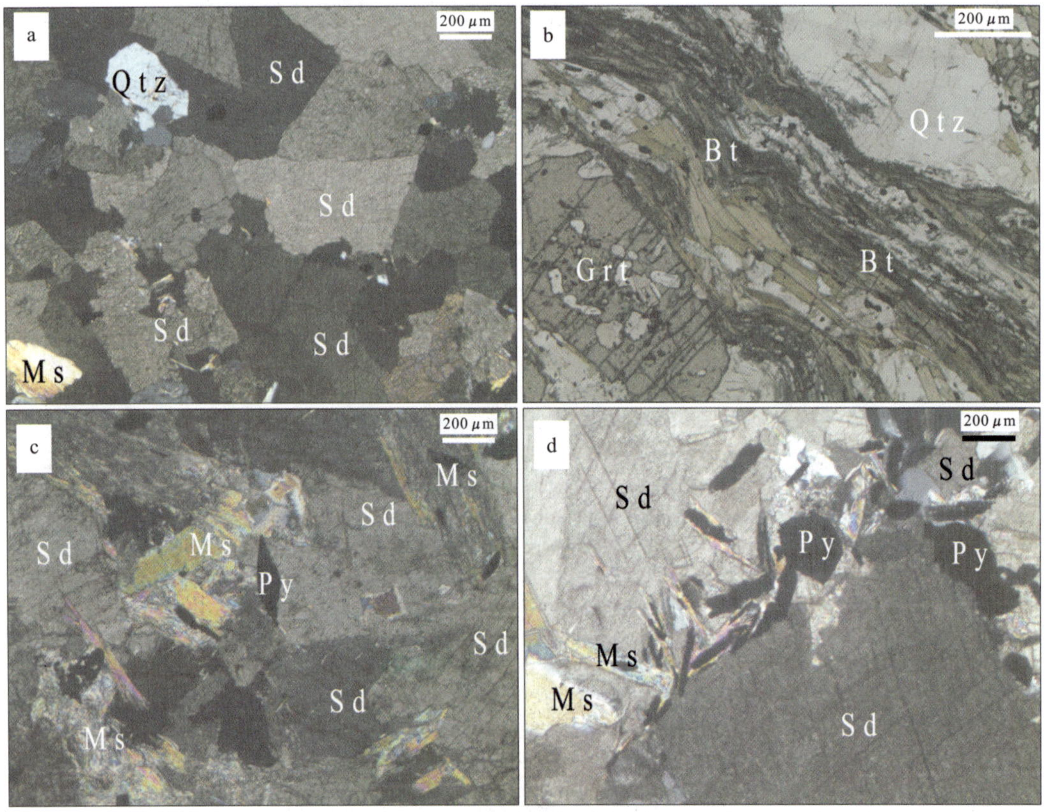

图 3-39 切列克其铁矿矿石围岩镜下照片

a. 菱铁矿镜下照片，正交偏光；b. 石榴石黑云母石英片岩，单偏光；c. 菱铁矿镜下照片，正交偏光；d. 菱铁矿镜下照片，正交偏光；Sd. 菱铁矿；Bt. 黑云母；Ms. 白云母；Qtz. 石英；Grt. 石榴石；Py. 黄铁矿

石英：灰色，他形粒状，粒径一般 0.05～0.3mm，多呈不规则至次浑圆状，少数可达 4mm 左右。石英多零星分布在菱铁矿晶体间。

白云母：灰—灰白色，片状，大小一般为 0.05～0.85mm，少数为六方片状，可达 1.7mm。白云母多零星分布在菱铁矿晶体间。在矿石中白云母与石英可构成微条带状或纹层状。

黄铁矿：除了少量与黄铜矿伴生的黄铁矿以外，其主要呈浸染状与石英和白云母构成条带分布在矿体及围岩中。黄铁矿呈他形粒状，粒径一般在 0.25mm 左右，在含黄铁矿白云母石英条带中含量可达 7%。黄铁矿和白云母、石英构成的条带在矿石和围岩中与其他矿物条带互层产出，为矿床同生沉积成因提供了有利的佐证。

铁白云石：主要作为矿体中的夹层或矿体围岩产出。

(四)矿石组构特征

1. 矿石结构

粒状变晶结构：是矿石最主要的结构，所有矿体都有这种结构，菱铁矿为半自形中细粒状，白云母为片状，石英为他形粒状。

粗粒半自形—自形晶结构：这种结构不是矿石主要结构，但在矿区常见，由较自形的菱铁矿(呈菱面体)和少量白云母构成。

2. 矿石构造

层状构造：为原始沉积构造，单层一般厚 1～3cm，少数厚十至数十厘米，是矿石的主要构造。

块状构造：是矿石常见的构造，其中夹杂的其他矿物(菱铁矿除外)不形成明显的纹带。

微条带状或纹层状构造：由白云母、石英微条带或纹层构成，纹层或条带宽多数不到 1mm，少数一至数毫米宽。在矿石中一般沿层面分布，局部较多，达每米十余条。其由原始沉积的泥、砂等物质受区域变质作用所形成。

晶洞构造：沿菱铁矿层理、裂隙或裂隙交叉处发育有晶洞，形态以不规则状为主，晶洞大小一般在半厘米以下，少数达一到数厘米。洞内充填有泥质，洞壁有方解石薄膜或粗晶菱铁矿。其成因为后期热液溶蚀所造成，为次生构造，分布不普遍。

浸染状构造：由黄铜矿、黄铁矿呈星点状分布构成，系局部地段因后期热液活动所形成，为次生构造，分布不普遍。

(五)成矿期次

根据西昆仑切列克其菱铁矿矿体特征、矿石特征及其镜下鉴定初步判断，该矿区铁矿成矿可以划分出 4 个成矿期。

原始沉积期：切列克其菱铁矿矿床发生于早志留世海进条件下，来源于古陆的成矿物质以铁胶体溶液或微小的铁质悬浮物的形式运移，在总体弱还原环境下，低价铁与有机质分解产生大量的 CO_3^{2-} 结合，形成了大量的菱铁矿矿物，并在有利部位聚积沉淀。菱铁矿沉积多在碳酸盐岩层向碎屑岩层过渡的条件下，形成了原始菱铁矿矿层。早志留世后至二叠纪初期，下志留统及原始菱铁矿层处于压实成岩及后期埋藏变质状态，原始菱铁矿矿层固结成岩，在低压低温环境下，微小的菱铁矿颗粒初步结晶成第一世代细粒菱铁矿矿物。

变质改造期：二叠纪末—中三叠世，含矿地层经历了绿片岩相变质作用，泥质岩变质成片岩，碳酸盐岩变质成大理岩。同时，原始菱铁矿矿层也经历了变质作用改造，菱铁矿发生了重结晶，晶体颗粒变粗。

热液叠加期：后期岩浆热液活动，对矿区菱铁矿产生较大的影响。黑云母英云闪长岩的侵入，使矿床又经历了岩浆热液叠加改造作用。花岗岩细脉贯入菱铁矿矿体及围岩中，伴随岩浆热液活动形成黄铜矿石英脉、石英脉和石英菱铁矿矿脉，使菱铁矿晶形继续变粗。部分菱铁矿随热液迁移贯入充填，形成粗晶菱铁矿矿脉和石英菱铁矿矿脉分布于铁矿层中。

表生氧化期：经历了原始沉积期及后期的变质和热液作用改造，经历抬升后经过剥蚀出露地表，氧化作用对该地区菱铁矿产生了巨大的影响，地表出露的菱铁矿已经基本被氧化成了红褐色的褐铁矿。

三、矿床地球化学特征

1. 主量元素

切列克其铁矿矿体主量元素分析结果（表 3 - 25）显示菱铁矿矿石中 SiO_2 含量为 6.67%～23.57%，平均 10.82%；TiO_2 含量为 0.018%～0.15%，平均 0.066%；Al_2O_3 含量为 0.66%～1.98%，平均 1.51%；MnO 含量为 1.76%～2.53%，平均 2.12%；MgO 含量为 0.56%～3.99%，平均 1.69%；CaO 含量为 0.27%～1.15%，平均 0.68%。可以看出，菱铁矿矿石主要成分为 SiO_2 和 Fe_2O_3，矿石中 Al_2O_3 含量相对较高，TiO_2 含量均很低(小于 1%)。

2. 稀土微量元素

分析结果显示(表 3 - 26～表 3 - 30)切列克其矿区铁矿体稀土总量(ΣREE＋Y)为 16.79×10^{-6}～48.32×10^{-6}。由于矿区具典型沉积成矿特征，因此所有矿石稀土用 PAAS 进行标准化(Post Archean Australian Shale)(Mclennan，1989)。从标准化图(图 3 - 40)中可以看出，矿石中轻、重稀土分异不明显，稀土元素配分模式为轻稀土略微亏损的左倾模式。具明显的 La(La/La^*＝0.69～2.49)和 Eu 正异常(δEu 为 1.29～6.53)。所有样品都无 Ce 和 Y 的异常(δCe 为 0.76～1.57，δY 为 0.90～1.09)(图 3 - 40)。大理岩围岩稀土总量(ΣREE＋Y)为 55.57×10^{-6}，大理岩中轻重稀土分异较弱，配分曲线整体为轻稀土较为富集的右倾的模式。样品无明显的 La 和 Eu 正异常(La/La^*＝1.04；δEu 为 1.17)(图 3 - 40)，也无 Ce 和 Y 异常(δCe 为 0.87，δY 为 1.15)。

在原始地幔标准化后的微量元素蛛网图上(图 3 - 40)，菱铁矿和大理岩型磁铁矿矿石具有相似的配分形式，均表现为富集大离子亲石元素，而亏损高场强元素特征，其中 Nb、Ta 等具有明显的负异常特征，表明矿石与围岩在成因方面具有相似性。菱铁矿石 Sr/Ba 比值为 0.16～0.62，而大理岩 Sr/Ba 比值分别 27。

四、矿床类型与成因

目前大家对切列克其铁矿床的成因已达成共识，基本确定为沉积变质碳酸盐型菱铁矿矿床，矿床工业类型为变质海相沉积型菱铁矿矿床，其成矿过程大致如下。

矿区在古生代处在缓慢沉降时期，形成了浅海盆，含铁质的陆源物质搬运到海盆中，沉积了浅海相碎屑岩-碳酸盐岩系，并出现了海进海退交替的还原环境，并沉积了菱铁矿。这是成矿的基本因素。

由铁质组成的悬胶体与碳酸盐、泥、砂质及少量碳质一起沉积时，沉积环境是相对稳定的。但由于海盆水体进退变化和海底地形起伏不平，成矿环境发生变化，造成了矿体的多层性和形态的复杂性。

矿体形成后，受到区域变质作用和热液活动的影响。从矿区及区域上来看，区域变质作用的影响是主要的，并且是普遍的。矿床的后期改造作用，最明显的是使各种矿物发生重结晶，但仍保持了沉积矿床的原貌和特征。

不可否认，该矿床还具有一些层控型的一些特征，主要表现为：①目前所发现的菱铁矿均产出于志留系中，几乎各岩性段中都见有矿体，表现出与该岩性段的密切联系；②矿体距黑云母斜长花岗岩体 50～100m 之间(如Ⅱ-2、Ⅲ号矿体及 ZK4001、ZK4201、ZK3001 所揭露出的盲矿体)；③菱铁矿体在地层中的展布具有分叉复合的现象(如Ⅰ号矿体及Ⅲ号矿体)，甚至有穿层的现象，如Ⅲ-5 号矿体。

表 3-25　切列克其铁矿矿体主量分析数据表

单位：%

序号	样号	岩石名称	SiO_2	Al_2O_3	Fe_2O_3	FeO	CaO	MgO	K_2O	Na_2O	TiO_2	P_2O_5	MnO	LOI	H_2O^+	SiO_2/Al_2O_3
1	D020-03	褐铁矿-菱铁矿	23.57	1.38	62.31	0	1.15	1.21	0.19	0.082	0.039	0.042	1.85	<0.01	4.81	17.08
2	D020-031	褐铁矿-菱铁矿	6.67	0.66	77.78	0	0.51	0.81	0.19	0.053	0.018	0.019	2.53	11.29	6.11	10.11
3	D020-032	褐铁矿-菱铁矿	14.74	1.74	72.12	0	0.27	0.56	0.55	0.093	0.071	0.038	1.95	9.02	5.43	8.47
4	D020-033	褐铁矿-菱铁矿	9.68	1.74	76.04	0	0.76	0.78	0.52	0.094	0.071	0.04	2.15	8.79	5.87	5.56
5	D020-034	褐铁矿-菱铁矿	7.72	1.59	76.69	0	0.44	0.97	0.32	0.10	0.044	0.031	2.38	10.56	5.98	4.86
6	D021-02	菱铁矿	7.82	1.20	12.27	40.98	0.74	3.05	0.36	0.096	0.044	0.022	1.76	32.05	0.77	6.52
7	D023-01	菱铁矿	8.07	1.82	10.55	39.45	0.70	3.99	0.49	0.16	0.088	0.026	2.18	32.23	0.88	4.43
8	D022-02	菱铁矿	8.34	1.98	42.86	18.64	0.85	2.13	0.65	0.12	0.15	0.02	2.15	21.49	5.44	4.21

表 3-26　切列克其铁矿矿体微量元素分析数据表

单位：10^{-6}

序号	样号	岩石名称	Cr	Ni	Co	Rb	W	Mo	Sr	Ba	V	Sc	Nb	Ta	Zr	Hf	Be	Ga	Sn	Se	Th
1	D020-03	褐铁矿-菱铁矿	8.00	32.30	8.46	7.43	1.60	6.33	22.20	49.50	28.10	2.34	1.69	0.12	16.50	0.24	0.23	7.64	1.07	0.44	0.73
2	D020-031	褐铁矿-菱铁矿	3.73	18.90	3.36	6.81	6.37	1.17	12.40	67.40	15.90	1.80	1.00	0.10	9.13	0.14	0.29	8.24	1.46	0.19	0.64
3	D020-032	褐铁矿-菱铁矿	10.3	13.00	5.31	17.50	4.83	3.61	40.40	65.40	26.90	2.53	2.47	0.17	19.80	0.37	0.53	7.95	1.08	0.36	1.29
4	D020-033	褐铁矿-菱铁矿	9.94	34.80	9.28	15.80	9.52	3.28	49.90	121.00	119.00	12.10	2.42	0.15	20.50	0.42	0.79	10.70	2.75	0.33	0.76
5	D020-034	褐铁矿-菱铁矿	8.55	17.90	6.06	13.60	4.24	3.22	20.40	123.00	31.70	2.72	2.01	0.16	21.70	0.38	0.36	9.79	1.08	0.48	1.44
6	D021-02	菱铁矿	7.42	24.00	4.40	11.80	5.36	1.30	13.70	84.80	23.20	2.24	1.62	0.094	14.90	0.30	0.38	7.52	1.90	0.09	0.92
7	D023-01	菱铁矿	13.90	10.80	2.68	15.10	6.07	1.35	39.10	94.90	21.10	2.54	1.78	0.13	20.60	0.41	0.51	8.33	0.89	0.32	1.81
8	D022-02	菱铁矿	19.70	16.10	3.76	18.80	7.89	0.09	18.30	58.70	35.20	6.10	2.76	0.23	11.20	0.31	0.70	5.27	4.91	—	0.93

表 3－27 切列克其铁矿矿体稀土元素分析数据表

单位：10^{-6}

序号	样号	La	Ce	Pr	Nd	Sm	Eu	Gd	Tb	Dy	Ho	Er	Tm	Yb	Lu	Y	ΣREE	LREE	HREE	LREE/HREE	La/La*	δEu	δY	δCe
1	D020－03	1.34	3.19	0.44	2.15	0.71	0.29	0.80	0.14	0.86	0.20	0.52	0.092	0.55	0.10	5.41	11.382	8.12	3.262	2.49	2.81	1.55	1.04	1.11
2	D020－031	0.66	2.14	0.40	2.49	1.90	1.41	3.37	0.68	4.34	0.92	1.97	0.23	1.24	0.16	26.10	21.91	9.00	12.91	0.70	6.28	−1.57	1.04	1.57
3	D020－032	1.49	4.17	0.67	3.38	1.21	0.52	1.35	0.21	1.55	0.32	0.74	0.095	0.75	0.091	8.78	16.546	11.44	5.106	2.24	3.03	1.38	0.99	1.01
4	D020－033	0.99	3.17	0.59	2.99	1.26	0.44	1.43	0.24	1.72	0.42	1.05	0.17	1.20	0.16	11.00	15.83	9.44	6.39	1.48	2.58	1.08	1.03	0.88
5	D020－034	1.37	4.01	0.58	3.09	1.10	0.54	1.20	0.21	1.53	0.37	0.87	0.14	0.91	0.14	9.21	16.06	10.69	5.37	1.99	3.46	2.43	0.97	1.25
6	D021－02	0.64	1.32	0.19	0.98	0.53	0.46	0.95	0.21	1.63	0.42	1.14	0.18	1.18	0.18	10.40	10.01	4.12	5.89	0.70	6.85	2.49	1	1.17
7	D023－01	3.70	11.80	1.74	9.15	2.81	0.54	2.74	0.37	2.32	0.39	0.94	0.12	0.79	0.11	10.80	37.52	29.74	7.78	3.82	1.29	1.89	0.90	1.19
8	D022－02	1.01	2.49	0.39	1.60	0.73	0.63	1.52	0.29	1.75	0.36	1.11	0.15	0.85	0.12	10.80	13.00	6.85	6.15	1.11	6.53	0.69	1.09	0.76

表 3－28 切列克其铁矿围岩主量分析数据表

单位：%

序号	样号	岩石名称	SiO_2	Al_2O_3	Fe_2O_3	FeO	CaO	MgO	K_2O	Na_2O	TiO_2	P_2O_5	MnO	LOI	H_2O^+	SiO_2/Al_2O_3
1	D022－01	大理岩	7.11	1.81	1.71	1.00	48.63	1.27	0.39	0.068	0.13	0.062	0.071	37.75	0.65	3.93

表 3－29 切列克其铁矿围岩微量元素分析数据表

单位：10^{-6}

序号	样号	岩石名称	Cr	Ni	Co	Li	Rb	W	Mo	Sr	Ba	V	Sc	Nb	Ta	Zr	Hf	Be	Ga	Sn	Se	Th
1	ZK004－01	斜长角闪片岩	16.4	12.8	4.6	13.2	14.2	2.22	1.78	1370	49.8	24.6	3.91	3.36	0.58	20.4	0.28	0.17	2.55	0.65	No	1.4

表 3－30 切列克其铁矿围岩稀土元素分析数据表

单位：10^{-6}

序号	样号	La	Ce	Pr	Nd	Sm	Eu	Gd	Tb	Dy	Ho	Er	Tm	Yb	Lu	Y	ΣREE	LREE	HREE	LREE/HREE	La/La*	δEu	δY	δCe
1	D022－01	11.3	18.9	2.34	8.67	1.65	0.35	1.49	0.22	1.24	0.24	0.58	0.083	0.54	0.081	7.89	47.684	43.21	4.474	9.66	1.17	1.04	1.15	0.87

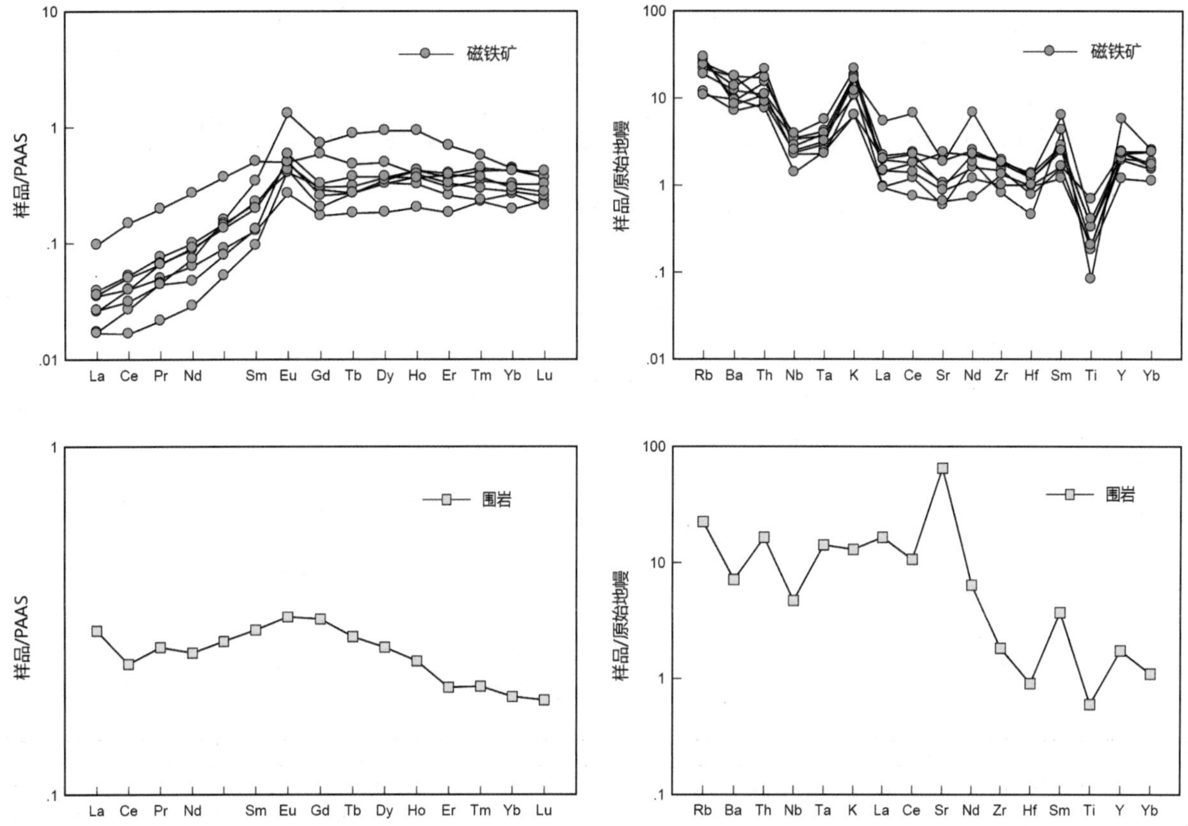

图 3-40　切列克其菱铁矿矿石围岩稀土 PAAS 标准化配分图及微量元素原始地幔标准化蛛网图

第四章　祁漫塔格地区区域成矿作用及典型矿床特征

第一节　位置、交通及自然地理概况

新疆祁漫塔格地区是“新疆358”项目最早确立的十大重要找矿远景区之一，同时也是首批47个国家级整装勘查区之一，包括迪木那里克铁矿、白干湖钨锡矿、维宝铅锌铁矿3个矿集区。该区位于新疆维吾尔自治区东南部若羌县南350km处，距青海茫崖镇240km，行政区划隶属于新疆维吾尔自治区巴音郭楞蒙古自治州若羌县、且末县。经纬度范围为：东经85°30′—91°30′，北纬37°00′—38°20′。具体拐点坐标为：①E 85°44′35″，N 37°25′44″；②E 88°17′55″，N 38°11′43″；③E 90°30′31″，N 38°08′03″；④E 90°52′41″，N 36°55′50″；⑤E 88°59′42″，N 37°33′21″；⑥E 86°59′30″，N 37°13′13″，面积约31 464km^2，见图4-1。该区与外界

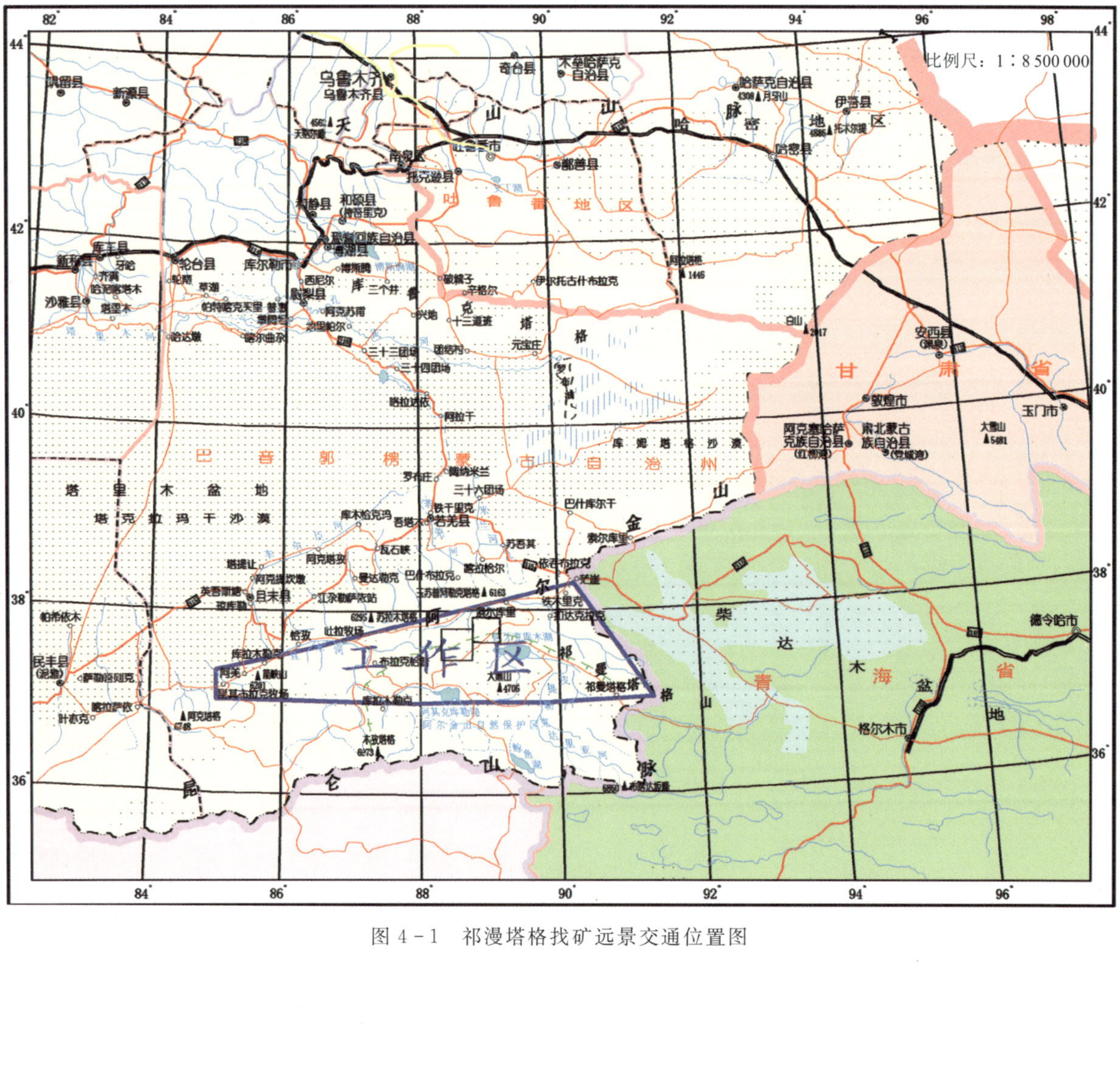

图4-1　祁漫塔格找矿远景交通位置图

交通尚属方便，其北缘分别有315国道连通茫崖镇—若羌县—且末县，218国道连接若羌县到达库尔勒市。但区内交通条件较差，主要为乡间简易公路。

地理位置处于东昆仑山脉西段，北部与塔里木盆地、阿尔金山相邻，南部与可可西里相接，东部与青海省毗邻，属于青藏高原北部高寒山区。区内高程为3500～5638m，地形切割强烈，相对高差500～1000m。该区属于典型的高原大陆荒漠干旱气候，自然环境恶劣，除少数地方有游牧民不定期居住外，绝大部分属于无人区。区内生产、生活物资主要靠青海省海西蒙古族藏族自治州（简称海西州）花土沟镇供给，或者直接来自格尔木市、若羌县、敦煌市。区内缺少通信和电力资源，供电需自带发电机发电，与外界联系需用电台或卫星电话。

第二节 祁漫塔格地区地质矿产以往工作程度及近年来工作进展

一、区域地质（矿产）调查

（1）20世纪80年代初期，由新疆地质局区测大队完成的东昆仑—阿尔金地区1∶100万区域地质调查覆盖本区。自1959年以来，青海省境内的祁漫塔格地区完成了1∶20万区域地质调查。2000年以来，中国地质调查局部署的由新疆、青海、陕西和广西地质调查院（全称广西壮族自治区地质调查研究院）承担完成的1∶25万区域地质调查已经全部覆盖了本区。

（2）2004—2006年，新疆维吾尔自治区1∶5万区调项目办公室在本区维宝（J46E017005、J46E018004、J46E018005）、土窑洞（J46E016004、J46E017003、J46E017004）和恰普（J46E015001、J46E015002、J46E016002）一带部署实施了1∶5万区域地质矿产调查工作，总面积约3680 km^2。

（3）2005—2008年，由中国地质调查局部署，新疆地调院承担完成了（J46E013001、J46E013002、J46E014001、J46E014002）4幅1∶5万区域地质矿产调查，详见图4-2。

二、区域化探工作

（1）1996—1999年，新疆地矿局第一区域地质调查大队（又称新疆地矿局区调一队）开展的东昆仑—阿尔金地区1∶50万水系沉积物测量工作覆盖了本区大部分。

（2）新疆地质调查院（简称新疆地调院）于2002—2003年完成了1∶20万布喀达坂峰—依吞布拉克区域化探，圈定了单元素异常974个，初步圈定以铜、铅、锌、银、汞、钛、钨、锡、钼等为主（含铁族元素）的综合异常36个。随后，发现了维宝铅锌矿、蟠龙峰铁矿、攀岩峰铁矿、维东和青龙岭铅锌矿、阿尼亚拉铁多金属矿，以及大量铜、银、钨、锡矿化线索。

新疆地质调查院于2003—2005年完成了嘎斯煤田幅、攸苏普阿雷克幅、牙鲁拉克幅1∶20万区域化探，圈定了1358个单元素异常和以铜、铅、锌、银、汞、钛、钨、锡、钼等成矿元素为主（含铁族元素）的综合异常46个。通过异常查证，发现了一道梁钨矿化点。

新疆地矿局（全称新疆维吾尔自治区地质矿产勘查开发局，本书中简称新疆地矿局）物化探大队于2010—2011年在且末县一级电站（J45C003002）及古尔嘎幅（J45C003003）开展了1∶25万水系沉积物测量。

东部邻区青海省境内祁漫塔格地区基本完成了1∶20万区域化探扫面工作。

（3）吉林省地质调查院（简称吉林地调院）于2000—2005年先后承担完成的"新疆东昆仑西段北带矿产资源调查评价""新疆东昆仑西段黑山-祁漫塔格成矿带钨锡矿产资源调查评价"项目，在古尔嘎、祁漫塔格、黑山、吐拉、戛勒赛等地区完成了1∶10万水系沉积物测量5938 km^2，共圈定金、银、铜、铅、锌、

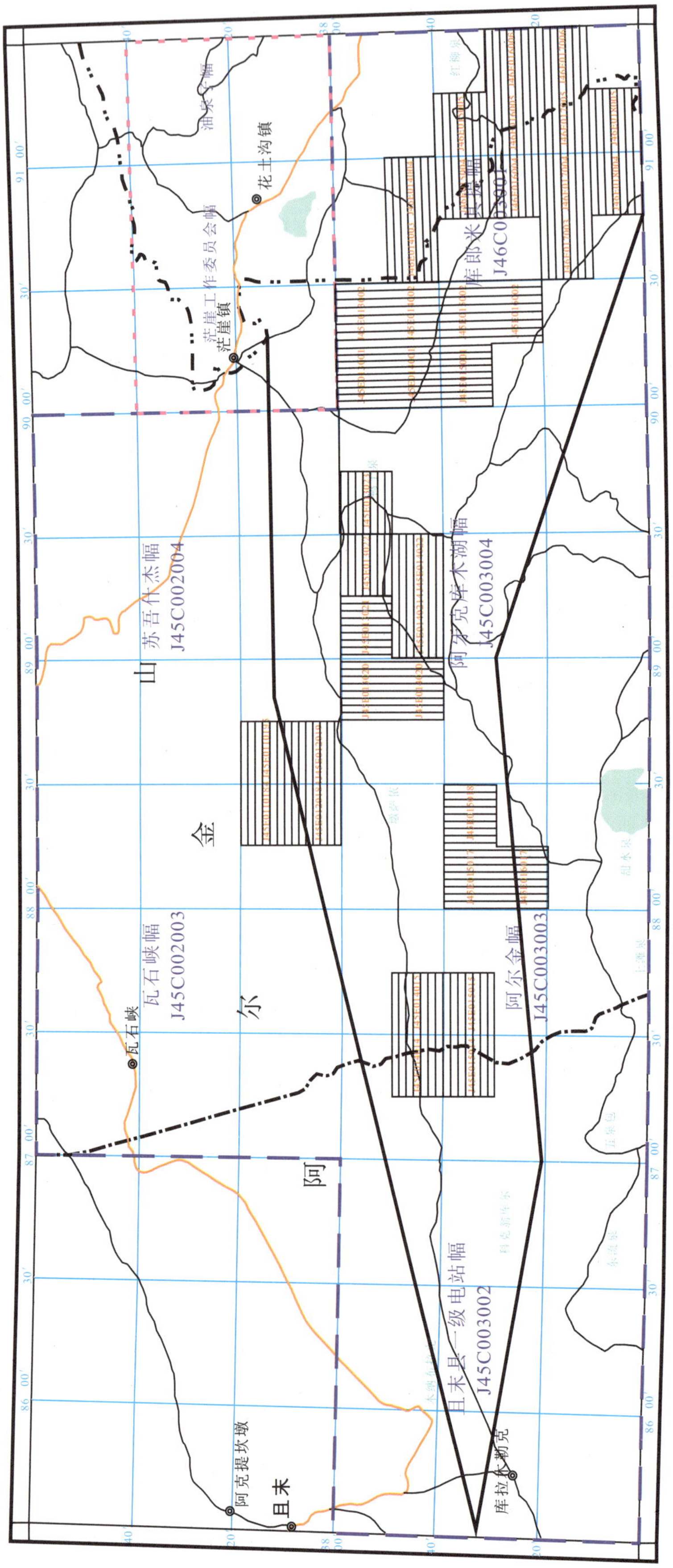

已完成的1∶25万区域地质调查图幅　已完成的1∶20万区域地质调查图幅　已完成的1∶5万区域地质调查图幅　已完成的1∶5万区域地质矿产调查图幅　祁漫塔格找矿远景区

图 4-2　新疆祁漫塔格地区地质矿产工作程度图

钨、锡、铋、钼、砷、锑、汞、钴、镉、镧、钍、钒、铍、锆、铌等单元素异常 435 处，确定综合异常 96 处；发现小型金矿产地 1 处，大型钨锡矿产地 1 处，小型煤矿产地 1 处，共计发现矿(床)点 23 处。

(4)新疆国土资源厅于 2004—2006 年在本区的维宝一带部署完成了 1∶5 万化探普查 6 幅(包括 J46E017004、J46E018004、J46E018005 三个整幅和 J46E016004、J46E016005、J46E017005 三个不完整图幅)，总面积约 2050km^2。

(5)吉林省地质调查院于 2006—2008 年在祁漫塔格成矿带白干湖(J45E013020、J45E014020)和大沙沟地区(J45E015017、J45E015018、J45E016017)开展了 1∶5 万战略性矿产远景调查，工作内容包括了 1∶5 万水系沉积物测量。

上述地球化学测量工作圈定了大量的地球化学异常，发现了一大批矿床、矿(化)点，取得了显著的找矿成果。

三、区域物探工作

(1)中国国土资源航空物探遥感中心于 1999—2000 年完成了青藏高原 1∶100 万航空磁测工作覆盖本区。航空物探总队完成了青海省境内东昆仑成矿带的 1∶50 万航空磁测工作。

(2)吉林省地质调查院于 2006 年承担完成了白干湖地区和大沙沟地区(共 5 幅)1∶5 万战略性矿产远景调查项目，开展了 1∶5 万地面高精度磁测工作。此外，该成矿带的青海省境内近年来已完成了 1∶5 万地面高精度磁测工作。

(3)中国国土资源航空物探遥感中心近年完成了东昆仑部分 1∶5 万航空磁测工作。

四、矿产地质工作

该区 20 世纪 90 年代以前，仅开展了一些砂金矿评价和铜、铁矿点踏勘检查工作，基本没有开展过其他矿产地质工作。直到 21 世纪以来，该区才陆续开展矿产评价和勘查工作，主要有：吉林省地质调查院于 2000—2012 年先后承担完成了“新疆东昆仑西段北带矿产资源调查评价”“新疆东昆仑西段黑山-祁漫塔格成矿带钨锡矿产资源调查评价”“新疆若羌县白干湖—吐拉地区铜钨锡多金属矿远景调查”“新疆东昆仑西段白干湖成矿带金、铜多金属勘查”等项目。初步总结了工作区的区域成矿系列和成矿规律，建立了成矿模式，总结了钨锡金铜矿床的找矿标志和找矿方法技术，对其资源潜力进行了初步评价，发现并评价了白干湖大型钨锡矿田，发现了木孜鲁克铜矿、野狼沟铜多金属矿等。

新疆地质调查院于 2003 年通过 1∶20 万化探异常查证发现了维宝铅锌矿、蟠龙峰铁多金属矿，之后又陆续开展了普查评价，认为维宝铅锌矿属层控热液改造型，具有大型远景规模。新发现了维东和青龙岭铅锌矿、阿尼亚拉铁多金属矿、攀岩峰铁矿等有较大找矿前景的矿产地。

第三节 祁漫塔格地区地质矿产特征

一、区域地质特征

(一)地质构造背景

祁漫塔格地区大地构造上处于东昆仑造山带与阿尔金造山带所夹持的三角形区域，具体位于东昆仑造山带的西段。其北部的祁漫塔格弧形山脉向北凸出，主要由中酸性侵入岩类组成，南部发育新生代库木库里盆地。其西北以阿尔金南缘断裂为界与阿尔金造山带相隔，东北与柴达木地块相邻，南侧以昆南断裂为界与巴颜喀拉褶断带相接。关于祁漫塔格地区地质构造的认识和构造单元的划分存在多种不同的意见（青海省区域地质志，1991；姜春发等，1992；许志琴等，1996；李廷栋，肖序常，1996），目前一般以昆北、昆中断裂为界，将其划分为北昆仑（北祁漫塔格）早古生代岩浆弧带、中昆仑微陆块（早古生代复合岩浆弧带）和南昆仑早古生代增生楔杂岩带（李荣社等，2008），见图 4-3。

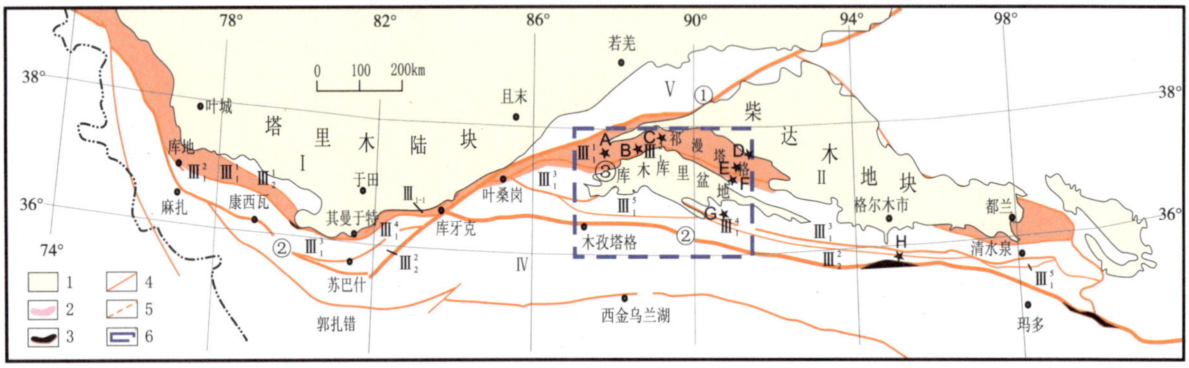

图 4-3　昆仑-阿尔金成矿带构造单元划分及祁漫塔格地区主要矿床分布图（据李荣社等，2008 修改）

1. 新近纪—第四纪盆地；2. 岩浆岩；3. 蛇绿混杂岩带；4. 区域性大断裂；5. 推测区域性大断裂；6. 祁漫塔格地区；Ⅰ. 塔里木陆块；Ⅱ. 柴达木地块；Ⅲ. 昆仑造山带，$Ⅲ_1^1$. 北昆仑地块，$Ⅲ_1^2$. 库地-其曼于特-祁漫塔格镁铁质—超镁铁质岩带，$Ⅲ_1^3$. 中昆仑微地块（早古生代、晚古生代复合岩浆弧），$Ⅲ_1^4$. 柳什塔格-诺木洪-乌妥蛇绿构造混杂岩带，$Ⅲ_1^5$. 昆南早古生代增生楔，$Ⅲ_2^1$. 柯岗-阿羌-风华山晚古生代裂谷带，$Ⅲ_2^2$. 南昆仑晚古生代残留弧；Ⅳ. 巴颜喀拉构造带；Ⅴ. 阿尔金造山带；①阿尔金南缘断裂；②昆南断裂带；③白干湖断裂带；A. 迪木那里克铁矿；B. 戛勒赛钨锡矿；C. 白干湖钨锡矿；D. 乌兰乌珠尔似斑岩型铜矿；E. 肯德可克钴铋矿；F. 维宝铅锌矿；G. 卡尔却卡铜钼矿；H. 驼路沟钴金矿

祁漫塔格地区大陆地壳演化经历了中元古代过渡性基底地壳形成、新元古代—古生代—早中三叠世海（洋）陆转化、晚三叠世—第四纪陆内演化 3 个阶段。其地质构造复杂，构造变形以晋宁期、海西期—印支期、燕山期—喜马拉雅期 3 个时期最为强烈。区内存在北东向和北西向两组构造带，自新元古代晚期以来，两组构造带的活动强度、构造性质都存在长期反复交替变化的特点（伍跃中等，2009a），直接影响到区内岩浆作用、沉积作用的发展演化，为区域成矿作用提供了有利条件（详见下文论述）。区内断裂构造发育，岩浆-火山活动频繁，特别以中酸性岩浆侵入活动为其主要特色。

（二）区域地层

祁漫塔格地区及邻区地层出露较齐全，时代跨度大，涵盖了自新太古界至新生界几乎所有地层（图 4-4），但岩石地层特征区域差异明显。以昆中断裂为界，以北的昆中和昆北带出露地层较相近，具有以中元古界为结晶基底、新元古界为稳定盖层的二元结构特征；而以南的昆南带及南邻的巴颜喀拉地区，地层发育则各具特色，它们与昆北和昆中带差异显著，姜春发等（1992）称之为软基底。

1. 前寒武纪地层

前寒武纪，在昆中和昆北带发育古元古界中—深变质岩系及中—新元古界浅变质沉积建造；而在昆南带则主要为中—新元古界火山-沉积建造。

古元古界白沙河岩组为各种变粒岩、片麻岩、混合岩、混合片麻岩、混合花岗岩、白云石大理岩、橄榄大理岩及角闪岩组成的中、高级变质岩系，属昆仑地块结晶基底的组成部分。其原岩为碎屑岩-基性火山岩-富镁碳酸盐岩建造，形成于陆内裂谷盆地环境，在区域上是重要的赋金层位，具有良好的找金前景。

长城系小庙岩组分布于远景区的中西部。以石英质岩石为主，主要包括石英岩、云母石英片岩、变长石石英岩夹黑云斜长片麻岩与大理岩等。石英岩层位相对稳定，是区域地层对比的重要标志层。该套地层属于浅海陆缘碎屑岩-碳酸盐岩沉积建造，是区内钨锡矿的主要矿源层。

蓟县系狼牙山组主要分布于远景区东部狼牙山等地，是一套以浅变质的富镁碳酸盐岩为主体的地层，属于浅海陆棚环境沉积，其中产出层控热液改造型铅锌矿，如维宝、维东、青龙岭矿等。

2. 古生代—中生代地层

早古生代，昆中带、昆北带发育有奥陶系—志留系滩间山群和志留系，前者以陆源碎屑岩和碳酸盐岩为主，后者包括鸭子泉中基性火山岩岩组和白干湖组复理石建造（黎敦朋等，2003）。滩间山群大面积分布于祁漫塔格山脉北坡地带，与区内大多数地层呈断层接触。主要岩性为浅灰色绿泥绢云变长石砂岩、凝灰质绢云长石变砂岩、浅灰绿色绿泥石长石片岩夹变安山岩、白云质灰岩及硅质岩，为一套长石质碎屑岩夹钙碱性火山岩，属弧后盆地复理石建造。其与印支期侵入岩的接触带附近常常形成铁多金属矿产，如野马泉、肯德可克铁多金属矿床等。

志留系白干湖组为1∶25万阿牙克库木湖幅新建地层单位，出露于远景区的白干湖断裂带与鸭子泉断裂带之间。下部为灰黑色—灰绿色中厚层状岩屑粉砂岩、泥质粉砂岩、凝灰质长石石英细砂岩、粉砂质泥岩、绢云石英片岩；上部灰黑—绿色岩屑砂岩、薄层粉砂岩、粉砂质板岩。其与下伏地层断层接触，与上覆地层呈角度不整合，属拉张环境下的弧后盆地沉积环境。

昆中断裂以南的上奥陶统—志留系称为纳赤台群，属于的一套低级区域变质碎屑岩及泥质岩，具海相类复理石建造特征（1∶25万布喀达坂峰幅报告，2003）。

泥盆系分布在昆中断裂以北地区，仅发育上泥盆统，缺失下—中泥盆统，为一套海陆交互相沉积。下部岩石组合为磨拉石建造，上部为一套陆相火山岩。

石炭系发育较齐全，昆中断裂以北属于稳定型，以南属于活动型沉积。下石炭统托库孜达坂组分布于且末县秦布拉克、库拉木拉克等地，主要岩性为灰绿色块状岩屑石英砂岩夹泥质粉砂岩，偶夹硅质岩，为一套滨海至浅海陆棚相陆源碎屑沉积建造。下石炭统大干沟组分布于祁漫塔格地区东北部省界线附近，主要岩性为含生物碎屑灰岩、粉晶砾屑灰岩，夹中薄层状砂屑灰岩，底部为紫红、灰绿色含铁质岩屑砂岩、砾岩夹粉砂岩，为典型的滨浅海相沉积。与奥陶系—志留系滩间山群和蓟县系狼牙山组均为断层接触，与上石炭统缔敖苏组为平行不整合接触。该组与岩体接触处多形成矽卡岩型铁、铜、铅、锌等矿产，其自身也发育有沉积型铁矿。

二叠系主要分布于昆南带，岩石组合上部为碳酸盐岩，中部为变火山岩夹碎屑岩、硅质岩及灰岩，下部为碳酸盐岩。上石炭统—下二叠统打柴沟组分布零星，为生物碎屑灰岩、粉砂质灰岩、白云质灰岩、白云岩类，为典型浅海-滨浅海或海陆交互相沉积，其与岩体的接触带多发育矽卡岩型的铁、铅、锌矿化。

在昆北、昆中带缺失中、下三叠统。上三叠统鄂拉山组主要沿祁漫塔格山脉分布，为一套陆相中酸性火山岩，下部岩性为火山集块岩、火山角砾岩、凝灰熔岩、英安岩、杂色砾岩、中细粒岩屑长石砂岩，形成从爆发相→喷溢相→溢流相的完整喷发旋回；上部岩性组合为流纹质凝灰岩、熔结凝灰岩、流纹岩，形成从爆发相→喷溢相→溢流相的喷发旋回。该组与岩体接触带多形成矽卡岩型铜矿。而在昆南带，下、中三叠统显示变化频繁的动荡环境沉积，浊流沉积发育，巴颜喀拉山地区则为一套活动型海相类复理石沉积建造。

侏罗纪以后至新生代该区属于山间盆地或断陷盆地陆相沉积环境。

（三）岩浆岩

由于祁漫塔格找矿远景区处于阿尔金造山带与东昆仑造山带的交会部位，受两组构造的影响，在其长期复杂的构造演化过程中，岩浆作用较为强烈，发育有镁铁质—超镁铁质岩石、中酸性侵入岩、基性火山岩等。按时间先后，区内岩浆作用可以分为以下4个阶段。

1. 长城纪—青白口纪

超镁铁质—镁铁质岩石、中酸性侵入岩、火山岩均有出露。超镁铁质—镁铁质岩石多数具有Pr负异常、Eu 正异常和有用金属或过渡金属元素 Cu、Ni、Pt 元素矿化或异常，具层状杂岩特征，其可能是基底演化过程中伸展机制背景下上地幔熔融侵位的产物。火山岩以大陆板内玄武岩为主。中酸性侵入岩(包括部分中基性岩体)零星出露。区内典型岩体为库木俄乌拉孜岩体，出露于依仟巴什断裂带北侧的分支断裂带中，长轴北西向，由辉橄岩、橄辉岩、透辉石岩和辉长岩构成，属镁铁质—超镁铁质杂岩体。辉长岩 Sm－Nd 年龄为 891±19Ma，为青白口纪。

2. 南华纪—早泥盆世

区内超镁铁质—镁铁质岩石多数具有层状杂岩的岩石组合、产出状态和地球化学特征。岩石以钙碱性、碱性系列为主，同时伴生有钾玄岩系列组合。火山岩以大陆板内型为主体(白干湖断裂以北)。花岗岩以奥陶纪为主，志留纪较少；发育基性—酸性的复式侵入体，普遍含闪长质岩石包体，可能与早古生代早期大陆汇聚陆壳重熔相关。典型岩体特征如下。

1)基性—超基性岩及蛇绿混杂岩

戛勒赛岩体群出露于古尔嘎盆地南的戛勒赛—牙鲁拉克吐迪买特一带。因新近系覆盖和被加里东期花岗岩吞蚀破坏，地表呈孤立团块或岩片近东西向展布。南侧以白干湖断裂与志留系接触。镁铁质—超镁铁质岩片与变中基—中酸性火山岩片、变基底岩片、复理石岩片、硅质岩片等呈构造混杂岩带产出，由变辉石岩和变辉长岩(或辉绿岩)构成。二者常具"薄互层状"堆晶韵律结构，为镁铁质—超镁铁质堆积型杂岩体。

朝阳沟岩体出露于乌鲁克苏河东侧朝阳沟—阿其克库勒湖一带的昆中断裂北侧，呈北西-南东向带状展布，北与白垩纪闪长岩和花岗闪长岩呈热侵入接触关系，南与古元古界苦海岩群呈断层接触。岩体呈透镜状、疙瘩状产于由复理石、碳酸盐岩、变火山碎屑岩构成的构造混杂岩带内。由变橄榄岩、橄辉岩构成的超镁铁质堆积岩，由变橄榄辉长岩、辉长岩构成的镁铁质堆积岩，以及辉绿岩 3 类岩石组合而成，属镁铁质—超镁铁质堆积杂岩体。变火山岩类主要有石英绿泥片岩、石英钠长绿泥片岩，成分与变辉长岩类相似，为碱性系列的苦橄玄武岩。其中粗玄岩类稀土和微量元素特征同所在地段辉绿岩相似。岩体具铜镍矿化。

鸭子泉岩体群出露于阿牙克库木湖北鸭子泉沟东侧呈北东向产出，以基性岩脉为主，并与火山岩、石炭系硅质岩块呈构造混杂岩形式产出，变形基质由长英质、绿泥石、阳起石、钠长石等物质构成，原岩可能属长城系或青白口系。基性岩脉主要由辉长岩、辉绿岩构成，可与清水泉辉绿岩对比。其东侧奥陶系—志留系滩间山群中发育的辉绿岩脉，亦属同期岩浆作用产物。而滩间山群的辉绿岩脉呈北西向产出，说明在此时期北东向、北西向两组构造同时存在。辉长岩锆石 U－Pb 法年龄为 405.3±1.0Ma(1∶25万阿牙可库木湖幅，2002)，时代为早泥盆世。

鸭子大坂岩体群出露于那陵格勒断裂带以北的鸭子大坂至鸭子泉一带，北东向带状展布，北西侧与志留系白干湖组和志留纪—泥盆纪中酸性侵入岩呈断层接触，南东侧与蓟县纪、志留纪—泥盆纪中酸性侵入岩呈断层接触；镁铁质—超镁铁质岩呈岩片状产于由蓟县系大理岩、石英片岩、含碳质片岩和石炭系放射虫硅质岩组成的构造混杂岩带中。该构造混杂岩带由蛇纹岩、辉橄岩(二辉橄榄岩)、橄榄辉石岩、辉长岩等构成，属镁铁质—超镁铁质杂岩体。蛇纹岩属镁质超镁铁质岩类，辉橄岩应为二辉橄榄岩类。该岩群形成时代为早古生代(奥陶纪—志留纪)，而出露在东侧阿木巴勒阿土坎的角闪闪长岩锆石 U－Pb 年龄为 388.6±0.7Ma，时代为早泥盆世。

黑山蛇绿岩沿阿牙克库木湖断陷盆地北缘分布，由堆晶辉橄岩、堆晶辉石岩、堆晶辉长岩和枕状玄武岩等组成，以发育堆晶结构的超镁铁质堆晶岩、镁铁质堆晶岩为显著特色，黑山超基性、基性岩岩石学、岩石化学成分为洋壳低钾拉斑玄武岩系列岩石组合，可能是洋盆扩张的产物。堆晶辉长岩的锆石 U－Pb年龄为 816±10Ma，代表辉长岩地幔分异年龄；在蛇绿岩带东部的库木俄乌拉孜镁铁—超镁铁质岩中获 Sm－Nd 等时年龄 891±19Ma，其 $\varepsilon_{Nd}(t_0)=+8$；与该蛇绿岩带相关的岛弧型花岗闪长岩-二长花岗岩形成年龄介于 550～453Ma，说明蛇绿岩构造就位于早古生代(1∶25 万阿牙克库木湖幅，2002)。

2)中酸性岩体

中酸性岩体具有南、北分带特征,北带局限于祁漫塔格山黑山-土房子隐伏断裂以北地区。在阿牙克库木湖西北地区侵入于长沙沟蛇绿构造混杂岩带及长城系、奥陶系之中,呈小岩株产出,为北东向展布(与阿尔金南缘断裂相一致)。岩性组合有辉长辉绿岩-闪长岩-英云闪长岩-二长花岗岩-钾长花岗岩组合,同时伴生碱性二长岩-石英正长岩组合。

侵入时代有奥陶纪、志留纪及泥盆纪。奥陶纪侵入岩分布广泛,主要出露于祁漫塔格西北部阿尔金南缘断裂带内,包括有黄土泉岩体群、尖石山岩体群、玉苏普阿勒克塔格岩体群、巴什尔希岩体群等。志留纪侵入岩较少,主要有伊涅克阿干岩体群、库木拉格超单元。其中,白干湖断裂以西侵入岩具有非造山的花岗岩类和板内花岗岩特点,以东具有岛弧侵入岩特征。南带侵入岩按时代可分为震旦纪、奥陶纪、志留纪。震旦纪侵入岩少见,仅在库郎米其提一带零星出露,称群峰东侵入体;侵入体片麻理构造发育,北东东向,与区内北西向主构造方向成60°左右的夹角;岩石类型为黑云母二长花岗岩,属铝过饱和的钙碱性系列。奥陶纪侵入岩有十字沟岩体群,分布于库郎米其提一带、昆中断裂带以北祁漫塔格山,呈不规则状、条带状、似椭圆状,受祁漫塔格山主脊断裂控制,与奥陶系—志留系滩间山(岩)群侵入接触;发育弱片麻理构造,局部出现眼球状构造、条带状构造,其产状与侵入体长轴方向、区域构造方向基本一致。岩石中含暗色闪长质包体;主要岩石类型为黑云母花岗闪长岩,属次铝—过铝的钙碱性系列。志留纪侵入岩有红柳泉岩体群,为不规则状、条带状、似椭圆状,受祁漫塔格山主脊断裂控制,与奥陶系—志留系滩间山群侵入接触;发育弱片麻理构造,局部出现眼球状构造、条带状构造,产状与侵入体长轴方向、区域构造线方向基本一致。岩石中含暗色闪长质包体,主要岩石类型有二长花岗岩及正长花岗岩。

3. 晚泥盆世—三叠纪

该时期镁铁质岩石较少。石炭纪—二叠纪火山岩主要集中在昆中微陆块内,以岛弧型为主,少量裂谷-弧后盆地型和洋壳型,其中洋壳型位于最南部,向北总体上依次出现岛弧型、弧后盆地型和裂谷型;三叠纪主体为陆内叠覆造山碰撞型-陆内裂谷型火山岩组合。花岗岩总体以钙碱性系列为主体,具有从石炭纪到三叠纪碱性岩类、钾含量增高的趋势;空间上石炭纪时期花岗岩南、北向的成分相近,二叠纪花岗岩显示从南向北钾含量增高,三叠纪这种趋势更加显著。

根据侵位时代进一步分为泥盆纪、石炭纪、二叠纪和三叠纪。泥盆纪、石炭纪侵入岩较少。其中,泥盆纪有喀雅、宽沟、喀雅克登塔格及阿木巴勒阿土坎等岩体(群),有石英闪长岩、似斑状二长花岗岩,发育暗色微细粒似斑状闪长质包体。石英闪长岩为偏铝质,二长花岗岩为过铝质,均属钙碱性系列。稀土总量较高,轻稀土强烈富集,具中等到强的Eu负异常。该类侵入岩属大陆弧花岗岩类、大陆碰撞花岗岩类。

石炭纪侵入岩集中出露于东西昆仑交界的四岔雪峰、奥依亚依拉克,祁漫塔格地区的库郎米其提、乌鲁克苏河以南等地,以巨大的岩基状产出。岩石组合有花岗闪长岩、二长花岗岩、钾长花岗岩等,属过铝钙碱性—过铝高钾钙碱性系列。

二叠纪侵入岩与石炭纪相似,总体以钙碱性系列为主,其岩石组合仍以石英闪长岩-二长花岗岩为主体,闪长岩和正长花岗岩少量。不同的是在古尔嘎一带出现了少量的碱性橄榄玄武岩-石英拉斑玄武岩系列,岩石组合从辉石岩到二长辉长岩以及二长岩均有出露。库郎米其提到布喀达坂峰一带的中酸性侵入岩具有从南向北钾质含量增高的现象。主要岩体有祁漫塔格岩体群、求勉雷克塔格岩体群、箭峡山岩体群等。

三叠纪侵入岩主体为钙碱性岩石,钾含量明显增高,高钾—中钾系列岩石占优势,具向北含量增高的趋势。岩石组合仍以石英闪长岩-二长花岗岩为主体,但正长花岗岩、钾长花岗岩较石炭纪、二叠纪侵入岩明显增加。此外,在阿牙克库木湖一带出现少量富钠质碱性玄武岩系列。典型岩体有库郎米其提三叠纪侵入岩、布喀达坂峰晚三叠世侵入岩、那陵格勒浆混花岗岩、大沙沟超单元和喀拉阿塔萨依超单元等。三叠纪特别是晚三叠世侵入岩与内生铜、铅、锌矿关系密切。

4. 侏罗纪—白垩纪

该时期岩浆活动比较微弱。零星出露的中酸性侵入岩具有碱性过铝质特点，或为 A 型或为 S 型花岗岩。以侏罗纪为主，古近纪以来罕见。岩石主体为碱性系列，反映陆内背景。

（四）地质构造特征及其与成矿的关系

1. 主要断裂构造和构造混杂岩带

区内主要断裂构造或韧性剪切带包括北东向和北西向两组，前者主要有阿尔金南缘断裂、白干湖断裂、鸭子泉-鸭子大阪构造混杂岩带；后者主要有阿达滩北缘断裂（祁漫塔格中央断裂）、昆中新元古代—早古生代缝合带主边断裂、伊阡巴达隐伏断裂，其特征简要描述如下。

1）阿尔金南缘断裂带

该断裂带分布于祁漫塔格地区西北部边缘，呈北东东向延伸，长达 1600km，是一条近直立的岩石圈断裂（超壳型深大断裂），延深达 100～140km。该断裂带在走向上和横向上均具有多级分段性的特点。其构造活动具有多级多旋回性的演化特征，一级活动旋回包括 3 个走滑活动期和 2 个隆升期。第一个走滑活动旋回：包括寒武纪—早中奥陶世的左旋张扭和中奥陶世—泥盆纪的自北而南的逆冲压扭性右行走滑作用；之后的晚古生代到三叠纪为第一个相对隆升时期。第二个走滑活动旋回：包括早中侏罗世的右旋张扭和晚侏罗世—早白垩世的左行走滑兼逆冲作用；接下来晚白垩世是第二个相对隆升时期。第三个以走滑为主的活动旋回：包括新生代早期的逆冲兼右行走滑、中期的正滑和晚期的左行走滑作用。晚期以左行走滑作用为主的活动阶段还包括：正滑、南北交互逆冲的脉冲作用的次级活动旋回（伍跃中，2008；伍跃中等，2008）。断裂带内岩浆侵入活动较强烈，其中中酸性岩体主要形成于早古生代，局部为晚古生代到三叠纪，基性—超基性岩体形成于新元古代—早古生代。该断裂长期复杂的演化历史直接影响到祁漫塔格找矿远景区地质构造发展和成矿作用。

2）白干湖断裂带

该断裂带呈北东向分布于祁漫塔格地区的中部，北东端与阿尔金南缘断裂带中的长沙-茫崖蛇绿混构造杂岩带复合，西南端被第四纪冰川覆盖，全长 230km，宽度约 5km，呈北东向延伸，南倾，倾角 70°左右，具有多期活动的特点。该断裂带控制了志留系白干湖组的展布，其东南侧在白干湖组中发育有近 5km 宽的挤压片理化带，其西北侧为古元古界金水口群及奥陶系祁漫塔格群，在断裂带附近金水口群中发现强烈糜棱岩化现象，显示韧性剪切的特点。断裂带东侧以发育加里东期各类花岗岩为主，西侧以发育海西晚期各类花岗岩为主。该断裂带对白干湖钨锡矿的形成具有重要的控制作用。

3）鸭子泉-鸭子大阪构造混杂岩带

该混杂岩带分布于鸭子泉—鸭子大坂一带，呈北东-南西向延伸，被新生代盆地分隔为鸭子泉构造混杂岩带和鸭子大坂构造混杂岩带两部分。

鸭子泉构造混杂岩分布于鸭子泉以东地区，出露长约 45km，宽 7～17km。表现为以剪切基质环绕刚性块体，以主干断裂为骨架，形成强、弱构造域相间排布的网络状的构造面貌。其物质成分极为复杂，由辉长岩、辉绿岩、玄武岩、安山玄武岩、安山岩和硅质岩、浅变质陆源碎屑岩等刚性块体组成，它们之间由剪切基质分隔，以韧—脆性断层接触。鸭子大坂一带构造混杂岩分布于鸭子大坂—回头沟一带，呈北东-南西向展布，以变质橄榄岩、辉长岩、安山玄武岩和基底大理岩片等刚性块体和绿泥石英构造片岩或长英质糜棱岩等剪切基质等物质组成。该构造蛇绿混杂岩以含较多的变质橄榄岩为特色。

鸭子泉混杂构造岩带卷入构造变形的最新地层为石炭系（李日俊，1999），且其被未卷入构造变形的三叠纪火山岩不整合覆盖。因此，鸭子泉构造混杂岩形成于二叠纪—三叠纪。

4）阿达滩北缘活动断裂（祁漫塔格中央断裂）

该断裂呈北西-南东向斜穿远景区东部，为一多期活动的复合断裂。奥陶纪蛇绿混杂岩组合、奥陶纪—志留纪岛弧型火山岩建造以及海西期的花岗岩均分布于该断裂以北。而印支期断裂南、北两侧的构造活动强度发生逆转，北侧构造活动变弱，未见岩浆活动迹象，断裂南侧岩浆活动强烈，形成卡尔塔阿拉南山岩浆弧带，带内发育大套鄂拉山组中酸性火山岩建造及花岗岩建造。燕山期断裂西侧的构造活动仍延续印支期的特点，南强北弱，南侧有大量正长花岗岩侵入，而北侧很少有燕山期建造出露。喜马拉雅期沿该断裂为主的断裂带发生走滑拉分，形成复合拉分盆地。

5)昆中新元古代—早古生代缝合带主边界断裂

该断裂沿远景区的南部边缘呈北西西向横贯全区，西端与阿尔金南缘断裂带相交，区内大部分被第四系覆盖。沿断裂磁重力梯度带明显，地震测深反映断面向北陡倾下延切割莫霍面，是一条规模大、标志明显的岩石圈断裂。

6)伊阡巴达隐伏断裂

该断裂分布于远景区东南部边缘，呈北西西向延伸，构成昆中陆块与库木库里新生代断陷盆地的分界线，沿带多为第四系覆盖。断裂北侧磁场 ΔT 为较平稳的低(负)值，与布格重力场吻合，并与南部变化的重力、磁场有较鲜明的区别。

2. 构造变形

祁漫塔格地区经历了多个地史时期、多期次的构造变形。其中，前震旦纪为基底变形，由于晚期构造的叠加和大规模的中酸性岩浆侵入，面貌已很难识别。古元古界金水口群白沙河岩组以中深构造相的塑性变形为主，现有变形记录表明，该岩组至少存在3期以上的褶皱变形，形成一系列片理和同斜紧闭褶皱，其中刚性体(如石英岩、大理岩等)被拉断，形成钩状体、石香肠，并趋于平行化。

中新元古界小庙岩组、狼牙山组、丘吉东沟组及新元古代花岗质片麻岩构造变形以中浅构造相的塑性变形和浅构造相脆韧性变形为主。

加里东期以构造混杂为主要特征，形成祁漫塔格早古生代构造混杂岩带，总体呈强→弱变形带相间的浅构造相韧性剪切带。

海西期—印支期为陆缘褶皱造山时期，表现为陆相磨拉石不整合在前期地层之上。燕山期—喜马拉雅期最重要的变形是推覆、走滑和降升。

3. 大陆地壳演化与成矿的关系

祁漫塔格地区大陆地壳演化可划分为中元古代过渡基底形成、新元古代—古生代洋陆转化、三叠纪至第四纪陆内演化3个阶段。

古元古代—长城纪，陆表海沉积环境形成的金水口群构成了该区的结晶基底，蓟县纪裂陷边缘海沉积环境形成的狼牙山组为其过渡性基底。维宝层控热液改造型铅锌矿赋存于狼牙山组中。

早古生代，在昆中陆块的北缘形成奥陶系—志留系滩间山群(新疆境内称为祁漫塔格群)长石质碎屑岩夹钙碱性火山岩、志留系白干湖组笔石页岩建造；在昆中陆块的南缘，形成奥陶系—志留系纳赤台群火山岩-碎屑岩-碳酸盐岩建造；昆中陆块及白干湖一带形成加里东期岩浆岩带。

至中泥盆世转化为挤压汇聚环境，形成海西期岩浆岩带。石炭系—二叠系为一套陆表滨浅海相的碎屑岩-碳酸盐岩建造。值得强调的是，区内两个重要的矿床类型——与岩浆热液有关的白干湖矽卡岩-石英脉型钨锡矿和斑岩型铜多金属矿，分别与加里东期花岗岩类和海西期钙碱性花岗岩类密切相关。

三叠纪后开始转入陆内变形阶段。主要表现为昆仑山等年轻印支山系发生大规模的基底滑脱、推覆、逆掩，发育鄂拉山组陆相火山岩建造。祁漫塔格地区与印支期花岗岩类有关的矿产，在区内已经发现了野马泉、肯德可克、蟠龙峰、阿尼亚拉、攀岩峰等矽卡岩型铁多金属矿。上新世以来，由于青藏高原的总体隆升和后陆效应，形成一系列东西走向的新生代断陷盆地，如库木库里盆地，并且发现了一些砂岩型铜矿点。

二、区域地球物理特征

据中国地质调查局 1999—2000 年青藏高原空白区 1∶100 万区域重力调查结果，祁漫塔格地区处于东昆仑北缘重力梯级带西段向北凸出的弧形转折区。又据青藏高原中西部 1∶100 万航磁调查结果，祁漫塔格地区以白干湖断裂为界，以东表现为具一定强度的北西向磁异常带，西北部的阿尔金山及其东南一带表现为强度大、梯度剧烈变化的线性磁异常。库木库里盆地航磁异常反映为低缓的负磁异常，计算基底深度为 3～7km，由北向南逐渐加深。推测盆地基底也为软磁性的古生界浅变变质岩，其盖层可能与柴达木盆地西部类似，以古近系—新近系为主。祁漫塔格地区地球物理场特征详见图 4-5。

三、区域地球化学特征

根据 1∶20 万～1∶50 万区域化探成果（图 4-6），阿尔金—东昆仑西段一带主要成矿元素具有集中成带分布的趋势。按照元素组合、地球化学异常的空间分布特征，可划分出 9 个构造地球化学带：①阿尔金北缘金铜钨钼稀有放射性元素富集带（$Ⅰ_1$）；②阿尔金南缘金铜铁族元素富集带（$Ⅰ_2$）；③古尔岔白干湖钨锡铋镉金铜锑锂铍元素富集带（$Ⅱ_1$）；④日吉普金银砷铜铅锌钨锡铋元素富集带（$Ⅱ_2$）；⑤秦布拉克北金银砷锑汞铜锌钨钼元素富集带（$Ⅲ_1$）；⑥阿羌金银砷锑汞铜锌钼镉元素富集带（$Ⅲ_2$）；⑦飞云山金砷锑汞铜锌镉钼铋元素富集带（$Ⅲ_3$）；⑧船湖冬银山金银砷锑汞铜铅锌铁锰硼元素富集带（$Ⅳ_1$）；⑨云雾岭金砷锑汞铜锌钨锡铋钼元素富集带（$Ⅳ_2$）。

区域化探表明，祁漫塔格地区西段以富集钨、锡、钼、金、铜为特征，东段以富集铅锌、钨、锡、铁为主（图 4-7）。东段土房子一带，以铅锌异常最为突出，铜异常次之，元素含量高，区域化探成果中 Pb 的最高值为 800×10^{-9}，Zn 的最高值为 610×10^{-9}，异常面积大，最大上百平方千米，且具有成群成带的分布特征。中西部，吉林地质调查院在 1∶50 万化探基础上，开展完成了 1∶10 万化探扫面，发现各元素的高值—特高值区与 1∶50 万化探高值—特高值区基本吻合，其中钨、铋、铍、钼 4 种异常吻合程度最佳，它们呈连续大面积、高背景分布于花岗岩体附近，同时出现强异常带，既反映了酸性岩浆岩的元素富集特点，又说明花岗岩体内、外接触带是寻找钨锡矿产的有利部位。

第四节　祁漫塔格地区构造岩浆作用及其对成矿的控制

前已述及，祁漫塔格地区矿产资源丰富，具有矿种多、成因类型复杂的特点，已发现白干湖钨锡矿田、迪木那里克铁矿、维宝铅锌矿等大中型矿床，东部青海境内发现有卡而却卡铜多金属矿、野马泉铁多金属矿、肯德可克铁多金属矿、驼路沟钴矿、乌兰乌珠尔似斑岩型铜锡矿等众多矿床（点）。这些矿床多集中形成于印支中晚期和加里东晚期。另外，从空间分布上来看，祁漫塔格弧形山脉的东段和西段成矿作用（类型、时代）存在明显差异，必须从地质作用的本质高度来探讨区内矿产时空分布变化特点，进而明确区域找矿潜力和找矿方向。

成矿作用是一种特殊的地质作用，矿产可以看作是一种特殊的岩相。区域成矿学家认为，区域成矿作用与地质构造发展演化是一致的，区域成矿作用是区域地质构造活动的一个组成部分。正确认识一个地区地质构造特征及其发展演化过程，是深入探讨其区域成矿特征和矿产时空分布规律的基础。

由于祁漫塔格地区岩浆作用特别是中酸性花岗岩浆侵入活动十分强烈，对区内各类金属矿产具有直接或间接的影响。区内花岗岩浆作用形成时期包括晋宁期到燕山期的每个构造旋回，各类花岗岩体分布受区域构造控制明显，其展布方向（长轴方向）与所处区域构造线（或主干断裂）一致。因此，以下首先通过花岗岩类时空展布规律来揭示区域构造活动特征，进而探讨本区构造岩浆作用与成矿作用的关系。

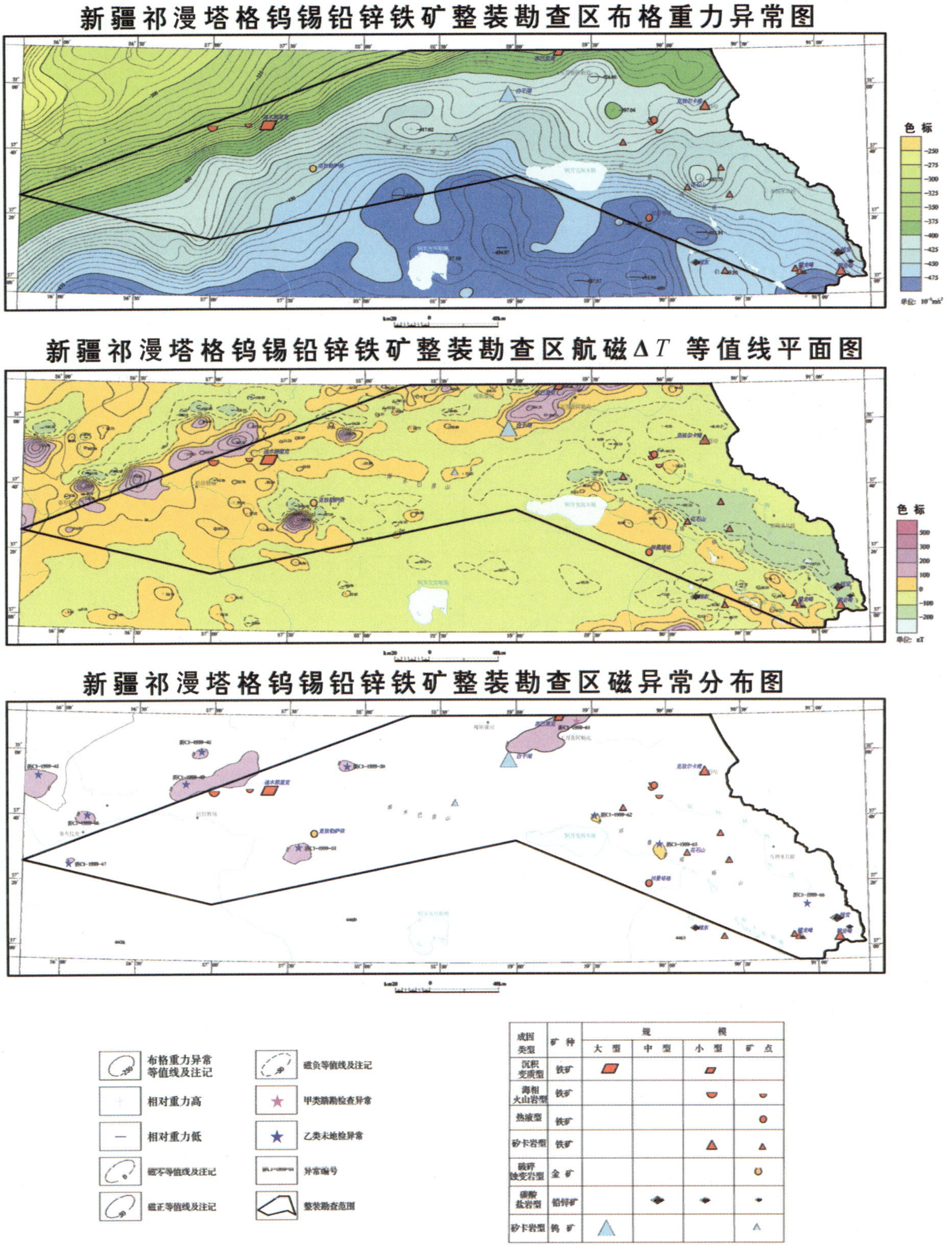

图 4-5　新疆祁漫塔格铁铜多金属矿整装勘查区物探异常图

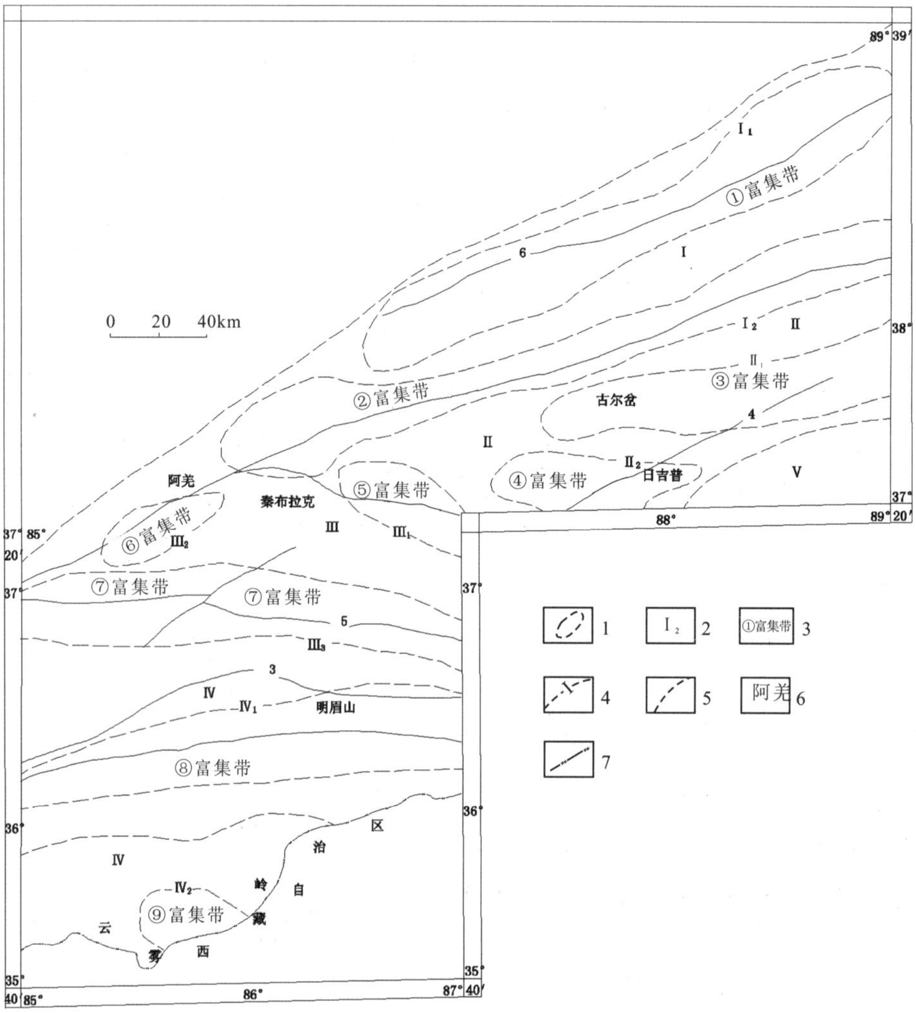

图 4-6　东昆仑-阿尔金地区构造及地球化学富集带图(据李绍强,2001 修改)

1.异常范围;2.地球化学带编号;3.地球化学带名称代号(对应"三、地球化学特征"中 9 个地球化学带);4.深大断裂及编号;5.大地构造分区界线;6.地名;7.省界;Ⅰ.阿尔金陆缘地块;Ⅱ.祁漫塔格早古生代岩浆弧;Ⅲ.南昆仑晚古生代陆缘盆地;Ⅳ.巴颜喀拉早中生代沟弧系;Ⅴ.阿亚克库木湖新生代坳陷;1.阿尔金南缘断裂;2.昆中断裂;3.木孜塔格-鲸鱼湖断裂;4.白干湖断裂;5.飞云山断裂;6.阿尔金西北缘断裂

一、祁漫塔格地区花岗岩类成因分类

花岗岩成因分类方案很多,代表性的有:Chappell 和 White(1974)根据源岩性质划分出 I 型和 S 型花岗岩,Ishihara(1977)又依据岩浆结晶的氧逸度划分出磁铁矿系列和钛铁矿系列花岗岩类,之后,Collins 等(1982) 又鉴别出产于非造山环境相对不含水的碱性花岗岩,即 A 型花岗岩。Pitcher(1983)发现每种源岩和岩石形成作用都与特定的构造环境有关,于是在上述基础上,又增加了通常产于蛇绿岩套中的所谓大洋斜长花岗岩,即 M 型花岗岩。徐克勤(1983)根据华南花岗岩的特点提出了陆壳改造型和过渡型地壳同熔型花岗岩。此外,董申葆、莫柱孙等也都曾提出过各自的划分方案。

上述每种划分方案都有其合理性的一面,特别是针对各方案提出的典型区其实用优势更加明显。但由于各种分类方案所依据的标准各有侧重,多数采用地球化学参数,也有的侧重于岩石学或矿物学或包体特征,于是造成花岗岩类成因分类结果很不统一。而且,即使都是采用地球化学参数或图解,但因为不同的参数或图解仅能代表一两个不同的变量,也常常会得出不一致甚至相互矛盾的结论。因此,必须采

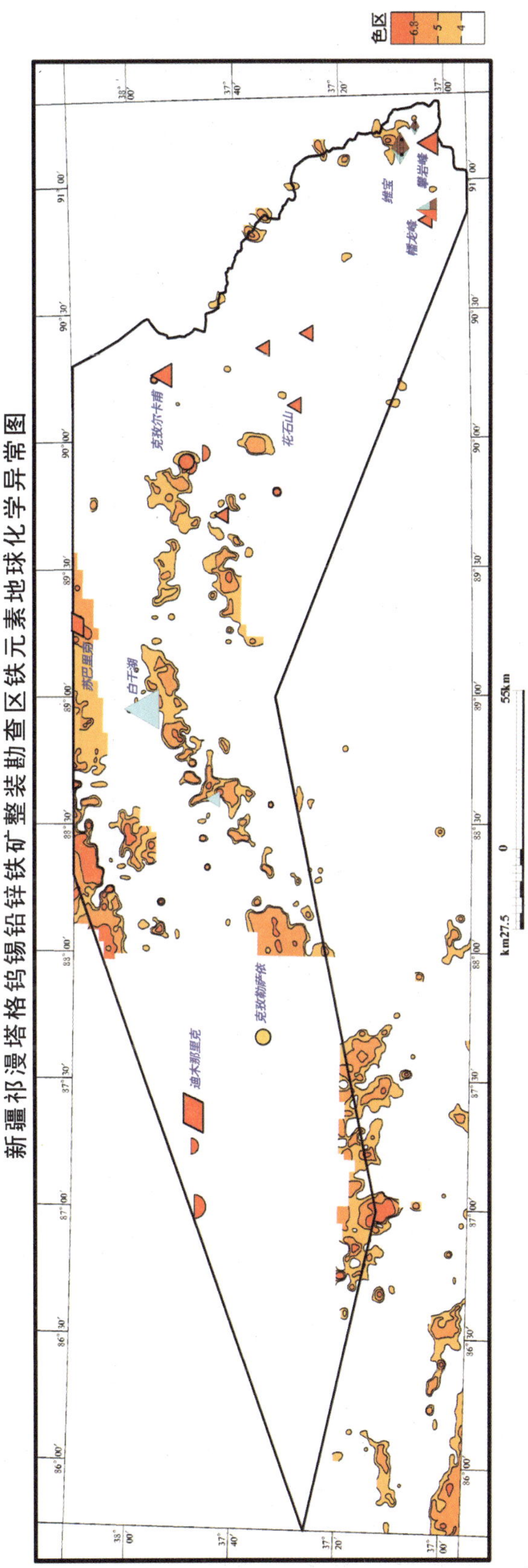

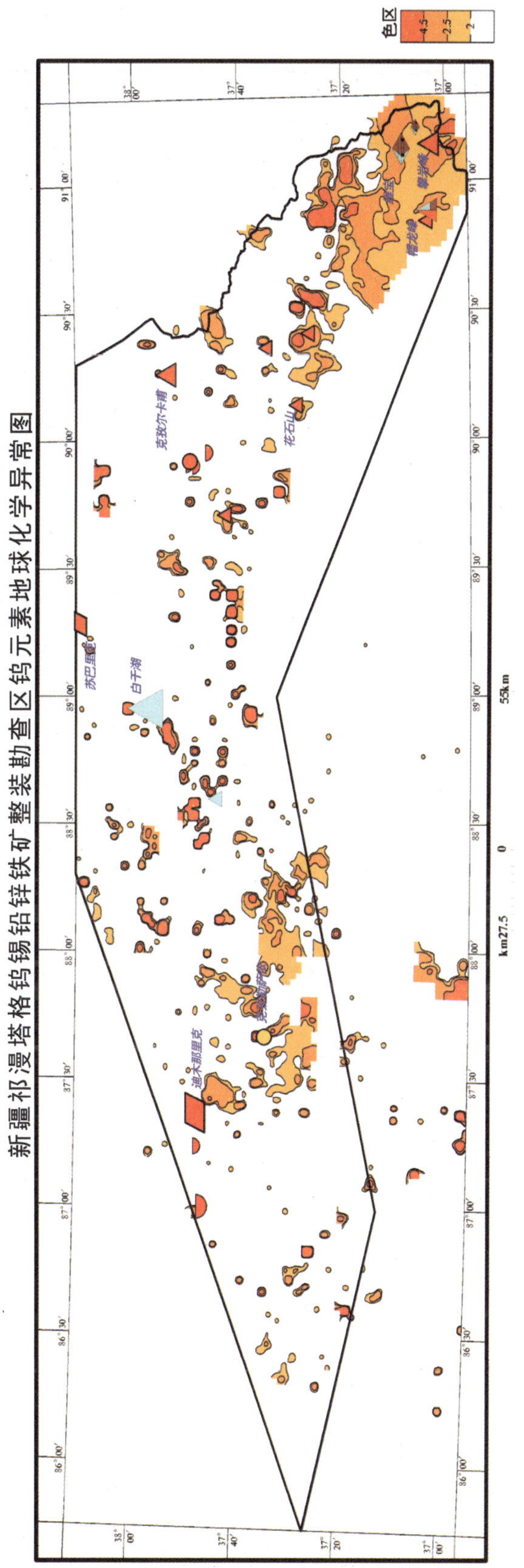

图 4-7　新疆祁漫塔格找矿远景区（整装勘查区）地球化学异常图

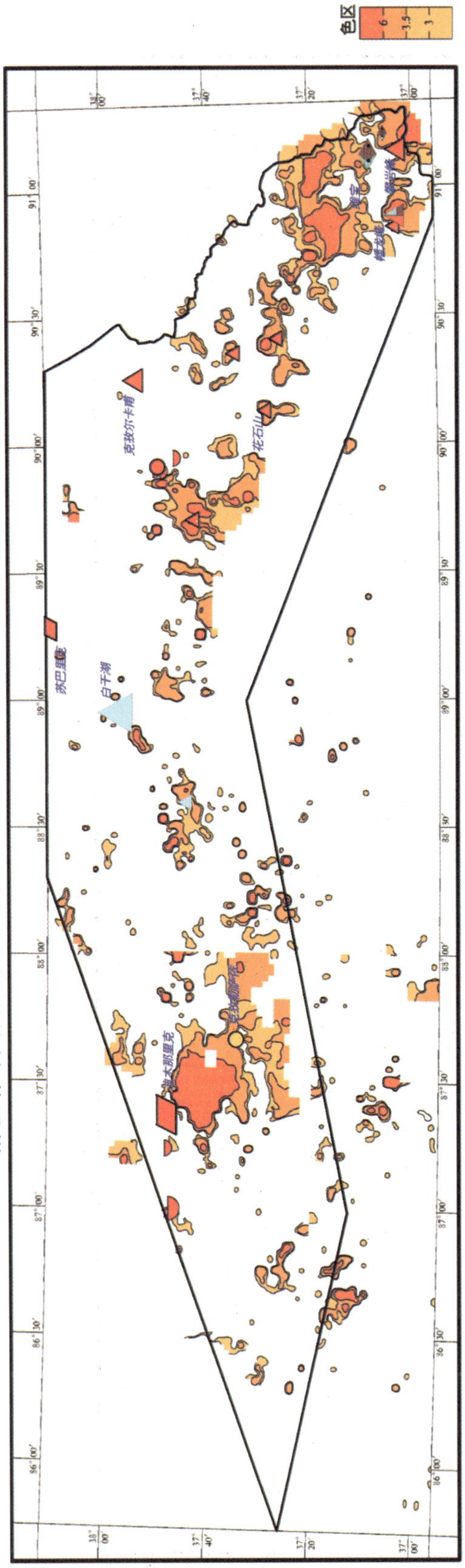

新疆祁漫塔格钨锡钼铅锌铁矿整装勘查区锡元素地球化学异常图

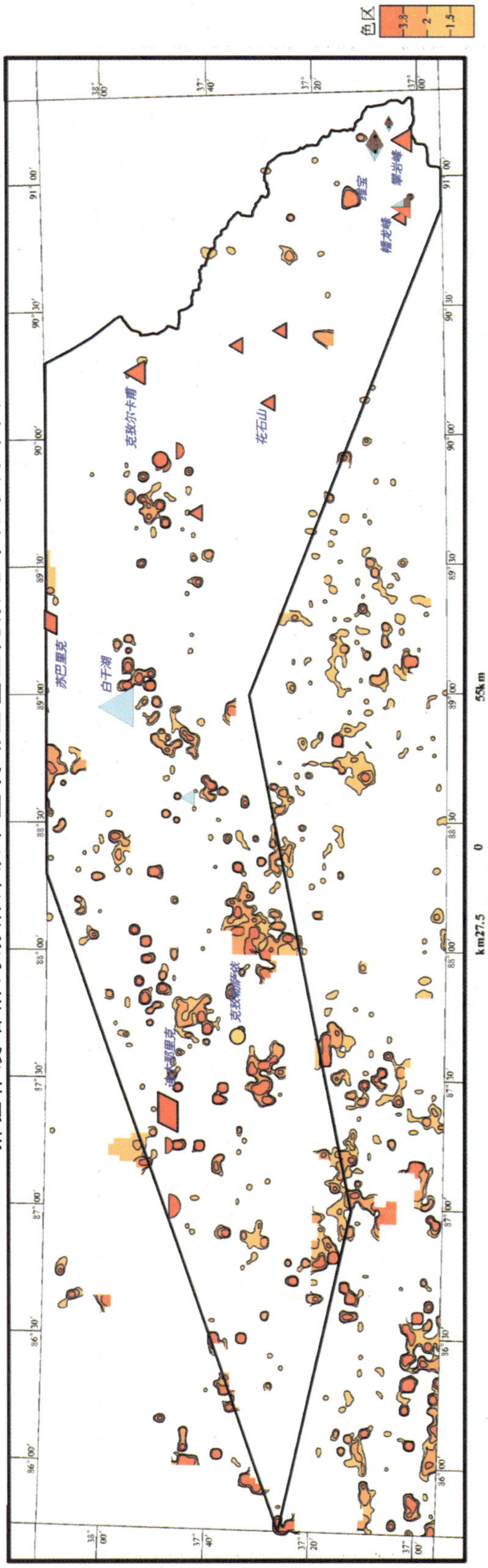

新疆祁漫塔格钨锡钼铅锌铁矿整装勘查区金元素地球化学异常图

图 4-7 (续)

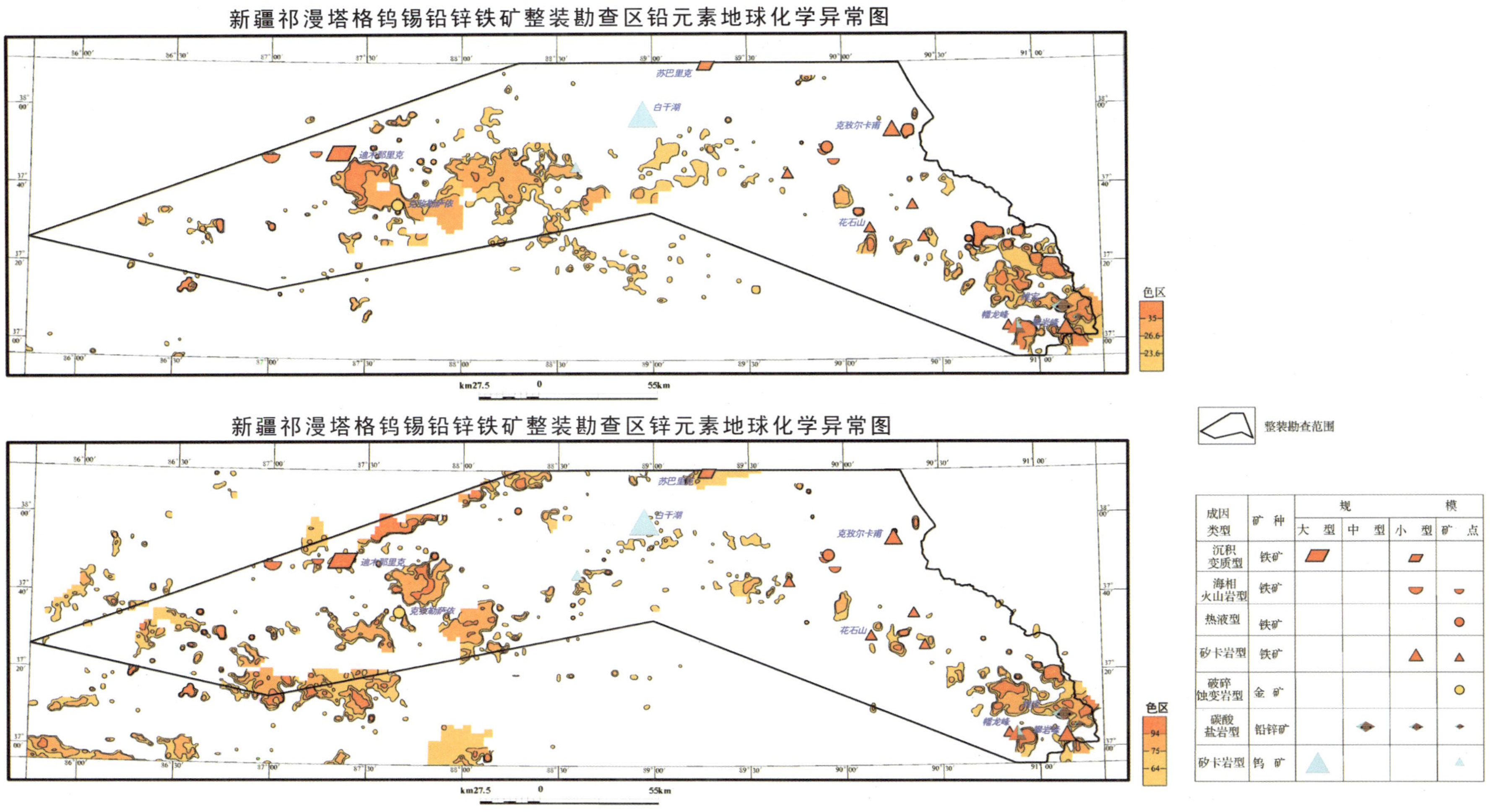
新疆祁漫塔格钨锡铅锌铁矿整装勘查区铅元素地球化学异常图
苏巴里克
白干湖
克孜尔卡浦
迪木那里克
克孜勒萨依
花石山
色区
35
26.6
23.6
km27.5
0
55km
新疆祁漫塔格钨锡铅锌铁矿整装勘查区锌元素地球化学异常图
色区
94
75
64
整装勘查范围
成因类型
矿种
规模
大型
中型
小型
矿点
沉积变质型
铁矿
海相火山岩型
铁矿
热液型
铁矿
矽卡岩型
铁矿
破碎蚀变岩型
金矿
碳酸盐岩型
铅锌矿
矽卡岩型
钨矿

图 4－7 （续）

用统一的分类标准，才能保证花岗岩分类结果的可比性。又考虑到本次重在探讨花岗岩类时空变化与区域构造格局及其演化的动态耦合关系，因此强调岩石化学变化应具有与构造运动相对应的敏感性特征。

张伯声(1984)早就指出：在地壳漫长的演化过程中，化学风化作用将原生岩浆岩中的钾、钠长石逐渐变为黏土和其他成分，由于钾、钠的活动性差异，导致黏土对钾、钠的吸附具有选择性，钾有被吸附的作用，而钠没有，所以钾可保存在土中，而钠多溶入水中，最终流入湖海。这种吸附作用使原来岩石中的钾、钠“分了家”，这种无数次的再溶、再凝及风化、堆积，最终使得大陆上的岩浆岩越来越偏于富钾了。因此，钾、钠含量的变化能够最终反映地壳演化的根本趋势。另外，董申葆(2003)指出：K_2O 在碱金属中表现为较强的活动性，钾、钠含量的变化既受源岩也受演化过程的控制；碱性元素在熔点低、H_2O 含量多的情况下易于活动；对不同的源岩、不同的演化过程可以利用钾、钠含量的比值做出更详尽的区分。

杜乐天(1986)非常重视碱交代作用地球化学原理研究。碱交代作用是指富碱(K^+、Na^+，有时还有 Li^+、Rb^+、Cs^+)及酸性挥发分的溶液中，使蚀变岩石碱增量，阳离子群原子价结构产生岐化，酸碱分离和再分布的一种热流体作用。碱交代作用在自然界发育的范围和在成矿、成岩中的重大意义远比现在一般认识要大，它是一系列内生成岩作用诸如花岗岩、混合岩、碱性岩、内生碳酸岩、细碧角斑岩等成岩作用的重要机制。

基于上述考虑，笔者主要采用 Collins 等(1982)提出的 K_2O-Na_2O 图解法作为祁漫塔格地区花岗岩分类的主要依据。

笔者系统收集了近年来完成的阿牙克库木湖幅、布喀达坂峰幅、阿尔金幅、库郎米提幅 4 幅(基本连续覆盖了整个祁漫塔格地区)1：25 万区域地质调查报告中全部花岗岩类地球化学测试数据共 209 个，见表 4-1。对所有样品数据统一采用 Collins 等(1982)的 K_2O-Na_2O 图解法确定花岗岩成因类型，结果见图 4-8 及表 4-1。然后，以上述 4 幅 1：25 万区域地质图为底图，按照晋宁期、加里东期、海西早中期、海西晚期—印支期、燕山期分别将分类结果所对应的岩体表示在平面分布图上，详见图 4-9。图中凡是两种以上岩石类型的岩体，排在前面的岩石类型表示数量多，排在后面的表示数量少，如(I+S+A)表示 I 型最多，S 型次之，A 型最少，图中及下文含义相同。另外需要说明的是，阿牙克库木湖东侧的二长花岗岩在阿牙克库木湖幅称为水晶沟单元，时代定为泥盆纪—志留纪，但没有同位素测年数据。在东邻的库郎米提幅称为独雪山序列的石雪尖单元，独雪山序列获取 224.4±2.1Ma(Rb-Sr)和 216Ma(K-Ar)两个同位素年龄，时代定为晚三叠世。因此，编制花岗岩成因类型分布图时，将阿牙克库木湖幅水晶沟单元时代按三叠纪处理。还有，阿牙克湖东北呈北东向展布的几个石炭纪岩体，未收集到岩石化学分析数据，成因类型未知，以“?”表示。表中涉及到的岩体除了上述个别没有同位素测年资料外，绝大多数都有 U-Pb 同位素定年资料，或有较可靠的宏观地质控制标志，也就是说所有岩体时代确定可信度较高。

二、祁漫塔格地区花岗岩类构造岩浆作用特点

由表 4-1 可知，祁漫塔格地区自晋宁期至燕山期均有花岗岩类岩浆侵入活动，但各地质时期的花岗岩类往往呈北东向或北西向(北西西向)带状展布(图 4-9)。两组构造岩浆岩带在岩体发育规模、展布形态、岩石类型等方面都存在着交替变化的特点，同时每组构造岩浆岩带还存在总体上由北向南跳迁变化的趋势。晋宁期以 S 型为主，优势方位不明显。加里东期优势方位为北东向，以 A 型为主，北西向处于次要地位，以 I 型为主。海西期至印支期，优势方位为北西向，岩石类型在海西早期、中期以 I 型为主，海西晚期至印支期以 A 型为主，此时北东向处于次要地位，岩石类型以 A 型为主。燕山期整个祁漫塔格地区昆中断裂以北均为 A 型，以南形成新的构造岩浆岩带，岩石类型主要为 I 型，并且燕山期昆中断裂以北早期以北西向为主，晚期以北东向为主(表 4-2)。这说明，至少自加里东期以来，祁漫塔格地区花岗岩类的空间展布、发育规模、成因类型等诸方面都始终受到北东向和北西向两组构造带的活动强度、力学性质交替变化的控制，因此这是一个由北东向和北西向两组构造岩浆岩带长期交替作用形成的复合岩浆岩带(伍跃中等，2009a)。笔者进一步总结认为，祁漫塔格地区花岗岩类构造岩浆作用具有如下特点(伍跃中等，2009a)：

表 4-1　祁漫塔格构造带花岗岩类成因类型

单位：%

序号	岩石名称	SiO_2	TiO_2	Al_2O_3	Fe_2O_3	FeO	MnO	MgO	CaO	Na_2O	K_2O	P_2O_5	H_2O^+	LOI	Σ	地点	时代	成因类型
1	钾长花岗岩	69.22	0.61	14.56	1.27	2.80	0.06	0.79	2.05	2.99	4.97	0.16		0.90	100.36	水草泉单元	S	A
2	钾长花岗岩	72.85	0.31	13.43	1.27	1.22	0.03	0.55	1.23	2.72	5.07	0.11		1.00	99.80	吊草滩单元	S	A
3	二长花岗岩	56.87	1.23	15.86	2.85	6.92	0.13	3.53	4.51	2.66	3.95	0.28		1.50	100.26	柯可卡尔德单元	S	S
4	二长花岗岩	73.47	0.22	13.52	0.97	0.75	0.02	0.35	0.93	2.83	5.70	0.09		0.70	99.59	白干湖单元	S	A
5	二长花岗岩	72.54	0.37	13.83	0.72	1.85	0.03	0.53	1.36	2.80	5.62	0.12		0.50	100.27	古拉木萨依单元	S	A
6	二长花岗岩	66.44	0.89	14.22	2.36	4.02	0.09	1.08	2.47	2.83	4.81	0.33		1.10	100.60	托格热萨依片单元	S	A
7	碱长花岗岩	75.51	0.08	12.85	0.65	0.88	0.04	0.18	0.49	3.24	5.03	0.02		0.60	99.57	乱石沟	D—S	A
8	英云闪长岩	67.76	0.55	15.50	1.27	2.62	0.08	2.09	3.34	3.25	2.28	0.16		0.96	99.86	野牦牛沟	D—S	I
9	二长花岗岩	70.53	0.76	13.23	1.54	3.75	0.07	1.32	2.58	2.83	3.18	0.30		0.61	100.70	枯草沟	D—S	I
10	二长花岗岩	72.94	0.23	13.97	0.60	1.10	0.03	0.68	1.42	2.53	5.73	0.10		0.63	99.97	诺勒更阿勒克	D—S	A
11	石英闪长岩	66.86	0.54	16.44	1.28	2.58	0.07	2.03	3.82	3.80	2.33	0.15		0.58	100.48	皮亚孜勒克塔格	D—S	I
12	钾长花岗岩	75.66	0.07	11.87	0.49	0.46	0.07	0.79	1.00	3.72	4.92	0.02		1.51	100.30	宽沟单元	D—S	A
13	英云闪长岩	63.06	0.70	17.15	2.21	2.98	0.10	1.71	3.38	5.87	1.40	0.23		1.44	100.60	深沟单元	D—S	I
14	二长花岗岩	70.80	0.37	14.38	1.41	1.50	0.06	0.86	2.11	3.62	3.94	0.11		3.67	99.87	水晶沟单元	D—S	A
15	角闪闪长岩	47.15	0.34	18.86	2.33	4.60	0.13	10.42	8.01	1.33	2.96	0.07		1.51	100.30	野牛沟单元	D—S	S
16	钾长片麻岩	68.82	0.62	15.11	1.22	3.38	0.06	1.25	1.46	2.44	4.08	0.12	1.59	0.68	100.15	滩北山	Pt_3	S
17	斜长片麻岩	64.36	0.73	16.17	0.67	4.46	0.10	3.58	1.05	1.59	3.58	0.09	2.61	0.64	99.63	阿喀	Pt_3	S
18	斜长片麻岩	73.40	0.25	12.78	1.06	1.31	0.06	0.32	1.73	1.65	5.85	0.18	0.80	0.67	100.06		Pt_3	S
19	斜长片麻岩	72.04	0.32	13.03	1.00	2.54	0.03	0.52	1.02	2.01	5.47	0.17	1.11	0.65	99.91		Pt_3	S
20	二长花岗岩	73.45	0.29	13.64	0.79	1.70	0.04	0.64	1.85	3.06	3.12	0.07	0.36	0.56	99.57	群峰东	Z	I
21	花岗闪长岩	66.52	0.74	14.41	2.29	3.03	0.09	1.15	3.00	2.38	4.82	0.02	1.38	0.10	99.93	十字沟单元	O_3	S
22	花岗闪长岩	67.11	0.59	14.50	1.45	2.74	0.07	0.18	4.41	2.32	4.34	0.14	1.50	—	99.35		O_3	S
23	花岗闪长岩	62.91	0.79	15.63	2.47	2.81	0.07	0.64	5.62	2.92	4.12	0.24	0.40	0.75	99.37		O_3	A
24	花岗闪长岩	65.96	0.82	13.97	2.36	3.90	0.09	1.72	3.44	1.92	3.62	0.16	1.09	1.01	100.06		O_3	S
25	花岗闪长岩	65.05	0.90	14.67	1.09	5.68	0.12	2.11	2.16	1.99	3.87	0.17	1.47	0.75	100.03		O_3	S

续表 4-1

序号	岩石名称	SiO_2	TiO_2	Al_2O_3	Fe_2O_3	FeO	MnO	MgO	CaO	Na_2O	K_2O	P_2O_5	H_2O^+	LOI	Σ	地点	时代	成因类型
26	正长花岗岩	75.85	0.14	12.31	1.17	0.81	0.02	0.28	0.83	3.76	3.92	0.02	0.18	0.33	99.62	双石峡	S_3	A
27	正长花岗岩	66.71	0.85	14.02	2.12	2.93	0.18	1.19	2.88	3.16	3.56	0.15	1.04	0.87	99.66		S_3	I
28	正长花岗岩	73.61	0.33	13.02	1.71	1.52	0.03	1.24	0.15	3.96	2.72	0.06	0.62	0.33	99.30		S_3	I
29	正长花岗岩	71.25	0.45	12.85	1.51	1.17	0.04	0.09	2.75	3.08	5.08	0.10	0.28	0.75	99.40		S_3	A
30	正长花岗岩	75.05	0.10	12.00	1.74	0.96	0.02	0.23	0.89	3.84	4.00	0.01	0.52	0.15	99.51		S_3	A
31	二长花岗岩	71.26	0.39	13.62	1.41	1.14	0.04	1.06	2.11	4.46	3.42	0.09	0.82	0.57	100.39	东沟	S_3	I
32	二长花岗岩	65.25	0.88	14.74	2.36	2.79	0.07	1.19	4.79	3.06	3.36	0.18	0.64	0.57	99.88		S_3	I
33	二长花岗岩	76.10	0.10	11.75	1.17	0.70	0.02	0.14	1.15	3.68	4.70	0.01	0.16	0.32	100.00		S_3	A
34	二长花岗岩	70.37	0.36	13.43	1.48	2.60	0.07	0.78	1.58	2.93	4.64	0.16	1.11	0.67	100.18	喀雅单元	D_1	A
35	二长花岗岩	70.34	0.46	13.19	2.66	1.98	0.09	0.32	2.62	2.68	3.68	0.10	1.16	0.04	99.32	阿达滩单元	D_3	I
36	二长花岗岩	75.09	0.21	13.48	0.74	1.24	0.03	0.16	1.29	3.42	3.88	0.05	0.40	0.42	100.40		D_3	A
37	石英闪长岩	57.18	1.50	16.02	2.24	5.08	0.12	4.63	5.21	3.06	2.20	0.53	1.42	1.04	100.23	土房子沟单元	D_3	I
38	石英闪长岩	68.45	0.54	14.38	1.18	2.72	0.08	1.42	1.72	2.78	3.68	0.14	0.97	1.33	99.39		D_3	I
39	石英闪长岩	58.68	0.82	17.04	2.96	3.34	0.08	3.33	3.13	6.04	1.01	0.16	2.00	1.10	99.69		D_3	I
40	石英闪长岩	56.03	1.16	15.05	4.22	4.69	0.14	4.04	9.07	1.68	1.10	0.22	1.82	0.96	100.18		D_3	I
41	角闪闪长岩	52.24	1.30	14.12	3.59	6.43	0.15	5.28	8.69	2.72	1.82	0.19	1.56	1.24	99.33	中间沟单元	D_3	I
42	角闪闪长岩	51.54	2.31	17.97	2.91	5.54	0.16	3.90	9.40	3.36	0.66	0.56	1.33	0.47	100.11		D_3	I
43	角闪闪长岩	57.99	1.09	16.21	4.30	4.51	0.20	2.11	4.15	3.40	2.76	0.21	1.62	0.84	99.39		D_3	I
44	角闪闪长岩	52.52	1.98	14.04	4.13	7.13	0.19	3.63	8.12	4.40	1.62	0.23	1.90	0.07	99.96		D_3	I
45	二长花岗岩	65.16	0.51	14.61	1.06	4.04	0.08	2.17	3.45	2.20	4.16	0.15	1.48	0.94	100.01	恰得儿单元	C_1	S
46	二长花岗岩	70.01	0.47	13.39	0.75	2.94	0.06	0.75	1.82	2.63	5.06	0.12	1.19	0.37	99.56		C_1	A
47	二长花岗岩	69.40	0.27	13.06	0.90	2.72	0.08	1.39	1.90	2.30	5.40	0.08	1.23	0.68	99.39		C_1	S
48	二长花岗岩	72.57	0.15	12.71	1.89	1.06	0.07	0.26	1.74	4.16	2.81	0.04	1.38	0.93	99.78		C_1	I
49	二长花岗岩	72.83	0.12	14.35	1.39	1.02	0.06	0.28	0.89	3.53	4.83	0.15	0.58	0.19	100.23		C_1	A
50	二长花岗岩	73.04	0.02	14.41	1.57	0.52	0.04	0.09	0.70	4.25	5.18	0.11	0.20	0.07	100.20		C_1	A

续表 4-1

序号	岩石名称	SiO_2	TiO_2	Al_2O_3	Fe_2O_3	FeO	MnO	MgO	CaO	Na_2O	K_2O	P_2O_5	H_2O^+	LOI	Σ	地点	时代	成因类型
51	二长花岗岩	74.08	0.12	13.92	0.32	1.72	0.10	0.41	1.42	3.41	3.44	0.08	0.53	0.25	99.80	土窑洞单元	C_1	I
52	二长花岗岩	72.34	0.21	14.35	1.33	1.92	0.06	0.70	3.17	3.92	1.68	0.08	0.47	—	100.23		C_1	I
53	二长花岗岩	73.57	0.06	14.52	1.41	0.80	0.18	0.24	0.80	3.70	4.25	0.09	0.49	0.18	100.29		C_1	A
54	二长花岗岩	66.19	0.54	14.04	1.68	4.18	0.10	2.16	4.18	1.94	2.65	0.11	0.77	0.73	99.26		C_1	I
55	二长花岗岩	73.51	0.13	13.64	1.94	1.20	0.06	0.46	1.64	3.53	3.14	0.07	0.82	0.25	100.39		C_1	I
56	花岗闪长岩	69.55	0.46	14.86	0.29	3.13	0.06	1.17	2.97	4.05	1.85	0.12	0.45	0.68	99.64	群峰北单元	C_1	I
57	花岗闪长岩	65.14	0.62	15.73	1.30	3.10	0.08	1.67	3.33	3.78	3.70	0.23	0.54	0.26	99.46		C_1	A
58	西沟浆混相	60.53	1.23	15.54	2.45	3.09	0.08	0.46	7.03	3.56	2.74	0.42	1.68	1.76	100.39	西沟浆混相	P_1	I
59	西沟浆混相	71.81	0.34	14.19	0.84	1.00	0.03	0.46	2.11	3.40	5.20	0.09	0.54	0.43	100.44		P_1	A
60	二长花岗岩	66.71	0.77	15.10	1.15	2.78	0.05	1.33	3.19	3.80	3.50	0.17	0.20	0.61	99.36	豹子沟	P_1	I
61	二长花岗岩	68.49	0.62	14.90	0.92	2.74	0.05	1.28	2.48	3.62	4.10	0.12	0.50	0.40	100.22		P_1	A
62	二长花岗岩	73.25	0.25	12.61	1.46	1.60	0.05	0.40	1.15	2.72	5.35	0.06	0.79	0.19	99.88		P_1	A
63	二长花岗岩	72.48	0.30	13.59	1.17	1.02	0.04	0.09	2.62	3.24	4.30	0.09	0.54	0.03	99.51		P_1	A
64	二长花岗岩	72.44	0.28	13.68	1.24	0.90	0.04	0.76	1.70	3.32	4.70	0.06	0.37	0.12	99.61		P_1	A
65	二长花岗岩	72.15	0.27	13.07	0.77	1.01	0.03	1.97	2.56	3.20	4.32	0.09	0.24	0.61	100.29		P_1	A
66	二长花岗岩	69.31	0.64	13.67	1.52	2.15	0.05	0.32	3.32	3.02	4.16	0.14	0.74	0.74	99.78	玉古萨依	P_1	A
67	二长花岗岩	68.93	0.65	12.95	0.95	4.39	0.09	1.45	1.67	2.67	4.10	0.16	1.30	0.40	99.71		P_1	S
68	石英闪长岩	63.76	0.90	15.20	2.12	2.19	0.08	1.20	5.88	3.83	3.02	0.27	0.54	0.48	99.47	红土岭	P_1	I
69	正长花岗岩	65.59	0.67	15.52	1.41	2.30	0.06	1.45	2.01	3.46	5.88	0.14	0.50	0.61	99.60	砬峰单元	P_2	A
70	正长花岗岩	78.72	0.14	10.54	1.17	0.87	0.01	0.09	1.02	4.12	2.86	0.01	0.62	—	100.16	二道沟	T_3	I
71	正长花岗岩	72.39	0.34	13.01	1.67	1.73	0.06	0.28	2.88	3.12	3.66	0.06	0.86	0.07	100.13		T_3	A
72	二长花岗岩	66.24	0.39	15.91	0.95	3.10	0.07	0.73	3.12	3.80	4.05	0.10	1.19	0.28	99.92	景忍	T_3	A
73	二长花岗岩	70.28	0.39	13.57	0.70	2.94	0.06	0.69	1.51	2.94	4.77	0.15	1.28	0.53	99.80		T_3	A
74	二长花岗岩	67.11	0.29	14.58	0.49	2.92	0.06	0.50	2.51	3.61	4.32	0.08	1.44	2.06	99.97		T_3	A
75	二长花岗岩	72.96	0.24	13.27	1.23	0.81	0.05	0.66	1.37	4.24	4.27	0.05	0.59	0.26	99.98		T_3	A
76	二长花岗岩	71.25	0.48	13.38	1.40	2.35	0.05	0.50	0.76	2.98	5.06	0.11	1.04	0.37	99.71		T_3	A

续表 4-1

序号	岩石名称	SiO_2	TiO_2	Al_2O_3	Fe_2O_3	FeO	MnO	MgO	CaO	Na_2O	K_2O	P_2O_5	H_2O^+	LOI	Σ	地点	时代	成因类型
77	二长花岗岩	66.75	0.56	15.45	2.69	1.15	0.06	1.51	4.17	3.80	3.07	0.16	0.54	0.30	100.18	石雪尖	T_3	I
78	二长花岗岩	75.08	0.08	12.24	0.77	1.56	0.03	0.17	0.82	3.53	4.48	0.02	0.52	0.26	99.56		T_3	A
79	二长花岗岩	74.34	0.24	12.74	0.93	1.13	0.03	0.50	1.28	3.30	4.58	0.08	0.67	0.15	99.97		T_3	A
80	二长花岗岩	70.24	0.28	14.05	1.25	2.10	0.12	0.61	1.70	3.55	4.00	0.12	0.32	2.30	100.64		T_3	A
81	二长花岗岩	68.94	0.36	14.49	1.10	2.38	0.09	0.78	2.48	4.11	4.08	0.12	0.64	0.25	99.80		T_3	A
82	花岗闪长岩	62.80	0.52	16.31	1.42	4.70	0.15	1.77	3.30	4.33	3.12	0.26	0.78	0.20	99.66	四干旦	T_3	I
83	花岗闪长岩	67.46	0.84	14.02	2.24	3.10	0.06	1.50	1.32	3.13	3.96	0.23	1.69	0.54	100.07		T_3	A
84	碱长花岗岩	75.25	0.17	12.26	1.01	1.30	0.02	0.16	0.84	4.26	4.54	0.04	0.22	0.54	100.61	河南梁	J_1	A
85	碱长花岗岩	73.58	0.11	12.50	1.90	1.46	0.07	0.17	0.95	4.02	4.44	0.03	0.49	0.21	99.94		J_1	A
86	正长花岗岩	61.99	0.80	12.66	1.39	3.62	0.15	1.11	4.99	2.31	5.14	0.33	1.58	3.40	99.47	多登	J_1	S
87	正长花岗岩	74.03	0.14	12.97	0.76	0.25	0.04	0.21	1.44	4.39	4.38	0.03	0.49	0.61	99.73		J_1	A
88	正长花岗岩	75.89	0.07	12.30	1.08	0.50	0.04	0.09	0.61	3.86	4.72	0.02	0.30	0.09	99.56		J_1	A
89	正长花岗岩	64.91	0.48	16.52	1.90	1.69	0.09	0.57	1.61	5.09	5.01	0.12	1.03	0.64	99.66		J_1	A
90	正长花岗岩	73.44	0.27	13.57	0.61	1.45	0.10	0.41	1.27	3.30	5.05	0.10	0.56	0.30	100.41		J_1	A
91	石英正长岩	67.72	0.50	14.20	1.67	2.90	0.10	0.91	1.84	3.80	4.45	0.14	0.36	0.98	99.57	口子山	J_1	A
92	石英正长岩	70.63	0.42	13.37	1.71	2.28	0.08	0.71	1.70	3.70	4.65	0.10	0.32	0.47	100.14		J_1	A
93	石英正长岩	66.15	0.74	15.41	2.17	2.32	0.06	0.76	2.91	3.48	4.58	0.13	0.72	0.54	99.97		J_1	A
94	石英正长岩	76.64	0.12	12.60	0.63	0.79	0.02	0.08	0.62	3.68	4.90	0.04	0.16	0.01	100.29		J_1	A
95	石英正长岩	75.52	0.05	13.41	0.30	0.95	0.04	0.10	0.28	3.70	5.00	0.06	0.26	0.14	99.80		J_1	A
96	花岗片麻岩	71.44	0.27	13.43	0.78	1.72	0.03	1.41	0.73	1.74	6.50	0.07	1.15		99.88	石羊沟	Qb	S
97	钾长花岗岩	73.54	0.26	13.43	0.08	1.57	0.03	0.62	1.40	3.71	3.92	0.09	1.11		99.87	黄土泉	∈—O	A
98	二长花岗岩	71.97	0.29	14.01	1.14	1.18	0.06	0.64	1.86	3.19	4.59	0.10	0.56		99.87		∈—O	A

续表 4-1

序号	岩石名称	SiO_2	TiO_2	Al_2O_3	Fe_2O_3	FeO	MnO	MgO	CaO	Na_2O	K_2O	P_2O_5	H_2O^+	LOI	Σ	地点	时代	成因类型
99	石英二长斑岩	68.87	0.67	13.08	0.98	3.90	0.07	0.93	2.27	3.04	4.50	0.17	1.01		99.86	尖石山超单元	O	A
100	二长闪长斑岩	57.91	0.90	15.06	1.62	4.68	0.10	3.64	5.62	2.62	3.59	0.39	2.04		99.86		O	I
101	石英正长岩	64.14	0.50	16.00	3.20	1.83	0.13	0.37	1.61	4.32	6.19	0.07	1.00		100.37		O	A
102	石英二长岩	59.90	0.88	16.65	1.74	5.37	0.17	1.15	3.05	3.85	5.28	0.20	1.30		99.76		O	A
103	钾长花岗岩	74.74	0.17	11.67	2.52	0.70	0.03	0.35	0.70	3.64	4.21	0.02	0.47		99.86		O	A
104	英云闪长岩	67.54	0.44	16.13	0.72	2.73	0.04	1.08	3.52	3.65	2.53	0.16	1.00		99.78		O	I
105	石英闪长岩	54.93	1.26	18.88	1.07	4.60	0.08	3.08	7.56	3.48	1.76	0.29	2.02		99.99		O	I
106	钾长花岗岩	73.41	0.23	13.26	0.26	1.27	0.03	0.51	1.44	2.55	5.79	0.11	0.83		99.93	伊涅克阿干超单元	S	A
107	钾长花岗岩	74.39	0.34	12.16	0.55	1.77	0.03	0.44	1.60	2.35	5.05	0.08	0.86		100.00		S	S
108	钾长花岗岩	74.20	0.16	14.39	0.10	1.35	0.03	0.43	0.98	2.53	4.85	0.10	0.61		100.09		S	S
109	钾长花岗岩	72.31	0.28	13.92	0.19	1.70	0.04	0.68	1.57	3.17	4.64	0.16	1.02		100.00		S	A
110	钾长花岗岩	72.91	0.29	13.63	0.49	1.37	0.04	0.78	1.57	2.90	4.80	0.15	0.78		99.96		S	A
111	钾长花岗岩	73.79	0.22	13.55	0.29	1.17	0.03	0.55	1.20	2.86	5.17	0.18	0.70		99.92		S	A
112	二长花岗岩	73.20	0.24	14.58	0.18	1.73	0.03	0.65	1.34	2.61	3.85	0.18	1.08		100.09		S	S
113	钾长花岗岩	71.75	0.11	14.62	0.26	1.03	0.05	0.46	1.34	2.98	5.27	0.40	1.01		99.92		S	A
114	二长花岗岩	69.04	0.45	14.62	0.94	2.13	0.05	0.82	2.17	3.19	4.70	0.23	1.32		99.91		S	A
115	二长花岗岩	67.93	0.64	14.43	0.85	2.77	0.07	1.77	3.02	3.04	3.76	0.28	0.92		99.91		S	A
116	钾长花岗岩	75.55	0.05	12.41	0.32	1.12	0.03	0.22	0.65	3.99	4.49	0.01	0.55		99.69	希热茫崖超单元	P	A
117	钾长花岗岩	76.60	0.11	12.03	0.33	1.28	0.03	0.29	0.62	2.90	4.65	0.04	0.64		99.86		P	A
118	二长花岗岩	77.51	0.11	11.54	0.22	0.92	0.02	0.25	0.64	2.92	5.09	0.02	0.52		100.0		P	A
119	钾长花岗岩	75.76	0.12	12.08	0.40	0.85	0.02	0.25	0.61	3.28	5.43	0.02	0.70		99.86		P	A
120	钾长花岗岩	74.66	0.20	12.23	0.40	1.83	0.04	0.35	1.09	2.93	5.11	0.04	0.57		99.83		P	A
121	钾长花岗岩	76.72	0.21	11.95	0.36	1.62	0.03	0.31	0.57	2.55	4.62	0.04	0.58		100.01		P	S
122	钾长花岗岩	75.83	0.16	12.00	0.75	1.03	0.03	0.21	0.77	2.80	5.05	0.02	0.61		99.71		P	A
123	钾长花岗岩	73.64	0.16	12.88	0.36	1.33	0.02	0.24	1.10	3.08	5.83	0.03	0.62		99.67		P	A
124	钾长花岗岩	74.27	0.18	12.50	0.28	1.73	0.03	0.35	0.85	3.25	5.23	0.05	0.73		99.90		P	A
125	钾长花岗岩	74.89	0.14	12.71	0.77	1.25	0.02	0.40	0.25	3.41	4.98	0.03	0.85		100.07		P	A

续表 4-1

序号	岩石名称	SiO_2	TiO_2	Al_2O_3	Fe_2O_3	FeO	MnO	MgO	CaO	Na_2O	K_2O	P_2O_5	H_2O^+	LOI	Σ	地点	时代	成因类型
126	辉石二长岩	55.99	0.77	17.05	3.54	3.43	0.22	2.32	6.49	4.00	4.57	0.34	0.77		99.49	雅克拉克萨依	P	A
127	辉石二长岩	57.41	0.86	15.89	3.96	3.33	0.21	2.08	5.38	3.48	5.84	0.32	0.60		99.36		P	A
128	辉石二长岩	53.59	1.01	15.69	4.72	4.77	0.23	3.33	7.44	2.67	4.27	0.50	0.91		99.13		P	S
129	花岗闪长岩	69.90	0.54	14.30	0.80	2.67	0.06	1.21	2.94	3.63	1.92	0.13	1.24		100.00	喀拉阿塔萨依超单元	K	I
130	石英闪长岩	60.60	0.62	16.20	0.94	5.20	0.12	3.56	7.10	2.72	1.36	0.10	1.24		100.00		K	I
131	石英闪长岩	61.30	0.91	16.30	0.98	5.38	0.11	2.38	5.94	3.11	1.45	0.20	1.63		100.00		K	I
132	石英闪长岩	62.10	0.71	16.90	0.98	4.47	0.10	2.37	6.02	2.99	1.45	0.16	1.43		100.00		K	I
133	辉长闪长质包体	52.30	0.74	16.70	0.93	7.70	0.17	5.27	9.14	3.00	1.43	0.17	1.69		100.00		K	I
134	钾长花岗岩	77.17	0.08	11.86	0.23	1.00	0.03	0.17	0.93	3.54	4.15	0.01	0.34		99.82	大沙沟超单元	K	A
135	钾长花岗岩	75.19	0.06	12.36	0.49	1.10	0.04	0.20	0.95	3.64	4.66	0.02	0.59		99.68		K	A
136	钾长花岗岩	73.03	0.24	12.80	0.76	1.87	0.05	0.35	0.96	3.83	4.73	0.05	0.63		99.83		K	A
137	碱长花岗岩	76.24	0.07	12.43	0.48	0.47	0.01	0.17	0.74	3.86	4.29	0.01	0.53		99.56		K	A
138	二长花岗岩	75.13	0.16	12.99	0.45	1.37	0.03	0.24	1.19	3.16	4.47	0.03	0.39		99.89		K	A
139	二长花岗岩	74.04	0.23	13.58	0.94	1.27	0.04	0.38	1.34	3.20	3.94	0.06	0.57		99.97		K	A
140	二长花岗岩	72.72	0.28	13.94	0.48	1.50	0.04	0.89	1.58	2.69	4.12	0.17	1.35		100.18		K	S
141	钾长花岗岩	73.77	0.47	12.46	0.87	1.67	0.03	0.57	0.36	2.16	5.97	0.06	1.29		100.16		K	S
142	二长花岗岩	79.15	0.07	12.61	0.08	0.70	0.02	0.15	0.61	2.91	2.95	0.01	0.41		100.02		K	I
143	钾长花岗岩	70.79	0.36	13.20	2.40	1.75	0.06	0.50	1.30	3.47	4.56	0.09	0.86		99.89		K	A
144	钾长花岗岩	71.41	0.32	13.46	1.11	1.97	0.05	0.86	1.37	3.74	4.49	0.08	0.71		99.90		K	A
145	二长花岗岩	72.25	0.27	13.85	0.62	1.85	0.07	0.81	1.56	3.33	4.07	0.11	0.74		99.88		K	A
146	二长花岗岩	71.90	0.34	13.86	0.66	2.10	0.07	1.09	1.91	3.27	3.46	0.13	0.88		100.03		K	I
147	钾长花岗岩	74.30	0.11	12.85	1.08	1.02	0.04	0.25	0.83	3.30	4.98	0.03	0.69		99.75		K	A
148	二长花岗岩	74.29	0.16	12.27	1.48	0.93	0.08	0.19	1.40	4.09	3.83	0.02	0.49		99.83		K	A
149	花岗闪长岩	59.95	0.62	14.46	2.94	4.02	0.15	3.90	5.90	2.36	2.67	0.26	2.39		100.02		K	I
150	石英闪长岩	58.91	0.80	14.33	2.06	5.77	0.15	5.45	4.67	2.37	2.00	0.14	2.95		100.20		K	I

续表 4-1

序号	岩石名称	SiO_2	TiO_2	Al_2O_3	Fe_2O_3	FeO	MnO	MgO	CaO	Na_2O	K_2O	P_2O_5	H_2O^+	LOI	Σ	地点	时代	成因类型
151	花岗闪长岩	71.88	0.19	14.44	1.19	1.28	0.08	0.62	3.09	3.10	2.56	0.05	1.15		99.95	平长梁超单元	K	I
152	花岗闪长岩	70.62	0.27	15.31	0.15	2.07	0.05	1.02	3.33	3.61	2.19	0.08	0.83		99.99		K	I
153	花岗闪长岩	70.44	0.30	15.23	0.29	2.22	0.05	1.06	3.40	3.66	2.16	0.10	0.78		99.93		K	I
154	花岗闪长岩	69.31	0.31	15.40	1.04	1.78	0.06	1.29	3.30	3.62	2.40	0.08	1.03		100.00		K	I
155	二长片麻岩	75.46	0.25	12.72	0.60	1.48	0.017	0.20	0.92	2.42	5.32	0.14	0.28	0.38	100.19	阿克却哈	Pt_3	S
156	二长片麻岩	71.78	0.36	13.48	0.63	2.30	0.05	0.68	0.81	2.31	5.68	0.15	0.97	0.51	99.71		Pt_3	S
157	二长片麻岩	69.52	0.38	14.68	1.04	2.12	0.054	1.42	0.57	2.90	5.15	0.16	1.18	0.54	99.71		Pt_3	A
158	二长花岗岩	70.37	0.36	13.43	1.48	2.60	0.07	0.78	1.58	2.93	4.64	0.16	1.11	0.67	100.18	伯喀里克	D	A
159	石英闪长岩	59.94	0.73	14.84	1.80	3.73	0.086	6.51	4.53	3.15	2.95	0.12	1.84	0.36	100.19	阿克楚克赛	D	I
160	石英闪长岩	55.39	1.63	15.91	1.86	7.04	0.14	4.02	6.94	2.96	1.95	0.43	0.88	0.70	99.85		D	I
161	石英闪长岩	60.71	1.19	15.82	1.74	5.82	0.13	1.63	4.06	3.49	3.83	0.36	0.51	0.48	99.77		D	A
162	二长花岗岩	67.98	0.76	13.56	2.22	2.73	0.084	1.64	2.82	2.62	4.26	0.26	1.17	1.25	100.18	哈夏·克里克北	D_1	S
163	花岗闪长岩	67.96	0.54	14.32	0.88	2.98	0.05	1.52	2.64	2.69	3.73	0.24	0.72	2.12	99.67	塔鹤托坂日	D_1	I
164	二长花岗岩	69.97	0.79	12.38	1.19	3.98	0.068	1.93	1.85	1.94	3.80	0.17	0.82	0.50	99.39	阿尔音塞	D_3	S
165	二长花岗岩	69.74	0.72	14.03	1.52	2.50	0.057	1.29	2.13	2.90	4.24	0.13	0.78	0.32	100.36		D_3	A
166	二长花岗岩	66.86	0.69	14.34	1.92	2.62	0.068	1.73	3.53	3.16	3.68	0.15	0.78	0.32	99.85		D_3	A
167	花岗闪长岩	71.60	0.69	12.66	1.23	3.12	0.065	1.49	2.13	2.16	3.82	0.21	0.82	0.35	100.35	库鲁克	D_3	S
168	花岗闪长岩	66.21	0.84	14.17	1.27	3.69	0.054	1.89	2.97	2.66	3.76	0.21	0.72	1.04	99.48		D_3	I
169	花岗闪长岩	65.76	1.21	12.55	2.45	4.55	0.100	2.62	2.58	2.14	3.64	0.32	0.80	0.72	99.44		D_3	S

续表 4-1

序号	岩石名称	SiO_2	TiO_2	Al_2O_3	Fe_2O_3	FeO	MnO	MgO	CaO	Na_2O	K_2O	P_2O_5	H_2O^+	LOI	Σ	地点	时代	成因类型
170	英云闪长岩	61.68	1.02	15.60	1.60	4.75	0.069	2.66	4.59	3.06	2.48	0.23	0.60	1.25	99.59	喀尔瓦北山	D_3	I
171	英云闪长岩	61.61	1.21	14.52	2.20	5.78	0.120	2.94	3.42	2.64	3.00	0.37	1.14	0.38	99.33		D_3	I
172	正长花岗岩	72.49	0.17	13.72	0.45	1.20	0.031	0.52	1.01	2.96	4.96	0.18	0.70	0.48	99.57	库鲁单元	D_3	A
173	二长花岗岩	72.77	0.39	12.56	1.42	1.65	0.051	0.72	1.85	3.30	3.46	0.098	0.80	0.47	99.54	哈夏单元	D_3	I
174	二长花岗岩	69.58	0.44	13.19	1.57	2.02	0.065	1.33	2.18	3.34	3.64	0.089	1.26	0.64	99.34		D_3	A
175	英云闪长岩	57.23	0.58	12.29	3.59	4.85	0.16	6.30	6.08	2.85	1.85	0.14	2.28	1.51	99.71	喀尔瓦	P_{1-2}	I
176	英云闪长岩	54.68	0.53	14.28	3.28	4.55	0.15	5.18	6.37	3.05	1.10	0.20	3.02	4.24	100.63		P_{1-2}	I
177	石英闪长岩	56.28	0.72	15.68	1.36	5.77	0.12	5.35	6.75	2.14	1.19	0.13	2.30	1.51	99.30	苏鲁北	P_{1-2}	I
178	石英闪长岩	62.44	0.36	15.78	1.37	3.54	0.13	2.59	3.88	3.90	2.93	0.19	1.70	0.78	99.59		P_{1-2}	I
179	正长花岗岩	72.14	0.48	11.98	1.90	2.50	0.069	0.72	1.51	1.44	5.46	0.086	0.70	0.35	99.34	索阿克塞	P_3	S
180	正长花岗岩	72.79	0.22	14.31	0.70	1.08	0.03	0.39	1.29	3.56	4.67	0.16	0.30	0.30	99.80		P_3	A
181	正长花岗岩	72.53	0.24	14.10	0.28	1.54	0.04	0.49	1.12	3.16	4.56	0.19	0.74	0.68	99.67		P_3	A
182	二长花岗岩	70.39	0.35	13.91	1.94	1.23	0.078	1.22	1.98	3.55	4.10	0.14	0.76	0.33	99.98	楚拉克	P_3	A
183	二长花岗岩	71.22	0.62	12.26	1.35	3.08	0.061	0.91	1.41	2.75	5.15	0.18	0.84	0.14	99.97		P_3	A
184	二长花岗岩	70.82	0.30	14.03	1.58	1.33	0.060	2.95	1.11	2.71	4.05	0.06	0.41	0.18	99.59		P_3	S
185	二长花岗岩	71.24	0.36	14.28	1.13	1.42	0.060	0.90	2.82	3.25	3.35	0.09	0.41	0.36	99.67		P_3	I
186	二长花岗岩	69.10	0.52	15.18	1.48	1.60	0.049	1.05	2.74	3.56	3.56	0.10	0.32	0.60	99.86	吐木勒克	P_3	I
187	二长花岗岩	68.36	0.55	15.46	0.85	2.05	0.043	0.93	3.08	3.64	3.30	0.12	0.56	0.46	99.40		P_3	I
188	二长花岗岩	73.83	0.54	11.59	0.93	2.28	0.036	0.64	1.46	2.34	3.98	0.072	0.14	1.88	99.72		P_3	S
189	二长花岗岩	67.94	0.78	13.62	1.73	3.28	0.067	1.05	2.52	2.04	4.86	0.13	0.24	1.33	99.59		P_3	S
190	二长花岗岩	73.66	0.10	13.28	1.07	1.45	0.120	0.61	0.99	3.70	3.80	0.10	0.78	0.37	100.03		P_3	A
191	二长花岗岩	70.09	0.42	14.55	1.37	1.32	0.031	1.02	0.85	2.90	5.80	0.19	0.24	1.15	99.93		P_3	A

续表 4-1

序号	岩石名称	SiO_2	TiO_2	Al_2O_3	Fe_2O_3	FeO	MnO	MgO	CaO	Na_2O	K_2O	P_2O_5	H_2O^+	LOI	Σ	地点	时代	成因类型
192	二长花岗岩	65.92	0.53	15.48	2.06	2.46	0.072	1.14	2.88	3.47	4.05	0.14	0.94	0.32	99.46	卡而却卡	T_2	A
193	二长花岗岩	71.39	0.35	13.46	1.39	1.60	0.054	0.72	1.85	3.48	4.24	0.07	0.22	0.68	99.51		T_2	A
194	花岗闪长岩	70.64	0.35	13.62	1.01	1.90	0.043	1.42	1.13	2.35	6.15	0.15	0.26	0.81	99.83	楚拉克阿干东	T_2	A
195	花岗闪长岩	68.74	0.60	14.34	1.66	2.20	0.051	1.02	1.41	2.90	5.85	0.24	0.74	0.22	99.97		T_2	A
196	花岗闪长岩	66.74	0.85	14.08	1.49	3.70	0.051	1.52	2.55	2.65	4.90	0.28	1.00	0.17	99.98		T_2	A
197	二长花岗岩	74.50	0.25	12.90	1.13	1.18	0.03	0.21	1.12	2.79	5.38	0.05	0.36	0.16	100.06	哈拉达乌	T_3	A
198	花岗闪长岩	66.41	0.58	14.19	2.50	1.86	0.095	4.59	1.69	3.00	3.42	0.13	0.30	1.35	100.12	莫斯图	T_3	I
199	花岗闪长岩	64.93	0.61	16.40	1.04	3.50	0.07	2.10	4.32	3.56	2.36	0.14	1.28	0.10	100.41		T_3	I
200	花岗闪长岩	62.99	0.67	16.31	1.43	4.10	0.10	2.48	5.43	3.30	1.90	0.12	0.55	0.30	99.68		T_3	I
201	石英闪长岩	62.83	0.89	16.24	1.59	3.70	0.092	2.44	4.93	3.27	2.00	0.094	0.22	1.04	99.34	长平山	T_3	I
202	石英闪长岩	54.81	0.92	17.56	2.08	5.43	0.17	4.37	7.78	2.95	1.85	0.33	1.24	0.52	100.01		T_3	I
203	石英闪长岩	53.52	1.07	17.57	3.21	6.25	0.18	4.37	6.51	3.15	1.60	0.35	1.62	0.56	99.96		T_3	I
204	闪长岩	49.95	1.65	16.71	3.81	8.07	0.23	4.98	7.78	2.45	1.95	0.51	0.98	0.93	100.00	卡而却卡	T_3	I
205	正长花岗岩	74.03	0.14	12.97	0.76	0.25	0.04	0.21	1.44	4.39	4.38	0.03	0.49	0.61	99.73	坎皮北独立单元	J_1	A
206	石英闪长岩	56.93	0.65	15.79	0.81	6.16	0.16	4.83	6.93	2.46	1.48	0.11	2.04	1.40	99.75	阿尔喀独立单元	J_1	I
207	石英闪长岩	59.58	0.74	17.42	0.40	5.88	0.11	3.02	6.32	2.81	1.94	0.14	1.35	0.70	100.41		J_1	I
208	石英闪长岩	58.57	0.71	17.54	0.001	5.97	0.11	2.50	6.13	2.67	1.97	0.13	2.39	0.93	99.62		J_1	I
209	二长花岗岩	68.92	0.54	14.62	0.53	3.12	0.05	1.05	2.41	2.87	4.37	0.15	0.63	0.31	99.57	巍雪山	J_1	A

表中岩石化学数据资料来源：样品 1～15 引自阿牙克库木湖幅，样品 16～95 引自库郎米其提幅，样品 96～154 引自阿尔金幅，样品 155～209 引自布喀达坂峰幅

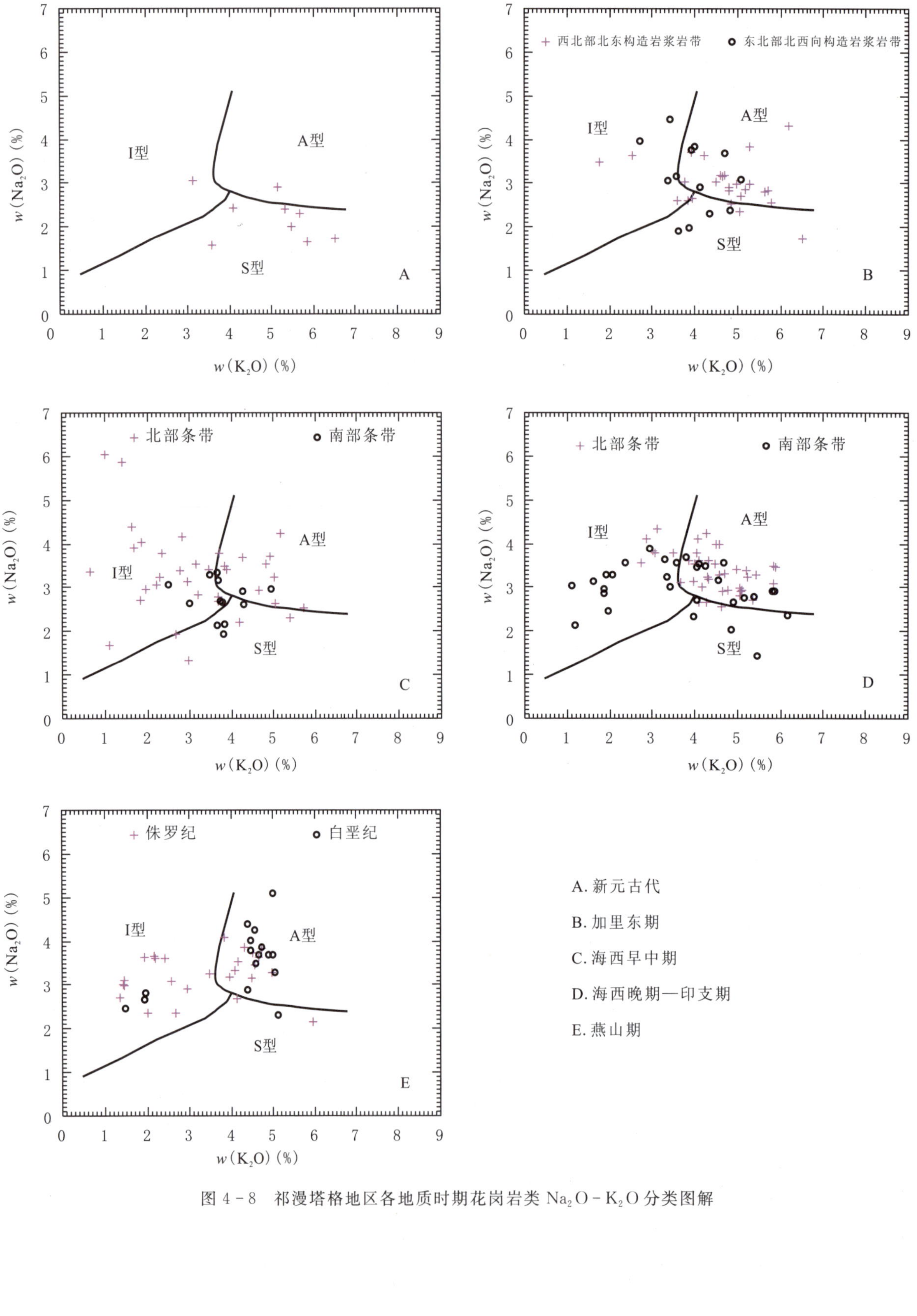

图 4-8　祁漫塔格地区各地质时期花岗岩类 Na_2O-K_2O 分类图解

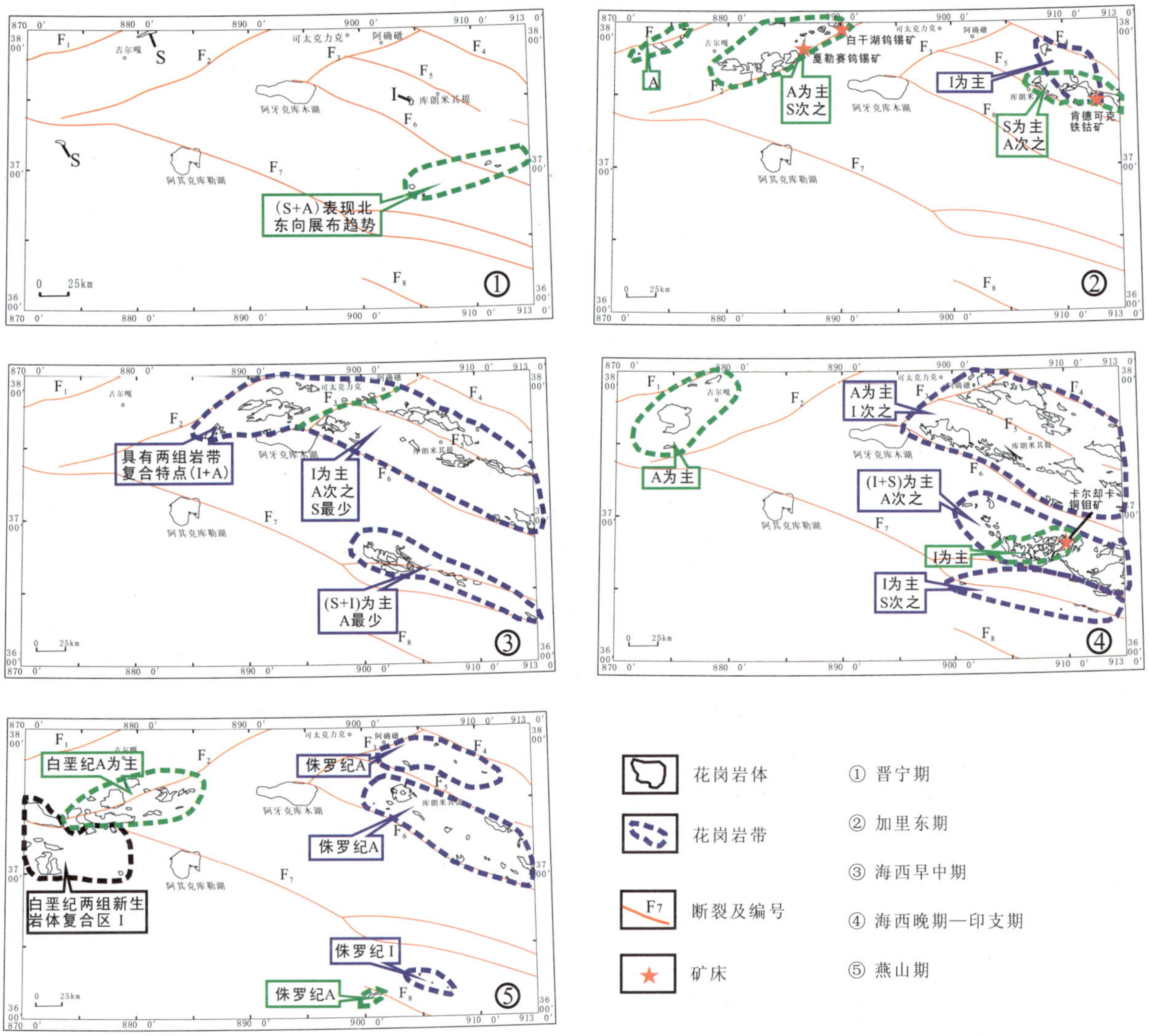

图 4－9　祁漫塔格地区各个时期花岗岩类及相关重要矿床分布图(据伍跃中，2009a 修改)

F_1.阿尔金南缘断裂；F_2.白干湖断裂；F_3.鸭子泉-鸭子达坂断裂(或韧性剪切带)；F_4.祁漫塔格北缘隐伏断裂；F_5.阿达滩北界断裂；F_6.昆北断裂(那棱格勒河断裂)；F_7.昆中断裂；F_8.昆南断裂

表 4－2　祁漫塔格构造岩浆岩带性质变化特征表

地质时期		北东向构造岩浆带		北西向构造岩浆带		优势方位
		规模(主带)	岩石类型	规模(主带)	岩石类型	
晋宁期		岩石类型以 S 型花岗岩占绝对优势				不明显
加里东期		较大(F_2)	A 型	较小(F_4～F_5)	I 型为主	北东向
海西期—印支期	海西早中期	不明显	A 型为主	大(F_4～F_5)	I 型为主	北西向
	海西晚期—印支期	较明显	A 型	最大(F_4～F_6)	A 型为主	
燕山期	燕山早期	小(F_8 南)	A 型	大(F_5～F_6)	A 型	北西向
	燕山晚期	大(F_2)	A 型(F_7 北) I 型(F_7 南)	小	I 型	北东向

(1)区内构造岩浆作用可以划分为前晋宁期、加里东期—印支期、燕山期以来3个大的演化阶段。晋宁期属于过渡性地壳,发生了大规模的大陆地壳增生和微陆块的广泛拼贴作用,其主要特点是发育大量的S型花岗岩;加里东期—印支期属于海陆转换时期,以北东向与北西向构造岩浆作用交替发育为其主要特色;燕山期以来,属于陆内演化时期,构造岩浆作用先在东北,再在西北,最后在西南依次发生,呈现逆时针迁移的特点。

(2)加里东期—印支期,北东向与北西向两组构造岩浆岩带具有长期此消彼长交替变化的演化特点。根据岩体展布方向、发育规模、成因类型等多方面特征分析,北东向带在晋宁期已具雏形,在加里东期优势特征已很明显,海西期—印支期则处于次要地位,直到晚燕山期(白垩纪)再度处于优势地位;北西向带在晋宁期还难以识别,在加里东期处于次要地位,而且此时岩石类型与北东向有别,但海西期—印支期直至燕山早期(侏罗纪)一直处于优势地位,到了燕山晚期却又处于次要地位。

(3)构造岩浆活动具有多旋回性,构造活动带具有由北向南定向跳迁的特点。北东向和北西向构造岩浆岩带在同一时期(特别是占优势地位的构造岩浆岩带)往往分别由若干条同方向展布的分带组成,它们一般沿北东向或北西向区域性大断裂分布,且其中必有一条规模相对较大,成为当时的主带。随着地质历史的由老到新,北东向和北西向构造岩浆岩主带分别向东南和西南方向跳迁,形成新的构造岩浆岩带,造成总体上由北向南迁移的变化趋势。而且横向跳迁形成新生岩带时,均以I型或(I+S)型为主,在其发育的晚期,则均以A型或(A+S)型为主。

海西期—印支期处于优势地位的北西向构造岩浆岩带,岩石类型经历了海西早中期以I型为主且海西晚期—印支期以A型为主的变化,构成一个完整的构造岩浆活动旋回。但北东向构造岩浆岩带在加里东期以来的各个时期岩石类型均以A型为主,对照北西向构造岩浆作用演化特点,说明北东向构造岩浆岩带形成和主要发展时期应在晋宁期前后,属于上一级构造岩浆演化旋回较晚期的组成部分。

(4)岩石成因类型的规律性变化反映了构造环境、应力性质的规律性变化。由于S型花岗岩往往对应大陆碰撞或韧性剪切带等地质构造背景(梁幼侠,1986;马鸿文,1992),A型花岗岩被认为是大陆地壳伸展环境的产物(魏春生,2000;贾小辉,2009),而I型花岗岩则是上地幔或下地壳等深部基性—超基性岩浆分异结晶作用的产物(Chappen B W,White A J R,1974)。根据祁漫塔格地区各个地质时期,当新的构造岩浆岩带形成初期,岩石类型都以I型或(I+S)型为主,很少出现A型花岗岩,但随着时间的推移,直至构造岩浆岩带发展的末期,最终都以A型或(A+S)型为主的事实,说明该区构造岩浆岩带形成和活动经历了剪切扭动→张扭性→压性→压扭性→拉张或张扭性的构造应力环境的转化。这在海西期—印支期北西向构造带反映最为明显。

三、祁漫塔格地区构造岩浆作用与成矿关系探讨

碱交代作用是一系列内生成岩作用诸如花岗岩、混合岩、碱性岩、内生碳酸岩、细碧角斑岩等的重要机制,也是内生金属矿产成矿作用的重要机制之一。因此,碱交代作用是研究构造岩浆作用与成矿作用之间的本质联系纽带。同时酸碱分离是碱交代成矿的核心问题,分离的前提是出现减压区(杜乐天,1986),比如各类斑岩体正是岩浆侵入活动在地下浅部出现明显减压的产物。因此,与花岗岩类有关的铜(钼、银、铅、锌)等金属矿中,最重要的就是与花岗闪长斑岩、斜长花岗斑岩等有关的斑岩型铜、钼矿,矽卡岩-斑岩复合型矿床,高碱花岗斑岩中的铜、银矿化,钾长—二长花岗岩中的铜、银矿化等。此外,减压区的规模和强度取决于构造活动的性质、强度和系统开放的程度。所以,大的区域构造反转事件(包括地壳成熟度的提高、洋陆或海陆转换、大陆动力学环境变化如由挤压转为伸展或由伸展转为挤压,等等)往往造成区域成矿作用的大爆发。于是,笔者在上述花岗岩类构造岩浆作用研究的基础上,以构造岩浆作用—碱交代作用—成矿作用三者之间的有机联系为切入点,尝试从以下4个方面简要探讨祁漫塔格地区区域成矿作用的特点。

(一)根据碱交代作用类型的不同分析同一时期不同方向构造带成矿作用的差异

碱交代作用是指在富碱(K^+、Na^+,有时还有 Li^+、Rb^+、Cs^+)及酸性挥发分的溶液中,使蚀变岩石碱增量,阳离子群原子价结构产生歧化、酸碱分离和再分布的一种热流体作用(杜乐天,1986)。碱交代可分为钾质交代和钠质交代两大类型。钾质交代包括钾长石化、云母化、云英岩化、绢英岩化等,与之密切相关的矿床有:钨、锡、钼、铜、金、铍、钽、铌、重稀土元素以及锂、铷和铯等。钠质交代包括钠质辉石化、钠质角闪石化、钠长石化、霞石化、方柱石化及方钠石化等,与之有关的矿产有铁、钴、铌、轻稀土元素,以及某些金、铀等矿床。由于铜、铁、金等矿产往往成因类型复杂,形成的环境较多样,但钨、锡可作为酸性花岗岩类钾质交代成矿的代表,钴矿系列则可作为钠质交代成矿类型中的代表。因此将它们分别作为两个端元的典型矿床,来探讨区内同一时期不同方向构造带的碱交代作用类型的差异,以及由此导致的成矿作用和矿床类型的区别。

前已述及,加里东期是区内形成北东向和北西向构造带,并开始其交替变化的重要时期。加里东期也是区内第一次花岗岩类侵入活动的高峰时期和重要的成矿作用时期。已发现形成于加里东期的矿产包括:北东向带上的白干湖-戛勒赛钨锡矿,北西向带上的钴矿系列(肯德可克铁钴多金属矿、驼路沟钴金矿)以及乌兰乌珠尔似斑岩型铜锡矿等。以下主要针对白干湖-戛勒赛钨锡矿和钴矿系列探讨不同方向构造带的成矿作用的差异。

1. 白干湖-戛勒赛钨锡矿带

白干湖-戛勒赛钨锡矿带包括白干湖钨锡矿田和戛勒赛矿区,呈北东向分布于白干湖断裂带的西北侧(图 4-3、图 4-9),矿体赋存于中酸性花岗岩类与古元古界金水口群的内外接触带中。矿床规模已达大型—超大型。主要矿化蚀变类型有矽卡岩化、硅化、碳酸盐化,云英岩化、电气石化、黄铁矿化、黄铜矿化等,还发现有黄玉晶体。矿床类型以钨矿为主,伴生锡矿。孙丰月等(2009)获得与矿化有关的花岗岩锆石的 SHRIMP U-Pb 定年为 416.9±2.9Ma,测得 Re-Os 同位素矿石样品模式年龄为 520.7~467.1Ma,平均值 487.9Ma,应属于加里东期成矿。成因类型是以金水口群为矿源层,以加里东期花岗岩为主导因素,且受白干湖断裂控制的中高温岩浆热液矿床(李洪茂等,2006)。

与成矿有关的岩体属于加里东期钾质型富碱、高氟的中酸性花岗岩。上述矿化蚀变特征,表明发生了强烈的钾质交代作用,有利于钨、锡等矿物质的析出。另外,加里东期该区处于北方大陆边缘活化环境下,祁漫塔格地区北东向构造岩浆岩带加里东期以来的 A 型花岗岩属于上一级构造岩浆演化旋回较晚期的组成部分(伍跃中等,2009a,2009b)。根据华南钨锡矿产出特点,与钨、锡成矿有关的花岗岩类均为所处地区(特别是边缘活化区)岩浆岩演化序列中相对较晚期形成的岩体,矿化发生于岩体顶部的内、外接触带。再加上区内金水口群钨锡高背景含量,以及白干湖断裂(受阿尔金南缘主断裂的影响)发生了多期次的构造活动,于是为白干湖-戛勒赛超大型钨锡矿床的形成提供了有利成矿条件。

2. 钴矿系列

近年来,东昆仑地区钴矿找矿取得了重要进展,但总体研究程度还较低。潘彤等(2001)对肯德可克钴多金属矿,张德全等(2001)对驼路沟钴矿,潘彤(2004)对督冷沟铜钴矿分别做过有益的探讨。孙丰月等(2009)对本区钴矿成矿系列进行了较为系统的总结,指出东昆仑成矿带钴矿成矿以热水喷流沉积作用、热液成矿作用为主,兼其他类型作用。其中,肯德可克钴多金属矿、驼路沟钴(金)矿属于热水喷流沉积作用,成矿时间均为早古生代。其他如督冷沟铜钴矿属于热液成矿作用,海寺铁钴矿床属于矽卡岩型,且成矿时代都不属于加里东期(孙丰月等,2009)。因此,此处仅就加里东期的肯德可克钴铋金矿和驼路沟钴(金)矿的成矿特征进行简要分析。

1)肯德可克钴铋金矿

该矿床位于北西向(北西西向)构造带,矿体产于肯德可克向斜北翼,断裂发育,主控矿构造近东西向。矿区及其附近未发现侵入岩体，见燕山期石英斑岩、闪长玢岩等浅成脉岩。矿床受层位和岩性控制作用明显，矿化体均产于滩间山群碎屑岩、矽卡岩化硅质岩中，而且矿区含矿地层成矿元素普遍含量较高，超过同类岩石克拉克值的数倍。同时区内矽卡岩不同于热水喷流沉积成因的矽卡岩，明显受断裂构造控制，且晚于硅质岩的形成。上述情况说明早古生代时期，该区处于伸展裂隙活动时期，有大量的陆源物质补给沉积盆地，携带有丰富的成矿物质。在海盆地内火山喷流间歇性地带，由于深部流体作用，形成硅质岩沉积和成矿元素的富集，形成矿源层。加里东期以后历次的构造活动造成成矿物质活化和迁移，致使成矿物质在硅质层得到进一步富集，局部地段富集成矿（潘彤等，2001）。伊有昌等（2006）研究指出，肯德可克铁钴多金属矿床主成矿作用有两次：一是加里东期火山喷流沉积阶段；二是印支期—燕山期构造-岩浆热液改造阶段。

2）驼路沟钴（金）矿床

该矿床位于昆中和昆南断裂之间的昆南构造带，属于北西西向构造带。地层走向、岩体产出、构造形态均以东西向（北西西向）为主。含矿地层为纳赤台群浅变质火山-沉积岩系，矿体似层状。该矿独居石和磷钇矿 SHRIMP U－Pb 年龄为 410.7±20Ma 和 144.3±17.3Ma（孙丰月等，2009），表明存在古生代和燕山期两次成矿作用的叠加，成因类型属于为热水沉积-改造型。丰成友等（2006a，2006b）研究认为，赋矿岩石为富钠的热水沉积岩——石英钠长石岩，形成于活动大陆边缘的局限裂陷海盆环境。喷气岩和诸类型矿石的稀土元素分布模式与地层围岩相似，均以显著富集轻稀土元素、具明显负铕异常为特征，表明是由在赋矿岩系中深循环的大气降水喷出后，在距喷口位置较远处沉积而成，并利用 Re－Os 同位素体系（ICP－MS 方法）测得黄铁矿样品年龄为 432±23Ma 和 442±17Ma，说明成矿时代为早古生代。还同时获得石英钠长石岩样品锆石 SHRIMP U－Pb 加权平均年龄为 468±9Ma，代表本区海底火山喷流作用的时间（丰成友，2005）。

上述情况说明，区内加里东期是北西向（北西西向）构造带处于地壳伸展或张扭性地球动力学环境，发生了不同程度的海相火山喷发和热水喷流作用，产生了以钠质交代作用为主的成矿作用，形成以驼路沟钴矿和肯德可克钴矿为代表的多金属矿床系列。这与同时期北东向带以富钾岩浆活动或钾质交代作用为主、形成白干湖钨锡矿的成矿环境刚好构成既对立又性质互补的统一体。

此外，对于加里东期北西向构造带而言，由于昆北构造带发生裂陷的程度和延续的时间不如昆南构造带，因此前者火山喷发的强度、钠质交代作用的程度和成矿作用都不如后者强烈，亦即驼路沟钴（金）矿床较肯德可克钴铋金矿钠质碱交代作用成矿特征更典型。

由于阿尔金南缘断裂带构造活动性质在寒武纪—早中奥陶世发生了左旋张扭，中奥陶世—泥盆纪则发生逆冲右旋压扭作用（伍跃中，2008；伍跃中等，2008），晚古生代到三叠纪长期相对隆升，因此导致了祁漫塔格地区北东向构造带（受阿尔金造山带的影响）在加里东中晚期（O—D）也处于压扭性构造应力环境，晚期则处于由挤压到伸展的转换时期；期间，北西向（北西向）构造带则处于火山活动较强烈的大陆地壳伸展裂陷时期，晚期则处于由伸展到挤压的转换时期。这是两组方向构造带发生性质不同（互补）的成矿作用的背景和前提。

（二）花岗岩成因类型对成矿作用的控制

岩浆岩成矿专属性是指一定类型的岩浆岩与一定类型的矿床存在密切成因联系。决定岩浆岩成矿专属性的因素很多，包括地球化学特征、岩石类型和性质、不同时代岩浆岩（类）演化特征、不同地质构造以及地球化学背景等。总体来说，基性、超基性岩与亲铁元素如铬、镍、铂族元素、钛、钒、铁等矿床有关，酸性岩则与亲氧元素如钨、锡、铍、锂、铌钽和铀等有关。但花岗岩的成矿专属性问题远比基性、超基性岩的成矿专属性复杂，并且前者与后者存在本质的区别。花岗岩的成矿专属性研究涉及到花岗岩的起源、成岩作用、类型等多个方面。此处仅以区内与花岗岩类紧密相关的几个重要矿床为例，简要阐述花岗岩成因类型对成矿的控制作用。

由图 4－9 可知，区内加里东中晚期与花岗岩类直接相关的重要矿床有两个：①白干湖（戛勒赛）钨锡矿，位于北东向带上，沿白干断裂西北侧分布，其主导控矿因素为加里东期A型或(A+S)型花岗岩；②乌兰乌珠尔似斑岩型铜锡矿，位于北西向带上，虽然矿区花岗岩类以海西晚期—早印支期为主，但该区仍发育有加里东期花岗岩，且在北东向(北东东向)带上以S型为主，A型次之，在北西向带以I型为主。最新获得的成矿斑岩体锆石的SHRIMP U-Pb年龄为416.7±3.3Ma(孙丰月等，2009)，说明成矿时代应为加里东期，乌兰乌珠尔似斑岩型铜矿与加里东中晚期北西向带I型花岗岩体有关。佘宏全等(2007)曾获得含矿花岗斑岩中的锆石年龄属于印支期，这说明印支期花岗岩体的侵入对成矿具有改造作用。由此可见，尽管都是加里东期花岗岩类，由于岩石成因类型不同，形成的矿产明显有别。北东向带(或分带)以(A+S)型花岗岩为主，规模大，形成了以白干湖钨锡矿为代表的矿床类型；而北西向带上以I型花岗岩为主，且规模较小，因此形成了以乌兰乌珠尔似斑岩型铜矿为代表的矿床类型。

卡尔却卡铜钼矿是青海省地质调查院于近几年在东昆仑西段祁漫塔格地区新发现的一个中型矿床，位于北西向构造带昆中断裂北侧。区内出露地层有古元古界金水口群白沙河岩组和奥陶系—志留系滩间山群，主要发育晚二叠世似斑状黑云母二长花岗岩、晚三叠世花岗闪长岩，断裂构造主要有北西西向和北东向两组。矿体产于花岗闪长岩、似斑状二长花岗岩与滩间山群的接触部位，可划分为A、B、C三个成矿区段。具有斑岩型-矽卡岩型-低温热液多金属成矿的条件，深部具斑岩型成矿特征。与铜多金属矿具有密切成因联系的花岗闪长岩锆石SHRIMP U-Pb年龄为237±2Ma(王松，2009)，属印支期岩浆活动的产物。丰成友(2009)对其中的索拉吉尔矽卡岩型铜钼矿床辉钼矿进行了Re-Os同位素定年，获得模式年龄和等时线年龄结果一致为239±11Ma，表明铜钼成矿作用发生于中三叠世。结合图4-9中④可知，卡尔却卡铜多金属矿所处的花岗岩带应属于海西晚期—印支期的北东向分带，岩石成因类型以I型为主。

综上所述，祁漫塔格地区与铜多金属(锡或钼)矿密切相关的花岗岩类不论是加里东期还是印支中晚期，其岩石成因类型都以I型为主，而与钨锡矿密切相关的花岗岩类则属于A型或(A+S)型。因此，祁漫塔格地区花岗岩类的成矿专属性符合规律：富钾的A型和S型花岗岩类，与钨、锡、铌、钽、稀土元素等矿化相关性强，富钠的I型花岗岩类与铜、钼矿化关系密切。

(三)从地质构造演化的阶段性分析成矿作用时期的相对集中性

近年来，祁漫塔格地区地质找矿工作取得了一系列重要进展，发现了大量的矿床、矿点、矿化蚀变带，通过对区内与矿有关岩体和矿石大量同位素测年资料的统计，结果显示区内存在加里东中晚期和印支中晚期两个成矿高峰期。

如上所述，本区加里东期形成的主要矿床有：白干湖钨锡矿、驼路沟钴矿、肯德可克钴铋矿、乌兰乌珠尔铜锡矿等。这些矿床除白干湖-戛勒赛钨锡矿分布于北东向构造带以外，其他均分布于北西向(北西西向)构造带(或次级构造带)。上文分析表明，两组构造带成矿地质构造背景和成矿作用性质不同，形成的矿床类型有别，它们是相互影响、且性质互补的两组成矿系列，共同组成一个统一的成矿体系。

海西期—印支期特别是印支中晚期形成的矿床主要有：①卡尔却卡铜多金属矿(成矿时代见上文描述)；②鸭子沟多金属矿，钾长花岗斑岩的SHRIMP锆石U-Pb年龄为224.0±1.6Ma，辉钼矿Re-Os等时线年龄为224.7±3.4Ma(李世金等，2008)；③野马泉多金属矿中，景忍中细粒正长花岗岩SHRIMP U-Pb年龄为204.1±2.6Ma(刘云华，2006)。上述矿床绝大部分集中在北西向(北西西向)构造带上，且成矿的鼎盛时期为印支中晚期，主要成因类型为矽卡岩型、斑岩型。只有鸭子泉金铜矿、克孜勒金矿(王宝金等，2008)等少数分布于北东向构造带，主要矿床类型为构造蚀变岩型。

除了上述加里东中晚期和印支中晚期两个成矿的高峰期外，区内矿产尤其是北西向(北西西向)构造带各类矿产往往具有多期次复合成因的特点。比如，本区造山带型金矿形成于加里东晚期和海西晚期—印支期(张德全等，2005，2007)。又如，上文提到的驼路沟钴矿也存在加里东晚期和燕山期两次成矿作用的叠加。

那么造成上述成矿作用在加里东中晚期和印支晚期两次集中爆发的根本原因或地质基础是什么呢？上文在探讨区内花岗岩类构造岩浆作用及其时空变化特征时已经谈到，区内地质构造演化可以划分为3个大的演化阶段，即前寒武纪属于基底形成与演化时期，主要形成矿源层，如金水口群等富含钨、锡、铜等成矿元素，中元古代晚期狼牙山组的维宝铅锌矿（潘维良等，2005）。加里东期到海西期—印支期，属于海（洋）陆转换的重要时期，以北东向与北西向（北西西向）两组构造岩浆岩带长期交替活动为主要特色。这种复杂的地质构造演化过程和频繁变化的大陆动力学环境，导致区内最主要的成矿作用均集中在这一时期。其中加里东中晚期是北东向与北西向两组构造带形成和性质发生交替变化的关键时期，而海西期—印支期（特别是印支晚期）则是经历海（洋）陆转换到陆内造山、岩石圈去根和垮塌的关键时期，于是在这两个相对短暂的时期造成了区内内生金属矿产的成矿作用大爆发。而且各个时期、处于不同的构造部位，不同方向的构造带大陆动力学性质不同，其成矿作用的特点也存在明显的差别。燕山期以来属于造山后陆内演化阶段，成矿作用属于印支晚期的延续。

（四）从区域构造格局分析区域矿产分布特点和找矿潜力

祁漫塔格地区位于劳亚大陆与冈瓦纳大陆之间广阔活动区内的微陆块边缘，处于阿尔金北东向构造带与东昆仑北西西向构造带相交会的三角形区域。在南北方向上，构造单元性质差异较明显：①昆南构造带属于软基底、长期活动，而且影响的深度大，因此具有成矿物质来源深和多期次成矿的特点，是金矿、钴矿、铜镍矿等矿产最有利的成矿部位；②昆中和昆北构造带属于硬基底，具有二元结构，其中昆中构造带由微陆块组成，较稳定，成矿作用主要发生在微陆块边缘深大断裂带附近，形成斑岩型、矽卡岩型多金属矿；③昆北构造带发生多旋回构造运动，形成多期裂陷带，造成隆坳相间的分布格局，因此其成矿作用具有多矿种、多成因类型、多期次的特点，主要矿床类型有矽卡岩型、斑岩型多金属矿，同时造成元素地球化学和矿产分布的略具分带特征。如1∶20万地球化学测量圈出一批以Cu、Pb、Zn、Sn、Au、Sb、W为主的多种元素组合的综合异常，北西向带可分为北、中、南3个条带：北带（乌兰乌珠尔—小盆地）以Pb、Sn、Au、Cu、Co为主；中带（冰沟—开木棋河）以Pb、Zn、Sn、Bi、Cu、Sb、Co、Ti、V为主；南带（喀雅克登）以Bi、Sn、W、Pb、Zn、Cu为主（何书跃等，2009）。

另外，由于北东向和北西向两组构造带的存在，其大陆动力学性质不同，且长期此消彼长交替变化，因此不同方向构造带的矿作用类型、矿产性质具有明显的差别（详见上文，此不赘述），同时也由于两组构造带相互影响、相互干涉，造成成矿作用在东西方向上具有分段分布和矿产近等间距分布的特点。

综上所述，祁漫塔格地区构造岩浆作用、成矿作用以及相互关系具有如下特点：

（1）祁漫塔格地区地质构造演化的阶段性决定了区内成矿作用的相对集中性。加里东中晚期和印支中晚期是该区区域构造性质大反转（地壳成熟度、构造格局、大陆动力学性质等）的关键时期，因此也是区内两次最重要的成矿爆发期。

（2）祁漫塔格地区自加里东期以来，北东向与北西向两组构造岩浆岩带交替变化，说明两组方向构造带的性质存在交替变化的特点，这是造成同一时期不同方向构造带成矿作用和矿产类型不同的根本原因。其中，加里东期在北东向构造带形成白干湖-戛勒赛大型—超大型钨锡矿，同时期在北西向（北西西向）带上则形成喷流沉积-改造型钴矿系列；海西期—印支期，各类矿产主要产于北西向构造带，成因类型主要为矽卡岩型和斑岩型铁、铜、钴多金属矿，而北东向构造带矿产较少，主要为构造蚀变岩型铜、金矿。

（3）祁漫塔格地区与铜多金属（锡或钼）矿密切相关的花岗岩类不论是加里东期还是印支晚期，岩石类型都以I型为主。而与钨锡矿密切相关的花岗岩类则属于A型或（A+S）型。因此，该区花岗岩类的成矿专属性符合：富钾的A型和S型花岗岩类与钨、锡、铌、钽、稀土元素等矿化相关性强，富钠的I型花岗岩类与铜、钼矿化关系密切的一般规律。

（4）祁漫塔格地区构造单元在南北方向上的分带性、在东西方向上的分段性以及构造演化在空间上的方向性，造成元素地球化学和矿产分布略具分段分带等有规律的空间展布特征；构造岩浆作用在时间纵向上的多旋回性，造成区内不同时代成矿作用往往具有叠加性的特点。

由此，本书提出祁漫塔格地区地质矿产勘查建议如下：

(1)加里东期，祁漫塔格地区北东向构造带上应重点关注与富钾、高碱、岩浆活动旋回晚期有关的钨、锡、铌、钽、稀土元素等矿产，而在北西向构造带上则应重视与富钠的I型花岗岩类有关的铜、钼矿，以及与钠质交代作用有关的喷流沉积-改造型铁、钴、金矿等。

(2)海西期—印支期，特别是印支晚期，在本区应重点关注矽卡岩型铁铜多金属矿，(似)斑岩型铜多金属矿，矽卡岩-斑岩复合型铜、钼矿。同时还应注意北东向带(西部地区)构造蚀变岩型铜、金矿。

(3)由于昆南带的长期活动和影响深度大，因此昆南带(包括昆南和昆中断裂带附近)应作为寻找金、钴、镍等矿产的首选地带。

第五节 祁漫塔格地区重要找矿成果与典型矿床特征

一、取得的重要找矿进展

祁漫塔格地区西北部的迪木那里克和阿尔金南缘断裂带一带主要为火山沉积变质型磁铁矿矿床、岩浆熔离型钛磁铁矿矿床和铜镍矿床；古尔嘎—黑山—祁漫塔格一带发现大量的构造蚀变岩型金、铜矿床(点)；黑山—祁漫塔格一带的白干湖断裂附近集中发育与加里东期花岗岩浆热液有关的矽卡岩-石英脉型钨锡矿；祁漫塔格山东部的北西向带主要发育层控热液型铅锌矿和矽卡岩型铁、铜多金属矿。区内已知代表性矿床有迪木那里克铁矿、白干湖钨锡矿、维宝铅锌矿、蟠龙峰铁(含铜铅锌)矿、野狼沟铜金矿、木孜鲁克金铜矿、喀拉曲哈铜矿(点)和克孜勒金矿等。东邻区青海已发现具斑岩型矿床特征的乌兰乌珠尔铜多金属矿和卡尔却卡斑岩型铜矿。上述各类矿床可划分为5个成矿系列：①产于蓟县系狼牙山组碳酸盐岩建造中的层控热液型铅、锌、铜矿，以维宝铅锌矿为代表；②产于长城系小庙岩组碎屑岩-碳酸盐岩建造中，与加里东期花岗岩类有关的矽卡岩-石英脉型钨、锡矿，以白干湖钨锡矿为代表；③与印支期花岗岩有关的矽卡岩型铁、铅、锌、铜矿，包括蟠龙峰、阿尼亚拉铁多金属矿等；④与震旦系—寒武系浅变质含火山碎屑岩有关的沉积变质型铁矿，以迪木那里克铁矿为代表；⑤与镁铁—超镁铁质层状杂岩体有关的岩浆溶离型铁、铜、镍矿，主要产于阿尔金南缘断裂带内。根据矿床(点)的空间分布情况，可划分出迪木那里克铁矿、白干湖钨锡矿、维宝铅锌矿3个矿集区(图4-10)。

(一)迪木那里克铁矿矿集区

迪木那里克铁矿矿集区位于阿尔金南缘断裂高磁异常带和祁漫塔格西段低缓磁场的结合带，圈定航磁异常347处。通过调查和初步分析，异常主要与中基性侵入岩、火山沉积-变质岩、铁矿等有关，其中迪木那里克铁矿对应的航磁异常长5km，宽2km，最大强度2000nT。该区含矿千枚岩呈近东西向延伸达50km。

对迪木那里克铁矿矿集区66处航磁异常进行了三级查证，优选了其中18处异常进行了二级查证。明确了矿致异常10处(新C-2008-2200、2201、2220、2221、2208东、2196、F2、F3、F4、新C-1999-51异常)，具有进一步工作意义的重点异常14处(2202、F1、2206、2207、2218、2219、2229、2230、2280、2214、2215、2216、2217、2132异常)，一般异常42处。

该矿集区除了迪木那里克铁矿、迪木那里克西铁矿外，近年来又发现了且末县玉玲铁矿、喀格乌图东铁矿、托盖背力铁矿，若羌县河肃铁矿、迪木那里克东部异常铁矿带、2196铁矿点、迪木那里克北部负磁异常铁矿带。此外，在新C-1999-51号异常新发现日吉普铁矿点，同时还发现一批具有进一步工作

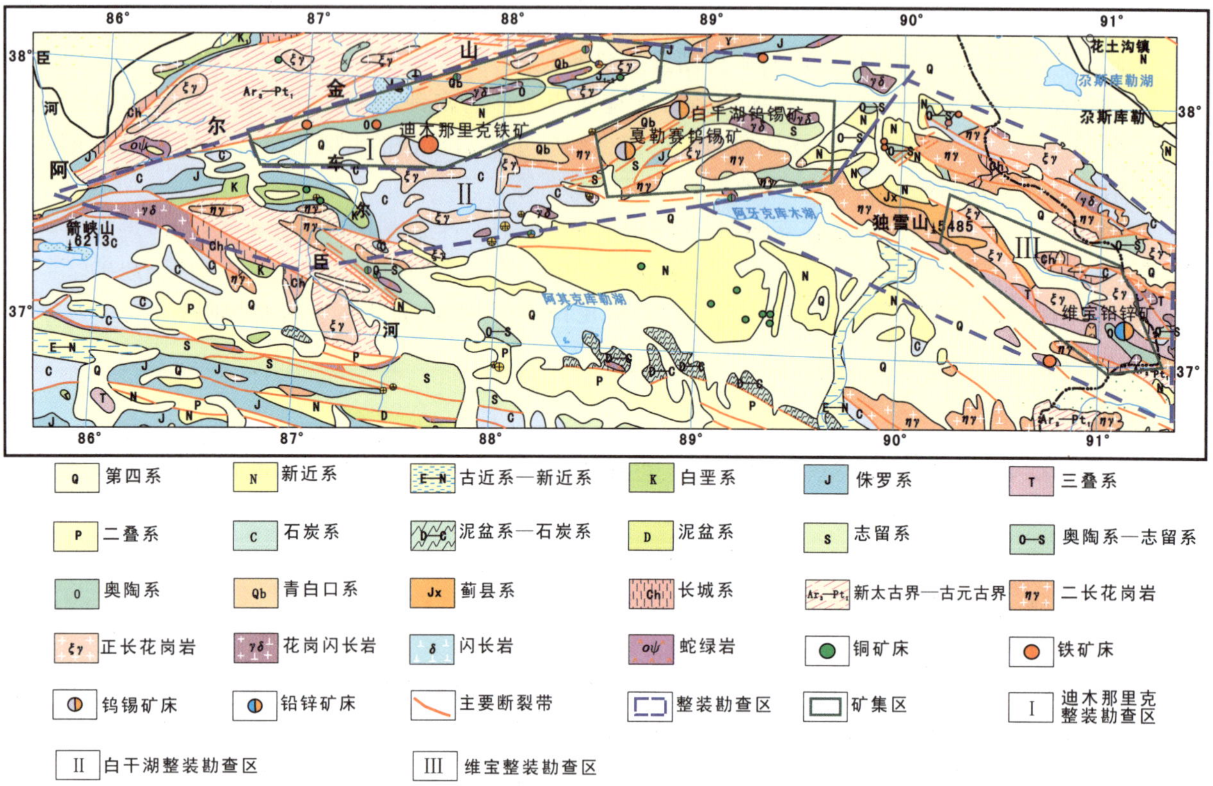

图 4-10　新疆祁漫塔格地区地质矿产略图

意义的异常和矿化线索。

迪木那里克铁矿的两个主矿体（Fe36、Fe37 号）铁矿石资源量（332+333+334）达到 22 404.76×10^4t。目前迪木那里克铁矿已探获铁矿石资源量（332+333+334）合计 25 101.1×10^4t，其中控制的 332 级资源量 4867.63×10^4t，平均品位 29%。玉岭铁矿位于北矿带新 C-2008-2002 号航磁异常，共新发现磁铁矿体 9 个，其中 Fe1、Fe2、Fe3 号矿体规模较大，出露长度大于 1300m，平均厚度 10～40m，初步预测铁矿石资源量 1×10^8t。河肃铁矿共发现 7 个磁铁矿体，新 C-2008-2220、2221 异常含矿层相连，大面积为第四系砂土覆盖，矿体地面露头规模不大，但通过地表磁测显示矿床具有一定规模。喀克乌吐铁矿圈定 2 条磁铁矿体，初步估算资源量 500×10^4t 以上。

从航磁异常规模以及检查程度看，该区铁矿存在较大的找矿空间。据新疆矿产资源潜力评价资料（新疆地质矿产勘查开发局，2010），迪木那里克—苏巴里克一带，预测铁资源量 54 386.52×10^4t。

（二）白干湖钨锡矿矿集区

吉林地质调查院在该区完成了 1∶10 万水系沉积物测量（2000—2002 年），圈定综合异常 96 处；完成了 1∶5 万水系沉积物测量（2009—2011 年），圈定综合异常 481 处。部分异常进行了查证，共发现金属矿（化）点 107 处。白干湖钨锡矿田部分矿床开展了普查、详查工作。

目前，白干湖矿集区已发现金属矿床（点）47 处，近年来新发现矿床（点）30 处，包括钨（锡）矿床（点）6 处，钨（铜）矿点 2 处，铜矿（床）点 15 处，金矿（床）点 7 处。较典型的有白干湖钨锡矿田、木孜鲁克金铜矿床、野狼沟金铜矿床、喀拉曲哈铜矿床、阿瓦尔钨锡矿床、鸭子泉金铜矿等。其中，白干湖钨锡矿田已探明为一大型钨锡矿床，下文将重点论述其矿产地质特征，此不赘述。以下仅对区内其他较典型的矿床（点）特征进行简要描述。

1. 木孜鲁克金铜矿床

木孜鲁克金铜矿位于吐拉区东南部，地理坐标（公里网）范围为：$X=494000—506000$；$Y=4116000—4126000$。圈定矿化蚀变带一条，走向北西向，长 11km，宽 1km。带内普遍发育孔雀石化、黄铜矿化、黄铁矿化、矽卡岩化等矿化蚀变。目前在带内控制铜矿体 28 条，矿石类型主要为矽卡岩化蚀变岩，受北西向断裂及大理岩与花岗闪长岩接触带的控制，矿体局部伴生金、硫、钨等。矿体产状与区内背斜构造关系密切。现将规模相对较大的 7 号和 18 号矿体特征分述如下。

7 号矿（化）体控制长 600m，控制斜深 80m，宽 0.90～14.95m。矿体 Cu 品位 0.226%～2.61%，平均品位 0.633%。孔内矿体厚 2.27m，Cu 平均品位 0.42%。矿化赋存于矽卡岩化蚀变岩中，矿体受北西向断裂构造及矽卡岩化蚀变岩的控制。

18 号矿（化）体控制长 1500m，宽 2.96～9.32m。Cu 品位 0.277%～7.79%，平均品位 0.424%。矿化赋存于孔雀石化构造蚀变岩及矽卡岩化大理岩中，矿体受北西向断层控制。

2. 野狼沟金铜矿床

野狼沟铜多金属矿位于吐拉西南，地理坐标（公里网）范围为：$X=461400—466000$；$Y=4120200—4126400$。目前已发现构造矿化蚀变带一条，走向北西-南东向，长约 1500m，宽 150～400m，带中多见孔雀石化、黄铜矿化、黄铁矿化、硅化、碳酸盐化、铜蓝、方铅矿化。

区内共圈定矿体 10 条（图 4－11），有规模的矿体 6 条，其中 2 条为铜、锌、铅、金多金属矿体，走向多与主构造方向一致。矿体多为孔雀石化流纹斑岩、碎裂岩及断层角砾，围岩为次英安岩。现将规模较大的①号和⑦号矿体特征简述如下。

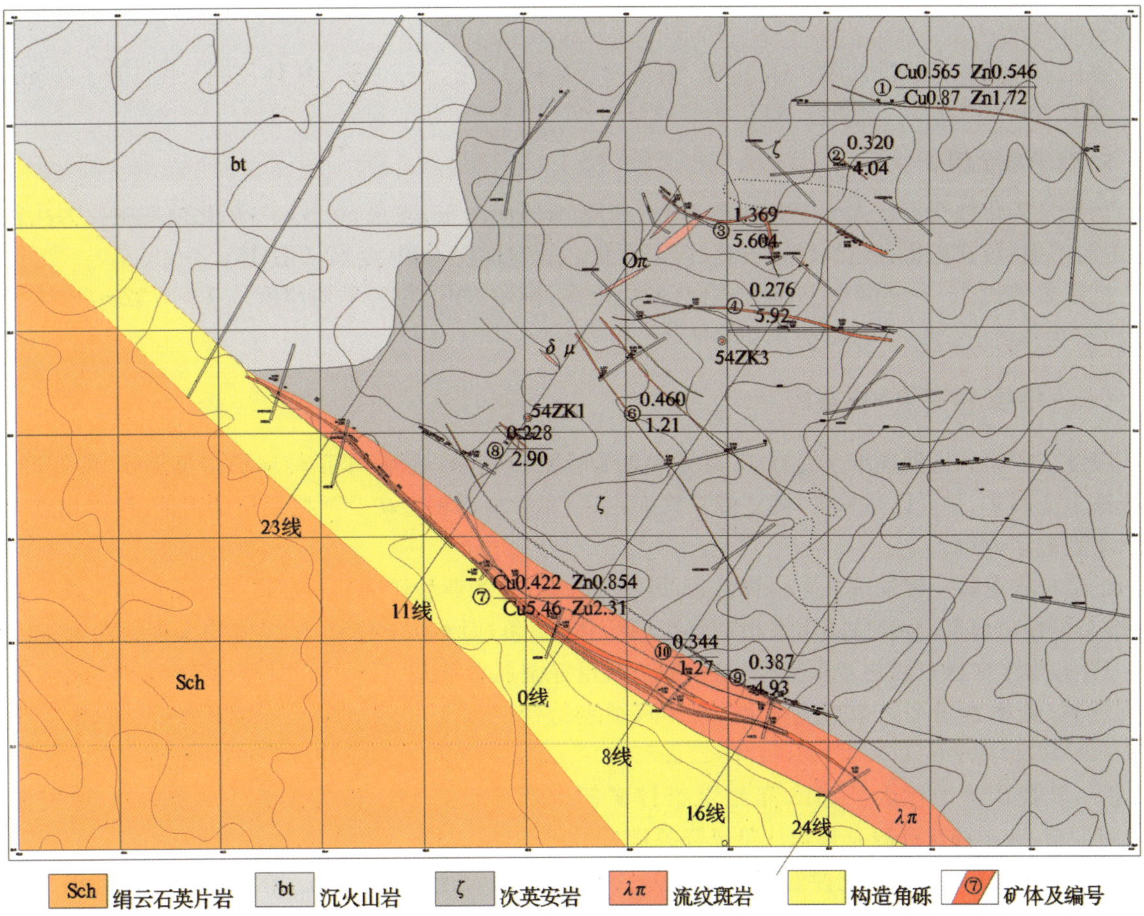

图 4－11 野狼沟矿区地质图（据吉林省地质调查院，2012）

①号矿体为铜、锌、金多金属矿体，控制长度大于500m，宽度0.87～1.72m，Cu平均品位0.565×10^{-2}，Zn平均品位0.546×10^{-2}，Au品位0.99×10^{-6}。矿体受断层控制，矿化赋存在断层角砾中，矿石中黄铜矿呈细脉及浸染状，矿化蚀变为孔雀石化、黄铜矿化、黄铁矿化、硅化、碳酸盐化。

⑦号矿体亦为铜、铅、锌多金属矿体。控制长度1500m，斜深410m，地表宽度1.04～16.42m。矿体受沿断裂侵入的流纹斑岩体的控制，具分支复合特征。Cu最高品位1.134%，平均品位0.422%；Zn最高品位2.547%，平均品位0.854%。钻孔控制矿体总厚度46m，单层最大厚度37m，孔内Cu平均品位0.231%，Pb平均品位0.429%，Zn平均品位0.419%。矿化蚀变有黄铜矿化、方铅矿化、孔雀石化、黄铁矿化、铜蓝、高岭土化、硅化、碳酸盐化、绿泥石化、绿帘石化。

3. 喀拉曲哈铜矿床

喀拉曲哈金铜矿化蚀变带，长约39km，宽约4km，呈北东向展布。在蚀变带内发现3个金矿点，1个铜矿点和1个金矿床。蚀变带内1：10万水系沉积物地球化学异常中金异常呈串珠状分布，铜异常和金异常套合较好，各矿床(点)均分布在异常区内，是金铜成矿的有利区域。

喀拉曲哈铜矿矿体控制长50～900m，总体走向北东40°，倾向南东，倾角50°，矿体平均厚度1.2～4.48m，Cu平均品位0.7%～1.31%，最高品位2.66%。矿体内含金、银，Au最高品位0.49×10^{-6}，Ag最高品位53.9×10^{-6}。

4. 阿瓦尔钨锡矿床

阿瓦尔钨锡矿床发现矿体总体走向80°，倾向北西，呈雁列式分布构成一含矿带，长约6000m，宽200～1000m。深部为英云闪长岩体，断续出现不同程度的云英岩化、白钨矿化。因此，阿瓦尔钨锡矿床底部应为一较大的英云闪长岩体，根据柯可·卡尔德钨锡矿床及赣南钨锡矿床特征判断，含矿带下部应为岩突部位。

阿瓦尔钨锡矿床西段发现矿体18条，东段发现矿体11条，共29条。矿体控制长度100～200m，平均厚度1.26～2.52m，平均品位WO_3为0.08%～12.35%，Sn为0.1%～0.91%。

5. 鸭子泉金铜矿

鸭子泉矿化蚀变带长大于10km，宽4.4～4.8km，倾向南东，倾角50°～85°，矿化蚀变主要为孔雀石化、黄铜矿化、黄铁矿化、硅化、绿帘石化、绿泥石化。已发现5条铜(金)矿(化)体。

控制矿体长260～9600m，走向北东向，倾向南东，倾角56°～64°，平均厚度0.7～3.32m，矿体平均品位Cu为0.69～2.25%，Au为$1.27\sim2.3\times10^{-6}$。

(三)维宝铅锌矿矿集区

在维宝矿集区已发现维宝铅锌矿、维东和青龙岭铅锌矿、阿达滩-军正岭铜铅多金属矿、蟠龙峰-攀岩峰铁多金属矿、伊阡巴达铁矿、阿尼亚拉铁矿点、阿布拉斯南铜金矿及阿尼亚拉萨依铜、锌矿化点等众多中小型矿床(点)。

维宝—青龙岭一带发现多个铅锌矿床：维宝铅锌矿(作为典型矿床其特征详见下文论述)、维东铅锌矿、维宝铅锌矿西部，地表共圈出大小铅锌矿(化)体12条，但绝大多数矿(化)体均未进行深部追索控制。其中，维宝矿区东段初步求得($333+334_1$)级铅锌金属资源量614 322.21t。据新疆矿产资源潜力评价资料(新疆地质矿产勘查开发局，2010)，维宝铅锌矿—维东—青龙岭一带预测铅锌总资源量为395.11×10^4t，其中铅179.26×10^4t，锌215.85×10^4t。已探明资源量仅占预测资源量的15.23%。因此，进一步找矿潜力巨大。2012年维宝铅锌矿新增资源量(334?)铅资源量153 266.2t，锌资源量147 870.6t，该矿探获资源总量合计铅锌资源量为(332+333+334)932 136.8t。

阿达滩-军正岭铅锌矿化蚀变带宽度500～2000m之间，长度达7000m。在其东段已发现铜、铅、锌品位较富的军正岭铜铅锌矿(化)带，在长约300m范围内已圈出4条矿体。其中，L_2矿体长280m，平均宽7m，Cu品位0.2%～2.14%，平均品位0.6%；L_3矿体长100m，平均宽11m，Cu品位0.16%～

2.58%。显示该带具有寻找斑岩型铜矿和岩浆热液型铅锌矿的潜力。

蟠龙峰铁矿属矽卡岩型铁、铜矿，以及火山期后热液型铅锌矿，初步控制矿体34个。

二、典型矿床特征

祁漫塔格地区以迪木那里克铁矿、白干湖钨锡矿和维宝铅锌矿3个矿床(或矿田)规模最大，工作程度相对较高，现将其矿床地质特征分述如下。

(一)迪木那里克沉积变质型铁矿床

1. 成矿地质背景

迪木那里克铁矿床位于阿尔金南缘断裂带西南段的阿帕-芒崖构造混杂岩带内。震旦纪—寒武纪时期该区属于陆缘裂陷盆地环境(“昆仑-阿尔金成矿带基础地质综合研究”项目2012年根据矿区内基性火山角砾岩及块状磁铁矿LA-ICP-MS定年结果，确定铁矿形成时代晚于628Ma早于440Ma)，为一套变质砂、泥岩沉积，形成于海侵序列的细碎屑岩相向碳酸盐岩相过渡地带的半封闭环境，成矿物质有陆源及海底火山物质。

2. 矿床地质特征

1)矿床地质特征

迪木那里克铁矿赋矿岩性为一套浅变质的碎屑岩、泥灰岩及少量火山碎屑岩组合。矿区内侵入岩不发育，在矿区北部有少量加里东期暗绿色细—中粒钠黝帘石化阳起石化闪长岩及辉长岩小岩株或岩枝(图4-12)。矿区构造比较简单，主体为向北东倾斜的单斜层，倾角30°～52°。

2)矿体特征

迪木那里克铁矿位于北西-南东方向展布的含矿带中，矿带长约4500m，北西段宽约1000m，分为南、中、北3个矿化带，共50个矿体。

中部矿化带为主矿带，宽30～200m，长约5000m，出露有主矿体Fe36、Fe37号及Fe1、Fe2、Fe3等共计27个矿体。其中Fe36号矿体控制见矿长度1200m，宽5～55.5m，平均厚度23.39m，TFe品位25.34%～30.29%，平均品位27.86%；Fe37号矿体控制见矿长度2600m，宽6～35m，平均厚度13.56m，TFe品位24.22～30.19%，平均品位26.75%。

南矿化带宽20～120m，长2000m，出露Fe15、Fe16、Fe23等19个矿体，其矿体规模和铁含量均较主矿化带差。

北矿化带宽15～50m，长800m，出露有Fe17、Fe18、Fe19三个矿体。

矿体形状为似层状、透镜状、豆荚状、分叉尖灭状(图4-13)。矿体产状与围岩基本一致，由于后期变动，个别矿体呈扭曲状。矿体顶底板围岩均为绢云千枚岩，有些铁矿体过渡为灰褐色含铁粉砂千枚岩、含铁石英岩。

1∶2万磁法测量显示矿区存在3个磁异常带，其中对应主矿化带的磁异常带长约5000km，峰值一般在7000±nT，最高约10 000nT；对应南矿化带的磁异常带异常强度一般为2000～5000nT，包含了Fe15等矿体；对应北矿化带的磁异常带异常强度较低，规模较小(石福品等，2010)。

3)矿石类型及矿物组合

矿石自然类型为块状磁铁矿矿石和条带状磁铁矿矿石。矿石工业类型为需选铁矿石中的弱磁性铁矿矿石。

矿石矿物主要为磁铁矿、磁赤铁矿及少量的钛铁矿。脉石矿物主要为石英、阳起石、黑云母、绿泥石、磷灰石、黄铁矿等。

铁矿石品位总体较低，在同一个矿体中，相对较富和较贫矿石呈带状交互相间，沿走向贫富矿石亦

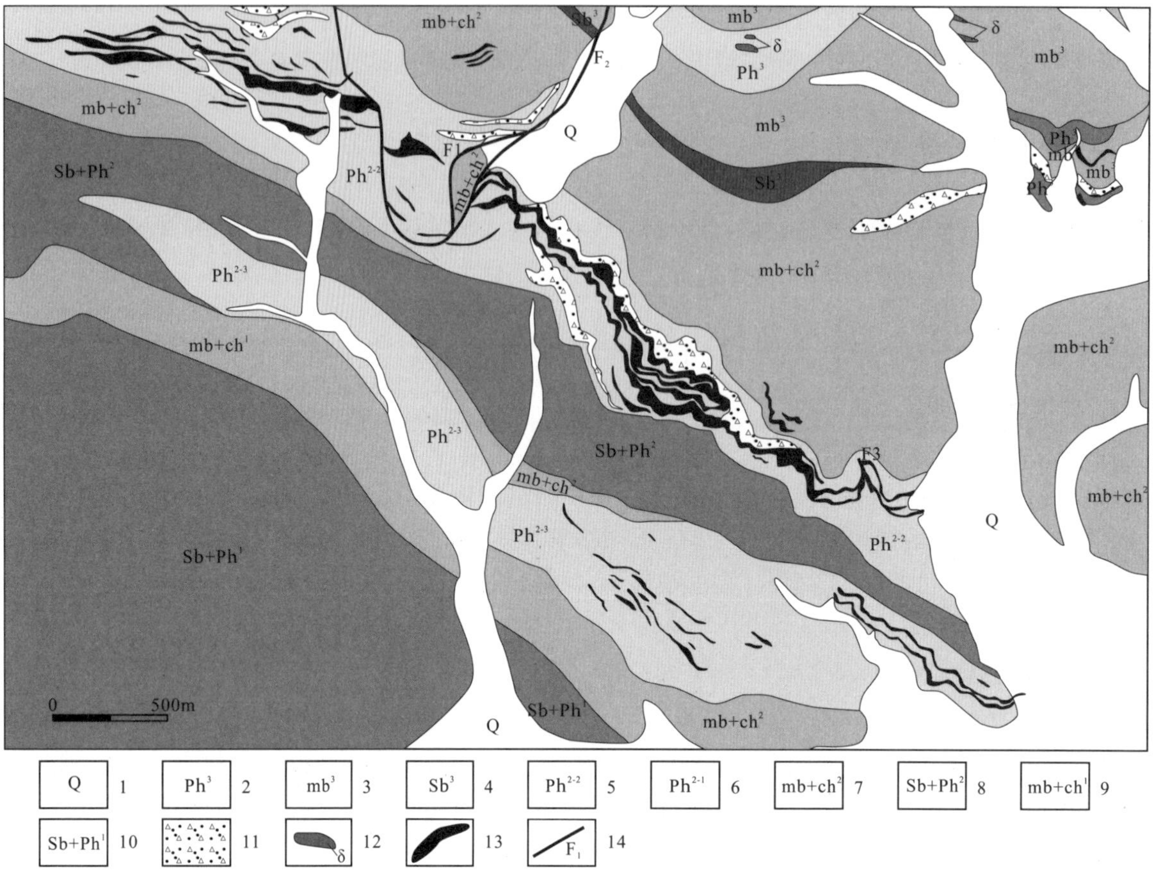

图 4-12　迪木那里克铁矿床矿区地质图(据新疆地矿局,2009 修改)

1.第四系;2～12.为中—上奥陶统祁漫塔格群地层;2.第三岩性段绢云千枚岩;3.第三岩性段大理岩化含碳酸盐泥灰岩;4.第三岩性段石英岩;5.第二岩性段第二层绢云石英千枚岩夹石英岩;6.第二岩性段第一层均匀千枚岩夹含碳绢云千枚岩;7.第二岩性段含碳泥灰岩夹碳质千枚岩;8.第二岩性段石英岩夹石英千枚岩;9.第一岩性段含碳泥灰岩夹碳质千枚岩;10.第一岩性段绢云千枚岩与细粒石英岩互层;11.土状坟墓状风化氧化破碎带;12.闪长岩;13.磁铁矿矿体;14.断层

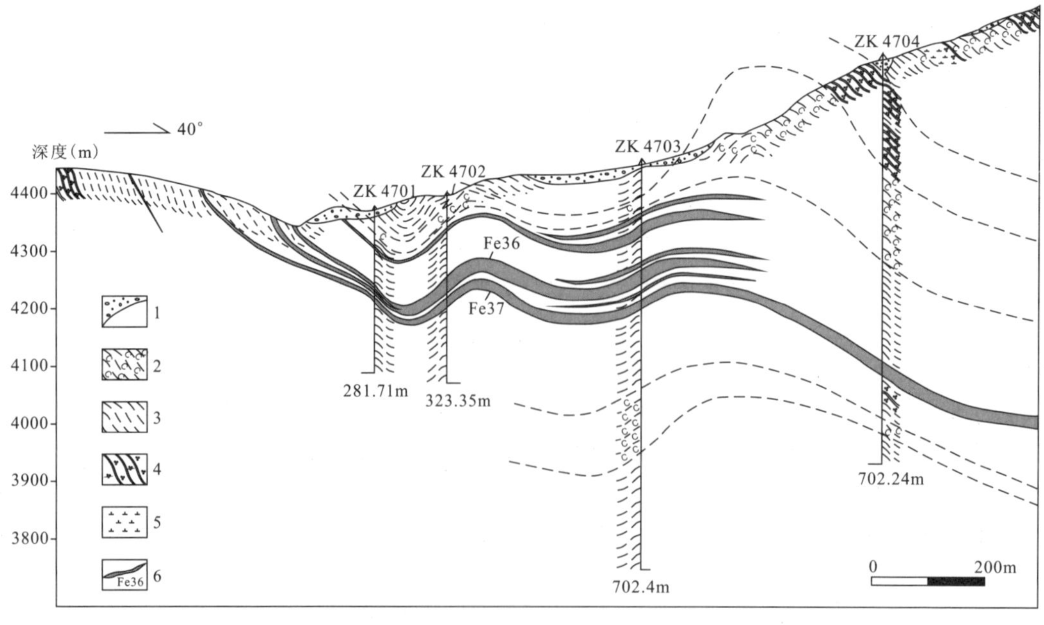

图 4-13　迪木那里克铁矿 47 号勘探线剖面图(据新疆地矿局,2009 修改)

1.第四系;2.碳质千枚岩;3.千枚岩;4.石英岩;5.闪长岩;6.铁矿体及编号

有相变。矿区平均品位 TFe 为 28%左右，S 平均含量 0.28%，P 平均含量 0.218%。

4)矿石结构构造

矿石为细—微粒结构，具条带状构造、块状构造。条带状构造的磁铁矿条带宽 1～5cm，偶尔达 20cm，成分除半自形、粒径 0.08cm 左右的磁铁矿和交代的磁赤铁矿外，偶见钛铁矿；灰白色条带由脉石矿物组成，两种条带的矿物常有混杂，磁铁矿与阳起石关系密切，磁铁矿条带与脉石条带之比大约为(2∶1)～(1∶3)。

5)围岩蚀变特征及分带

铁矿体围岩为富含铁质、泥质矿物的千枚岩，蚀变主要为绢云母化、绿泥石化、褐铁矿化、泥化，围岩蚀变分带明显。

3. 矿床类型

震旦纪—寒武纪时，随着阿尔金古陆南缘裂陷盆地的发展，发生海底火山喷溢活动，含铁、硅、硫的热卤水上涌，带来了丰富的铁源。同时，部分铁质成分还来自矿区北部的古陆蚀源区，在海盆深度中等，不通畅，弱还原环境下，铁质在热卤水与海水混合地带沉积，形成条带状粉砂—泥质磁铁矿。矿石为原生的磁铁矿，矿石中或矿体围岩中含黄铁矿、碳质，其陆源碎屑及火山碎屑的多寡决定了铁矿层品位的贫富。之后，沉积了浅海碳酸盐岩-碳质泥岩建造。

成矿期后不久，铁矿经受了氧化作用，低温、低压区域变质作用，并经受了轻微的后期热液改造。在后期大范围的区域变质作用，使原已形成的贫铁矿化层位得到进一步富集，随着后期构造运动促使地层再次发生变形变位，同时使矿体随之发生了挤压变形。其成矿模型详见图 4-14。

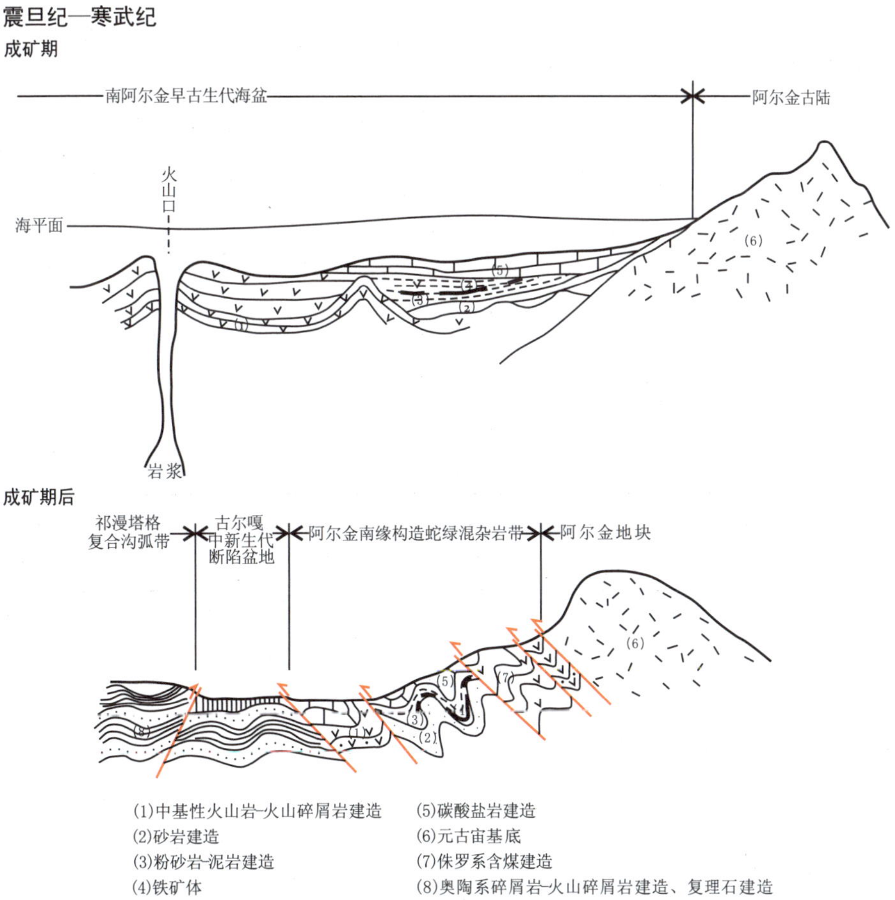

图 4-14　迪木那里克铁矿床成矿模式图(据新疆地矿局，2009 修改)

因此，迪木那里克铁矿属于火山沉积变质型铁矿床。

4. 综合找矿标志

（1）新元古代—早古生代陆缘裂陷槽。

（2）含铁矿岩层为浅海—半深海弱还原环境的细碎屑岩-细火山碎屑岩建造。

（3）具有高磁异常。

（4）铁矿体露头、转石及铁帽。

（二）白干湖钨锡矿田

1. 成矿地质背景

白干湖钨锡矿田位于新疆维吾尔自治区若羌县境内，距若羌县城 135°方向直线距离 250km，地理坐标：东经 88°11′10″—89°06′54″，北纬 37°23′42″—38°01′54″，面积为 $1300km^2$。矿区所处大地构造位置为东昆仑构造带西段祁漫塔格复合岩浆弧的北西段，具体位于阿尔金南缘深大断裂与白干湖断裂所夹持的楔形区域，沿戛勒赛—白干湖一带紧邻白干湖断裂带西北侧分布（图 4－15）。

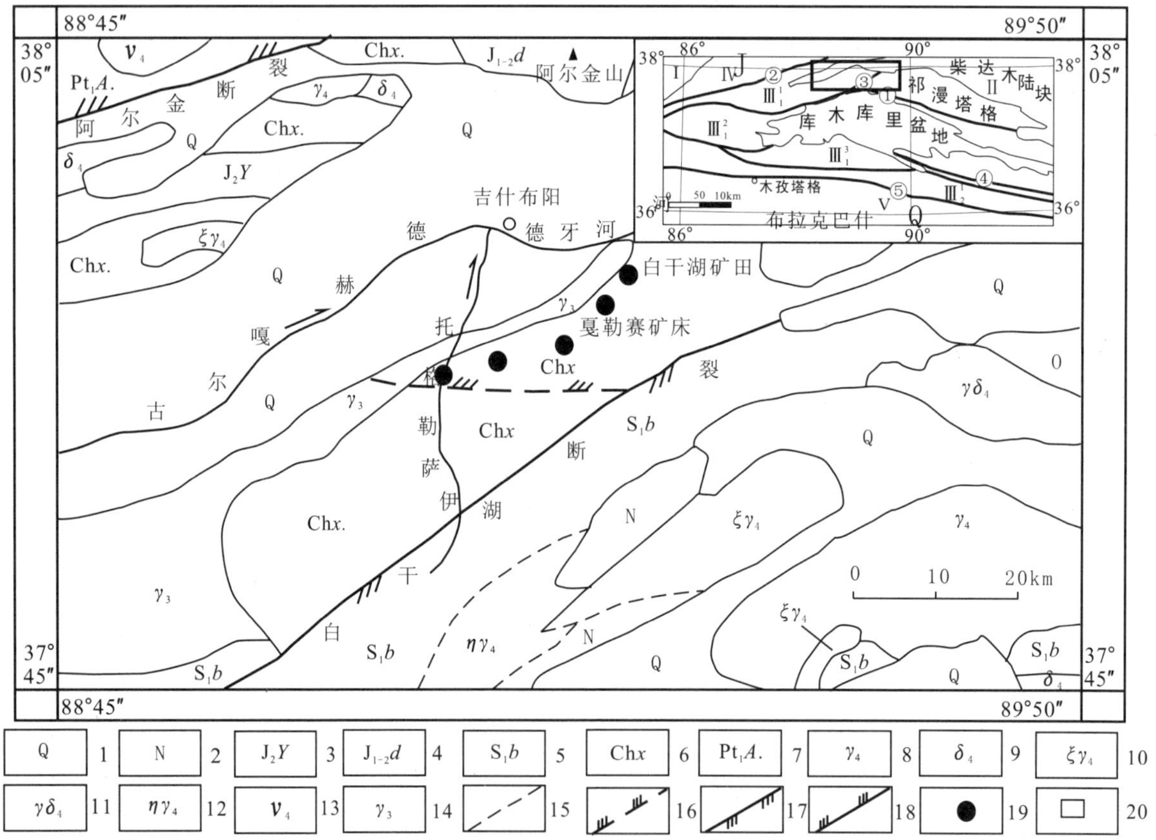

图 4－15　白干湖钨锡矿田区域地质简图（据刘贵忠等，2007 修改）

Ⅰ. 塔里木陆块；Ⅱ. 柴达木陆块；Ⅲ. 昆仑造山带；$Ⅲ_1^1$. 北祁漫塔格早古生代岩浆弧；$Ⅲ_1^2$. 中昆仑微陆块（早古生代、晚古生代复合岩浆弧）；$Ⅲ_1^3$. 昆南早古生代增生楔；$Ⅲ_2^1$. 南昆仑晚古生代残留弧；Ⅳ. 阿尔金早古生代造山带；Ⅴ. 巴颜喀拉晚古生代—中生代浊积盆地褶断带；①昆北断裂带；②阿尔金南缘断裂；③白干湖断裂；④昆中蛇绿构造混杂岩带；⑤康西瓦-木孜塔格-阿尼玛卿断裂带；1. 第四系；2. 新近系；3. 侏罗系叶尔羌群；4. 侏罗系大煤沟组；5. 志留系白干湖组；6. 长城系小庙岩组；7. 古元古界阿尔金岩群；8. 海西期花岗岩；9. 海西期闪长岩；10. 海西期碱长花岗岩；11. 海西期花岗闪长岩；12. 海西期二长花岗岩；13. 海西期辉长岩；14. 加里东期花岗杂岩；15. 未确定性质的构造形迹；16. 左行扭动构造形迹；17. 左行岩石圈断裂；18. 左行超岩石圈断裂；19. 钨锡矿床；20. 研究区范围区域上出露地层为长城系小庙岩组、志留系白干湖组。赋矿围岩为北东向条带状分布的长城系小庙岩组中浅变质岩系，是一套陆源碎屑岩-碳酸盐岩沉积建造，局部伴有火山活动。本区加里东中晚期中酸性岩浆侵入活动强烈，岩性主要为粗粒、中细粒似斑状二长花岗岩，粗粒钾长花岗岩、中粒似斑状钾长花岗岩等。贯穿全区的白干湖断裂为矿区的主干构造，呈北东-南西向舒缓波状展布，表现为韧性剪切带、挤压片理化带，带宽 2500～5000m，断裂面倾向南东，倾角一般 70°～80°，具多期活动特征。区内褶皱构造发育，褶皱轴走向北东，多与白干湖断裂平行，具多期变形特点，晚期褶皱形态多呈宽缓状（李宏茂等，2005）。

2. 矿田地质特征

矿田整个分布于白干湖断裂西北侧的小庙岩组与加里东期花岗岩体接触带附近（图 4-16）。

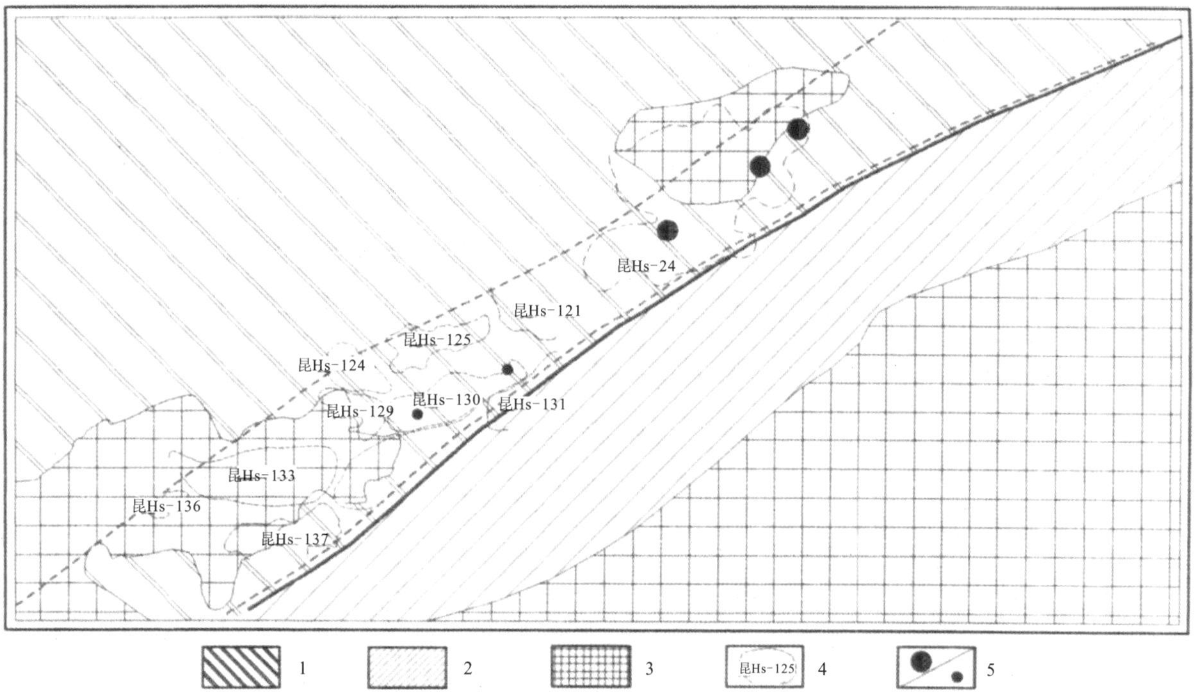

图 4-16　新疆东昆仑白干湖—戛勒赛一带综合地质略图(宋茂德等，2010)

1. 金水口群小庙岩组；2. 白干湖组；3. 花岗岩；4. 异常及编号；5. 钨锡矿床(点)

1）主要控矿构造

白干湖断裂与阿尔金南缘断裂同属于北东向断裂系，其西南端被第四纪冰川覆盖，北东端与阿尔金南缘构造蛇绿混杂岩带复合，全长 230km。在区内表现为宽 2.5～5km 的舒缓波状挤压片理化带，呈北东-南西走向，倾向南东，倾角一般 70°～80°。断裂带中金水口群小庙岩组变质岩出现强烈糜棱岩化，显示韧性剪切的特点。矿区内断裂及褶皱轴走向多与白干湖断裂平行或呈锐角相交产出，为主干断裂的次级构造，并且愈靠近白干湖断裂带分布愈密集。

白干湖断裂具多期活动及继承性的特点，早期具有右旋剪切特点，成矿期则表现为北东向左旋张扭性断裂（丰成友等，2011）。该断裂既是导矿构造，也是容矿构造。

2）赋矿地层特征

古元古界金水口群小庙岩组为一套中浅变质的陆源碎屑岩-碳酸盐岩沉积建造，局部伴有火山活动，是该区钨锡矿的主要矿源层。其岩性主要有二云石英片岩、绿泥绢云片岩、石英岩、透闪石大理岩及变玄武岩等，钨、锡丰度分别为 20.56×10^{-6}、3.3×10^{-6}，高出克拉克值 15.8～1.3 倍，为成矿提供了主要的物质来源。金水口群也是矿区钨、锡矿的赋存层位。

3)与矿化有关侵入岩特征

区内岩浆岩以加里东期中酸性—酸性花岗岩类为主，具多期次侵入，同源演化之特点，岩石系列为为石英闪长岩-英云闪长岩-中粗粒、中细粒二长花岗岩-似斑状二长花岗岩-中粗粒钾长花岗岩，以似斑状二长花岗岩出露面积最大，中粗粒—中细粒二长花岗岩次之。沿白干湖断裂两侧呈岩基、岩株状产出，岩体内钨、锡等矿化发育。区内 4 个钨锡矿床产于英云闪长岩内外接触带中。

4)矿体特征及其空间分布

白干湖钨锡矿田自南西到北东包括巴什·尔希、白干湖、柯可·卡尔德 3 个矿床(图 4－17)，呈近等间距分布，共有 76 条矿体，工作程度较高，其地质特征如下。

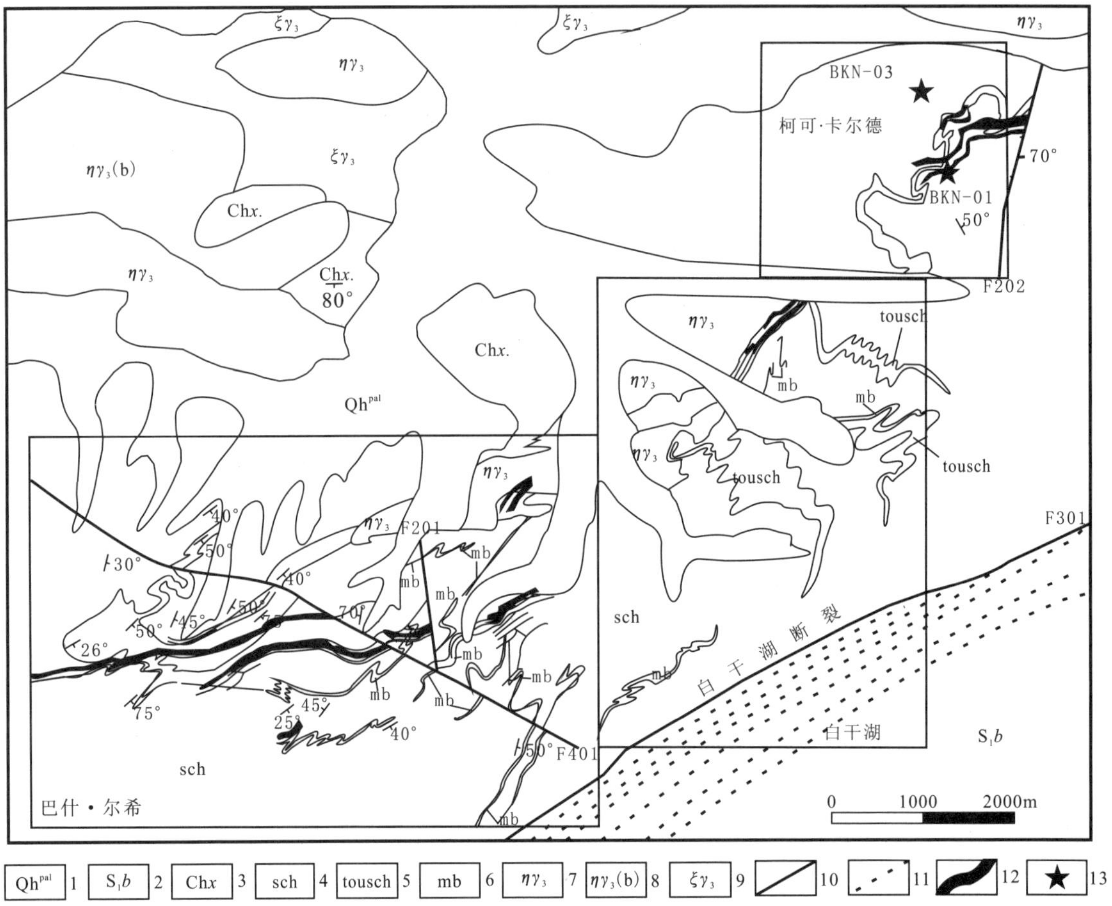

图 4－17　白干湖钨锡矿矿区地质简图(据时有东等，2004 修改)

1. 第四系；2. 白干湖组；3. 小庙岩组；4. 绢云石英片岩；5. 电气石石英片岩；6. 透闪石大理岩；7. 二长花岗岩；8. 似斑状二长花岗岩；9. 钾长花岗岩；10. 断层；11. 白干湖韧性剪切带；12. 钨锡矿体

巴什·尔希矿床(Ⅰ矿段)发现大、小矿体 45 条，产于长城系小庙岩组绢云石英片岩中。矿体长 200～720m，厚度 1.15～22.47m，平均品位 WO_3 为 0.08%～1.64%，Sn 为 0.12%～0.84%。

白干湖矿床(Ⅱ矿段)发现 8 条矿体，产于加里东期更长花岗岩和大理岩接触带上。矿体长 180～800m，平均厚度 1.66～13.29m。平均品位 WO_3 为 0.08%～1.07%，Sn 为 0.09%～0.14%。

柯可·卡尔德矿床(Ⅲ矿段)查明了矿体 23 条，其中隐伏矿体 6 条，主要赋存于长城系小庙岩组及英云闪长岩中。矿体形态呈板状及似板状，矿体厚度 1.25～43.07m(图 4－18)，矿体控制长 400～1000m，矿石品位 WO_3 为 0.09%～0.48%，平均品位 0.29%。

目前，柯可卡德矿床已探求(331＋332＋333)钨金属量 13.17×10^4t，平均品位 0.28%；锡金属资源

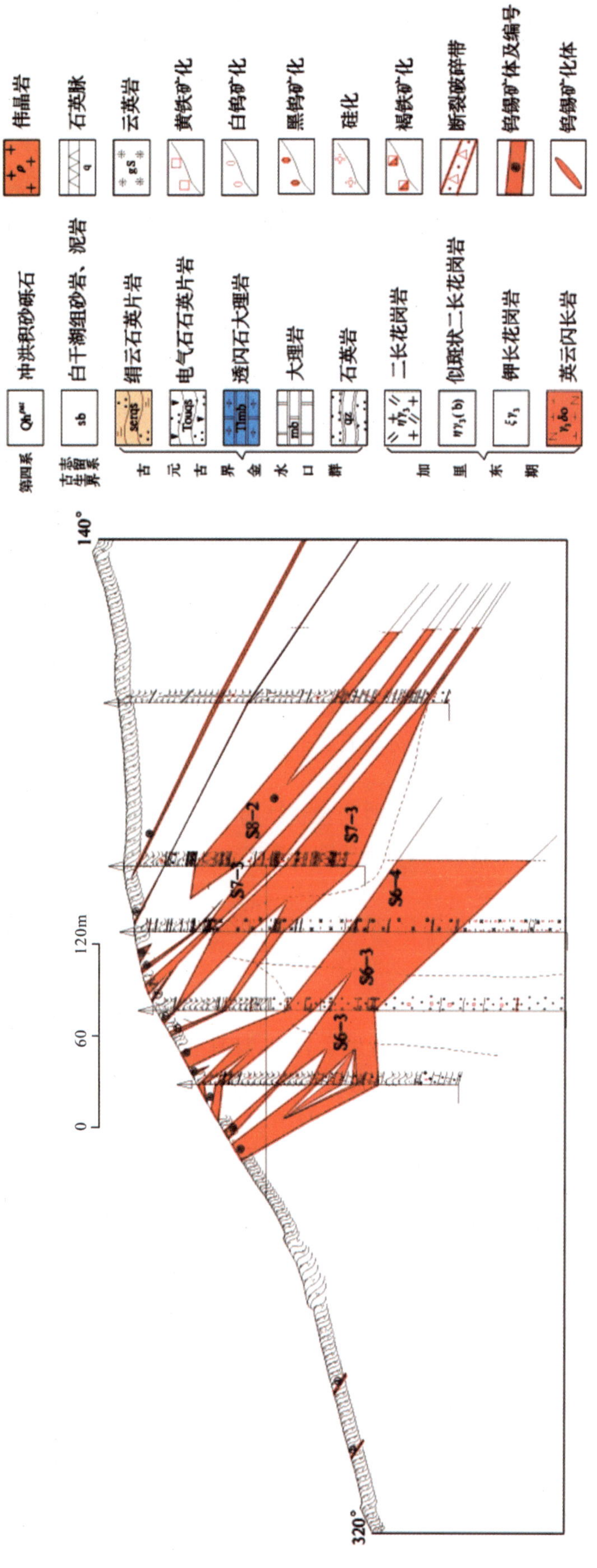

图 4-18　柯可·卡尔德矿区 148 线地质剖面图(据吉林省地质调查院,2009 修改)

量 7.16×10^4t，平均品位 0.16%；铜(333)金属资源量 4.15×10^4t；银金属资源量 262.09t；镓(333)金属资源量 780.16t。该矿田的钨锡远景资源量在 100×10^4t 以上(宋茂德等，2010)。

5)矿石组成及类型

矿石矿物有黑钨矿、白钨矿、锡石、钨华、黄铜矿、黝铜矿、蓝铜矿、孔雀石。脉石矿物主要为石英，其次为黑云母、白云母、绢云母、透闪石、透辉石、符山石、方解石、绿柱石、电气石、萤石、黄铁矿、辉钼矿、毒砂、钛铁矿等。黑钨矿以中粗粒为主，个别为巨粒，最大粒径达 10cm，呈自形、半自形板柱状，主要沿石英脉壁垂直分布，呈浸染状，局部呈团块状集合体。黑钨矿颗粒之间的交切、镶嵌现象显示出其具多世代晶出特点，主要分布于柯可·卡尔德矿床，巴什·尔希矿床少量。白钨矿有两种类型，以细粒浸染状白钨矿为主，石英脉白钨矿次之。其中，石英脉白钨矿仅见于白干湖矿床，颗粒粗大，具角砾状构造，另外见黑钨矿被白钨矿交代。锡石在柯可·卡尔德矿床石英脉和英云闪长岩中颗粒较大，一般为 1～3mm，最大达 5cm，具环带和聚片双晶，以自形—半自形四方双锥为主，他形粒状次之；黄铜矿以细粒浸染状为主，颗粒多小于 0.5mm，主要见于石英脉和邻近围岩中；石英在石英脉中颗粒粗大，粒径 5mm 左右，在地层中粒径小于 0.2mm；白云母在柯可·卡尔德矿床黑钨矿石英脉中沿脉壁平行对称分布，构成宽 3～10mm 的白云母线。

按矿石产出特征，可将矿体划分为石英脉型和似矽卡岩型白钨矿矿体两种类型。似矽卡岩型白钨矿矿体分布于矿田北东段二长花岗岩体接触带附近，呈似层状、连续透镜状整合产于条带状大理岩中。矿石矿物主要为白钨矿，灰白—浅肉红色，在紫外线灯下具天蓝色荧光，粒径 0.2～3mm，平均 0.5mm 左右，其次为黄铜矿、黄铁矿及少量锡石等；脉石矿物为石英、透辉石、透闪石、方解石、萤石、云母、电气石等。

石英脉型白钨矿矿体分布较广，北东段以石英大脉型白钨矿矿体为主，南西段则以石英细(网)脉带型钨、锡矿体为主。按其中矿物共生组合可划分为石英-白钨矿型、石英-锡石-黑钨矿型、石英-黑钨矿型和云母-石英-白钨矿型。

矿石常具他形粒状结构、中—粗粒自形—半自形粒状结构、交代结构、角砾状结构、交代残留结构；构造以浸染状构造、脉状构造为主，块状构造、角砾状构造次之。

6)围岩蚀变特征

围岩蚀变为透闪石化、透灰石化、符山石化、硅化、碳酸盐化、电气石化、云英岩化、白云母化等。矿田以钨锡为主还伴有金、银、镓等元素。

3. 成矿作用、成矿模式及找矿标志

祁漫塔格地区存在北东向与北西向两组构造岩浆岩带，且具有长期交替变化的演化特点(伍跃中等，2009a)，其中加里东期以白干湖断裂西北侧的北东向构造岩浆作用最强烈。柯可·卡尔德矿区的含白钨矿更长花岗岩及与成矿关系密切的二长花岗岩 U-Pb 年龄分别为 429.5±3.2Ma 和 430.5±1.2Ma(高永宝等，2011a)，说明与钨锡成矿有关的岩体及矿床的形成年代为早志留世，岩石类型属于 A 型花岗岩，具有钾质型富碱、高氟的特点(伍跃中等，2011)。

加里东期祁漫塔格地区处于北方大陆边缘活化环境，北东向构造岩浆岩带加里东期以来的 A 型花岗岩属于上一级构造岩浆演化旋回较晚期的组成部分(伍跃中等，2009a，2009b)。根据华南钨锡矿产出特点，与钨、锡成矿有关的花岗岩类均为所处地区(特别是边缘活化区)岩浆岩演化序列中相对较晚期形成的岩体，矿化发生于岩体顶部的内、外接触带。再加上区内金水口群小庙岩组中钨、锡元素高背景含量，以及白干湖断裂(受阿尔金南缘主断裂的影响)发生了多期次的构造活动，伴随花岗岩浆侵入，发生了强烈的钾质交代作用，并不断萃取围岩中钨、锡等成矿元素，沿着白干湖断裂长期活动所形成的裂隙上侵，形成石英闪长岩-二长花岗岩复式岩株，在矿区残余岩浆沿着断裂裂隙形成长英质岩脉，钨、锡等金属元素在岩体与大理岩接触带等有利部位富集，形成矽卡岩型及云英岩型钨锡矿体。

丰成友等(2011)和高永宝等(2011b)都对白干湖钨锡矿床开展了流体包裹体研究，认为矿床形成于中高温、中低盐度的岩浆热液环境。综上所述，白干湖钨锡矿是以金水口群为矿源层，以加里东期花岗岩为主导因素，且受白干湖断裂控制的中高温岩浆热液矿床（李洪茂等，2006），其成矿模式见图 4－19。矿区找矿标志主要为地表围岩蚀变及重要地质界线。电气石化、黑钨矿化、锡石化石英脉为直接找矿标志。透闪石化、强硅化、网脉状硅化的各类岩石、孔雀石化的各类岩石、云母线、花岗岩与小庙岩组接触带是间接的找矿标志（时友东等，2004）。

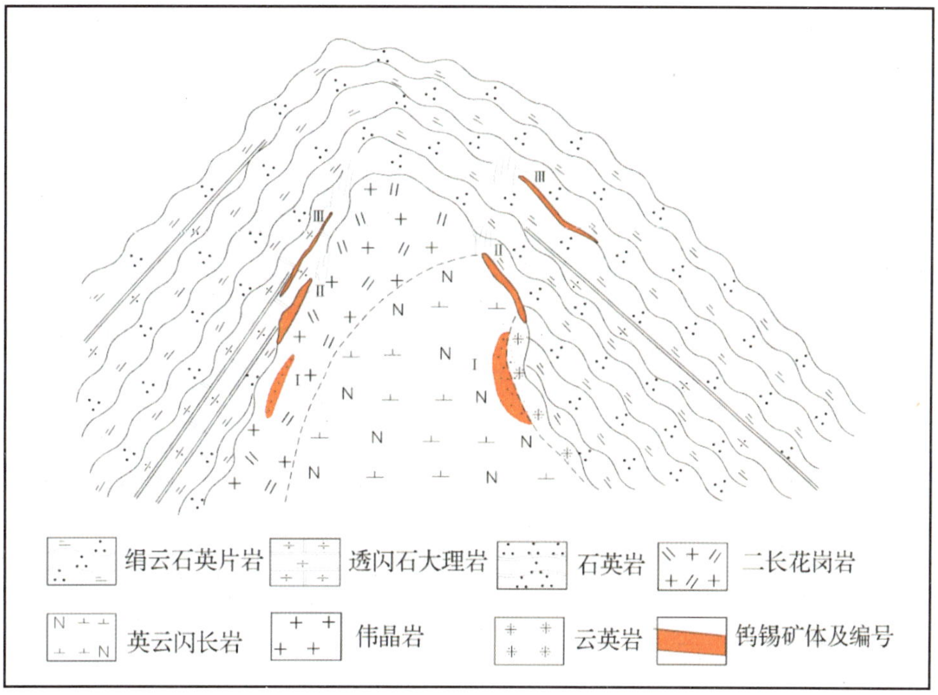

图 4－19　白干湖钨锡矿田矿床成矿模式图（新疆地矿局，2011）

（三）维宝铅锌矿床

1. 成矿地质背景

维宝铅锌矿位于新疆维吾尔自治区东南部，柴达木盆地西南缘，西北距新疆若羌县县城约 350km，行政区划隶属于新疆维吾尔自治区巴音郭勒蒙古族自治州若羌县。中心地理坐标：东经 91°07′08″，北纬 37°07′58″，面积约 45km^2。

维宝铅锌矿大地构造位置处于东昆仑西段之祁漫塔格复合岩浆弧带的中东段的北部，北与柴达木地块相邻。具体位于伊纤巴达大断裂与阿达滩北缘大断裂之间，属于北西向构造岩浆岩带。

区域上出露地层为中元古界蓟县系狼牙山组（Jxl）、上三叠统鄂拉山组（T_3e）。狼牙山组岩石类型十分复杂，岩性基本以中浅变质的镁质碳酸盐岩、硅酸盐岩、碎屑岩为主，夹部分细碎屑岩、糜棱质岩石、片岩、石英岩的岩石组合，岩石以灰泥粒级为特征，夹部分细粉粒级岩石，为台地碳酸盐岩建造。鄂拉山组由一套中酸性、中基性火山岩组成，主要岩性有凝灰岩、流纹岩和中酸性熔岩等。区域上中酸性侵入岩发育，以印支期花岗闪长岩-二长花岗岩-斑状二长花岗岩为主，但矿区内出露较少。维宝铅锌矿主要产于蓟县系狼牙山组地层内，详见图 4－20。

2. 矿床地质特征

矿区内蓟县系狼牙山组主要岩性有：条带状绿帘石透辉石矽卡岩、微晶大理岩、大理岩化灰岩、绿泥绢云母千枚岩和绢云母纤闪石片岩等。矿体主要产于原岩为条带状粉砂岩、泥岩、大理岩互层的岩石薄层层理面或裂隙面处。含矿母岩为上述岩石因发生交代作用而形成的矽卡岩，其岩性主要为条带状绿

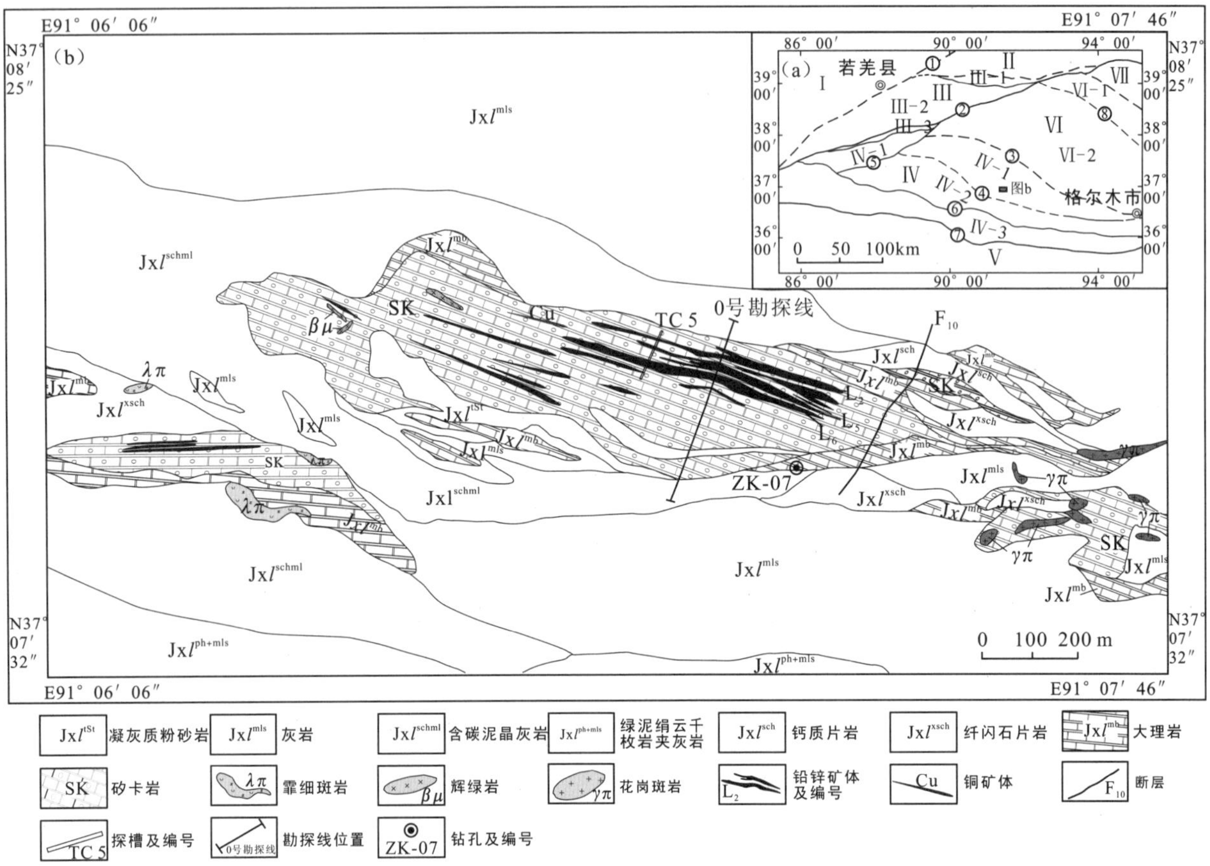

图 4-20 维宝矿区地质图(据新疆地矿局,2011 修改)

帘石(透辉石)矽卡岩,具明显的层控特征。整个矿区内无大的向斜、背斜构造。矿区内岩浆岩出露面积较小,多呈脉状分布,主要为印支期基性—中酸性浅成侵入岩和喷出岩,岩性以辉绿岩、闪长玢岩和花岗闪长斑岩为主。

矿体的顶底板均为大理岩(大理岩化灰岩)。岩性剖面显示粒径上细下粗、颜色上浅下深的沉积韵律,反映了还原性环境增强(胡华伟,2010)。

3. 矿体特征及其空间分布

1)矿体空间分布及矿石品位特征

根据景宝盛(2010)、胡华伟(2010)报道,维宝铅锌矿分为南段、东段、西北段 3 个矿段。东段为主要矿段,共发现矿体 30 条,其中工业矿体 20 条。矿体一般延伸长 200~900m,地表视厚度 4~25m,因倾角较大颇接近于真厚度,现已控制斜深大于 400m。矿石中 Pb+Zn 平均品位在 0.66%~1.83%之间,且 Zn>Pb,约为 Zn∶Pb=1.2∶1。矿体顶、底板均有较厚和强烈的大理岩化,深部可见辉绿岩(杨自安,2008)。矿体多数呈近东西向条带状分布,产状较稳定,倾向南西,倾角 50°~70°,呈层状、似层状、透镜状,局部有膨胀、收缩、分支、复合现象(图 4-21)。

维宝铅锌矿东矿段(即主矿段)的主要矿体为 L_1、L_2、L_5,主要矿体连续性较好,深部矿体分支较多。L_1 号矿体位于主矿段的最北侧,长 580m,厚 4.20~14.69m,平均厚度 10.18m。该矿体连续性好,矿化较稳定。平均品位 Pb 为 1.25%,Zn 为 1.27%,伴生 Cu 品位为 0.18%,Ag 品位为 9.45×10^{-6},其底板为大理岩。L_2 号矿体位于 L_1 号矿体南侧,长 615m,厚 2.19~20.04m,平均厚度 17.71m,平均品位 Pb 为 1.64%,Zn 为 1.63%。L_5 号矿体位于主矿段南侧,长 620m,厚 1.81~17.39m,平均厚度 9.8m,平均品位 Pb 为 1.25%,Zn 为 1.28%。

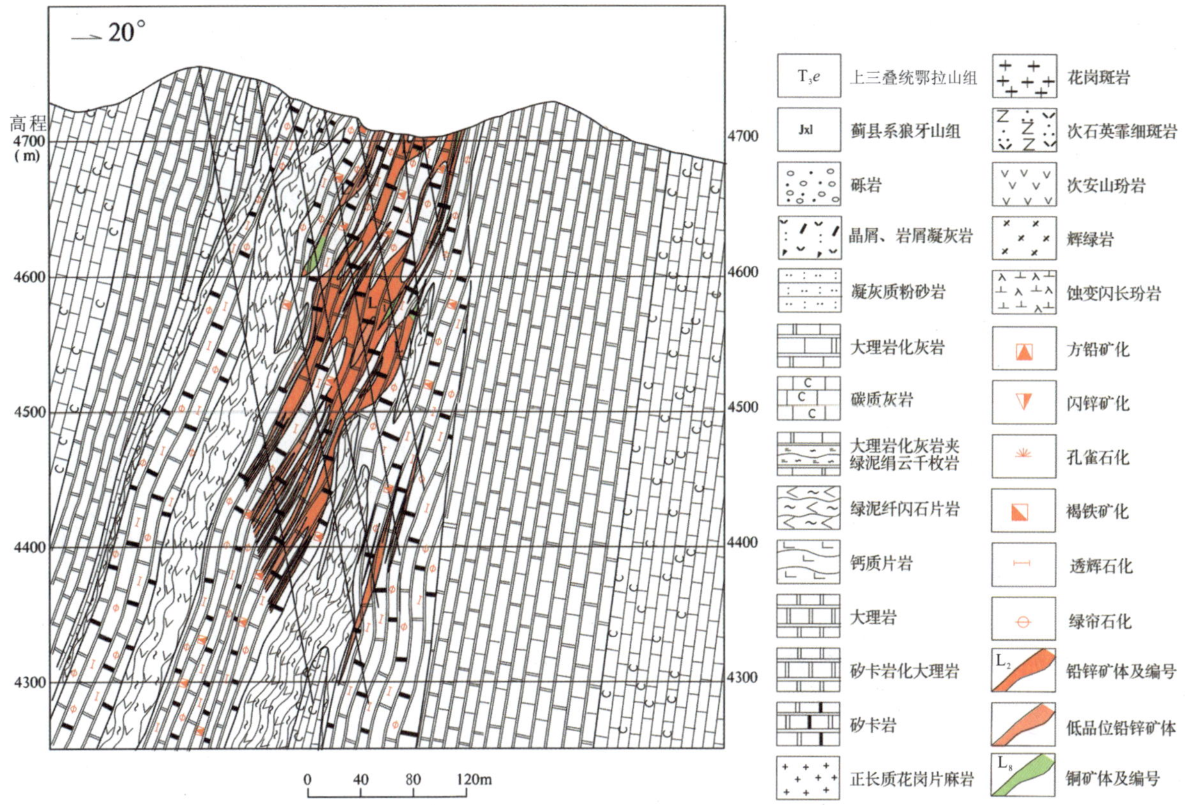

图 4-21　维宝铅锌矿Ⅷ—Ⅷ′线地质剖面图(新疆地矿局,2011)

2)矿石类型及矿物组合

矿石类型以绿帘石、透辉石矽卡岩型铅锌矿石为主,次为(绿帘石、透辉石)石榴石型铅锌(铜)矿石。矿物成分较复杂,有硅酸盐、氧化物、硫化物、碳酸盐等。常见矿物有方铅矿、闪锌矿、黄铜矿、黄铁矿、菱锌矿、白铅矿、铜蓝、孔雀石等;其次有磁黄铁矿、黝铜矿、磁铁矿、赤铁矿、白钛矿、针铁矿、褐铁矿等。硅酸盐矿物主要有钠长石、阳起石、钙铁榴石、绿泥石、绿帘石、绢云母等;碳酸盐矿物有方解石、铁白云石以及石英等。矿石中有用组分为铅锌,局部伴有铜、银、镓、镉等矿化,有的可以单独圈出矿体,一般可达综合利用程度,砷、磷、锡等有害组分含量极少(潘维良,2005)。矿石结构构造主要为半自形—他形粒状变晶结构。矿石构造以浸染状、星点浸染状为主,局部见块状构造(胡华伟,2010)。

3)围岩蚀变特征

矿床地表矿化蚀变带较明显,主矿体呈近东西向,长度断续达3000m,矿化蚀变带宽150～300m。围岩矿化蚀变主要有矽卡岩化、硅化、方解石化、绿泥石化、黄铜矿化、方铅矿化、闪锌矿化、黄铁矿化、白铅矿化、孔雀石化、菱锌矿化等。其中,矽卡岩化为重要找矿标志,有的含矿矽卡岩也可达工业利用要求,可再细分为含铜铅锌银绿帘石矽卡岩、绿帘石透辉石矽卡岩、绿帘石石榴石矽卡岩。各类矽卡岩中均含有大致相同的硫化物矿物组合(杨自安,2008)。

4. 成矿作用特征

1)成矿物理化学条件

据高永宝(2011c)研究,电子探针揭示维宝铅锌矿床的闪锌矿中Fe含量为2.2%～5.4%,Zn/Cd为144～197,均小于300;方铅矿中Ag含量为33×10^{-6}～302×10^{-6},具有(中低温)岩浆热液矿物特征。

闪锌矿的 $\delta^{34}S$ 为 0.53‰～2.41‰，平均 1.47‰；方铅矿的 $\delta^{34}S$ 为 0.49‰～1.83‰，平均 1.33‰；黄铜矿 $\delta^{34}S$ 为 1.40‰～1.94‰，平均 1.64‰。$\delta^{34}S$ 值变化很小，说明硫化物中硫可能为单一来源，其值接近与地幔硫的范围，以岩浆硫为主。

金属硫化物铅同位素：$^{206}Pb/^{204}Pb$ 为 18.04～18.63，$^{207}Pb/^{204}Pb$ 为 15.33～15.52，$^{208}Pb/^{204}Pb$ 为 38.11～35.72（李洪茂，2006），具有壳幔混合的特征。

含矿围岩中石英流体包裹体研究表明，均一温度 130～300℃，盐度 0.85%～10.8%；Raman 探针分析包裹体气体成分以 H_2O、CH_4、H_2、N_2 为主（黄磊，2010），成矿流体总体具低温低盐度特征。

2）矿床作用过程

维宝铅锌矿经历了同生沉积→变质重结晶→后期热液改造的过程。

同生沉积成矿：维宝铅锌矿的赋矿地层蓟县系狼牙山组（Jx*l*）形成于拉张裂陷海盆沉积环境。在虎头崖矿区狼牙山组中见细凝灰岩，微量元素测定其 Pb、Zn 等含量明显高于地壳克拉克值，给沉积中的狼牙山组地层地提供了富含铅和锌的硫化物，并最终在热卤水中通过生物的、化学的沉积作用下初步富集，从而形成了矿源层或矿层。

变质重结晶：矿区遭受了晋宁期和加里东期造山运动，发生了广泛的区域性中低温动力变质作用。一方面使部分的方铅矿和闪锌矿发生破碎变形、重结晶；另一方面，则在岩石原始层理面或裂隙面处聚集了大量的高温变质热水溶液，不断萃取铅、锌等成矿物质，富含成矿物质的热水溶液在运移过程中，在特定的部位（如褶皱的轴部、鞍部、断裂结合部等处），由于温度降低、压力减小，或氧化还原环境、热卤水酸碱度、盐度等的急剧变化，导致矿物质析出沉淀，形成层状、似层状或脉状铅锌矿体。

后期岩浆热液改造：海西—印支运动特别是印支运动时期，东昆仑构造带发生了大规模壳幔混合岩浆作用，维宝矿区受该期中酸性火山喷发和中酸性岩浆侵入的影响，大量的岩浆期后气水（热）液在岩体的顶部及边部集中，不仅使围岩发生矽卡岩化，同时不断地交代和淋滤其中的铅、锌等成矿元素，特别是在钠长石化和钾长石化作用的过程中使得铅、锌等成矿元素得到了更进一步的迁移和富集，形成局部的致密块状铅锌矿床，具明显热液改造铅锌矿床特征。

3）矿床成因类型

基于以下事实和上述成矿作用过程分析，认为维宝铅锌矿床与沉积-岩浆气液叠加层控矿床特征（涂光炽，1988）相吻合，属于沉积改造型铅锌矿床（图 4-22）。

（1）维宝铅锌矿严格受控于蓟县系狼牙山组的变质碳酸盐地层（已发生普遍矽卡岩化），层位稳定，矿床在空间分布上规模较大。

（2）铅锌矿金属颗粒以稀疏浸染状为主，顺层分布明显，矿化普遍。矿体多呈层状和透镜状。局部地段，受岩浆岩的烘烤和气液作用，矿石重结晶明显，矿物颗粒变粗，块状矿石大量出现。

（3）“矿层”与地层具同步褶皱现象，并保留沉积矿石的条带层纹状构造。

4）成矿阶段划分

综上所述，维宝铅锌矿具有多期复合叠加成矿特点，外围发育大量印支期花岗岩，结合矿床形成与岩浆热液关系密切的特征，初步推测矿床成矿时代为印支期。按矿物组合特点及各矿物相互穿插切割关系，大致可以划分为 4 个阶段。

矽卡岩阶段：又可分为早阶段干矽卡岩，主要形成钙铝榴石透辉石；晚阶段湿矽卡岩，主要形成绿帘石透闪石、硅灰石、阳起石、钠长石。

氧化物阶段：主要形成磁铁矿、赤铁矿。

石英硫化物阶段：主要形成黄铁矿、黄铜矿、方铅矿、闪锌矿、磁黄铁矿、斑铜矿、黝铜矿、绿泥石、绢云母。

碳酸盐阶段：主要形成石英、方解石、重晶石、铁白云石。主矿化期形成后有辉绿岩侵入，并发生成矿后构造活动，形成近南北向一系列小断层切割破坏矿体。

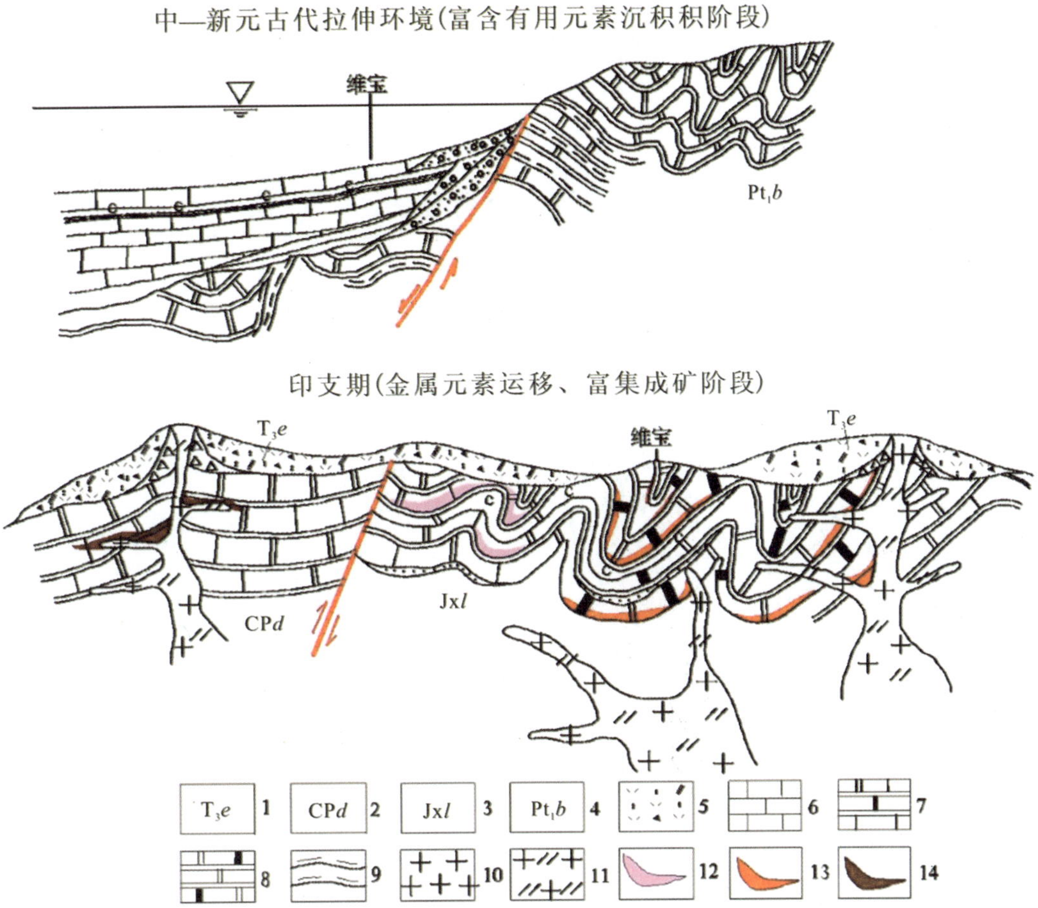

图 4-22　维宝铅锌矿成矿模式图

1. 上三叠统鄂拉山组;2. 石炭系—二叠系打柴沟组;3. 蓟县系狼牙山组;4. 古元古界白沙河岩组;5. 晶屑岩屑凝灰岩;6. 灰岩;7. 大理岩化灰岩;8. 矽卡岩;9. 花岗质片麻岩;10. 花岗岩;11. 二长花岗岩;12. 铅锌矿化;13. 铅锌矿体;14. 铁矿体

5. 找矿模型

(1)地层标志:区内所有分布狼牙山组(Jx*l*)地层的地段,如化探水系沉积物样品中。Pb 含量大于 120×10^{-6},Zn 含量大于 200×10^{-6},则在该地段基本可以发现含方铅矿、闪锌矿的矽卡岩。

(2)矿化蚀变特征:如果在上述岩性段地表见有较多的孔雀石、黄铁矿、白铅矿、褐铁矿等矿物时则一定有铅锌矿(化)体存在。

(3)地球物理异常:在地球物理测量成果中,在局部的重力高异常区,如果该区的 TEM 测量成果中存在有 DBz/Dt 的低异常及同时存在视电阻率的高异常区,则在该区可能有含铅锌矿体的矽卡岩存在(胡华伟,2010)。

矿区内赋矿岩层矽卡岩相对南北两侧围岩电阻率表现为较高(100～200Ω·m),比围岩高出 5 倍以上,在瞬变电磁测量中高电阻区对应矿(化)体部位。

根据维宝铅锌矿成矿地质特征、控矿条件以及找矿标志,建立其综合找矿模型见图 4-23。

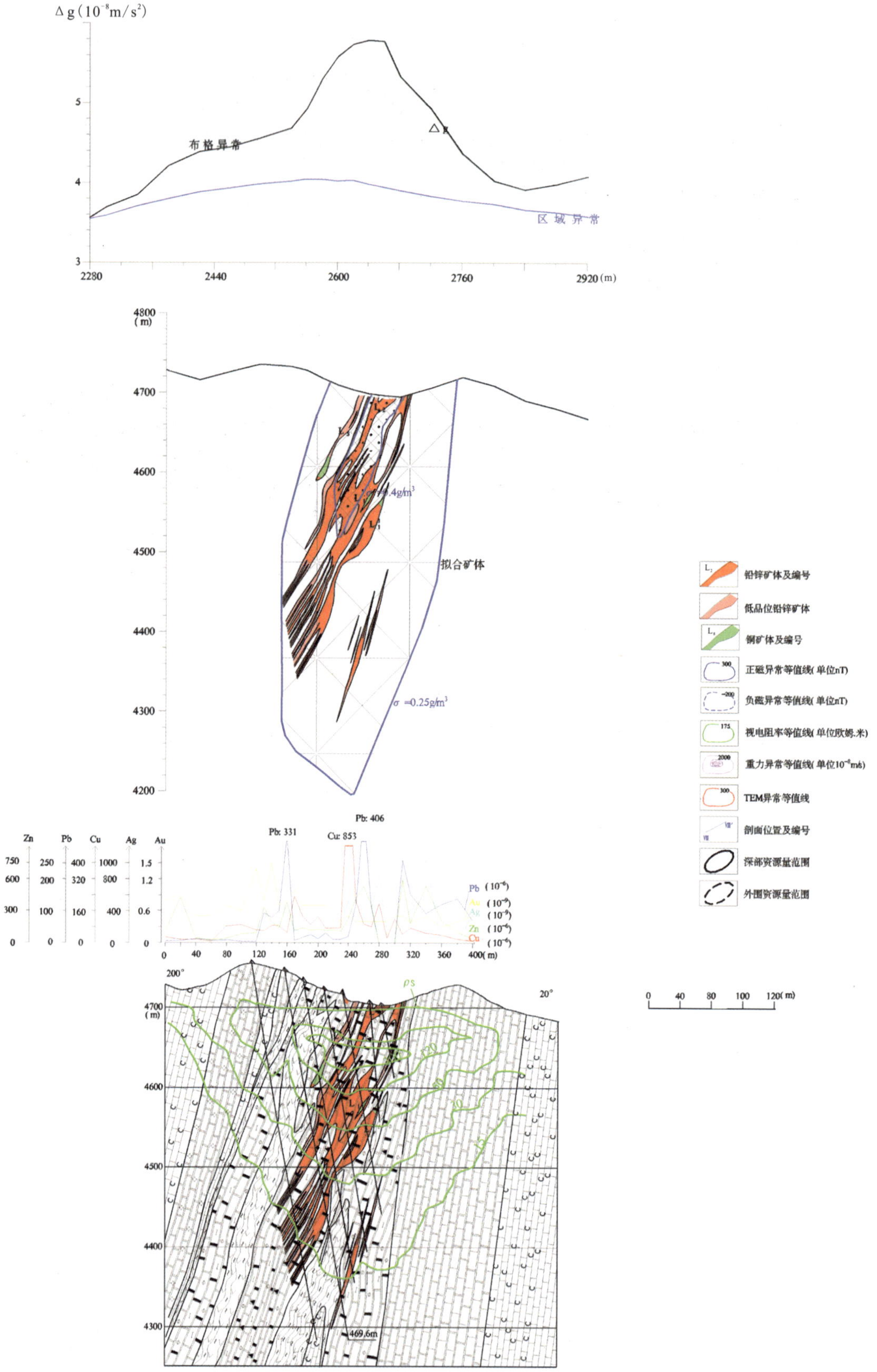

图 4-23　维宝铅锌矿找矿模型图(新疆地矿局,2011)

第五章 阿尔金北缘地区成(控)矿地质条件与典型矿床特征

第一节 位置、交通及自然地理概况

阿尔金北缘地区位于阿尔金山的北部边缘,属于阿尔金成矿带之红柳沟-喀腊大湾(裂谷)铁多金属成矿亚带。行政区划隶属于新疆维吾尔自治区巴音郭楞蒙古自治州若羌县。地理坐标:东经 89°45′—92°30′,北纬 38°40′—39°20′,总面积约 7000km²。

研究区海拔高,地形复杂,属典型大陆性荒漠气候,自然环境恶劣,人迹罕至。区内交通不便,仅有新-青公路(新疆-青海)及已废弃多年的甘新(甘肃—新疆)公路从研究区外围通过(图 5-1)。

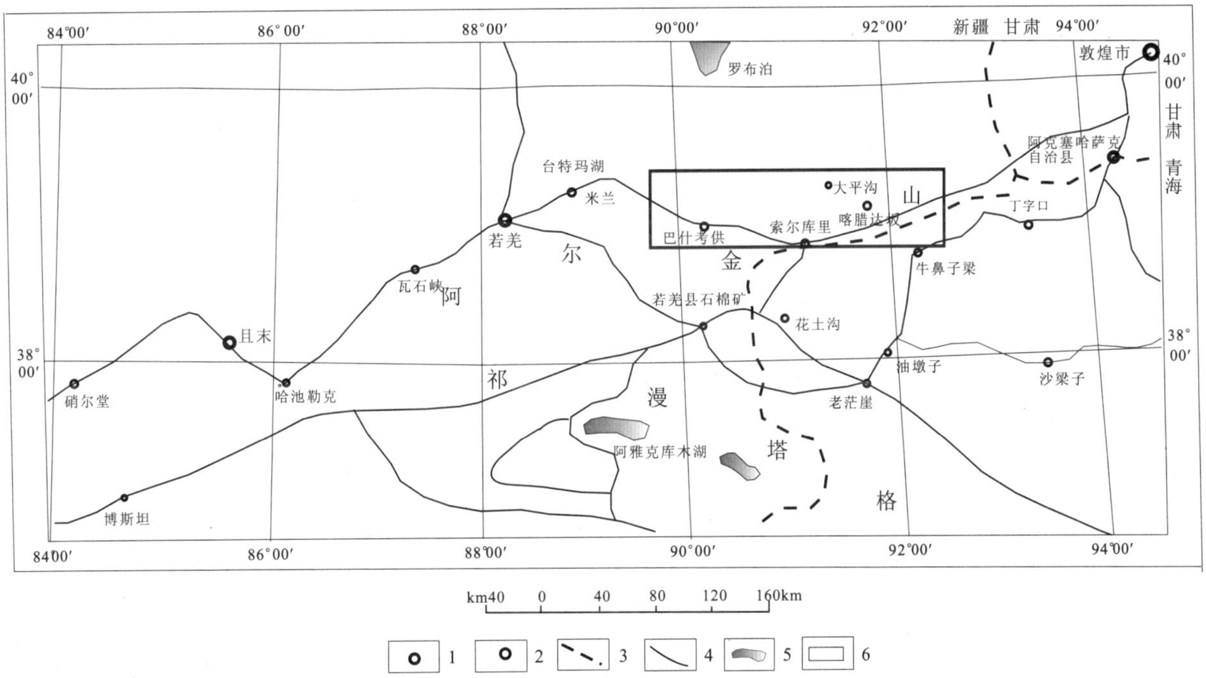

图 5-1 交通位置图

1. 县;2. 村镇;3. 省界;4. 公路;5. 湖泊;6. 研究区

第二节 阿尔金北缘地区以往工作程度

阿尔金北缘地区已完成 1∶20 万区域地质调查,邻区完成了 1∶25 万区域地质调查;东部(约占全区的一半)完成了1∶5万区域地质调查;1∶50万化探已覆盖本区大部分地区(除俄博梁一带),但1∶10万化探仅覆盖俄博梁一带(图5-2)。近年来开展的矿产地质远景调查项目部署了部分1∶5万化探工作,同时对区内重要矿产开展了普查、详查工作,因此地质调查总体工作程度较高。现按基础地质、区域物化探、矿产评价与勘查以及科研工作分述如下。

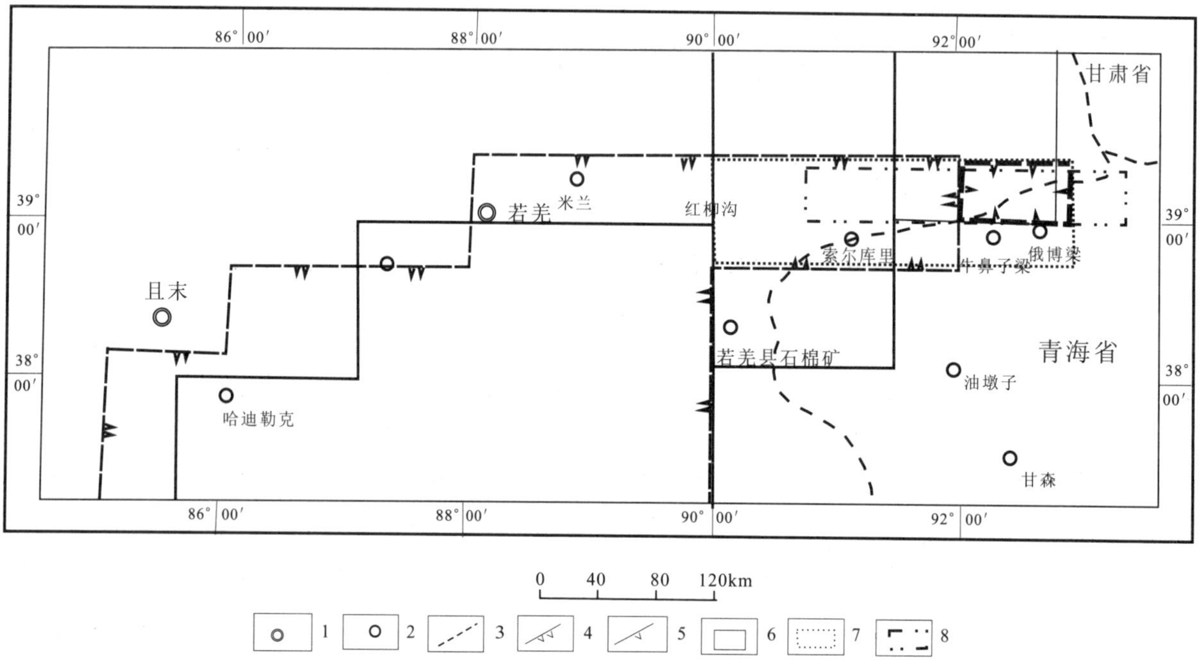

图5-2 阿尔金北缘地区以往工作程度图

1.县;2.村镇;3.省界;4.1∶50万化探;5.1∶10万化探范围(1997—2000年);6.1∶25万区调范围;7.1∶20万区调范围(1979—1984年);8.1∶5万区调范围(2000—2009年)

一、区域基础地质主要工作

(1)1979—1980年,新疆地矿局(全称为新疆维吾尔自治区地质矿产勘查开发局,本文均用简称新疆地矿局)区调大队和青海省地矿局(全称为青海省地质矿产勘查开发局,本文均用简称青海省地矿局)区调综合大队分别完成了1∶20万巴什考供幅、索尔库里幅和俄博梁幅区域地质矿产调查,对阿尔金地区前古生代地层进行了详细的划分,建立了一系列相应的标准地质剖面,按侵入期次和岩浆旋回对岩浆岩进行了初步划分,运用地质力学的观点分析了区域构造特征。

(2)1982—1985年,新疆地矿局区调大队完成并内部出版了若羌县幅1∶100万区域地质调查报告。

(3)1993年出版的《新疆维吾尔自治区区域地质志》对本区地质资料进行了较全面的总结。

(4)2004—2006年,天津地质矿产研究(简称天津地研所)所完成了1∶25万石棉矿幅区域地质调查修测。研究了红柳沟—拉配泉一带蛇绿混杂岩带的时代、组成、结构及形成环境,进一步厘定了前寒武纪基底地层的组成、时代及划分。

(5)2004—2006年,新疆地矿局第一区域地质调查大队(简称新疆地矿局区调一队)在拉配泉地区完成了J46E005009(南半幅)、J46E005010(南半幅)、J46E006009、J46E006010、J46E007009(部分)1∶5万区域地质矿产调查。

(6)2006—2008年,新疆地矿局区调一队和中国人民武装警察部队黄金地质研究所承担了"新疆若羌县阿克达坂一带1∶5万区域地质矿产调查"项目,对该区内的地层、构造、岩浆岩进行了进一步厘定。

(7)2010—2012 年,西安地质调查中心完成了巴什库尔干幅(J46C001001)、茫崖镇幅(J46C002001)1∶25 万区域地质调查(修测)。

二、区域物、化探工作

(1)1993—1996 年,新疆地矿局区域地质一队完成了阿尔金地区 1∶50 万甚低密度地球化学测量,圈定了贝克滩、索尔库里等金、铜异常,在本区圈定了喀腊大湾铜、铅、锌、银、金多金属元素综合异常,并确定为金、铜等元素的成矿远景区和找矿靶区。

(2)1997—1998 年,新疆地勘局第一地质大队六分队在贝克滩找矿远景区内开展了 1∶10 万化探调查,圈出了以贝克滩、红柳沟金铜异常为主的多处异常,通过异常查证,发现了祥云金矿化线索。

(3)1998—1999 年,新疆地调院第一地调所承担的"新疆若羌县索尔库里地区 1∶10 万化探普查及异常查证"项目,圈出了大平沟-克斯布拉克金、铜异常分布带。

(4)1998 年新疆地勘局物化探大队在新疆若羌县拉配泉一带开展了 1∶10 万化探测量,该报告未正式出版。

(5)2010—2012 年,新疆地调院实施的"新疆 1∶25 万巴什库尔干幅、石棉矿幅区域化探"覆盖了调查区。

(6)1998 年,中国国土资源航空物探遥感中心完成的青藏高原中西部 1∶100 万航磁概查以及 1999—2000 年中国地质调查局组织实施的青藏高原 1∶100 万区域重力调查都覆盖了本区。

(7)2009 年新疆地矿局委托中国国土资源航空物探遥感中心完成了阿尔金山一带 1∶5 万航磁调查,调查区范围覆盖了本区。

三、矿产评价与勘查

(1)1996 年新疆地矿局区调一队在贝克滩地区开展了"阿尔金山恰什坎萨依含金蚀变破碎带矿产评价"工作,对该带矿化类型、含矿性进行了总结。

(2)1998 年新疆地矿局区调一队开展了拉配泉齐勒萨依铜矿普查找矿,发现并初步评价了拉配泉齐勒萨依铜矿点。

(3)1999—2003 年由新疆地质调查院第一、第二地调所承担的"新疆阿尔金断裂北带资源评价"项目对区内的贝克滩、索尔库里、喀腊达坂、拉配泉、皮亚孜达坂、秦布拉克、卡特里西 7 个 1∶50 万金和铜化探异常带、异常密集区进行了 1∶5 万、1∶10 万化探普查及异常查证,开展了金、铜及多金属矿床(点)资源评价工作,比较全面系统地总结了阿尔金断裂北带地质矿产特征。

(4)2004—2005 年由新疆地质调查院第一地调所完成的"新疆阿尔金断裂北带喀腊达坂地区铜多金属矿评价"项目对喀腊达坂、皮亚孜达坂两个地区 1∶10 万、1∶5 万金和铜及钨锡化探异常进行了异常查证,并较为详细地评价了喀腊达坂铅锌矿的成矿远景。

(5)2008—2011 年,新疆地矿局区调一队承担的中央专项资金项目"新疆若羌县喀腊达坂一带铁、多金属矿深部及外围普查"项目,对喀腊达坂铅锌矿、阿北银铅矿、喀腊大湾铁矿、喀腊大湾铜多金属矿及外围的万荣、617 铁矿点、618 铁矿点进行了评价工作,取得了较好的找矿成果。

(6)2010—2012 年,新疆地质调查院承担的"新疆阿尔金山喀腊达坂一带铁多金属矿调查评价"项目对区内铁和铅锌矿的找矿远景进行初步评价。

四、科研工作

(1)中国地质科学院地质力学所与新疆地矿局区调一队合作开展了两个国家"新疆 305"项目:"东

昆仑-阿尔金大型矿床成矿条件研究与预测”(B 专题)(1996—1999 年)和“阿尔金山东段红柳沟矿带大型铜、金、铅锌矿床找矿靶区优选与评价技术应用研究”(2007—2010 年)。两项目对矿区地层、侵入体的时代归属进行了重新厘定,分析了铁多金属矿成矿的地质构造背景,发现多处有利的矿化地带。

(2)1999—2002 年,中国地调局在部署实施的 3 个综合研究项目均涉及本区:①阿尔金地区综合找矿预测与突破(1999 年,北京地质力学所);②新疆阿尔金地区矿产资源综合评价(2000—2001 年,天津地研所);③新疆阿尔金成矿规律和找矿方向综合研究(2000—2003 年,天津地研所)。

第三节 阿尔金北缘地区成(控)矿地质条件

一、区域地质特征及其对成矿的控制

阿尔金北缘地区大地构造位于阿尔金造山带的北部,包括红柳沟-拉配泉蛇绿构造混杂岩带及其北侧的阿北地块和南侧的阿中地块 3 个次级构造单元(图 5-3)。

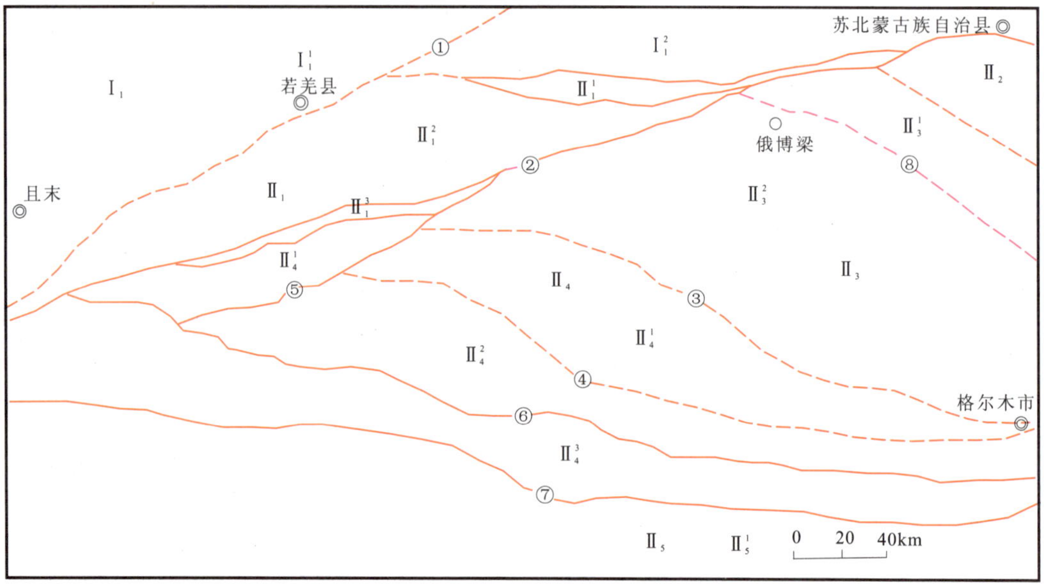

图 5-3 阿尔金-东昆仑西段构造单元划分图(据校培喜,2012 修改)

Ⅰ$_1$.塔里木-敦煌地块,Ⅰ$_1^1$.塔里木地块,Ⅰ$_1^2$.阿北-敦煌地块;Ⅱ$_1$.阿尔金造山带,Ⅱ$_1^1$.红柳沟-拉配泉-构造混杂岩带,Ⅱ$_1^2$.阿中地块,Ⅱ$_1^3$.阿帕-茫崖构造混杂岩带;Ⅱ$_2$.祁连造山带;Ⅱ$_3$.柴达木陆块,Ⅱ$_3^1$.柴北构造混杂岩带,Ⅱ$_3^2$.柴达木盆地;Ⅱ$_4$.东昆仑造山带,Ⅱ$_4^1$.东昆北早古生代弧后盆地,Ⅱ$_4^2$.祁漫塔格蛇绿构造混杂岩带,Ⅱ$_4^3$.东昆中(微)地块,Ⅱ$_4^4$.东昆南古生代增生楔杂岩带;Ⅱ$_5$.巴颜喀拉褶断带,Ⅱ$_5^1$.巴颜喀拉中生代前陆盆地

主要断裂:①阿尔金北缘断裂;②阿尔金南缘断裂带;③昆北断裂带;④黑山-那陵格勒河断裂;⑤白干湖断裂;⑥昆中断裂带;⑦昆南断裂带;⑧柴北缘断裂

(一)区域地层及其与矿产关系

1. 阿北地块

新太古界米兰岩群,为一套高级变质表壳岩系,岩石类型主要包括基性麻粒岩、紫苏斜长片麻岩、斜长角闪片麻岩、石榴斜长角闪岩、黑云角闪斜长片麻岩、变粒岩、大理岩、含石墨石英片岩等,原岩以中酸

性火山岩和基性火山岩组成的双峰式火山岩系为主夹少量正常沉积岩。该套地层为区域上变质热液-韧性剪切带型金、铜矿赋存层位，地球化学圈定了众多的金异常和放射性元素异常，并发现了大平沟金矿等。

古元古界喀孜萨伊岩群为一套中级变质岩系，具层状无序特征，主要为变粒岩、斜长角闪岩、黑云角闪二长片岩、斜长角闪片岩、含石榴斜长绿泥石英片岩、石英岩，原岩建造为基性—酸性火山岩。

长城系盖其布拉克群，由一套浅海相碎屑岩夹少量碳酸盐岩组成，可视厚度574.32m。它与上、下地层均为断层接触关系。岩石发生强烈变形，糜棱岩化普遍。

蓟县系安南坝群角度不整合于新太古界—古元古界构造层之上，地层基本成层有序，总体为一套滨海—浅海相碎屑岩-碳酸盐岩沉积建造。下部为发育紫红色交错层理的含砾石英砂岩、石英砂岩，上部为深灰色中薄层富含硅质条带和结核的灰岩及含较多叠层石的白云岩。

南华系索拉克组是根据在1∶25万巴什库尔干幅、茫崖镇幅区调修测从前人划分的古元古代地层中解体出来的，主要为火山岩-碎屑岩建造，主要岩石类型包括灰绿色杏仁状玄武岩、枕状玄武岩、玄武质集块岩、中基性火山尘凝灰岩、浅变质砂岩、含砾砂岩等。

奥陶系总体为一套滨浅海相碎屑岩-碳酸盐岩建造，岩性组合自下而上为砾岩→砂岩→灰岩，显示为海进沉积序列，含 *Lingula* sp.（舌形贝）化石，时代为奥陶纪。

2. 阿中地块

古元古界阿尔金岩群总体为成层无序的地质体。岩性组合可分上、下两部分：下部a岩组主要为变粒岩、黑云斜长片麻岩、石榴矽线黑云片麻岩、二长石英片岩夹白云质大理岩、斜长角闪岩透镜体等，原岩主要为杂砂岩、泥质岩类夹碳酸盐岩；上部b岩组，主要有黑云石英片岩、变粒岩夹变质火山岩及少量大理岩，总体显示较稳定陆缘浅海盆地碎屑岩-碳酸盐岩沉积建造特征。

长城系巴什库尔干岩群可划分为两部分：a岩组岩性组合为灰色黑云石英片岩、二云石英片岩夹灰白色大理岩、石英岩、灰绿色斜长角闪岩、变玄武岩、千枚岩等；b岩组岩性组合为灰色黑云石英变粒岩、黑云斜长变粒岩、黑云角闪二长变粒岩夹角闪岩、石英岩和结晶灰岩。其具活动陆缘滨浅海相碎屑岩-火山岩-碳酸盐岩沉积建造特征。

蓟县系塔昔达坂群分两个组：下部木孜萨依组为灰白色中厚层状石英岩、二云石英片岩、千枚岩夹钠长石英片岩、粉砂岩、板岩等，总体为滨岸海滩相碎屑岩建造；上部金雁山组主要为白云岩、灰岩和大理岩等，滨-浅海相碳酸盐岩沉积建造。

青白口系索尔库里群自下而上包括了乱石山组（长石砂岩、岩屑砂岩、大理岩夹含炭石英片岩）、冰沟南组（深灰色钙质粉砂岩、千枚岩、灰岩夹凝灰岩、玄武岩）、平洼沟组（为结晶灰岩、大理岩夹千枚岩）、小泉达坂组（变质钙质砂岩、石英岩、片岩、大理岩夹中基性火山岩），总体为滨浅海相碎屑岩-碳酸盐岩-火山岩沉积建造。

阿中地块盖层沉积建造包括奥陶系额兰塔格组、环形山组，上石炭统—下二叠统因格布拉克组，侏罗系叶尔羌群、库孜贡苏组，但本次阿尔金北缘地区并不涉及，此不赘述。

3. 红柳沟-拉配泉（蛇绿）构造混杂岩带

该带为本次研究区的主体部分，其组成较为复杂。沉积建造包括两部分：一部分与蛇绿岩有关，另外一部分与蛇绿岩无关。

（1）与蛇绿岩有关的沉积建造：局限分布于红柳沟—阔什布拉克一带，为寒武纪红柳沟蛇绿岩的上覆岩系，岩性组合为放射虫硅质岩、薄层硅质灰岩及洋岛火山岩等。

（2）与蛇绿岩无关的沉积建造：在研究区分布较广，包括了南华纪、奥陶纪和晚古生代沉积建造。

长城系巴什库尔干岩群，为一套中浅变质、强烈变形的地质体，高压变泥质岩就产在该套地层中，包括红柳泉岩组和贝壳滩岩组，二者均为层状无序地质体。前者主要为二云母石英片岩、二云母片岩、石英片岩，原岩为泥质含量较高的细碎屑岩；后者主要为变质砂岩、砾岩、石英岩、大理岩夹少量黑云母片岩，原岩为碎屑岩和碳酸盐岩。

蓟县系金雁山组呈飞来峰产出，为一套碳酸盐岩建造，富含叠层石。

南华系索拉克组为一套深海—半深海火山岩、火山碎屑岩建造，岩性组合包括灰绿色杏仁状玄武岩、枕状玄武岩、玄武质集块岩、英安岩、霏细斑岩、含放射虫中酸性火山尘凝灰岩夹含铁碧玉岩（硅质岩）等等。火山岩具有双峰式火山岩系的特征。

寒武系—奥陶系拉配泉群，按照岩性组合可以进一步划分为火山岩岩组、碎屑岩岩组和碳酸盐岩岩组。火山岩岩组以深灰色—灰色变流纹岩、变英安岩、流纹英安岩、变安山岩、变安山玄武岩为主，夹有少量含熔岩角砾的熔结凝灰岩，局部见少量碎屑岩夹层。下部岩石组合偏基性，以灰绿色变安山岩、变英安岩、变安山玄武岩、变玄武岩为主；上部岩石组合中以浅灰色、灰白色为主，成分以英安质、流纹英安质、流纹质火山碎屑岩为主，多含有熔岩角砾，且韧性变形较强，呈透镜状或条带状，其间夹有石英（砂）岩粉砂岩等。碎屑岩岩组主要包括变长石石英砂岩、变钙质石英砂岩、碳质千枚岩、硅化变钙质石英砂岩、碳质板岩、砂质板岩、泥灰岩、钙质粉砂岩、放射虫硅质岩、含白云母绿泥钠长变粒岩等，局部见变质砾岩和流纹质、英安质火山碎屑岩，含放射虫、海绵骨针化石。碳酸盐岩岩组主要为灰白色、浅灰色厚—巨厚层状含团粒白云岩、粉晶泥晶白云岩、大理岩化灰岩、灰白色条带状大理岩化白云质灰岩为主，夹变生物碎屑灰岩、白云质板岩、绿泥绢云千枚岩、二云石英片岩，局部夹含硬绿泥石绢云千枚岩、片岩。总体而言，该套地层分布广泛，原岩为一套中酸性—中基性火山岩、火山碎屑岩夹碳酸盐岩建造。1∶20万区调报告（1981）将其划为蓟县系塔昔大坂群马特克布拉克组，而新疆地矿局一队夏明等认为该地层属于寒武纪。近年来开展的1∶5万阔什布拉克等4幅区调报告将划归为奥陶系拉配泉岩群，西安地调中心李建星等在硅质岩中采集了放射虫样品，鉴定认为时代为奥陶纪。综合上述，笔者将其时代暂定为寒武纪—奥陶纪，并沿用拉配泉岩群定名。该套地层是区内海相火山岩型铅锌铜多金属矿、海相火山-沉积型铁矿最主要的赋矿层位，已发现的喀腊达坂铅锌矿和喀腊大湾铁矿等受拉配泉群火山沉积岩系控制明显。基性火山岩为铁矿主要矿源层，石英质碎屑岩为铅锌矿主要含矿建造。

志留系阔什布拉克组，岩性组合为灰黑色、灰绿色厚层—块状中基性岩屑凝灰岩、含火山角砾岩晶屑岩屑凝灰岩、火山尘凝灰岩，夹灰黑色、灰绿色厚层—块状强蚀变玄武岩、玄武安山岩、含火山角砾玄武岩，属弧后盆地沉积环境。

石炭系—二叠系因格布拉克组，岩性组合下部为紫红色细砾岩、含砾石英粗砂岩，往上为细砂岩、泥质粉砂岩及含生物灰岩，为海陆交互—浅海沉积环境产物。

（二）岩浆岩及其成矿专属性

1. 蛇绿岩端元组分的岩浆岩

该类岩浆岩分布于阿尔金北缘中北部，西起红柳沟，部分被塔里木盆地第四系沉积物覆盖，向东延至拉配泉、阿克塞至肃北地区，东西长约400km，呈断块带状展布。这是阿北地块和阿中地块的分界，带内已发现了多个铬铁矿点和矿化点。

蛇绿岩残片主要由超镁铁质杂岩（包括蛇纹石化方辉橄榄岩和蛇纹石化纯橄岩）、辉长质杂岩（包括糜棱岩化辉长岩和蛇纹石碳酸盐滑石化辉石岩）和镁铁质火山杂岩（包括变枕状杏仁状玄武岩）组成。

超镁铁质杂岩：出露于石棉矿、托拉恰普泉南和克孜勒乌增沟北部，与其伴生的上覆岩系包括硅质岩和基性火山岩。岩石类型主要有蛇纹石化方辉橄榄岩和全蛇纹石化纯橄岩。全蛇纹石化纯橄岩呈夹层状、不规则状、条带状或云染状产出于蛇纹石化方辉橄榄岩之中，二者宏观上呈透镜状，与围岩呈断层接触。

辉长质杂岩：岩石类型主要有全蛇纹石碳酸盐滑石化辉石岩、糜棱岩化辉长岩和辉长质初糜棱岩。宏观上均呈透镜状近东西向展布，与围岩均为断层接触。岩体微量元素原始地幔标准化曲线特征相似，显示同源特征，均明显亏损Nb、Ta、Sr等元素，而相对富集Rb、Ba大离子亲石元素和U、La，具俯冲作用岩浆岩特征。

镁铁质火山岩：岩石类型主要为变枕状玄武岩，其次可见少量细碧岩存在于枕状玄武岩之中。宏观上呈透镜状构造岩片出露于上覆岩系或外来岩块中，与围岩均为断层接触关系。

2. 非蛇绿岩端元组分的侵入岩

区内岩浆活动较为发育，侵入岩时空分布规律明显：阿北地块以发育五台期、吕梁期侵入岩为特征，阿中地块则主要发育晋宁期、加里东期侵入岩。与铁、铜多金属矿成矿关系较密切的主要是奥陶纪—志留纪中酸性侵入岩。

基性—超基性侵入岩：零星分布于红柳沟-拉配泉构造混杂岩带之中，多呈透镜状、长条状和不规则状。除以上所述的蛇绿岩端元组分的基性—超基性岩外，贝壳滩—沟口泉一带出露的基性—超基性岩中有相当一部分属于晚奥陶世—早志留世板内伸展阶段构造岩浆作用的产物。其岩石类型主要为蛇纹石化方辉橄榄岩、蛇纹石化纯橄岩、方辉橄榄岩、蛇纹岩、蛇纹石化辉石岩、辉长岩等，为铁质—富铁质超基性岩(M/F=0.58～6.5)。近年来在此类岩体中陆续找到了钒钛磁铁矿、铜镍矿等矿(化)点，同时在岩体与围岩接触带中找到了玉石矿。

中酸性侵入岩体：以早古生代为主，晚古生代次之。奥陶纪—志留纪侵入岩绝大多数出露于喀腊大湾南—拉配泉—苦水河北一带的狭长地段。奥陶纪侵入岩岩石类型为闪长岩、花岗闪长岩、二长花岗岩、花岗岩、斑状碱长花岗岩等，多呈长透镜状，显示Ⅰ型花岗岩特征；志留纪侵入岩岩石类型为肉红色粗粒似斑状钾长花岗岩、浅肉红色粗粒似斑状二长花岗岩、灰白色中—粗粒花岗闪长岩、英云闪长岩等，岩体自形程度较好，多呈椭圆状和不规则状。

中生代侵入岩仅见于东段拉配泉中生代地堑中，岩石为砖红色中细粒正长碱长花岗岩，少量钠长花岗岩、二长花岗岩、石英正长岩，以小岩株形式产出。

区内脉岩发育，时代为新元古代及古生代，主要有基性岩脉、中性岩脉和酸性岩脉等。

中酸性岩浆侵入活动除提供部分成矿物质外，还有岩浆热液造成围岩矽卡岩化，使部分金属物质活化、迁移和富集成矿。此外，由于带内构造-岩浆(热)事件频繁，糜棱岩带和蚀变带发育，也为成矿元素的迁移和富集提供了有利场所，如大平沟金矿、祥云金矿、拉配泉齐勒萨依多金属矿点等。

喀腊大湾地区铁矿床中矿石稀土元素的配分曲线说明铁矿石和磁铁矿在物质组成上有两种来源：其一是来源于中基性火山岩，表现为轻稀土略微富集型，与本研究区中基性火山岩的稀土元素特征一致；其二是来源于花岗杂岩侵入过程中热流体，表现出轻稀土富集型。铁矿区的花岗岩、矽卡岩、铁矿石、磁铁矿稀土元素比值及其相关性研究显示，花岗杂岩体 Y/Ho 比值介于 26.46～32.78；矽卡岩的 Y/Ho 比值在 28.45～52.87，平均为 36.45；铁矿石的 Y/Ho 比值在 29.74～36.79，平均为 33.26。矽卡岩、矿石 Y/Ho 比值虽然具有一定在重叠范围，但是还存在一定的差异，矽卡岩变化范围大，平均值大，铁矿石变化范围小，平均值略低，显示矿石更多地表现出硅酸盐熔体的特点，与球粒陨石值也相对接近些。而矽卡岩较高的 Y/Ho 比值，更多地表现出岩浆期后热流体的特点。所以，铁矿石与矽卡岩的物质来源存在一定的差异。在稀土元素 Sm/Nd - LREE/HREE 和 Sm/Nd - Td/La 变异图解上，样品表现为明显的相关性，表明矿石和矽卡岩与花岗杂岩具有一定程度的相关关系，但是在整体相关分布中，铁矿石与花岗岩分别位于不同端元，反映了两者之间的差异(陈柏林等，2013)。

3. 火山岩

阿尔金北缘火山岩分布广泛。火山喷发时代主要为寒武纪—奥陶纪，最早可追溯到新太古代。其中南华纪、寒武纪—奥陶纪火山活动最为强烈，火山岩分布面积最广、最集中。志留纪和泥盆纪火山活动较为局限。

新太古代火山岩岩石类型相对简单，主要有斜长角闪片麻岩、斜长角闪岩和石榴斜长角闪岩，呈夹层或透镜体状赋存于阿尔金北缘断裂以北的变质基底中，原岩恢复为中基性—中酸性火山岩类。

南华系索拉克组火山岩主要分布于红柳沟-拉配泉蛇绿构造混杂岩带两侧的喀拉萨依—索拉克萨依—其盖布拉克—亚普恰萨依一带，主要为中基性熔岩和火山碎屑岩、集块岩，少量溢流相-爆发相的酸性火山岩，在剖面中可划分出5个火山喷发韵律。

寒武纪—奥陶纪火山岩较发育，广泛分布于红柳沟—拉配泉地区，沿近东西方向展布，构成拉配泉岩群(a岩段)的火山岩岩组。该套火山岩受阿尔金走滑断裂和北缘断裂的控制，呈西部宽、东部窄的楔状产出。主要以一套基性火山岩和火山碎屑岩为主，下部以基性火山岩为主，上部以火山碎屑岩为主。基性火山岩中见枕状构造。典型的岩石类型有：深灰色、灰绿色凝灰熔岩、球颗玄武岩、玄武岩；深灰色、灰色、灰绿色火山沉凝灰岩、基性火山角砾岩，少量酸性火山灰凝灰岩等；蚀变(变质)基性火山角砾岩；中基性蚀变层纹状沉凝灰岩；变酸性火山灰凝灰岩。

志留纪火山岩主要分布在红柳沟-拉配泉蛇绿构造混杂岩带内，呈断片状、块状产出，火山岩层序出露不完整，在恰什坎萨依中上游大面积分布。志留纪火山岩主要由中基性熔岩和火山碎屑岩组成。玄武岩中常见有杏仁状构造，偶见枕状构造。典型岩石类型有深灰绿色强蚀变玄武岩和中基性片理化凝灰岩。志留纪火山岩剖面共出现爆发相-溢流相的4个喷发韵律。

阿尔金北缘目前已发现喀腊大湾铜多金属矿、喀腊达坂铅锌矿、喀腊大湾铁矿等多个与早古生代火山活动关系密切的矿床，红柳沟-拉配泉结合带发育的基性—中酸性火山岩是本区铜、金矿床的主要矿源层和含矿岩系。

研究、寻找与早古生代火山作用有关的矿产时应特别注意古火山机构在成矿过程中的作用。古火山机构不但控制着火山岩的分布，而且也控制着矿体产生位置，具有重要意义。据王小凤等(2004)研究，阿尔金东北段拉配泉地区的铜矿化与一个被断裂改造的隐爆角砾岩筒和次火山岩有关，而其上的沉积岩(白云岩化)提供了很好的盖层。该地区喷溢相枕状玄武岩也很发育，但已经被断裂切割和错断而不十分清楚。巴什考供北边的索拉克萨依上游，有一个不规则的三角形古火山口(新疆地质局，1981；巴什考供幅区调报告，1980)，具有管道相辉绿岩(玄武岩)、火山角砾集块岩、球颗玄武岩等，构成环状构造，从管道向外岩石的粒径由粗变细。其火山口相(爆发相)、近火山口相(喷溢相)、次火山岩相都很发育。含有的枕状熔岩(玄武岩)和血红色碧玉岩可能代表海底火山作用，与陆相火山作用相区别。因而总体可以认为索拉克萨依古火山口是海底中心式喷发(新疆地质局，1981)。该地区是海底喷流-热水沉积型铜-多金属矿床的有利找矿地段。

(三)区域变质作用及其对成矿的影响

本区区域变质作用主要为埋深变质作用、区域低温动力变质作用、区域动力热流变质作用。根据特征矿物和主要变质矿物组合可见有麻粒岩相、角闪岩相、绿片岩相和葡萄石-绿纤石相。低绿片岩相分布最广，以蓟县系塔昔达坂群(包括青白口系索尔库里群)构成该变质相的主体，岩石类型主要有各种浅变质的片岩及千枚岩、板岩、大理岩，变质矿物组合为：绿泥石(黑云母)-绢云母(白云母)-钠长石-石英等，标志矿物为绿泥石、黑云母；高角闪岩相分布于阿尔金北缘断裂以北，新太古界米兰岩群构成该变质相的主体，变质岩以片麻岩和变粒岩为主；麻粒岩相仅在新太古界米兰岩群局部分布，与高角闪岩相共生，二者呈渐变过渡关系，标志矿物为紫苏辉石。

接触变质作用主要与岩体的侵位有关，发生在花岗岩体、中性岩和超基性侵入体与围岩的外接触带、残留的围岩顶盖及围岩残留体中。

受阿尔金大断裂和阿尔金北缘断裂带的影响，区内动力变质作用比较强烈，从太古宇—中生界侏罗系的各种动力变质岩石分布广泛。脆性变形、塑性变形及再结晶作用均有发生。

此外，太古宙和新元古代变质岩区混合岩化作用明显，前者与片麻岩、变粒岩及麻粒岩相伴生，后者常分布于花岗岩体接触带或深大断裂的旁侧，主要为眼球状混合片麻岩、混合质片麻岩、眼球状混合岩、条带状及条痕状混合岩。

变质作用使岩石中的有用组分发生强烈的改造或活化转移而富集成为矿床，或在侵入岩接触带中，由岩浆热变质及含矿高温气水溶液相互作用而生成矿床。与成矿关系密切的是绿片岩相。不论是元古宙金矿还是蓟县纪沉积变质型铁矿、铜多金属矿、铜矿、铜银矿，都在区域变质作用下受到了改造，发生成矿物质迁移聚集和重结晶。例如:白尖山铁矿由赤铁矿变为镜铁矿和磁铁矿,同时形成条带状构造,即条带状磁铁矿或含铁石英岩、磁铁绿泥石片岩、磁铁绿泥石英片岩。喀腊大湾铜多金属矿床、喀腊达坂铅锌矿床等的形成在一定程度上也受到区域变质作用改造而富集成矿的。

区域动力热流变质作用使一些变质前形成的矿床发生变质交代、重结晶作用、还原作用、重组合作用,导致矿石结构、构造改变、品位变富、矿物成分改变、矿体变形等一系列变化,形成变质矿床,如中新元古代火山沉积型铁、铜、铅、锌矿床或矿源层经过变质作用改造局部变富或富集成矿。矿物成分由赤铁矿变成磁铁矿等。

构造动力变质作用形成一些绿片岩相变质的片理化带和韧性剪切带,这些构造动力变质带在一些金矿床的形成过程中起着十分重要的作用,如祥云金矿、玉勒山金矿的形成可能与剪切变形作用及动力变质作用的关系密切。在寒武系—奥陶系火山沉积岩分布区还广泛发育石英-黄铜矿充填脉状、网脉状矿化,这种矿化具有后生特点,沿构造裂隙分布,其成因也可能与动力变质作用有一定的关系。

(四)区域构造及其对成矿的控制

阿尔金北缘地区构造主要分为3个层次:古生代之前的基底构造、早古生代变形构造和晚古生代到中生代—新生代的脆性断裂构造。区内褶皱构造主要为尖棱褶皱、宽缓对称褶皱等,褶皱轴近东西向或北东向。红柳沟-拉配泉断裂与阿尔金南缘大断裂之间的早古生代岩系总体呈现为被断层破坏的复式向斜,普遍遭受绿片岩相变质作用,在泥质含量较高岩石内普遍发育片理化和层间挠折,后期表现为低次序的褶皱构造。褶皱构造对成矿的控制主要表现在3个方面:一是褶皱构造的核部为矿质沉淀富集或变质改造富集加厚的扩容空间,区内铜、铁矿化一般见于向斜核部;二是与褶皱伴生的断裂构造控矿,此类情况在区内比较常见,如祥云金矿产于贝壳滩倾竖褶皱的核部祥云断裂之中,而盘龙沟金矿和恰什坎萨依金矿化蚀变带则位于褶皱的两翼;三是褶皱构造对层控矿床找矿方向具有重要指示意义。

主要断裂为阿尔金北缘断裂、红柳沟-拉配泉断裂和阿尔金南缘断裂。

1. 阿尔金北缘断裂(F_1)

分布于阿尔金山东段北坡,断裂北侧为新太古界米兰岩群古老变质岩系,南侧为寒武系—奥陶系拉配泉群。断裂走向为东西向转北东东向,属压扭性右行走滑断裂,长达400km,宽数百米至两千米。断层比较平直、断层面主要南倾,部分北倾,倾角45°～70°之间。断裂破碎带宽800～1500m。沿断裂带可见不同规模的构造透镜体和挤压破碎带、糜棱岩化带、片理化带等,亦有不同构造层次的构造岩产出。根据断裂带中次级断裂产状分析,阿尔金北缘断裂具有右旋剪切和逆冲性质,变形域从韧性向韧脆性和脆性转化,是一条具有较大规模多期次活动的断层。

该断裂北面以金矿为主,如大平沟、红柳沟、盘龙和祥云金矿等;沿断裂带分布有白尖山铁矿、拉配泉磁铁矿及铁、铜、金、铅、锌综合异常(1∶20万化探)。

2. 阿尔金南缘断裂(F_2)

阿尔金南缘断裂呈北东向展布,具左行走滑性质。由于阿尔金山是新生代以来断块上升作用(张玉谦,1982)、侧向滑移(潘桂棠等,1984)和总体上垂向挤出(许志琴等,1999)的结果。因此,阿尔金南缘断裂北侧的矿床剥蚀一般较深,不利于浅成矿床(如块状硫化物矿床)的保存,而南侧剥蚀较浅,有利于矿体的保存,如攸苏普阿雷克和盖吉里克火山岩型铜矿化。也就是说,阿尔金南缘断裂的活动对于矿床的保存具有重要的影响。其他次级断裂主要为北东东、东西、北西向分支小断层及裂隙,裂隙中多充填石英脉、方解石脉、花岗细晶岩脉,见有孔雀石化、铜蓝、褐铁矿化等。

3. 红柳沟-拉配泉断裂(F_3)

该断裂分布在红柳沟北—拉配泉北一带,它是红柳沟-拉配泉构造混杂岩带与阿中地块之分界线。断裂呈东西向平直展布,具分支复合现象,先期为逆断层,后期为正断层兼有左行走滑性质。断裂带宽处可达2km,其中主要充填韧性变形基质。沿断裂带岩石破碎,见挤压片理化带及糜棱岩带分布,有褐铁矿化、绿泥石化、绢云母化等蚀变。

断裂之北为红柳沟-拉配泉金、铜及多金属、铁成矿亚带，断裂之南为索尔库里-买买提孜托海金、铜银、稀有、稀土成矿亚带，本断裂的控矿作用类似于阿北断裂。

二、区域地球物理、地球化学特征

阿尔金北缘地区总体处于正高航磁异常带上，巴什考供一带（红柳沟、恰什坎萨依、冰沟）和拉配泉西一带（更新沟、喀腊大湾）的金属矿床和矿点都位于椭圆状正异常带上，表现出明显的构造岩浆控制的特点。

1∶50万区域化探圈定出HS-3、HS-6、HS-8、HS-9、HS-13、HS-14、HS-16、HS-17、HS-18等18个综合异常，以Au、Cu、Pb、Zn元素异常为主。

西部索尔库里地区Au、Cu、Ag等11种主要元素在分布上主要存在着两大富集区：①沿阿尔金北缘大断裂北侧呈带状分布的Au、Cu元素的富集区；②卡拉塔格一带的多金属硫化物元素富集区。

在恰什坎萨依一带展布的HS-6、HS-7、HS-8、HS-9综合异常，有Au、Ag、Hg、As、Sb、Cu、Pb、Zn、Mn、V、Ti、Cr、Ni、Co、Cd、Ba、W、Mo、Bi共19种元素组成，其中铁族元素异常与红柳沟超基性岩带有关，W、Mo、Bi与花岗岩体有关，Cu、Pb部分与超基性岩有关，Cu、Pb、Zn、Cd、Ba与断裂或中温热液活动有联系，Au、Ag、As、Hg、Sb与地层和断裂关系密切。

在大平沟一带展布的HS-12、HS-13、HS-14、HS-16、HS-17、HS-18号综合异常由Au、Ag、As、Sb、Cu、Pb、Zn、Cd、Ba、U、Th、La、Nb、Zr、Y共15种元素的异常组成，U、Th、La、Nb、Zr、Y异常由花岗岩所致，Au、Ag、As、Sb、Cu、Pb、Zn、Cd、Ba异常与断裂、地层有成因联系。

中东部喀腊达坂地区主要分布铜铅锌及多金属异常，受喀腊大湾组火山碎屑岩、喀腊达坂断裂、构造破碎蚀变带控制。Cu、Pb、Zn等元素主要以高值区→高背景→背景的分布态势，仅个别元素为点状低背景特点呈近东西向展布。高值区多呈串珠状、带状定向排列，规律性较强，而且各元素高值区套合相对紧密。

1∶10万化探异常具较高的吻合程度，大量的以铜及多金属为主的化探综合异常集中分布于该区。因此，本区是铜及多金属矿产成矿远景区，同时也是火山沉积型铁矿床成矿远景区。

东部拉配泉地区1∶10万化探在工区均圈出以Cu、Pb、Zn、Ag、Au为主的异常，沿近东西向分布的Cu、Zn、Au异常为主，局部有Pb异常。各异常受断裂带控制明显，但Cu、Au元素套合不明显。Cu单元素异常中Cu最高值为89.2×10^{-6}；Au最高值为12.7×10^{-9}。在各异常中，目前已发现多个铜矿（化）点，说明上述化探异常有进一步的找矿潜力。

第四节　阿尔金北缘地区重要找矿进展及典型矿床特征

一、阿尔金北缘地区矿产勘查进展及成果概述

近年来，中国地质调查局、新疆维吾尔自治区和社会资金多渠道资金在阿尔金北缘地区开展了大量的基础地质、矿产勘查和科研工作，大大提高了区内地质矿产的工作程度，取得了一系列重要的找矿勘查成果。区内已发现的矿产种类有铁、铅锌、铜、金、银、铬铁、铜镍、钼、黄铁矿、磷灰石、盐、硼、石棉、石膏、石榴石、玉石等，已发现矿床（点）50个。主要矿产地有喀腊达坂铅锌矿、喀腊大湾铁多金属矿、白尖山赤铁矿、索拉克金铜矿点、拉配泉铜矿、白尖山铜多金属矿、大平沟金矿、祥云金矿、盘龙沟金矿点、红柳沟金铜矿点、阿北银铅矿点等，详见表5-1。

表 5-1　阿尔金北缘地区主要金属矿床、矿(化)点特征一览表

编号	矿床(化)点名称	地理坐标	地质矿化特征、矿物组合	成因类型
1	大平沟金矿床(中型)	东经:91°28′30″ 北纬:39°10′10″	矿床产于新太古界米兰岩群褐红色钾长变粒岩中。矿区北西向断裂发育,脉岩较发育,南倾,倾角70°。3条破碎蚀变带共圈定5个矿体,矿体长80～300m,厚1.1～3.87m,产状180°∠65°～75°,单工程品位1.97×10^{-6}～131.25×10^{-6}。矿石矿物有自然金、黄铁矿、黄铜矿、褐铁矿等	热液石英脉-破碎蚀变岩型
2	2567高点西南铬铁矿矿化点	东经:90°52′39″ 北纬:39°09′03″	产于30号超基性岩体中段滑石化、菱镁矿化斜辉辉橄岩中。有2个矿体,为不规则长条状,分别长0.25m、厚0.02m,长0.12m、厚0.06m。矿物为铬尖晶石	晚期岩浆结晶分异型
3	马特克布拉克玉石矿点	东经:90°14′14″ 北纬:39°09′02″	矿点产于蓟县系(Jx*m*)大理岩与辉绿岩($\beta\mu$Jx)之接触带中。矿化带内有矿体15个。矿体似层状、透镜状,与围岩呈渐变过渡。矿石主要由纤维蛇纹石、叶蛇纹石、胶蛇纹石及少量方解石和滑石组成。玉石色泽鲜艳,为黄、淡黄、黄绿、绿、黑绿色等。透明度好者裂纹多	接触交代型
4	白尖山铁矿床(中型)	东经:91°50′35″ 北纬:39°09′00″	矿床产在蓟县系(Jx*zh*)酸性火山岩、碎屑岩中。东西向断裂发育。侵入岩为石炭纪花岗闪长岩。北矿带长2000m,厚10～22m;南矿带长2500m,厚24～28m,产状350°～40°∠45°～75°。矿石矿物以赤铁矿为主,镜铁矿、磁铁矿次之	沉积变质型
5	阿北银铅矿	东经:91°39′30″ 北纬:39°08′50	矿点处于侵位于寒武系塔什布拉克组($\in_3 ts$)的石炭纪二长花岗岩($\gamma\pi$C)中,发现2条矿化带,圈出13个矿体(12个工业矿体)。矿体长70～1350m,宽0.2～11.4m;工业矿体长70～1250m,厚度0.93～8.93m,产状40°～350°∠70°～85°。单样品位:Pb为0.3%～44.99%,Ag为4.52×10^{-6}～3540×10^{-6}	中高温热液型
6	喀腊大湾下游铜矿化点	东经:91°42′40″ 北纬:39°08′45″	矿化点位于阿尔金北缘断裂南侧,地层为蓟县系(Jx*zh*)酸性火山岩、碎屑岩。矿化体产在灰绿色中基性、中酸性熔岩中。孔雀石矿化范围$4m^2$。矿化体近东西向延伸。矿物组合为黄铜矿、孔雀石、铜蓝,Cu品位为0.33%	中低温热液型
7	2892高点南铬铁矿矿化点	东经:90°50′38″ 北纬:39°08′45″	产于30号超基性岩体西段北缘菱镁矿化斜辉辉橄岩中。矿体呈不规则长条状,长0.1～0.2m,厚0.04～0.05m,矿石为中—细粒结构,稀疏浸染条带状构造。矿石矿物为铬尖晶石	晚期岩浆结晶分异型
8	2995高铬铁矿矿化点	东经:90°45′55″ 北纬:39°08′41″	产于30号超基性岩体西段南缘斜辉辉橄岩中。矿体呈不规则带状,长0.9m,厚0.05～0.1m。矿石矿物为铬尖晶石	晚期岩浆结晶分异型
9	大平沟西金矿点	东经:91°23′05″ 北纬:39°08′30″	矿点产于阿尔金北缘断裂的次级断裂带蓟县系(JxS)变质碎屑岩中,岩石破碎蚀变强烈。破碎蚀变带含金,Au品位为1.28×10^{-6}	破碎蚀变岩型
10	2610高点东铬铁矿矿化点	东经:90°54′43″ 北纬:39°08′23″	产于30号超基性岩体中段纯橄岩中。矿体有2个,呈不规则长条状和团块状,分别长0.8m、厚0.05～0.1m,长0.4m、厚0.4m。矿石矿物主要为铬尖晶石,少量磁铁矿、镍黄铁矿。Cr/Fe比值为2.06。品位:Cr_2O_3为29.78%,TFe为18.07%	晚期岩浆结晶分异型
11	冰沟北2761高点西南铬铁矿矿化点	东经:90°57′50″ 北纬:39°08′05″	产于30号超基性岩体东段蛇纹石化斜辉辉橄岩中。矿体2个,呈脉状,其中1个矿体长0.43m,厚0.02～0.06m,产状20°∠80°。矿石为中粒结构,致密块状构造。矿石矿物为铬尖晶石	

续表 5-1

编号	矿床(化)点名称	地理坐标	地质矿化特征、矿物组合	成因类型
12	2761 高点东南铬铁矿矿化点	东经:90°58′12″ 北纬:39°08′00″	产于30号超基性岩体东段斜辉辉橄岩中。矿体形态不规则长条状,长0.19m,厚0.01～0.02m。矿体与围岩界线清楚。矿石细—中粒他形—半自形晶结构,致密块状构造。矿石矿物以铬尖晶石为主,磁铁矿、镍黄铁矿少量	
13	红柳沟金铜矿点	东经:90°02′59″ 北纬:39°07′57″	矿点产于蓟县系(Jx*m*)砂岩中,东西向断裂发育,形成褐铁矿化破碎蚀变带,石英脉贯入。石英脉含金。圈定3个金铜矿体,矿体产状20°～335°∠73°～80°,长度45～180m,平均厚度0.88～2.30m,单样品位:Cu 0.20%～2.80%,Au 1.81×10^{-6}～8.70×10^{-6},平均品位:Cu 0.24%～1.98%,Au 1.81×10^{-6}～6.74×10^{-6}	石英脉型
14	白尖山铜多金属矿点	东经:91°49′55″ 北纬:39°07′50″	矿点产于蓟县系(Jx*zh*)安山岩、英安岩中,矿点南有花岗岩(γC)出露。矿点由一条东西向矿化蚀变带组成。矿化蚀变带长200m,宽2～10m。矿化岩石为硅化英安岩及顺层产出的石英脉。见有星点状、集合体状、细脉状黄铁矿、闪锌矿、方铅矿、黄铜矿、孔雀石。岩石普遍发育褐铁矿化、绿泥石、绢云母化、硅化。平均品位:Cu为0.11%～0.43%,Pb为0.01%～0.68%,Zn为0.15%～0.20%,Ag为1.0×10^{-6}～148.0×10^{-6}	火山热液型
15	卓阿布拉克铬铁矿矿点	东经:91°02′10″ 北纬:39°07′35″	矿点产在蓟县纪基性—超基性岩(*Oφ*Jx)的滑石菱镁矿化斜辉辉橄岩中,走向近东西。矿体呈脉状,北Ⅰ号脉长0.6m,宽0.03～0.08m,南Ⅱ号脉长1.5m,宽0.2～0.25m。主要为铬尖晶石,次为钛磁铁矿。Cr_2O_3品位为30.38%	岩浆结晶分异型
16	2995 高点东铬铁矿矿化点	东经:90°50′25″ 北纬:39°05′45″	产于30号超基性岩体西段南缘蛇纹石化斜辉辉橄岩中。矿体呈不规则块状,长0.3m,厚0.1m。矿体与围岩界线清楚。矿石为中—细粒结构,浸染条带状构造。矿石矿物以铬尖晶石为主,少量磁铁矿	晚期岩浆结晶分异型
17	喀腊大湾铁矿	东经:91°40′27″ 北纬:39°05′38″	矿点产出于寒武系喀腊大湾组($\in_{1-2}k$)中基性火山岩、碎屑岩中,处于喀腊达坂黄铁矿化蚀变带中。矿体断续长800m,厚1～3m,平均厚1.7m,矿体似层状及透镜状,与围岩整合接触,产状350°∠70°。平均品位:TFe为26.7%,P为0.043%。	火山沉积变质型
18	喀腊大湾上游东铜矿化点	东经:91°44′58″ 北纬:39°05′15″	矿化点位于石炭纪花岗斑岩(γπC)与蓟县系(Jx*zh*)酸性火山岩、碎屑岩接触带中,矿化体产于条带状大理岩中,矿体长3m,最大厚度0.1m。产状350°∠75°。矿物组合:黄铜矿、铜蓝、孔雀石、黄铁矿、褐铁矿。Cu平均品位为0.28%。	中低温热液型
19	喀腊大湾东铜矿化点	东经:91°46′00″ 北纬:39°05′04″	矿化点产在石炭纪花岗岩、花岗斑岩(γC、γπC)中。呈近南北向沿岩体破碎带和片理化带延伸。由两条复合石英脉组成,长度分别为600m、1000m,厚度分别为5m、15m,单脉厚0.2～1m。主要矿石矿物为铜蓝、孔雀石	中低温热液型

续表 5-1

编号	矿床(化)点名称	地理坐标	地质矿化特征、矿物组合	成因类型
20	喀腊达坂铅锌矿床(大型)	东经:91°49′10″ 北纬:39°04′20″	矿点产于蓟县系(Jx*zh*)绢云母石英片岩中,断裂构造发育,动力变形普遍。矿床形成褐铁矿化,黄铁矿化蚀变带。矿体赋存于蚀变带中,含矿岩石为糜棱绿泥方解石绢云母岩及绢云母石英片岩中,矿区矿化蚀变带近东西向延伸,长 4km,宽 50~600m,产状 350°∠70°。圈出 91 个铜铅锌矿体,地表出露 23 个,半隐伏 11 个,隐伏 57 个子矿体。矿体长 200~1720m,宽 1.3~18.6m;工业 Z 矿体长 200~1680m,厚度 1.71~10.99m,呈似层状产出,倾向 355°,倾角 40°~50°。平均品位:Pb 为 0.23%~2.85%,Zn 为 1.21%~2.65%,最高品位:Pb 为 21.43%,Zn 为 7.88%,Ag 为 67.9×10^{-6}。有用组分为铅、锌,伴生金、银、铜	火山沉积型
21	喀腊大湾铜多金属矿床(中型)	东经:91°39′28″ 北纬:39°04′15″	矿床产在蓟县系(Jx*zh*)火山碎屑岩-碎屑岩、碳酸盐岩中,断裂发育,脉岩发育,沿断裂带硅化蚀变带发育。矿区分南北两个矿带,圈定 15 个矿体(22 个工业矿体),矿体长 280~1400m,平均厚 1.83~24.71m。金属矿物有黄铁矿、磁铁矿、闪锌矿、方铅矿、辉铜矿、黄铜矿、斑铜矿,伴生金、银。平均品位:Cu 为 0.45%~0.81%,Pb 为 0.70%~3.05%,Zn 为 1.16%~4.13%	火山岩型
22	喀腊大湾磁铁矿矿点	东经:91°42′56″ 北纬:39°03′58″	矿点产于蓟县系(Jx*zh*)暗绿灰色绿泥石石英片岩中。位于喀腊大湾复向斜南翼,产状 320°∠45°。矿体呈似层状透镜状,呈 120°方向延伸,断续长 800m,厚 1~3m。矿石呈钢灰色,自形—半自形粒状结构,条带状构造。矿石矿物以磁铁矿为主,少量黄铁矿、镜铁矿	沉积变质型
23	喀腊大湾西磁铁矿矿点	东经:91°39′38″ 北纬:39°03′04″	矿点产于蓟县系(Jx*zh*)绿泥石绢云母石英片岩中,位于喀腊大湾复向斜南翼。矿体产状 320°∠40°~55°。南、北两矿体分别长 250m、200m,厚 0.5~8m、0.2~4m。矿体呈不规则条带状。矿石矿物以磁铁矿为主,次为镜铁矿、黄铁矿	沉积变质型
24	喀腊大湾西铜多金属矿点	东经:91°38′10″ 北纬:39°03′00″	矿化点产于蓟县系(Jx*zh*)的火山岩中,岩石受断裂影响而破碎,蚀变主要为褐铁矿化,见孔雀石呈被膜状附于蚀变岩石上。破碎蚀变带长 2~3km。断续见孔雀石矿化	

注:上述表中蓟县系卓阿布拉克组、寒武系喀腊大湾组为原始资料定名,在本书中均归入寒武系—奥陶系拉配泉群

确定区内主要成矿类型有:海相火山岩型铅锌矿、火山沉积-改造型铁矿、火山热液填充型铅锌矿、中低温热液型金铜矿、石英脉型钨钼矿、矽卡岩型钼矿;探获铅锌金属资源量约 120×10^4 t(其中铅金属量约 45×10^4 t,锌金属量约 75×10^4 t),铁矿石资源量约 3067×10^4 t;圈定找矿靶区 8 处,其中 A 类靶区 3 处,B 类靶区 3 处,C 类靶区 2 处。预测类铁矿石(334)资源量 5.94×10^8 t,铅金属量 158.64×10^4 t,锌金属量 253.14×10^4 t。

二、主要矿产找矿成果及典型矿床特征

(一)喀腊大湾海相火山岩型铁矿床

阿尔金北缘地区发现的铁矿主要有白尖山、喀腊大湾、八八、彩石沟、索尔库里南、巴什考供北东、贝壳滩、长草沟等矿床(点),都为中小型矿。其中,白尖山、喀腊大湾、八八铁矿规模较大,均分布在喀腊大湾地区。根据矿床(点)的分布情况,可划分为"八八铁矿-4337高地"和"3121高地-白尖山-3081高地"两条铁矿带(陈柏林,2009),前者长21km,后者长10km。

1. 矿床地质特征

1)成矿地质环境

铁矿带受喀腊大湾-白尖山复式向斜控制。早中寒武世该区海相火山喷发强烈,伴有海相沉积岩特别是碳酸盐岩的互层和硅质岩夹层。含矿岩系主要为上寒武统塔什布拉克组($\in_3 ts$)的第四岩性段,为间歇火山喷发的产物,铁矿往往产于火山岩系的沉积岩夹层中,且铁矿层厚度随着沉积岩夹层厚度的变大而增大。同时,铁矿类型也受区域变质程度的控制,变质程度较深,常易于形成较富的块状磁铁矿。

南部以喀腊大湾铁矿为代表,铁矿赋存于灰白色大理岩与灰绿色玄武岩接触面玄武岩一侧,围岩为绿灰色含黑云母磁铁绿泥石片岩、暗绿灰色绿泥石石英片岩;北部以白尖山铁矿为代表,铁矿赋存于酸性火山岩中。铁矿体均呈似层状及透镜状,与围岩整合接触。

2)主要矿带及矿体特征

喀腊大湾铁矿:矿层大致呈120°方向延伸,整个矿带长约12km。可划分为南、北大致平行的两个矿带,相距约300m。南矿带长约1km,由Ⅰ号铁矿段构成;北矿带长约12km,自西向东由Ⅱ、Ⅲ、Ⅳ、Ⅴ、Ⅵ共5个矿段构成。各矿段由大小不等、贫富不一的一系列沿走向断续分布、尖灭再现的矿段组成。共圈出矿体97个,呈透镜状、脉状、带状、不规则状断续分布。其中,铁矿体82个,铁钼矿体3个,钼矿体12个。喀腊大湾铁矿目前探求铁矿石资源量为1750×10^4t。

白尖山铁矿:可划分为南、北两个矿带,北矿带长2000m,厚10~22m;南矿带长2500m,厚24~28m。受向斜构造控制,北部矿体多向南陡倾,南部矿体多向北陡倾。矿体长50~800m,平均厚4.2~16.46m,延深125~400m。其中Ⅱ号矿体主要矿体断续长约640m,地表平均厚约13.95m,深部平均厚约9.85m。白尖山铁矿目前探求铁矿石资源量为2400×10^4t。

3)矿石特征

铁矿石以钢灰色条带状磁铁矿为主,常伴生有少量黄铁矿、镜铁矿,脉石矿物以石英为主,矿石矿物为磁铁矿。矿石结构主要为半自形、他型粒状结构。矿石构造主要为浸染状构造、块状构造、条带状构造、细脉浸染状构造,以块状构造和浸染构造为主。喀腊大湾铁矿矿石中S为0.07%~0.32%,P为0.01%~0.04%,SiO_2为18.86%~24.52%,平均22.46%。矿石为低磷弱酸性磁性需选矿石。白尖山铁矿矿石TFe平均品位32.16%,MFe平均品位21.44%,MFe/TFe平均为0.65,属弱磁性贫铁矿石。

4)围岩蚀变

矿区围岩蚀变主要有磁铁矿化和赤铁矿化、褐铁矿化、黄铁矿化、水云母化、绿泥石化、绿帘石化、硅化(玉髓化)、碳酸岩化及方解石化等蚀变。在垂直纵向上具有分带性,地表(氧化带中)为磁铁矿化或赤铁矿化、褐铁矿化、水云母化、绿泥石化、绿帘石化等;在原生铁矿石中主要为磁铁矿化,次为黄铁矿化及少量的赤铁矿化(呈细脉产出)。成矿后受花岗岩侵入的影响,明显叠加矽卡岩化改造作用。

2. 成矿要素、成矿与找矿模型

1)成(控)矿制因素分析

(1)喀腊大湾深大断裂和阿尔金北缘深大断裂控制着区域上火山-沉积建造及铁矿床分布。

(2)喀腊大湾地区为早古生代火山-沉积盆地，火山岩主要分布于南北两侧，沉积岩主要分布于中部。铁矿床受火山岩层位控制，南部铁矿带的铁矿体都产于大理岩带南侧的玄武岩带中，北部铁矿带的铁矿体都产于硅质灰岩南侧的安山岩、英安岩、流纹英安岩及含铁砂岩中。

(3)铁矿物质主要来源于海相火山岩的多次间歇性喷发，海相火山沉积作用是形成较稳定的海相火山-沉积型铁矿的主要成因。

(4)后期的脆性断裂和褶皱变形构造对早期形成的铁矿体，曾不同程度地起到了改造和破坏作用，使原呈层状展布的铁矿体形态更复杂化。目前出露的铁矿层和赋矿岩层(玄武岩)都是陡倾角或近直立的，同时构造挤压作用导致一些铁矿体呈透镜状断续分布或斜列分布；还有的铁矿体沿倾向被走向断裂断错，或者沿走向被斜向断裂断错。

(5)区域变形变质作用使铁矿进一步加富。变质程度愈深，易于形成块状磁铁矿矿石，变质程度愈浅，易形成浸染状含磁铁矿矿石。早奥陶世矽卡岩化叠加改造成矿作用也能使铁矿局部富集并发生变质结晶作用，形成易选的磁铁矿。

(6)后期表生地质作用造成原剥蚀出来的磁铁矿层在地表遭受氧化，形成了较多的假象赤铁矿，并形成了氧化矿石带。

2)成矿时代及矿床成因

喀腊大湾地区铁矿产在一套海相火山-沉积地层中，对其形成时代争议很大。据王小凤等(2004)对玄武岩进行全岩 Rb－Sr 等时线法测年，获得年龄为 560～440Ma；对二长花岗岩进行云母 K－Ar 等时线法测年，获得年龄为 320Ma。前者代表区内火山喷发成矿作用发生的时间，后者代表花岗岩侵入时期。刘永顺等(2009)在喀腊大湾西沟测得流纹英安岩锆石 U－Pb 表面年龄平均值为 503Ma，在拉配泉一带的粗安岩中也获得了锆石 SHRIMP U－Pb 同位素 $^{206}Pb/^{238}U$ 表面年龄加权平均值年龄为 494±23Ma，陈柏林等(2013)通过辉钼矿 Re－Os 同位素年代学测试，确定辉钼矿的年龄为 480Ma，该年龄值与发生矽卡岩化有关的花岗杂岩体单颗粒锆石 SHRIMP 年龄 482～477Ma 基本一致。因此，可以认为铁矿成矿作用发生于寒武纪—奥陶纪，石炭纪—奥陶纪中酸性岩体侵入造成矽卡岩化叠加成矿作用，并且在矽卡岩化叠加改造成矿作用过程中形成了辉钼矿等。

矿床成矿可划分为 3 个主要矿化阶段，即火山喷溢沉积成矿阶段、火山热液叠加成矿阶段和后期岩浆热液改造增富阶段。

火山喷溢沉积成矿阶段：富含铁质中基性熔浆喷溢沉积形成矿源层(贫铁矿)或矿浆喷溢的富铁矿。其主要依据是铁矿体呈似层状、透镜体状产出在大理岩与玄武岩接触界面处，与赋矿的中基性火山熔岩和碳酸盐岩产状基本一致，铁矿石具有明显的条带状及块状构造，成矿物质和矿区火山岩浆同源于下地壳或上地幔。

火山热液叠加成矿阶段：火山活动的间歇期富碱质热液交代围岩，带入钠、钾并带出铁，产生硅化、透闪石化、石榴石化、阳起石化，大量消耗了热水溶液中的 SiO_2、Mg^{2+}、Ca^{2+} 等，使铁质得以相对集中而成矿，经过强烈的热液作用铁矿物质呈层状、似层状、透镜状在矿源层中富集，并保留了某些沉积特征，少数铁矿物质沿着矿源层附近的节理、裂隙部位富集，形成规模较小的贯入铁矿脉。

后期岩浆热液改造增富阶段：大规模中酸性岩浆侵入，侵吞矿源层的铁矿物质，强烈的岩浆热液活动致使铁矿物质的进一步聚集增富，形成了品位较高的磁铁矿矿体，同时也造成了矿源层铁矿体沿走向分布的不连续性，二长花岗岩中分布的磁铁矿脉就是岩浆叠加成矿作用的有力佐证。要特别注意在构造有利地段寻找由岩浆热液改造形成的品位较高、规模厚大的富铁矿体。

由上述分析可知，喀腊大湾地区铁矿成因总体属于火山-沉积改造型。火山喷发作用是成矿的基础，是主要成矿作用，也是铁矿矿质的主要来源，铁质经过搬运在距火山口一定范围的地方沉积而成矿，形成了海相火山-沉积型铁矿。后期改造作用表现在两个方面：一是在后期大范围的区域变质作用过程中，变形变质使岩石再次增温增压发生塑性变形，同时又使原已形成的贫铁矿进一步富集；二是发生在早奥陶世矽卡岩化叠加改造成矿作用使铁矿局部富集并发生变质结晶作用，形成易选的磁铁矿，大大提高了其工业利用价值(图 5-4)。

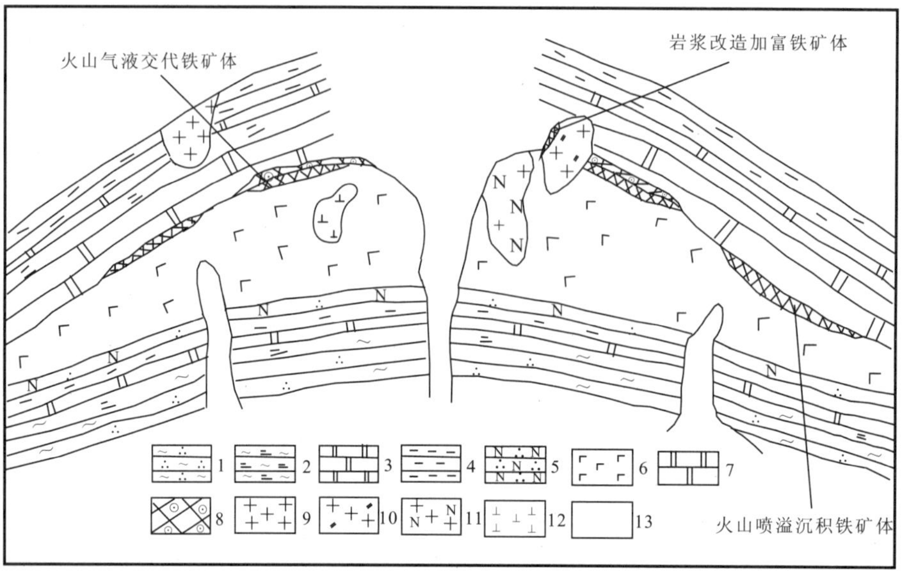

图 5-4 若羌县喀腊大湾铁矿床成因模式图(祁万修,2013)

1.绿泥石英片岩;2.绢云绿泥石片岩;3.薄层状大理岩;4.千枚岩;5.长英质片岩;6.玄武岩;7.中厚层状大理岩;8.石榴透闪石矽卡岩;9.花岗岩;10.二长花岗岩;11.斜长花岗岩;12.闪长岩;13.辉绿岩

3)综合找矿标志

区域标志:阿尔金山北坡断裂及喀腊大湾深大断裂附近是找矿的选区标志。

构造标志:矿床受喀腊大湾复式向斜褶皱构造所控制。尤其是向斜核部具备了铁矿床赋存所需的可容空间,具有良好的铁矿沉积和储矿条件。

地层、岩石标志:寒武系—奥陶系火山海相火山岩系是赋存铁矿的主要层位。岩石标志为灰绿色含磁铁矿蚀变玄武岩、灰黑色磁铁矿等,岩石颜色深暗,磁铁矿含量高,在地表为致密块状,比重较大,具有强磁性。其他玄武岩具有弱磁性。

地球物理标志:存在航磁异常和地面磁异常。矿区内各种岩、矿石进行磁性参数统计表明,块状铁矿石呈高磁性,磁性为高磁($35\,000\times10^{-5}SI$)。玄武岩、大理岩、花岗岩等围岩呈弱磁性,它们形成背景场,说明高磁异常是由磁铁矿引起的。

地貌标志:矿区内的富矿石、矿体或较富的稠密浸染状矿石因铁质成分高,又呈黑色,抗风化能力强,而非矿围岩铁质成分相对少,抗风化能力差。矿体在地貌上会呈正地貌。

(二)喀腊达坂一带铅锌矿

阿尔金北缘地区铅锌矿勘查成果较显著,新疆地调院于 1999—2004 年在喀腊达坂铅锌矿区地表共圈出 2 个长 400m 的矿体;2004—2005 年的评价工作扩大了矿床规模,圈出 18 个矿体,11 个工业矿体。2008—2011 年又在喀腊达坂铅锌矿圈出 24 个矿体,13 个工业矿体;在喀腊达坂西铅锌矿圈出 3 条铅锌矿化带,共圈出铅锌或铜铅锌矿体 21 个,其中Ⅰ号矿带铅矿体 2 个,铅锌矿体 2 个,铜铅锌矿体 2 个,铜锌矿体 1 个,锌矿体 1 个;Ⅱ号矿带铅矿体 1 个,锌矿体 1 个;Ⅲ号矿带铅锌矿体 3 个,铜锌矿体 1 个,锌矿体 3 个,铜铅锌矿体 4 个。

目前喀腊达坂铅锌矿获得(332+333+334)资源量(金属量):铅为 20.01×10^4t,锌为 31.93×10^4t,铜为 1349.33t。伴生有用组分资源量:金为 2.20781t,银为 195.3909t,铜为 31 277t,硫为 1 162 778t,镓为 516.2587t,镉为 1913.4321t。喀腊达坂西铅锌矿获得(333+334)资源量(金属量):金为 200kg,铜

为 2682.89t,铅为 41 016.42t,锌为 201 685.47t。伴生有用组分资源量:金为 4.36t,银为 85.47t,铜为 13 589.46t,硫为 282 322.29t,镓为 220.85t,镉为 462.19t;探求(333+334)铁矿石资源量 1 051 586.11t。

现以喀腊达坂铅锌矿为代表,阐述该区铅锌矿地质特征。该矿位于阿尔金山东段喀腊达坂一带,中心点地理坐标:东经 91°49′10″,北纬 39°04′20″。区内平均海拔 3750m,矿区地形切割强烈,交通较方便。

1. 矿床地质特征

矿床产于早古生代中基性—酸性火山熔岩-火山岩碎屑岩建造中,地层总体为向北、北西倾斜的单斜层,局部出现小型褶曲。矿区断裂构造发育,以南东东向为主。喀腊达坂断裂自矿区南部通过,矿区北部密集分布南东东向和南东向两组次级断裂,构成矿区重要的控矿、容矿构造。

区内岩浆活动强烈,广泛分布有火山岩、侵入岩及次火山岩和中基性岩脉。该区次火山岩属火山活动晚期岩浆活动产物,主要是钠长斑岩体。侵入岩属石炭纪岩浆活动的产物,岩石由花岗岩、花岗闪长岩、花岗斑岩、钾长花岗岩和斜长花岗岩组成。

区内变质作用复杂,按变质岩类型和变质作用的方式,划分出区域变质作用、动力变质作用和接触交代变质作用。其中动力变质作用(具体表现为碎裂岩化、糜棱岩化)产生的构造动力变质带对区内铅锌多金属矿产分布有明显控制作用。接触交代变质作用与岩石中常出现铜多金属矿化有关。

1)矿带及矿体特征

矿区矿化蚀变带近东西向延伸,长 4km,宽 50~600m,产状 350°∠70°。圈出 91 个铜铅锌矿体,地表出露 23 个,半隐伏 11 个,隐伏 57 个子矿体。矿体长 200~1720m,宽 1.3~18.6m;工业矿体长200~1680m,厚度 1.71~10.99m,呈似层状产出,倾向 355°,倾角 40°~50°(杨风,2006)。平均品位:Pb 0.23%~2.85%,Zn 1.21%~2.65%。最高品位:Pb 21.43%,Zn 7.88%,Ag 67.9×10^{-6}。有用组分有铅、锌,伴生金、银、铜。

2)矿石质量

矿石矿物组合比较简单,金属矿物以黄铁矿、方铅矿、闪锌矿为主,次为白钨矿、磁铁矿、钛铁矿,少量黄铜矿、黝铜矿、毒砂;氧化物主要为褐铁矿、白铅矿、钼铅矿,次为赤褐铁矿,磷氯铅矿、孔雀石少量;脉石矿物主要有重晶石、绢云母、方解石、绿泥石等。

矿石结构构造:主要有结晶结构、变晶结构、交代—充填结晶结构。矿石构造以条带浸染状、条纹浸染状构造为主。另外,还具有平行脉状、糜棱片状构造等,该类构造主要形成于变质改造期。

矿石类型:按矿物氧化程度划分为氧化矿石、混合矿石和硫化矿石 3 种矿石类型。按矿石有用组分划分为铅矿石、锌矿石和铅锌矿石 3 种类型;按有用组分含量划分为低品位矿石和工业品位矿石。

3)围岩蚀变

矿区岩石普遍发生蚀变。近矿围岩蚀变类型主要有硅化、黄铁矿化、次生石英岩化、绿泥石化、绿帘化、高岭土化、碳酸盐化。围绕矿化体蚀变有一定的横向分带,由内向外依次变化为次生石英岩化、硅化、黄铁绢云岩化、绿泥-绿帘石化。

2. 成矿要素、成矿与找矿模型

1)成(控)矿因素分析

(1)喀腊达坂铅锌矿成矿作用时代与其赋存的火山岩系具有同时代性,其中的中酸性火山岩是本区海相火山岩型铅锌硫化物矿床的主要成矿母岩和重要的赋矿层位。在整个火山活动期,间歇式火山喷发阶段是区内重要的成矿时期。但此套火山岩系时代争议较大,1∶20 万区调定为蓟县系塔昔达坂群,1∶25 万修测确定为寒武系—奥陶系,新疆一队(2012)则划分成上寒武统塔什布拉克组。陈柏林等(2012)对喀腊达坂铅锌矿与矿体密切伴生的酸性火山岩锆石 SHRIMP 测年 488~482Ma,相邻中性火山岩的锆石 SHRIMP 测年为 482Ma,时代应为早奥陶世。

(2)喀腊达坂断裂对区域火山岩建造具有明显的控制作用,同时该断裂及其次级断裂又是矿质运移通道,并为矿质富集提供了有利的赋存空间。区内发育的北西向和近东西向次级断裂是主要的赋矿构造，已圈定的矿化带及矿体均沿断裂分布。

(3)动力变质作用使得矿质再富集和叠加成矿。

(4)晚期脆性断裂构造造成矿体(矿化带)被错断和位移，破坏了矿带(体)的连续性。

2)矿床成因与成矿过程研究

矿区出露中浅变质火山岩-火山碎屑岩系，矿体呈似层状、带状、透镜状分布于地层中，成矿类型应属海相火山沉积喷溢-改造型多金属硫化物矿床。其成矿经历了3个主要矿化阶段，即火山喷溢沉积成矿阶段、火山热液叠加成矿阶段和后期变质热液改造增富阶段。

火山喷溢沉积成矿阶段：根据铅锌矿体呈似层状、透镜体状产出，其与赋矿的火山熔岩及碳酸盐岩产状基本一致(图5-5)，说明成矿物质和矿区火山岩浆同源于下地壳或上地幔，是由富含铅锌的火山熔浆喷溢沉积形成矿源层或铅锌矿。铅锌矿石具有明显的条带浸染状、条纹浸染状构造。

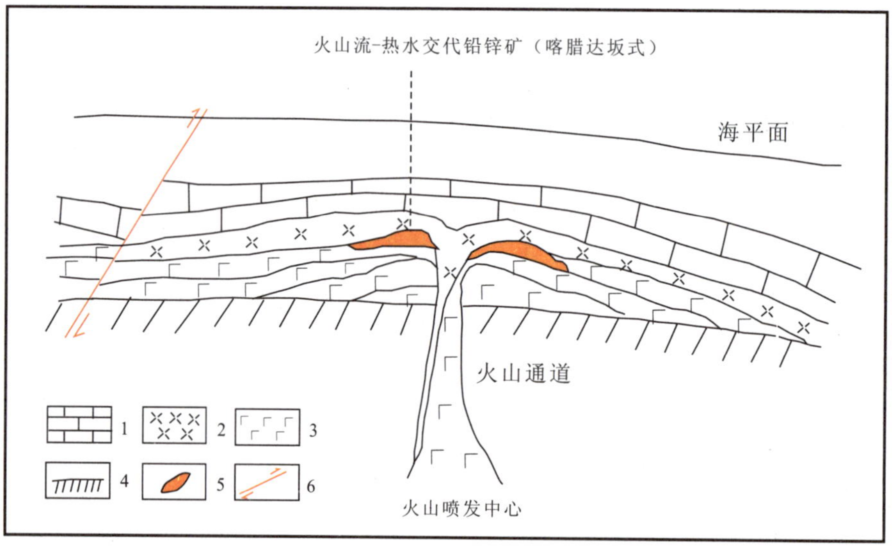

图5-5 喀腊达坂铅锌矿床成矿模式图(夏明等，2012)

1.灰岩；2.酸性喷出熔岩；3.基性喷出熔岩；4.基底；5.矿体；6.逆断层

火山热液交代成矿阶段：火山活动的间歇期富碱质热液交代围岩，岩石发生硅化、黄铁矿化、次生石英岩化、绿泥石化、绿帘化、高岭土化、碳酸盐化等现象，使铅锌矿得以相对集中而成矿。经过强烈的热液作用铅锌矿物质呈层状、似层状、透镜状在矿源层中富集，并保留了某些沉积特征。

后期变质热液改造增富阶段：动力变质作用活化矿源层的铅锌矿物质，强烈的变质热液活动致使铅锌矿物质的进一步聚集增富，形成了品位较高的铅锌矿体，同时也造成了矿源层铅锌矿体沿走向分布的不连续性。

综上所述，早古生代裂谷拉张期间，火山活动剧烈，铅锌矿物质来源于火山活动富含铅锌矿物质的火山岩，在其活动过程中提供了铅锌的矿物质；喷发间歇期火山热液以及潜火山活动对矿源层进行叠加改造，含水热液溶解矿源层的大量的铅锌矿物质，使得矿源层中的有益组分进一步聚集增富；后期由于变质作用，铅锌矿层得到进一步叠加改造，使得部分铅锌矿石加富，形成沿铅锌矿带断续分布的矿体。

3)综合找矿标志的建立

(1)下奥陶统浅变质火山碎屑岩、火山岩是该地区重要的赋矿层位和围岩，是找矿的地层标志。

(2)沿喀腊大湾断裂带东西向展布的喀腊达坂黄铁矿化蚀变带规模较大，矿化蚀变强烈，地表绿泥石化、绢云母化、硅化、黄铁矿化，褐铁矿化、黄钾铁钒化发育，常形成褐黄—褐红色条带，是显著的找矿标志。

(3)矿体出露地段见有较多的孔雀石、白铅矿等矿物分布于地表，为直接标志。

(4)1∶10 万化探铜、铅、锌、金、银等多元素组合异常、矿区 1∶2 万岩屑测量(Cu、Pb、Zn 含量大于 500×10^{-6}，Ag 含量大于 1000×10^{-9})圈定的铜铅锌异常是重要的地球化学找矿标志。

(5)1∶1 万激电异常、磁法物探圈定的极化率异常(极化率 3%～7%)、磁场的梯度带结合部位和偶极测深的高极化低电阻异常是地表矿体与深部隐伏矿体的重要物探找矿标志。

(三)喀腊大湾铜多金属矿床

阿尔金北缘地区目前已发现的铜矿化点和中小型铜矿床有红柳沟铜矿点、索拉克铜矿点、大平沟南铜矿点、喀腊大湾铜矿床、拉配泉铜矿点、拉配泉南铜矿点，其中喀腊大湾铜矿床规模较大，是由新疆地矿局第一区调大队于 1987 年开展 1∶20 万区域地质调查时发现的，并于 2001—2002 年进行了勘查。2008 年以来对喀腊大湾铜矿床继续评价，圈定铜多金属矿体，初步查明矿床远景达中型以上(马玉周等，2012)。现以该矿为代表阐述该区铜多金属矿成矿特征。

1. 矿床地质特征

1)成矿地质环境

喀腊大湾铜多金属矿床位于阿尔金山东段喀腊大湾上游，具体处于阿尔金北缘断裂带南侧、喀腊达坂断裂与喀腊大湾断裂交会部位。区内断裂构造发育，拉配泉断裂、喀腊大湾断裂和喀腊达坂断裂等呈近东西向横贯全区(图 5-6)。

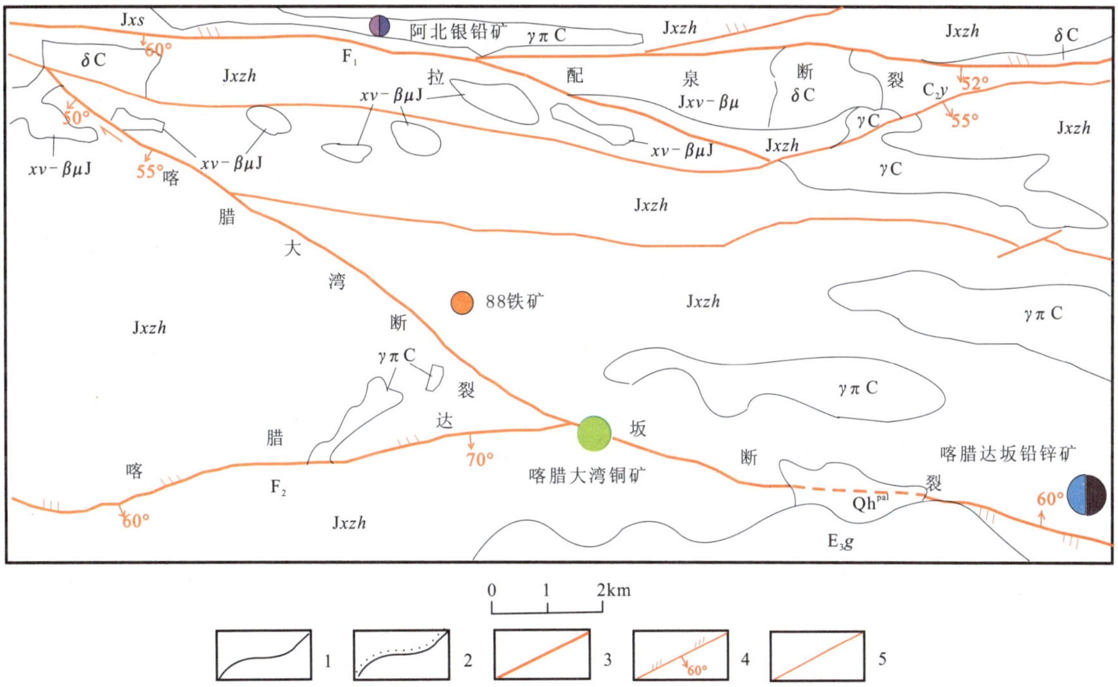

图 5-6　阿尔金北缘喀腊大湾一带地质矿产图

1. 地质界线；2. 不整合界线；3. 区域性断裂；4. 压剪性断裂；5. 性质不明断层；Qh^{pal}. 第四系；E_3g. 细砂岩；C_2y. 石英砂岩、砂砾岩夹灰岩；Jxzh. 卓阿布拉克组千枚岩、片岩夹板岩、大理岩；Jxs. 斯米尔布拉克组碎屑岩夹火山岩；γC. 花岗岩；γπC. 二长花岗岩；δC. 石英闪长岩；xv-βμJ. 辉长岩、辉绿岩

含矿地层为寒武系—奥陶系拉配泉群，是一套海相喷溢、喷发的中—浅变质火山碎屑岩、火山岩、碎屑岩夹碳酸盐岩建造。火山喷发表现为喷溢爆发期→间歇式喷发期→喷溢爆发期的火山旋回，其中间歇式火山喷发期是铜多金属成矿的重要时期，可以划分出下、中、上 3 个岩性段，即下部的中酸性火山岩段、中部的火山碎屑岩-正常碎屑沉积岩段、上部中基性火山熔岩夹火山碎屑岩段。矿体均赋存于中段

的火山碎屑岩-正常碎屑沉积岩段，集中出现在该岩段顶底界面附近，与地层整合接触，矿体边界一般清晰，呈带状分布，产状与区域构造线方向和围岩层理产状基本一致，具有层控分布的特点。

喀腊大湾地区是阿尔金北缘浅成岩的主要分布区，以花岗斑岩为主。岩体呈东西向展布，由两个岩体组成，岩体剥蚀程度很浅。接触带见角岩化和硅化，偶见铜矿化。

2）矿带及矿体特征

喀腊大湾铜矿区分布有南、北两个矿带，均呈近东西向断续分布延伸。矿带中岩石破碎、糜棱岩化、片理化发育，普遍发生绿泥石化、绢云母化、硅化、褐铁矿化、高岭土化和黄钾铁矾化等蚀变，并有黄铁矿、铜蓝、孔雀石、铅矾等矿化显示。各矿体与地层整合接触，矿体边界一般清晰，产状与区域构造线方向与围岩层理产状基本一致。北矿带（Ⅰ）明显受北东东向断裂控制，长 4000 m，走向近东西向，倾向北，倾角 30°～80°，有 11 个矿体。最大的 $Ⅰ_{2\text{-}2}$ 号铜矿体呈似层状，长 300m，厚 5.50～7.88m，平均真厚度 6.69m，平均品位 Cu 0.42%～1.21%。

南矿带（Ⅱ）受近东西向断裂控制，长 7000m，宽 30～200m，走向近东西向，圈定矿体 17 个。最大的 $Ⅱ_{2\text{-}3}$ 号铜矿体呈透镜状，矿体长 280m，单工程真厚度 5.72～14.71m，平均真厚度 10.22m，矿体平均品位：Cu 为 0.47%，Zn 为 1.30%。

该矿已探获（$333+334_1$）资源量：铜为 3.18×10^4 t，铅为 19.31×10^4 t，锌为 19.37×10^4 t。

3）矿石特征

矿物成分：矿石矿物有黄铁矿、磁铁矿，其次是闪锌矿、方铅矿、黄铜矿、辉铜矿、自然铜、斑铜矿；氧化矿物有蓝铜矿、孔雀石、赤铁矿、针铁矿等；脉石矿物有石英、绿泥石、绢云母、黑云母、石榴石、阳起石、方解石、长石、萤石、重晶石、高岭石、明矾石、石膏、锆石、磷灰石等。

矿石结构：据矿石中金属矿物间的相互关系，确定矿石结构主要有结晶结构、变晶结构、交代-充填结构、填隙结构、碎裂结构、包裹结构或固溶体分离结构；矿石构造以条带浸染状、条纹浸染状构造为主，次为块状、细脉状、团块状等构造。

平均品位：Cu 为 0.45%～0.81%，Pb 为 0.70%～3.05%，Zn 为 1.16%～4.13%。

据矿物共生组合和交代关系，可划分为 4 个成矿阶段：①海底火山-喷流成矿阶段（黄铁矿-磁铁矿-石英组合）；②变质变形成矿阶段（黄铁矿-磁铁矿-黄铜矿-石英组合）；③岩浆热液叠加成矿阶段（黄铜矿-方铅矿-石英）；④表生氧化成矿阶段，该阶段矿物组合为孔雀石、铜蓝、蓝铜矿、斑铜矿、黄钾铁钒、褐铁矿等。

4）围岩蚀变

矿区矿化蚀变类型多样，主要为褐铁矿化、硅化、黄铁矿化、黄钾铁矾化、次生石英岩化、白云母化、黑云母化、绿泥石化、绿帘化、碳酸盐化、钾长石化、钠长石化、明矾石化、高岭土化等。黄铁矿化与成矿关系密切，是最主要围岩蚀变类型。

围绕矿体蚀变具有明显带状分布特点，总体的蚀变分带由内向外依次变化为硅化黄铁矿化带、白云母化黑云母（绿泥石）带、绿泥石化钾长石化碳酸盐化带。矿物组合具体表现为：石英-黄铁矿-磁铁矿共生组合；白云母-黄铁矿-石英共生组合、绿泥石-石英-白云母-钾长石-碳酸盐共生组合。

2. 成矿要素、成矿与找矿模型

1）成矿要素

喀腊达坂断裂控制了区内火山岩带的分布，火山岩建造又控制着铜多金属矿床的形成和分布，海相火山岩-碎屑岩建造是重要的赋矿层位。整个火山作用表现出喷溢爆发期→间歇式喷发期→喷溢喷发期火山喷发旋回，矿床主要形成于火山喷发的间歇期。该时期火山活动以喷气-喷流为主要特点，在火山沉积洼地形成含铁硅质岩以及铜多金属矿层。区域变质和动力变质作用形成的变质流体对成矿物质活化、迁移聚集作用明显，使有用元素进一步富集成矿。

2）矿床成因

矿区出露寒武系—奥陶系拉配泉群中浅变质海相火山-碎屑岩建造。矿体赋存于含磁铁矿的黑云母片岩、黄铁绢云岩中。矿体呈似层状、透镜状顺层产出，矿石构造为条带状、条纹状、细脉浸染状等。矿石硫化物的硫同位素组成 $\delta^{34}S$ 变化在+10‰～+25‰之间，显示成矿流体中硫主要来自海水硫酸盐，H、O 同位素显示成矿流体为经过交换作用的海水。综合上述特点，初步分析其成因类型属于与火山喷发作用有关的火山岩型矿床，后期在造山作用过程中受到变质作用、构造作用和晚期岩浆作用的叠加改造。

3)找矿标志及找矿模型

(1)蓟县系卓阿布拉克组火山-碎屑岩建造中的火山喷发间歇期沉积层可作为间接找矿标志。

(2)近矿围岩次生石英岩化、硅化、绢云母化、碳酸盐化、绿帘化蚀变及地表的孔雀石、褐铁矿、黄钾铁矾等矿化，可作为直接找矿标志。

(3)北西西向、近东西向断裂是主要赋矿构造，褶皱构造控制了有利的矿化层位的分布，因此有利的构造部位是间接找矿标志。

(4)1∶10 万及 1∶2 万化探圈定的铜、铅、锌多金属异常区。

(5)1∶1 万激电、磁法物探圈定的极化率异常、磁场梯度带结合部位及偶极测深高极化低电阻异常可作为寻找地表矿体和深部隐伏矿体的标志之一。据激电中梯测量，区内视极化率最小为 0.12%，最大 7.82%，平均 2.40%，以 3%为异常下限，圈定 11 个激电异常。据磁测圈定 5 个磁异常，多沿断裂展布，反映了重熔地质体中局部磁性矿物富集。经激电、磁法剖面及偶极测深表明，矿区具高极化异常分布特征，局部出现高磁异常，是矿区含矿层位。

此外，该区另一较为重要的矿床——拉配泉铜矿床。矿区以白云岩为主，铜矿产于白云岩裂隙中或者产于石英脉、方解石脉、细晶岩脉中，说明铜矿的富集应晚于白云岩成岩期。其成矿经历了海底火山喷流-热水沉积阶段、次火山岩侵入阶段、后期岩浆热液和构造热液叠加改造阶段。从块状铜矿石中所采黄铜矿的硫同位素测矿值 $\delta^{34}S$ 为+4.83‰，反映出硫源可能与中酸性浅成岩体有关，但是它受到了大理岩、白云岩海相沉积物和海水硫源的影响，因此可以推断次火山岩体的形成与本区铜矿的形成关系比较密切，是一次主要矿化阶段，该矿是拉张环境向挤压环境过渡阶段的产物。晚期的岩浆热液和构造热液已将隐爆角砾岩全面改造，在地表只见到呈脉状产出的隐爆角砾岩。

(四)大平沟金矿

阿尔金北缘地区金成矿带沿阿尔金北缘断裂带呈东西向延伸，金的化探异常主要分布在阿尔金北缘断裂带和深变质岩带南侧边缘地区。东西向阿尔金北缘断裂带与次级的北西西向和北东东向断裂交会处的破碎带是金的富集成矿区。新疆地调院于 2005 年前发现了大平沟金矿、祥云金矿、盘龙沟金矿点(图 5-7)，并进行了预查评价。其中，大平沟金矿床探求(334_1)资源量 11 026kg；祥云金矿探求($333+334_1$)金资源量 407.43kg，盘龙沟金矿探求($333+334_1$)金资源量 49.37kg。

大平沟金矿床是此类矿床的典型代表，以下重点探讨其成矿特征。该矿位于阿尔金北坡深断裂(下称阿北断裂)北侧，中心地理坐标：东经 91°28′30″，北纬 39°10′10″。

1. 区域成矿地质环境

大平沟金矿床大地构造属于阿北地块南缘。区域上出露地层主要为新太古界、古元古界、蓟县系、青白口系、下古生界、中生界和新生界。岩浆岩以早古生代岩浆岩、晚古生代花岗岩类为主，其分布受近东西向阿北断裂控制。区域构造以近东西向阿北断裂及北东向阿尔金断裂构造为主，阿北断裂及其次级断裂贯穿矿区，整体走向为东西向转北东东向，属压扭性右行走滑断裂，长达 400km，宽数百米至两千米。断层面比较平直，具“入”字型分支及分叉合并现象。断层面主要南倾，部分北倾，倾角 45°～70°之间(中国地质科学院地质力学研究所，2002)。

大平沟金矿床位于阿北断裂下盘，赋矿围岩为米兰岩群。金矿化严格受矿区韧性剪切带控制，韧性剪切带呈北西西走向，倾向南南西(杨风等，2001)。

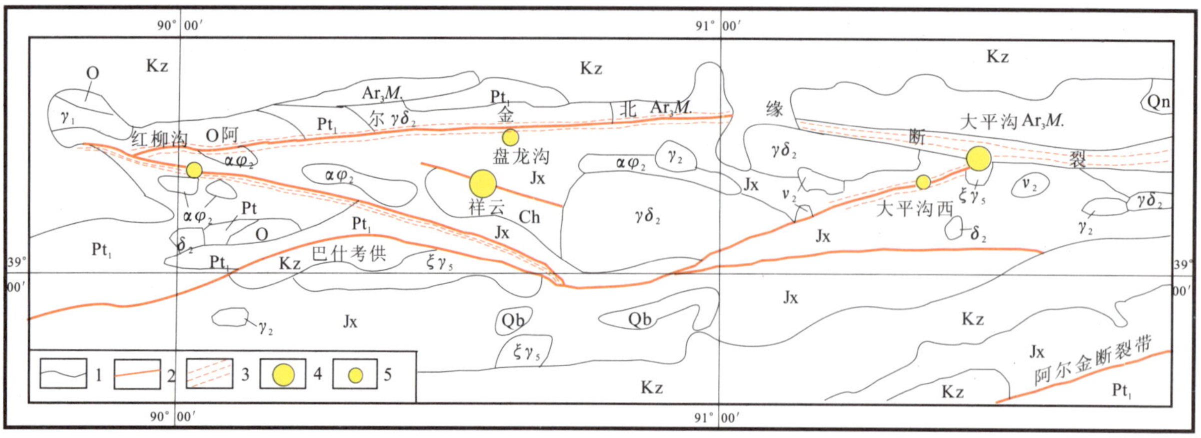

图 5-7 阿尔金北缘地区区域构造及金矿床(点)分布图(据陈柏林等,2002 修改)

Kz. 新生界;J. 侏罗系;O. 奥陶系;Qb. 青白口系;Jx. 蓟县系;Ch. 长城系,Pt_1. 古元古界;Ar_3M. 新太古界米兰岩群;$\xi\gamma_5^1$. 印支期钾长花岗岩;$\gamma\delta_4$. 海西期花岗闪长岩;δ_4. 海西期闪长岩;γ_2. 花岗岩,$\gamma\delta_2$. 花岗闪长岩;ν_2. 辉长岩;$\alpha\varphi_2$. 超铁镁质岩;1. 地质界线;2. 断裂;3. 韧性剪切带;4. 金矿床;5. 金矿点

1)岩石地层

矿区内出露新太古界米兰岩群($Ar_3M.$)角闪岩相-麻粒岩相的中—深变质岩系,岩性主要为浅灰—深灰色变粒岩、片麻岩、斜长角闪岩、紫苏辉石麻粒岩、角闪紫苏麻粒岩、条带状混合岩,其中与金矿体直接围岩为褐红色钾长变粒岩。其原岩为中—酸性火山岩夹少量基性火山碎屑岩。这套中—深变质岩系整体动力变质作用显著,是韧性剪切带-变质热液型金矿的有利成矿母岩。围岩蚀变强烈,主要有硅化、绢云母化、绿泥石化、钾化、碳酸盐化、黄铁矿化、褐铁矿化等。其中,硅化与金矿化的关系最为密切。

2)岩浆岩

通过将大平沟西花岗岩(485Ma)与区域上花岗岩的岩性和岩石地球化学的对比分析,确定矿区东南角出露的钾长花岗岩为加里东期。

3)控矿构造特征

沿阿北断裂带发育次级断裂和韧脆性剪切带。韧性剪切带由边部到中心变形增强,岩石由碎裂岩系过渡为糜棱岩系。近东西向韧脆性剪切带呈现向东汇集、向西发散的帚状构造,各带形态呈波状、带状、透镜状等,它严格控制金矿体的产出形态、分布及规模。晚期叠加的脆性断裂有北西向和近东西向两组断裂(图 5-8)。

4)变质作用

以区域变质作用和区域动力变质作用为主,叠加热液变质作用和接触变质作用。区域变质作用以广泛分布的麻粒岩为特征;区域动力变质作用表现为岩石具片理化、糜棱岩化和碎裂岩化特征。

5) 区域地球物理、地球化学特征

1∶5 万航磁等值线图显示,在正磁背景场为主的梯度变化带上,存在一个异常极值在 325nT 以上的小高磁异常。大平沟金矿位于 1∶10 万化探综合异常大平沟 HS-3-甲号金铜综合异常内。该综合异常面积为 $14.5km^2$,呈半椭圆形,包括了 3 个单元素异常。异常元素组合较简单,仅有金、铜元素异常套合,但异常浓度高。1∶2 万化探岩屑测量 Au 的极大值为 170×10^{-9},并有多个值大于 30×10^{-9}。

2. 矿床特征

1)矿体特征

大平沟金矿区划分了 6 条矿化蚀变带(Ⅰ、Ⅱ、Ⅲ、Ⅳ、Ⅴ、Ⅵ),其中Ⅳ、Ⅴ、Ⅵ三条矿带普遍品位较低($0.56\times10^{-6}\sim0.80\times10^{-6}$),尚未圈出工业矿体。金矿区目前总共圈定了大小 15 条金矿(化)体(表 5-2),有一定规模的为Ⅰ、Ⅱ-3、Ⅱ-6、Ⅲ-1 号矿体,其他各矿(化)体规模较小。

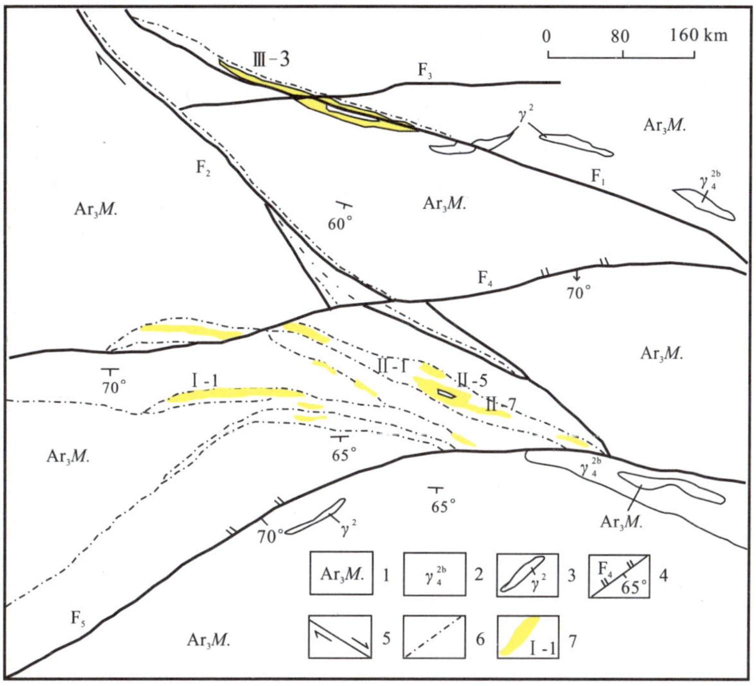

图5-8　大平沟金矿床地质图(据杨屹等,2002修改)

1.米兰岩群;2.花岗岩;3.正长细晶岩脉;4.压扭性断裂及编号;5.走滑断裂;6.矿化带界线;7.矿体及编号

表5-2　大平沟金矿矿体特征一览表

矿化带编号	矿体编号	矿体规模(m)		矿体形态	矿体品位(10^{-6})	矿石组成	围岩蚀变特征
		长度	厚度				
Ⅰ	Ⅰ	120	2.50	复脉状	15.91	含金石英脉夹少量蚀变岩	黄铁矿、褐铁矿、绿帘石、钾长石、硅化、微量孔雀石
Ⅱ	Ⅱ-1	20	0.60	条带状	3.61	破碎蚀变岩	黄铁矿、褐铁矿、绿帘石、钾长石、硅化、绢云母、绿泥石、微量黄铜矿、孔雀石化
	Ⅱ-2		1.42		2.37		
	Ⅱ-3	110	1.48	条带状、脉状、透镜状	3.07	含金石英脉夹少量蚀变岩	
	Ⅱ-4	20	0.76	条带状	3.53	破碎蚀变岩	
	Ⅱ-5		0.63		2.64		
	Ⅱ-6	40	1.28		3.16		
	Ⅱ-7	20	0.69	脉状	10.10	网脉状石英脉	
	Ⅱ-8		0.63	脉状、条带状	2.08	破碎蚀变岩	
	Ⅱ-9		0.63		1.20		
Ⅲ	Ⅲ-1	120	2.90		4.16	含金石英脉夹少量蚀变岩	
	Ⅲ-2	20	1.96		0.71		黄铁矿、褐铁矿、绿帘石、钾长石、硅化、绢云母、绿泥石
	Ⅲ-3	15	1.04		0.56		
Ⅴ	Ⅴ-1	40	1.92		0.76	含金石英脉	
	Ⅴ-3	15	0.98	透镜状	0.64	钾长花岗岩	黄铁矿、褐铁矿、少量黄铜矿、孔雀石化

2)矿石特征

大平沟金矿床的矿石矿物主要为自然金、黄铁矿、黄铜矿等，并含有闪锌矿、褐铁矿、孔雀石、斑铜矿、磁铁矿、黄钾铁矾等。脉石矿物主要有石英、绿泥石、绢云母、钾长石和方解石等。按金矿化类型(或赋矿岩石)可以分为蚀变糜棱岩型和石英脉型两类，石英脉型又可分为钾长石石英脉型和石英脉型，并以钾长石石英脉型为主；按金属矿物组合可分为黄铁矿-自然金类型(主要)和黄铁矿-黄铜矿-自然金类型(次要)。

蚀变糜棱岩型金矿石：是主要矿石类型，占矿石量60%以上；产于控矿韧性变形构造带内或两侧一定范围内(一般1～5m，局部达10m)；容矿岩石是发生了矿化蚀变的糜棱岩类，主要蚀变有硅化、黄铁矿化、绢云母化、绿泥石、钾长石化；矿石金品位不高，但较均匀，矿石量大。

钾长石石英脉型金矿石：是富矿石，主要产于大平沟金矿床Ⅰ号和Ⅱ号矿化带内，大多呈透镜状，长几米至十几米，最长2030m；容矿岩石是含黄铁矿钾长石石英脉和含黄铜矿黄铁矿钾长石石英脉。矿石中Au品位高，多数$5\times10^{-6}\sim50\times10^{-6}$，肉眼可常见自然金。该类金矿石中的石英一般具有比较明显的韧性变形，如波状消光和动态重结晶等，长石变形较弱。

石英脉型金矿石：是富矿石，主要产于大平沟金矿床北侧Ⅲ号矿化带内，延伸相对比较长，最长达百余米，石英脉中黄铁矿等硫化物含量比较低；矿石Au品位高，多数$5\times10^{-6}\sim50\times10^{-6}$，肉眼可常见自然金。该类金矿石中的石英一般具有强烈的韧性变形，形成硅质糜棱岩，石英动态重结晶颗粒发育，波状消光明显。

矿石结构主要有鳞片变晶结构、自形粒状结构、半自形—他形粒状结构、碎裂结构、糜棱结构等。矿石构造主要有块状构造、细网脉状构造、浸染状构造、团块状构造、条带状构造等。

自然金：多以单矿物呈不规则粒状、椭圆状、串珠状、叶片状、微细脉状及纤维状产出。明金粒径在0.02～0.2mm，最大可达1mm以上，镜下粒径多在2～40μm之间。金赋存状态主要为裂隙金。自然金多呈微短脉状、粒状，产于黄铁矿、石英裂隙中，较普遍；粒间金呈不规则粒状、微细脉状，产于黄铁矿颗粒、石英颗粒间，多与黄铁矿颗粒呈连晶状分布；包裹金呈粒状他形晶，产于黄铁矿中。

黄铁矿：是矿石中最主要的金属硫化物。其呈烟灰色、浅黄铜色，半自形—自形晶粒状，立方体外形，部分为五角十二面体晶粒。黄铁矿粒径极不均匀，粒径在0.01～1mm，个别达1.5～9mm。矿石中黄铁矿含量1%～5%，占金属矿物总量的80%～95%。光片分析认为黄铁矿的形成可分为早、晚两期。早期黄铁矿多呈散粒状分布于岩石中，粒径较粗，碎裂纹发育，黄铁矿沿边部多褐铁矿化、部分完全褐铁矿化，粒径一般在1mm左右；晚期黄铁矿多产出于早期黄铁矿微破裂隙及石英脉裂隙中，并常与黄铜矿、闪锌矿、自然金等矿物伴生，以微细粒或细脉状充填、交代形式产出，与金富集成矿关系密切。黄铁矿晶粒越大，晶形越完整，含金量越低；粒径越细，晶形越碎裂，含金量越高。该特征与金的归并和崩解作用有关。

黄铜矿：黄铜黄色，金属光泽，绝大多数呈不规则的粒状，形态有团粒状、片状、变形虫状、串珠状等，具不完全解理，表现为塑性变形特征。

大平沟金矿床主要矿石矿物和脉石矿物的生成顺序可分为4个阶段，即①成矿热液形成阶段：石英-绿泥石-早期黄铁矿；②主成矿阶段：黄铜矿-自然金-自形黄铁矿-石英；③还原阶段：自然铜-铜蓝；④表生富集和氧化阶段：自然铜-铜蓝-褐铁矿-孔雀石。

3)围岩蚀变

矿化带围岩蚀变强烈，主要蚀变类型有硅化、黄铁矿化、绢云母化、钾长石化、黄铜矿化、方解石化、绿泥石化。围岩与含金破碎带具一定的矿化分带特征，由蚀变带中心向外大致划分出以下3个带。

(1)石英-黄铁矿-黄铜矿-绢云母带：为矿体集中分布带，该带其宽度与石英脉分布范围吻合。矿化蚀变类型齐全，含金较高。

(2)褐铁矿-黄铁矿-绿泥石带：为过渡带，其宽度受石英脉和破碎带边界控制，宽度不大，局部达十几米，以褐铁矿化、绿泥石化为主，含金不高，局部可构成表生矿。

(3)褐铁矿-钾长石-绿泥石带：为矿体及含金破碎蚀变带的围岩，岩石以星点状、团块状褐铁矿为特征，普遍发育绿泥石化、钾化，基本不含金。

3. 矿床地球化学特征

1)常量与微量元素地球化学特征

通过对大平沟金矿破碎蚀变带岩石中氧化物与金的相关性分析,其中与金含量具有正相关关系的有 SiO_2、Al_2O_3、Fe_2O_3、K_2O 等,相关系数较大的为 K_2O、Fe_2O_3;与金含量具有负相关关系的有 FeO、MnO、MgO、CaO、Na_2O 等,相关系数较大的为 MnO、CaO。相关分析说明了钾化和褐铁矿化与金的成矿作用具有最密切关系。根据大平沟金矿床地质情况,钾化可能与处在该矿床东南方向的钾长花岗岩侵入有关。因此,钾长花岗岩可能具有与金矿化较密切的关系(陈宣华等,2002)。

大平沟金矿床变粒岩、糜棱岩、含金石英脉和烟灰色石英脉的稀土元素分析显示,含金石英脉与金矿化围岩的稀土配分具有相似性,它们都具有轻稀土强烈富集的特征,Eu 异常和 Ce 异常不明显,只是在糜棱岩和纯净的无矿化烟灰色石英脉中具有弱的 Ce 异常,这说明了它们可能具有同源性。其中钾长变粒岩稀土总量为 421.57×10^{-6},随着片理化和糜棱岩化作用,蚀变糜棱岩中的稀土总量降至 209.72×10^{-6},在含金的条带状钾长石石英脉中稀土总量更少,而在烟灰色石英脉中,稀土总量降至最低,为 8.572×10^{-6}(杨风等,2001;陈宣华等,2002;陈柏林等,2005)。

2)流体包裹体特征

大平沟金矿钾长石英脉型金矿石的石英样品中流体包裹体的分析测试结果捕获温度为 198～290℃,成矿流体密度为 0.791～0.971g/cm^3,盐度 2.03%～5.5%,成矿压力为 420～720kPa,成矿深度为 1.61～2.68km(王小凤等,2004)。大平沟金矿床属于动力变质热液为主的中低温热液型矿床。

3)同位素地球化学特征

铅同位素特征:大平沟金矿床 3 件样品的铅同位素投影结果表明本区铅来源具有造山带特征,是幔源物质及壳源物质经受不同程度的混染而成,其源岩是较为复杂的。这与大平沟金矿床与发育于太古代钾长变粒岩中的韧性剪切带具有成因联系的事实相吻合(陈柏林等,2005)。

硫同位素特征:大平沟金矿床矿石中黄铁矿的 $\delta^{34}S$ 介于 5.8‰～6.2‰之间,在正变质岩硫范围内($\delta^{34}S$ 介于 4‰～10‰)(张理刚,1985)。硫源以壳源硫为主,结合本区地质演化和稀土元素特征等,认为大平沟金矿床硫同位素主要来源于围岩——钾长变粒岩(陈柏林等,2005)。

锶同位素特征:大平沟金矿床初始锶比值($^{87}Sr/^{86}Sr$)为 0.710 06,明显大于 0.707,表明成矿物质主要来源于地壳物质,而非上地幔,即来源于以钾长变粒岩为主的太古宙变质岩(陈柏林等,2005)。锶同位素与硫同位素反映结果一致。

氢氧同位素特征:大平沟金矿床石英脉的 $\delta^{18}O$ 石英为 11.2‰～12.5‰,与花岗岩特征(7‰～13‰)相当。相应包裹体水的氢同位素 δD 为－57‰～－59‰。通过氢、氧同位素投影,证明本区成矿流体以变质水(动力变质热液)为主,并有少量的岩浆水和大气降水混入(陈柏林等,2005)。

总之,大平沟金矿床成矿物质主要来源于区内太古宙变质岩,成矿流体以变质水为主,有少量岩浆水的混入,并受到大气降水的影响,如果考虑到造山带地区岩浆属地壳重熔型的因素,则反映出成矿流体中变质水占明显优势的特征(陈柏林等,2005)。

4. 成矿时代、成矿类型及找矿标志

1)成矿时代

陈宣华等(2001)根据阿尔金北缘断裂中生代正断和伸展作用的时代,推测大平沟金矿床形成于早侏罗世(220～187Ma);杨屹(2003)根据大平沟金矿 6 个含金石英脉样品流体包裹体 Rb－Sr 测年,确定大平沟金矿 Rb－Sr 等时线年龄为 487±21Ma,初始 $^{87}Sr/^{86}Sr$ 为 0.710 06±0.000 18(2δ)。这个 Rb－Sr 等时线年龄与大平沟西黑云母花岗岩锆石 U－Pb 年龄(485±21Ma,2004)很接近,但与矿区东部出露的晚古生代—中生代花岗岩有明显差别。推测加里东期花岗岩可能是本区金成矿的重要物(热)源。

2)成矿类型

目前学者对大平沟金矿床成因存在不同的认识。杨屹(2002)认为是受韧脆性剪切带控制的中低温变质-岩浆热液复成因型金矿床；王小凤(2004)认为可能是与阿北断裂中生代伸展作用有关的剥离断层控制的破碎蚀变岩(韧性剪切带)-石英脉型金矿床；陈柏林(2005)认为是中温动力变质热液成因矿床。

稀土元素和稳定同位素研究结果说明：成矿物质主要来自于新太古代变质岩——钾长变粒岩。加里东期中酸性岩浆侵入引发区内强烈的构造变形(深层次韧性剪切带)和构造动力分异作用(动力变质热液)，使原来岩石中的金等成矿元素被充分活化，并形成含金热液。这种含矿热液沿着韧脆性构造变形带中的裂隙运移上升至适宜的构造部位交代糜棱岩或构造片岩，形成蚀变糜棱岩(构造片岩)型金矿床；当含金热液进入到地壳浅部的断裂破碎带时，则形成交代型石英脉矿体。综上所述，大平沟金矿应为热液石英脉-破碎蚀变岩型金矿床。

3)综合找矿标志

(1)米兰岩群变粒岩是大平沟金矿床的主要赋存层位。阿北断裂带附近的次级断裂和韧性剪切带是本区金矿的主要控矿构造，特别是断裂交会处和裂隙发育地段是主要成矿与赋矿成矿部位。

(2)破碎蚀变带中绿泥石化、绢云母化等蚀变，普遍具黄铁矿化、褐铁矿化、黄钾铁矾及少量铜的硫化物、氧化物。这些蚀变和矿化作用发育地段，往往形成金矿体。

(3)含金石英脉是最直接的找矿标志，一般在地表呈细脉、透镜状产出，北西向、东西向呈尖灭再现、平行排列分布。石英脉普遍具黄铁矿化、褐铁矿化及铜的硫化物等矿化。

(4)沿阿北断裂带分布的以金为主的化探异常也是找金的重要标志。这些异常元素组合简单，强度较高，元素异常分布明显，异常范围较大。

(5)金矿与本区中—酸性岩体关系密切，金矿体往往产出于岩体附近的构造破碎带中，在岩体接触带附近的围岩中钾化普遍。

(五)阿北岩浆热液型银铅矿

阿北银铅矿位于阿尔金山北缘，地理坐标：东经 91°37′00″—91°43′00″，北纬 39°07′30″—39°09′30″。新疆地矿局第一区域地质调查大队于 2004 年开展化探异常查证时，发现并圈定了矿化蚀变带和银铅锌矿体。2005—2007 年，新疆地调院又针对矿化蚀变带和主要矿体开展评价工作，查明了矿床的基本特征，探求(334_1)金属资源量：银为 567.02t，铅为 23.66×10^4t；伴生组分资源量：金为 1.23t，铜为 1.32×10^4t，锌为 0.88×10^4t。

1. 矿区地质特征

矿区出露地层有新太古界米兰岩群($Ar_3M.$)、中元古界蓟县系斯米尔布拉克组(Jx*s*)和卓阿布拉克组(Jx*zh*)。新太古界米兰岩群达格拉格布拉克组为一套角闪岩相-麻粒岩相深变质岩系，岩性主要为灰绿色变粒岩和褐灰—褐红色钾长变粒岩夹片岩。斯米尔布拉克组(Jx*s*)岩性主要为云母片岩、绿泥石片岩、硅化凝灰岩、白云质灰岩等。卓阿布拉克组(Jx*zh*)岩性主要为变质砂岩、千枚岩化粉砂岩、板岩、凝灰岩、英安岩、英安斑岩和少量沉火山角砾岩。

矿区主要发育有近东西向、北西西向和北东向 3 组断裂，其中北东向断裂形成较早，近东西向和北西西向两组断裂形成较晚，且北西西向断裂形成略早于近东西向断裂。近东西向和北西西向断裂为本区主要控矿断裂。

岩浆岩主要岩性有二长花岗岩、花岗岩、花岗闪长岩、闪长岩和辉长岩，其中，出露于矿区中部的二长花岗岩是银铅矿体(化)的直接围岩，局部出露有早古生代斜长花岗岩和辉长-辉绿岩。

区内变质作用复杂，按变质岩类型和变质作用的方式，划分出区域变质作用、动力变质作用和接触交代变质作用。

2. 矿床特征

1)矿带与矿体

阿北银铅锌多金属矿主要产于矿区中部二长花岗岩体中，空间分布受南东向、近东西向断裂裂隙控制,按矿体分布范围、空间展布特点,划分出2个矿带,圈出10个矿体。矿体分布见图5-9。

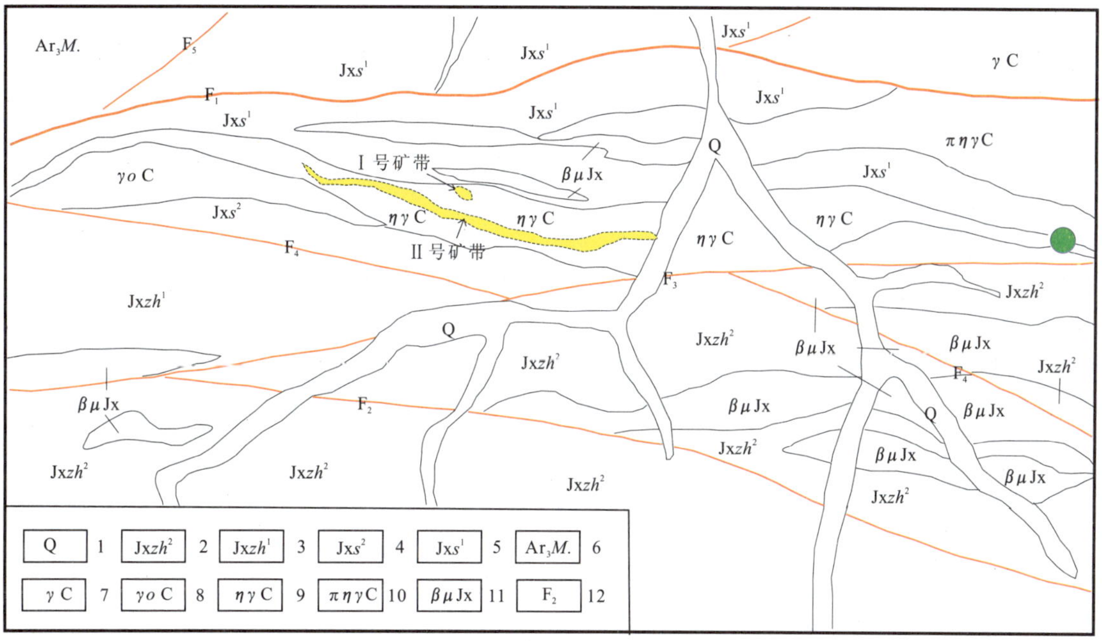

图5-9　阿北银铅矿区地质简图(杨风等,2006)

1.第四系;2.蓟县系卓阿布拉克组第二岩性段;3.蓟县系卓阿布拉克组第一岩性段;4.蓟县系斯米尔布拉克组第二岩性段;5.蓟县系斯米尔布拉克组第一岩性段;6.米兰岩群;7.石炭纪花岗岩;8.石炭纪斜长花岗岩;9.石炭纪二长花岗岩;10.石炭纪似斑状二长花岗岩;11.蓟县纪灰绿岩;12.断裂

Ⅰ号矿带分布在二长花岗岩体北部内接触带附近,岩体与斯米尔布拉克组第二岩性段(Jxs²)绿泥石片岩、绿泥石英片岩呈侵入接触。矿带岩石主要为二长花岗岩,地表有孔雀石、铜蓝、黄钾铁矾、褐铁矿、方铅矿、闪锌矿等矿化显示。矿带沿南东方向裂隙带分布,矿带总体长度约120m,宽度20～30m,产状35°～85°∠65°～78°。圈出2个工业矿体(地表矿体1个),品位Pb为1.78%～6.72%,Zn为0.5%～1.81%,Ag为23.87×10^{-6}～87.33×10^{-6},Cu为0.07%～0.10%,Au为0.23%～0.48%。

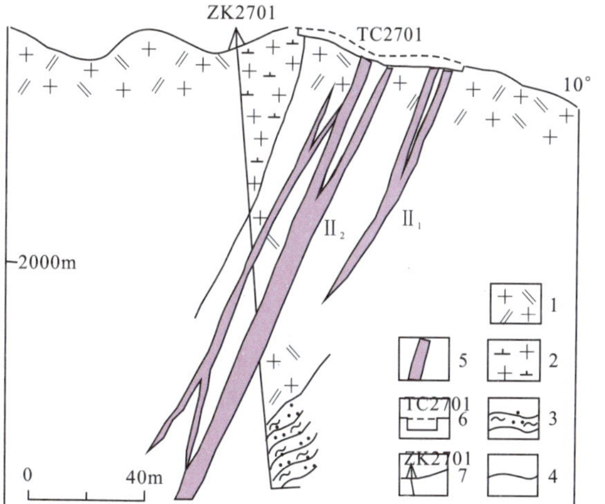

图5-10　阿北银铅矿区7勘探线剖面图(杨风等,2006)

1.早古生代二长花岗岩;2.早古生代花岗闪长岩;3.绿泥石石英片岩;4.地质界线;5.矿体;6.探槽;7.钻孔

其中较大的Ⅰ₁号矿体分布于Ⅰ号矿带的北侧,呈脉状、透镜状产出(图5-10),由致密块状铅锌矿脉,星点状、细脉网脉状银铅矿石英脉及蚀变花岗岩组成。该矿体长100m,厚8.93m,平均品位:Pb为6.72%,Zn为1.81%,Ag为87.33×10^{-6},Cu为0.10%,Au 0.48×10^{-6}。有用组分为银、铅、锌,伴生有用组分为铜、金。

Ⅱ号矿带位于矿区中部,分布在二长花岗岩体中。根据控制程度分东西两个矿段。矿带总体长度达2.3km,宽度20～50m。目前西段控制长度达1400m,东段控制长度达400m。矿体呈带状、脉状、透镜状产出,矿体长度100～1250m,平均厚度2.23～9.06m,平均品位:Ag为23.78×10^{-6}～715.05×10^{-6},Pb为1.78×10^{-6}～14.14×10^{-6}。

Ⅱ号矿带目前初步圈出Ⅱ₁、Ⅱ₂、Ⅱ₃、Ⅱ₄、Ⅱ₅、Ⅱ₆、Ⅱ₇、Ⅱ₈共8个工业矿体。其中较大的Ⅱ₃号矿体长 1250m，平均厚度 5.63m。平均品位：Pb 为 7.13%，Zn 为 1.81%，Ag 为 198.05×10^{-6}，Cu 为 0.37%，Au 为 0.48×10^{-6}。有用组分为银、铅，伴生有用组分为铜、金、锌。$Ⅱ_7$ 号矿体长 460m，平均厚度 9.06m。平均品位：Pb 为 5.73%，Ag 为 97.30%，Cu 为 0.26%，Au 为 0.12×10^{-6}，有用组分为银、铅，伴生有用组分为铜、金。$Ⅱ_8$ 号矿体长 450m，平均厚度 4.53m。平均品位：Pb 为 6.14%，Ag 为 137.44×10^{-6}，Cu 为 0.52%，Au 为 0.33×10^{-6}。有用组分为银、铅、铜，伴生有用组分为金。

2）矿石特征

矿石矿物组合比较简单。金属矿物以方铅矿、闪锌矿为主，次为黄铁矿、黝铜矿、黄铜矿，少量磁铁矿、赤铁矿；氧化物主要为褐铁矿、黄钾铁矾，次为孔雀石、铜蓝，少量赤褐铁矿；脉石矿物主要有石英、方解石等。

矿石结构构造：主要为粒状结构，具细脉状、致密块状构造，少数呈斑块状、条带状、稀疏浸染状和星点状构造。

矿石类型：按矿石自然类型可分为氧化矿石、原生矿石和混合矿石 3 种类型。氧化矿石主要有褐铁矿、黄钾铁矾、孔雀石、铜蓝、赤褐铁矿等，原生矿石为方铅矿和闪锌矿，由于矿体临近地表，处在氧化带范围内，往往在原生矿石表面形成氧化矿石，因此混合矿石较常见。按矿石工业类型主要可分为银铅、银铅铜、银铅锌和铅矿石 4 种类型。其中，银铅和银铅铜矿石为主要类型。

3）围岩及蚀变

矿体赋存于早古生代二长花岗岩体（$\eta\gamma C$）中，围岩岩石类型简单，围岩与矿体界线明显。近矿围岩蚀变类型主要有硅化、黄钾铁钒化、绢云母化、高岭土化、碳酸岩化。地表发育有褐黄、土黄色黄钾铁矾-褐铁矿蚀变带，且连续性较好，为重要的找矿标志。

4）成矿时代与矿床成因

阿北银铅矿的矿化带主要发育于早古生代二长花岗岩体（$\eta\gamma_3$）中（获得单颗粒锆石 SHRIMP U-Pb 年龄为 514±6Ma），成矿作用与该区早古生代中—酸岩浆活动有着密切的关系，其成因类型属于岩浆热液型多金属硫化物矿床。矿床的形成晚于二长花岗岩的侵入时间，再参考同在白尖山断裂带内的大平沟金矿的 487Ma 的成矿年龄（杨屹等，2004），初步推测阿北银铅矿的成矿作用时代也是在早古生代中期，为 480～470Ma（陈柏林等，2005）。

3. 成矿模型与综合找矿标志

1）成矿模型

阿北银铅矿是一个与早古生代酸性岩浆侵入作用有关的岩浆热液型矿床，形成于早古生代中期（480～470Ma）。之后，由于二长花岗岩体大规模的韧性变形，形成呈弧形延伸的韧脆性控矿裂隙，同时岩浆期后热液萃取围岩中的成矿物质，运移到脆性张扭性裂隙中充填结晶，形成了脉状银铅矿床。早古生代二长花岗岩体侵入作用和构造热液活动为主要控矿因素。发育于二长花岗岩中的韧脆性断裂破碎带控制了银铅矿化蚀变带的空间展布、产状、规模和延伸。构造破碎带中破碎强烈及局部变宽部位是最有利的矿化区段。

2）综合找矿标志

（1）在岩体接触带或岩体内部，地表发育有褐黄、土黄色黄钾铁矾-褐铁矿蚀变带，且连续性较好，为重要的直接找矿标志。

（2）早古生代二长花岗岩体是重要的间接找矿标志。

（3）存在断裂破碎蚀变带，围岩蚀变较强，岩石具有硅化、黄钾铁钒化、绢云母化、高岭土化、碳酸盐化等。

（4）存在相对较高的激电极化率异常，对应出现中低电阻率异常，反映深部可能有较富集的硫化矿体存在。

（5）成矿元素以金、铜、铅、锌、银为主，伴生锑、铬、镍、镉、钼等，元素组合复杂，套合好，各单元素异常面积大，强度高，是寻找该类矿产的间接标志。

第六章　宝塔山—多宝山一带铅锌矿成矿地质背景与成矿特征

第一节　位置、交通及自然地理概况

宝塔山—多宝山一带是西昆仑黑恰-岔路口铁铅锌稀有找矿远景区内一个以铅锌矿为主的矿集区，其范围拐点坐标：①东经 79°29′51″，北纬 34°53′18″；②东经 78°13′06″，北纬 35°29′14″；③东经 78°10′49″，北纬 35°44′35″；④东经 79°32′17″，北纬 35°07′59″。该地区位于青藏高原西北部的喀喇昆仑山主脊北侧，处于西昆仑成矿带南部边缘，行政区划隶属于新疆维吾尔自治区和田地区和田县(图 6-1)。

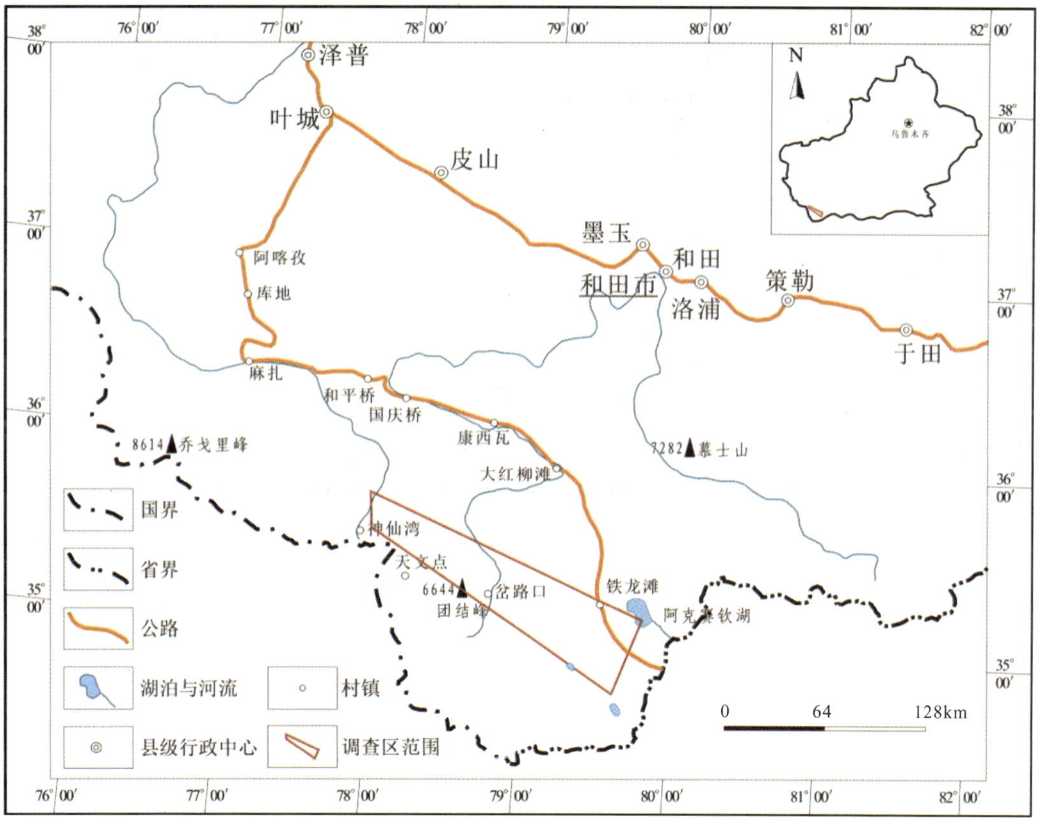

图 6-1　宝塔山—多宝山研究区交通位置图

区内海拔 4900～6600m，大部分地区海拔均在 5400m 以上，地形切割强烈，相对高差大。该区具内陆高原干旱、寒冷的气候特征，自然环境极端恶劣，属于无人烟区。219 国道从研究区东部通过。另有哈巴克-神仙湾、甜水海-天神达坂边防公路，但路况均极差，并受季节影响较大，交通困难。区内生产生活物资供给困难，全部来自 460km 外的叶城县。

第二节 以往地质矿产工作程度

研究区由于受高海拔、自然环境恶劣、交通极为困难等因素影响，总体地质工作程度较低。目前 1∶100万地质调查、1∶50 万化探扫面、1∶25 万地质调查已经覆盖全区。近年来，中国地质调查局部署实施了 13 幅 1∶5 万水系沉积物测量和 1∶5 万区域地质调查，并探索性部署了 1∶5 万矿产地质调查工作（图 6－2）。其中，对本次研究参考价值较大的主要有以下调查工作。

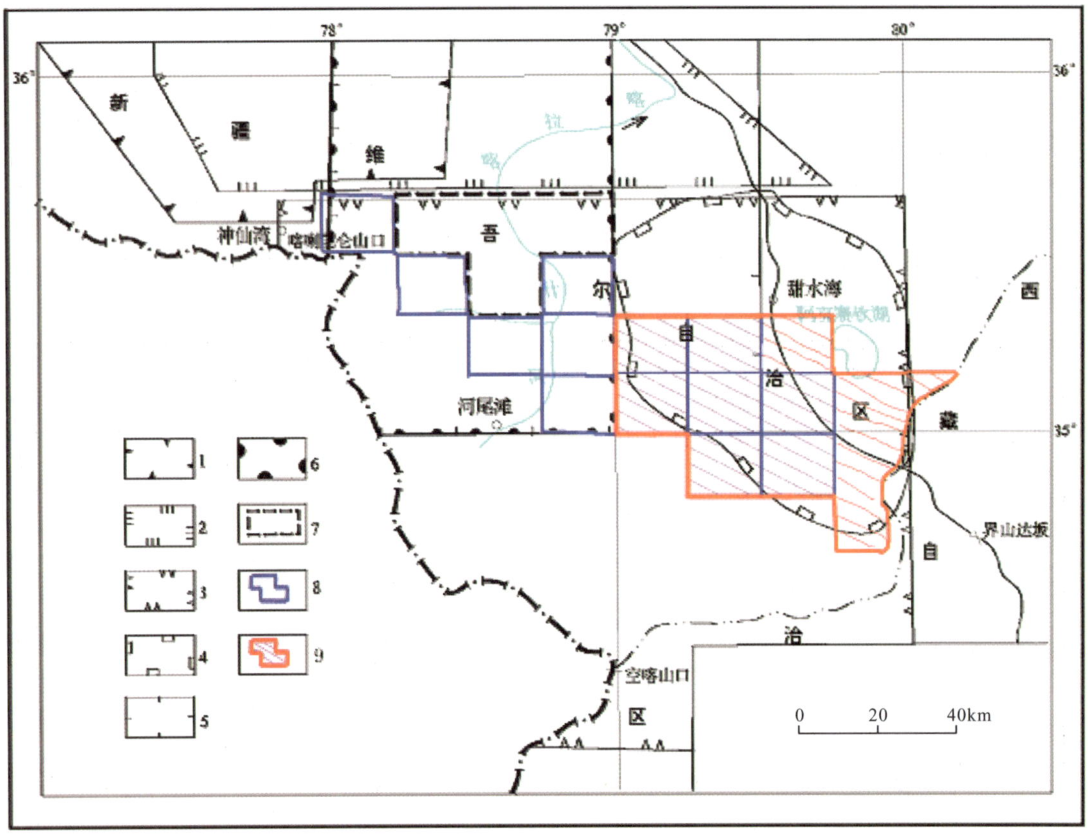

图 6－2 以往工作研究程度图

1.1941—1943 年 1∶50 万地质调查区；2.1960 年新疆地质局和田地质大队一分队 1∶100 万非正式地质调查区；3.1962 年西北煤田地质局一五六勘探队 1∶50 万非正规地质调查区；4.1971 年新疆地质局区调队 1∶100 万正规地质调查区；5.2003 年陕西省地调院 1∶25 万区域地质调查区；6.2002 年陕西地调院 1∶5 万化探测量区；7.2006—2008 年新疆区调一队矿产调查区完成 3 幅 1∶5 万化探普查；8.2010—2011 年新疆地矿局第十一地质大队岔路口 1∶5 万化探普查区；9.2010—2011 年新疆地矿局物化探大队甜水海 1∶5 万化探普查区

（1）2000—2002 年，陕西省地质调查院和湖北省地质调查院在研究区及周边地区（新疆西昆仑叶尔羌河上游地区和新疆西昆仑喀拉喀什河上游地区）开展了 1∶50 万化探扫面工作，圈定了岔路口-甜水海以铅为主的大规模多元素组合异常，并发现了部分找矿线索。

（2）2003—2005 年，陕西省地质调查院又在西昆仑地区进行 1∶25 万区调，包括康西瓦幅、恰哈幅、岔路口幅、阿克萨依湖幅。对西昆仑地区的地层、侵入岩、火山岩、构造等进行了系统研究，发现了大量的动、植物化石，在此基础上对前人建立的地层系统进行了较大的修正。

(3)2006—2008年，新疆地矿局第一区域地质大队(本书中又称新疆地矿局区调一队)完成了“新疆和田县乔尔天山一带1∶5万区域地质矿产调查”项目，编制了《新疆和田县乔尔天山一带(I44E003002乔尔天山幅、I44E003003喀拉喀什河幅、I44E003004平达坂幅、I44E004003长干湖幅)1∶5万区域地质矿产调查成果报告》，报告共圈定单元素异常635个，综合异常64个，找矿远景区7个，找矿靶区11个，发现了落石沟、宝塔山、长山岭等铅锌矿。

(4)2009年，新疆地矿局第八地质大队完成了“新疆和田县落石沟一带铅锌矿普查”项目，获取了落石沟矿区、宝塔山西北矿区较为详细的矿产地质资料。

(5)2010—2011年，新疆区地质调查院完成了“新疆西昆仑岔路口地区1∶5万化探项目”。该项目发现了天神铅锌矿点，结合已知的落石沟铅锌矿、宝塔山铅锌矿，认为中侏罗统龙山组和上白垩统铁隆滩群是主要的赋矿层位。2012—2013年，杜红星对宝塔山铅锌矿进行了矿床地质特征、岩石地球化学和流体包裹体等方面的研究，认为该矿床受一定层位控制，主要赋存于上白垩统铁隆滩群灰岩中，赋矿岩石主要为褐铁矿化灰岩、碎裂状灰岩，属与构造热液有关的层控型碳酸盐岩型铅锌矿床。成矿流体为中高温、中低密度热液，具温度逐渐降低或升高、从高盐度变化为低盐度演化特点。成矿时代可能在晚白垩世末—古近纪。

(6)2012年，新疆地矿局第十一地质大队完成了岔路口地区6幅1∶5万化探普查工作，发现天神铅锌矿、驼峰岭铅锌矿；新疆地矿局物化探大队完成了甜水海地区7幅、卡孜勒一带5幅1∶5万化探普查工作，发现了卡孜勒铜银矿、甜水海铅锌矿、天路铁矿；2012年中国冶金地质总局新疆地质勘查院完成了独立山幅、黑山头幅、黄羊滩幅与鱼跃石幅1∶5万水系沉积物测量，发现了鱼跃石铅锌矿。

第三节　宝塔山—多宝山一带铅锌矿成矿环境

一、区域地质特征

(一)地质构造背景

宝塔山-多宝山矿集区位于甜水海地块与神仙湾二叠纪—三叠纪边缘裂陷带结合部位。其间以乔尔天山-岔路口断裂为界，矿集区主体位于该断裂带以南(图6-3)。

1. 甜水海微陆块

该微陆块位于乔尔天山-岔路口断裂带以北，其过渡基底为长城系甜水海岩群和青白口系肖尔克谷地岩组，主要由变质细碎屑岩夹碳酸盐岩组成。岩石变形强烈，属于中部层次塑性流变，发育一系列顺层掩卧褶皱、尖棱褶皱及韧性剪切带，变质达低绿片岩相。该微陆块缺失蓟县系、震旦系地层沉积。

古生界以碳酸盐岩、碎屑岩建造为主；中生界侏罗系—白垩系下部为陆相碎屑岩、上部为碳酸盐岩建造。古生界及其上的盖层的总体构造线以北西-南东向褶皱构造为主，晚期叠加了北东-南西向构造，形成一系列短轴背斜、向斜构造，并发育一系列由北向南叠瓦状逆冲推覆断裂。古生界变质达低绿片岩相，中新生界基本未变质。

区内岩浆岩主要为侏罗纪黑云母二长花岗岩。

2. 神仙湾二叠纪—三叠纪边缘裂陷带

该裂陷带位于乔尔天山-岔路口断裂带以南，主要由二叠系深水浊积岩沉积和少量三叠系细碎屑岩建造组成，岩石组合主要为细碎屑浊积岩夹少量硅质岩，其上为侏罗系—白垩系碳酸盐岩建造。地层仅发生浅变质，但变形较强，主要表现为一系列的北西-南东向短轴背、向斜构造，同时发育近北西-南东向

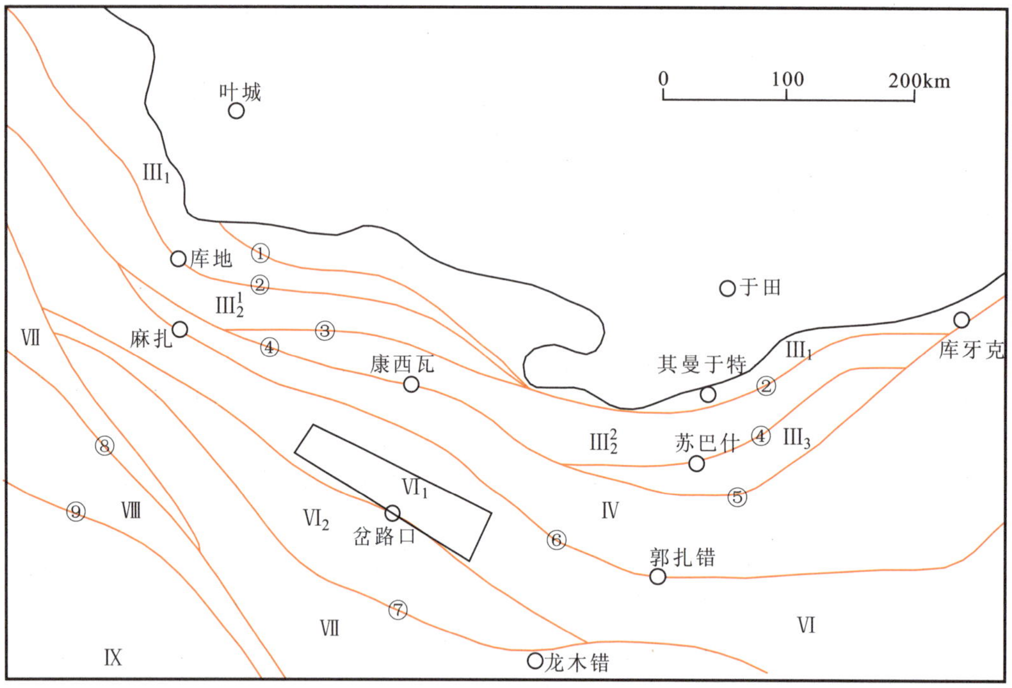

图 6-3 大地构造单元划分图(1∶25 万岔路口幅区调报告,2006)

断裂名称:①柯岗断裂;②其曼于特-祁漫塔格早古生代蛇绿构造混杂岩带;③蒙古包-普守早古生代蛇绿构造混杂岩带;④柳什塔格-岩碧山-向阳泉中昆仑断裂带;⑤苏巴什-木孜塔格晚古生代蛇绿构造混杂岩带;⑥郭扎错-西金乌兰湖-金沙江结合带;⑦龙木错-双湖结合带;⑧班公湖-怒江结合带;⑨狮泉河结合带

构造单元:Ⅰ$_1$.铁克里克断隆带;Ⅲ$_1$.北昆仑(祁漫塔格)晚古生代岩浆弧带;Ⅲ$_2$.中昆仑微陆块(早古生代与晚古生代构造叠加复合带);Ⅲ$_2^1$.中昆仑微陆块北带;Ⅲ$_2^2$.中昆仑微陆块南带;Ⅲ$_3$.南昆仑晚古生代残弧带;Ⅳ.巴颜喀拉晚古生代—中生代边缘裂陷盆地;Ⅵ.甜水海-北羌塘微陆块群;Ⅵ$_1$.甜水海微陆块;Ⅵ$_2$.神仙湾二叠纪—三叠纪边缘裂陷带;Ⅶ.喀喇昆仑-南羌塘陆块;Ⅷ.班戈-腾冲燕山期岩浆弧带;Ⅸ.冈底斯-下察隅晚燕山期—喜马拉雅期岩浆弧带

断裂构造。

(二)地层

区域上地层发育较齐全,从元古界至新生界均有出露,但研究区出露地层主要为中元古界长城系甜水海岩群、赛图拉群,青白口系肖尔谷地岩组;下古生界奥陶系冬瓜山群,志留系温泉沟群、达坂沟群;上古生界泥盆系落石沟组、天神达坂组,石炭系帕斯群、恰提尔群,二叠系红山湖组、神仙湾群、黄羊岭群、红山湖组、神仙湾组;中生界三叠系巴颜喀拉山群下组、上河尾滩组、克勒青河群,侏罗系巴工布兰萨组、龙山组,上白垩统铁隆滩群;新生界。其中,中侏罗统龙山组和上白垩统铁隆滩群是本区铅锌矿的主要赋矿地层。现将各地层单元特征简述如下。

1. 中元古界—新元古界

长城系甜水海岩群(ChT.):分布于研究区北部,主要为一套浅变质细碎屑岩夹泥质岩,岩石变形强烈,变质较浅;发育一系列紧闭尖棱褶皱、顺层掩卧褶皱及强劈理化带,东西横向变化较大。

长城系赛图拉群(ChSt^2):零星出露于研究区东北部,主要为石榴白云石英片岩、石榴长石浅粒岩、石榴斜长黑云石英片岩夹透镜状斜长角闪片岩,局部混合岩化。

青白口系肖尔谷地岩组(Qbx.):出露于研究区中北部,呈长条带状分布于甜水海-郭扎错断裂带南侧,是以白云岩、灰岩、变砂岩、片岩为主的一套碳酸盐岩-碎屑岩组合。该组地层与上覆三叠系巴颜喀拉山群、下伏甜水海岩群均为脆韧性断层接触。

2. 下古生界

奥陶系冬瓜山群(OD):出露于研究区的中北部,主要为一套碳酸盐岩夹少量细碎屑岩沉积,局部夹钙质砂岩,总体显示为一套稳定的台地相沉积。该群下岩组灰岩中含有较多的浅海生物化石,亦可见灰岩中球状叠层石、砂质灰岩、砾屑灰岩、竹叶状灰岩等,局部砂岩中可见交错层理,应为浅海台地相高能环境下沉积。上岩组岩石以泥质灰岩、泥质板岩、含粉砂泥质板岩为主,夹有含砾内碎屑砂岩。粉砂板岩中水平层理发育,局部可见小型沙纹层理。总之,上岩组沉积环境表现为水体较深、沉积速率较慢的特征,应为陆棚边缘沉积物。

下志留统温泉沟群(S_1W):温泉沟群大面积分布于区域中北部,主要为一套细碎屑岩夹硅质岩,局部夹有少量火山岩组合。局部岩石变质变形较强,发育尖棱褶皱及同斜褶皱,变质达低绿片岩相。此套地层总体上反映为一套较深水的复理石沉积,依据岩石组合特点自下而上分为两个岩性段。

下段:灰色、黑灰色、浅灰绿色薄—中层状变质粉砂岩、粉砂质板岩、千枚岩夹岩屑长石砂岩和少量砂质微晶灰岩透镜体,以及紫红色泥岩和含放射虫硅质岩、硅质板岩。

上段:灰色薄—中层状片理化细粒岩屑砂岩、长石砂岩、粉砂岩夹粉砂质板岩,局部地段以粗粉砂岩为主。

中—上志留统达坂沟群($S_{2-3}D$):出露于研究区西北角,与泥盆系、石炭系等地层为断层接触。主要岩性为红、灰色碎屑岩夹少量灰岩,含珊瑚等化石。

3. 上古生界

下—中泥盆统落石沟组($D_{1-2}l$):分布于研究区西北部,为一套碳酸盐岩夹碎屑岩建造,由灰、浅灰色灰岩、生物碎屑灰岩夹钙质泥质灰岩、石英岩屑粗砂岩组成,不整合在冬瓜山群或达坂沟群之上。岩石中生物化石较丰富,主要有腕足类、珊瑚类及腹足类等,灰岩中发育鲕粒灰岩、砾屑灰岩及藻团粒。落石沟组沉积相有鲕状灰岩相、白云岩相、礁灰岩相等,沉积环境总体为浅海碳酸盐台地相环境。

上泥盆统天神达坂组(D_3t):零星出露,主要为灰色—紫红色砾岩、含砾砂岩夹泥质粉砂岩、钙质砂岩,上部为灰—灰白色钙质粉砂岩夹灰岩。该组地层总体为一套陆相-浅海滨岸相沉积,与下伏落石沟组、上覆龙山组均为断层接触。

下石炭统帕斯群(C_1P):出露于研究区西北部,区域上该套地层自下而上划分为3个岩组,即下部灰岩岩组,岩性为深灰色厚层状粉晶灰岩、生物灰岩夹礁灰岩;中部白云岩岩组,岩性为灰白色微晶白云岩夹纹层状白云岩,偶夹深灰色深灰色薄层状泥质白云岩;上部碎屑岩岩组,岩性主要为长石石英砂岩、粉砂岩、灰岩、火山岩等。总体为碳酸盐岩台地半封闭海湾稳定沉积环境,与上部恰提尔群整合接触。

中石炭统恰提尔群(C_2Q):零星出露于研究区中东部,主要为一套细碎屑岩夹碳酸盐岩建造。下部主要为砂岩、粉砂岩夹砂质灰岩;上部主要为灰岩、生屑灰岩夹钙质砂岩。总体反映了水动力条件比较动荡的浅海高能滨岸相沉积环境。

上述中元古界—上古生界均分布于乔尔天山断裂以北。

二叠系红山湖组($P_{1-2}h$):出露于区域东南部红山湖南一带。岩性以碳酸盐岩为主,自下而上分为两个岩性段:下段为灰—浅灰色薄层状粉晶灰岩夹角砾状灰岩、生物灰岩,灰岩中产蜓等化石;上段为灰色生屑微晶碎屑灰岩、砂质灰岩、砾屑灰岩、粉砂岩及泥质灰岩等。该组地层与上覆及下伏地层皆为不整合接触。

二叠系神仙湾群($P_{1-2}S$):广泛分布于乔尔天山-岔路口断裂以南地区,下未见底,被龙山组不整合覆盖(断层接触),为一套深水相碎屑岩,主要岩性为灰色—深灰色中—厚层状细粒石英砂岩、石英粉砂岩夹绢云母板岩,局部夹少量硅质岩、玄武岩、火山角砾岩等。依据岩石组合可进一步划分为3个段。下段总体为一套较细的碎屑岩间夹石英砂岩、长石砂岩、少量细砾岩等。由砂岩和粉砂岩组成的沉积韵律极为发育,具复理石沉积特征。中段总体由细粒砂岩和粉砂岩构成,韵律层清楚,具较深水的复理石沉积建造特征。上段由砂岩-石英粉砂岩-钙质粉砂岩-硅质岩构成,基本层序包括鲍马序列的c、d、e

段。神仙湾组岩性、岩相较稳定，横向变化不大。在河岔口及黑山顶南一带该组中段见玄武岩、火山角砾岩夹层，在神仙湾一带见大量滑塌成因的角砾状灰岩、灰质角砾岩等。

二叠系黄羊岭群(PH)：分布于研究区东北部，主要为灰—深灰色泥质板岩、粉砂质板岩夹粉砂岩、薄层粉砂质灰岩及长石石英砂岩。

下—中二叠统红山湖组($P_{1-2}h$)：红山湖组主要分布于独立山、红山湖南一带，与下伏温泉沟群为断层接触。依据岩石组合特征可进一步划分上、下两段。下段分上、下两部分，下部主要为灰—浅灰色薄层状粉晶灰岩夹角砾状灰岩、生物灰岩，局部见生物点礁；中部岩石中有砾屑灰岩、白云岩化灰岩、白云岩、生屑灰岩等；上部岩性为生屑微晶砂屑灰岩、砂质灰岩、砾屑灰岩、泥质灰岩等。上段主要为灰绿色中薄层状钙质粉砂岩夹紫红色中薄层状泥质灰岩等。

4. 中生界

三叠系巴颜喀拉山群下组(TB)：出露于研究区东北部，只出露上、下两个岩性段。下岩性段(TB^1)主要为灰色中—厚层状变细粒长石石英砂岩、变细粒石英砂岩夹石英粉砂岩、粉砂质板岩；上岩性段(TB^2)为灰色中—厚层变长石石英细砂岩、粉砂岩夹绢云母粉砂质板岩。

中三叠统上河尾滩组(T_2s)：出露比较零散，主要分布于河尾滩西、克兹尔塔格、岔路口东、长干湖一带，与下伏地层为断层接触，龙山组或铁隆滩群不整合覆于其上，岩性为浅灰—深灰色薄—中层状灰岩、生物灰岩、粉砂岩、细砂岩、硅质岩，以及少量硅质灰岩、白云岩、泥灰岩等。

上三叠统克勒青河群(T_3K)：呈细长条状分布于区域东北部，岩性主要为碳质页岩、粉砂岩、细砂岩和含砾粉砂岩、粗砂岩夹泥岩、泥灰岩，整合于上河尾滩群之上。

下侏罗统巴工布兰萨组(J_1b)：出露于区域中部，由灰色页岩、粉砂岩、砂岩夹砾岩组成。

中侏罗统龙山组(J_2l)：本区铅锌主要含矿层，广泛分布于乔尔天山断裂以南，呈北西-南东向带状展布，多呈角度不整合覆于下伏下二叠统神仙湾组地层之上，其上被上白垩统铁隆滩群角度不整合覆盖。其沉积环境表现为海陆交互相向浅海碳酸盐岩台地相过渡。依据岩石组合特征，将其划分为上、下两段，即下段碎屑岩段、上段灰岩段。龙山组岩性、岩相稳定，横向变化不大。

下段(J_2l^1)：主要为灰绿色—紫红色复成分砾岩夹含砾钙质岩屑砂岩、钙质砂岩等。砾石成分复杂，有灰岩、玄武岩、砂岩、粉砂岩等，磨圆度中等或较差，分选一般，局部可见粒序层理，胶结物为砂泥质，具近源快速堆积特征。砂岩段岩石总体呈紫红色，局部灰色—灰绿色，砾岩中砾石成分复杂，分选一般，砂岩结构和成分成熟度均较低，总体特征反映为炎热、干燥环境下的陆相河流沉积。

上段(J_2l^2)：主要为一套浅海碳酸盐岩夹火山岩建造，与砂岩段为整合过渡接触关系。出露厚度为1623.1m。该段下部主要为鲕粒灰岩、砾屑灰岩、生物灰岩夹玄武岩等；上部主要为微晶灰岩、砂屑微晶灰岩、生物碎屑灰岩等，局部出现生物点礁。总体为浅海高能碳酸盐台地相，个别层位(腕足碎片富集成层)还显示边滩相堆积特征。顶部灰岩段局部夹有石膏层，具有咸化潟湖沉积特征。灰岩段中夹有厚约15m的玄武质角砾岩和杏仁状玄武岩，岩石呈绿灰色，具斑状结构(基质具粗玄结构)，块状构造、杏仁状构造。

上白垩统铁隆滩群(K_2T)：本区铅锌主要含矿层之一，较广泛分布于研究区中南部地区，与下伏地层均为角度不整合接触，上未见顶。依据岩石组合，可进一步划分为砂砾岩段和灰岩段。

砂砾岩段：总体为一套紫红色河流相粗碎屑岩，具有陆相河流沉积特征。该段可进一步分为上、中、下三部分：下部主要为灰黄—紫红色砾岩，砾石成分复杂，有灰岩、硅质岩、砂岩等；中部主要为钙质砂岩夹砾岩，砂岩中粒序层、水平纹层发育；上部为一套砾岩夹少量钙质砂岩，砾石成分较单一，主要为灰岩。

灰岩段：与下伏砂砾岩段为整合渐变关系，主要为一套浅灰白色局部褐红色生屑灰岩、生物灰岩夹少量泥质灰岩、礁灰岩等。灰岩一般具厚层—块状构造，微晶结构，含大量生物，主要有瓣鳃类、海百合茎、腕足类等，瓣鳃类个体较粗大，直径可达5cm左右。灰岩段总体为局限浅海碳酸盐台地相沉积。

铁隆滩群岩性、岩相稳定，横向变化不大。

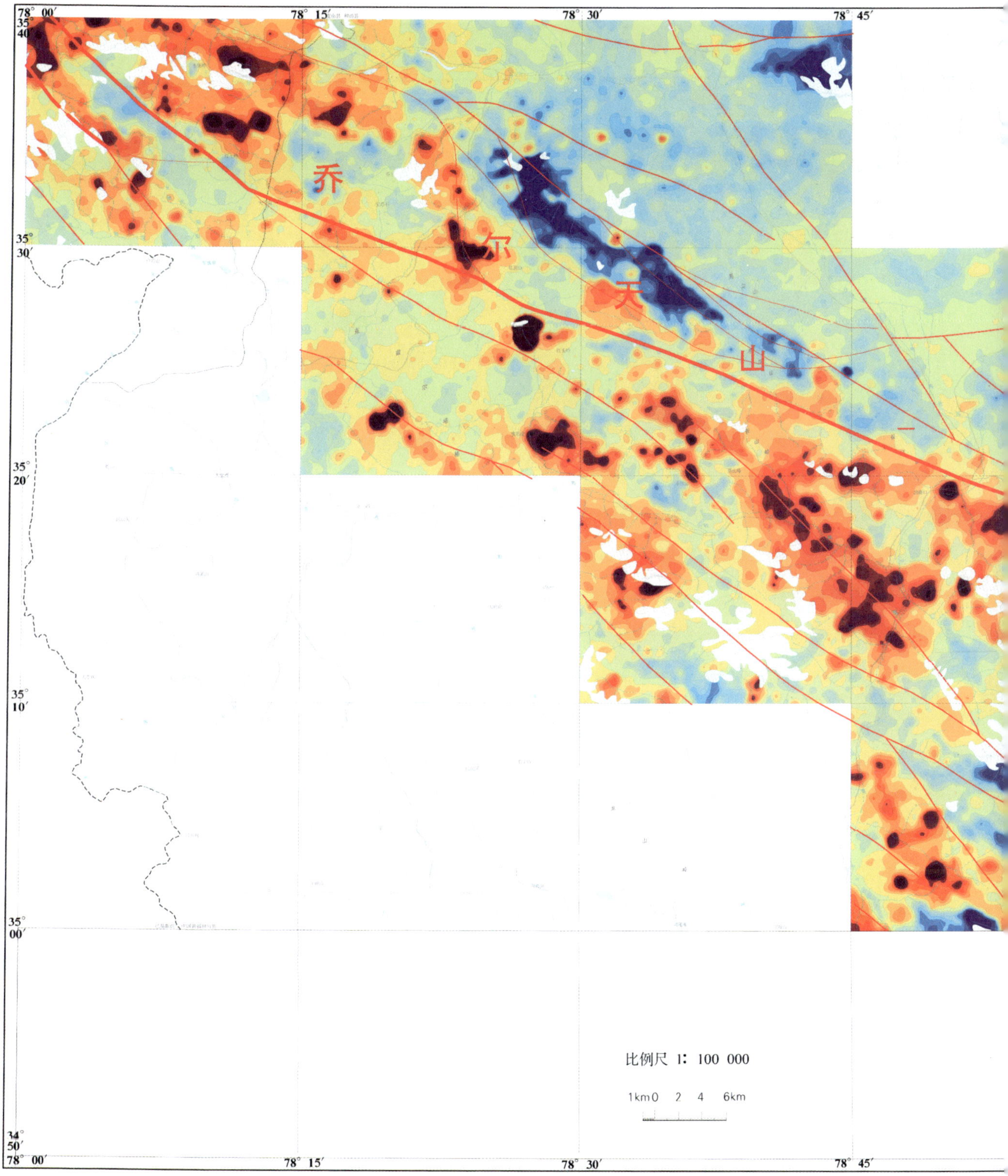

图6-5 乔尔天山-岔路口断裂一带1∶10万铅

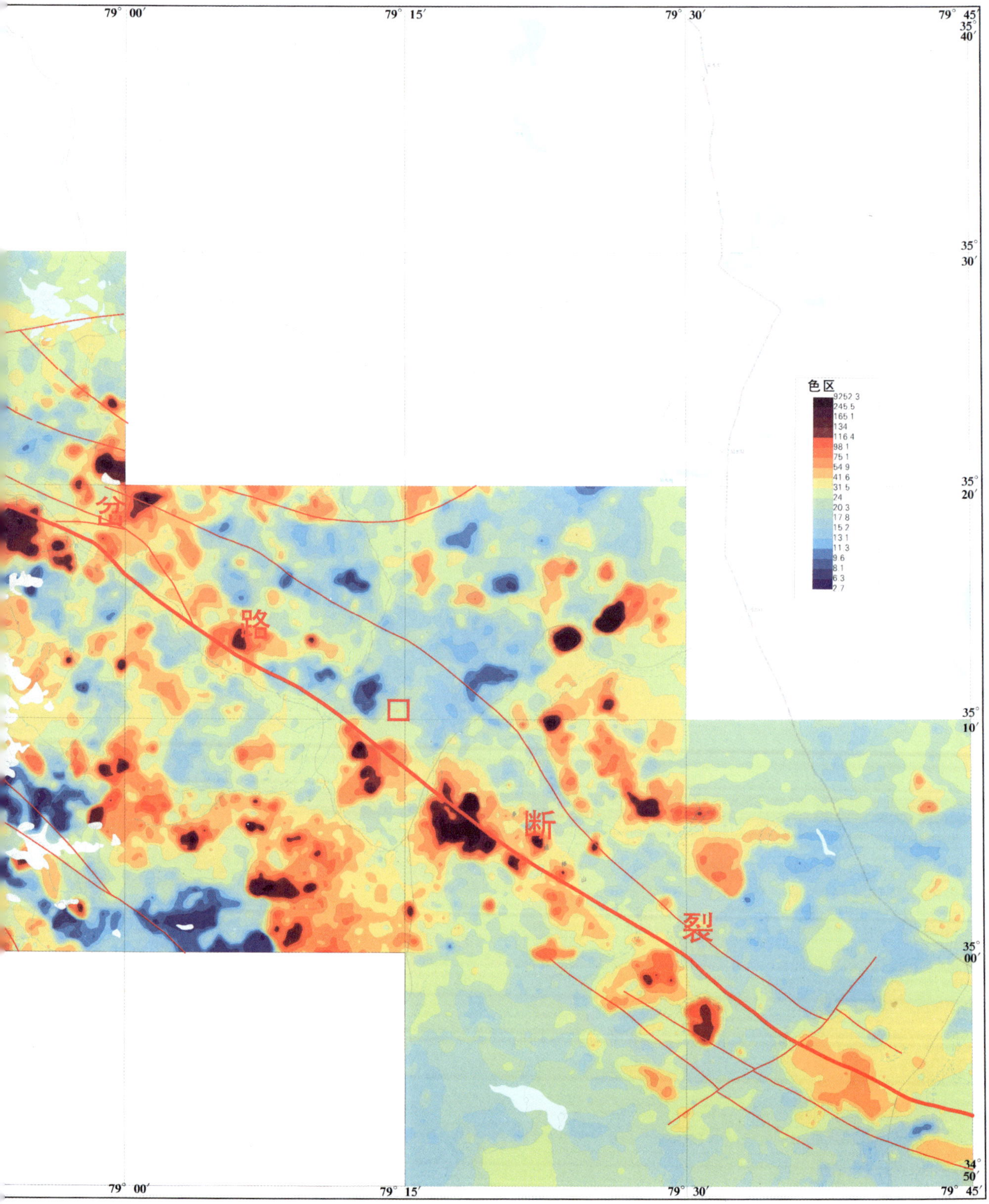

地球化学图（据新疆地质调查院，2013修改）

5. 新生界

新近系中新统帕卡布拉克组(N_1p)分布于研究区西北部，岩性为砂岩、砾岩及砂砾岩。上新统阿图什组(N_2a)主要分布于乔尔天山附近，为陆相杂色碎屑岩系。新近系上新统水泉沟组(N_2q)为一套火山岩建造，下部为灰绿色凝灰质火山角砾岩；上部为灰色含角砾状石英橄榄粗面岩、橄榄玄武岩。另外地层为第四系新疆群(Qp^3+Qh)。

(三)岩浆岩

研究区岩浆岩不太发育，集中在北部地区，以侵入岩为主，火山岩分布零星。侵入岩主要形成时代为中生代的三叠纪和侏罗纪，岩石类型主要为闪长岩、英云闪长岩、二长花岗岩，其次为橄榄岩、辉石岩、辉长岩，还有零星出露的新近纪环斑花岗岩。火山岩以玄武岩-安山岩类为主，另有少量的流纹岩。

(四)变质岩

研究区动力变质岩分布较广泛，除新生代地层外，几乎所有地层、地质体都曾经历过动力变质作用。根据岩石类型划分为压碎岩类、构造角砾岩、糜棱岩类和构造片岩。研究区内动力变质岩主要有长英质碎粒岩、灰质构造角砾岩和糜棱岩化灰岩等。

(五)构造

1. 断裂构造

乔尔天山-岔路口断裂呈北西-南东向纵贯全区，是区内的主干断裂。该断裂向东延伸到龙木错一带，断裂带宽100～500m，断层面倾向北东，倾角一般50°～65°，发育糜棱岩化砂岩、钙质糜棱岩、断层角砾岩、碎裂岩等，两侧岩石一般较破碎。依据构造岩的变形特征分析，该断层早期主要表现为脆韧性剪切伸展-走滑活动，晚期表现为脆性逆冲走滑特征。沿断裂带发育大量辉长岩、辉绿岩脉，说明断裂带规模较大，延伸地壳内部较深。卫星影片上显示明显的线状构造影像特征，地貌上显示一系列的凹陷及断层三角面。该断裂是神仙湾晚二叠世—三叠纪边缘裂陷带北界断裂，分隔北羌塘微陆块上古生代的沉积建造。除了乔尔天山-岔路口断裂外，区内还发育若干条一般断裂，多呈北西-南东向延伸。

2. 褶皱构造

区内发育一系列短轴开阔的褶皱构造，主要构造如下。

乔尔天山短轴向斜：位于天神达坂—乔尔天山一带，褶皱轴线呈近北西向延伸，长约30km，褶皱形态开阔，两翼基本对称，轴面直立，并发育轴面劈理。北翼产状为210°～215°∠40°～65°，南翼产状为30°～45°∠10°～30°，西侧转折端产状为100°∠30°，东侧转折端产状为325°∠20°。卷入地层核部为上白垩统铁隆滩群，两翼为中侏罗统龙山组，北翼由于断裂破坏，而出露不全。

河岔口复式背斜：位于黑山峰—河岔口一带，褶皱轴线呈近北西向延伸，长约55km，褶皱形态较开阔，两翼基本对称，轴面近于直立，轴面劈理发育。北翼产状为40°～50°∠30°～45°，南翼产状为220°～235°∠45°～50°，东侧转折端产状为130°∠40°，西侧转折端产状为325°∠35°。内部次级褶皱发育，主要由2个向斜和3个背斜组成。核部地层为二叠系神仙湾组，两翼地层均为中侏罗统龙山组，由于北翼断裂破坏，地层出露不全。

团结峰短轴背斜：位于奇普恰普山口—团结峰一带，褶皱轴线呈近北西向延伸，长约60km，褶皱形态比较开阔，轴面近于直立，轴面劈理较发育。北翼产状为40°～50°∠30°～45°，南翼产状为220°～235°∠45°～50°，东侧转折端产状为140°∠40°，西侧转折端产状为335°∠30°。核部地层为二叠系神仙湾组，两翼地层均为中侏罗统龙山组，由于后期断裂破坏，褶皱形态发育不全。

二、区域地球物理特征

研究区内地球物理研究程度极低，缺乏系统的中、大比例尺的各种物探成果，仅进行过小比例尺的航磁及重力工作，其异常特征分述如下。

1. 布格重力异常特征

由该区域布格重力异常特征可知：研究区及邻区布格重力异常呈北西向展布的重力异常值表现为北高南低的梯级带，但梯度较为宽缓，梯度每千米平均约为 $1.8\times10^{-5}m/s^2$，局部明显存在不同程度的布格重力异常等值线的弯曲，显示断裂及地质活动较为复杂的重力场特征。

2. 航空磁测异常特征

由该区域航空磁力异常特征可知：研究区及邻区表现为一平缓的弱磁异常区，可能与区内缺少高磁性地质体和已知有色金属矿产多为弱磁性特点有关。磁力等值线呈北西向展布，磁异常的走向与区域断裂构造边界基本一致，表明磁异常与构造的分布具相关性。

三、区域地球化学特征

(一)1∶50 万地球化学特征

1∶50 万区域化探资料显示，乔尔天山-岔路口断裂一带集中了全新疆最大的铅异常(块体)、第二大的锌异常(块体)、第二大的汞异常(块体)及与之对应的镉、锑异常。以 32×10^{-6} 为下限，圈定的铅异常。主体异常连续而稳定，沿乔尔天山-岔路口断裂及两侧分布，异常面积 10 300km²，异常最大值 230.9×10^{-6}，平均值 42.7×10^{-6}，是地壳克拉克值 16×10^{-6} 的 2.67 倍，新疆地区平均值 16.5×10^{-6} 的 2.59 倍，浓集趋势明显且具有多个浓集中心，富集程度高的区段具三级浓度分带。锌、镉富集特征与铅类似，呈现规模大、强度高、连续性好、浓集趋势明显的特点。将铅、锌、镉三元素含量值累加后，选取合适的下限值圈定的综合异常，异常仍呈带状沿乔尔天山-岔路口断裂及两侧分布，异常稳定而连续，长度大于 200km，宽 30～60km 不等，规模巨大，异常面积达 12 900km²(图 6－4)。通过概略的地质找矿工作，在异常边部或浓集区边部，已发现产于灰岩和砂岩中的铅锌矿，呈现出寻找大型、特大型铅锌矿的找矿前景。

此外，以乔尔天山-岔路口断裂为界，断裂以北富集 Au、Cu、Ag、Mo、As、Sb、Mn、Co、Bi、B 等元素，其高背景与以古生界为主的地层关系密切；断裂以南富集 Pb、Zn、Hg、Cd、CaO，贫 Na_2O、Ba，多数元素无明显集散，上述元素高背景与下二叠统神仙湾组、中侏罗统龙山组及上白垩统铁隆滩群关系密切。

(二)1∶5 万、1∶10 万地球化学特征

近年来，中国地质调查局在区内部署开展了 18 幅 1∶5 万水系沉积物测量工作，加上以前完成的 3 幅，共完成了 21 幅，主要由新疆地矿局区调一队、新疆地矿局第十一大队和新疆地矿局物化探大队完成。由于本专著完成时 1∶5 万图幅未能统一成图，以下有关元素分布特征插图应用 1∶10 万地球化学图。

1. 元素的分布特征

1)东经 79°以西地区

该地区以乔尔天山-岔路口断裂带为界，南、北构造单元元素分布差异明显，具有明显的分带性，详见图 6－5～图 6－7。该地区为新疆地矿局第十一地质大队矿调工作区。

北侧的甜水海微陆块：Au、As、Sb、Hg、Cu、W、Mo、Sn 元素为高背景。在奥陶系冬瓜山群上组富集

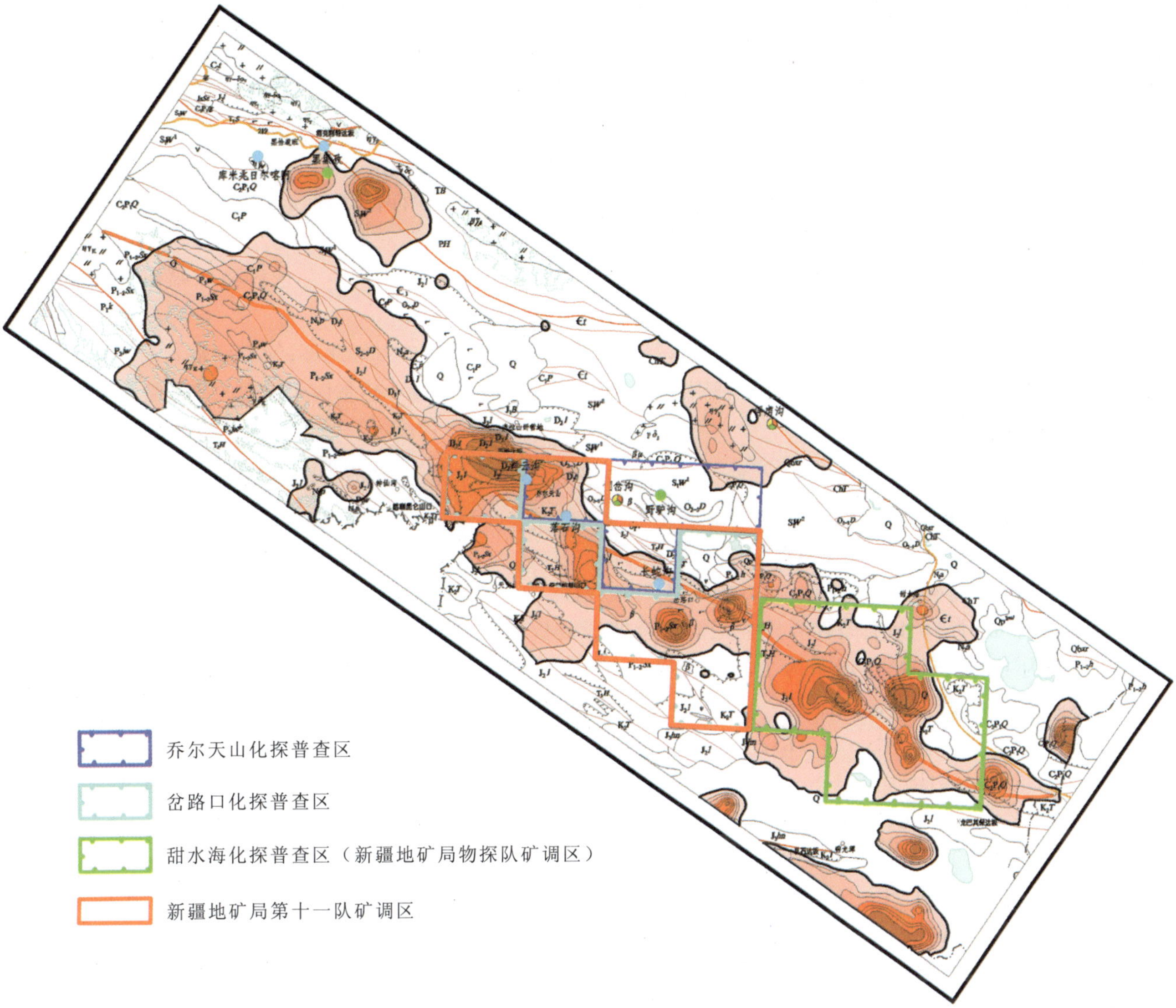

图 6-4　乔尔天山-岔路口断裂一带 1∶50 万铅地球化学图(新疆地调院，2012)

As、Sb、Bi、Hg、Sn、W；志留系温泉沟群富集 Au；石炭系恰提尔群富集 Cu、Au；二叠系红山湖组富集 Au、Hg、Cu。随着时间的推移，富集元素表现出由高温向低温变化的趋势，主要富集元素为 Au、Hg、Cu，表明该区具有寻找金矿、铜矿、汞矿的地球化学条件。

南侧的神仙湾晚古生代—早中生代边缘裂陷槽：Pb、Zn、Sb、Hg、Au、Ag、Cr、Ni、Co 元素为高背景。泥盆系天神达坂组富集元素为 Au、Co、Zn、W、Mo；泥盆系落石沟组富集元素为 Cu、Hg、Pb、Zn；二叠系神仙湾组富集元素为 Au、Sb、Cr、Ni、Pb、W、Bi；三叠系上河尾滩组富集元素为 Bi、Sn、Pb；中侏罗统龙山组富集元素为 Au、Sb、Bi、Sn、Cr、Ni、Cu、W、Co；上白垩统铁隆滩群富集元素为 Cr、Ni、As、Bi、Sn、Ag、Pb、Cu、Co。随着时间的推移，富集元素由低温向高温变化，从二叠纪以后，富集元素种类有明显变化，铁族元素 Cr、Ni、Co 明显富集，表明该构造单元二叠纪以后基性岩浆活动较为突出。

2)东经 79°以东地区

该地区为新疆地质调查院、新疆地矿局物化探大队矿调工作区。由东经 79°以东地区元素地球化学图(图 6-5～图 6-7)可知，各元素的富集特征如下。

(1)Cu 元素在乔尔天山-岔路口断裂带的卡孜勒谷地西南(卡孜勒铜矿)、5249.4 高地西侧、龙巴其保西北及多宝山东北一带较为集中富集。此外，在断裂带以北河岔口图幅北部、阿克萨依湖南图幅西北部大片区域(前人划分为铜找矿远景区)出现 Cu 元素高背景区,其他区域则呈现零星分布。

(2)Pb、Zn 为区内主成矿元素,主要沿乔尔天山-岔路口断裂带,北部的河岔口图幅北部、635 道班图幅南部和龙巴其保大坂东图幅北部接壤处,南部的 5249.4 高地西侧、卡孜勒谷地西南等地较为集中富集。在区域内有已知多宝山铅锌矿分布。

(3)Au 元素以零星分布、弱富集为特征,其形成主要与断裂蚀变有关;Ag、As、Sb 三元素的高背景分布基本一致,也与 Pb、Zn 分布范围大体相当,主要在卡孜勒谷地西南、5249.4 高地西侧、龙巴其保西北一带较为集中富集,是热液矿化的指示元素,明显受断裂控制,与热液活动有关。

(4)W、Mo 族元素在该区总体表现为弱富集,其高背景主要集中于阿克萨依湖南图幅西北部大片区域和卡孜勒谷地西南、龙巴其保西北及多宝山东北一带。

(5)Cr、Ni、Co 元素在该区表现为弱富集,高背景主要分布在河岔口图幅北部、阿克萨依湖南图幅西北部大片区域及多宝山东北一带,其他区域则呈现零星分布,反映了基性—超基性火山岩的元素组合特征。

2. 异常的分布特征

研究区内共圈出以 Cu、Pb、Zn、Ag、Hg、Sb、W、Sn、Mo 等成矿元素为主的地球化学综合异常 116 个(图 6-8),其中东经 79°以西 66 个,以东 50 个。

1)东经 79°以西地区综合异常分布特征

据 2011 年岔路口化探设计资料,对东经 79°以西的 66 个综合异常,又以主成矿元素 Pb、Zn、Ag 为目标进行了成(控)矿地质条件和异常元素组合特征分析,将这些综合异常分为:以铅锌为主的综合异常、以铜为主的综合异常、以汞为主的综合异常 3 类。以铅锌为主综合异常主要异常元素有 Pb、Zn、Ag、As、Sb、Au,此类异常包括 HS-1、HS-2、HS-5、HS-7、HS-8、HS-9、HS-11、HS-13、HS-16、HS-22、HS-27、HS-28、HS-33、HS-35、HS-36、HS-37、HS-38、HS-39、HS-41、HS-42、HS-45、HS-46、HS-48、HS-55、HS-58、HS-61、HS-63、HS-64,共计 28 个。以铜为主综合异常主要异常元素有 Cu、Ni、Cr、Co,此类异常包括 HS-4、HS-6、HS-10、HS-14、HS-15、HS-17、HS-19、HS-20、HS-21、HS-23、HS-29、HS-34、HS-40、HS-44、HS-49、HS-52、HS-53、HS-54、HS-56、HS-59、HS-62、HS-65、HS-66,共计 23 个。以汞为主综合异常主要异常元素有 Hg、Pb、Zn,此类异常包括 HS-3、HS-12、HS-18、HS-24、HS-25、HS-26、HS-30、HS-31、HS-32、HS-43、HS-47、HS-50、HS-51、HS-57、HS-60,共计 15 个。

上述异常,以乔尔天山-岔路口断裂带为界,可以初步划分 2 个地球化学异常带:断裂带以北为克孜勒吉勒干 Au、As、Cu、Mo 异常带,呈北西-南东向展布,Au、As、Cu、Mo 元素富集,Pb、Zn 元素明显贫化。元素主要在志留系温泉沟群、石炭系恰提尔群和二叠系红山湖组富集。断裂带以南为天神达坂-兴山 Pb、Zn、Hg、Sb 异常带,呈北西-南东向展布。构成富集程度和规模较大的 Pb、Zn、Hg、Sb 富集区,元素套合较好,异常强度高。其他元素局部富集。该带又可细分为 3 个异常区。

天神达坂-岔路口铅锌、银异常区:位于天神达坂幅—岔路口幅,呈北西-南东向条带状或串珠状展布,面积约 $1200km^2$。异常区以 Pb、Zn、Ag、As、Sb 为高背景,富集特征明显,尤其在团结峰幅突出,Pb、Zn、Ag、As、Sb 元素均呈高浓度分布,沿断裂向东西向延伸逐渐减弱。

团结峰铜、金异常区:主要位于白泥滩幅—兴山图幅,呈北西-南东向条带状展布,面积约 $300km^2$。异常区 Cu、Cr、Ni、Co 元素分布一致,在团结峰幅—兴山幅富集特征明显,Au 元素在断裂带附近呈面状或团块状密集分布。

天神达坂-团结峰铅锌、汞异常区:主要位于天神达坂幅—兴山幅西南角呈北西-南东向条带状展布,面积约 $600km^2$。异常区以 Hg、As、Sb、Pb、Zn 为高背景,富集特征明显,尤其以汞元素高浓度富集突出,沿断裂延伸变化不大。

初步分析具有主要较好找矿潜力的综合异常有 HS-46、HS-50、HS-11、HS-57、HS-16、HS-7、HS-35、HS-18 等。

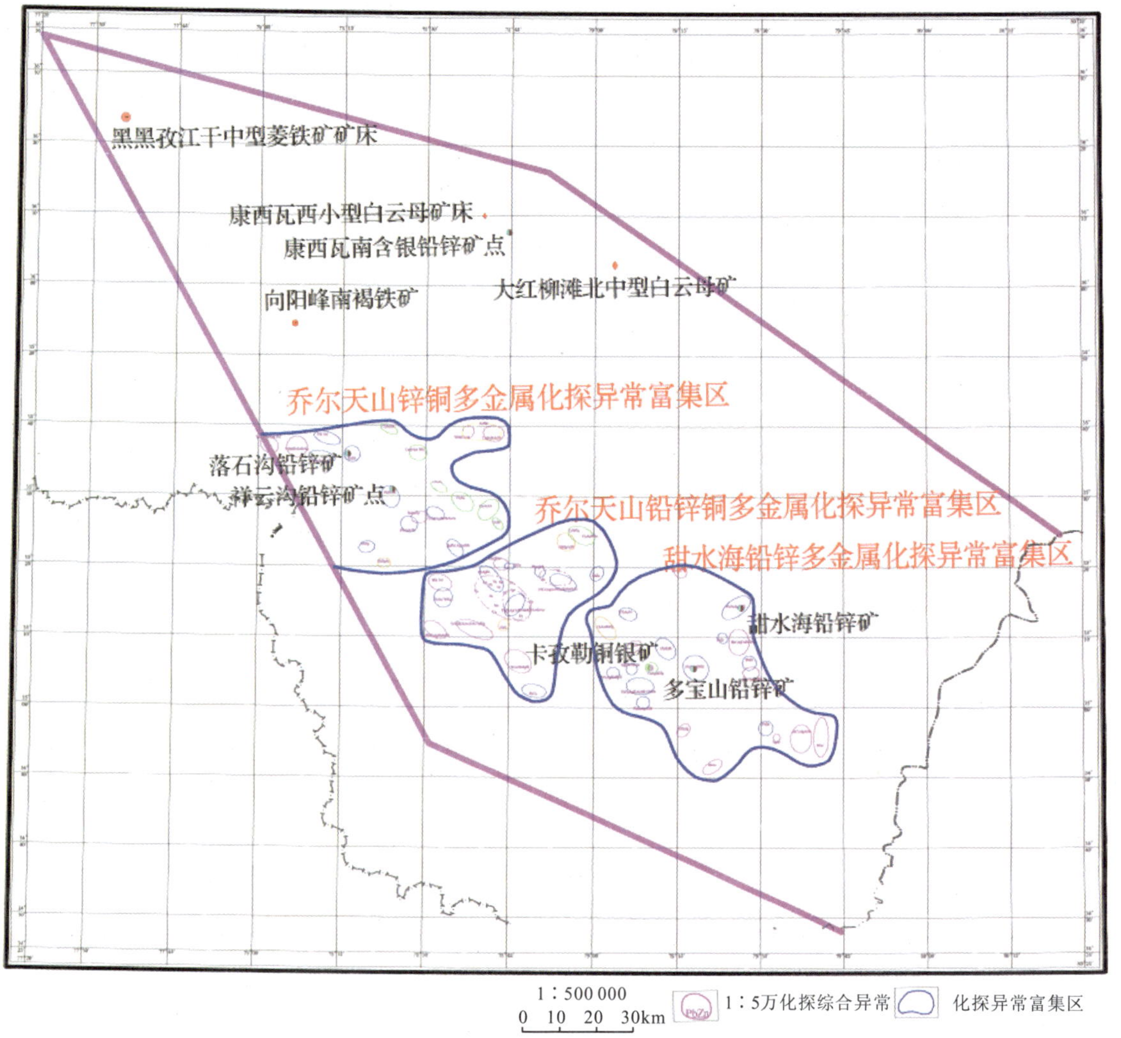

图 6-8　岔路口—甜水海一带 1∶5 万化探综合异常(矿产)图

2)东经 79°以东地区综合异常分布特征

根据 2014 年卡孜勒设计资料,对 Au、Ag、As、Sb、Cu、Pb、Zn、W、Sn、Mo、Bi、Cr、Ni、Co、Hg 共 15 种主成矿元素进行了单元素异常圈定,共圈定单元素异常 389 个,在此基础上圈定综合异常 50 个。对 50 个综合异常按找矿意义和地质-地球化学特征进行了分类,按找矿意义划分出乙 2 类异常 3 个,乙 3 类异常 11 个,丙 1 类异常 29 个,丙 2 类异常 7 个。其中,HS-65 综合异常发现了天路铁矿,HS-27 综合异常发现了多宝山东铅锌矿,HS-10 综合异常发现了甜水海铅锌矿,HS-59 综合异常发现铜矿化蚀变带一条。综上所述,以 Cu 元素为主的卡孜勒一带的 HS-59 和甜水海 HS-15 综合异常,以 Pb、Sb 元素为主的 HS-87 综合异常,以 Au、As 元素为主的 HS-87 综合异常、天路铁矿、多宝山东铅锌矿区,都具有较好的寻找铅、锌、铜等地质-地球化学成矿条件,找矿潜力巨大。

四、岩石地层地球化学特征

1∶25 万区域地质调查成果显示(表 6-1),研究区地层中铅的含量以二叠系为界,前后含量存在明显差异。二叠纪以前的地层,包括石炭系、泥盆系、志留系、奥陶系及长城系,铅、锌含量相对较低,基本处于正常值水平,即在地壳克拉克值上下。从二叠纪开始,一直到白垩纪,地层中铅、锌同时富集,铅的富集倍数在2.69～4.04之间，锌的富集倍数在1.35～2.67之间。其中铅富集程度最高的中侏罗统龙山组，铅含量是地壳克拉克值的3倍。而二叠系、侏罗系、白垩系也是区内广泛分布的地层。结合该区铅及相关的锌-镉-汞-锑异常的广泛分布，认为大规模异常的存在是广泛分布的二叠系、侏罗系、白垩系显著富集铅等元素的结果。从二叠系、白垩系中均已发现铅化来看，地层中铅已达富集成矿的水平。各富铅地层铅的含量进一步反映出铅的富集特征。

表6-1 甜水海地区主要地层单元铅含量

序号	地层	地层代号	含量单位	含量值
1	铁隆滩群	K_2T	10^{-6}	28.0
2	龙山组	J_2l	10^{-6}	48.0
3	神仙湾组	$P_{1-2}Sx$	10^{-6}	22.5
4	恰提尔群	C_2Q	10^{-6}	14.1
5	落石沟组	D_2l	10^{-6}	11.42
6	温泉沟群	S_1W	10^{-6}	10.7
7	冬瓜山群	$O_{2-3}D$	10^{-6}	18.0
8	甜水海岩群	Ch*T*.	10^{-6}	19.2

神仙湾组($P_{1-2}Sx$)上、下两个岩性段，铅含量差异明显(表6-2、表6-3)，同类岩性上岩性段铅含量(41.53×10^{-6})是下岩性段(13.74×10^{-6})的3倍。也就是说，该区铅的富集是从形成神仙湾组上岩性段时开始的。

表6-2 神仙湾组下段微量元素分析结果 单位：10^{-6}

序号	样品号	岩石名称	Pb
1	D707/1	石英粉砂岩	10.33
2	D707/2	中细粒石英砂岩	6.68
3	D707/5	粉砂泥板岩	10.37
4	D707/6	细粒石英砂岩	8.52
5	D707/8	泥质板岩	21.55
6	D707/9	不等粒石英砂岩	20.98
7	D708/1	泥质板岩	24.31
8	D708/3	中粒石英砂岩	16.71
9	D708/4	泥质板岩	31.07
10	D710/1	中粒石英砂岩	4.39
11	D710/2	粉砂质泥板岩	5.79
12	D710/7	泥质板岩	8.18
13	D710/8	细粒长石砂岩	11.81
算术平均值			13.74
地壳克拉克值(Vinogradov，1962)			16.00

表 6-3 神仙湾组上段微量元素分析结果 单位:10^{-6}

序号	样品号	岩石名称	Pb
1	D713/1	泥质石英粉砂岩	53.50
2	D713/2	中粗粒石英砂岩	114.61
3	D712/3	细粒石英砂岩	15.49
4	D712/4	中细粒石英砂岩	40.75
5	D712/5	泥质石英粉砂岩	15.68
6	D713/3	中粗粒石英砂岩	9.20
算术平均值			41.53
地壳克拉克值(Vinogradov,1962)			16.00

龙山组(J_2l)砂岩段(下部)与灰岩段(上部)铅含量差异明显(表 6-4、表 6-5),都高于克拉克值,以灰岩段富集为主。20 件样品铅的平均值为 58.28×10^{-6},是克拉克值的 3.64 倍,是正常碳酸盐岩平均值的 6.48 倍,单样最高值为 381.95×10^{-6},出现在微晶灰岩中。

铁隆滩群(K_2T)砂砾岩组与灰岩组铅含量差异也较明显(表 6-6、表 6-7),都高于克拉克值,但砂岩组铅含量明显高于中侏罗统龙山组砂岩段,是龙山组砂岩段的 1.63 倍。9 件样品灰岩样品铅的平均值为 26.66×10^{-6},是克拉克值的 1.67 倍,是正常碳酸盐岩平均值 2.96 倍。与龙山组相比,砂岩段含钙、铅含量相对高;灰岩段不出现单样高含量,铅含量明显要低。

因此,研究区富铅地层及岩性为:二叠系为砂岩,且主要是上岩性段砂岩;进入中生代后,铅的富集明显向灰岩集中,从砂岩(碎屑岩)到钙质砂岩(碎屑岩),再到灰岩(碳酸盐岩),铅含量依次增高。

表 6-4 龙山组砂岩段微量元素分析结果 单位:10^{-6}

序号	样品号	岩石名称	Pb
1	D1401/2	复成分砾岩	44.50
2	D1401/3	中粒含砾钙质岩屑杂砂岩	12.82
3	D1401/4	复成分砾岩	9.33
4	D1401/6	不等粒含砾钙质岩屑砂岩	7.57
5	D1401/7	不等粒含砾钙质岩屑杂砂岩	11.11
6	D1401/8	含砾砂岩	13.50
7	D1404/4	中细粒岩屑石英砂岩	30.44
算术平均值			18.46
地壳克拉克值(Vinogradov,1962)			16.00

表 6-5 龙山组灰岩段微量元素分析结果

单位：10^{-6}

序号	样品号	岩石名称	Pb
1	D1402/1	微晶鲕粒灰岩	6.82
2	D1402/2	亮晶鲕粒灰岩	4.22
3	D1402/6	亮晶砾屑灰岩	3.18
4	D1402/7	亮晶鲕粒灰岩	40.51
5	D1402/10	亮晶鲕粒灰岩	9.66
6	D1403/5	亮晶砂屑灰岩	8.97
7	D1403/6	亮晶鲕粒灰岩	219.53
8	D1403/7	砂屑微晶灰岩	32.45
9	D1403/9	微晶灰岩	381.95
10	D1403/8	含生物碎屑灰岩	44.08
11	D1404/1	含生物碎屑灰岩	25.00
12	D1404/2	细晶大理岩	8.01
13	D1404/5	微晶灰岩	314.21
14	D1450/1	泥晶灰岩	4.04
15	D1450/2	泥晶灰岩	17.38
16	D1450/3	泥晶灰岩	9.27
17	D1450/4	泥晶灰岩	9.71
18	D1450/8	含粉砂泥质灰岩	11.79
19	D1450/11	生屑泥微晶灰岩	4.02
20	D1451/1	亮晶鲕粒灰岩	10.79
算术平均值			58.28
碳酸盐平均值(涂里千和费德波,1961)			9.00

表 6-6 铁隆滩群砂岩段微量元素分析结果

单位：10^{-6}

序号	样号	岩石名称	Pb
1	D694/6	钙质砂岩	10.97
2	D694/7	钙质砂岩	21.82
3	D694/8	钙质含砾砂岩	30.29
4	D694/9	长石岩屑砂岩	15.60
5	D694/10	钙质砂岩	87.34
6	D694/12	钙质砂岩	13.78
算术平均值			30.0
地壳克拉克值(Vinogradov,1962)			16.00

表 6-7　铁隆滩群灰岩段微量元素分析结果　单位：10^{-6}

序号	样号	岩石名称	Pb
1	D695/1	泥晶含砂屑生屑灰岩	11.93
2	D695/2	细晶含砂屑生屑灰岩	12.23
3	D695/3	亮晶砂屑藻屑灰岩	16.73
4	D695/4	生物碎屑灰岩	16.30
5	D695/5	生屑泥晶灰岩	9.62
6	D695/6	生物碎屑灰岩	59.36
7	D695/7	生物碎屑灰岩	57.86
8	D695/8	生屑泥晶灰岩	25.90
9	D695/9	生物碎屑灰岩	60.03
算术平均值			26.66
碳酸盐平均值(涂里千和费德波,1961)			9.00

第四节　典型矿床特征及区域找矿潜力分析

近年来，区域上完成了 1∶100 万航空磁测、1∶50 万化探扫面、1∶25 万地质调查、1∶5 万化探普查，部分地区开展了 1∶5 万区域地质矿产调查以及重要矿床(点)普查、评价工作，圈定了大量高强度的化探异常。其中，共发现金属矿床(点)21 处，新发现矿床(点)13 处，其中铅锌矿床(点)9 处，铜矿(化)点 3 处、铁矿点 1 处。主要矿床(点)有火烧云铅锌矿、天神铅锌矿、宝塔山铅锌矿、落石沟铅锌矿、多宝山铅锌矿、卡孜勒铜矿、甜水海铅锌矿等，其中火烧云铅锌矿规模已达超大型规模，宝塔山铅锌矿、甜水海铅锌矿规模已达到中型以上。现将区内几个典型矿床(点)特征分述如下。

一、典型矿床特征分述

(一)宝塔山铅锌矿

1. 矿区地质特征

区内出露地层主要为上白垩统铁隆滩群和少量的新近系阿图什组，上白垩统铁隆滩群可划分砂砾岩组与灰岩组。砂砾岩组主要为灰色、土黄色中厚层状钙质砂砾岩，局部夹砂岩、泥岩、基性火山岩。灰岩组主要为浅灰—灰黄色块状泥晶灰岩、粒屑灰岩夹含生物碎屑灰岩、褐铁矿化碎裂化灰岩、砂屑灰岩。赋矿岩石主要为褐铁矿化灰岩、碎裂状灰岩，次为碎裂化强蚀变火山岩。矿体顶板多为灰色细晶灰岩，底板多为碎裂状灰岩，只有 Zn-Ⅰ号矿化体底板为基性火山岩。

矿区内发育 9 条断裂构造，主要呈北西向，少数为北东向或近东西向，这些断裂与区域上北西向天神达坂断裂近于平行或斜交(图 6-9)，它们为深部物质向上运移和热液上涌、萃取成矿物质、为大范围高强度循环的热卤水的形成及运移循环提供了热源和通道。其中 F_5 与 F_9 断层为控矿断层。F_5 断层走向北西向，倾向南西、南，属平推断层，水平断距 200～300m，为 Zn-Ⅱ、Zn-Ⅲ号矿化体的控矿断层。F_9 断层近东西向，属正断层，倾向北，倾角约 80°，断距约 25m，为 Zn-Ⅰ号矿化体的控矿断层。

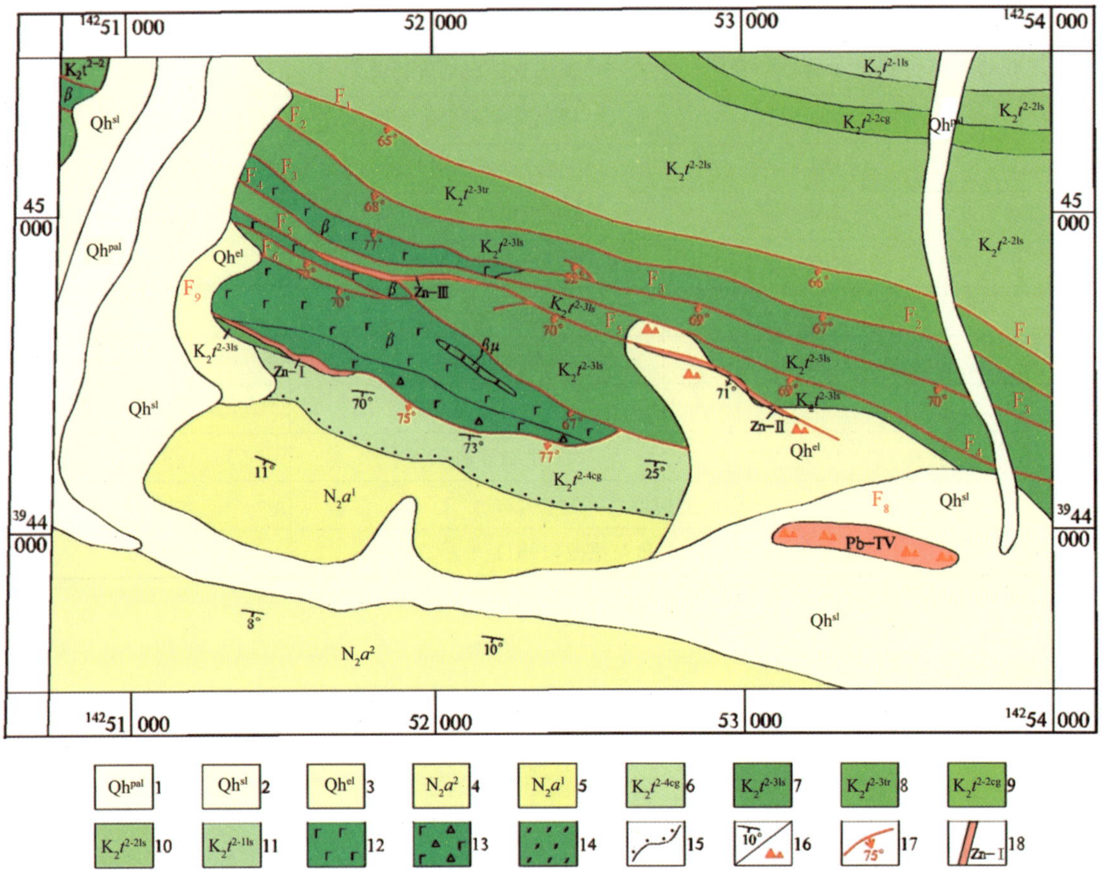

图 6-9　宝塔山铅锌矿地质图(新疆地矿局第十一地质大队,2013)

1. 第四系全新统洪冲积物;2. 第四系全新统洪坡积物;3. 第四系全新统洪残积物;4. 上新统阿图什组第二段砾岩层;5. 上新统阿图什组第一段砾岩夹砂岩;6. 上白垩统铁隆滩群第四段砾岩层;7. 上白垩统铁隆滩群第三段灰岩层;8. 上白垩统铁隆滩群第三段灰岩碎裂岩;9. 上白垩统铁隆滩群第二段砂砾岩层;10. 上白垩统铁隆滩群第二段灰岩层;11. 上白垩统铁隆滩群第上白垩统铁隆滩群第一段灰岩层;12. 灰绿色玄武岩;13. 灰绿色玄武质火山角砾岩;14. 暗灰绿色辉绿岩;15. 角度不整合界线;16. 岩层产状/矿石砖石;17. 断层编号及断层面产状;18. 铅锌矿化带及编号

2. 矿化带及矿体特征

Zn-Ⅰ号矿化带:位于矿区西南部,产于南部基性火山岩南侧与围岩断层接触带(F_9)。在西部靠近断层的火山岩中青磐岩化明显,局部形成铅锌矿化。沿该断层两侧形成宽 20m 以上,可见长度达 470m 的含铅锌矿化带。矿化带往东端逐渐尖灭,往西被残坡积物覆盖而出露不全。含矿岩石主要为上白垩统铁隆滩群黄褐色碎裂状灰岩,沿灰岩裂隙充填有不规则团块状、透镜状或脉状富锌矿石。

Zn-Ⅱ号矿化带:位于矿区中部东段,呈北西向产于铁隆滩群碎裂状灰岩内,矿化带被残坡积碎石严重覆盖,出露宽十余米,断续出露长度大于 500m。该矿化带总体倾向南西,倾角较陡,一般约 70°,矿化带内局部见块状硫化物矿石。

Zn-Ⅲ号矿化带:位于矿区中部西段,呈近东西向展布,矿化带处于基性火山岩北侧与铁隆滩群灰岩断层接触处的断裂破碎带中(F_5),含矿岩性为黄褐色褐铁矿化灰岩碎裂岩,局部为碎裂化强蚀变火山岩。地表出露长度约 400m,宽几至十余米,总体倾向南,倾角较陡,在矿化带中段有较富铅锌矿,详见表 6-8。

宝塔山矿区目前共估算锌(334)金属资源量 32 498t,全矿 Zn 平均品位 5.5%,通过进一步工作有望达到中—大型。

表 6-8 宝塔山铅锌矿矿体特征

矿(化)带编号	矿体编号	规模、品位及矿体特征
Zn-Ⅰ	Zn-1	产于 Zn-Ⅰ号矿(化)带内,矿体总体走向 116°。Zn-1 号矿体出露总长度约 250m,工程控制矿体长度 185m,矿体平均厚度 6.70m,Zn 加权平均品位 4.57%
Zn-Ⅱ	ZnPb2-1	产于 Zn-Ⅱ号矿(化)带内,属铅锌同体共生矿体,总体走向约 122°,总长约 320m,厚 2.40～3.20m,平均厚 2.75m,矿体向东被第四系所覆盖,该矿体呈似层状、薄板状产出。Zn 品位 1.79%～29.64%,平均品位 4.48%;Pb 品位 0.72%～12.50%
	Zn2-2	产于 Zn-Ⅱ号矿(化)带内,为 Zn、Pb2-1 矿体向东延伸的部分,总体走向约 100°,矿体总长约 700m,厚 5.30～22.57m,平均厚 11.86m。整体呈似层状、大透镜状产出,Zn 品位 1.61%～7.34%,平均品位 2.86%
	ZnPb2-3(盲矿)、ZnPb2-4(盲矿)	厚 3.99m,加权平均品位 2.26%,矿石为含锌碎裂灰岩
	ZnPb2-4(盲矿)	厚 1.14m,加权平均品位 1.56%,矿石为含锌构造角砾岩
	ZnPb2-5(盲矿)	厚 4.08m,加权平均品位 2.29%,矿石为含锌蚀变玄武岩
	ZnPb2-6(盲矿)	厚 1.09m,加权平均品位 2.21%,矿石为含锌大理岩化灰岩
Zn-Ⅲ	Zn-3	位于 Zn-Ⅲ号矿(化)带内,矿体总体走向约 95°,出露长约 250m,厚 1.76～6.68m,平均厚 4.22m,矿体呈似层状、透镜状产在 F_5 断层破碎带内,Zn 品位 2.10%～12.60%,平均品位 7.25%

3. 矿石类型及矿石矿物组合

据宝塔山矿区化学样分析成果,锌含量一般是铅含量的 10 倍以上,矿种以锌为主,局部共生铅。由于矿石主要产于灰岩、白云质灰岩中,矿床工业类型为碳酸盐岩型铅锌矿。

1)矿石结构构造

矿石主要为含铅、锌的灰岩、白云质灰岩、灰质白云岩。矿石结构按矿物颗粒大小可分为微细粒及中粒结构。颗粒直径小于 0.1mm,为微细粒结构;0.1～2mm 为中粒结构,因矿体多产于断层破碎带内,矿石往往具碎裂化及碎斑状结构。矿石构造以浸染状、星点状、斑状构造为主,次为条带状、细网脉状及块状等构造。

2)矿石矿物组合

矿石中主要金属矿物有方铅矿、闪锌矿、菱锌矿、菱铁矿等。方铅矿晶形不一,以自形、他形粒状为主,晶体颗粒粒径多小于 0.1mm,呈星点状分布,含量一般小于 3%;闪锌矿为主要有益组分,晶形为自形或他形粒状,晶体粒径较小,一般为小于 0.05mm 的微细粒状,含量一般小于 3%,地表多氧化成菱锌矿;菱锌矿呈灰白色、浅黄—浅褐色,为呈纤维状、放射状、同心纤维条带状、条带状、细脉状、块状等的集合体,含量一般小于 5%,局部可达 10%;菱铁矿呈菱面体晶型,也有呈大小不等的结核,风化面多次生为褐铁矿,含量一般小于 3%。

脉石矿物主要有方解石、白云石及水云母、高岭石等。方解石为矿石中的主要脉石矿物,呈灰白色、灰色,晶形为自形—他形,以细—中晶为主,粒径 0.1～0.5mm,含量在矿石中与矿石品位成反向递增,为 60%～90%;白云石一般呈灰白色,半自形—自形晶,晶粒粒径 0.02～0.2mm,以粉晶—细晶为主,含量比方解石明显少,但局部原岩为白云岩的含矿岩石中,白云石含量可达 90%;水云母和高岭石在矿石中呈泥状、网脉状,含量较少,围岩为粉砂岩和泥岩的矿体中含量相对较高。

4. 变质与矿化蚀变特征

矿区内变质作用主要为动力变质作用，沿断裂带及两侧分布，宽 2～5m，局部达 10m 以上，形成有碎裂岩、构造角砾岩、断层泥等。动力变质岩分布于测区北部 F_1、F_2 所夹的灰岩段，以灰岩碎裂岩为主，灰岩碎裂岩裂隙中多充填有褐铁矿细脉。在矿区中部 F_5 断层西段形成长约 500m、局部最宽达 15m 的断层破碎蚀变带，地表呈土黄—红褐色，原岩以碳酸盐岩为主，次为火山岩，该断层破碎带内形成 Zn-Ⅲ矿化体。同时，在 F_5 断层东段形成长约 500m 的断层破碎带，局部见红褐色断层泥分布，Zn-Ⅱ矿化体即分布于该破碎带内。区内矿化及蚀变作用与断裂构造及火山岩密切相关，靠近断裂带的基性火山岩中青磐岩化明显，并伴有黄铁矿化、黄铜矿化、碳酸盐化、绢云母化等，矿床围岩蚀变微弱，主要为碳酸盐化、弱硅化。

5. 矿床成因浅析

根据矿(化)体分布与断裂构造关系密切，且赋矿岩石主要为上白垩统铁隆滩群褐铁矿化灰岩、碎裂化灰岩及灰岩碎裂岩。初步认为，该矿是与构造热液有关的层控碳酸盐岩型铅锌矿床。

(二)多宝山铅锌矿

1. 矿区地质及地球化学特征

出露地层主要为上白垩统铁隆滩群(K_2T)，分布于天神达坂断裂以北，为区内含矿地层，其岩性为灰白色、深灰色灰岩，含生物碎屑灰岩，灰白色、红色砾岩，砖红色、棕红色泥岩，砂质泥岩。矿区西南部和天神达坂断裂以北出露中侏罗统龙山组(J_2l)，岩性为灰白色、灰黑色生物灰岩及红色砂岩(图 6-10)。

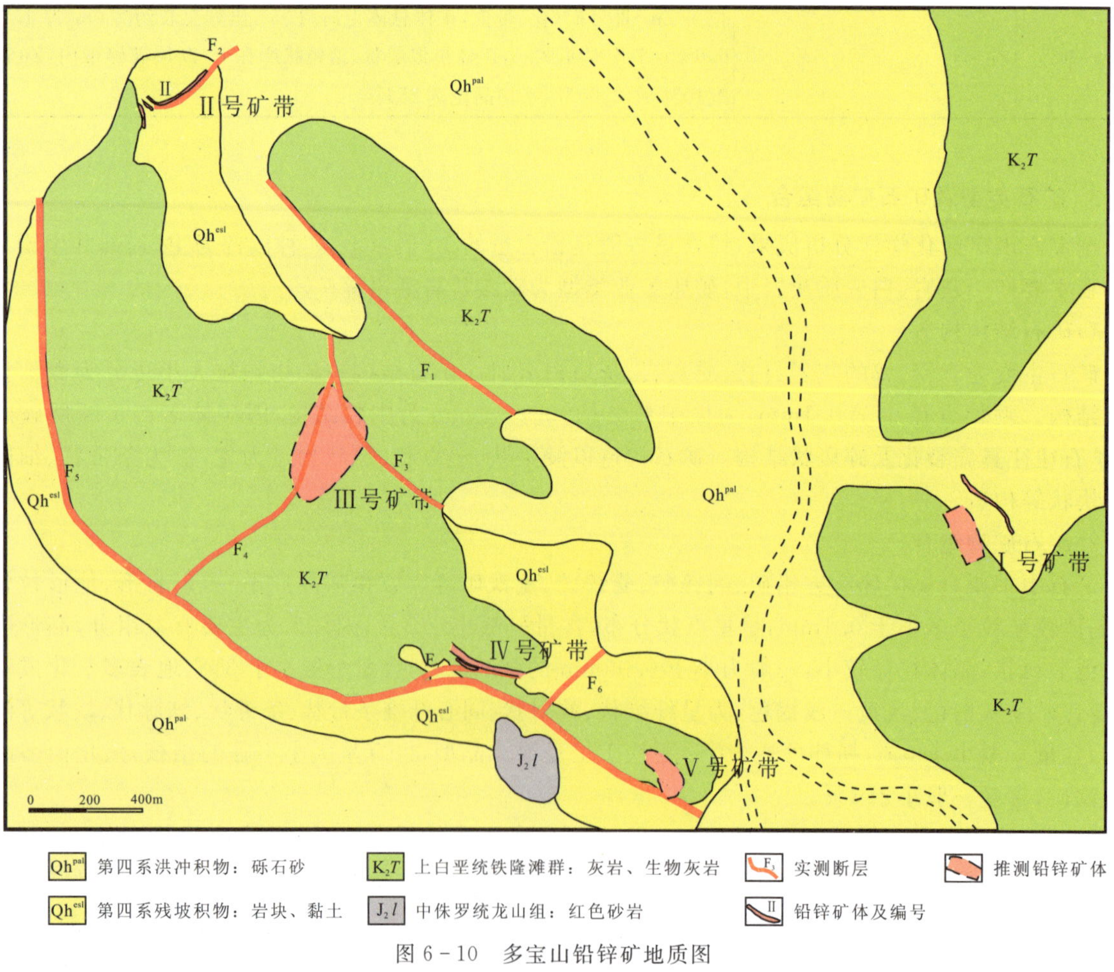

图 6-10 多宝山铅锌矿地质图

本图资料来源：据新疆和田县卡孜勒一带铜多金属矿预查 2013 年度工作方案修编

矿区以单斜构造为主，未见褶皱构造。断裂构造较发育，矿体形成与断裂构造关系密切。天神达坂区域性大断裂从矿区中部穿过，走向北西-南东，断裂附近的次一级断裂发育，次一级断裂走向大部分与天神达坂大断裂走向交叉，个别构造与大断裂近乎平行。与天神达坂大断裂走向交叉的断裂构造有利于成矿。断裂构造经过部位岩石较破碎，并形成负地形，断裂两侧可见构造角砾岩。铅锌矿赋存于角砾带、裂隙带及岩溶溶洞中，赋矿岩石以灰白色、深灰色灰岩为主，顶板多为灰白色灰岩，底板多为灰岩、砾岩。矿体形态与岩溶、层间破碎带构造空间形态有关，矿体产状变化大，走向无规律，矿体倾角为20°～55°，呈似层状、不规则囊状、脉状产出。矿体中矿石品位贫富差别较大，均伴生银。

1∶5万化探综合异常（HS－18）沿乔尔天山-岔路口断裂带呈北西向展布，面积较大、强度高，具多个浓集中心及多级浓度分带，元素套合好等特点。主要元素的地球化学参数见表6－9。异常的主要元素组合为铅、锌、锑（图6－11）。

表6－9　HS－18综合异常元素特征参数统计表

单元素异常编号	异常下限	异常面积	异常均值	极大值	异常衬度	异常规模	异常NAP	浓度分带
Pb－15	80	21.19	336.86	4822	4.21	5444	89.25	3
Zn－18	150	0.9	255.83	485	1.71	96.3	1.55	2
Zn－19	150	6.27	451.17	1570	3	1885	18.83	3
Sb－7	3	1.13	23.37	48.8	7.79	22.93	8.77	3

注：元素含量单位Au为10^{-9}，其他元素为10^{-6}

2. 矿化带、矿体地质特征

矿区内共圈定6个矿化带，其中Ⅰ号矿带圈定3个矿体，12个盲矿体（表6－10），获得铅锌金属量（333＋334）为20.3×10^{4}t，达到中型规模。

此外，多宝山东铅锌矿区位于以铅、锌异常为主的HS－27号综合异常中，地表圈出铅锌矿化蚀变带一条，呈北西-南东走向，控制矿化蚀变带长约500m，宽约100m。该矿化带北部为乔尔天山-岔路口断裂带，与矿化带走向大致一致，因此推测矿化带受断裂控制。含矿岩性为上白垩统铁隆滩群黑色泥晶灰岩，上部围岩为白色生物碎屑灰岩，下部围岩为红色砂岩。岩石矿化以方铅矿为主，闪锌矿次之。富矿岩石中方铅矿主要呈细脉状，次为星点状、团块状分布在黑色泥晶灰岩中，铅锌矿化沿岩石裂隙分布。初步控制铅矿体长约200m，宽64～76m，Pb品位1.55％～2.80％。单工程矿体Pb品位0.48％～10.6％，Pb最高23.72％；单工程矿体Zn品位0.28％～3.68％，Zn最高17.59％。

3. 矿石类型及矿石矿物组合

金属矿物主要为方铅矿、白铅矿、闪锌矿，次为褐铁矿；脉石矿物有方解石、白云石、泥质物等。

矿石构造为块状、细脉状、浸染状、角砾状等。矿石结构为微细粒、细粒结构，直径小于0.1mm。通过对地表及钻孔中矿石物相分析可知，铅氧化率5％～78％，锌氧化率7％～94％。矿石自然类型以氧化矿石为主，夹杂硫化矿石，原矿石属混合矿-氧化矿类。硫化矿石金属矿物主要为方铅矿、白铅矿、闪锌矿，次为黄铜矿、褐铁矿等。脉石矿物有方解石、白云石、重晶石、石英、长石及泥质物等。

围岩蚀变主要有碳酸盐化、硅化及泥化等，为中低温热液蚀变，主要沿断层带及两侧岩石中分布。

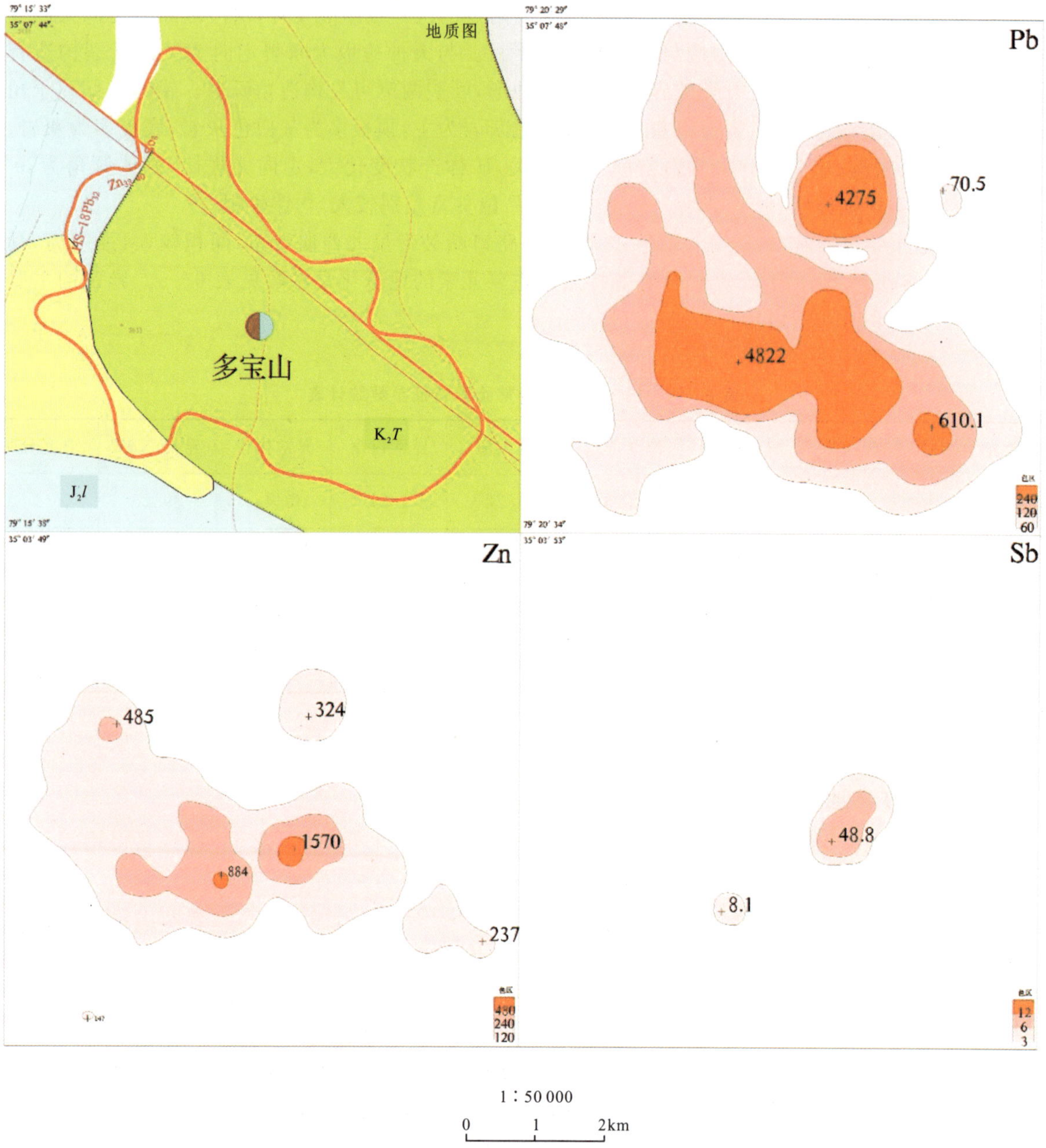

图 6-11　HS-18 综合异常剖析图

4. 综合找矿标志

矿区所处区域，沿大断裂带及其次级断裂带分布有 Pb、Zn、Ag 等化探异常，其中浓集中心部位是寻找铅锌矿的化探异常标志。同时，地化剖面高值域地段往往为矿质异常，是寻找铅锌矿化体的有力部位。矿区内所发现的铅锌矿化带主要位于上白垩统铁隆滩群的灰岩段中，特别是褐铁矿化碎裂化灰岩，是主要富矿层位。因此，灰岩是主要的岩性标志，而地表氧化后呈黄褐色、红褐色、灰褐色的褐铁矿化是直接找矿标志。矿区 3 个主要矿化带及矿体均产于断层破碎蚀变带中，因此断裂破碎带是寻找铅锌矿的明显构造标志。

表 6-10 多宝山铅锌矿Ⅰ号矿体特征表(新疆地调院,2012)

矿体编号	规模、品位及矿体特征
Ⅰ-1	地表长度 300m,铅矿体真厚度 3.27~13.40m,平均厚度 7.64m;Pb 最高品位 13.00%,平均品位 2.27%
Ⅰ-2	地表为铅锌共生的矿体,伴生银等。地表控制走向长度 150m(两端覆盖厚,探槽未达目的),真厚度 56.73~84.79m,平均厚度 66.50m;地表单样 Pb 最高品位 49.61%,平均品位 7.94%
Ⅰ-3	以铅为主,伴生锌和银。地表控制走向长度 220m,平均真厚度 1.91m,Pb 平均品位 1.13%
Ⅰ-4(盲矿)	铅、锌共生的矿体,矿体真厚度为 1.61m,Zn 品位 1.76%,Pb 品位 0.75%
Ⅰ-5(盲矿)	铅矿体真厚度为 1.72m,Pb 品位 0.62%
Ⅰ-6(盲矿)	铅矿体,伴生锌,铅矿体真厚度为 1.72m,Pb 平均品位 0.67%。伴生 Zn 品位 0.11%~0.47%
Ⅰ-7(盲矿)	铅矿体真厚度为 5.67m,Pb 平均品位 0.51%
Ⅰ-8(盲矿)	铅矿体真厚度为 1.20m,Pb 平均品位 0.64%
Ⅰ-9(盲矿)	铅矿体真厚度为 1.90m,Pb 平均品位 0.56%
Ⅰ-10(盲矿)	铅矿体真厚度为 1.08m,Pb 平均品位 0.54%
Ⅰ-11(盲矿)	铅矿体真厚度为 7.63m,Pb 平均品位 0.68%
Ⅰ-12(盲矿)	铅矿体真厚度为 6.93m,Pb 平均品位 0.83%
Ⅰ-13(盲矿)	铅矿体,伴生锌,矿体真厚度为 1.75m,Pb 品位 0.82%、Zn 品位 0.28%
Ⅰ-14(盲矿)	铅矿体真厚度为 1.75m,Pb 品位 0.69%
Ⅰ-15(盲矿)	铅矿体真厚度为 1.75m,Pb 品位 0.56%

5. 矿床成因及成矿模式初步探讨

1)同位素地球化学特征

杜红星等(2012)在多宝山铅锌矿选取了 3 件方铅矿样品进行 S、Pb 同位素测试,13 件矿石样品进行 C、O 同位素测试。

S、Pb 同位素测试显示,方铅矿 $\delta^{34}S_{V\text{-}CDT}=-10.55‰\sim-1.01‰$,具较大变化,表明 S 来源为多源。方铅矿铅同位素组成 $^{206}Pb/^{204}Pb=18.7398\sim18.7433$,$^{207}Pb/^{204}Pb=15.7025\sim15.7040$,$^{208}Pb/^{204}Pb=39.0929\sim39.0971$。依据在 Zartman 和 Doe 建立的铅构造模式图投点结果,分析认为多宝山铅锌矿矿石铅同位素指示成矿金属元素来源于上本区赋矿地层,即上白垩统铁隆滩群。

C、O 同位素测试显示,方解石测得 $\delta^{13}C_{PDB}=3.44‰\sim5.09‰$,$\delta^{18}O_{SMOW}=3.09‰\sim26.79‰$。矿石中方解石 C、O 同位素组成表明,成矿热液中 CO_2 来源于海相碳酸盐岩,即灰岩的去碳酸作用。多宝山铅锌矿以中生界灰岩为容矿岩石,以海相碳酸盐岩去碳酸作用为基础,推测多宝山铅锌成矿物质主要来源于赋存的上白垩统铁隆滩群碳酸盐岩。

综上所述,同位素地球化学特征显示多宝山铅锌矿中的成矿物质来源均指向上白垩统铁隆滩群碳酸盐岩。

2)流体包裹体特征

杜红星等(2012)对多宝山铅锌矿选取了 13 件样品进行包裹体均一温度及盐度测试。结果显示样品中的流体包裹体主要以气液两相包裹体为主,气填充度 5%~20%,个别为气相包裹体,气液比为 70。样品均一温度为 112~351℃,平均 210℃,集中在 207~262℃,显示为中低温热液成矿。通过所测冰点计算得出流体包裹体盐度为 6.30%~7.73%,平均 6.99%,显示中低盐度热液成矿特点。

3)矿床成因成矿模式

杜红星等(2012)从赋矿岩石地层、岩浆活动、构造环境、矿体产状、围岩蚀变以及成矿流体碳、氧同位素地球化学特征、流体包裹体均一温度和盐度的测试结果等多方面,将多宝山铅锌矿与西昆仑地区的卡兰古铅锌矿床以及密西西比河谷型铅锌矿床进行对比研究,认为该矿具有密西西比河谷型(即MVT型)铅锌矿成矿特点,其成矿模式如下。

在区域性北西向、北西西向大断裂的反复活动下,深部(推测有岩浆活动的残余)含矿热液向低压空间运移,碎屑岩、黏土岩形成屏闭层,周围含有铅、锌成矿元素的地下热(卤)水在易发生化学反应的碳酸盐岩(灰岩)环境中,具有成矿空间的条件下,在有利交代、沉淀、富集成矿部位成矿,形成中—低温热液型、热液交代型铅锌矿床。

矿床形成分为3个阶段:第一阶段为含矿热水的形成;第二阶段含矿热水的运移;第三阶段为铅锌硫化物的沉淀。

第一阶段:富含氯化物的热水从它们流动时所经过的岩石中淋滤出大量金属,从而形成含矿热水。第二阶段:从盆地地层中挤出并最终形成含矿热水,在压实作用热膨胀作用及其他热动力驱动下,沿最容易渗透的通道上升,通道可以是断裂、溶洞、角砾岩带、不整合面。第三阶段:碳酸盐岩中孔隙、裂隙、溶洞、不整面及层间破碎带,这些开放空间既是含矿热卤水的运移通道,也是大量铅锌等硫化物沉淀场所,含矿热水通过在这些先已存在的空间中充填和交代形成了矿床。

(三)火烧云铅锌矿

1. 矿区地质特征

矿区出露地层主要为上三叠统克勒青河组和中侏罗统龙山组。克勒青河组为一套细碎屑岩,主要岩性为薄—中层状中—细粒砂岩、长石石英砂岩、粉砂岩、千枚岩化砂岩、板岩、页岩呈不均匀互层状产出,夹少量微晶灰岩。龙山组为一套浅海相碳酸盐岩夹粗碎屑岩,偶夹火山岩。可进一步划分为上下两个段,下部砂砾岩段由砾岩、砂砾岩、长石石英砂岩、细砂岩组成;上部灰岩段主要为中—薄层状粉晶灰岩、微晶灰岩、灰岩、鲕粒灰岩、生物碎屑灰岩。龙山组与克勒青河组呈角度不整合接触。

区内北西向断裂较发育,其次为北东向次级断裂。三叠系内部多发育各种复杂形态褶皱;侏罗系构造变形明显较弱,通常发育舒缓波状背向斜。火烧云铅锌矿均赋存于中侏罗统龙山组深灰色厚层状灰岩中。含矿层位稳定,岩性主要为含生物碎屑白云质灰岩夹页岩,层内岩石破碎,黄铁矿化、碳酸盐矿化发育,零星见细粒菱锌矿、白铅矿,少量闪锌矿、方铅矿、石膏。顶板为中厚层状灰岩、泥灰岩或页岩夹层,底板通常为厚层灰岩。

2. 矿体特征

火烧云主矿区内共发现上、下两个铅锌矿化层,产状与地层(岩层)产状近于一致,呈近水平、上下平行产出。通过地表工程揭露和深部钻孔控制,共圈定矿体13个。其中地表共圈定铅锌矿体3个,自北向南,分别编为Ⅰ、Ⅱ-1、Ⅱ-2号铅锌矿体;钻孔中圈定出10个盲矿体,分别为Ⅲ-1～Ⅲ-10,矿体均分布于主矿化层内,由于绝大多数矿体未单工程控制,矿体不连续,各矿体分述如下。

1)Ⅰ号铅锌矿体

矿体赋存于中侏罗统龙山组灰岩层(J_2l^{ls})内的深灰色块状碎裂状灰岩中,以锌元素为主。矿体地表由单工程TC0-1控制,深部施工ZK001及ZK002钻孔未见矿体。矿体走向约350°,倾向倾角不详,矿体呈脉状,长约8m,真厚度3.0m,由于深部工程未控制到矿体,其顶、底板岩性不详,单工程Zn平均品位为9.32%,Pb为2.24%。

2)Ⅱ-1号铅锌矿体

矿体赋存于中侏罗统龙山组灰岩层(J_2l^{ls})内深灰色块状碎裂状灰岩中,矿体呈半剥蚀状态出露至地表,局部被残坡积物覆盖,底板为灰色、灰黄色块状细晶灰岩、褐铁矿化碎裂状灰岩。

该矿体地表由 TC0－2、TC4 控制，形状总体呈近水平的层状、透镜状，矿体深部由 ZK004 控制，矿体走向约 120°，倾角 1°～3°。控制矿体长约 160m，宽约 50m，平均厚度 8.22m，Zn 平均品位 8.06％、Pb 平均品位 3.15％。

3）Ⅱ－2 号铅锌矿体

矿体赋存于中侏罗统龙山组灰岩层（J_2l^{ls}）内的深灰色块状碎裂状灰岩中，矿体呈半剥蚀状态出露至地表，局部被残坡积物覆盖，底板为灰色、灰黄色块状细晶灰岩、褐铁矿化碎裂状灰岩。

该矿体地表由 TC0－2、TC4 控制，深部由 ZK005、ZK401、ZK403 控制，矿体倾向约 23°，倾角 1°～3°，呈水平层状、透镜状。矿体长约 155m，宽约 50m，单工程矿体真厚 5.93～9.80m，平均 8.24m，单工程 Zn 品位为 2.08％～7.40％，平均品位 3.57％，单工程 Pb 品位为 1.01％～4.24％，平均品位 1.97％。

4）Ⅲ－1～Ⅲ－10 号矿体（隐伏）

根据钻孔见矿情况，Ⅲ号矿层共圈出矿体 10 个，自上而下、从北到南分别编号为Ⅲ－1、Ⅲ－2、Ⅲ－3、Ⅲ－4、Ⅲ－5、Ⅲ－6、Ⅲ－7、Ⅲ－8、Ⅲ－9、Ⅲ－10。矿体呈近水平的饼状体，水平分布于深部主矿化层内，海拔标高 5450～5500m，倾向约 10°，倾角 3°～8°。一般长约 160m，宽约 50m，矿体真厚 2～26.89m，Zn 平均品位 1％～4.27％，Pb 平均品位 0.8％～2.36％。矿体均赋存于中侏罗统龙山组灰岩层（J_2l^{ls}）内的深灰色碎裂状灰岩中，为隐伏矿体。矿体多为单工程控制，分述如下。

Ⅲ－1 号锌矿体：矿体由 ZK401、ZK403 控制，矿体倾向约 15°，倾角 13°，控制矿体长 65m，宽约 45m，单工程矿体真厚 1.54～1.89m，平均 1.72m，单工程 Zn 品位为 1.55％～1.51％，平均品位 1.53％，Pb 平均品位 0.27％。

Ⅲ－2 号铅锌矿体：矿体由 ZK401、ZK403 控制，矿体倾向约 15°，倾角 12°，控制矿体长约 65m，单工程矿体真厚 3.97～1.30m，平均 2.64m，单工程 Zn 品位为 0.35％～3.25％，平均品位 2.53％，单工程 Pb 品位为 0.54％～0.68％，平均品位 0.57％，其中 ZK403 为单铅矿体。

Ⅲ－3 号铅锌矿体：该矿体由 ZK005、ZK006、ZK401、ZK402、ZK404 共 5 个钻孔控制，为矿区内主矿体，矿体倾向约 15°，倾角 6°，控制矿体长 143～182m，宽 96～120m。单工程铅矿体真厚为 4.09～40.39m，平均 26.89m，单工程锌矿体真厚为 4.09～39.42m，平均 25.11m。单工程 Pb 品位为 1.46％～2.96％，平均品位 2.12％，单工程 Zn 品位为 4.21％～7.33％，平均品位 6.56％。

Ⅲ－4 号铅锌矿体：由单工程 ZK1901 控制，矿体真厚 4.98m，单工程 Pb 品位为 1.24％，Zn 品位 2.86％。

Ⅲ－5 号铅锌矿体：由单工程 ZK308 控制，矿体真厚 7.10m，单工程 Pb 品位为 1.89％，Zn 品位 5.20％。

Ⅲ－6 号铅矿体：以铅元素为主，锌元素未达到边界品位，矿体由单工程 ZK801 控制，矿体真厚 5.98m，单工程 Pb 品位为 2.02％。

Ⅲ－7 号铅锌矿体：矿体由单工程 ZK1102 控制，矿体真厚 7.94m，单工程 Pb 品位为 2.29％，Zn 品位 3.92％。

Ⅲ－8 号铅锌矿体：为隐伏矿体，该矿体由 ZK2301、ZK1904 共 2 个钻孔控制，矿体倾向约 13°，倾角约 8°，控制矿体长约 135m，宽 80m。单工程矿体真厚为 5.10～7.90m，平均 6.50m，单工程 Pb 品位为 1.16％～1.40％，平均品位 1.30％，单工程 Zn 品位为 2.37％～3.45％，平均品位 3.02％。

Ⅲ－9 号铅锌矿体：由单工程 ZK2302 控制，矿体真厚 3.14m，单工程 Pb 品位为 1.48％，Zn 品位 5.13％。

Ⅲ－10 号铅锌矿体：由单工程 ZK1107 控制，矿体真厚 5.93m，单工程 Pb 品位为 1.47％，Zn 品位 3.88％。

3. 矿石结构构造及矿物组合

1）矿石结构构造

矿石结构较为简单，多为他形粒状、半自形—自形粒状结构、细粒—微细粒结构，少部分呈交代残留结构、胶状结构、葡萄状结构等。其中，菱锌矿呈他形粒状、半自形—自形粒状结构产出；白铅矿可见灰白色土状、粒状、致密块状等集合体，多与菱锌矿紧密共生；交代残留结构多见于方铅矿矿石中，方铅矿被菱锌矿、白铅矿交代成不规则条带，残留于菱锌矿、白铅矿中；闪锌矿多为他形粒状。

矿石构造类型较为复杂，以条带状、纹层状、皮壳状、溶蚀角砾状构造等最为常见，极少部分矿石呈致密块状、细脉状（硫化物矿石）。条带状、纹层状构造多见于菱锌矿与白铅矿，各以一定宽度、不同颜色不规则出现，在富铅锌矿矿石中褐色菱锌矿与白色白铅矿呈细薄纹层状相间产出；皮壳状构造为矿石的主要构造类型，主要由细粒—微细粒菱锌矿集合体形成很薄的壳层，为含铅锌低温热液充填碳酸盐岩裂隙所形成，多见于富铅锌矿石内部孔穴外侧有皮壳状构造同心纹层；溶蚀角砾状构造矿石分布较普遍。

2）矿石矿物组合

火烧云铅锌矿地表及深部矿石铅、锌氧化率均大于30%，矿石均由以含铅、锌元素为主的碳酸盐岩矿物组成，矿石自然类型为氧化矿。矿石矿物以菱锌矿为主，其次为白铅矿，白铅矿多与菱锌矿紧密共生，在粒状白铅矿中，局部残留少量方铅矿残晶。此外还发育少量的铅锌硫化物矿石（以方铅矿为主，含少量闪锌矿）等。方铅矿在矿石中平均分布较少，一般小于3%，其边部或环带处多被白铅矿交代，不均匀分布于菱锌矿中，在地表及深部还偶见有致密块状或网脉状分布的细粒状方铅矿集合体；闪锌矿呈他形粒状产出，镶嵌在致密块状方铅矿颗粒之间。脉石矿物主要为方解石，还可见黄铁矿、黄铜矿、云石、石膏、石英等。黄铁矿在矿石中微量分布，形态呈针尖状、他形微晶颗粒状。

4. 围岩蚀变

总体上，围岩与矿体呈整合接触关系，贫矿体与围岩界线相对模糊，呈渐变过渡关系，一般需取样分析才能区分，但富矿体与围岩界线明显。在火烧云主矿区内，围岩蚀变不太发育，主要为黄铁矿化（次生褐铁矿化）、绢云母化、硅化（充填石英细脉）、高岭土化、毒砂化等。矿化蚀变的强度与铅锌矿品位总体呈正相关趋势，这些矿化蚀变的特征应属构造热液作用的结果。

5. 找矿标志

岩石地层标志：矿（化）层赋存于中侏罗统龙山组灰岩中，而其下部的红褐色砂砾岩段在地表有明显标志性的色调和地貌特征、易于追踪识别。

颜色、矿化标志：铅矿石风化面具有灰黑色、深褐色、灰白色淋滤层，锌矿石风化面多具褐黄色、灰黄色淋滤层，与周围岩石地层存在明显差异，是寻找铅锌矿的直接找矿标志。

地球化学标志：以铅、锌、镉等元素为主的组合异常，异常套合好、规模大的地段有利于找矿。

6. 矿床成因探讨

火烧云铅锌矿赋存于中侏罗统龙山组灰岩层中，其岩性主要为碎裂化泥晶灰岩、细晶灰岩、角砾状灰岩，以及少量白云岩化灰岩、硅化灰岩。矿区及其外围未见岩浆岩分布，断裂及层间破碎带较发育。矿石矿物组合以菱锌矿、白铅矿为主，属次生氧化矿石，在主要矿体中含量极高，富矿地段两者含量可达95%以上，根据矿物学原理推测其原生矿石应为硫化物（闪锌矿＋方铅矿组合），且应为块状硫化物矿床。矿石结构构造以块状构造、纹层状构造、条带状构造为主，主要矿体呈层状顺层产出，与顶底板围岩呈整合接触关系，从采坑断面来看，宏观上矿体具明显的层理构造。

董连慧等（2015）认为火烧云铅锌矿床可能为新型（非硫化物）喷流沉积型（SEDEX型）铅锌矿床。但矿区缺少明显的海底热液蚀变矿物，且矿化矿石高达95%以上，我们初步研究认为其成因很可能是以碳酸盐岩型层控铅锌矿（硫化物型）经围岩交代改造后形成的非硫化物型铅锌矿床（以菱锌矿为主）。

（四）其他矿床（点）特征

1. 祥云沟铅矿化点

该矿化点产于二叠系神仙湾组中，岩性为灰色、灰褐色薄—中层中细粒石英砂岩、长石砂岩与粉砂岩不均匀互层夹灰黑色、灰色泥晶白云岩、砂屑生物屑灰岩、微晶灰岩、硅质岩。含矿岩性为灰色碎裂岩化硅质岩，矿化体宽 5～52m，蚀变以硅化、褐铁矿化、孔雀石化为主，新鲜面上见星点状闪锌矿，经拣块化学样分析：Cu 含量 0.03%，Pb 含量 0.28%，Zn 含量 0.78%。

2. 落石沟铅锌矿点

矿区位于一小型向斜构造南翼，产于上白垩统铁隆滩群第三层黄褐色中—薄层状泥晶灰岩、陆屑灰岩夹细粒岩屑砂岩中，含矿岩性为泥晶砂屑灰岩，岩石中见褐铁矿化、硅化，硅化与矿化关系最为密切。

矿区自西向东圈出了铅锌矿化体 3 条（Ⅰ、Ⅱ、Ⅲ）。

Ⅰ号矿化体：近南北走向，含矿层为灰色岩屑砂岩，矿体在地表出露长约为 80m，宽 2m，产状80°∠15°，闪锌矿、方铅矿以星点状赋存于岩石中，少量为细脉状，Pb 品位 0.40%，Zn 品位 0.36%，Ag 品位 4.7×10^{-6}。

Ⅱ号矿体：含矿岩性为灰色泥晶含陆屑生物屑砂屑灰岩，矿体在地表出露长约 150m，宽 0.5～9.4m，产状 80°∠10°，闪锌矿、方铅矿以浸染状、条带状、星点状赋存于岩石中，局部富集为团块状。Pb 最高品位 6.12%，最低 0.21%，平均品位 1.577%；Zn 最高品位 1.17%，最低 0.23%，平均品位 0.456%；Ag 最高品位 5.4×10^{-6}，最低 5.2×10^{-6}，平均品位 5.3×10^{-6}。

Ⅲ号矿化体：含矿岩性为灰色岩屑砂岩，矿体在地表出露长约 40m，宽 1.9m 左右，闪锌矿、方铅矿以星点状赋存于岩石中，少量为细脉状，Pb 品位 0.05%，Zn 品位 0.41%，Ag 品位 5.0×10^{-6}。

3. 甜水海铅锌矿

甜水海铅锌矿矿体赋存于中侏罗统龙山组灰岩段底部，位于中侏罗统龙山组千枚岩-灰岩段接触带右侧，其走向与接触带近乎平行，呈脉状。赋矿岩石为亮晶砂屑灰岩、钙质粉砂岩。初步共圈出地表矿体 9 条。其中工业矿体 3 条，低品位矿体 6 条，目前铅主控制矿体长约 450m，视厚度 1.5～43.50m，品位变化大（0.30%～27.3%）。甜水海铅锌矿成因类型为层控型矿床。

二、区域找矿潜力分析

宝塔山—多宝山一带铜铅锌矿集区位于甜水海微陆块与神仙湾二叠纪—三叠纪边缘裂陷带结合部位，其分界断裂乔尔天山-岔路口深大断裂呈北西-南东向横贯全区。区内是新疆铅富集规模最大、强度最高、元素组合全的地区，同范围叠加有锌、镉、锑、汞，块体内铅元素可供应量为 148 662×10^4t，锌元素可供应量为 192 022×10^4t，汞元素可供应量为 193 074×10^4t，资源潜力巨大。

沿乔尔天山-岔路口断裂及其两侧地层，古生界北部以碳酸盐岩、碎屑岩建造为主，南部为深水浊积岩沉积，中生界南北沉积环境趋于统一，侏罗系—白垩系下部为陆相碎屑岩，上部为碳酸盐岩建造。广泛分布的侏罗系、白垩系内铅、锌元素普遍富集，是区内铅锌矿主要的矿源层和赋矿地层。

近年来，开展的 1∶5 万化探、地质矿产调查以及一些矿床（点）的普查、评价工作，圈定了大量的铜、铅、锌等成矿元素高强度化探异常，显示了优越的铜铅锌矿地质及地球化学成矿背景。发现了火烧云、宝塔山、多宝山、甜水海等矿床、矿（化）点共计 30 多处。初步分析总结认为，矿体多呈似层状、层状与地层整合产出，具有明显的层控特点；矿体围岩蚀变弱，主要有碳酸盐化和黄铁矿化两种，组成矿石方铅矿粒径极细，呈稀疏浸染状分布于岩石中，反映了成矿温度为中低温。说明在侏罗纪—白垩纪时期的伸展裂陷，盆地热卤水发育，并溶解、淋滤盆地中碎屑岩、碳酸盐岩和基底岩系中的铅、锌等成矿物质，形成含矿热卤水。然后盆地由伸展转为挤压环境时期，含矿热卤水被挤压排出，并在有利部位沉淀成矿，从而形成层控碳酸岩盐型和碳酸岩盐型-碎屑岩型铅锌矿床。

综上所述，宝塔山—多宝山一带具有寻找大型、超大型铅锌矿的地质-地球化学条件，找矿潜力巨大，主要找矿类型为以沉积层控型铅锌矿，兼顾矽卡岩型钨锡矿和热液型锑矿的调查评价。

第七章　成矿远景预测与矿产勘查部署

第一节　成矿远景预测

一、区域成矿规律

区域成矿规律研究是开展成矿预测，进行区域资源潜力评价的基础，是科学部署矿产勘查工作的重要依据之一。现从区域成矿地质背景、大陆地壳演化阶段与主要成矿期次的耦合关系、构造岩浆作用对成矿的控制、构造单元性质与主要成矿类型的相互关系等方面初步分析昆仑-阿尔金成矿带的区域成矿规律。

（一）昆仑-阿尔金成矿带成矿地质背景与成矿特征

前已述及，昆仑-阿尔金成矿带处于青藏高原北部边缘，构造上位于泛华夏古陆块群南侧，涉及塔里木地块、柴达木地块、阿尔金造山带和东西昆仑造山带、巴颜喀拉褶断带、塔什库尔干-甜水海微陆块、明铁盖微陆块等。经历了自新太古代—古元古代至新生代以来长期复杂的大陆地壳形成和演化过程。区内地质构造复杂，岩浆活动强烈，构造环境多样，成矿建造类型多，成矿期次多，成矿地质条件优越。

近年来，昆仑-阿尔金成矿带地质找矿成果显著，已发现近 50 个矿种，其中优势矿种有铁、铅锌铜、金、钨锡、锑、镍等。发现各类金属矿(化)点 400 余处，其中大型矿产地 11 处，中型矿产地 11 处。区内矿床成矿类型较复杂，主要有：沉积变质型铁矿(赞坎、老并、乔普卡里莫、吉尔铁克沟、迪木那里克铁矿、切列克其菱铁矿矿床等)、矽卡岩-石英脉型钨锡矿(白干湖钨锡矿田)、沉积改造-层控热液型(维宝铅锌矿、欠孜拉夫铅锌铜多金属矿、喀腊达坂铅锌矿等)、岩浆融离型钛磁铁矿(长清铁矿等)、矽卡岩型铁多金属矿(攀岩峰、攀龙峰铁多金属矿、于沟子铁矿等)和低温热液型锑矿(黄羊岭、盼水河、卧龙岗锑矿)等。其中，西昆仑塔什库尔干地区的磁铁矿、阿克陶切列克其菱铁矿矿床，东昆仑西段的白干湖钨锡矿田、维宝铅锌铁矿区，阿尔金北缘喀腊达坂铁铅锌矿区，阿尔金南缘的迪木那里克铁矿，黄羊岭地区的锑矿都已成为大—超大型矿床或矿集区。目前，已确定了 4 个重要找矿远景区、8 个矿集区、3 个国家级整装勘查区。

根据成矿地质背景和找矿发现，新疆昆仑-阿尔金成矿带可划分为 8 个Ⅲ级成矿带、17 个Ⅳ级成矿亚带，共包括 59 个成矿系列，这些不同成矿系列的矿床形成受控于大陆地壳的演化阶段、不同的构造单元性质、各构造单元岩浆活动特点和大陆动力学性质。因此，只有掌握了上述各因子与区域成矿作用的相互关系，才能更好地分析各类矿产的区域成矿潜力和找矿方向。

（二）大陆地壳演化阶段对主要成矿期次的控制

昆仑-阿尔金成矿带跨多个构造单元，虽然相邻单元之间相互联系和相互影响，但它们各自具有不同的形成和演化特点。各构造单元的构造演化阶段不同决定了主要成矿作用时期各有不同。

阿尔金北缘地区，新元古代—早古生代早中期具陆缘或陆间裂谷性质(伍跃中等，2007)，形成以喀腊大湾铁矿、喀腊达坂铅锌铜矿、喀腊达坂西铅锌矿为代表的与寒武系—奥陶系拉配泉群火山-沉积岩系同生 Fe－Cu－Pb－Zn 成矿系列，该区是铁铜多金属矿重要是找矿远景区。此外，该区南华纪大陆裂谷型(索拉克组)火山碎屑岩、火山岩建造与铜、金等多金属矿化关系密切，蓟县纪大陆边缘裂谷型碳酸盐岩、碎屑岩、火山岩沉积建造与铁、铅锌矿化有关。

东昆仑地区在南北方向上又可分为北昆仑、中昆仑和南昆仑3个亚带。在不同的地质演化时期，各亚带成矿高峰期有所差别，但总体上东昆仑地区主要大陆地壳演化阶段以及相应的成矿时期包括以下3个阶段：长城纪—青白口纪属于古大陆裂解与汇聚阶段，形成的碎屑岩-碳酸盐岩夹火山岩建造(小庙岩组、万宝沟群、狼牙山组等)与铁、铜、铅、锌、钴、钨、锡矿化有关；早古生代进入洋陆转化阶段，形成的火山岩-碎屑岩-碳酸盐岩建造(祁漫塔格群、纳赤台群等)，与铁、铜、钴、铅、锌等多金属矿化有关；晚古生代属于板内伸展裂陷与挤压造山阶段，形成碳酸盐岩-碎屑岩建造(石拐子组、大干沟组、缔敖苏组等)，与铁、铜、铅、锌矿化有关。

西昆仑地区包括多个次级构造单元，情况比较复杂。自北而南各构造单元成矿建造以及主要成矿期次如下：铁克里克断隆带古元古代赫罗斯坦岩群变质碎屑岩、碳酸盐岩建造与磁铁矿化有关，晚古生代碳酸盐岩建造与铅、锌矿化有关；北昆仑早古生代岩浆弧-石炭纪双峰式火山岩建造与铜矿化有关，泥盆系—石炭系碳酸盐岩建造与铅、锌、铜矿化有关；昆中微地块中新元古代碳酸盐岩建造与玉石矿有关；巴颜喀拉褶断带二叠系黄羊岭组碎屑岩建造与锑矿化有关；喀喇昆仑前寒武纪微陆块和中生代裂陷盆地以铁、铅锌、铜、金矿为主，其中甜水海-塔什库尔干地块古元古界布伦阔勒岩群变质碎屑岩、碳酸盐岩、火山碎屑岩建造与磁铁矿化有关，志留系浅变质细碎屑岩建造与菱铁矿化有关，乔尔天山-岔路口断裂带两侧形成的铅锌矿主要受侏罗系—白垩系碳酸盐岩控制。

(三)构造岩浆作用与成矿关系

西昆仑地区中酸性岩浆侵入作用较强烈，时空分布上具有明显的分带性和相对集中性。以康西瓦断裂为界，西昆仑北部中酸性岩浆侵入作用主要发生于加里东期和海西期，南部的喀喇昆仑地区则主要发生在燕山期。各个时期岩石成因类型以I型花岗岩为主。因此，与之有关的铜、钼、铁以及稀有金属矿产值得高度重视。

东昆仑西段，中酸性岩浆侵入作用发生在加里东期和印支期，南北分带和东西分段特征明显：北部以加里东期—海西期为主，南部以印支期—燕山期为主；以白干湖断裂为界，以西为早古生代，以东为晚古生代－中生代(多为三叠纪)。总体上，该区有北东向和北西向两组构造岩浆岩带，而且至少自加里东期以来，两者构造活动性质、构造活动强度、岩体规模、岩石成因类型等各个方面都表现出此消彼长交替变化的特点(伍跃中等，2009a；伍跃中，2011)。最终造成与之有关的成矿作用和矿床类型存在明显差异。

阿尔金地区中酸性侵入岩浆作用则以加里东期为主(图7－1)。

从阿尔金和东昆仑西段构造带岩浆岩发育特点来看，不同时代岩石类型不同，其成矿类型有别：南华纪—早古生代洋陆转化阶段形成的侵入岩与铁、铜、镍、金矿化关系密切，而阿尔金南缘构造混杂带内的基性—超基性层状杂岩则与钒钛磁铁矿矿床、铜镍矿床有关；奥陶纪碰撞造山多形成为S型花岗岩，偏铝或过铝型、钾质岩石系列，与钨、锡矿化关系密切；三叠纪为后碰撞环境，多形成高钾钙碱性花岗闪长岩＋二长花岗岩＋钾长花岗岩组合，与铁、铜、铅、锌多金属矿化关系密切。

此外，由于区内侵入岩时空分布具有明显的分带性和定向迁移(总体由北向南)的特点，导致相关矿产分布具有分段分带性特点。

(四)构造单元性质与区域成矿关系

昆仑-阿尔金成矿带各构造单元性质不同，其成矿作用类型存在明显的差异。塔里木陆块西南缘在晚古生代时期属于大陆边缘裂陷带环境，多形成砂岩型铜矿和碳酸盐岩或页岩型铅锌矿，典型矿床如塔

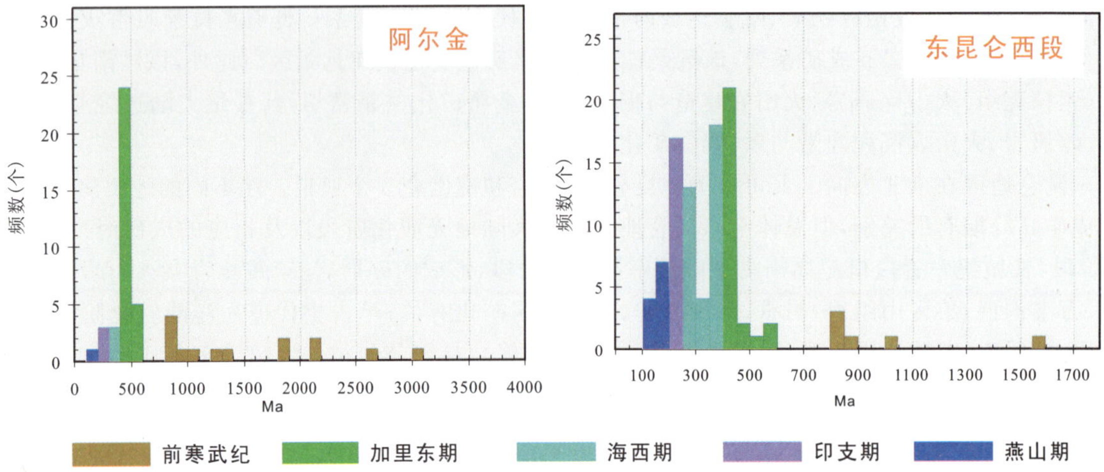

图 7-1　阿尔金-东昆仑西段侵入岩年龄分布直方图(校培喜等,2014)

木铅锌矿;西昆仑北部地区在奥陶纪—志留纪时期属于活动大陆边缘环境,于是形成细碧角斑岩型铜矿,典型代表为西昆仑布伦口铜矿、上其汗铜矿等;昆中构造带具有岩浆弧、复合岩浆弧和弧后盆地性质,主要发育岩浆热液型和矽卡岩型铁、铜、钨锡多金属矿,以及伟晶岩型稀有金属矿,典型矿床如白干湖钨锡矿;巴颜喀拉地区晚古生代—中生代时期属于边缘裂陷盆地环境,形成了低温热液型铅锌、汞锑矿,典型代表为黄羊岭卧龙岗铅锌矿;西昆仑塔什库尔干县一带沉积变质型磁铁矿受控于甜水海-塔什库尔干古陆块(属于北羌塘地块组成部分)古元古界布伦阔勒岩群含铁建造,典型矿床有赞坎、老并、莫喀尔、叶里克等大中型磁铁矿床;阿尔金北缘地区在早古生代时期则属于陆缘或陆间裂谷带环境,主要形成与海相火山喷发有关的铁铅锌铜多金属矿;阿尔金南缘断裂带在早古生代初期处于陆缘裂谷(裂陷)环境,形成迪木那里克铁矿矿集区。

总之,昆仑-阿尔金成矿带不同性质的构造单元具有不同的区域成矿特征:古陆块往往形成沉积变质型或改造型铁矿;陆缘裂陷带主要形成 MVT 型铅锌矿;中新生代裂陷(叠加)盆地往往形成中低温热液型铅锌、汞锑矿等;活动大陆边缘或裂谷带则形成与火山喷发作用有关的铁铜铅锌多金属矿;而复合岩浆弧成矿类型较为复杂,包括岩浆热液型、矽卡岩型、伟晶岩型铁、铜、钨锡、稀有金属矿等。

二、地球化学找矿远景区的圈定

通过收集利用区内 1∶20 万和 1∶50 万地球化学资料,以主要成矿元素为主元素,密切相关的元素作为伴生元素,对主元素采用分级且独立的线、面方式表达,即借助外带、中带、内带来表达主元素的浓集趋势。根据相应的元素组合,主元素外的其他元素基本以各元素与主成矿元素在空间上的重叠程度来确定元素的入选及元素异常范围。在圈定伴生元素异常之前,本着目标明确、形态规整、突现规律且异常范围尽可能小的原则,在对应单异常图的基础上,对大面积区域异常进行改造,使主要目标元素异常面积不大于 $1000km^2$。伴生元素要求与主成矿元素有一定的重叠区域,范围的圈定不是以各伴生元素异常范围的外形轮廓,而是以主成矿元素范围为中心,在主元素异常边界外适度外扩,圈定与主成矿元素相关的伴生元素异常范围。分别编制以寻找铜、铅、锌、金、钨、铁矿为主要找矿目标的(单矿种)综合异常。

然后将铜、铅、锌、金、钨、铁单矿种综合异常进行空间叠置,当两个以上矿种综合异常在空间上有 2/3 面积重叠时,圈定单矿种综合异常区覆盖的范围,作为综合矿种异常区。当某个矿种综合异常的某个异常不与其他任何矿种综合异常重叠或重叠范围较小时,不再圈定综合矿种异常,即单个单矿种异常将在综合矿种异常构置时被淘汰,从而达到优选综合矿种异常区的目的。这种综合矿种异常区便是地球化学找矿靶区和远景区的确定依据。在注明每个综合矿种异常包含哪几个矿种类别后，结合成矿地质条件分析，将有找矿意义的综合矿种异常区划定为地球化学找矿靶区。再结合重要构造分界线，将矿种相近或关联度高、且处于同一空间域的多个综合矿种找矿靶区进行归并，获得范围大于单个综合矿种找矿靶区的综合找矿目标区域，确定为地球化学找矿远景区。然后逐一命名，并在名称中突出主要矿种和目标矿种组合，括号中的矿种为相对次要矿种，从而获得昆仑-阿尔金成矿带地球化学找矿远景区（图7-2）。本次共圈定铜、铅、锌、金、钨、锡、钼、锑、铁等矿种地球化学远景区22个，其中西昆仑地区11个，东昆仑-阿尔金地区11个（表7-1）。各远景区规模在800～15 200km^2，平均面积4200km^2，累计面积92 000km^2，占昆仑-阿尔金成矿带总面积的24.2%。地球化学综合找矿远景区的圈定，大大缩小了找矿的空间范围。

表7-1 新疆地球化学找矿远景区一览表

序号	名称	面积（km^2）	包含的靶区	主要找矿目标
1	乌孜别里金（铜铅锌）找矿远景区	800	西昆仑	破碎蚀变岩型金矿、火山岩型铅锌矿和岩浆型铜镍矿
2	公格尔金钨（铅锌）找矿远景区	1900	西昆仑	破碎蚀变岩型金矿、矽卡岩型钨矿
3	恰尔隆金钨铜找矿远景区	3700	西昆仑	破碎蚀变岩型金矿、矽卡岩型钨矿、热液型铜矿
4	阿然保泰铅锌铜钨找矿远景区	800	西昆仑	海相火山岩型铜多金属矿、矽卡岩型钨矿
5	瓦卡金铅锌找矿远景区	600	西昆仑	碳酸盐型铅锌矿、破碎蚀变岩型金矿
6	明铁盖钨锡金铅锌（铜）找矿远景区	1600	西昆仑	矽卡岩型钨锡矿、岩浆型钨矿、破碎蚀变岩型金矿、火山岩型铅锌矿
7	达不达钨铅找矿远景区	1900	西昆仑	矽卡岩铅锌矿、矽卡岩型钨矿
8	托满铜锌（金）找矿远景区	3900	西昆仑	海相火山岩型铜（锌）矿、破碎蚀变岩型金矿
9	麻扎铅锌铁锑（铜金钨）找矿远景区	3600	西昆仑	热液型锑矿、碳酸盐岩型铅锌矿
10	岔路口铅锌（铜锑）找矿远景区	15 200	西昆仑	碳酸盐岩-细碎屑岩型铅锌矿、热液型铜矿、热液型锑矿
11	喀喀山口铅锌（铜金）找矿远景区	2100	西昆仑	碳酸盐岩-细碎屑岩型铅锌矿
12	巴什库尔干钨金找矿远景区	2300	阿尔金	矽卡岩型钨矿、破碎蚀变岩型金矿
13	喀腊大湾铜铅锌找矿远景区	1400	阿尔金	海相火山岩型铜矿、海相火山岩型铅锌矿
14	石棉矿钨（铜铅锌金）找矿远景区	4600	阿尔金	矽卡岩型钨矿、沉积改造型铅锌矿
15	梅达阔西钨铜（金铅锌）找矿远景区	2700	东昆仑	矽卡岩型钨矿、矽卡岩型铜矿
16	库木巴彦钨锡（金铜锌）找矿远景区	9000	东昆仑	矽卡岩型钨锡矿、破碎蚀变岩型金矿、火山岩型铜多金属矿
17	土窑洞铅锌（钨锡铜）找矿远景区	2600	东昆仑	碳酸盐岩-细碎屑岩型铅锌矿、矽卡岩型锡多金属矿
18	喀什塔什铜金（铅锌）找矿远景区	1900	东昆仑	海相火山岩型铜锌矿、破碎蚀变岩型金矿
19	上其汗金铜找矿远景区	2200	东昆仑	海相火山岩型铜矿、破碎蚀变岩型金矿
20	柯西铜钼锑（钨锌）找矿远景区	6200	东昆仑	斑岩型铜钼矿、热液型锑矿、矽卡岩型铅锌矿、火山沉积型铜多金属矿
21	黄羊岭锑钨（铜锌）找矿远景区	8500	东昆仑	热液型锑矿、矽卡岩型钨矿
22	木孜塔格铅锌（铜金）找矿远景区	14 500	东昆仑	海相火山岩型铅锌矿、碳酸盐岩-细碎屑岩型铅锌矿

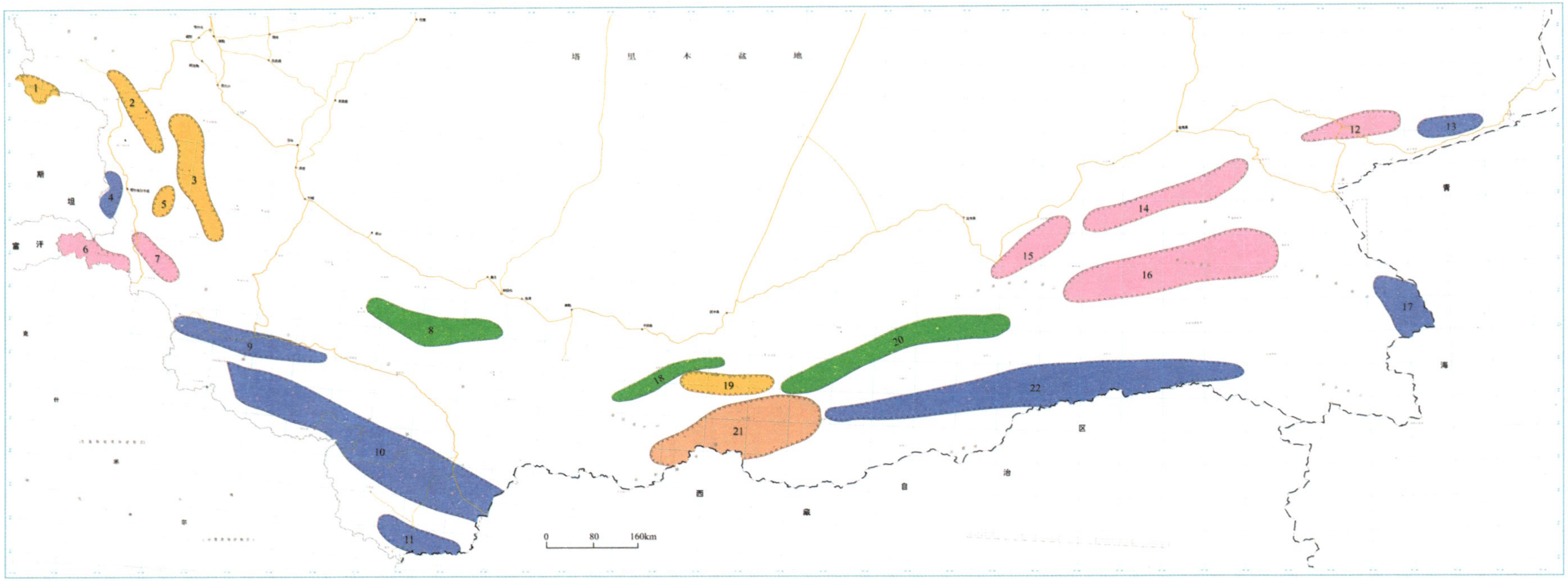

图 7-2　昆仑-阿尔金成矿带地球化化学找矿远景预测示意图

1. 乌孜别里金(铜铅锌)找矿远景区;2. 公格尔金钨(铅锌)找矿远景区;3. 恰尔隆金钨铜找矿远景区;4. 阿然保泰铅锌铜钨找矿远景区;5. 瓦卡金铅锌找矿远景区;6. 明铁盖钨锡金铅锌(铜) 找矿远景区;7. 达不达钨铅找矿远景区;8. 托满铜锌(金) 找矿远景区;9. 麻扎铅锌铁锑(铜金钨) 找矿远景区;10. 岔路口铅锌(铜锑) 找矿远景区;11. 岭喀山口铅锌(铜金) 找矿远景区;12. 巴什库尔干钨金找矿远景区;13. 喀腊大湾铜铅锌找矿远景区;14. 石棉矿钨(铜铅锌金) 找矿远景区;15. 梅达阔西钨铜(金铅锌) 找矿远景区;16. 库木巴彦钨锡(金铜锌) 找矿远景区;17. 土窑洞铅锌(钨锡铜) 找矿远景区;18. 喀什塔什铜金(铅锌) 找矿远景区;19. 上其汗金铜找矿远景区;20. 柯西铜钼锑(钨锌) 找矿远景区;21. 黄羊岭锑钨(铜锌) 找矿远景区;22. 木孜塔格铅锌(铜金) 找矿远景区

三、分矿种区域找矿潜力分析

以上从区域成矿地质背景、大陆地壳演化阶段与主要成矿期次的耦合关系、构造岩浆作用对成矿的控制、构造单元性质与主要成矿类型的相互关系等方面初步分析了昆仑-阿尔金成矿带的区域成矿规律。同时对整个成矿带进行了地球化学找矿远景区的圈定(图 7-3)。下面将针对成矿带内铜、铅锌、金、钨锡、铁等主要矿种分别讨论其区域成矿与找矿潜力。

(一)铜矿

与新疆平均含量水平相比,铜的富集系数西昆仑为 0.92,东昆仑-阿尔金为 0.82。因此,从总体上来看,昆仑-阿尔金成矿带铜矿找矿不具优势。整个成矿带目前发现的铜矿只有卡得里西铜矿、卡拉玛铜矿、喀腊大湾铜多金属矿、特格里曼苏铜矿及塔木其铜矿点,其余多为矿化信息。上述矿床、矿(化)点主要分布于西昆仑西北段、东西昆仑结合部位以及阿尔金北缘地区。

西昆仑地区铜矿点较多,主要分布于昆盖山和布伦口地区。容矿地层时代包括元古宙、古生代、新生代。目前已发现的铜矿类型包括赋存于前寒武纪变质岩中的层状铜矿、受控于晚古生代海相火山岩的海底喷流沉积型铜矿、与碳酸盐岩容矿铅锌矿有关的铜矿等。其中赋存于前寒武纪变质岩中的层状铜矿主要分布于布伦口及外围地区,铜矿化带总长可达到 200km 以上,主要分布于布伦口地区和木吉乡北侧。主要包括卡拉玛、大东沟、切列克其、卡拉敦等铜矿床(点)。赋矿层位之下以斜长角闪岩、片麻岩、混合岩为主,原岩很可能是一套基性火山岩。赋矿层位之上以二云石英片岩为主,夹片麻岩,原岩为细碎屑岩、中酸性凝灰岩。铜矿全部产于菱铁矿或菱铁白云岩中,菱铁矿或菱铁白云岩均呈层状出现,根据碳、氧同位素分析结果,应属于海底热水喷流沉积的产物。矿石中主要脉石矿物为菱铁矿或铁白云石、石英,硫化物以黄铁矿与黄铜矿为主,二者含量比例为(2∶1)～(3∶1),较一般 SEDEX 型矿床低得多。矿床中几乎不含方铅矿、闪锌矿等其他贱金属硫化物(祝新友,2000)。按 Sangster S F 总结的模型,海底热水喷流沉积型矿床具有较为典型的成矿分带模型,即自热水喷口往外,一般都存在着铜矿、铅锌矿、重晶石、菱铁矿的分带。而布伦口地区铜矿产于菱铁矿或菱铁白云岩中,且缺乏铅锌矿化,可能反映出该成矿体系中贫硫、贫铅锌或环境不利于铅锌矿的沉淀富集,同样制约了铜矿的富集成矿。此外,从成矿环境上讲,铜矿上、下盘围岩岩性及变质程度差异极大,下盘围岩已发生了强烈的混合岩化,而上盘岩石为低绿片岩相的片岩组合。这种巨大的差异可能暗示着二者之间存在地质作用的中断,说明成矿环境可能是深度不大的浅水地带,不利于贱金属矿的喷流沉积与富集。总之,布伦口及外围地区赋存于前寒武纪变质岩中的层状铜矿形成大型矿床的条件不理想。

古生代海底喷流沉积型铜矿主要分布于昆盖山地区,受控于石炭系海相火山岩。该区石炭系下部枕状玄武岩最大厚度 2100m,上部含少量酸性火山岩,具有双峰式火山岩的发育特征,即昆盖山地区石炭纪时属扩张裂谷环境,喷出岩以安山玄武岩或玄武安山岩为主,碱度较高且富钠,火山沉积厚度大,但细碧岩分布并不广泛,而且未出现地幔岩,辉长岩分布也很少。塔木—卡兰古地区上古生界碎屑岩-碳酸盐岩沉积厚度达 4000m 以上,属稳定的地台型,说明昆盖山裂谷之大陆边缘属于被动大陆边缘。同时,下二叠统棋盘组中大陆玄武岩的出现与恰尔隆地区晚石炭世—早二叠世的厚层碎屑岩-磨拉石对应,反映裂谷活动的结束。因此,昆盖山—恰尔隆地区在晚古生代发生了大陆边缘裂陷作用,并在其西部发生强烈的火山喷发,而在东侧以厚层碎屑岩沉积为主,形成了发育不对称的双峰式火山岩,以基性火山岩为主,未出现洋壳,可能是一个发育时期较短、规模不大,切割深度有限的夭折的裂谷。昆盖山地区铜矿包括与石炭纪双峰式火山活动有关的 VHMS 型铜矿化(包括依卖可、萨洛依等)和产于碎屑岩中的特克里曼苏铜矿(SEDEX 型)两种亚类型。前者主要分布于中巴公路以西,赋存于下石炭统细碧岩中,块状硫化物矿床为块状黄铁矿型铜矿,相当于塞浦路斯型;赋存于上石炭世酸性火山凝灰岩中的铜矿化,主要矿物为黄铁矿和少量黄铜矿,基本不含方铅矿和闪锌矿,矿化及其相关火山岩规模都很小。

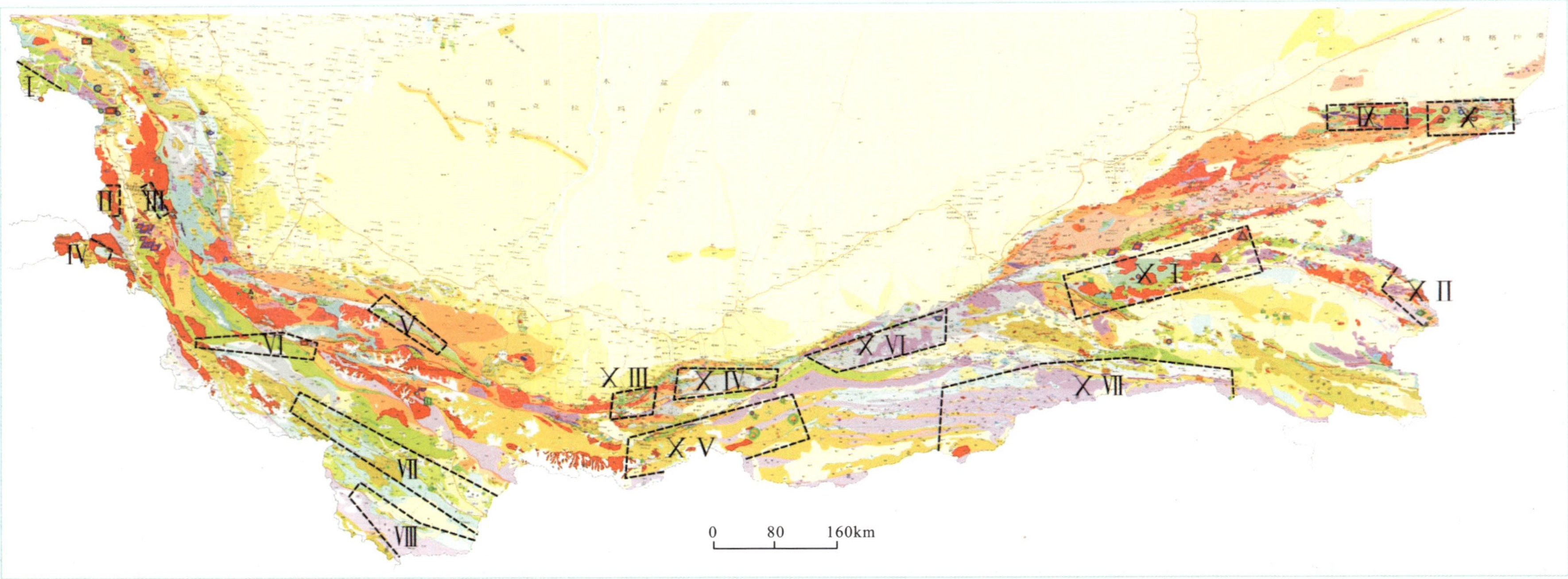

图 7-3　昆仑-阿尔金成矿带成矿远景预测区分布示意图

Ⅰ.乌孜别里金(铜铅锌)成矿远景预测区；Ⅱ.阿然保泰铅锌铜钨成矿远景预测区；Ⅲ.瓦卡金铅锌成矿远景预测区；Ⅳ.明铁盖钨锡金铅锌(铜)成矿远景预测区；Ⅴ.托满铜锌(金)成矿远景预测区；Ⅵ.麻扎铅锌铁锑(铜金钨)成矿远景预测区；Ⅶ.岔路口铅锌(铜锑)成矿远景预测区；Ⅷ.哈喀山口铅锌(铜金)成矿远景预测区；Ⅸ.巴什库尔干钨金成矿远景预测区；Ⅹ.喀腊大湾铜铅锌成矿远景预测区；Ⅺ.库木巴彦钨锡(金铜锌)成矿远景预测区；Ⅻ.土窑洞铅锌(钨锡铜)成矿远景预测区；ⅩⅢ.喀什塔什铜金(铅锌)成矿远景预测区；ⅩⅣ.上其汗金铜成矿远景预测区；ⅩⅤ.黄羊岭锑钨(铜锌)成矿远景预测区；ⅩⅥ.柯西铜钼锑(钨锌)成矿远景预测区；ⅩⅦ.木孜塔格铅锌(铜金)成矿远景预测区

根据目前掌握的资料情况分析，下石炭统中基性火山岩层位中的矿化较上石炭统中的矿化有更大的找矿前景。另一方面，虽然塞浦路斯型铜矿在国内外不乏大且富的矿床，但此类铜矿床大多数规模较小，一般不超过 50×10^4t 金属量。而且，该区目前已发现的下石炭统中的铜矿化规模不大，并且以黄铁矿为主，其中含铜很低，一般都在 0.3%以下。至于 SEDEX 型矿床一般而言其成矿规模与裂谷活动的规模有着密切的联系，鉴于本区当时裂谷规模小，延续时期短，难以形成大型矿床。

另外，分布于塔木-卡兰古铅锌矿带，受控于下石炭统碳酸盐岩的热液型铜矿(阿巴列克铜矿)，矿床类型大体可与密西西比河谷型矿床类比。这类矿化作用一般有利于铅锌矿的富集成矿，但不利于大中型铜矿的形成，铜矿化规模都较小。

总之，西昆仑布伦口、昆盖山等地区虽然发现的矿床、矿(化)点较多，但就其成矿地质条件而言，上述地区难以实现寻找大型以上富铜矿的重大找矿突破。西昆仑其他地区因工作研究程度低，此处不再详细论述。

东西昆仑结合部位的于田苏巴什、塔木其、民丰上其汗地区发育有一套早古生代变质海相火山沉积岩系，其中发现有塔木其和上其汗两个含铜、锌黄铁矿点及 10 余处矿化点，属于块状硫化物矿床(贾群子等，1999)。含矿岩系为细碧岩＋角斑岩＋石英角斑岩，属钙碱性火山岩系，至少存在 5 个火山喷发旋回。这套含矿火山沉积建造厚度巨大，其中铜、铅、锌、金、银、硫等元素含量高。区域化探在上述地区均圈定出范围比已知矿区大得多的区域性铜-铁族元素异常，局部伴生有锌、金、银等元素的异常，具有较好的块状硫化物铜多金属矿找矿前景。

柯希铜富集带面积 $2730km^2$，最大值 141.2×10^{-6}，平均值 43×10^{-6}，标准离差 40.9×10^{-6}，不仅具有省级异常规模，还具有典型地球化学套合结构模式。铜、钼富集程度最高，规模最大，铜、钼高值区高度重叠，加上该带同时富集金、镉、银、锌、钨、锡等成矿元素。因此，从地球化学角度来看，该带是铜钼锑(钨锌)找矿潜力最大的远景区，在其东段边缘已发现卡得里西火山岩型铜锌矿，同时应重视斑岩型铜钼矿的发现。但由于该区处于昆仑山主脊及其两侧，工作条件差，不宜布置大规模地质找矿工作。

综上所述，昆仑-阿尔金成矿带铜矿进一步找矿潜力较大的地区主要为托满铜锌(金)远景区、喀什塔什铜金(铅锌)远景区和柯西铜钼锑(钨锌)远景区。

(二)铅锌矿

铅的富集系数西昆仑为 1.46，东昆仑为 1.16，锌的富集系数西昆仑为 1.07、东昆仑为 0.93，相关的镉富集系数西昆仑为 1.13。因此，从总体上来看，昆仑-阿尔金成矿带铅锌明显富集，且富集程度西昆仑高于东昆仑，说明该成矿带特别是西昆仑地区具有寻找铅锌矿的优势。目前已发现的铅锌矿包括西昆仑的塔木、卡兰古、瓦卡、多宝山、火烧云等，东昆仑的维宝、喀腊达坂及卡得里西、塔木其铜锌矿等，除塔木、卡兰古属早期发现的老矿外，其余均为近年来取得的重要找矿发现。

根据地球化学资料圈定的土窑洞铅锌(钨锡铜)、喀腊大湾铜铅锌、岔路口铅锌(铜锑)、喀喀山口铅锌(铜金)、麻扎铅锌铁锑(铜金钨)、木孜塔格铅锌(铜金)、瓦卡金铅锌、阿然保泰铅锌铜钨、达不达钨铅、托满铜锌(金)等地球化学异常区均是铅锌矿找矿有利地区。土窑洞、岔路口和喀腊大湾地区，分别发现了维宝、多宝山和喀腊达坂(铜)铅锌矿，前两者矿床类型为碳酸盐岩-细碎屑岩型，后者为火山岩型。喀喀山口、麻扎、木孜塔格与岔路口类似，矿床类型以碳酸盐岩-细碎屑岩型为主，木孜塔格因出现铜、铁、钴，其类型可能更复杂一些。阿然保泰预计与喀腊达坂接近，以火山岩型为主，达不达推测为矽卡岩型。

昆仑-阿尔金成矿带铅锌找矿最具找矿潜力的地区首推岔路口远景区和木孜塔格远景区，前者为铅锌镉的富集，无论强度还是规模，都是新疆首屈一指的，据最新找矿勘查成果，该区火烧云铅锌矿初步探获资源量已超 1700×10^4t，有望成为亚洲最大的铅锌矿床；后者除铅锌外，铜、铁、钴的富集也很重要。这些地区工作程度极低，近年来已陆续发现大量的矿床、矿(化)点和找矿线索。

(三)金矿

孙丰月等(2012)根据西昆仑地区金、锑、含金汞矿床特征和成矿作用、成因类型、成矿时代、矿床的空间分布等因素分析，认为西昆仑地区产出的金、锑、含金汞矿床应为一个成矿系列，即"西昆仑加里东—印支期造山型金矿成矿系列"，主要有浅成 Sb(Hg、Au)组合的黄羊岭锑(金)矿、Au－Cu－Pb－Zn 帕西木金矿、Au(Cu、Pb、Zn、Ag)叶尔羌河金矿，中成 Au－As 木吉金矿。矿床规模可为中—大型，矿床(点)主要分布于西昆南带边缘造山带东段，西昆中基底隆起和花岗岩带东端，西昆中带北缘，西昆南带边缘造山带西段。其中，西昆南带边缘造山带东段成矿最为突出。赋矿岩石为造山带内不同时代碎屑岩或变质片岩，赋矿地层时代主要为长城系、志留系木吉群、二叠系黄羊岭群。含矿岩系主要为具有浊流沉积特点的碎屑岩。控矿构造主要为脆性断裂、韧-脆性断裂。金、砷、锑、汞、铜、铅、锌是主要的成矿元素，不同的矿床随成矿深度不同，成矿元素组合略有不同，矿床(点)矿石类型多为蚀变岩型，木吉金矿石为石英脉型和蚀变岩型。

金的富集区出现在木孜塔格东北、索尔库里、布伦口、米兰东南、大红柳滩西南、柯西、金水河东、喀帕、克里阳南、瓦卡、上其汗等地，遍布整个昆仑-阿尔金成矿带。由昆仑-阿尔金成矿带地球化学找矿远景预测图(图 7－3)可知，以金为主要找矿目标的远景区有 8 个：乌孜别里金(铜铅锌)远景区、巴什库尔干钨金远景区、公格尔金钨(铅锌)远景区、恰尔隆金钨铜远景区、瓦卡金铅锌远景区、明铁盖钨锡金铅锌(铜)远景区、喀什塔什铜金(铅锌)远景区、上其汗金铜远景区。其中，乌孜别里是西昆仑主要砂金产区，砂金矿化分布范围长 32km，宽 7km，并已发现小型岩金矿，主要找矿目标为以黑色岩系为容矿围岩的破碎蚀变岩型金矿。巴什库尔干远景区已发现产于黑色岩系中的祥云金矿、大平沟金矿，金矿区存在明显的锑矿化。此外，木孜塔格铅锌(铜金)、托满铜锌(金)、麻扎铅锌铁锑(铜金钨)、石棉矿钨(铜铅锌金)、梅达阔西钨铜(金铅锌)、库木巴彦钨锡(金铜锌)6 个找矿远景区也是潜在的金矿找矿有利区。其中，木孜塔格、库木巴彦地区是东昆仑重要砂金产区，砂金开采曾盛极一时，因地处高海拔地区，金矿找矿工作基本没有展开。

(四)钨矿

钨在昆仑-阿尔金成矿带东、西两端明显富集，东昆仑已发现白干湖钨锡矿，西昆仑也发现了明铁盖石英脉型黑钨矿。这些找矿发现，出现在钨元素富集区域，与钨异常密切相关。白干湖钨锡矿已达大型，明铁盖黑钨矿未进行专门评价而规模不清。另一个有直接钨矿信息的远景区是黄羊岭锑钨(铜锌)远景区，在其东部以锑(矿)异常为主，西部以钨锡异常为主，是昆仑-阿尔金成矿带中部钨锡富集程度最高的地段。在黄羊岭锑矿中，发现存在黑钨矿化。东昆仑祁漫塔格成矿带西段的库木巴彦远景区是下一步钨矿找矿重点地区。此外，阿尔金北缘成矿亚带西段(红柳沟以西)也是钨矿找矿潜力区。

(五)铁矿

近年来，随着西昆仑塔什库尔干地区赞坎、老并、莫喀尔磁铁矿，切列克其菱铁矿，阿尔金南缘迪木那里克铁矿等一系列大型矿床的发现和评价，昆仑-阿尔金成矿带铁矿已取得重大找矿突破。

1. 塔什库尔干磁铁矿整装勘查区

区内已发现赞坎、老并、塔阿希、吉尔铁克沟、叶里克、莫喀尔等多个大中型磁铁矿床，构成铁矿集中区，它们呈长 40km、宽约 12km 的北北西向带状展布，进一步可划分为赞坎-莫喀尔、叶里克-老并及莫拉赫-河克兰尔 3 个铁矿带。其成矿地质特征和成矿规律详见第四章，此不赘述，在此仅从区域地球化学、地球物理特征方面进一步分析其区域成矿与找矿潜力。

1∶50 万化探铁、锰、钴、钒、钛 5 种元素累加值地球化学图显示，该整装勘查区是铁族元素富集规模最大、强度最高的地区。区内共圈定 3 处化探异常，总体长轴方向为北西向。其中，北部的叶里克-老并-莫拉赫异常带，面积最大，强度最高，目前发现有塔哈希、协尔波力、河克兰尔、其克尔克等磁铁矿床，是发现磁铁矿最多的异常；中部赞坎-莫喀尔异常带规模相对较小，强度较高，目前已发现有吉尔铁克、赞坎、莫喀尔等大、中型磁铁矿矿床；南部西若异常目前未开展工作。已发现的磁铁矿矿化主要发育于化探异常的边部或强度相对较弱的局部富集区内，在化探异常强度最高区段未发现矿化。

2008年在塔什库尔干及周围地区约20 000km^2范围内开展了1∶5万航磁测量，在赞坎、老并铁矿区圈定出明显的高磁异常集中区，全区共圈定局部异常373个，初步筛选出具找矿意义的航磁异常30余处，其中新C-2008-1202、新C-2008-1208、新C-2008-1209、新C-2008-1258、新C-2008-1259等10余处异常进行了不同程度的查证，取得了丰硕的找矿成果，还有10余处异常尚未查证或查证程度很低。其中南侧的赞坎磁铁矿矿床在1∶5万航磁异常图上反映为两个长轴为北西西走向的椭圆形异常，新C-2008-1258异常强度为615nT，新C-2008-1259号异常强度达1444nT。中部的老并磁铁矿矿床总体反映为升高的强磁异常，包括新C-2008-1202、新C-2008-1208、新C-2008-1209三个局部航磁异常，叶里克磁铁矿矿床位于新C-2008-1202异常，极大值为940nT。塔辖尔磁铁矿矿点反映为大面积带状分布，新C-2008-1208号异常极大值为403nT。目前发现的航磁异常高中心处均发现有磁铁矿矿床（点），磁铁矿与航磁异常对应关系表现为3条带状分布的特征，其中南带及中带航磁异常强度高，规模大，磁铁矿矿化明显，具有进一步寻找大型磁铁矿矿床的远景，东北带航磁异常相对较弱，规模较小，磁铁矿矿化以中小型为主。

目前，区内已初步控制铁矿石资源量为6.45×10^8t，已属于大型铁矿矿集区。另外，已发现矿体层位较稳定，各矿带相应层位区域上可以相互对比，连续性好，而且区内含矿岩系布伦阔勒岩群广泛分布，说明具有较好的找矿前景。此外，区内磁铁矿矿带无论位置还是范围均与正磁异常带严格对应，显现磁异常（带）与磁铁矿矿化（带）之间的密切关系。除了老并、赞坎等典型的大型矿床外，还有塔阿希及磁异常查证中新发现的叶里克、莫喀尔铁矿。老并北西的叶里克铁矿和赞坎铁矿东南赞坎东铁矿对应的磁异常是区内最好的异常，矿化规模大，品位较富，其远景有望赶超老并和赞坎铁矿。还有近20处航磁异常需继续查证，发现新的铁矿潜力大，据新疆矿产资源潜力评价资料，预测塔什库尔干铁矿整装勘查区铁资源远景应在20×10^8t以上。

2. 西昆仑地区菱铁矿找矿潜力

西昆仑地区自北部的切列克其菱铁矿矿床至南部的黑恰菱铁矿矿床断续延伸约800km，中部塔什库尔干为磁铁矿集中分布区，两端则为菱铁矿（个别为赤铁矿）。菱铁矿主要产于志留系温泉沟群，以切列克其大型菱铁矿矿床为代表。该矿可分为切列克其和切北两个矿区，其中切列克其矿区已探获333以上菱铁矿资源量7975×10^4t，切北矿区初步估算菱铁矿资源量达1×10^8t，两个矿区预测菱铁矿资源量超过3×10^8t。整个西昆仑铁矿带菱铁矿预测资源量约在10×10^8t以上。

3. 迪木那里克铁矿区及其他

近年来，发现并评价出迪木那里克大型铁矿，为沉积变质型，共探获铁矿石资源量2.5×10^8t。在其外围新发现河肃铁矿、玉岭铁矿，根据1∶5万航磁异常分析，本区仍有较大的找矿潜力。此外，阿尔金北缘喀腊大湾火山沉积型铁多金属矿，祁漫塔格地区蟠龙峰矽卡岩型铁矿等都是典型的成矿类型，具有一定的找矿前景。

四、重要成矿远景区特征分述

本次研究工作实施之初，在“新疆358”项目总体部署下确定了4个重要找矿远景区（塔什库尔干铁矿、祁漫塔格铁钨锡铅锌矿、阿尔金北缘铁铅锌铜矿、黑恰-岔路口铁铅锌稀有金属矿），这些重要找矿远景区范围大，包含矿种多，成矿类型较复杂，只是综合的有利找矿规划部署区域。笔者综合前面有关区域成矿地质背景、成矿地质条件、成矿规律研究以及区域地球化学远景预测结果，重新圈定了范围相对较小的预测成矿和找矿有利区块，并为了区别于“新疆358”项目总体部署时确定的4个重要找矿远景区，将新确定的找矿预测区命名为成矿远景预测区。本次共圈定重要成矿远景预测区17个，即：Ⅰ-乌孜别里金（铜铅锌）、Ⅱ-阿然保泰铅锌铜钨、Ⅲ-瓦卡金铅锌、Ⅳ-明铁盖钨锡金铅锌（铜）、Ⅴ-托满铜锌（金）、Ⅵ-麻扎铅锌铁锑（铜金钨）、Ⅶ-岔路口铅锌（铜锑）、Ⅷ-喀喀山口铅锌（铜金）、Ⅸ-巴什库尔干钨金、Ⅹ-喀腊大湾铜铅锌、Ⅺ-库木巴彦钨锡(金铜锌)、Ⅻ-土窑洞铅锌(钨锡铜)、ⅩⅢ-喀什塔什铜金(铅锌)、ⅩⅣ-上其汗金铜、ⅩⅤ-黄羊岭锑钨(铜锌)、ⅩⅥ-柯西铜钼锑(钨锌)、ⅩⅦ-木孜塔格铅锌(铜金)成矿远景预测区,详见图7-3。

以下仅简要介绍几个进一步找矿潜力巨大、且工作程度相对较低的重要成矿远景预测区特征。

(一)阿尔金山北缘喀腊大湾铁铜铅锌金银成矿远景预测区

该远景预测区位于阿尔金北缘东段大平沟—拉配泉一带,北邻塔里木盆地,南部以阿尔金断裂为界。地理坐标:东经91°15′—92°20′,北纬38°55′—39°15′。出露地层主要是奥陶系拉配泉群,其下部以碎屑岩为主,中部以火山岩为主,上部以碳酸盐岩为主。在远景区的南北两侧分布有中新元古界碎屑岩-沉积岩系夹少量火山岩。此外,局部分布有石炭系碳质千枚岩、片岩和碎屑岩,侏罗系的含煤建造。区内岩浆岩发育,主要为中上奥陶世的双峰式火山岩,晋宁期闪长岩、花岗闪长岩、似斑状二长花岗岩,加里东期基性超基性岩、石英正长闪长岩、石英闪长岩、角闪石英二长岩、二长花岗岩、似斑状花岗岩,燕山期钾长花岗岩等。断裂构造以东西向为主,还发育近东西向的紧闭褶皱。

1∶10万化探普查圈出单元素异常222个,综合异常31处。各综合异常显示出区内铅、锌、铜、砷、锑、金、银等地球化学异常密集分布。异常规模大,套合良好,浓度分带清楚,衬度高。其中,托格腊克恰普铜异常,玉勒肯洪别勒铅、锌、铜异常,拉配泉铜异常规模都达几至十几平方千米,具有很好的找矿前景。

区内已发现铜矿(化)点12个、铜铅锌多金属矿床(点)4个、铁矿带两条(矿床8个)。其中,大型铅锌矿床1个,中型银铅矿1个,中型金矿1个。喀腊大湾地区南部铜铅锌多金属矿属于与火山沉积作用有关的火山岩型硫化物矿床,大平沟金矿属于韧性剪切带型,喀腊大湾铁矿则是与玄武岩浆喷流作用有关,并经历了侵入岩浆作用矽卡岩化变质叠加改造,属于火山沉积-改造型矿床。该区虽然工作程度相对较高,但上述主要矿床类型仍有巨大的找矿潜力,特别是喀腊大湾3994高点一带、喀腊达坂北4336高点一带、乌鲁克尼齐勒萨依白尖山一带、喀腊大湾中下游至大平沟一带、大平沟中下游西3000m处、索尔库里北山3636高点一带、大平沟金矿西11km的2850高点附近、牙曼雀布拉克一带,以及阿尔金南缘断裂与阿北断裂之间的中间地带等地区(图7-4)是寻找铁铜铅锌金银有利找矿靶区。

(二)阿尔金山北缘巴什库尔干钨金成矿远景预测区

该远景预测区地理坐标:东经90°00′—91°00′,北纬39°00′—39°15′。区内出露岩石地层包括:南华系索拉克组火山-碎屑岩建造、震旦系—寒武系拉配泉群火山岩-碎屑岩-碳酸盐岩建造、二叠系碎屑岩夹碳酸盐岩、侏罗系陆相碎屑岩,发育基性—超基性岩、花岗岩、基性杂岩-中酸性侵入岩组合和高压—超高压变质岩等。

在贝壳滩和索尔库里北山地区完成的1∶10万水系沉积物地球化学测量,圈定单元素异常746个、综合异常54个,已完成Ⅱ级查证的综合异常8处。已发现金属矿床、矿(化)点包括:金矿床(点)4个,金铜矿点1个,铬铁矿矿床15个。主要矿床类型有:与寒武纪—奥陶纪火山沉积作用有关的块状硫化物矿床、与蛇绿岩套基性超基性岩有关的石棉-磁铁矿-铬铁矿-铜镍硫化物矿床、以沉积岩为容矿围岩的浅成低温热液型金矿床、与钾长花岗岩有关的石英脉型-石英钾长石脉型金矿床、接触变质型玉石矿床、与火山沉积作用有关的金-铜矿床、斑岩型铜多金属矿床等。

由上述可知,该区化探异常数量多,范围大,强度高,分带明显。已发现多处金矿床,铁、铜矿点、矿化点,进一步找矿潜力大。其中东部应以找金为主,兼顾铜等多金属矿产;西部应以找铜、金为主,并注意寻找铬铁矿和铜镍硫化物矿。贝克滩地区北东部盘龙沟一带、贝克滩东部恰什坎萨依一带、贝克滩地区北部偏西的索拉克萨依一带、贝克滩地区西部红柳沟以南4个地区是寻找金、铜矿的重要找矿靶区(图7-5)。

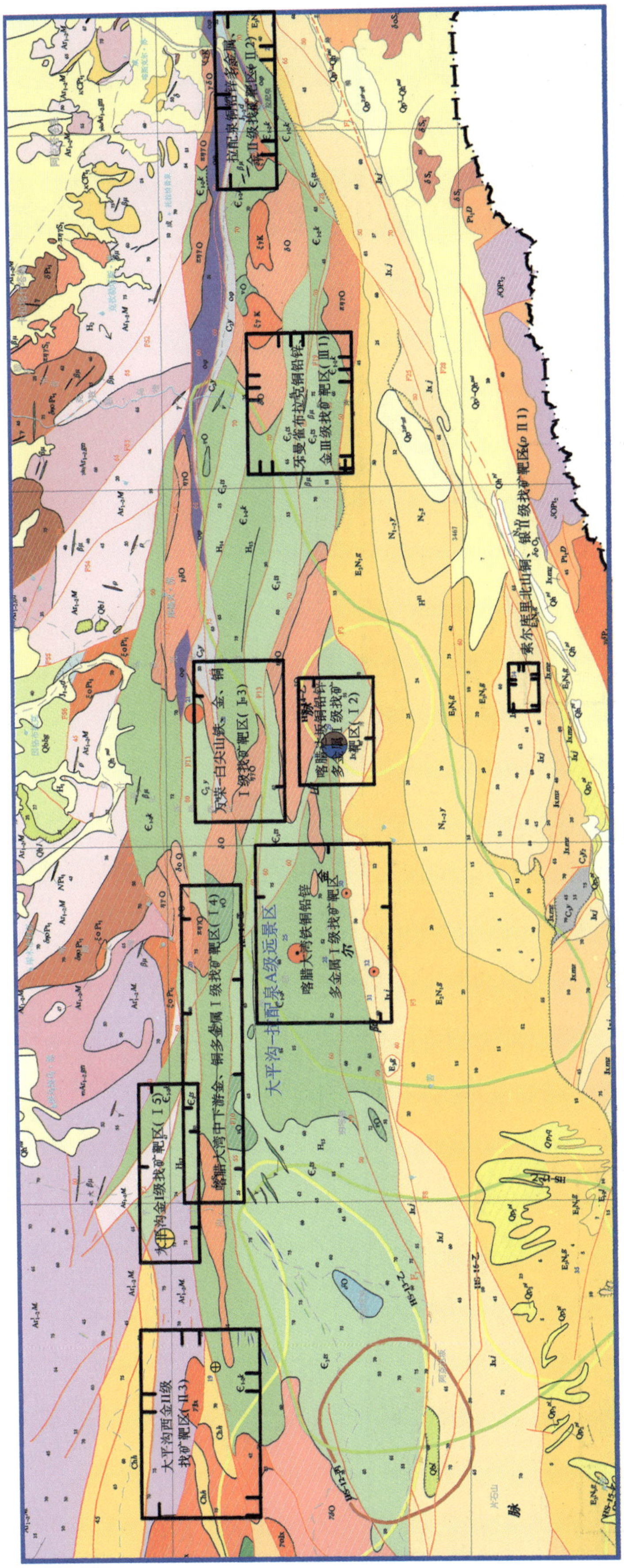

图7-4　喀腊大湾铁铜铅锌成矿远景预测区及找矿靶区分布图(据新疆地矿局区调一队,2013修改)

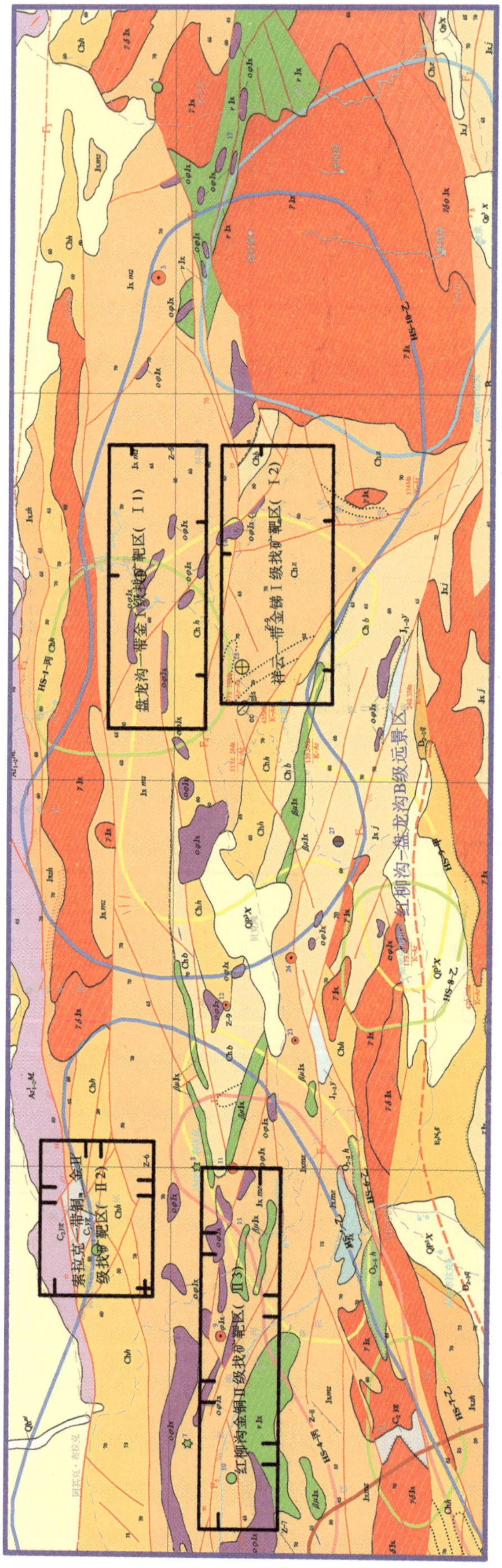

图 7-5　巴什库尔干钨金成矿远景预测区及找矿靶区分布图(据新疆地矿局区调一队,2013 修改)

(三)西昆仑岔路口铅锌(铜锑)成矿远景预测区

该远景预测区包括西昆仑宝塔山-多宝山铅锌矿集区,处于阿克赛钦古生代陆缘盆地和喀喇昆仑中生代陆缘盆地的结合部位。古生界北部以碳酸盐岩、碎屑岩建造为主,南部为深水浊积岩沉积,中生界南北沉积环境趋于统一,侏罗系—白垩系下部为陆相碎屑岩,上部为碳酸盐岩建造。两者之间为乔尔天山-岔路口深大断裂。沿该断裂带及两侧,区域性富集铅、锌、镉、汞、锑,局部叠加铜、镍、银等元素异常。

地球化学块体研究表明,该区是新疆铅第一富集区、锌第二富集区、汞第二富集区,以铅为主的连续富集区长 200km,宽 30～60km,面积达 12 900km^2。其规模之巨、元素组合之好、强度之高实属少见。块体内铅可供应量为 148 662×10^{4}t,锌可供应量为 192 022×10^{4}t,汞可供应量为 193 074×10^{4}t,资源潜力巨大。

地球化学分析结果表明,铅等元素的富集始于二叠纪,一直持续到白垩纪,以侏罗纪富集程度最高,铅含量高达克拉克值的 3 倍,且富集地层分布广泛。各时代地层中铅等元素的富集,又以碳酸盐岩最为显著,龙山组(J_2l)灰岩段铅平均值为 58.28×10^{-6},是正常碳酸盐岩平均值的 6.48 倍,单样最高值 381.95×10^{-6},出现在微晶灰岩中。

地质找矿在该区已发现产于二叠系碎屑岩中铅锌矿化和产于白垩系碳酸盐岩及碎屑岩中的铅锌矿化,以灰岩中的矿化强度高,品位富。已知矿化位于异常区边部,中心区域及广大地区的找矿工作正在逐步展开。

以上资料和信息表明,主体处于乔尔天山-岔路口深大断裂及其两侧的岔路口地区,具有寻找大型、超大型铅锌矿的地质-地球化学条件,找矿潜力巨大。目前已发现火烧云大型铅锌矿,以及多宝山、宝塔山等中型铅锌矿,主要找矿类型为以碳酸盐岩为容矿岩石的铅锌矿(侏罗系、白垩系)和产于碎屑岩中的沉积喷流型铅锌矿(二叠系)。

(四)柯西铜钼锑(钨锌)成矿远景预测区

柯西铜钼锑(钨锌)远景预测区的核心由柯西铜钼地球化学带(图 7－6)构成。该带由具有省级规模(面积大于 1000km^2)的柯西铜-钼富集带及其东部的铜-钼区域性异常组成的,以铜、钼为主的多元素富集带。该预测区位于塞里阔勒—柯希—吐孜一线以南,呈长 160km,宽 20～30km(最宽大于 40km)的带状,总体连续,走向北东东,向东未封闭进入邻区,区内面积大于 4000km^2,与延伸到这一带的苦牙克锑地球化学带重叠。其中以 30×10^{-6}圈定的铜高值区有效面积为 2730 km^2,以 1.2×10^{-6}圈定的钼高值区有效面积为 2320 km^2。该区是昆仑-阿尔金成矿带铜、钼富集程度最高;规模最大,高值区高度重叠,且同时富集金、镉、银、锌、钨、锡等成矿元素的地区。

该区大地构造背景处于塔里木板块和华南板块的结合部位,具体位于巴颜喀拉褶断带。出露地层以泥盆系布拉克巴什组为主,在西南出现下石炭统和下二叠统,区调成果认为都是一套单一的陆缘碎屑岩建造。但在该带北部塔尔干里代牙一带(HS－7 综合异常区)调查发现,布拉克巴什组岩性以强蚀变火山灰凝灰岩为主,夹蚀变凝灰质粉砂岩、变质细砂岩、硅质岩,凝灰岩中火山灰占 80%以上,大多绢云母化,伴随较普遍的黄铁矿化。因此,泥盆系布拉克巴什组或该地球化学带对应的地层可能为一套火山沉积建造。

岩浆岩较为特征,东部为四岔雪峰岩基,呈东宽西窄、向西逐渐尖灭的不规则形态,面积近 900km^2,为海西晚期花岗岩,顺岩体延长方向向西,岩体尖灭端前缘力亚力一带,花岗岩脉较为发育,也有少量辉绿岩脉;贵州地质调查院在四岔雪峰岩基的南、北两侧新发现大量的花岗闪长岩、闪长岩、辉石闪长岩等岩体,它们呈岩脉或构造岩片产出,与四岔雪峰花岗岩岩基构成 I－S 型岩浆序列。构造上与苦牙克锑地球化学带一样,处于阿尔金-苦牙克断裂带南缘。

结合该带地球化学特征的复杂性和所处地质环境的特殊性,该带将成为今后找矿工作中值得重点研究、部署的地区,主要找矿目标为斑岩型系列矿产。

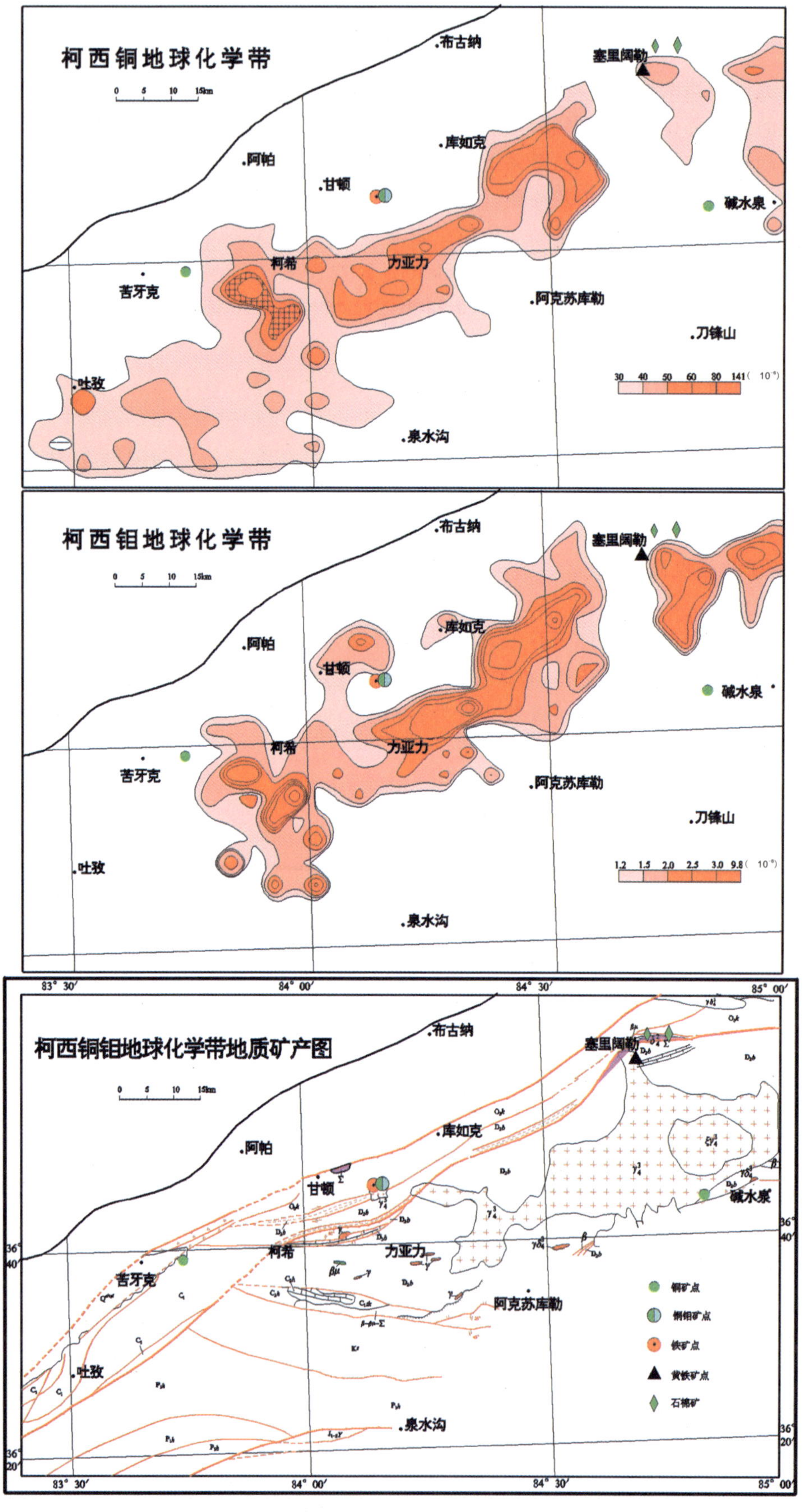

图 7-6 柯西地区铜、钼地球化学图

(五)木孜塔格一带铅锌(铜金)成矿远景预测区

木孜塔格铅锌(铜金)远景预测区位于南巴颜喀拉陆缘活动带，北界为鲸鱼湖断裂，南界为新疆与西藏两省分界，呈东西向展布，面积14 500km^2。其地质矿产特征详见第三章。岩石地层包括石炭系碳酸盐岩夹碎屑岩建造、二叠系黄羊岭群、三叠系巴颜喀拉山群巨厚复理石建造、侏罗系陆相湖沼相含煤碎屑岩建造。岩浆活动总体较弱，在云雾岭有燕山期钾长花岗岩，木孜塔格地区有少量三叠纪超基性岩。

木孜塔格地球化学异常为铜、铅、锌、铁族元素、锑、汞、金等元素复合异常带，各元素三级浓度分带明显，异常大体与构造线方向一致的呈带状分布。由于自然地理环境恶劣等原因，本区以往工作程度极低，目前仅在云雾岭、白帽山地区发现与燕山期岩浆活动密切相关的铜矿化，但其西部黄羊岭发现多个大中型锑矿，已成为锑矿化集中区，并发现有铜、金、镍多金属矿。鉴于该区地球化学异常元素组成复杂，套合较好，规模大、梯级明显，而且所处的大地构造部位特殊，应具有较好的寻找海相火山岩型铅锌矿、碳酸盐岩-细碎屑岩型铅锌矿及斑岩型铜矿的找矿潜力。

除了上述几个重点远景预测区外，塔什库尔干地区铁矿、黄羊岭地区锑汞钨(铜金)矿等的进一步找矿潜力巨大，只是由于上述地区近年来已经取得了重大找矿突破，相应的地质矿产特征和找矿潜力分析在相关章节已有涉及，此处不再赘述。

第二节　矿产勘查部署及主要找矿成果概述

一、矿产勘查部署

(一)指导思想

以科学发展观为统领，认真贯彻落实《国务院关于加强地质工作的决定》(国发〔2006〕4号)及《国务院关于进一步促进新疆经济社会发展的若干意见》(国发〔2007〕32号)文件精神，按照国土资源部与新疆人民政府签订的《合作开展新疆公益性地质调查和重要矿产勘查协议》的总体布局(2008—2010年总体布局为“主攻天山、深化阿尔泰、开拓昆仑-阿尔金”，2011年以后调整为“主攻天山、深化阿尔泰、加快昆仑-阿尔金”)要求，以不断发展的当代地质学理论和区域成矿理论为指导，以提高基础地质工作程度、突出重要矿产勘查，以寻找大—超大型矿床为目标，通过省、部联动加大地质勘查投入，拉动商业性地质勘查工作，坚持综合找矿、综合评价的思想部署昆仑-阿尔金成矿带的找矿勘查工作，实现地质找矿的重大突破。

(二)部署原则

1. 统筹规划，突出重点

在综合考虑成矿地质条件和自然地理环境的基础上，突出重点矿种，以重要找矿远景区、整装勘查区以及重要矿集区等为重点地区，本着由已知到未知、先易后难的原则，统筹部署昆仑-阿尔金成矿带地质矿产勘查工作。

1)突出重点矿种

突出铁、铜、镍、铅锌、钨锡、金等优势矿产和国家急缺的大宗矿产，以及战略新兴产业所需“三稀”金属矿产的勘查，兼顾锰、铬、钼等矿产勘查，尽快形成一批新的资源勘查开发基地。

2)突出重点地区、有序推进

昆仑-阿尔金成矿带矿产勘查部署总体上是由两端向中间、由北向南、由工作程度较高向工作程度较低的地区稳步推进。首先，以"新疆358"项目首批确定的塔什库尔干、祁漫塔格、阿尔金北缘3个重要找矿远景区和"新疆358"项目第二阶段确定的黑恰-岔路口重要找矿远景区，以及相应的整装勘查区、矿集区（表7-2）为重点地区，着重已发现的大—超大型矿床的深部和外围找矿工作。同时兼顾其他具有找矿潜力的地区或新发现的矿产地的部署找矿勘查工作，然后再逐步扩展到远景区的外围以及其他空白区。

表7-2　"新疆358"项目确定的金属矿产重要找矿远景区及矿集区一览表

成矿带	找矿远景区（一般勘查区）	矿集区（重点勘查区）
昆仑-阿尔金成矿带	西昆仑塔什库尔干地区铁铅锌铜找矿远景区	切列克其铁铜矿矿集区
		赞坎-老并铁铅锌矿矿集区
	阿尔金北缘地区铁铅锌铜找矿远景区	喀腊达坂铁铅锌铜矿矿集区
	祁漫塔格地区钨锡铅锌铁找矿远景区	迪木那里克铁矿矿集区
		白干湖钨锡矿矿集区
		维宝铅锌铁矿矿集区
	西昆仑黑恰-岔路口铁铅锌稀有找矿远景区	宝塔山-多宝山铅锌矿集区
		阿克沙依-大红柳滩铁铅锌稀有矿集区

2. 加强统一部署，统筹安排矿产勘查工作

按照"公益先行、商业跟进、基金衔接、整装勘查、快速突破"的找矿新机制要求，坚持地质工作规律和市场经济规律并重，坚持近期目标与长远目标相结合，统筹协调中央、地方、企业出资的地质找矿工作，科学合理地部署成矿带地质勘查工作。实现成矿带地质找矿"统一规划、统一部署、统一实施、统一协调"的勘查新格局。

公益性地质工作主要在面上开展1∶5万矿产资源远景调查、部分物化探异常查证和少量矿点评价工作，目的是打好找矿基础，摸清资源潜力，为商业性矿产勘查提供基础支撑；中央地勘基金、新疆地质勘查中央专项、新疆地质勘查基金主要针对整装勘查区、矿集区、已知矿床外围和深部开展重点矿床（点）的预普查、详查和异常查证工作，发挥地勘基金政策调控和分担勘查风险的作用，社会资金则主要用于各自探（采）矿权内的矿产普查、详查工作。围绕矿产勘查目标，根据工作程度，统筹部署地质、物探、化探、遥感和科研等工作，按照整装勘查区、重点勘查区（矿集区）、一般勘查区（找矿远景区）、老矿区深部及外围分层次部署地质找矿工作。实现中央、地方和企业多方资金联合，协调推进矿产勘查工作，以整装勘查促进重大突破，带动面上找矿，尽快形成一批勘查开发基地。

3. 发挥科技的支撑和引领作用

适当部署矿产地质综合研究和专题研究类项目，加强成矿带成矿规律和成矿预测研究，宏观掌握区域矿产成矿与找矿潜力，优选勘查区块和筛选各类项目，指导勘查工作。积极引进和推广应用地质找矿新理论、新技术、新方法，加大航空物探和遥感等现代勘查技术研发与推广力度。推动科研与地质勘查的有机结合，发挥科技的支撑和引领作用。

（三）具体工作部署

根据自然地理条件和以往工作程度，以铁、钨锡、铅锌、铜镍、金等为主攻矿种，以积变质型和矽卡岩型铁矿、层控改造型铅锌矿、矽卡岩型-石英脉型钨（锡）矿等为主攻矿床类型，兼顾岩浆硫化物型铜镍矿、斑岩型铜矿等，以东昆仑西段祁漫塔格地区钨锡、铅锌、铁，西昆仑塔什库尔干地区铁、铅锌、铜，阿尔金北缘地区铁、铅锌、铜，西昆仑黑恰-岔路口地区铜、铅锌、稀有金属4个找矿远景区共8个矿集区为重点地区(部署工作项目占75%以上),全面部署昆仑-阿尔金成矿带矿产勘查工作。总体上表现为从东西两端开始,逐步向中段推进,由北部向南部发展,即由工作程度相对较高向工作程度相对较低区域发展的特点。主要工作内容包括区域上1∶5万矿产地质调查、1∶5万地球化学勘查、1∶5万航空磁测或地面高精度磁法测量,目的是发现新的找矿线索和有利找矿区域;物化探异常检查和矿点评价则采用大比例尺地化剖面、物探剖面、地质草测、槽探、钻探验证等多种手段相结合的方法进行,主要目的是圈定找矿靶区,对于潜力较大的已知矿床和矿区则进一步圈定矿(化)体或扩大已知矿床规模和储量。

2008—2013年在昆仑-阿尔金成矿带共部署各类矿产项目105个(不含社会资金项目)(表7-3),其中2013年前结题项目89个。按照资金来源分:国家公益性地质(包括地质大调查和资源调查评价专项)项目33个,新疆地质勘查中央专项资金项目14个,中央地质勘查基金项目7个,新疆地质勘查基金项目51个。按照项目性质分:矿产远景调查项目17个,异常查证项目9个,调查评价项目15个,预普查、矿产勘查项目61个,综合研究、专题研究项目3个。各工作项目基本情况此处不再详细叙述。

表7-3 "新疆358"项目昆仑-阿尔金成矿带部署的矿产类项目表(2008—2013年)

序号	项目名称	起止年限(年)	资金来源	承担单位
1	昆仑-阿尔金成矿带地质矿产调查综合研究	2009—2013	调查评价专项	西安地调中心
2	新疆西昆仑塔什库尔干地区铁铅锌矿远景调查	2008—2011	地质大调查	河南省地调院
3	新疆若羌县白干湖—吐拉地区铜钨锡多金属矿远景调查	2008—2011	地质大调查	吉林省地调院
4	新疆东昆仑西段鸭子泉—维宝地区铜铁矿远景调查	2008—2011	地质大调查	新疆地调院
5	新疆西昆仑柳什—苦阿一带矿产远景调查	2010—2012	调查评价专项	新疆地调院
6	新疆塔什库尔干县塔哈希—叶里克一带航磁异常查证	2010—2012	调查评价专项	新疆地调院
7	新疆阿尔金山喀腊达坂一带铁多金属矿调查评价	2010—2012	调查评价专项	新疆地调院
8	迪木那里克及其外围铁矿调查评价	2010—2012	调查评价专项	新疆地调院
9	阿尔金喀腊大湾地区铁多金属矿构造控矿研究与找矿预测	2010	调查评价专项	地科院力学所
10	新疆塔什库尔干县赞坎铁矿调查评价	2010—2012	调查评价专项	新疆地调院
11	新疆策勒县恰哈铜金矿远景调查	2011—2013	调查评价专项	中冶西北地勘院
12	新疆且末县甘泉河一带铜多金属矿产远景调查	2011—2013	调查评价专项	新疆地调院
13	新疆阿克陶县克拉克尔地区铜矿调查评价	2011—2013	调查评价专项	有色金属矿产地质调查中心
14	新疆且末县卡特里西地区矿产资源远景调查	2011—2013	调查评价专项	冶金地质总局
15	新疆塔什库尔干县瓦恰—拉依布拉克一带铁铜铅锌矿产调查评价	2011—2013	调查评价专项	新疆地调院
16	新疆和田地区康西瓦—大红柳滩一带矿产远景调查	2011—2013	调查评价专项	新疆地调院
17	新疆塔什库尔干县马尔洋—克其克一带矿产调查评价	2011—2013	调查评价专项	新疆地调院
18	新疆若羌县土特喀一带铁多金属矿远景调查	2011—2013	调查评价专项	新疆地调院
19	新疆皮山县麦拉山一带矿产远景调查	2012—2015	调查评价专项	冶金地质总局
20	新疆西昆仑塔什库尔干地区老并外围铁矿调查评价	2012—2014	调查评价专项	河南省地调院

续表 7-3

序号	项目名称	起止年限(年)	资金来源	承担单位
21	新疆西昆仑卡孜勒一带铜铅锌多金属矿产评价	2012—2014	调查评价专项	西安地调中心(优选)
22	新疆昆仑山地区塔什库尔干县—康西瓦一带铬矿远景调查	2012—2014	调查评价专项	
23	新疆西昆仑乔尔天山—岔路口一带资源潜力评价	2012—2014	调查评价专项	
24	新疆策勒县博斯坦一带铜多金属矿远景调查	2012—2014	调查评价专项	华北局五一四队
25	新疆阿尔金山大平沟—拉配泉一带铁多金属矿远景调查	2013—2015	调查评价专项	新疆地矿局区调一队
26	新疆塔什库尔干县赞坎铁矿区外围铁、金多金属矿远景调查	2013—2015	调查评价专项	新疆地矿局二队
27	新疆乌恰县阿克塔木—阿克塔什一带铜多金属矿调查评价	2013—2015	调查评价专项	江苏有色华东局
28	新疆回风口地区锑金多金属资源远景调查	2013—2015	调查评价专项	中国地质科学院综合所
29	西昆仑成矿带黑恰至三十里营房铁铜铅锌多金属远景调查	2013—2015	调查评价专项	中煤航测遥感局
30	新疆阿克陶县乌孜别里金铜多金属矿产调查评价	2013—2015	调查评价专项	河北地矿局五队
31	新疆东昆仑阿克曲哈萨依地区金铜矿产评价	2013—2015	调查评价专项	吉林省地调院
32	新疆莎车盆地成钾远景调查及潜力评价	2013—2015	调查评价专项	新疆建设兵团
33	西昆仑成矿带及塔什库尔干铁矿整装勘查区铁矿成矿环境、成矿规律与找矿预测	2013—2015	调查评价专项	西安地调中心
34	新疆若羌县喀腊达坂一带铁、多金属矿深部及外围勘查	2008—2011	中央专项	新疆地矿局区调一队
35	新疆塔什库尔干县叶里克铁矿区南带普查	2010—2011	中央专项	新疆地矿局二队
36	新疆民丰县克孜勒阿特达坂铜矿普查	2010	中央专项	新疆地矿局二队
37	新疆且末县丹玉金铜多金属矿预查	2011—2012	中央专项	新疆地矿局物化探队
38	新疆和田县卡孜勒一带铅锌矿预查	2011—2012	中央专项	
39	新疆且末县丹玉金铜多金属矿普查	2011—2012	中央专项	
40	新疆和田县天神一带铅锌矿预查	2012—2013	中央专项	新疆地矿局第十一队
41	新疆塔什库尔干县叶里克一带铁矿普查	2012—2013	中央专项	新疆地矿局二队
42	新疆和田县宝塔山铅锌矿普查	2012—2013	中央专项	新疆地矿局八队
43	新疆若羌县喀腊大湾西铅锌矿普查	2012—2013	中央专项	新疆地矿局区调一队
44	新疆于田县喀什塔什铜金矿预查	2012—2013	中央专项	新疆煤田局 161 队
45	新疆塔什库尔干县辛迪一带铁矿预查	2012—2013	中央专项	新疆地矿局二队
46	新疆塔什库尔干县马扎尔善鲁得铁矿预查	2013—2014	中央专项	新疆地矿局第十一队
47	新疆若羌县石门铜金矿普查	2012—2013	中央专项	新疆地矿局八队
48	新疆塔什库尔干县赞坎—苏巴什一带 1∶5 万航磁勘查异常查证	2009—2010	新疆地勘基金	新疆地矿局
49	新疆阿克陶县切列克其铁矿深部及外围勘查	2009—2010	新疆地勘基金	新疆地矿局二队
50	若羌县祁漫塔格—且末县迪木那里克一带 1∶5 万航磁异常查证	2009—2010	新疆地勘基金	新疆地调院
51	新疆且末县迪木那里克铁矿深部及外围勘查	2008—2010	新疆地勘基金	新疆地矿局三队
52	新疆叶城县柯克亚—皮山县杜瓦一带 1∶5 万航磁异常查证	2010—2012	新疆地勘基金	新疆地矿局六队

续表 7-3

序号	项目名称	起止年限(年)	资金来源	承担单位
53	新疆若羌县茫崖一拉配泉一带 1∶5 万航磁异常查证	2010—2012	新疆地勘基金	新疆地矿局物探队
54	新疆阿尔金东段 1∶5 万航磁异常查证	2010—2011	新疆地勘基金	新疆地矿局区调一队
55	新疆阿克陶县木吉西南加朗阿依热克铅锌矿预查	2009—2010	新疆地勘基金	陕西省地调院
56	新疆若羌县沟口泉西金矿预查	2009—2010	新疆地勘基金	新疆有色地勘局 701 队
57	新疆若羌县维宝铅锌矿深部及外围普查	2010—2012	新疆地勘基金	新疆地矿局物探队
58	新疆阿克陶县木吉西南博多布拉克铜金矿预查	2010—2011	新疆地勘基金	陕西省地调院
59	新疆阿克陶县赛格孜干勒克一带铜矿预查	2010	新疆地勘基金	新疆地矿局二队
60	新疆皮山县乌尊克尔铁矿普查	2010—2011	新疆地勘基金	陕西省地调院
61	新疆和田县岔路口一带铅锌矿预查-普查	2010—2011	新疆地勘基金	新疆地矿局八队
62	新疆皮山县康阿孜金矿预查	2010	新疆地勘基金	陕西省地调院
63	新疆民丰县多梁地-园凹山汞、锑矿预查	2010—2011	新疆地勘基金	新疆地矿局区调一队
64	新疆民丰县卧龙岗-回风口锑矿预查	2010—2011	新疆地勘基金	新疆地矿局区调一队
65	新疆民丰县硝尔库勒锑矿普查	2010—2011	新疆地勘基金	陕西地矿局地矿院
66	新疆若羌县长沙沟岩体中段铁多金属矿普查	2010—2011	新疆地勘基金	西安地调中心
67	新疆若羌县拉配泉-齐勒萨依铁、多金属矿预查	2010—2011	新疆地勘基金	新疆地矿局区调一队
68	新疆若羌县口子山-蟠龙峰铁、铜、多金属矿预查	2010—2011	新疆地勘基金	新疆地矿局物探队
69	新疆塔什库尔干县叶里克一带铁矿预查-普查	2010—2011	新疆地勘基金	
70	新疆塔什库尔干县其克尔克一带铁矿预查	2011—2012	新疆地勘基金	新疆地矿局二队
71	新疆叶城县黑恰一带矿产地质调查	2011—2012	新疆地勘基金	
72	新疆若羌县长沙沟西钒钛磁铁矿普查	2011—2012	新疆地勘基金	新疆新地公司
73	新疆若羌县大沙河上游一带铜矿预查-普查	2011—2012	新疆地勘基金	浙江省七队
74	新疆塔什库尔干县其克尔克一带铁矿预查	2011—2012	新疆地勘基金	新疆质勘局二队
75	新疆叶城县库地铬铁矿预查	2012—2013	新疆地勘基金	新疆地勘局六队
76	新疆和田县火烧云一带铅锌矿预查	2012—2013	新疆地勘基金	新疆地勘局八队
77	新疆塔什库尔干县岔河口铁矿普查	2012—2013	新疆地勘基金	四川核工业地调院
78	新疆叶城县西合休一带铁铜矿预查	2012—2013	新疆地勘基金	新疆地勘局六队
79	新疆和田县天神一带铅锌矿普查	2012—2013	新疆地勘基金	新疆地矿局第十一队
80	新疆和田县大红柳滩一带铁多金属矿预查	2012—2013	新疆地勘基金	新疆新地公司
81	新疆皮山县杜瓦锰矿外围预查	2012—2013	新疆地勘基金	新疆地矿局十队
82	新疆若羌县阿布拉斯南铜金多金属矿预查	2012—2013	新疆地勘基金	新疆地矿局物探队
83	新疆若羌县卓阿布拉克东金铜多金属矿预查	2012—2013	新疆地勘基金	新疆地矿局区调一队
84	新疆若羌县长沙沟铜矿预查	2012—2013	新疆地勘基金	河北地调院
85	新疆且末县吐拉东铜金矿预查-普查	2012—2013	新疆地勘基金	新疆新地公司
86	新疆若羌县阿布拉斯南铜金多金属矿预查	2012—2013	新疆地勘基金	新疆地矿局物探队
87	新疆若羌县坡北—蚕头山一带铜镍矿普查	2011—2012	新疆地勘基金	新疆地矿局六队

续表 7-3

序号	项目名称	起止年限(年)	资金来源	承担单位
88	新疆叶城县—皮山县库地东一带稀有金属矿预查	2013	新疆地勘基金	内蒙古九勘院
89	新疆若羌县白石滩一带金矿普查	2013	新疆地勘基金	新疆地矿局六队
90	新疆若羌县碱水泉西金矿预查	2013	新疆地勘基金	新疆地矿局八队
91	新疆和田县天路铁多金属矿预查	2013	新疆地勘基金	新疆地矿局物探队
92	新疆若羌县马鬃山南铁金多金属矿普查	2013	新疆地勘基金	新疆建鑫矿业公司
93	新疆若羌县戈边山矿区白云岩矿调查评价	2013	新疆地勘基金	建材新疆总队
94	新疆和田县化石山一带铅锌矿预查	2013	新疆地勘基金	四川地矿局区调队
95	新疆阿克陶县奥依特一带金多金属矿预查	2013—2014	新疆地勘基金	新疆煤田局 161 队
96	新疆赞坎—老并一带 TX1、TX2、TX3、TX4 区块 1∶5 万航磁异常查证	2013	新疆地勘基金	新疆地矿局二队
97	新疆赞坎—老并一带 TX10、TX11、TX14、TX16、TX18 区块 1∶5 万航磁异常查证	2013	新疆地勘基金	
98	新疆且末县古尔嘎一带 1∶5 万航磁异常查证	2013	新疆地勘基金	新疆地矿局三队
99	新疆阿尔金南缘铁铜(镍)矿远景调查	2010—2012	中央地勘基金	委托确定
100	新疆东昆仑戛勒赛地区阿瓦尔钨锡矿勘查	2009—2011	中央地勘基金	吉林省地调院
101	新疆塔什库尔干县老并—马尔洋一带铁矿普查	2009—2011	中央地勘基金	河南省地调院
102	新疆若羌县长沙沟铜镍多金属矿普查	2007—2009	中央地勘基金	西安地调中心
103	新疆白干湖矿钨锡矿田深部及外围勘查	2009—2011	中央地勘基金	吉林省地调院
104	新疆东昆仑戛勒赛地区阿瓦尔钨锡矿勘查	2009—2011	中央地勘基金	
105	新疆东昆仑西段白干湖成矿带金、铜、钨、锡多金属勘查	2009—2012	中央地勘基金	

二、成矿带矿产勘查主要成果

自本次研究工作实施以来，昆仑-阿尔金成矿带共圈定物探异常 153 处，化探异常 926 处(2010—2012 年)；新发现矿(化)点 432 处，其中金属矿点 327 个；区内已发现大型矿产地 11 处，中型矿产地 11 个；圈定重要找矿远景区 4 个，矿集区 8 个，形成了一批重要矿产勘查开发基地；新增了一批矿产资源量。

(一)新圈定找矿远景区和重要矿集区

“新疆 358”项目启动之初，在昆仑-阿尔金成矿带圈定了 3 个重要找矿远景区共 8 个矿集区，即：祁漫塔格地区钨锡铅锌铁找矿远景区，包括维宝铅锌矿、白干湖钨锡矿和迪木那里克铁矿 3 个矿集区；西昆仑塔什库尔干地区铁铅锌铜找矿远景区，包括切列克其铁铜矿、赞坎-老并铁铅锌矿 2 个矿集区；阿尔金北缘地区铁铅锌铜找矿远景区，包括喀腊达坂铁铅锌铜矿集区。之后于 2010 年，又在系统梳理和总结前期成果基础上，新增 1 个找矿远景区：西昆仑黑恰-岔路口铁铅锌稀有找矿远景区，其中包括宝塔山-多宝山铅锌矿集区、阿克沙依-大红柳滩铁铅锌矿集区 2 个矿集区。详见图 7-7。

(二)新发现一批矿产地

通过矿产远景调查和勘查工作，共提交矿产地 17 处(图 7-8)。其中，大型 5 处，中型 8 处，小型 4 处(表 7-4)。

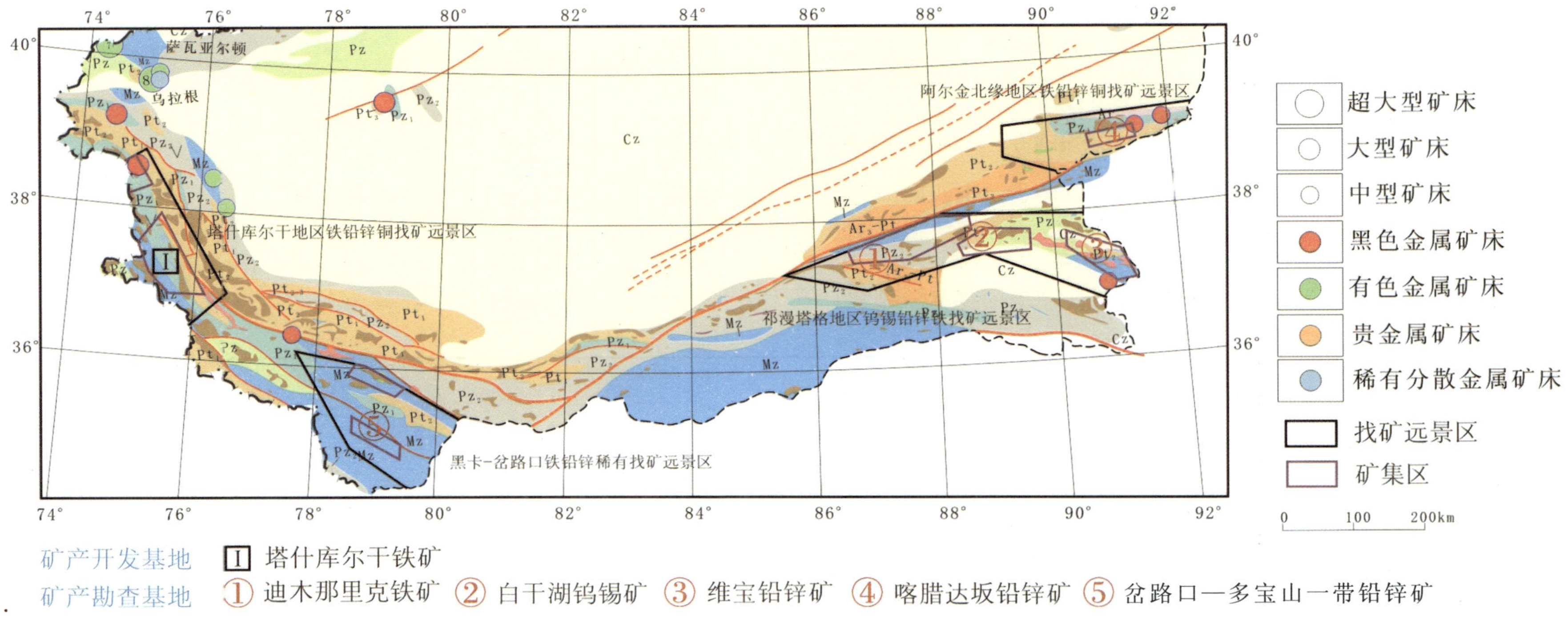

图 7-7 昆仑-阿尔金成矿带重要找矿远景区、矿集区及矿产勘查开发基地分布图

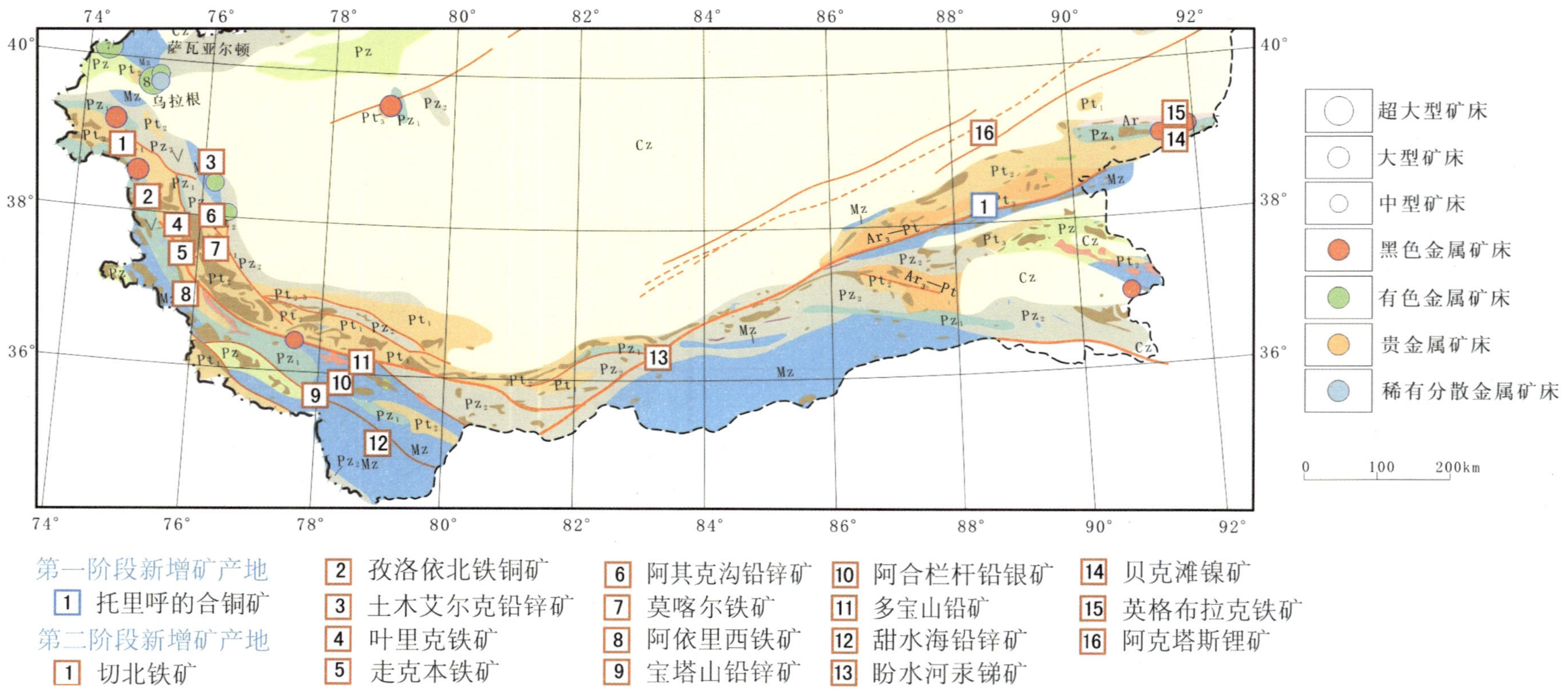

图 7-8　2008—2012 年昆仑-阿尔金成矿带新增矿产地分布图

表 7-4　昆仑-阿尔金成矿带 2008—2012 年新发现矿产地统计表

序号	名称	规模	所属成矿带/地区	提交时间
1	新疆若羌县白干湖钨锡矿	大型	昆仑-阿尔金	2008—2010
2	新疆阿克陶县切北铁矿	大型	昆仑-阿尔金	2011—2012
3	新疆阿克陶县吐木艾尔克铅锌矿	大型	昆仑-阿尔金	2011—2012
4	新疆塔什库尔干县叶里克铁矿	大型	昆仑-阿尔金	2011—2012
5	新疆塔什库尔干县莫喀尔铁矿	大型	昆仑-阿尔金	2011—2012
6	新疆塔什库尔干县走克本铁矿	中型	昆仑-阿尔金	2011—2012
7	新疆阿克陶县阿其克沟铅锌矿	中型	昆仑-阿尔金	2011—2012
8	新疆和田县宝塔山铅锌矿	中型	昆仑-阿尔金	2011—2012
9	新疆和田县多宝山铅矿	中型	昆仑-阿尔金	2011—2012
10	新疆和田县阿克塔斯锂矿	中型	昆仑-阿尔金	2011—2012
11	新疆若羌县喀腊大湾铁矿	中型	昆仑-阿尔金	2011—2012
12	新疆若羌县英格布拉克铁矿	中型	昆仑-阿尔金	2011—2012
13	新疆若羌县贝克滩镍矿	中型	昆仑-阿尔金	2011—2012
14	新疆塔什库尔干县阿依里西铁矿	小型	昆仑-阿尔金	2011—2012
15	新疆和田县阿合栏杆铅银矿	小型	昆仑-阿尔金	2011—2012
16	新疆阿克陶县孜洛依北铁铜矿	小型	昆仑-阿尔金	2011—2012
17	新疆民丰县盼水河铅锑矿	小型	昆仑-阿尔金	2011—2012

（三）形成一批矿产勘查开发基地

5 年来，中央、地方、企业联动，加大矿产勘查力度，新发现评价了一批矿产地，增加了一批矿产资源储量，对已有矿床的控制程度进一步提高，形成塔什库尔干铁矿大型矿产勘查开发基地 1 处，迪木那里克铁矿、白干湖钨锡矿、维宝铅锌矿、喀腊达坂铅锌矿、岔路口—多宝山一带铅锌矿 5 处矿产勘查基地（图 7-8）。

（四）新增了一批重要矿产资源储量

5 年来，昆仑-阿尔金成矿带内铁、铅锌、钨锡等矿产勘查成效显著。其中，铁矿新增资源量：塔什库尔干铁矿带 11.6×10^8 t，阿尔金南缘迪木那里克 3.4×10^8 t，阿尔金北缘喀腊大湾 1.3×10^8 t；铅锌矿新增资源量：祁漫塔格维宝 90.19×10^4 t，阿尔金北缘喀腊达坂 119.8×10^4 t，西昆仑吐木艾尔克、阿其克沟共探获 107×10^4 t，西昆仑火烧云 1700×10^4 t，多宝山 20×10^4 t；钨锡矿新增资源量：白干湖钨锡矿探获资源量 26×10^4 t。

第八章　主要研究成果及今后工作建议

一、主要研究进展与成果

1. 首次全面系统分析了昆仑-阿尔金成矿带的区域成矿环境

从成矿地质背景、地球物理、地球化学特征多方面全面系统地总结了昆仑-阿尔金成矿带各类矿产形成的区域成矿环境。指出了各主要构造单元的优势矿产、主要成矿类型以及主要含矿地层系统、含矿岩系等。

(1)东昆仑北(祁漫塔格)岩浆弧的白干湖钨锡矿主要受早古生代花岗岩浆作用的控制,其矿源层为石英片岩;维宝一带铅锌矿主要矿源层为狼牙山组变质碎屑岩-碳酸盐岩;祁漫塔格地区晚古生代—早中生代中酸性侵入体与不同层位碳酸盐岩接触则形成矽卡岩型铁多金属矿。

(2)东昆南增生杂岩带中元宇火山岩岩组及早古生代碎屑岩是铁、铜、金等多金属矿主要的矿源层和赋矿层位。

(3)巴颜喀拉褶断带二叠系黄羊岭群碎屑岩-碳酸盐岩建造为锑(金)矿化重要矿源层和赋矿地层。

(4)阿尔金北缘铁铜铅锌多金属矿主要与拉配泉群海相火山沉积建造有关。

(5)塔什库尔干-甜水海地块沉积变质型磁铁矿矿床主要产于古元古界布伦阔勒岩群,而菱铁矿矿床则主要赋存于下古生界志留系温泉沟群。

(6)西昆仑甜水海地区铅锌矿主要的矿源层和赋矿地层为中侏罗统龙山组和白垩系铁隆滩组。

区域重力梯级带和区域航磁异常既反映了深大断裂带和构造单元的展布特征,又与区内重要矿产的分布密切相关,特别是西昆仑地区 1∶5 万航磁异常与铁矿(化)带吻合程度较高,成为区内铁矿勘查的重要找矿标志。

一些区域地球化学异常在寻找铜铅锌金锑钨锡等内生矿产方面发挥了重要作用,特别在西昆仑甜水海地区铅锌异常区(为新疆最大的铅锌地球化学异常)已经发现了火烧云超大型铅锌矿床,显示了巨大的找矿潜力。

2. 重新划分了昆仑-阿尔金成矿带的成矿地质单元与成矿系列

在系统分析成矿带构造单元划分、矿产分布和成矿地质特征的基础上,结合前人研究成果,将昆仑-阿尔金成矿带划分为 3 个Ⅰ级、4 个Ⅱ级、8 个Ⅲ级、17 个Ⅳ级成矿单元。其中与前人方案变化较大的是:阿尔金成矿带原划归祁连-阿尔金成矿省,笔者通过对其地质构造归属和成矿特征的研讨,认为应将将其归入塔里木成矿省。在此基础上,系统总结了各Ⅳ级成矿单元的成矿地质特征。然后,按照杨合群等(2012)提出的将各类地质建造有关的成矿系列细化为同生成矿系列、准同生成矿系列、后生成矿系列和表生风化成矿系列的原则,以Ⅲ级成矿带为单元,分别构建了其 11 个成矿系列家族和成矿(或矿化)系列,这对该区今后找矿和勘查工作将具有一定的指导作用。

3. 深入探讨了祁漫塔格地区构造岩浆作用与区域成矿的关系

以碱交代作用为纽带,以钾、钠含量变化为主要指标,获取了祁漫塔格地区各个地史时期花岗岩类的成因类型。以此为基础,研究了区内构造岩浆作用的时空变化特征,进而探讨了区域构造格局及其演化与区域成矿作用的关系，特点如下。

（1）祁漫塔格地区地质构造演化的阶段性决定了区内成矿作用的相对集中性。加里东中晚期和印支中晚期是该区区域构造性质大反转（地壳成熟度、构造格局、大陆动力学性质等）的关键时期，因此也是区内两次最重要的成矿爆发期。

（2）祁漫塔格地区自加里东期以来，存在北东向与北西向两组构造岩浆岩带，且长期交替变化，反映了两组方向构造带的性质存在交替变化的特点，这是造成同一时期不同方向构造带成矿作用和矿产类型不同的根本原因。其中，加里东期在北东向构造带上形成白干湖-戛勒赛大—超大型钨锡矿田，同时期在北西向（北西西向）构造带上则形成喷流沉积-改造型钴矿系列；海西期—印支期，各类矿产主要产于北西向构造带，成因类型主要为矽卡岩型和斑岩型铁、铜、钴多金属矿，而北东向构造带矿产较少，主要为构造蚀变岩型铜、金矿。

（3）祁漫塔格地区与铜多金属（锡或钼）矿密切相关的花岗岩类，不论是加里东期还是印支晚期，岩石类型都以I型为主。而与钨锡矿密切相关的花岗岩类则属于A型或（A＋S）型。因此，该区花岗岩类的成矿专属性，符合富钾的A型和S型花岗岩类与钨、锡、铌、钽、稀土元素等矿化相关性强，富钠的I型花岗岩类与铜、钼矿化关系密切的一般规律。

（4）祁漫塔格地区构造单元在南北方向上的分带性和在东西方向上的分段性，以及构造演化在空间上的定向迁移性，造成元素地球化学和矿产分布略具分段分带的空间展布特征；构造岩浆作用在时间纵向上的多旋回性，造成区内不同时代成矿作用往往具有叠加性的特点。

由此，我们提出祁漫塔格地区地质矿产勘查建议如下。

（1）加里东期，祁漫塔格地区北东向构造带上应重点关注与富钾、高碱、岩浆活动旋回晚期有关的钨、锡、铌、钽、稀土元素等矿，而在北西向构造带上则应重视与富钠的I型花岗岩类有关的铜、钼矿，以及与钠质交代作用有关的喷流沉积-改造型铁、钴、金矿等的找矿发现。

（2）海西期—印支期，特别是印支晚期，在本区应重点关注矽卡岩型铁铜多金属矿，（似）斑岩型铜多金属矿，矽卡岩-斑岩复合型铜、钼矿。同时还应注意北东向带（西部地区）构造蚀变岩型铜、金矿。

（3）由于昆南带影响深度大，且长期活动，因此昆南带（包括昆南和昆中断裂带附近）应作为寻找金、钴、镍等矿产的首选地带。

4. 以4个重要找矿远景区为单元分别总结了其找矿进展，并对其中的典型矿床进行解剖研究

全面论述了塔什库尔干、祁漫塔格、阿尔金北缘、黑恰-岔路口4个重要找矿远景区的成矿地质背景、成（控）矿地质条件和区域成矿特征，总结了近年来的矿产勘查成果，并选取塔什库尔干地区的老并磁铁矿、赞坎磁铁矿、切列克其菱铁矿等矿床，祁漫塔格地区的迪木那里克铁矿、白干湖钨锡矿、维宝铅锌矿，阿尔金北缘地区的喀腊大湾铁矿、喀腊达坂铅锌矿、喀腊大湾铜多金属矿、大平沟金矿、阿北岩银铅矿，以及黑恰-岔路口地区的火烧云铅锌矿、宝塔山铅锌矿、多宝山铅锌矿等典型矿床，进行了成矿地质背景、矿床地质特征、成矿作用与矿床类型、综合找矿标志与找矿模型等解剖研究，为区域找矿潜力分析奠定了良好的基础，同时也对指导找矿勘查实践具有重要的参考价值。

5. 圈定了一批重要成矿远景预测区，为今后找矿勘查提供了科学依据

从区域成矿地质背景、大陆地壳演化阶段和主要成矿期次的耦合关系、构造岩浆作用对成矿的控制、构造单元性质和主要成矿类型的相互关系等多方面初步分析了昆仑-阿尔金成矿带的区域成矿规律。指出不同成矿系列的矿床形成受控于大陆地壳的演化阶段、构造单元的性质、各构造单元岩浆活动特点以及大陆动力学性质。其中，阿尔金北缘地区在新元古代—早古生代早中期具陆缘或陆间裂谷性质，与奥陶系拉配泉群火山-沉积建造有关的Fe－Cu－Pb－Zn成矿系列已取得初步的找矿突破，进一步找矿潜力巨大；喀喇昆仑地区古老微陆块及其两侧是区内沉积变质型（或改造型）铁矿（磁铁矿、菱铁矿、赤铁矿）的有利部位，铁矿带断续延伸长约800km，总体找矿勘查工作研究程度低，找矿潜力巨大；喀喇昆仑神仙湾二叠纪—三叠纪边缘裂陷带乔尔天山断裂带以南具有新疆最大的铅锌地球化学异常，已发现一个特大型和多个中型铅锌矿床以及大量的矿(化)点,层控中低温热液改造型铅锌矿进一步找矿潜力巨大。此外,东西昆仑结合部位的南部地区以发育中低温热液型铅锌、锑、金矿为主要特色,其含矿岩系受层位和岩性控制明显,同时也受到中新生代以来青藏高原隆升导致的巨型走滑挤出构造的影响,铅锌、锑、金矿找矿空间巨大。

以区域地球化学资料为主要信息源,在昆仑-阿尔金成矿带共圈定铜、铅、锌、金、钨、锡、钼、锑、铁等矿种地球化学远景区22个。在此基础上,结合区域成矿作用、成矿规律研究,针对区内铜、铅锌、金、钨锡、铁等优势矿种分别讨论了各类矿产的区域找矿潜力,进一步优选圈定了17个重要成矿远景预测区,自西向东、由北向南为:乌孜别里金(铜铅锌)、阿然保泰铅锌铜钨、瓦卡金铅锌、明铁盖钨锡金铅锌(铜)、托满铜锌(金)、麻扎铅锌铁锑(铜金钨)、岔路口铅锌(铜锑)、喀喀山口铅锌(铜金)、巴什库尔干钨金、喀腊大湾铜铅锌、库木巴彦钨锡(金铜锌)、土窑洞铅锌(钨锡铜)、喀什塔什铜金(铅锌)、上其汗金铜、黄羊岭锑钨(铜锌)、柯西铜钼锑(钨锌)、木孜塔格铅锌(铜金)成矿远景预测区,为成矿带进一步找矿勘查部署提供了科学依据。

6. 编制了成矿带公益性地质矿产工作部署实施方案,取得了一批重要的找矿勘查成果

在成矿带及重要找矿远景区成矿地质条件、成矿规律、综合找矿模型和矿产勘查部署研究基础上,分年度提出了成矿带公益性地质调查和重要矿产勘查实施方案建议,并组织开展了项目优选、项目野外质量检查、技术指导,成果汇总工作,取得了显著找矿成果。其中,圈定物探异常153处,化探异常926处(2010—2012年);新发现矿(化)点432处,其中金属矿点327个;新发现大型矿产地5处(总数达11个),中型矿产地8处(总数达11个);新增了一批矿产资源量;形成了一批重要矿产勘查开发基地。

二、存在的主要问题及今后地质矿产工作建议

(一)影响找矿突破的关键地质问题

尽管笔者对昆仑-阿尔金成矿带地质矿产科学研究取得了一系列新认识和新成果,并且通过对成矿带工作项目的统筹部署和组织实施,近年来成矿带地质矿产工作研究程度都得到了明显的提高,取得一大批重大的找矿成果。但由于该地区以往工作程度低,加上自然地理环境十分恶劣,交通条件差等种种原因,有些认识还很肤浅,有的问题尚待解决,现将制约进一步找矿突破的关键问题列述如下。

1. 西昆仑地区铁矿带巨量铁质来源和成矿机理研究有待深入,新发现的西昆仑玛尔坎苏锰矿带资源潜力尚不清楚

西昆仑铁矿找矿已取得重大突破,发现了塔什库尔干磁铁矿矿集区(包括赞坎、老并、莫喀尔等多个大—超大型矿床)和切列克其大型菱铁矿矿床。不仅如此,西昆仑地区自西北段的木吉,经切列克其、黑恰,再到康西瓦南部俘虏沟一带,铁矿带(包括磁铁矿、菱铁矿、赤铁矿等)断续延伸规模达800km,含矿地层涉及元古宇、下古生界和上古生界等多个层位。如此巨大规模的铁矿带,其形成的大地构造背景和成矿环境是什么?其巨量铁质来源、成矿机理和成矿过程如何?控制矿床特别是富矿体分布的关键因素是什么?等等,都有待深入研究。此外,在西昆仑构造带与西南天山结合部位发现了玛尔坎苏锰矿带,但与锰矿成矿相关的含锰岩系、构造、空间分布等特征有待进一步查明,特别是区域锰矿资源潜力需要做出总体评价。

2. 西昆仑甜水海地区超大型铅锌矿床成矿模型尚未建立,区域成矿地质背景和区域找矿潜力有待进一步明确

西昆仑甜水海地区分布有新疆最大的铅锌地球化学异常块体,其形成的主要原因是什么?该区已发现数十个铅锌铜铁矿床、矿(化)点,且已发现了多个大中型铅锌矿床。其中,火烧云铅锌矿矿石品位高,规模已达特大型,但对其成矿特征、成矿机理尚未进行深入探讨。该区区域成矿地质背景以及区域

找矿潜力还缺乏宏观整体性的认识。

3. 阿尔金北缘地区铁铅锌金多金属矿成(控)矿条件、成矿系列以及成矿潜力研究有待加强

喀腊大湾地区铁铅锌多金属矿具有多种成矿类型，包括火山沉积型、火山热液型及后期构造或岩浆叠加改造型等。由于以往基础地质与矿产勘查存在一定程度脱节现象，同时由于不同时期形成的各类资料认识的差异，造成对铁铅锌多金属矿含矿地层时代认识存在较大分歧(如蓟县系和寒武系—奥陶系)。此外对区内铁多金属矿成矿系列研究也不够深入，难以指导找矿勘查实践。另外，对于阿尔金北缘(中西段)的金矿，虽然早已发现了多个矿床(点)，但区域整体研究不够，进一步找矿潜力尚不明朗。

4. 新疆祁漫塔格地区构造岩浆作用与成矿关系研究有待深入

祁漫塔格地区中酸性岩浆侵入活动强烈，区内各类矿床与岩浆作用密切相关，成矿类型多样，既有矽卡岩-云英岩-石英脉型钨锡矿，又有斑岩型铜钼矿、矽卡岩型铁铜铅锌多金属矿床，还有层控矽卡岩型铅锌矿，以及与碱性花岗岩有关的稀有金属矿等。而且，祁漫塔格地区东段和西段成矿类型与成矿特点存在明显的差异，西段白干湖断裂带以钨锡矿为主，东段则为多个地质时期(主要是印支中晚期)铁多金属矿。初步研究认为，区内存在北东向和北西向两组构造-岩浆作用，而且整个演化史存在此消彼长交替变化的关系。但区内中酸性岩浆侵入活动与各类成矿作用究竟存在怎样的耦合关系？不同时期、不同岩石类型的成矿专属性如何？所有这些问题都有待深入的探讨。

5. 一些影响找矿突破的重大基础地质问题仍然悬而未决

(1)昆仑-阿尔金成矿带存在多条(蛇绿)构造混杂岩带，对于其物质组成、变质变形、形成构造环境需要进一步调查研究。尤其是查明其中的基性—超基性岩块的构造属性，这对于正确建立区域构造格架和寻找铜镍矿、铬铁矿矿床等具有重要意义。

(2)近年来，青海祁漫塔格地区发现了青海夏日哈木铜镍矿，柴北缘牛背梁发现了较好的铜镍矿的找矿线索，这些对于临近的新疆祁漫塔格地区和阿尔金北缘地区寻找类似矿产具有一定启迪作用。因此，需要对新疆与青海的上述对应区域的成矿地质背景和成矿特征进行详细的对比研究，查明其异同。

(3)中新生代以来，青藏高原快速隆升在昆仑-阿尔金成矿带造成了巨型逆冲推覆和剪切走滑等一系列的构造作用，这对区内各类矿产的形成和改造有何影响？

(4)昆仑-阿尔金成矿带分布有数量巨大、跨多个时代的中酸性岩体，已发现大量的斑岩型、矽卡岩型铜多金属矿矿化线索；同时区内也存在多条不同时期、规模不等的裂谷(或裂陷)带，发现了卡特里西火山岩型铜锌矿，但是至今区内铜矿尚未取得重大突破，其根本原因有待深入研究。

(二)今后地质矿产工作建议

1. 工作重点和工作目标

围绕铁、铅锌、金、铜(镍)、铬、稀有金属矿以及优质锰矿等主攻矿种，以沉积变质型铁矿，沉积改造-层控热液型铅锌矿，海相块状硫化物型铜多金属矿，岩浆熔离型铜镍矿、铬铁矿，含炭细碎屑岩型、构造蚀变岩型金矿，石英脉型-矽卡岩型钨锡矿，以及伟晶岩型稀有金属矿等主攻矿床类型，以重要找矿远景区、整装勘查区和矿集区为重点地区，集中连片开展1∶5万矿产地质综合调查和研究工作，工作内容包括区域地质调查、矿产地质调查、物化探普查等。通过关键地段地质调查，开展制约找矿突破的疑难地质问题攻关研究；圈定物化探异常，发现新的找矿线索；在综合研究地矿物化遥资料基础上，进行成矿规律和找矿预测研究，圈定找矿靶区；优选找矿靶区，采用大比例尺地质、物化探及少量槽探、钻探等综合手段开展异常查证和重要矿点评价工作；对具有形成大—超大型规模的矿床类型，且工作程度相对较高的典型矿床(或矿区)开展矿产资源预普查甚至详查工作，探获一批重要矿产资源量，提交一批可供进一步勘查的矿产地。同时加强矿产勘查选区和部署综合研究，服务和促进商业性矿产勘查工作，为全国重要矿产资源接替基地建设和南疆地区经济发展提供保障。

区域地质矿产综合调查：西昆仑玛尔坎苏、塔什库尔干、黑恰-岔路口、托满、阿尔金北缘、祁漫塔格、柯西、木孜塔格等重要成矿远景区或重要找矿地段，相对集中连片部署1∶5万区域地质矿产调查、化探普查、地球物理调查等工作。其中，区域地质矿产调查在工作和成图过程中应突出构造、岩性及矿化地质体信息的收集和图面表达；同时，选择典型图幅，采取图幅带专题的方式，开展重点地区关键地质问题和找矿疑难问题等专题研究。最终发现新的找矿线索，圈定物化探异常。

矿产评价：以区内主攻矿种和主要成矿类型为重点，筛选物化探异常和已有的找矿靶区、矿(化)点，采用大比例尺地物化综合剖面、槽探、钻探等综合手段进行异常查证和矿产评价工作，新圈定一批找矿靶区，新发现一批矿产地，为进一步矿产勘查奠定基础。

矿产勘查示范：针对西昆仑玛尔坎苏锰矿、宝塔山-多宝山矿集区的火烧云铅锌矿，塔什库尔干整装勘查区内莫喀尔、叶里克、赞坎北、喀来子磁铁矿，阿尔金北缘的喀腊大湾铁矿、喀腊达坂铅锌矿，东昆仑西段甘泉河一带的屈库勒克东金矿等，开展预普查工作，扩大其外围和深部远景资源量，提交一批新发现矿产地，探获一批资源量，形成一批矿产勘查开发基地，为地方勘查资金投入和吸引社会勘查资金开展矿产勘查奠定良好的基础。

2. 地质矿产工作部署建议

遵循“区划部署、基础调查(地物化遥感)、矿产勘查、科学研究”四统一的原则，在前期找矿勘查和科学研究的基础上，坚持综合找矿、综合评价的思想，以科技创新为先导，以高新技术方法为手段，突出重点，面上展开，点上突破，点面结合，有序推进，建议按照成矿区带、成矿远景区、整装勘查区及矿集区3个层次，科学部署地质矿产工作。

在科学研究方面，以解决制约成矿带找矿突破的重大疑难问题为切入点，围绕主攻矿种和主要成矿类型，全面深化区域成矿地质背景、成(控)矿地质条件、成矿规律研究，加强区域找矿潜力调查、找矿靶区优选和规划部署研究，开展矿集区、矿田构造以及深部隐伏矿体等多级、多层次的成矿预测研究；加强高寒山区找矿和探矿技术的方法实验以及多种技术手段组合应用研究，提高勘查效率，为促进成矿带找矿突破提供技术和理论支撑。

区域上，对于西昆仑玛尔坎苏锰矿带、塔什库尔干铁矿找矿远景区(含整装勘查区)、阿尔金北缘铁铅锌金找矿远景区(含喀腊大湾整装勘查区)，继续开展少量的地质矿产综合调查，发现新的找矿信息，圈定新的找矿靶区；加大对已有物化探异常查证和矿产评价力度；选择有望形成超大型规模的典型矿床，开展预普查勘探，促进整装勘查区的找矿突破。对于东昆仑祁漫塔格铁铅锌钨找矿远景区(含整装勘查区)则因加强区域成矿地质条件和区域成矿与找矿潜力的分析研究，特别是深化本区岩浆作用成矿与找矿攻关研究，解决影响其找矿突破的瓶颈问题。针对西昆仑黑恰-岔路口铁铅锌稀有金属找矿远景区，应在地质矿产综合调查研究的基础上，开展区域成矿地质环境、该区规模巨大的铅锌化探异常的成因、巨量铅锌矿质来源，以及成矿机理、成矿规律的研究；同时以火烧云铅锌矿及其外围为主区块加大勘查投入，快速探获资源量，扩大其矿床规模，积极推动整个远景区的矿产勘查工作。对于木孜塔格铅锌铜、喀什塔什-柯西铜金、托满铜锌等成矿远景区，以及其他找矿有利地段，则以连片部署地质矿产综合调查工作为主，圈定物化探异常，发现新的找矿线索；选择有利物化探异常及矿化线索进行查证评价，圈定新的找矿靶区；并择优开展矿产资源评价工作，探求少量资源量，新发现矿产地，为进一步矿产勘查全区奠定基础。

时间进程上，可分为两个阶段实施。前一阶段以连片开展地质矿产综合调查为重点，旨在发现大批新的找矿线索和圈定新的找矿靶区；同时适当加大已有物化探异常、找矿靶区的查证力度，提交可供进一步勘查的找矿靶区和矿产地；并选择以往工作程度相对较高，具有形成大型、超大型矿床的个别已知矿集区和矿床(如火烧云铅锌矿床、玛尔坎苏锰矿、塔什库尔干整装勘查区的莫喀尔铁矿床等)开展预普查勘查，实现点上突破，以带动面上找矿勘查工作。后一阶段则在补充开展地质矿产综合调查的基础上，以矿产资源评价和重要矿床勘查为主，快速发现一批新的矿产地，探获一批资源量，形成一批矿产勘查开发基地。

主要参考文献

车自成,刘良,刘洪福,等.阿尔金断裂系的组成及相关中新生代含油气盆地的成因特征[J].中国区域地质,1998,17(4):377-384.

车自成,刘良,孙勇.阿尔金铅、钕、锶、氩、氧同位素研究及其早期演化[J].地球学报,1995(3):334-337.

陈柏林,陈宣华,王小凤,等.阿尔金北缘地区韧性剪切带型金矿床构造控矿解析[J].地质学报,2002,76(2):235-243.

陈柏林,蒋荣宝,李丽,等.阿尔金山东段喀腊大湾地区铁矿带的发现及其意义[J].地球学报,2009,30(2):143-154.

陈柏林,王小凤,杨风,等.阿尔金北缘索尔库里北山铜银矿床控矿构造分析[J].地质力学学报,2003,9(3):232-240.

陈柏林,杨屹,王小凤,等.阿尔金北缘大平沟金矿床成因[J].矿床地质,2005,24(2):168-178.

陈丹玲,刘良,车自成,等.祁漫塔格印支期铝质A型花岗岩的确定及初步研究[J].地球化学,2001,30(6):540-546.

陈登辉,伍跃中,李文明,等.西昆仑塔什库尔干地区磁铁矿矿床特征及其成因[J].大地构造与成矿学,2013,37(4):671-684.

陈宣华,Gehrels G,王小凤,等.阿尔金山北缘花岗岩的形成时代及其构造环境探讨[J].矿物岩石地球化学通报,2003,22(4):294-298.

陈宣华,王小凤,杨风,等.阿尔金山北缘早古生代岩浆活动的构造环境[J].地质力学学报,2001,7(3):294-298.

陈勇,吴亮,张春江,等.新疆西昆仑塔什库尔干赞坎铁矿矿床地质特征初探[J].山东国土资源,2013,29(2):18-22.

陈毓川,裴荣富,王登红.三论矿床的成矿系列问题[J].地质学报,2006,80(10):1501-1508.

陈运轩.同位素地球化学在确定大冶铁矿成矿物质来源中的应用[J].武钢大学学报,1997(2):11-14.

陈正乐,陈宣华,王小凤,等.阿尔金地区构造应力场及其对金属矿产分布的控制作用[J].地质与勘探,2002,38(5):18-23.

陈正乐,陈宣华,王小凤,等.新疆阿尔金山拉配泉铜矿矿区地质特征及成因初析[J].地质力学学报,2002,8(1):71-78.

程裕淇,陈毓川,赵一鸣,等.再论矿床的成矿系列问题[J].中国地质科学院院报,1983(6):1-52.

程裕淇,陈毓川,赵一鸣.初论矿床的成矿系列问题[J].中国地质科学院院报,1979,1(1):32-58.

党兴彦,范桂忠,李智明,等.东昆仑成矿带典型矿床分析[J].西北地质,2006,39(2):143-155.

邓广弘,雷学武,孙芳强.新疆阿尔金构造带长青铁矿地质特征[J].西北地质,2010,43(4):188-194.

丁海波,杨晓飞,张朋,等.新疆东昆仑迪木那里克铁矿床地质特征及找矿方向[J].矿床地质,2013,32(1):195-206.

董连慧,冯京,刘德权,等.新疆成矿单元划分方案研究[J].新疆地质,2010,28(1):1-15.

董连慧,李基宏,李凤鸣,等.新疆铬铁矿成矿条件与勘查部署建议[J].新疆地质,2012,30(3):292-299.

董永观,郭坤一,廖圣兵,等.新疆西昆仑科库西里克铅锌矿床地质及元素地球化学特征[J].地质学报,2006,80(11):1730-1738.

董永观,郭坤一,肖惠良,等.西昆仑地区成矿远景[J].中国地质,2003,30(2):173-178.

董永观,肖惠良,郭坤一,等.西昆仑地区成矿带特征[J].矿床地质,2002,21(增刊):113-116.

杜红星,魏永峰,薛春纪,等.多宝山铅锌矿床地质特征及地球化学研究[J].新疆地质,2012,30(1):52-57.

杜红星,魏永峰,薛春纪,等.和田宝塔山铅锌矿地质特征与流体包裹体研究[J].新疆地质,2013,31(1):19-20.

范永源.新疆若羌县依吞布拉克石棉矿床地质特征及成因探讨[J].建材地质,1995(6):7-11.

丰成友,李国臣,马圣钞,等.新疆白干湖柯可·卡尔德钨锡矿控矿构造及成矿流体特征[J].矿物学报,2011(增刊):469-470.

丰成友,张德全,党兴彦,等.青海格尔木地区驼路沟钴(金)矿床石英钠长石岩锆石 SHRIMP U-Pb 定年——对"纳赤台群"时代的制约[J].地质通报,2005,24(6):501-505.

丰成友,张德全,佘宏全,等.青海驼路沟钴(金)矿床形成的构造环境及钴富集成矿机制[J].矿床地质,2006,25(5):544-561.

冯昌荣,何立东,郝延海,等.新疆塔什库尔干县一带铁多金属矿床成矿地质特征及找矿潜力分析[J].大地构造与成矿学,2012,36(1):102-110.

高锐,肖序常,刘训,等.新疆地学断面深地震反射剖面揭示的西昆仑-塔里木结合带岩石圈细结构[J].地球学报,2001,22(6):547-552.

高永宝,李文渊,李侃,等.东昆仑祁漫塔格地区白干湖钨锡矿床成矿作用探讨[J].矿物学报,2011a(S1):782-783.

高永宝,李文渊,谭文娟.祁漫塔格地区成矿地质特征及找矿潜力分析[J].西北地质,2010,43(4):35-43.

高永宝,李文渊,张照伟.祁漫塔格白干湖-戛勒赛钨锡矿带石英脉型矿石流体包裹体及氢氧同位素研究[J].岩石学报,2011b,27(6):1829-1839.

高永宝,李文渊.祁漫塔格地区铅锌矿床地质及硫同位素地球化学[J].矿物岩石地球化学通报,2011c,30(增刊):191.

广西壮族自治区地质调查院.1∶25 万瓦石峡幅、古尔嘎幅区域地质调查报告[R].南宁:广西壮族自治区地质调查院,2002.

贵州省地质调查院.1∶25 万奥依亚依拉克幅区域地质调查报告[R].贵阳:贵州省地质调查院,2012.

贵州省地质调查院.1∶25 万羊湖幅区域地质调查报告[R].贵阳:贵州省地质调查院,2012.

郭坤一,张传林,赵宇,等.西昆仑造山带东段中新元古代洋内弧火山岩地球化学特征[J].中国地质,2002,29(2):161-166.

郭召杰,张志成,王建君.阿尔金山北缘蛇绿岩带的 Sm-Nd 等时线年龄及其大地构造意义[J].科学通报,1998,43(18):1981-1984.

韩红卫,魏梦元,牟伦洵,等.东昆仑卡特里西铜锌矿成因[J].大地构造与成矿学,2007,31(1):77-82.

何国琦,成守德,徐新,等.中国新疆及邻区大地构造图(1∶250 万)说明书[M].北京:地质出版社,2004.

何国琦,李茂松,刘德权,等.中国新疆古生代地壳演化及成矿[M].乌鲁木齐:新疆人民出版社;香港:香港文化教育出版社,1994.

何立东,陈俊华,何福保.利用 1∶5 万航磁在马尔洋一带找铁矿效果分析[J].西部探矿工程,2012(12):126-130.

何书跃,祁兰英,舒树兰,等.青海祁漫塔格地区斑岩铜矿的成矿条件和远景[J].地质与勘探,2008,44(2):14-22.

河南省地质调查院.1∶25 万艾提汗尔克萨依区域地质调查报告[R].郑州:河南省地质调查院,2005.

河南省地质调查院.1∶25 万克克吐鲁克幅区域地质调报告[R].郑州:河南省地质调查院,2004.

河南省地质调查院.1∶25 万库尔干幅区域地质调查报告[R].郑州:河南省地质调查院,2005.

河南省地质调查院.1∶25 万塔什库尔干塔吉克自治县幅区域地质调报告[R].郑州:河南省地质调查院,2004.

河南省地质调查院.1∶25 万叶城县幅区域地质调查报告[R].郑州:河南省地质调查院,2004.

河南省地质调查院.1∶25 万英吉沙县幅区域地质调查报告[R].郑州:河南省地质调查院,2005.

河南省地质调查院.新疆阿尔金南缘断裂带矿产资源远景评价报告[R].郑州:河南省地质调查院,2004.

河南省地质调查院.新疆塔什库尔干-莎车铁铅锌多金属矿评价报告[R].郑州:河南省地质调查院,2009.

侯满堂,梁群峰,姚宽院,等.新疆库木库里盆地砂(砾)岩型铜矿地质特征及其控矿条件分析[J].西北地质,2005,38(1):37-46.

胡华伟,景宝盛,王斯林,等.新疆若羌县维宝铅锌矿床特征及矿床成因浅析[J].西北地质,2010,43(4):73-80.

胡克亮,扎晨艳,刘迪,等.东昆仑迪木那里克铁矿矿床地质特征简析[J].新疆有色金属,2010(01):12-14.

胡庆雯,刘宏林,朱红英.塔木-卡兰古铅锌铜(银钴)矿成矿背景探讨[J].有色金属,2008,60(4):11-16.

胡秀军,夏昭德,丁海波,等.东昆仑迪木那里克铁矿地质特征与找矿标志[J].亚热带资源与环境学报,2011,6(2):49-53.

湖北省地质调查院.昆仑山玉龙喀什河上游1∶50万区域地球化学调查阶段性成果[R].武汉:湖北省地质调查院,2002.

湖南省地质调查院.1∶25万且末县一级电站幅、银石山幅区域地质调查报告[R].长沙:湖南省地质调查院,2002.

黄磊.新疆若羌县维宝铅锌矿地质特征及矿床成因[D].北京:中国地质大学硕士学位论文,2010.

吉林大学地质调查研究院.新疆-青海东昆仑成矿带成矿规律和找矿方向综合研究成果报告[R].长春:吉林大学地质调查研究院,2013.

吉林大学地质调查研究院.新疆西昆仑地区成矿条件研究[R].长春:吉林大学地质调查研究院,2012.

吉林省地质调查院.新疆东昆仑西段北带矿产资源调查评价成果报告[R].长春:吉林省地质调查院,2003.

吉林省地质调查院.新疆东昆仑西段黑山-祁漫塔格成矿带钨锡资源调查评价成果报告[R].长春:吉林省地质调查院,2008.

吉林省地质调查院.新疆若羌县白干湖—吐拉地区铜钨锡多金属矿远景调查报告[R].长春:吉林省地质调查院,2012.

吉林省地质调查院.新疆维吾尔自治区若羌县柯可·卡尔德钨矿床140线—160线地质勘探报告[R].长春:吉林省地质调查院,2009.

贾群子,等.西昆仑块状硫化物矿床条件和成矿预测[M].北京:地质出版社,1999.

姜春发,王宗起,李锦铁,等.中央造山带开合构造[M].北京:地质出版社,2000.

晋红展,万建领,李晓磊.新疆和田县多宝山铅锌矿地质特征及找矿思路[J].新疆有色金属,2012(S2):71-73.

景宝盛,胡华伟,李惠,等.新疆东昆仑鸭子泉—维宝一带地质成矿规律浅析[J].西北地质,2010,43(4):62-72.

匡文龙,刘继顺,朱自强,等.塔西南MVT型铅锌矿床成矿作用机制研究[J].新疆地质,2003a,21(1):136-140.

匡文龙,刘继顺,朱自强.西昆仑上其汗地区块状硫化物矿床的区域成矿条件[J].矿物岩石地球化学通报,2003b,22(1):42-46.

黎敦朋,樊晶,肖爱芳.东昆仑西段祁漫塔格群早志留世笔石化石的发现[J].地质通报,2002,21(3):136-139.

李爱民.维宝铅锌矿床地球化学特征[J].西部探矿工程,2011(11):163-169.

李博秦,姚建新,王峰,等.西昆仑麻扎-黑恰达坂多金属矿化带的发现及地质意义[J].地质论评,2007,53(4):571-576.

李博秦.普鲁裂谷火山岩带块状硫化物矿床特征及找矿远景分析[J].陕西地质,2002,20(2):59-65.

李凤鸣,彭湘萍,张勤军.西昆仑切列克其菱铁矿床特征及成矿模式[J].新疆地质,2010,28(3):274-279.

李宏茂,刘忠,时友东,等.新疆东昆仑白干湖钨锡矿床地质特征[J].地质与资源,2005,14(1):33-36

李宏茂,时友东,刘忠,等.东昆仑西段黑山-祁漫塔格成矿带钨锡成矿地质条件及找矿方向[J].地质与资源,2007,16(2):86-90.

李洪茂,时友东,刘忠,等.东昆仑山若羌地区白干湖钨锡矿床地质特征及成因[J].地质通报,2006,25(1-2):277-281.

李荣社,计文化,杨永成,等.昆仑山及邻区地质[M].北京:地质出版社,2008.

李荣社,计文化,杨永成,等.昆仑山及邻区地质图(1∶100万)及说明书[M].北京:地质出版社,2009.

李绍强,潘成泽.东昆仑-阿尔金构造地球化学特征[J].新疆地质,2001,19(3):189-193.

李文渊,董福辰,张照传,等.西北地区矿产资源成矿远景与找矿部署研究[M].北京:地质出版社,2012.

李先军,赵祖应.西昆仑北段矿产分布特征及找矿方向浅析[J].地质与勘探,2009,45(2):1-7.

李兆鼎.火山碎屑岩的分类和命名[J].岩石矿物及测试,1984,3(4):301-308.

李智明,薛春纪,王晓虎,等.东昆仑区域成矿特征及有关找矿突破问题分析[J].地质论评,2007,53(5):708-718.

林龙华,徐九华,单立华,等.新疆蒙库铁矿床的变形变质及其成矿作用[J].岩石学报,2010,26(8):2399-2412.

刘兵,曹福根,刘崴国,等.阿尔金山喀腊大湾西铅锌矿床地质特征及成矿条件分析[J].新疆地质,2012,30(增刊):55-58.

刘春涌,刘拓,杨万志,等.新疆云雾岭地质、地球化学和自然重砂特征[J].新疆有色金属,2000(2):1-9.

刘春涌,刘拓.新疆云雾岭铜矿化的发现及其意义[J].新疆地质,1998,16(2):185-187.

刘德权,唐延龄,周汝洪.新疆斑岩铜矿的成矿条件和远景[J].新疆地质,2001,19(1):43-48.

刘贵忠,李洪茂,王聚胜,等.新疆东昆仑白干湖钨锡矿田矿化体模型[J].新疆地质,2007,25(2):169-174.

刘荣,方庆新,李燕,等.新疆云雾岭斑状二长花岗岩体锆石SHRIMP U-Pb年龄及构造意义[J].新疆地质,2009,

27(1):10-14.

刘艳宾,弓小平,陈斌,等.东昆仑西段铁矿成矿机制及找矿模型[J].地质通报,2011,30(12):1950-1961.

刘永顺,于海峰,辛后田,等.阿尔金山地区构造单元划分和前寒武纪重要地质事件[J].地质通报,2009,28(10):1430-1438.

刘云华,莫宣学,俞学惠,等.东昆仑野马泉地区景忍花岗岩锆石 SHRIMP U-Pb 定年及其地质意义[J].岩石学报,2006,22(10):2457-2463.

刘云华,莫宣学,张雪亭,等.东昆仑野马泉地区矽卡岩矿床地球化学特征及其成因意义[J].华南地质与矿产,2006(3):31-36.

鲁如魁,张国伟,钟华明,等.从郭扎错断裂构造特征探讨阿尔金断裂带西延问题[J].中国地质,2007,34(2):229-239.

马玉周,姜杰岩.新疆若羌喀腊大湾铜矿床地质特征、找矿标志及找矿方向[J].新疆地质,2012,30(2):182-186.

马玉周,魏新昌,祁万修.若羌县阿北银铅矿地质特征与成因初探[J].新疆地质,2011,29(4):423-427.

毛德宝,王克卓,钟长汀,等.阿尔金成矿带主要成矿系列及其地质特征[J].地质与勘探,2003,39(5):1-5.

毛德宝,武永平,葛桂平,等.阿尔金成矿带主要金属矿床地质地球化学特征及成因初探[J].地质调查与研究,2006a,29(1):1-10.

毛德宝,钟长汀,牛广华,等.阿尔金成矿带成矿规律与找矿预测[J].西北地质,2006b,39(2):114-127.

南京地质矿产研究所.西昆仑成矿带成矿规律及找矿方向综合研究成果报告[R].南京:南京地质矿产研究所,2004.

潘桂棠,李兴振,王立金,等.青藏高原及邻区大地构造单元初步划分[J].地质通报,2002,21(11):701-707.

潘桂棠,王立全,李兴振,等.青藏高原区域构造格局及其多岛弧盆系的空间配置[J].沉积与特提斯地质,2001,21(3):1-26.

潘桂棠,王立全,朱弟成.青藏高原区域地质调查中几个重大科学问题的思考[J].地质通报,2004,23(1):12-19.

潘彤,马梅生,康祥瑞.东昆仑肯德可克及外围钴多金属矿找矿突破的启示[J].中国地质,2001,28(2):17-20.

潘彤.青海东昆仑督冷沟铜钴矿床控矿条件的探讨[J].矿产与地质,2004(2):109-112.

潘维良,李爱民,闫军武.维宝铅锌矿床地质和地球化学特征:第九届全国矿床会议论文集[M].北京:地质出版社,2008.

潘维良,周军,王小兵,等.昆仑东段布喀达坂峰州衣吞布拉克一带构造地球化学特征[J].新疆有色金属,2005,2(4):2-4.

祁万修,马玉周,王瑞,等.阿尔金北缘八八铁矿地质特征与找矿标志[J].新疆地质,2008,26(3):253-257.

乔耿彪,王萍,伍跃中,等.西昆仑塔什库尔干陆块赞坎铁矿赋矿地层形成时代及其地质意义[J].中国地质,2015,42(3):616-629.

乔耿彪,王萍,伍跃中,等.新疆喀喇昆仑成矿带成矿规律概论[J].吉林大学学报(地球科学版),2015,45(4):1073-1085.

乔耿彪,伍跃中,尹传明,等.西昆仑库地蛇绿岩铬铁矿中铬尖晶石化学特征及其地质意义[J].西北地质,2012,45(4):346-356.

乔耿彪,伍跃中.新疆喀喇昆仑成矿带铁矿成矿系列研究[J].矿物学报,2013(S2):809-810.

乔耿彪,杨合群,杜玮,等.阿尔金成矿带成矿单元划分及成矿系列探讨[J].西北地质,2014,47(4):209-220.

乔耿彪,张汉德,伍跃中,等.西昆仑大红柳滩岩体地质和地球化学特征及对岩石成因的制约[J].地质学报,2015,89(7):1180-1194.

乔旭亮.浅析东昆仑西段南带斑岩型铜矿点的找矿意义[J].太原科技,2010(2):68-69.

青海省地质调查院.1:25 万布喀达坂峰幅区域地质调查报告[R].西宁:青海省地质调查院,2003.

青海省地质调查院.1:25 万库郎米提幅区域地质调查报告[R].西宁:青海省地质调查院,2003.

青海省地质调查院.青海库郎米其提—布伦台 1:25 万区域地球化学调查阶段性成果[R].西宁:青海省地质调查院,2010—2012.

青海省第三地质矿产勘查院.青海东昆仑西段祁漫塔格地区铜多金属矿资源评价报告[R].西宁:青海省第三地质矿产勘查院,2009.

任纪舜,肖黎薇.1:25 万地质填图进一步揭开了青藏高原大地构造的神秘面纱[J].地质通报,2004,23(1):1-11.

山西省地质调查院.1:25 万黑石北湖幅区域地质调查报告[R].太原:山西省地质调查院,2003.

山西省地质调查院.1∶25万叶亦克幅区域地质调查报告[R].太原:山西省地质调查院,2003.
山西省地质调查院.东昆仑西段南带矿产资源调查评价成果报告[R].太原:山西省地质调查院,2003.
陕西省地质调查院.1∶25万阿克萨依湖幅区域地质调查报告[R].西安:陕西省地质调查院,2006.
陕西省地质调查院.1∶25万阿牙克库木湖幅区域地质调查报告[R].西安:陕西省地质调查院,2002.
陕西省地质调查院.1∶25万伯力克幅区域地质调查报告[R].西安:陕西省地质调查院,2002.
陕西省地质调查院.1∶25万岔路口幅区域地质调查报告[R].西安:陕西省地质调查院,2006.
陕西省地质调查院.1∶25万康西瓦幅区域地质调查报告[R].西安:陕西省地质调查院,2005.
陕西省地质调查院.1∶25万麻扎、神仙湾幅区域地质调查报告[R].西安:陕西省地质调查院,2004.
陕西省地质调查院.1∶25万恰恰幅区域地质调查报告[R].西安:陕西省地质调查院,2006.
陕西省地质调查院.1∶25万塔吐鲁沟、斯卡杜幅区域地质调查报告[R].西安:陕西省地质调查院,2004.
陕西省地质调查院.1∶25万于田县幅区域地质调查报告[R].西安:陕西省地质调查院,2003.
陕西省地质调查院.昆仑叶尔羌河上游1∶50万区域地球化学调查阶段性成果[R].西安:陕西省地质调查院,2002.
申大利,赵双喜,庄勇,等.阿尔金地区牛鼻子梁铜镍矿特征及其发现意义[J].价值工程,2011(9):41-43.
石福品,陈登辉,张海军.新疆且末县迪木那里克铁矿床地质特征与找矿潜力分析[J].西北地质,2010,43(4):203-208.
石福品.新疆且末县迪木那里克一带1∶5万航磁异常查证新进展[J].西北地质,2010,43(4):307-313.
时友东,尹占军,孙兴友.新疆东昆仑白干湖钨锡矿床Ⅲ矿段地质特征[J].吉林地质,2004,24(3):44-48.
时友东,周安顺,张天民,等.新疆东昆仑喀拉曲哈铜矿地球化学特征[J].吉林地质,2005,24(2):40-49.
宋茂德,刘忠,李洪茂,等.新疆东昆仑白干湖成矿带成矿地质背景及找矿方向[J].西北地质,2010,43(4):44-52.
孙丰月,李碧乐,丁清峰,等.东昆仑成矿带重大找矿疑难问题研究[R].长春:吉林大学地质调查研究院,2009.
孙海田,李纯杰,李锦平,等.新疆昆仑式火山岩型块状硫化物铜矿床及成矿地质环境[J].矿床地质,2004,23(1):82-92.
孙海田.西昆仑金属成矿省概论[M].北京:地质出版社,2003.
孙静,杜维河,王德忠,等.河北承德大庙黑山钒钛磁体矿床地质特征与成因探讨[J].地质学报.2009,83(9):1344-1364.
唐小东,王战华,张绍俊,等.昆盖山北坡依迈克-塔西克西韧性剪切带控矿特征分析[J].新疆地质,2003,21(4):501-503.
天津地质调查中心.阿尔金成矿带成矿规律和找矿方向综合研究成果报告[R].天津:天津地质调查中心,2003.
天津地质矿产研究所.1∶25万石棉矿幅区域地质调查报告[R].天津:天津地质矿产研究所,2008.
万阈,袁永江,袁鹏,等.若羌县英格布拉克铁矿床地质特征及成因初探[J].新疆地质,2011,29(2):151-154.
王宝金,迟效国,白晶哲,等.新疆东昆仑成矿带找矿潜力分析[J].吉林大学学报(地球科学版),2008,38(4):553-558.
王成,杨子江,卢洁谨.阿尔金山沟口泉彩石沟铁矿地质特征及找矿标志[J].新疆地质,2012,30(1):36-39.
王庆明.新疆东昆仑山西段砂金矿特征及成因探讨[J].新疆地质,1997,15(4):321-326.
王世称,陈永清.成矿系列预测的基本原则及特点[J].地质找矿论丛,1994,9(4):79-85.
王守伦,刘其严,张殿学,等.闽粤地区海底热液喷气成因铁矿床的地球化学特征[J].地质找矿论丛,1993,8(3):14-27.
王书来,汪东波,祝新友.新疆西昆仑金(铜)矿找矿前景分析[J].地质找矿论丛,2000,15(3):224-229.
王书来,祝新友,汪东波,等.新疆布仑口铜矿带地质特征及找矿方向[J].有色金属矿产与勘查,1999,8(4):198-202.
王松,丰成友,李世金,等.青海祁漫塔格卡尔却卡铜多金属矿区花岗闪长岩锆石SHRIMP U-Pb测年及其地质意义[J].中国地质.2009,36(1):74-84.
王小凤,等.阿尔金地区成矿地质条件与远景预测[M].北京:地质出版社,2004.
王哲,弓小平,毛磊,等.东昆仑西段铁矿成矿系列及靶区优选[J].西北大学学报(自然科学版),2011,41(2):298-303.
吴攀登,张占武,王世伟.民丰肖尔库勒中型锑矿床化探找矿技术分析[J].新疆地质,2012,30(3):368-369.
吴益平,陈克强,钟莉.新疆阿尔金断裂北缘喀腊大湾铜多金属矿床地质特征及控矿因素[J].地球科学与环境学报,

2008,30(2):118－124.

伍跃中,李荣社,王战,等.阿尔金山各边界断裂的归属性[J].地球科学——中国地质大学学报,2007,32(5):662－670.

伍跃中,乔耿彪,陈登辉.东昆仑祁漫塔格地区构造岩浆作用与成矿关系初步探讨[J].大地构造与成矿学,2011,35(2):232－241.

伍跃中,王战,陈守建,等.阿尔金山南缘断裂带的分段分带特征及其构造演化[J].地质学报,2008,82(9):1195－1209.

伍跃中,王战,过磊,等.阿尔金山西南段花岗岩类的时空变化与构造作用——来自钾钠含量变化的证据[J].大地构造与成矿学,2009b,33(4):573－587.

伍跃中,王战,过磊,等.东昆仑祁漫塔格地区花岗岩类时空变化的构造控制——来自钾钠含量变化的证据[J].地质学报,2009a,83(7):964－981.

伍跃中,庄道泽,李洪茂,等.新疆祁漫塔格找矿远景区重要矿产整装勘查[J].西北地质,2010,43(4):25－34.

伍跃中.阿尔金山的构造归属及其构造运动特征[J].地球科学与环境学报,2008,30(2):111－117.

西安地质矿产研究所.1∶25万苏吾什杰幅区域地质调查报告[R].西安:西安地质矿产研究所,2002.

西安地质矿产研究所.西昆仑-阿尔金造山带遥感地质调查成果报告[R].西安:西安地质矿产研究所,2005.

肖爱芳,黎敦朋,李新林,等.新疆库木库里盆地铜矿地质特征及找矿前景[J].陕西地质,2002,20(2): 50－58.

肖序常,刘训,高锐,等.西昆仑及邻区岩石圈结构构造演——塔里木南-西昆仑多学科地学断面简要报道[J].地质通报,2002,21(2):63－68.

肖序常,王军,苏犁,等.再论西昆仑库地蛇绿岩及其构造意义[J].地质通报,2003,22(10):745－750.

肖序常,王军.西昆仑-喀喇昆仑及其邻区岩石圈结构、演化中几个问题的探讨[J].地质论评,2004,50(3):285－294.

校培喜,高晓峰,胡云绪,等.阿尔金-东昆仑西段成矿带地质背景研究[M].北京:地质出版社,2014.

谢渝,舒林,司勇.新疆甜水海地区乔尔天山一带找矿潜力浅析[J].西部探矿工程,2011(11):157－159.

辛存林,都卫东,魏明,等.新疆西昆仑地区塔卡提铅锌矿地质特征与成矿远景[J].兰州大学学报(自然科学版),2012,48(1):20－26.

新疆358项目办公室.新疆358项目进展与成果汇报材料[R].乌鲁木齐:新疆358项目办公室,2012.

新疆358项目办公室.新疆公益性地质调查和重要矿产勘查总体部署方案[R].乌鲁木齐:新疆358项目办公室,2008.

新疆358项目办公室.新疆祁漫塔格找矿远景区重要矿产整装勘查部署方案[R].乌鲁木齐:新疆358项目办公室,2009.

新疆地矿局第二地质大队.新疆阿克陶县切列克其铁矿深部及外围勘查地质报告[R].乌鲁木齐:新疆地矿局第二地质大队,2010.

新疆地矿局第三地质大队,新疆昆仑—阿尔金山一带条带状硅铁建造铁矿床地质特征及成因研究[R].乌鲁木齐:新疆地矿局第三地质大队,2013.

新疆地矿局第十一地质大队.新疆西昆仑乔尔天山—岔路口一带资源潜力评价立项设计[R].乌鲁木齐:新疆地矿局第十一地质大队,2012.

新疆地矿局第十一地质大队.新疆西昆仑乔尔天山—岔路口一带资源潜力评价2013年度工作方案[R].乌鲁木齐:新疆地矿局第十一地质大队,2013.

新疆地矿局物化探大队.若羌县吐特卡—维宝西北一带铁铜铅锌多金属矿产评价设计[R].乌鲁木齐:新疆地矿局物化探大队,2012.

新疆地矿局物化探大队.新疆若羌县维宝铅锌矿普查2011年度设计书[R].乌鲁木齐:新疆地矿局物化探大队,2011.

新疆地质局区域地质调查大队二分队.1∶20万巴什考供幅图区域地质调报告[R].乌鲁木齐:新疆地质局区域地质调查大队二分队,1981.

新疆地质局区域地质调查大队二分队.1∶20万桌尔库里幅区域地质调查报告[R].乌鲁木齐:新疆地质局区域地质调查大队二分队,1981.

新疆地矿局.迪木那里克铁矿床预测要素图编图说明书[R].乌鲁木齐:新疆地矿局,2009.

新疆地矿局区调一队. 新疆阿尔金山喀腊大湾一带装勘查实施方案[R]. 乌鲁木齐:新疆地矿局区调一队,2013.

新疆区域地质调查院. 西昆仑山尼雅河中上游1:20万区域地球化学调查阶段性成果[R]. 乌鲁木齐:新疆区域地质调查院,2002.

新疆维吾尔自治区地质调查院,新疆地质矿产勘查开发局第一区域地质调查大队. 新疆且末县甘泉河一带铜多金属矿产远景调查成果报告[R]. 乌鲁木齐:新疆维吾尔自治区地质调查院,2014.

新疆维吾尔自治区地质调查院,新疆地质矿产勘查开发局第一区域地质调查大队. 新疆西昆仑柳什—苦阿一带矿产远景调查成果报告[R]. 乌鲁木齐:新疆维吾尔自治区地质调查院,2013.

新疆维吾尔自治区地质调查院. 1:25万玛尔盖茶卡幅、玉帽山幅、岗扎日幅区域地质调查报告[R]. 乌鲁木齐:新疆维吾尔自治区地质调查院,2005.

新疆维吾尔自治区地质调查院. 1:25万木孜塔格幅、鲸鱼湖幅区域地质调查报告[R]. 乌鲁木齐:新疆维吾尔自治区地质调查院,2002.

新疆维吾尔自治区地质调查院. 新疆阿尔金断裂北带喀腊达坂地区铜多金属矿评价成果报告[R]. 乌鲁木齐:新疆维吾尔自治区地质调查院,2006.

新疆维吾尔自治区地质调查院. 新疆阿尔金山喀腊达坂一带铁多金属矿调查评价成果报告[R]. 乌鲁木齐:新疆维吾尔自治区地质调查院,2013.

新疆维吾尔自治区地质调查院. 新疆地矿局物化探大队. 新疆东昆仑西段鸭子泉—维宝地区铜铁矿远景调查成果报告[R]. 乌鲁木齐:新疆维吾尔自治区地质调查院,2013.

新疆维吾尔自治区地质调查院. 新疆地质矿产勘查开发局第三地质大队. 迪木那里克铁矿深部及外围调查报告[R]. 乌鲁木齐:新疆维吾尔自治区地质调查院,2012.

新疆维吾尔自治区地质调查院. 新疆昆仑-阿尔金成矿带化探异常特征与靶区优选总结[R]. 乌鲁木齐:新疆维吾尔自治区地质调查院,2011.

新疆维吾尔自治区地质调查院. 新疆民丰黄羊岭锑矿调查评价成果报告[R]. 乌鲁木齐:新疆维吾尔自治区地质调查院,2008.

新疆维吾尔自治区地质调查院. 新疆塔什库尔干县赞坎铁矿调查评价报告[R]. 乌鲁木齐:新疆维吾尔自治区地质调查院,2013.

新疆维吾尔自治区地质调查院. 新疆西昆仑岔路口地区1:5万区域地球化学调查阶段性成果[R]. 乌鲁木齐:新疆维吾尔自治区地质调查院,2012.

新疆维吾尔自治区地质调查院. 新疆西昆仑甜水海地区1:5万区域地球化学调查阶段性成果[R]. 乌鲁木齐:新疆维吾尔自治区地质调查院,2012.

新疆维吾尔自治区地质矿产局. 新疆第二轮成矿远景区划研究报告[R]. 乌鲁木齐:新疆维吾尔自治区地质矿产局,1993—1994.

新疆维吾尔自治区地质矿产局. 新疆维吾尔自治区区域地质志[M]. 北京:地质出版社,1993.

新疆地矿局. 新疆铅锌矿预测成果图编图书明书[R]. 乌鲁木齐:新疆地矿局,2011.

新疆地矿局. 新疆铁矿资源潜力评价成果报告[R]. 乌鲁木齐:新疆地矿局,2010.

新疆地矿局. 新疆维吾尔自治区锰矿产资源潜力评价成果报告[R]. 乌鲁木齐:新疆地矿局,2012.

新疆地矿局. 新疆钨矿预测成果图编图书明书[R]. 乌鲁木齐:新疆地矿局,2011.

修群业,于海峰,刘永顺,等. 阿尔金北缘枕状玄武岩的地质特征及其锆石U-Pb年龄[J]. 地质学报,2007,81(6):7887-794.

徐志刚,陈毓川,王鸥红,等. 中国成矿区带划分方案[M]. 北京:地质出版社,2008.

许志琴,姜枚,杨经绥,等. 青藏高原的地幔结构:地幔羽、地幔剪切带及岩石圈俯冲板片的拆沉[J]. 地学前缘,2004,11(4):329-343.

许志琴,杨经绥,张建新,等. 阿尔金断裂两侧构造单元的对比及岩石圈剪切机制[J]. 地质学报,1999,73(3):193-204.

燕长海,曹新志,张旺生,等. 帕米尔式铁矿床[M]. 北京:地质出版社,2012.

燕长海,陈曹军,曹新志,等. 新疆塔什库尔干地区"帕米尔式"铁矿床的发现及其地质意义[J]. 地质通报,2012,31(4):549-557.

杨合群,宋忠宝,王兴安,等. 北祁连山大坂大岔地区蛇绿岩含矿性[J]. 西北地质,2003,36(3):50-56.

杨合群,赵国斌,谭文娟,等.论成矿系列与地质建造的关系[J].地质与勘探,2012,48(6):1093-1100.

杨万志,等.新疆昆仑-阿尔金成矿带化探异常特征与靶区优选总结报告[R].乌鲁木齐:新疆维吾尔自治区地质调查院,2011.

杨万志,张维洲,屈迅.西昆仑山东段库牙克断裂与康西瓦断裂、阿尔金断裂关系的地球化学证据[J].地质通报,2005,24(4):316-321.

杨万志,周军,庄道泽,等.新疆西昆仑-阿尔金成矿带区域地球化学勘查进展[J].西北地质,2013(1):110-118.

杨文强,丁海波,刘良,等.新疆阿尔金南部迪木那里克铁矿赋矿地层的形成时代及其地质意义[J].地质通报,2012,31(12):2090-2101.

杨屹,陈宣华,George Gehrels,等.阿尔金山早古生代岩浆活动与金成矿作用[J].矿床地质,2004,24(4):464-472.

杨屹,陈宣华,靳红,等.新疆东昆仑黄羊岭锑矿床地质特征及成矿规律[J].新疆地质,2006,24(3):261-266.

杨屹.阿尔金大平沟金矿床成矿时代 Rb-Sr 定年[J].新疆地质,2003,21(3):303-306.

杨自安,彭省临,石菲菲,等.新疆若羌县维宝铅锌矿床地质特征及成因分析[J].矿产与地质,2008,22(6):503-505.

伊有昌,焦革军,张芬英.青海东昆仑肯德可克铁钴多金属矿床特征[J].地质与勘探,2006,42(3):30-35.

印建平,田培仁,戚学祥,等.西昆仑塔木—卡兰古铅锌铜矿带含矿岩系的地质地球化学特征[J].现代地质,2003,17(2):143-150.

有色金属矿产地质调查中心.祁漫塔格地区成矿条件研究与找矿靶区优选研究成果报告[R].北京:有色金属矿产地质调查中心,2012.

于晓飞,孙丰月,侯增谦,等.新疆塔什库尔干斯如依迭尔铅锌矿区花岗闪长岩锆石 U-Pb 定年及其意义[J].岩石学报,2012,28(12):4151-4160.

禹秀艳,李甲平,汪立今,等.新疆塔什库尔干祖母绿(绿柱石)成矿区域地质背景研究[J].地球学报,2011,32(4):419-426.

曾威,孙丰月,张雪梅,等.新疆西昆仑特格里曼苏砂岩型铜矿地质特征及成因探讨[J].地质找矿论丛,2012,27(3):284-290.

张传林,陆松年,于海峰,等.青藏高原北缘西昆仑造山带构造演化:来自锆石 SHRIMP 及 LA-ICP-MS 测年的证据[J].中国科学(D辑),2007,37(2):145-154.

张传林,于海锋,沈家林,等.西昆仑库地伟晶辉长岩和玄武岩锆石 SHRIMP 年龄:库地蛇绿岩的解体[J].地质论评,2004,50(6):639-643.

张德全,党兴彦,佘宏全,等.柴北缘—东昆仑地区造山型金矿床的 Ar-Ar 测年及其地质意义[J].矿床地质,2005,24(2):87-98.

张德全,李大新,丰成友,等.柴北缘—东昆仑地区的造山型金矿床[J].矿床地质,2001,20(2):137-146.

张德全,佘宏全,徐文艺,等.驼路沟喷气沉积型钴(金)矿床成矿地质背景及矿床成因的地球化学限制[J].地球学报,2002,23(6):527-534.

张德全,张慧,丰成友,等.柴北缘—东昆仑地区造山型金矿床的流体包裹体研究[J].中国地质,2007,34(5):843-854.

张理刚.稳定同位素在地质科学中的应用[M].西安:陕西科学技术出版社,1985.

张雯华,从柏林.一种简单的基性—超基性岩岩石化学研究方法[J].科学通报,1976(4):179-183.

赵更新,毛德宝,张燕,等.阿尔金成矿带加里东期主要成矿系统[J].地质调查与研究,2007,30(2):90-97.

赵晓健,伍跃中,王泰山,等.西昆仑乔尔天山—岔路口地区铅锌矿成矿特征及找矿标志[J].西北地质,2014,47(4):245-255.

中国地质调查局西安地质调查中心.1∶25万巴什库尔干幅、茫崖镇幅区调修侧阶段性成果[R].西安:西安地质调查中心,2012.

中国地质调查局西安地质调查中心.昆仑-阿尔金成矿带基础地质综合研究[R].西安:西安地质调查中心,2012.

中国地质调查局西安地质调查中心.西北地区重要矿产区域成矿规律研究报告[R].西安:西安地质调查中心,2013.

中国地质调查局西安地质调查中心.西昆仑-阿尔金成矿带基础地质综合研究[R].西安:西安地质调查中心,2013.

中国地质科学院地质力学研究所.阿尔金地区综合找矿预测与突破成果报告[R].北京:中国地质科学院地质力学研究所,2002.

中国地质科学院地质研究所.西昆仑及邻区地质构造演化及成矿地质背景[R].北京:中国地质科学院地质研究所,2003.

中国地质科学院广州地球化学研究所.西昆仑恰尔隆—大同一带斑岩型铜钼矿成矿条件研究和大型矿床靶区评价技术与应用研究[R].广州:中国地质科学院广州地球化学研究所,2010.

中国地质科学院矿产综合利用研究所.新疆回风口地区锑金多金属资源远景调查立项报告[R].北京:中国地质科学院矿产综合利用研究所,2012.

中国冶金地质总局西北地质勘查院.新疆策勒县恰哈铜金矿远景调查立项报告[R].西安:西北地质勘查院,2010.

周兵,孙义选,孔德懿.新疆大红柳滩地区稀有金属矿成矿地质特征及找矿前景[J].四川地质学报,2011,31(3):288-292.

周显川,陈建军,谢新斌,等.和田玉分布范围地质特征及资源概况[J].西部探矿工程,2012(12):138-141.

周小康,杜少喜,彭海练,等.塔里木南缘铁克里克铁矿成矿地质条件与找矿前景分析[J].陕西地质,2009,27(1):27-36.

周小平.新疆阿克陶县布伦口铜矿地质特征[J].新疆有色金属,2006,18(1):18-23.

朱英.中国及邻区大地构造和深部构造纲要——全国1:100万航磁异常图的初步解释[M].北京:地质出版社,2004.

祝平.明铁盖罗布盖子沟多金属矿化区地质特征与成矿模式[J].西北地质,2001,34(3):54-61.

祝新友,汪东波,王书来.西昆仑海相火山岩及其有关大型铜矿成矿前景的初步分析[J].地质论评,1999,45(7):995-1001.

祝新友,汪东波,王书来.新疆阿克陶县塔木-卡兰古铅锌矿带矿体地质特征[J].地质与勘探,2000b,36(6):32-35.

祝新友,汪东波,王书来.新疆西昆仑地区大型铜矿成矿条件分析[J].地质与勘探,2000a,36(5):42-46.

Irvine T N,Baragar W R A. A guide to the chemical classification of common volcanic rocks[J]. Canad. Jour Earth Sci. ,1971,8:523-548

Rittmann,A. Stable mineral assemblages of igneous rocks[M]. Berlin,Heidelberg,New York:Springer,1973.

Streckeisen A. IUGS Subcommision on the Systematics of Igneous Rocks. Classification and Nomenclature of Volcanic Rocks,Lamprophyres,Carbonatites and Melilite Rocks. Recommendations and Suggestions[J]. Neves Jahrbuch für Mineralogie,1978,143:1-14.

Sun S S,Mc Donough W F. Chemical and isotopic systematic of oceanic basalt: Implication for mantle composition and process[J]. Geol Soc Special Publication,1989:313-346.